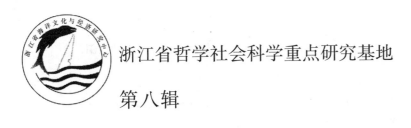

浙江省哲学社会科学重点研究基地

第八辑

浙江海洋文化与经济

李加林　刘家沂　主编

海洋出版社

2016 年·北京

图书在版编目(CIP)数据

浙江海洋文化与经济. 第8辑/李加林,刘家沂主编. —北京:海洋出版社,2016.2
ISBN 978 - 7 - 5027 - 9375 - 3

Ⅰ. ①浙… Ⅱ. ①李… ②刘… Ⅲ. ①海洋 - 文化 - 浙江省 - 文集②沿海经济 -
经济发展 - 浙江省 - 文集 Ⅳ. ①P722.6 - 53②F127.55 - 53

中国版本图书馆CIP数据核字(2016)第031644号

责任编辑:黄新峰　赵　武
责任印制:赵麟苏

海洋出版社　出版发行

http://www.oceanpress.com.cn
北京市海淀区大慧寺路8号　邮编:100081
北京华正印刷有限公司印刷　新华书店发行所经销
2016年2月第1版　2016年2月北京第1次印刷
开本:787mm×1092mm　1/16　印张:24
字数:506千字　定价:80.00元
发行部:62132549　邮购部:68038093　总编室:62114335
海洋版图书印、装错误可随时退换

《浙江海洋文化与经济》编委会

前　言

　　海洋文化是海洋软实力的重要组成部分,海洋文化的传承、保护是贯彻实施"建设海洋强国"战略的一项基础性工作,海洋文化经济则是蓝色经济的重要组成部分。海洋文化学术研讨会是浙江省海洋文化与经济研究中心的两个固定学术交流平台之一。第二届海洋文化学术研讨会暨首届中国海洋文化经济论坛是由浙江省海洋文化与经济研究中心与国家海洋局宣传教育中心联合主办,会议以"海洋文化与海洋文化经济"为主题,探讨中国海洋文化、海洋文化经济的内涵,研究海洋文化与区域社会变迁及社会经济发展之间的关系,加强海洋文化资源的保护性开发,发展海洋文化经济。

　　本论文集共收录参加本次会议的海内外专家学者论文42篇,作者群包括高等院校、研究机构以及地方政府部门研究人员。就其内容而言,涉及海洋经济、海洋文化以及海洋资源的开发与利用等方面,既有宏观研究,也有个案研究;既有理论、对策类研究,也有基础性研究,一定程度上反映了当前相关海洋文化、海洋经济研究的一些新动态。

　　由于我们的水平有限,加之编纂时间仓促,文中错讹之处在所难免,敬请读者批评指正。同时,我们也衷心感谢同行专家与广大读者对我们的大力支持。

《浙江海洋文化与经济》编委会

2015 年 8 月

序
国家海洋局宣传教育中心－宁波大学
共建海洋文化经济研究中心揭牌仪式发言稿

李 航

尊敬的各位领导、各位专家：

大家上午好！

今天是一个值得纪念和庆贺的日子，为打造海洋文化经济交流合作平台，第二届海洋文化学术研讨会暨首届中国海洋文化经济论坛隆重举行，同时国家海洋局宣传教育中心与宁波大学共建的海洋文化经济研究中心也于今天揭牌成立。在此，我谨代表国家海洋局宣传教育中心，向多年来支持海洋文化经济发展的领导和专家表示衷心感谢，向出席活动的诸位来宾表示诚挚欢迎。

我国既是陆地大国，也是海洋大国，中华民族是最早利用海洋的民族之一，历史上拥有过优秀灿烂的海洋文明。早在 2 100 多年前，我国先民就开辟了沟通东西方的"海上丝绸之路"，在长达上千年的时间里推动东西方平等地开展海上贸易和文化交流，推动中华文明随之传播到世界各地，尤其是 600 年前郑和下西洋的航海壮举，更是传播和平友谊和文化思想的光辉旅程，向世界展现了中华民族历来爱好和平、崇尚和谐的价值理念。

海纳百川、有容乃大，新中国经历了改革开放的浪潮，走出了一条成功的发展道路，已经形成了高度依赖海洋的开放型经济。如今，中国的商船遍及世界 160 多个国家的 1 500 多个港口，同世界各国的互利合作持续推动。实践证明，我们在发展自己的同时也为世界发展做出了突出贡献，这也是对历史上海上丝绸之路精神的一脉相承和发扬光大。

21 世纪是海洋世纪，党的十八大和十八届三中全会做了建设海洋强国的战略部署，坚持走依海富国、以海强国、人海和谐、合作共赢的发展道路，近期党和国家领导人又提出"一带一路"的战略，为海洋事业发展提供了新的契机。历史和实践告诉我们，随着相关国家的综合国力竞争重心移至海洋，海洋文化实力的重要性也日益突出。国家海洋文化实力由国家发展海洋、建设海洋大国和海洋强国的发展理念、指导思想、目标定位、道路选择等政治智慧，和全民族对此的普遍认同、信奉和由此产生的民族凝聚力、向心力、自信力、感召力等共同构成，对推动国家海洋战略的实施、实现具有强力的支撑作用，而发展海洋文化经济将有利于打造强大的海洋文化软实力,进而推动海洋强国和21世纪海上丝绸之路战略的实施。

当前,海洋文化经济在我国海洋经济中所占的比重越来越高,逐渐成为拉动海洋经济发展的新的引擎,国家和地方也越来越重视海洋文化经济发展,在海洋、文化、旅游等规划和政策中提出海洋文化经济相关内容。但同时,我们清楚地认识到,海洋文化产品单一、缺乏创新性,产业科技含量低等问题依旧存在,亟待我们有效解决。

国家海洋局宣传教育中心自2011年8月成立以来,积极推动海洋文化建设和海洋文化经济发展,做了大量卓有成效的工作,如编制《全国海洋文化发展规划纲要》和《广西壮族自治区海洋文化发展规划纲要》等规划,指导海洋文化建设和海洋文化经济发展;举办和支持"世界海洋日暨全国海洋宣传日"、舟山群岛中国海洋文化节、中国(象山)开渔节等活动,切实推动地方海洋文化经济的发展;创作和生产《走向海洋》《中国近海探秘》等海洋文化精品;支持海洋文化艺术精品走上2014中国艺术品产业博览会等文化经济高端平台;开展了海洋文化产业统计工作,与高校合作建设海洋文化产业方面的研究中心,培育全国海洋文化产业示范基地。

宁波市是我国海洋文化的最早发源地,也是海上丝绸之路重要起点之一,具有较强的海洋文化底蕴,目前以宁波帮文化、港口文化为特色的宁波海洋文化已逐渐成为宁波海洋经济发展的动力和源泉。宁波大学多年来也立足地域优势和学术特长,积极推动海洋学科建设和海洋文化经济研究,在该领域取得了可喜的成就。基于这些原因,我中心决定与宁波大学开展合作,共建海洋文化经济研究中心,合力推动我国海洋文化经济产学研结合的发展。

我们希望,研究中心成立后,积极开展海洋文化经济的基本理论体系、规划、布局、对策和发展模式等方面的研究,广泛联系海洋文化研究、海洋文艺创作、海洋文化娱乐等有关单位,搭建海洋文化经济交流合作的良好平台。我们相信,在国家海洋局宣传教育中心与宁波大学的共同关心和支持下,研究中心一定能够在海洋文化经济的领域取得令人瞩目的成就,为国家建设新海上丝绸之路做出重要贡献!

现在,请允许我再一次向第二届海洋文化学术研讨会暨首届中国海洋文化经济论坛的举办表示热烈祝贺,向海洋文化经济研究中心的揭牌成立表示热烈祝贺! 向各位来宾的大力支持表示衷心感谢!

最后,祝愿大家身体健康! 生活幸福!

谢谢大家!

2014 年 10 月 31 日

目 录

韩国近代期"海"的再发现

——以六堂崔南善为中心

崔在穆

（韩国岭南大学　独岛研究所）

摘要：本文围绕着韩国近现代期代表知识分子六堂崔南善（1890—1957 年）的论述，重新讨论和发掘韩国近代期"海""半岛国""三面环海国"的意义。从历史上来看，虽然新罗时代已有了像张保皋一样被称为海上王的人物，但相较海洋，韩国对陆地—大陆更感兴趣。这就意味着比起渔业和海上贸易，传统韩国对农业山林经济更为关注，考虑到这一点，崔南善唤起近代韩国的海洋意识，提出"半岛国"＝"三面环海国"是值得肯定的。

崔南善把海洋跟少年连接在一起，提出了跟古时代不一样的战略，试图通过海洋给少年以想象力。具体来说他让三面临海的韩国民族通过"海王"＝"英国海军"的成功故事里得到启示，从"海"上寻找希望和想象力。这里海被认为能通过船从"四面得到新消息"，是给"蛮荒一方带来泰西文明（＝希望和光）的通道"，能给予少年所期待的帝国式"兴起"想象力。同时这也能说是近代期韩国脱离弱小国地位的一条捷径。考虑到最近在东亚围绕海洋发生的诸般变化和纠纷，崔南善的"把关心转移到大海"的近代思维直觉给了我们很大启示和反省。换句话说，让我们思考诸如：一海相连却又国家利益优先的东亚国家怎样获得安宁与和平？双赢的战略又是什么？等等。

同时本文的"补论"里还记载了韩国人对"鲸"的记忆，试图探寻韩国人丧失的"海"的记忆里是否还存在着"有鲸游玩的海的风景、捕鲸"等很久以前的影像，当然这里还包括古代"捕鲸"过程的记忆。

关键词：六堂 崔南善　海—海洋　半岛国　三面环海国

一、序言

本文围绕着韩国近现代期代表知识分子六堂崔南善（1890—1957 年）的论述，重新讨论和发掘韩国近代期"海""半岛国"和"三面环海国"的意义。

从历史上来看，虽然新罗时代已有了像张保皋一样被称为海上王的人物，但相较海洋，韩国对陆地—大陆更感兴趣。这就意味着比起渔业和海上贸易传统韩国对农业山林经济更为关注,考虑到这一点,崔南善唤起近代韩国的海洋意识,提出"半岛国"="三面环海国"是值得肯定的。

崔南善把海洋跟少年连接在一起,提出了跟古时代不一样的战略,试图通过海洋给少年以想象力。具体来说他让三面临海的韩国民族通过"海王"="英国海军"的成功故事里得到启示,从"海"上寻找希望和想象力。这里海被认为能通过船从"四面得到新消息",是给"蛮荒一方带来泰西文明(=希望和光)的通道",能给予少年所期待的帝国式"兴起"想象力。同时这也能说是近代期韩国脱离弱小国地位的一条捷径。考虑到最近在东亚围绕海洋发生的诸般变化和纠纷,崔南善的"把关心转移到大海!"的近代思维直觉给了我们很大启示和反省。换句话说,让我们思考诸如:一海相连却又国家利益优先的东亚国家怎样获得安宁与和平? 双赢的战略又是什么? 等等。

同时本文的"补论"里还记载了韩国人对"鲸"的记忆,试图探寻韩国人丧失的"海"的记忆里是否还存在着"有鲸游玩的海的风景、捕鲸"等很久以前的影像,当然这里还包括古代"捕鲸"过程的记忆。

二、海,大洋以及崔南善的《海给少年》

"Tyeo……Rsseok,Tyeo……Rsseok,Tyeok,Sswa……a./ 打,砸,垮。"

"Cheo……Eolsseok,Cheo……Eolsseok,cheok,Sswa……a./ 打,砸,垮。"

这描述呼啸着的汪洋大海的浪涛源源不绝打在海边礁石的情景,是六堂崔南善(1890—1957 年)诗《海给少年》[1]中的一个句子。

在变成亲日之前的少年时代,崔南善通过创刊《少年》杂志唤起人们关注能带来文明的希望和光的"海—大洋—海洋"。他让三面临海的韩国民族通过"海王"="英国海军"的成功故事里得到启示,从"海"上寻找希望和想象力。

像白铁指出来的一样,韩国近代文学初期可以说是以少年为主人公的"少年的时代"[2]。这里少年指向现代文明开花的发祥地西洋和日本,而且他象征的进步=优等,是相对于"父老"="久"="老年大韩"的概念。

三、半岛国 = 三面环海国的再认识

当时的新潮发源地是"泰西",还有把"泰西东洋化"(=把近代西洋文化本土化)的日本。他们通"海","大洋"到了大韩,大韩是"三面环海"的国家。

所以在"泰西/日本(海,大洋)大韩"这样的方程式里孕育了他的新体诗《海给少年》。大海不仅是启蒙少年希望的疏通线,也是外部帝国势力的流入线。泰西的东渐,"日本式的近代化"的传入就是通过这个海的。大海就是通向"世界"的现实性、想象性的康庄大道。

---

① 崔南善:《少年》第 1 年第 1 卷,1908《少年》上,文洋史,1969 年。
② 白铁:《新文学思潮史》,首尔:新丘文化社,1947 年。

海不仅是地理学性的概念,同时也是政治性概念,而且还是文化性概念,文明进化①的门户。相当于崔南善在《少年》杂志上连载的"新时代新青年的新呼吸"。

崔南善在《海洋大韩史》的〈序言〉里写道"此书是为了鼓发少年的海事思想而编述的"②。跟着他在"首编总论"的第一行"为什么我们隐藏了海上冒险心"里写到"我在这个册里执笔要向我们的国民说的一件事就是千万不能忘记我国是三面环海的半岛国"③,然后唤起了我们正在许久间忘却着的对"我们国家是半岛国=三面环海国"④的"感谢"之意⑤,注入了"三面环海的我大韩的世界的地位"⑥。他在"海上大韩史"里的"海的美观怎么样"行概括了海的"意义",披露了他所想的"'海'观"。

> 仅仅用文字来分析也能想象得到海意味着宽阔,仅仅听就能想象得到大的东西,就是这样,海是广阔的,雄大的,深渊的。所以才跟天作配,所以才能形言我们少年的胸怀,来模写我们少年的志望(中略)小的波浪 Tyool Tol(译者注:拟声词,下同)大的波浪 Tang Tang Tang 随着石头泛起泡沫溅起土沙后(中略)你这陆地地看你有多刚健(中略)你这陆地看看你能挺多久(中略)虽然昼夜不撤的 Tyureure-ung Tyull Ssu Sswa 是海的近景(中略)不管我们大还是小还是会乘船,我们的身体亲自站在那个上面走在那个外面看你能怎么办。波浪雷吼电激,虽然会让人害怕,但那是弱的声音,决断不是我们三面环海国少年该知道的。(中略)跟波浪这家伙一起竞争也是一件快乐的事情,如果已到了这个境界,我们不得不论环海国少年的诸子天职。⑦

对崔南善来说,海不仅是面向近代日本、泰西的地理空间,也是艰险和威胁、危险的现实环境,还是会集近代世界历史的舞台,是近代文明开化的希望,文化想象的窗口。换句话说,这是为了认知进化着的"世界"的地理学空间。

他在"这个就是海"的行里引用了"Rallui(랄늬)"的"指挥大洋者指挥贸易,指挥世界贸易者指挥世界财货,这意味着指挥世界总体"和"aduison(아듸손)"的"今日我目睹的所有物体中,没有一者像海洋一样冲起我的想象力(下略)"的字句,然后按照执笔人的话说:

> "Robinson Crusoe"是有关海事的少年奇(闻),但是听说被称为世界海王的英国海军是因此而成就的,吾人对此观感不能不兴起。⑧

---

① 崔南善以"百年纪念的三伟人"来介绍了"chals ro er awin"=(Darwin,C. R.,1809—1882)《少年》第 2 年第 10 卷,1909 年。第 68 页。关于他是怎样理解进化论有重新检讨的必要,这可以观察他对日本帝国主义作出来的诸理论,例如对于弱肉强食世界秩序的"社会进化论"的合理化,在文明的名义下正当化对亚洲的指导或侵略的"近代化论"的认知。

② 《少年》第 1 年 第 1 卷,1908 年,第 30 页。

③ 《少年》第 1 年 第 1 卷,1908 年,第 31 页。

④ 《海上大韩史》(二),《少年》第 1 年 第 2 卷,1908 年,第 5 页。

⑤ 《海上大韩史》(二),《少年》第 1 年 第 2 卷,1908 年,第 5 页。

⑥ 《海上大韩史》(二),《少年》第 1 年 第 2 卷,1908 年,第 5 页。

⑦ 《少年》第 1 年 第 1 卷,1908 年,第 35~36 页。

⑧ 《少年》第 1 年 第 1 卷,1908 年,第 37 页。

换句话说,对海的掌控在经济、军事上起着很关键的作用。为了验证这个《少年》杂志里记载了韩国的伟人张保皋(？—846 年)的传记(=张保皋传)还有《海上大韩史》等。①

在《秋》的诗里崔南善写到"我的船上装的没有别的,就是从四面得来的新的消息/把这些传给在杜门洞里黑漆漆的地方抽鼻涕的/山林学者两班"②。在这里能看出来他有想把海—大洋里得来的"消息(=新闻)"传给就像活在"闭门洞里的"、"黑漆漆的"、对世界的形势和文明没有认识的"山林学者 两班"的抱负和启蒙性态度。在这里能看出来"近代" ="光明好的","儒教传统" ="黑漆漆不好的"隐喻是跟以介绍"西洋事情"来诱导近代文明的启蒙思想家福泽谕吉(1835—1901 年)式的"文明—野蛮"对立式两分法一样。③

在崔南善看来,从"海王 =英国的海军"的成就里可以看出,海—海洋是帝国主义斗争的场所。但是海更是被认知为用船"从四面得到新消息的,给野蛮带来文明的,传来希望和光明的通道"。在少年那里更是期待那些帝国式"想象力"的"兴起"。这个在《凤吉伊地理工夫》里很好的表现出来了。他在这里谈到了关于日本的地理学者小藤把我国的地理性形象写成"关于朝鲜半岛,他的形状像骈着四足站起来的兔子只扑向着支那大陆形状"的话,对比着小藤所说的朝鲜半岛和兔子的"外围拟像"—"拟像图",然后写出了他的反驳想法。

朝鲜半岛像猛虎提双脚挣扎地向着东亚大陆飞起,有生气地一边抓一边扑过来的模样(中略)跟我们进取的膨胀的少年朝鲜半岛的无限发展相结合,散发着无量生旺元气,我们的少年看着多么的可依靠、可以用。④

换句话说,崔南善说朝鲜半岛不是贴着中国的兔子,而是"向着东亚大陆"的"猛虎",以凶猛舞爪的虎作为"外围拟像"—"拟像图"。这里兔子变成了猛虎,采取了把日本式的视角变用为大韩式的方式来对应日本(的说法)而已。虽然只是一种帝国的模仿和变用的初步阶段,但是能看得出来把焦点放在了"少年的牢固的想法"之上。通过如此,对崔南善来说所谓的地理学就是为了让把目光从向上东亚大陆转移到向三面环海日本和泰西,把"进取的,膨胀的,少年朝鲜半岛的无限发展以及盛旺元气的无限的"精神寄托到大韩少年的一种爱国启蒙式的切实又有效的工具。

四、少年还有大海的想象力

他的对海—大洋的想象力在《少年》第 1 年第 1 卷里记载的《海给少年》⑤里头很好的表现出来了。这个诗跟已经讲过的《海上大韩史》的"海的美观是怎么样"里的内容相通。

---

① 比如,关于《少年》志里分散存在的「巨人国漂游记」「Robinson 漂风记」等的各种漂流记,哥伦布,李忠武公(=李舜臣),乙支文德的「萨水战记」等就是那个。

② 《少年》第 1 年 第 1 卷,1908 年,第 38 页。

③ 实际上崔南善在《少年》第 2 年 第 2 卷,1909 年,第 5 ~10 页。里登载「修身要领 日本 故福泽谕吉著」等偶尔谈及到福泽谕吉。

④ 《少年》第 1 年 第 1 卷,1908 年,第 67 ~68 页。

⑤ 《少年》第 1 年 第 1 卷,1908 年,第 2 ~4 页。

一
Tyeo…Rsseok，Tyeo……Rsseok，Teok，Sswa……a
打，破，塌。
高大的泰山，庞大的岩石，
这个是什么，这个是什么
吾的大力，知道不知道，一边呵斥，
打，破，塌
Tyeo…Rsseok，Tyeo……Rsseok，Tyeosk，Tyureureung，kwak
　二
Tyeo…Rsseok，Tyeo……Rsseok，Teok，Sswa……a
吾没有可害怕的东西，
陆上炫耀力和权者也
在吾前变得无力，
多么大的东西在吾前会变渺小
吾，吾的前面是
Tyeo…Rsseok，Tyeo……Rsseok，Tyeosk，Tyureureung，kwak
　三
Tyeo…Rsseok，Tyeo……Rsseok，Teok，Sswa……a
没有被我灭掉者
只今还不存在，赞同后出来吧
秦始皇，拿破仑，是你们吗
是谁是谁，你亦是向我折服
跟吾比那出来吧
Tyeo…Rsseok，Tyeo……Rsseok，Tyeosk，Tyureureung，kwak
　四
Tyeo…Rsseok，Tyeo……Rsseok，Teok，Sswa……a
要不依支小的山，
要不拿着像嫩肉似得小山，手掌那么小的
站在那里头作出顽固态度，
谈到唯我独尊之者，
出来，过来，看看我
Tyeo…Rsseok，Tyeo……Rsseok，Tyeosk，Tyureureung，kwak
　五
Tyeo…Rsseok，Tyeo……Rsseok，Teok，Sswa……a
像吾之人唯有一人
又大又宽，覆盖着的那晴天
那个跟吾没有差异，
小的是非小的仗，一切肮脏都不存在

就像那世上里的人，

Tyeo…Rsseok，Tyeo……Rsseok，Tyeosk，Tyureureung，kwak

  六

Tyeo…Rsseok，Tyeo……Rsseok，Teok，Sswa……a

这个世，这里人，都已厌倦，但，

在其中唯独喜爱的有一个，那就是，

胆大纯精的少年辈，

像小乖乖，可爱怜人地扑倒我的怀里。

来吧，少年辈亲亲一下。

Tyeo…Rsseok，Tyeo……Rsseok，Tyeosk，Tyureureung，kwak

  关于这个诗，历来文化研究里认为里面包含着抗拒整体的精神世界，还有海与少年同时代表的富于变化的表象，代言了当时在默视状态下吸收现代文化的我们对周围的热望①。崔南善在第6联里写到"虽然那个世上的人都讨厌，但是在那中间有一个必爱之事，那就是胆大，纯真的少年乖巧可爱的扑倒我的怀抱之事。来吧，少年，亲一下"，从少年身上发现无穷的可能性，可以把期待和希望寄托在他们身上。形成诗的一部分的少年的表象是旧式，换句话说，在当时开化思潮当中在对人权、个性的自觉的观念里还"搀和着解除各种限制少年的想法"，但是按原样的对"时代思潮的机械性描述不能成为诗"②，所以他的诗是启蒙少年的很好的手段之一。

  一直以来的文化研究评价也认为，从《海给少年》和载在《少年》杂志里的《穷船》《千万路 深深的大海》《少年大韩》《新大韩少年》《三面环海国》《大韩少年行》《海上的勇少年》等崔南善的诗文里能看出来，他的早期诗文描写的海和"少年"的形象"大概是有意识的，是出于对三面围绕着大海的我国地理位置的关心，但是另一方面，六堂在传输西方文化过程中作为先行者的角色所给予的影响也成为不能忽视的重要因素。"③如被评价为"歌颂了对开放性西方文化的羡慕和憧憬"的诗④。在六堂的海和少年的形象中，被说成受了西方文化的影响的理由第一是：英国浪漫派代表性诗人 Byron（George Gordon Byron。1788—1824）的《大洋》（＝The Ocean）和鳌浪的《大洋》⑤，第二从当时载在《少年》杂志里的海外诗和他的思路⑥能推断出来。但是，在这里只重视了海从外国文化所受的影响，没能分析出来其他复杂的多层次性影响和意义。

  要正确理解崔南善对海—大洋的观点，还要以这个观点为基础正确理解《海给少年》的

---

  ① 金容稷：《〈海给少年〉的理解》，金烈圭·申东旭编：《崔南善与李光秀的文学》，首尔：新文社，1986 年（第 2 次印刷），第 32 页。

  ② 金容稷：《〈海给少年〉的理解》，第 34 页。

  ③ 金泽东：《新体诗和六堂的先驱性位置》，金烈圭·申东旭编：《崔南善和李光秀的文学》，首尔：新文社，1986 年（第 2 次印刷），第 14 页。

  ④ 金泽东：《新体诗和六堂的先驱性位置》，第 18 页。

  ⑤ 《少年》第 3 年 第 6 卷，1910 年，第 5～9 页。原文是第 10～11 页。

  ⑥ 金泽东：《新体诗和六堂的先驱性位置》，同书，第 14～15 页。

话,一方面要更正确的读出他在《少年》杂志上的落脚点和伏笔等,另一边还需要厘清其与帝国主义、军国主义、文明开化、近代、进化论、自由、国民、国家等等概念隐含的联系及相互影响。可以说"海"—"大洋"—《海给少年》就是三面临海的新大韩少年认识"世界"的记号。

五、补论:韩国人和捕鲸的记忆

在韩国,曾经有过向着"海"的梦想,还有着跟鲸一起游玩的风景和捕鲸的记忆。

能感受到我们先祖凝望着在蓝海中一边从背喷出水柱,一边纵横着巨浪的鲸时所感受到的惊异,那会是多么兴奋的场景? 在我们记忆里,鲸已跟被忘却了的海的记忆一起变成化石了。在我们的生活里,把鲸象征成"巨大的"、"活跃的"、"高地位的"等等里能看出这种记忆的痕迹。最近,在我们的社会里还流行过的"称赞能让鲸跳舞",这个是小的称赞也有着能移动庞大鲸的力量的隐喻。

鲸一般象征着"大"。就像"此人鲸也,宜用大钵"①一样,把酒量大的比喻成鲸用它庞大的躯体喝的水的量相比。《鲸战虾死》②是用虾小的存在来对比表现鲸的巨大。同时,把权势家的像宫廷一样的瓦房用"像鲸背似得房子"来表现,这个是用黑瓦建造的堂皇的房子的样子像鲸的背的意识。

我们日常言语习惯中的鲸的形象不尽只限于外向型特点,而且还形容为理想的象征。

"又喝又唱又跳,但心里头还是充满着悲伤。
快快,出发吧,向着东海,去抓像神话一样呼吸的鲸。"

——韩国著名歌手宋昌植(1947—现今)唱的歌,《捕鲸》的一部分。

在这个歌里头,痛苦的现实中"虽然又喝酒又唱歌又跳舞",但是还是洗不掉心里充满着的悲伤,所以向着,在梦里见过的,"像神话一样呼吸的"小鲸存在的东海出发。

装着古代人梦想的鲸存在的海不仅只有东海一个。像以前的记录中的"渺渺马韩地,区区鲸海滨"③一样,鲸在马韩的西海岸也游玩过。三面临海,有鲸的风景,不就是我们"失去的/忘却的"对难忘旧海的"神话"吗?

这个神话里头的鲸在庆尚南道 蔚州 大谷里 盘龟台 严刻画里以"神画"的原型存留着。暂且想象一下这个光景吧。

逆流而上到 6000 年前,随着太和江支流到大谷川,盘龟台前会出现刚刚结束鲸猎回来的捕鲸船。挤到在捕鲸船周围哄闹的人群,在鳍下插着鱼叉的鲸正抽拧

---

① 《朝鲜王朝实录》「端宗 1 年」组。
② 成浑:《牛溪先生续集》第 1 卷,「与郑季涵」。
③ 权近:《阳村先生文集》第 1 卷,「马韩」。

着。每当捕鲸人说为了抓到比船还大的鲸而拼死相斗的故事时，人们的欢叫声像撞击着盘龟台的浪涛一样震撼着整个村庄。

　　傍晚时，人们忙碌着在准备着什么，等着黎明来临时，人们一个接一个到绝壁前的祭坛上。终于，染红了大谷川的太阳从石屏风一样的绝壁上一升起，祭司向着岩壁行礼，宣告祭奠的开始。人们向着岩壁上刻着的鲸群又奏乐又跳来展开咒术性表演。

　　刻在岩壁上的升天的鲸群中，猛力喷水的北方须鲸和露出肚子上皱纹的座头鲸、抹香鲸①等散发着马上要从岩壁上脱颖而出似的气势。还有，看着跟小鲸一块游玩的鲸，富饶被神圣化了，看着在那旁边的捕获巨大鲸的画，跟鲸的死斗中胜利的猎人的兴致被兴起了。

　　像这样，鲸画是依靠人们的想象来创造的，是他们的神像的故事，即是被神画了的刻着的神话。②在那神像里画着的扑打尾巴游泳或到水面喷水的鲸的模样即是随着人们所唱的歌一起兴起的鲸的兴致。逐渐地人们的歌声开始高扬，尽可能地展开四肢飞起的舞高昂到能震撼大海兴致的瞬间，就是他们在漫长的死斗中终于把鱼叉叉在鲸的心脏捕获成功时高喊出来的他们的呐喊声。

　　在岩壁上画着的劈开蓝色大海的体型庞大的鲸，还有，祈求能抓到这个鲸和用捕到的鲸来开庆典的先祖的兴致过了 6 000 年至今还活生生地存在着。

　　"像神话一样呼吸的"鲸，虽然，这个咒术性的兴致表演偶尔在练歌厅以"捕鲸"之歌的形式复燃，但是这不就是活在我们文化里的海—海洋文化的纹儿吗？

---

　　① 蔚山岩刻画博物馆：《蔚州 大谷里 盘龟台 巌刻画》，蔚山严刻画博物馆，2013 年，第 192～193 页。

　　② "刻着神话的神画"这番描述是跟了金烈圭的"神画论要兼备神话论"的话来神画里展开了神话的见解。金烈圭：《以嗜好来读的韩国文化》，西江大出版社，2008 年，第 125 页。

蔚山岩刻画博物馆,蔚州大谷里 盘龟台 岩刻画,岩刻画全面 图版

韩国近代的象征
——凤尾鱼

金秀姬

（韩国岭南大学　独岛研究所）

只要是韩国人没有不认识凤尾鱼的。人们最喜欢的食品当中凤尾鱼断然是居第一位的。

凤尾鱼从头到尾没有扔的地方，在人们的餐桌上面像是漂浮在汪洋大海似的样子被食用。像我们在路摊上吃的鲫鱼形饼一样，凤尾鱼是从头到尾连鱼鳞都能食用。凤尾鱼有的时候是炒着吃，有的时候是拌着吃，有的时候是做海味儿汤后再用它来做肉汤，而且还把它连骨头发酵作辣白菜时用的鱼虾酱。

在韩国，好吃的辣白菜是用鱼虾酱做的，每年到腌菜季节会大量销售鱼虾酱。我们相信凤尾鱼含有的包括钙等诸多营养成分会保护我们的健康。所以，主妇们认为凤尾鱼是不惜花钱来购买的鱼。

一、朝鲜时代对凤尾鱼的认识

在朝鲜时代，人们认为长的像蛇一样的鱼或者是没有鱼鳞的鱼产妇吃了会难产，所以不能吃[1]。18世纪中期，柳重临增补的《增补山林经济》（1766年）里写到，形态怪异的

---

① 凭虚阁李氏,《闺阁丛书》,郑良婉译 宝晋斋,1975年,第69页。

鱼和腐烂的鱼不要吃,没有鱼鳞的鱼不要吃。他记载到要小心吃的与鱼相关的食物是鱼头里没有骨头的鱼、鱼眼发红的生鱼片、眼睛凹进去的乌龟、鱼的内脏和没有胆囊的鱼、鱼酱里有头发的。黄鲨鱼和荆芥、蛤蚌肉和醋、鲫鱼和麦门冬不要一起吃,猪肉和虾一起吃会得中风。

最近在丽水前海抓到的鱼

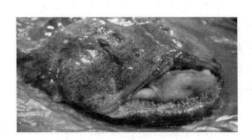

鮟鱇

19 世纪的文献凭虚阁,李氏的《闺阁丛书》里也写到,吃了没有鱼鳞的鱼会难产。现在还相传着产妇妊娠中要注意不能吃的鱼类。

吃章鱼孩子的头会异常的变大。有孕期间吃河豚会磨牙齿。吃乌鱼孩子的身上会长出萝卜。吃鲨鱼孩子的皮肤会变成像鲨鱼一样。吃鱿鱼会生出畸形儿或是萝卜。吃鲫鱼孩子的眼睛会凸出来。吃鲽鱼会流产或孩子会变扁。吃鳖会俩手翻过来。吃鲻鱼会生眼睛瞎的孩子。

朝鲜初期,记录在《新增东国舆地胜览》里的产在咸镜道的无太鱼叫明太。说是之前这个无太鱼因"无名的鱼不能吃"的理由没有被食用,后来有了明太这个名字以后开始发达起来的。关于明太传说中的"无名的鱼不能吃"的迷信,研究韩国渔业史的朴九秉作了一下说明。

本来北鱼在京畿道以南地方是指冻干鱼的意思,但是传说从现在开始约 600 年前的高丽时代,在江原道一带叫的"北鱼"是从北方大海群来的鱼的意思。当时,这个鱼主要在江原道一带被捕获的,但是因"无名的鱼不能吃"的迷信,没有被世人看中,渔业也没有兴起来。之后在咸镜北道捕获命名为明太之后才以富有营养的食材在全国被广泛的食用①。

传统时代的一些鱼好像是被宗教或是迷信禁忌的。在埃及,尼罗河水位高的时候不吃鱼;王国时代,因妨碍王的永生而没有关于鱼的记载。在欧洲,因章鱼是八足鱼而被视为不祥之物,安息教人不吃没有鱼鳞的鱼。

在日本,列为高级鱼种的鮟鱼,但在忠清道沿海视为忧鱼而被回避。《佃渔志》里写道,士大夫因为不喜欢它的名字而没有吃。

---

① 朴丘秉:《韩国渔业史》,正音社,1984 年,第 66 页。

北方的人叫麻鱼,南方的人叫鱼工鱼。渔家喜欢吃,但是士大夫不太愿意把它拿进厨房就因为不喜欢它的名字。(《佃渔志》)

在《牛海异鱼谱》里写到镇海市人喜欢吃鲅鱼,而且说鳗鱼类形态像蛇而且没有鱼鳞,所以两班忌讳而不吃。但是在《兹山鱼谱》里却记载"因味道鲜美而利于人"。在《牛海异鱼谱》里写到吃了闻良鱼会发生燥渴而被列为禁忌鱼。虽然不知道闻良鱼是什么鱼,但是依照现在我们什么鱼都吃的情况来看,当时认定忌讳对象也可能是为了禁止食用新捕获的异种来预防发病的一种方法。

1800 年,薝庭金镶在镇海流放时挑选新奇而古怪的鱼(异种)著作了《牛海异鱼谱》。在这本书上,他把凤尾鱼列入为像沙丁鱼似的近邻鱼种,说它跟在首尔买的鱊儿相似,称它为末自鱼。但是这个地方的人把沙丁鱼叫成"蒸郁",说它出在坏运气的地方,会导致"又热又闷因而头痛"的意思而被称为"蒸郁",临近海的地方住民不仅不吃,而且还传说到抓多了必会生瘴疬①。虽然在镇海能捕到很多沙丁鱼,但是人们视它为发病的鱼不太喜欢它。镇海人抓到沙丁鱼把它卖到鱼稀罕的地方。

跟它一样,凤尾鱼也视为有"瘴气和岚气的气运"而会产生坏运气的鱼。金镶在 1794 年被流放的关东地方富宁听说了凤尾鱼的故事,说它是出在不好气运地方的,吃多了会发像热病似的风土病。

像朝鲜初期,起初因为是"无名的鱼"所以没有被食用,有了名字以后才开始普及的明太一样,凤尾鱼也被传说成可能会致病的鱼来被认知的。

在朝鲜时代,高级鱼一般是指流线型的有良好形态的鲻鱼、鳜鱼、黄花鱼、鲈鱼、鳟鱼、黄姑鱼、黑鱼、酥鱼、鲍鱼、海参、章鱼、海苔、裙带菜等海鲜类。在海鱼中长得特别难看或特别异样的鱼,在民间传说是会致病的鱼而废弃不食用。② 朝鲜后期,因海上渔业的发达,在全国的主要市场上很多海鲜交易活跃起来了,虽然跟我们现在吃的鱼类相比是极其少的数量。在《林园经济志》里写道,凤尾鱼在京洲和湖南万顷市场上流通,形成了凤尾鱼渔业。

在"蔑致"(凤尾鱼)的名字里头可以看出这个鱼好像不是很贵重的鱼,而是非常常见而被人们贱视的一种鱼。19 世纪,流放到黑山岛的丁若铨写道"凤尾鱼可用作鱼酱,还有晾干后可用来做各种调味料,但是作为礼物使用是不雅观的"③。当时凤尾鱼不仅产量多,而且在市场上的流通量也大,是不能作为礼物的不起眼的鱼④。

在朝鲜时代,凤尾鱼是又小又长的像蛇一样难看的,吃多了有可能会生病的鱼。因为渔业的发达,所以能做出很密的渔网,能一下捉到很多凤尾鱼,但是因鱼的知名度低,所以不像黄花鱼和明太一样在冠婚丧祭上使用。因为当时还没有开发出去除凤尾鱼身上含有的特别的油的制造法,晾干半个月后凤尾鱼就会从脑袋和内脏开始发红变颜色,也不能长期储藏。

---

① 同书,46 页:茹稍过数日则内益岚令人头 土人谓之蒸郁,言蒸蒸郁郁然头痛也 土人言此鱼乃瘴气所化此鱼盛捕则必有瘴疬云 土人不甚吃。

② 金镶:《薝庭遗薬》,《牛海异鱼谱》,朴准源译,2004 年,第76 页:闻良鱼(省略)食之令人燥渴发狂。

③ 丁若铨:《兹山鱼谱》,郑文基译,知识产业社,2004 年,第65 页。

④ 李圭景:《五洲衍文长笺散稿》第10 卷,鰮辨证说。

在凤尾鱼主要的产地江原道,人们在太阳下少量的晾干凤尾鱼后到临近的村庄卖,还有因盐太贵而没能作成鱼酱。对于明太、黄花鱼、公鱼、鲻鱼、青鱼,用盐来腌制的各种制造法已经被发明了,但是凤尾鱼除了只是晾干和在一部分地区被制造成鱼酱外,没能脱离局部的渔业地域限制。

二、近代输出到日本的凤尾鱼

跟韩国一样以大米为主食的日本,他们为提高土地集约度而使用各式各样的肥料。在韩国,我们在粪里加草、灰、泥土、芝麻杆、大豆皮、柳树等用来作肥料,但是在日本使用的肥料是贝壳或动物的骨头,大豆的渣滓等副产物,还有叫做金肥的凤尾鱼肥料。随着商品经济的发展,米、棉花、橘子等商品性高的农作物栽培的扩散,大量的凤尾鱼被消费了,而且因为堤坝建设,河川和围垦地上使用了凤尾鱼肥料,因而凤尾鱼的消费量增多了,而且供不应求①。

明治期间都市的人口集中和产业化的影响,凤尾鱼的销量增多了,但是相反它的产量不是减少就是停滞状态。日本人进到朝鲜渔场投资后朝鲜凤尾鱼的地位变了。以江原道和济州岛的渔场为中心,日本人的资本被投进来以后朝鲜渔民展了扩张、增加、开发、开辟凤尾鱼鱼区等渔业活动频繁起来。这样朝鲜产的肥料被流动的日本商人购买,输出到日本做农业用肥料。在日本农业里开始大量使用廉价的朝鲜产凤尾鱼后,朝鲜渔场上就确立了有组织性的凤尾鱼生产体系。

在 1909 年,在朝鲜渔场凤尾鱼专用的大型拉网就有了 393 张。这个数量占全部朝鲜凤尾鱼渔区的 50% 。大拉网集中的地方是江原道和济州岛,在这里日本人拥有的大拉网总共有 95 张。开港期凤尾鱼的生产额,分别为江原道 16 万元,济州岛 15 万元,庆尚道 5 万元,咸镜道 2 万元,巨文岛 2 万元,于青岛 1 万元,离市场较远的岛屿地区也生产出了很多凤尾鱼。咸镜道、巨文岛是移居日本人经营的渔区,看起来这个就是它的产量大幅度增加的原因②。

但是,虽然在凤尾鱼渔场出现了大型渔区和增加的凤尾鱼渔民,但是随着凤尾鱼洄游的减少,它的生产量停滞了,丰歉也反复出现了。从属于日本资本的凤尾鱼渔民还不起借款而被抢走了渔区。单单日本人为主的庆尚道镇海湾就有十几个日本人的凤尾鱼用仓库,从而形成了日本人的渔业根据地。这里还是日本海的战略要地,在日俄战争期间作为日本军队的食物保存基地来使用的。殖民地化的凤尾鱼渔场起了日本征伐基地的作用。

从这点来看,凤尾鱼是扭转近代韩国渔业历史的重要的鱼。"不起眼"的鱼作为农业用肥料输出到日本,而且日本凤尾鱼渔民在渔场中心地设立了渔业根据地,为殖民化打造了基础。朝鲜的凤尾鱼渔场以用来做日本人肥料的供应地、日本渔民所属的渔场、日本商人的投资地而来发展的。

---

① 荒居英次:《近世の渔村》,吉川弘文馆,1997 年。
② 农商工部水产局:《韩国水产志》1,1909 年,第 242～243 页。

13

三、结束语

朝鲜时代因被“贱视”而连邻居都不送的凤尾鱼成为了近代韩国渔业的象征,是因为它所特有的商品性。日本的凤尾鱼渔业是以农业发展的附属业态而发展起来的,凤尾鱼生产量的增加变成了农业生产量增加的必需条件。在这个层面上来讲,近代期朝鲜凤尾鱼渔场被用来做日本肥料市场的腹地,凤尾鱼在日帝强占期扮演着“朝鲜工业化”的牵引车的作用而被生产成工业原料。根据日本市场的要求,渔业变得单一化,少数几个渔业品种发展规模极大是韩国近代渔业的重要特征。

参考文献

丁若铨:《兹山鱼谱》,(清代朝鲜)湖南文化研究所,1814 年。

金鑢:《藫庭遗藁》,《牛海异鱼谱》。

凭虚阁李氏:《闺阁丛书》。

李圭景:《五洲衍文长笺散稿》第 10 卷,鰮辨证说。

农商工部水产局:《韩国水产志》1,1909 年。

荒居英次:《近世の渔村》,吉川弘文馆,1997 年。

朴丘秉:《韩国渔业史》,正音社,1984 年。

东亚海洋文化和领土问题

宋汇荣

（韩国岭南大学　独岛研究所）

一、引言

朝鲜半岛成连结大陆势力和海洋势力的结节点，处在对两股势力开放空间的地政学的位置。因此，在历史上东亚成为以朝鲜半岛为中心的冲突和交流的场所，特别在近代成为周边列强角逐和浸透的对象。这是因为朝鲜半岛处在东亚的东端，且由连接大陆和海洋的战略价值而造成的。而且从东北亚各霸权国的立场上考虑，这块地也是他们必须要控制的要冲。

本文围绕东亚的海洋交流产生的摩擦和交流的历史进程中，因文化的冲突发生的领土及境界问题。而且就近代以前是因大陆势力的膨胀的延伸，近代以后是海洋势力在进入大陆过程中，围绕境界而发生的对立和冲突。因此，以大陆势力和海洋势力发生摩擦为主的观点来研究近代前后的历史脉络。

二、大陆势力和海洋势力的冲突

大陆势力和海洋势力的最初冲突是，在1274年2.5万名元朝军队和8 000名高丽军队组成的联军对日本的征讨。1281年，在二次征讨的丽元联军中包含从中国南宋调集的江南军。这个冲突的特征是作为大陆国家的元朝单方面对作为海洋国家的日本进行侵犯。蒙古欲征服日本的目的是为了孤立和日本做海上贸易的南宋，并把日本放在自己的政治支配中的企图。蒙古的这种征讨日本的意志强大，如在高丽设立征东行省，蒙古为了征服高丽，执着地数次侵犯高丽的目的也是为了自己在征讨日本中利用高丽。

在朝鲜半岛中大陆国家和海洋国家发生对等冲突是1592年爆发的壬辰倭乱。在16世纪后期，终结了历经100多年的战国时代而且统一日本全域的丰臣秀吉开始征讨大陆。他征讨大陆的目的，一方面是为了牵制在日本拥有很大势力的地方大名，压制新兴势力；另一方面出于平定国内不安局势的统治战略意图。丰臣秀吉要求朝鲜向日本朝贡而且要求"借道去攻打明朝（征明假道）"。最终达20万名的倭寇侵略釜山，爆发了壬辰倭乱。从明朝立场来看，不会对企图侵略本国的倭寇听之任之。1593年明朝参战。壬辰倭乱是大陆国家和海洋国家在朝鲜半岛爆发的第一次军事冲突。

第二次军事冲突是 1894 年的清日战争(中日甲午战争)。第三次军事冲突是发生在 1904 年的俄日战争。第三次军事冲突的意义不同于前两次军事冲突。俄日战争不仅仅是大陆国家和海洋国家之间的冲突,而且是大陆和海洋两股势力之间发生的有国际战争意味的冲突。[①] 第四次冲突是发生在 1950 年的韩国战争(朝鲜战争)。在这个战争中,虽然有联合国军参战,而实际上这是以代表海洋势力的美国和代表大陆势力的中国为轴的战争。如此,朝鲜半岛从很早以前就成为争取东北亚以至于世界霸权的战争聚焦地。俄国的传统领土膨胀政策受 19 世纪后期欧洲帝国主义的影响,目的是通过西伯利亚铁路,要对中国的满洲、朝鲜半岛乃至于太平洋进行经济掠夺。所谓的"和平掠夺"政策。俄国在 1898 年租借了旅顺、大连等辽东半岛,铺设"中东"铁路,实际上把满洲变成进入东亚的基础。

对这个政策的基调影响巨大的是 1900 年初发生的中国义和团事件。这个事件在当年 6 月蔓延到满洲。义和团破坏俄国铺设中的"中东"铁路,并且攻击了俄国守备队。随之俄国军队进击满洲,并在 10 月 6 日占领了满洲。紧接着,俄国在 1901 年 2 月欲通过兰姆斯道夫－杨儒协议继续对满洲的实际占领。对此,列强愤怒,尤其是日本做出了极端的否决态度。

当时日本的意图是根据 1898 年签订的罗森－西协议,把朝鲜半岛放在中间进行各种交易。日本的意图是以北纬 38 度为界,把以北划分给俄国,把以南划分给日本,以此划分朝鲜半岛,并各自归入自己的势力范围。日本中断了和俄国的交涉。在日本国内爆发了对俄国谴责的舆论。准备和俄国发生战争的战争氛围达到高潮。日本政府想通过和英国签订同盟关系来解决问题,因为当时英国政府对阻止俄国的南进有很浓厚的兴趣。当日本发现德国和法国倾向于谅解支持俄国占领满洲时,日本更加积极行动。

1902 年 1 月 30 日英日同盟签订,核心内容是当第三国攻击日本时,英国必须援助同盟国。俄日战争中不仅仅是英国,而且美国也表示愿意援助日本。日本的日俄战争费用 19.84 亿日元中 12 亿日元由美国和英国提供。由此美英日海洋势力形成。1945 年美国和苏联分割占领朝鲜半岛,因此在朝鲜半岛重新发生了大陆势力和海洋势力的角逐。美国乔治亚大学特聘教授威廉·司徒客在《韩国战争和美国外交政策》中主张自 1945 年后的南北韩的分裂和南北韩战争,朝鲜半岛战争等都不能无视列强的介入。根据这个结论,形成三八线分裂等原因是在朝鲜半岛中,是为了封锁代表大陆势力的苏联的影响力和代表海洋势力的美国,为了确保不冻港或者至少不能容忍在朝鲜半岛成立对本国非友好政府想法的苏联之间因利害关系一致而达成的决定。

1949 年 10 月 1 日中华人民共和国成立。1950 年 2 月 14 日签订了中苏同盟协议。美国在中苏同盟协议签订后,制定为了和苏联全面军事对峙的 NSC－68 号文件。在 1950 年朝鲜半岛发生战争时,美国派遣了第 7 舰队驻扎在台湾海峡。由此形成了美中之间的军事对立阵线。中国在当年的 10 月介入了朝鲜半岛战争。是大陆势力中国和海洋势力美国之间的冲突。战争结束后美日关系发展为美日同盟。随着冷战深化,形成了以朝鲜半岛为中心的韩美日南方三角关系和中苏北方三角关系。由此代表大陆势力的中国和苏联,代表海洋势力的美国和日本的对立结构出现在朝鲜半岛。

---

① 川岛真,东亚国际秩序的重组,《重新审视东亚近代史》,第 171～181 页。

16

三、东亚的领土问题

东北亚领土纷争的起源追溯到帝国主义的掠夺时期。日本对独岛、钓鱼岛（日本称尖阁）、南千岛群岛（日本称北方四岛）等的掠夺从这个时期开始。独岛是和1904年的俄日战争，钓鱼岛是和1894年清日战争（中日甲午战争），南千岛群岛是和克里米亚战争（1853—1955年）及日本对朝鲜的掠夺相关。

独岛历来是韩国的固有领土。随着日本掠夺野心的露骨，迫使大韩帝国以1900年赦令第41号再次确认独岛为本国的领土。但是处在俄日战争中的日本政府在1905年2月把独岛编入岛根县，因为日本政府意识到独岛及周边地区战略价值的重要性。

钓鱼岛是在1534年，首次由中国发现并确认是中国固有领土，这正是中国政府的主张。钓鱼岛作为中国的领土，因中国政府在清日战争（中日甲午战争）的战败，所以根据1895年4月的马关不平等条约被强制割让给日本。但日本政府主张此岛为无主岛屿，所以在1895年1月14日编入到那霸县。齿舞群岛、色丹岛、国后岛、择捉岛等北方四岛的南千岛群岛根据1855年下田条约（《日俄和亲通好条约》）和1875年彼得堡条约归属为日本领土。对此，俄罗斯主张这是因为克里米亚战争的失败而不得不做出的转让，同时也是因为惧怕美国、英国、法国等国对日本的支援和煽动俄日之间的冲突而不得不做出的让步。在克里米亚战争时期，英国和法国把日本海域当做抵御俄国的军事基地来利用。在1855年，英法舰队有时会攻击俄国。盯上库页岛的日本，在美国、英国、法国等国的支持下，就库页岛问题对俄国施加了压力。日本政府在1873年，为了侵犯朝鲜曾要求过俄国政府许可日军在俄国驻军。最终在1875年，根据彼得堡条约，库页群岛合并到日本领土。如此，独岛、钓鱼岛、南库页群岛是因为日本帝国主义的掠夺而产生的问题。

对日本帝国主义掠夺的处理是，根据1943年12月《开罗宣言》明示的第二次世界大战结束后对日本领土的基本方针为准而定。宣言宣告，第一，剥夺日本在第一次世界大战以来获得或占领的太平洋地域的所有岛屿；第二，把日本从中国掠夺的满洲、台湾、澎湖列岛等所有领土返还给中国；第三，日本应从通过暴力和贪婪而掠夺的所有地区被驱逐即剥夺日本通过清日、俄日及第一次世界大战等，用暴力和贪婪手段而获得的领土有原则性的提示。

1945年7月26日《波茨坦宣言》第8项"必须履行《开罗宣言》的条款，规定日本的主权范围局限在北海道、九州、四国及我们决定的小岛"。而且日本在1945年9月2日投降书签字仪式上约定，诚实履行《波茨坦宣言》。根据《开罗宣言》和《波茨坦宣言》的精神及根据日本受降仪式上的约定，问题的纷争地域必须要返还。根据1945年美国最高司令部训令第677号第3项中关于韩国，也列举了应当从日本领域分离出的岛屿是郁陵岛、独岛、济州岛。

联合国最高司令部在1946年6月22日发表的训令1033号"麦克阿瑟线"中独岛也是韩国领土。如此明白归入韩国领土的独岛在1951年9月8日签订的圣弗朗西斯科和平条约里，在日本返还给韩国的岛屿中遗漏。美国从1947年初开始着手制定对日强化条约草案。在当年3月19日制定的首批草案开始起到1949年11月5次草案中也明示独岛是韩国领土。但是在1949年12月15日完成的6次草案中独岛变成了日本领土，后来干脆就遗漏掉了。日本的独岛拥有权主张缘于美国的这种方向转换。

战后初期，美国如果为了保护战略利益而强化中国弱化日本的"强中弱日"政策能够延续，那么情况会发生变化。日本领土缩小为第一次世界大战以前的规模，而且日本的独岛拥有权主张也不会出现。但问题在于美国政策的变化。圣弗朗西斯科强化条约虽然签订，但俄罗斯和日本之间遗留有南库页群岛的问题。1954年末两国之间的关系正常化正式进行。当时日本趋向于收回北方四岛中的色丹岛和齿舞群岛两个岛屿，并准备和苏联签订条约。但美国害怕两国关系正常化，所以介入进来。

1956年8月18日国务卿约翰·杜勒斯在伦敦约见了日本外务大臣重光葵时警告日本如果只满足于收回两个岛屿，那么美国永远停留在冲绳。结果日本政府回到了从"二岛优先返还论"到"四岛一括返还论"的主张，导致日本和俄罗斯未能签订和平条约。美国在1972年5月把冲绳归还给日本时，应明确规定钓鱼岛的归属，但他们没有这么做。美国归还冲绳的措施，促成了日本对此列岛的实效性支配。日本关西学院大学教授指出"尼克松总统面对美中国际形势缓和，在暧昧处理此问题来关怀中国的同时，也埋下了两国潜在的纷争的火苗，目的就是为了使美军驻扎冲绳合法化"。包括美国在内的联合国各国，如果根据《开罗宣言》中的"日本应从通过暴力和贪婪手段获取的所有地域中被驱逐"及再次进行确认的《波茨坦宣言》的精神，对溯及到日本的帝国主义膨胀开始的清日战争以前问责，那么东北亚的领土纷争不会产生。

日本和韩国、中国、俄罗斯之间不能形成正常和解的原因也归结在，美国根据自身的战略立场，对日重视的政策和缘于搭便船的日本帝国主义掠夺的野心。大陆势力和海洋势力的冲突带来了朝鲜半岛分裂和独岛拥有权的问题。

四、结语

现今世界虽然处在EU、ASEAN、NAFTA等经济文化和谐的时代，东亚因中国跃升为G2，兴起新冷战体制及新民族主义气息。即东亚跃升为世界的中心的同时，围绕国家之间领土境界的摩擦和对立尚存。特别像日本，独断推行修改教育基本法，主张在下期政府任期内修改和平宪法的右倾化倾向日益严重。所以为了东亚和平构筑及和解疏通，需要摸索超越国家和民族的崭新的地域角度的文化疏通和共生的构筑秩序。以上通过东亚的重要海洋据点的交流，相克，疏通的展开过程的观察，确信可以获得对东亚海洋文化新秩序的启示。

崔溥的《漂海录》和江南

朴洪圭

（韩国岭南大学　独岛研究所）

一、引言

《漂海录》是记录崔溥（1454—1504 年）为了给父亲举丧，在成宗 18 年（1488 年）闰 1 月 3 日，从济州岛乘船去罗州时，因在海上遇到风浪，经过 13 日的海上漂流，终于到达了中国江南的浙江省，然后途经北京和辽东半岛，终于在 6 月 14 日返回朝鲜的经历写成的一本书。崔溥的这本书，是作为朝鲜人首次看到的明朝中国江南面貌的一部书。当时日本的使臣每 10 年 1 次，途经崔溥曾经到达过的宁波去北京，然后从宁波再次回到日本。[①] 相反，因为朝鲜的使臣必须从陆路往返北京，所以根本没有机会看到江南。所以崔溥在《漂海录》的最后 6 月 4 日的末尾写道"我所看到的全部景象是千载难逢的机会"[②]。这句话不只是指作为朝鲜人官方旅行到北京及到达北京的路径，而是指走遍北京下面的江北和江南地方。

在高丽和南宋交流后，朝鲜和江南圈之间的交流已中断。因为当时明朝禁止民间的海外贸易，推行一元化的朝贡贸易，而且把和朝鲜的朝贡贸易限定在北京。因此像安坚的《梦游桃源图》的朝鲜的山水画，大部分是在没有看见描写世外桃源的湖南省或张家界等的情况下，是只凭想象画出的画。而且到了清代，朝鲜自身对江南的关心也消失了。这和途经江南去北京的日本和欧洲有很大的差异。其中崔溥的纪行成为了解江南圈的唯一资料。

当然，不仅是北京，包括崔溥去过的江南北，对中国全地的旅行并非是崔溥之后等待了千年以后才变成事实的。而且，崔溥前后因海上漂流等原因，漂流到中国后按惯例[③]，在遣返过程中走遍江南北的朝鲜人也很多，但作为记录保存下来的只有崔溥一人。如前所述，如果把自己的旅行当作是千载难逢的事稍显夸张，而且在崔溥前后有很多人旅行了江南北，但真正把这些事记录下来的，他可能就是千年当中第一人。[④] 尤其沿着在隋朝建设的运河，途经杭州、苏州、扬州、徐州、天津等地，亲身见闻明朝经济文化中心的江南地区的第一个朝鲜人就是崔溥。

---

① 6 个月之内完成，对此的记录有比崔溥约晚半个世纪后，作为两次朝贡使臣来往的日本人（策彦）写的（入明记）。

② 崔溥，徐仁范·juseongji（주성지）著，《漂海录》，Hangilsa 出版社，2004 年，第 538 页。

③ 清朝的漂流民遣返制度在乾隆年间确立。

④ 崔溥之后的中国漂流记有 18 世纪李志桓的《漂舟录》和 19 世纪崔斗灿的（乘槎录）。

《漂海录》和马可·波罗写的元朝纪行《东方见闻录》(1299 年),圆仁(794—864 年)写的唐代纪行《入唐求法巡礼行记》并称为世界三大中国见闻的评判是小说家李柄注首次做出的。不管对这个评价的评判如何,这部书无疑是展示明代中国面貌的,朝鲜人唯一的见闻录。

二、现存的研究和新观点的必要

自 1964 年高柄翊的论文出现以后,关于崔溥和《漂海录》的研究和著述出现了很多。这些主要集中在关于崔溥经历和《漂海录》内容的分析上。尤其是崔溥作为朝鲜的性理学者保持高傲的姿态,而且他对佛教或道教,民间信仰拒绝接受,而且不崇强中国态度,枳极展现朝鲜书生独立面貌的评价占据了主流。但是这样的评价虽然体现出强调独立的 20 世纪 70 年代以后韩国学研究的倾向,但是从对当时明朝或朝鲜应该有正确认识的角度来看,这是否是所希望得出的分析呢? 相反,崔溥教条的态度是不是应该受到批判? 是不是对包括国王在内,民众对佛教和道教表现出相当的关心的现实,他反而采取了不理睬的态度?

因为崔溥的旅行经过了 151 日,所以不能完全看作是经过旅行后根据国王的命令在 8 日之内一时写就的。如果单纯从作者把每日或多日的抽空记录的资料进行事后整理的角度来分析,那么初期的想法和末期的想法有发生变化的可能。与此相关的有趣的一点是对中国的观点变化比之于崔溥自身的变化。根据这种变化,可以看作崔溥不顾父亲的丧期编撰了《漂海录》以致于受到朝廷士大夫的批判。

《漂海录》虽然采取私人日记的形式,但作为执笔命令者兼收信者是国王的官方记录内容,具有二重性,所以考虑到自我审查的可能性来阅读。尤其是,因为不论他在中国或者返回到朝鲜的时候尚处在父母 3 年举丧期,所以,在以孝为先的朝鲜,儒教社会必须注意自身行为。因此在《漂海录》内容中也出现那样的表现。尤其是《漂海录》虽然受王命编撰,因为有悖于孝道,所以应该认识到事后有问题发生,但他坚持编撰,最终导致问题发生。即使是受王命编撰,因不为父亲办理丧事而从事编撰的行为受到了批评。[①]

崔溥不顾那种批评的危险性而执意编撰《漂海录》的理由不仅仅只是因受王命的这一点,而更深层次的原因是不是他本身有强烈的表达欲望呢? 如前所述一样,是不是出于记载在 6 月 4 日的日记里的,这是"千载难逢的艰难的机会"想法的原因? 这就是他看到了江南,尤其是看到了江南的繁荣。

在《漂海录》的同一天的 6 月 4 日日记里,崔溥在比较自己看到的中国江北和江南时,没有赞扬江北而是赞扬了江南的面貌。如果以"以扬子江为中心南北为分界线,仔细观察人民兴衰,即扬子江以南的诸多府、省和县在尉所中的繁华高大华丽一言难尽"。"物产天下第一,古人称江南为最美的地方也因为此。"而且"从人情和风俗而言,江南温和柔顺,堂兄弟叔伯堂兄弟生活在一家,在吴江县以北开始偶尔有父子分开生活的现象,对此人们都认

---

① 崔溥后来以因责难燕山君的弊政和勋旧势利的贪婪的理由,被发配到咸镜北道的端川（戊午士祸 1498 年）最终死亡。（甲子士祸 1504 年）1506 年后虽然恢复权力,崔溥曾经漂流的大海比之于因海上漂流记而冤屈而死的死亡比起来婉转。

为是错误的"①。与之相反,记载"江北的人情非常凶恶,至山东以北家中出现不能互相包容或互相争吵的声音不断,劫掠偷盗杀人现象很多"②。而且"因为江南人以读书为业,所以孩童或艄公渔夫等全部都识字。当我到达那里,写了字询问,他们对山川古籍土地的沿革了如指掌,而且仔细做了说明"③。与之相反江北的人们因为有很多是不曾学习的,即使想询问,他们都会回答说"我不识字"所以都是无知的人。④ 就这样的比较方法,虽然不能看作崔溥把南方面貌当乌托邦认识,但不能否定这就是朝鲜必须效仿的理想的样子。

一直以来,崔溥即使在赞扬江南的富裕时,虽然有强调了对带来繁荣的商业或奢侈以批判的形式描写的初期记录,但是6月4日的比较当中,只有对事实的描述,没有言及批判。甚至在崇尚道教和佛教的方面也是一样。对此,因为在前面有了以批判的方式言及的部分,所以可以看作不再言及。从崔溥在对人情和风俗作证来看,也不能完全认定。即最初是以批判的视觉来看,而随着时间的推移,也可以看作视觉变得肯定和积极。

三、《漂海录》的漂海

《漂海录》共分3卷。和《漂海录》的题目一样的漂海记录只占此书的三分之一左右,剩下的三分之二是登陆之后发生的故事。因为151天旅行中漂海只占13天。所以原来的题目是"中朝见闻日记"。对14天漂流的恐惧是和死亡相伴的,找不到方向的恐惧。漂流5天时崔溥猜想"即将到达中国的土地",同时也害怕如果"到了天海外银河水,然后到没有终点的地方会怎么办"。当时人们都认为海边尽头有虚空,虚空外面是银河水。但崔溥真正感受到大海非空而无物的空间,而是有交流(对济州人或商人而言是既危险又熟悉的生活现场)的地方。这个从闰1月12日在宁波府境地遇见的盗贼所说的"如果风平水道畅通,二天"⑤就可以从那里到朝鲜的话或在第二天,部下所说的"公船和商船的来往不断而漂流沉没的十之五六"的话⑥中也可以知道。从这里可以看出,即使处在朝鲜中国日本官方交流中断中,还有许多的漂流人到达了宁波进行了交流。崔溥一行一度被误认为是倭寇。但这更使他认识到这种非官方或非法交流存在。

我国人无论以公或私往来济州时遇到风浪,而不知去向的人不计其数。能够活着回来的10或100名中只有1、2名。怎么就可以断定失踪的这些人因风浪而都沉没呢?对那些经过漂流进入到像暹罗(泰国)或 占城(越南中西部)一样岛屿的女真族国家的人不能指望他们回来。万一漂流到中国土地,也是被边境人员误认为外敌而被他们杀害而去领赏,还有谁能知道这种情况呢?⑦

因此崔溥奉劝政府制作号牌等公籍证明。

---

① 《漂海录》,第533页。
② 《漂海录》,第534页。
③ 《漂海录》,第534页。
④ 《漂海录》,第534页。
⑤ 《飘海录》,第75页。
⑥ 《漂海录》,第89页。
⑦ 《漂海录》,第109页。

四、佛教和道教

一直以来崔溥只被称颂为体现朝鲜书生高傲形象，而对他因通过和中国交流而发生的变化，研究几乎是空白。坦率地讲，虽然都处在儒教圈，更多表现为中国重视义，朝鲜重视孝，日本重视忠，而《漂海录》中崔溥说的朝鲜是只信奉儒教排斥佛教和道教社会。与此相反，中国是儒教和佛教、道教共存的社会。

1月8日，当中国人问在朝鲜是否信仰佛教时，崔溥回答说朝鲜只崇尚儒学。① 2月11日，当中国人讲解杭州的高丽史时说朝鲜人信仰佛教时，崔溥说那是高丽时代的礼仪且佛教在朝鲜是异端。又3月8日崔溥说，在朝鲜第一是儒教，次之是医术，佛教虽然存在但无人喜欢，而道教根本就没有。② 而且在4月3日一方面把明朝时衣服往左掖的风俗改变为唐朝穿衣的方式称赞为"朝廷文物的盛大"；另一方面为百姓不崇尚儒教而崇尚道教和佛教，重商轻农，男女衣服一样短而瘦，饮食有膻味且脏，贵人和贱人用同样的器皿是女真族风俗而担忧。③ 对此，不同于在中国感受解放感的18世纪的燕岩，在16世纪拥有上升身份的崔溥以自负心轻蔑了中国，但实际上是不是这样还存有疑问。

而且桎梏在中世文明圈中的朝鲜人和中国人，虽然可以相互经历，但这样的经历以多大的宽度和长度持续下去却无从知晓。崔溥在明朝首先看到的佛教、道教、儒教并存一样，有必要强调在朝鲜这三个教也并存着。即佛教和道教虽然不为官方认可，至少在民间层面依然作为重要的宗教存在。对士大夫中存在的反佛教情绪的激昂，到了连世宗也询问"为什么只是在朝鲜有对佛教这么强烈的批判"的程度。④ 对此大臣们的回答是因为信仰佛教中国灭亡了，但他们指的灭亡的中国到底指的是哪个中国呢？朝鲜崇强的明朝不是好端端活着吗？

一直以来，虽然有只强调崔溥作为儒者者的合理性的倾向，但至少充分体现作为信"天"的儒者者的信仰反应，而且可以注意到他通过中国的经历把自己教条的儒教观多少做了些修正。他对给中国带来繁荣的商业采取消极的立场，只对中国先进农业表现出了浓厚的兴趣。

《漂海录》在中宗代首次在朝廷少量刊出，然后在宣祖代1569年在崔溥外孙柳希春的支持下再次刊出，紧接着继续再版，但究竟有多少影响力不得而知。虽然崔溥冒死记录想传扬后代，但他的这个夙愿无论在生前还是在死后都未能成功。1873年虽然有部分翻译的文言本，但对其影响也无从知晓。反倒是1769年《唐土行程记》被翻译出版销售，在日本产生了很大影响。在韩国的完译文由李载浩在1976年完成。

崔溥记录当时中国的江南不仅和中亚、东南亚，还和日本、欧洲都有密切的关系。但是即使听到了在高丽时期因往来发生的高丽史的故事，对佛教排斥的崔溥对此也毫不

---

① 《漂海录》，第 95 页。

② 《漂海录》，第 332 页。

③ 《漂海录》，第 438 – 439 页。

④ 世宗实录，12/11/12，己酉。

关心。①

五、《漂海录》的意义——关于阳明学

崔溥在中国的时候,阳明学尚未开始,但在他回去后阳明学席卷了全中国。即崔溥在中国和朝鲜儒学决定性分开的时期访问中国的事情从来没有获得注目。因此,一直以来通过《漂海录》了解中国和朝鲜的知识分子产生相互影响的观点②有问题,而对那本书有关心的只有日本人。

在那本书中,我们虽然可以读到桎梏在中世文明圈中的朝鲜人和中国人相互经历,但只能认为其影响力微乎其微。这对漂海以后考虑到崔溥对儒教有态度变化时,未免感到遗憾。无论是漂海以前还是漂海过程中的崔溥作为朝鲜的书生无疑忠实于名份论,但回到朝鲜后不顾举丧期而受命于国王执笔《漂海录》,最终惹祸。

崔溥死后的1504年的次年,王阳明逐一提出知行合一,心即理,致良知说构筑了和朱子学对立的心学的思想。王阳明确定儒教为大道,佛教和道教为小道。对此非但不排斥,而且认定相互之间有交集。③

但是与其说这是王阳明的思想特征,不如把注意力放在,他把明太祖(1328—1398年)在位(1368—1398年)时期的三教政策深化为理论层面这件事上。虽然把性理学定为官学,非但没有排斥佛教和道教,而是作为提高个人修养或祈福的用途,④而这之后三教合一的倾向也非常浓厚。这种倾向在朝鲜至少在前期也相类似。⑤王阳明的徒弟在明朝(嘉靖1521年执政)时已主导朝廷,所以阳明学通过使臣广泛宣传,但在朝鲜,因盛行性理学的鼻祖化而未能成功。所以作为使臣的赵宪和虚封把明朝的阳明学称为邪说。

---

① 《漂海录》,第201页。

② Seo inseok(서인석),崔溥的《漂海录》中出现的海外体验和体验对话性再构成。《古典文学和教育》,VOL。13《2007》。31 – 66页。

③ 《阳明全书》。卷9,谏迎佛疏。

④ 《太祖御制文集》,三教论。

⑤ 虽然曹永禄说明,在中国,元朝统治根本性转变了汉族社会,因拥有广大的领土和众多民族,所以在保持文化的单一性方面有难度,但在高丽,因元朝没有直接统治,所以没有深化乡村社会的动摇的差异性,但有异议。曹永禄,阳明学和朝鲜的两班社会,金裕哲的《中国的江南社会和韩中交流》,集文堂,1997年,第165页。

徐福东渡与秦始皇的海洋意识

邹振环

（复旦大学历史系）

摘要：本文通过《史记·秦始皇本纪》《史记·封禅书》等相关材料，就秦始皇海洋意识形成的基础、秦始皇对海外世界的向往与徐福东渡计划的提出和批准、秦始皇的造神以及水神与海神信仰三个方面，指出秦始皇是历史上第一个探索海洋和挑战海洋的皇帝，表现出对海洋的占有和控制的海洋政治观，他不断到海边巡游，甚至不惜进行海洋航行以战胜"海神"之恶神，正是秦始皇的海洋意识才使秦朝这个内陆发展起来的国家，迅速成为一个包括渤海、东海和南海的中央集权之中华大国。中国是一个大陆国家，又是一个海洋国家，中华文明不仅是"大陆文明"，也是"海洋文明"，从内陆发展起来的中华民族也是一个伟大的航海民族，可以说，将海洋作为陆地的延伸和"天下"的有机组成部分而建构海陆文明一体中华大国的基本范型，在秦朝已经确立了其发展的基盘。

关键词：秦始皇　海洋意识　徐福　海陆文明一体

秦始皇统一中国后就多次巡游各地，其中最多的地方是海边，从北面的芝罘、碣石，到南面的会稽，并多次与议于海上，且每遇不顺心之事，他也是通过在沿海地区的刻碑来舒解自己内心的郁闷的。秦始皇生前为自己建造的陵墓中，设计了人间的六合世界，其中就有水银建构的大江大海。可以说，秦始皇是历代帝王中最重视海洋的皇帝之一。一个原本属于内陆地区成长起来的帝王，何以会对海洋世界有如此之大的兴趣呢？这一点始终困扰着我。

海洋意识是指人类对海洋的了解、关于海洋知识的积累，以及如何利用海洋的认识。海洋意识研究包括的范围非常广泛，诸如海洋地理的海岛海域、海洋自然资源、海洋动物、海洋经济、海上交通与海洋信仰等。关于秦始皇的海洋意识，王子今已撰有《略论秦始皇的海洋意识》（载 2012 年 2 月 13 日《光明日报》），就秦始皇"天下"与"海内"的理念、"议功德于海上"的政治文化意义，以及"梦与海神战"的心理背景，作了初步的讨论。卜祥伟和熊铁基的《试论秦汉社会的海神信仰与海洋意识》（载《兰州学刊》2013 年第 9 期），也以秦始皇为例，指出秦汉时期在继承先秦海神信仰的基础上丰富和发展了海神信仰的内容和形式，使秦汉社会的海神信仰呈现出了人格化、世俗化、社会化的新特点。随着海神信仰的发展，秦汉社会的海洋意识也出现了新的变化，以海洋控制为主体的海洋政治观得以践行，而海洋文化观的发展进一步拓展了海洋意识的范畴。

秦始皇的海洋意识充分体现在他对徐福东渡计划的全力支持。学界关于徐福的研究更是汗牛充栋,①但徐福东渡与秦始皇的海洋意识究竟有着怎样的联系,笔者认为是值得专门加以讨论的。本文通过《史记·秦始皇本纪》《史记·封禅书》等相关材料,就秦始皇海洋意识形成的基础、秦始皇对海外世界的向往与徐福东渡计划的提出和批准、秦始皇的造神以及水神与海神信仰三个方面,尝试讨论徐福东渡与秦始皇海洋意识的关系,指出将海洋作为陆地的延伸和"天下"的有机组成部分而建构海陆文明一体中华大国的基本范型,在秦朝已经确立了其发展的基盘。

一、秦始皇海洋意识形成的基础

中国是一个大陆国家,又是一个海洋国家。或认为西方文明是"海洋文明",中华文明是"大陆文明"。其实,中华文明不仅是"大陆文明",也是"海洋文明",中华民族是一个伟大的航海民族。早在商朝末年,据说殷人就有过大规模的渡海跨洋的美洲航行,如果殷人是美洲文化的开创者,有些玄乎的话,那么已有充分和确凿的材料证明,在春秋战国时代就有了比较发达的近海航行。如《史记·吴太伯世家》记载,吴王夫差"乃从海上攻齐,齐人败吴",徐广《集解》称是"海中败吴"②。这条材料足以说明齐国拥有比吴国更强大的海上力量。齐国是位于东海之隅的滨海之国,其海上交通比较发达,史载齐威王、齐宣王和燕昭王都曾"使人入海求蓬莱、方丈、瀛洲",且"盖尝有至者"③。越国吞并吴国后,在山东半岛的琅琊建立了自己的根据地,勾践"从琅琊起观台,台周七里,以望东海。死士八千人,戈船三百艘"④。可见,当时越国的航海业也非同小可。可见在2 000多年前,中国人已经对海洋有自己的了解,且已有若干关于海外世界的知识,并初步开始利用海洋的资源和力量。

正是在大量有关海洋知识的基础上,《荀子·王制》篇较早提出如何来利用中华大地周边的"北海""南海""东海"与"西海":"北海则有走马吠犬焉,然而中国得而畜使之;南海则有羽翮齿革曾青丹干焉,然而中国得而财之;东海则有紫结鱼盐焉,然而中国得而衣食之;西海则有皮革文旄焉,然而中国得而用之。"⑤虽然这里的四海之地,是指中原周边近海和海边地区的出产,但可见学者已经注意到海岸、海洋对于中原文明的特殊意义。

战国齐威王和宣王时代有著名的思想家邹衍,著有《邹子书》,其中有"五德终始"和"主

---

① 关于徐福东渡的研究成果,可参见连云港徐福研究会编《徐福研究论文集》中国科学技术出版社,1991年,山东徐福研究会、龙口徐福研究会编《徐福研究》青岛海洋大学出版社,1998年和朱亚非主编《徐福志》山东人民出版社,2009年。

② 司马迁《史记·吴太伯世家》,载《史记》卷三十一(五),中华书局,1975年,第1473页。

③ 司马迁《史记·封禅书》,载《史记》卷二十六(四),中华书局,1975年,第1369页。关于"蓬莱、方丈、瀛洲""三神山"究竟在何处,学界看法不一,或说是蓬莱之外的长岛,或说是日本列岛,或说是朝鲜等,或说是美洲的墨西哥海岸。(参见连云山《谁先到达美洲》,中国社会科学出版社,1992年,第94~95页。最极端的说法是指"北极漂出的巨大冰山"。(参见王颋《圣王肇业——韩日中交涉考》,学林出版社,1998年,第20~23页)

④ 袁康、吴平《越绝书》卷八,"外记·记地传",岳麓书社,1996年,第122页。

⑤ 王先谦《荀子集解》卷五"王制篇","诸子集成"本,上海书店1986年影印本,第102~103页。古人多以为中国的大地周边环海,所谓四海中的东南西北,一般"北海"指北方的贝加尔湖、巴尔喀什湖和黑海;或以为是鞑靼海、鄂霍次克海至北冰洋;"南海"指今天的东海与南海;"东海"指今天的东海与渤海;"西海"比较复杂,或指西部沙漠的瀚海,或指青海湖、博斯腾湖、咸海、里海乃至于红海、阿拉伯海和地中海。(参见舟欲行《海的文明》,海洋出版社,1991年,第53~54页)四海说是与华夷说和天朝中心主义的理论紧密相关的。

运"篇,讨论"五德各以所胜为行"和"五行相次转用事"等理论,其"论著终始五德之运",由齐人上奏秦始皇,"始皇采用之"。① 秦始皇对阴阳五行学说的崇奉,《史记·封禅书》称:"秦始皇既并天下而帝,或曰:'黄帝得土德,黄龙地螾见。夏得木德,青龙止于郊,草木畅茂。殷得金德,银自山溢。周得火德,有赤乌之符。今秦变周,水德之时。昔秦文公出猎,获黑龙,此其水德之瑞。'于是秦更命河曰'德水',以冬十月为年首,色上黑,度六为名。"②《秦始皇本纪》中亦有类似记述:"推终始五德之传,以为周得火德,秦代周德,从所不胜。方今水德之始,改年始,朝贺皆自十月朔,衣服旄旌节旗皆上黑,数以六为纪,符、法冠皆六寸,而舆六尺,六尺为步,乘六马。更名河曰德水,以为水德之始。刚毅戾深,事皆决于法,刻削毋仁恩和义,然后合五德之数。于是急法,久者不赦。"③秦始皇按照水、火、木、金、土阴阳五行相生相克、终始循环的理论进行推求,认为周朝为火德的属性,秦朝既然取代了周朝,就一定是取周朝火德而代之,因此应该是"水德"。作为"水德"的起始之年,应该顺承天意,更改一年的起点,群臣朝见拜贺都安排在十月初一那一天。衣服、符节和旗帜的装饰,都崇尚黑色。因为水德属"阴",而《易》卦中表示阴的符号阴爻叫做"元",把数目以"十"为标准,改成以"六"为计量单位,符节和官员的法冠,都规定为六寸,车的两轮间的距离宽为六尺,六尺为计算单位,一辆车驾六匹马。甚至把黄河也改名为"德水",以此来表示"水德"的开始。实行的政策法令非常刚毅严厉,一切事情都依刑法等法律为准,刻薄而不讲仁爱、恩惠、和善、情义,认为只有这样,才符合五德中水主阴的命数。于是采取的法令极为严酷,关在牢狱中的罪犯久久不能得到宽赦。

秦始皇不仅接受了邹衍的五德终始说,也接受了邹衍在荀子"四海"说的基础上进一步提出的"大九州"说。这是中国古代最早,也是最伟大的关于海洋和海陆关系的猜想。是《禹贡》九州意识向海洋世界的直接放大,由"九州"推论出八十一州和大瀛海,提出:"儒者所谓中国者,于天下乃八十一分居其一分耳。中国名曰赤县神州。赤县神州内自有九州,禹之序九州是也,不得为州数。中国外如赤县神州者九,乃所谓九州也。于是有裨海环之,人民禽兽莫能相通者,如一区中者,乃为一州。如此者九,乃有大瀛海环其外,天地之际焉。"④邹衍关于"大九州"的地理学思考,很可能一方面是来自当时人们对天象地理的观察,因为从《穆天子传》《山海经》的传说中可知,战国时对西北地理知识已有了一个相当大的开拓;另一方面是依据了齐人对域外世界的认识水平。⑤邹衍的这一推论是以中国内陆九州划分为经验,更是以春秋战国时代大量齐人的海外航行,春秋战国时代对海外世界的广大无穷的初步认识,以及地理视野的拓展为基础的。杨国桢将之称为"海洋型地球观"。⑥ 虽然这一大胆的想象,是建立在天圆地平的基础上,但它首次打破了狭隘的世界中心论,把世界假想

① 司马迁:《史记·封禅书》及其《集解》《索隐》,载《史记》卷二十六(四),中华书局,1975 年,第 1368~1369 页。
② 司马迁:《史记·封禅书》,载《史记》卷二十六(四),中华书局,1975 年,第 1366 页。
③ 司马迁:《史记·秦始皇本纪》,载《史记》卷六(一),中华书局,1975 年,第 237~238 页。
④ 司马迁:《史记·孟子荀卿列传》卷七十四,(七)中华书局,1977 年,第 2344 页。
⑤ 位于东海之隅的齐国已有比较发达的海上交通,根据考古资料证实,辽宁旅顺郭家村下层文化遗存中,有鼎、规等大汶口文化一致的器物,说明在山东半岛与辽东半岛间在新石器时代就已有了海上交通。参见安志敏《略论三十年来我国的新石器时代考古》,载《考古》1979 年第 5 期。
⑥ 杨国桢:《中华海洋文明的时代划分》,载李庆新主编《海洋史研究》第五辑,社会科学文献出版社,2013 年 10 月,第 3~13 页。

成一个多元的广大区域,这是对传统华夷说和天朝中心论的激烈批判。

邹衍的"大九州"和"大瀛海"的理论,是秦始皇理解海洋和海外世界、建立自己海洋意识的重要依据,正是在这些海洋知识和海洋意识的支配下,出生和活动于内陆的秦始皇才会把眼光长期投射到沿海地区,才能同意徐福率领数千童男女和百工,携带着各种工具、武器和种子,两度下海,进行所谓获取仙药的航海活动。如果没有关于海洋的基本知识,徐福及其随行人员根本不可能制订这样宏大的计划,秦始皇也不可能同意这样庞大计划的实施。

二、秦始皇对海外世界的向往与徐福东渡计划的提出和批准

秦王朝建立后,沿海具有海洋型特征的齐地、东夷、百越先后纳入其版图,成为中央王朝的海疆。秦始皇本人则有多次大规模的沿海和海上活动的实践,他曾多次巡视渤海和东海地区,他的巡视活动,多被古代学者解释为是单纯为了寻求海上神山和长生不老之仙药,其实这种观点是很值得商榷的。《史记·秦始皇本纪》中透露出很多信息,即秦始皇其实根本不相信自己能长生不死,所谓"二世三世",所谓"后世循业,顺承勿革",以及营造骊山墓地,都说明他不相信自己会长生不死。海神需要童男女陪侍尚能理解,但需要五谷种子和百工随行,就很难说得通。如果秦始皇仅仅为了寻找神仙谋求仙药,似乎也不能同意徐福携带数千童男女下海,而且携带五谷种子和百工随行的。

秦始皇统一六国后即开始大规模的巡海活动,一方面是处在中原核心地带的新征服的燕、齐、越三个濒海之国,在秦统一后尚未完全平定,不少地方有反叛活动,秦始皇的巡游有加强中央集权的政治意义。同时,秦始皇有很强的海洋意识,有开发沿海地区、发展海岸港口的想法,如他从内地向濒海地区大量移民三万户:"南登琅邪,大乐之,留三月。乃徙黔首三万户琅邪台下,复十二岁。作琅邪台,立石刻,颂秦德,明得意。"[1]用免征赋税十二年的厚利,鼓励内地移民定居海疆,并扩建琅邪港口,开辟海运。

尽管关于徐福(或作"徐市")的出生地至今学界争论不休,但他是生活在齐地的方士,则无争议。齐人徐福第一次上书是在秦王政二十八年(公元前 219 年),他称:"海中有三神山,名曰蓬莱、方丈、瀛洲,仙人居之。请得斋戒,与童男女求之。于是遣徐市发童男女数千人,入海求仙人。"[2]"仙人居之"的蓬莱、方丈、瀛洲"三神山"的传说,在战国时代颇为流行,齐威王、齐宣王和燕昭王都曾"使人入海求蓬莱、方丈、瀛洲",或说在渤海中"去人不远",且"盖尝有至者,诸仙人及不死之药皆在焉。其物禽兽皆白,而黄金银为宫阙。未至,望之如云;及到,三神山反居水下。临之,风则引去,终莫能至云"[3]。海中蓬莱最早见之《山海经·

---

① 司马迁:《史记·秦始皇本纪》,载《史记》卷六(一),北京:中华书局,1975 年,第 244 页。

② 司马迁:《史记·秦始皇本纪》,载《史记》(一),北京:中华书局,1975 年,第 247 页。

③ 司马迁:《史记·封禅书》,载《史记》卷二十六(四),北京:中华书局,1975 年,第 1369～1370 页。

海内北经》,是与地中陆上昆仑相对的神山仙岛,两者都被古人视为远古的两大仙乡。① 蓬莱等三神山是海中圣山,被认为是长生不死的空间,其中蕴含着丰富的古人关于海洋世界的想象。徐福应该非常了解秦始皇对于海中蓬莱为代表的海洋世界的向往,也了解秦始皇所具备的海洋意识和秦朝执行的海洋政策,否则很难想象他会提出这样一个带领数千童男童女"入海"的计划。秦始皇的海洋意识决定他会同意由徐福挑选童男童女几千人,造出能够运载数千童男女的大船到海中去寻找仙人和仙药,将这一"费以巨万计"计划很快付诸实施。

更值得注意的是秦王政三十四年(公元前 243 年),秦始皇在丞相李斯的建议下,发布了焚书令之后,三十五年(公元前 212 年),侯生、卢生等私下攻击秦始皇专权,秦始皇"日闻"这些方士私下诽谤他并最后出逃,感到非常愤怒:"吾前收天下书不中用者尽去之。悉召文学方术士甚众,欲以兴太平,方士欲练以求奇药。今闻韩众去不报,徐市等费以巨万计,终不得药,徒奸利相告日闻。卢生等吾尊赐之甚厚,今乃诽谤我,以重吾不德也。诸生在咸阳者,吾使人廉问,或为訞言以乱黔首。"于是他派遣御史逐一拷问这些攻击他的方士和儒生,最后下令对方士和儒生实行了极为残暴的活埋措施,在咸阳坑死了 460 多人。② 这一材料可见他对"徐市等"耗费了巨额资金,但始终没有带来海外的消息,非常恼火,特别是侯生、卢生等方士还"徒奸利相告"。但奇怪的是当徐福再次出现在他面前,秦始皇并未惩罚他,而且对徐福重新提出再次率领童男女以及"善射与俱"出海的计划,非常重视:"方士徐市等入海求神药,数岁不得,费多,恐谴,乃诈曰:'蓬莱药可得,然常为大鲛鱼所苦,故不得至,愿请善射与俱,见则以连弩射之'。"③甚至下令组织武装力量携带着新式武器和"捕巨鱼具",帮助徐福破除阻碍他再次入海的障碍:"始皇梦与海神战,如人状。问占梦博士,曰:'水神不可见,以大鱼蛟龙为候。今上祷祠备谨,而有此恶神,当除去,而善神可致'。乃令入海者赍捕巨鱼具,而自以连弩候大鱼出射之。自琅邪北至荣成山,弗见。至之罘,见巨鱼,射杀一鱼。"④这里的记载表明,秦始皇还亲自携带"连弩"乘船航行,以寻找并除去所谓"以大鱼蛟龙"为替身的"恶神"⑤,以迎接"善神",最终在"之罘"发现了"巨鱼",并将之"射杀"。

《史记·淮南衡山列传》记载了西汉武帝时代楚国谋士伍被给淮南王刘安谈论天下形势,规劝刘安不要搞谋反,伍被给他谈到了徐福第二次东渡出海的经过:"又使徐福入海求

① 高莉芬在所著第三章"蓬莱神话的海洋思维及其宇宙观"中认为相对于海上文明发达的文明古国,古代中国与海洋有关的神话并不多见,但在《山海经》的海中神灵、海上异域与海上乐园的书写,也投射着先民对于海洋的自然观察与神话想象。而《山海经》中的海中"蓬莱山",发展到秦汉时期,以海中的"三山"或"五山"的地貌形式,寓托初民对不死仙境的企求与相望。日益增衍的蓬莱神山神话,其中对海底大壑、海中巨灵、海上他界的书写与想象,积淀着先民对于大海的宗教情怀、哲学思辨与宇宙思维,具有丰富的文化意蕴。参见氏著《蓬莱神话——神山、海洋与洲岛的神圣叙事》,台北:里仁书局,2008 年,第 57 ~ 123 页。
② 司马迁:《史记·秦始皇本纪》,载《史记》卷六(一),北京:中华书局,1975 年,第 258 页。
③ 司马迁:《史记·秦始皇本纪》,载《史记》卷六(一),北京:中华书局,1975 年,第 263 页。
④ 司马迁:《史记·秦始皇本纪》,载《史记》卷六(一),北京:中华书局,1975 年,第 263 页。
⑤ 或以为文中"以大鱼蛟龙为候"之"候"作"封侯"解,认为海神作为一种神灵受到秦始皇的封赐,并以侯的待遇加以拜祭,这足以说明海神在秦始皇心目中的地位。参见卜祥伟和熊铁基的《试论秦汉社会的海神信仰与海洋意识》,载《兰州学刊》2013 年第 9 期,第 26 ~ 31 页。其实这里"候"应作"替身"解。

神异物，还。为伪辞曰：‘臣见海中大神’，言曰：‘汝西皇之使邪？’臣答曰：‘然’。‘汝何求？’曰：‘愿请延年益寿药’。神曰：‘汝秦皇之礼薄，得观而不得取。’即从臣东南至蓬莱山，见芝成宫阙；有使者，铜色而龙形，光上照天。于是臣再拜，问曰：‘宜何资以献？’海神曰：‘以令名男子，若振女与百工之事，即得之矣。’秦皇帝大悦，遣振男女三千人，资之五谷种子、百工而行。徐福得平原广泽，止王不来。”①伍被距徐福东渡仅60多年，徐福与伍被之父是同时代人，所谓“徐福得平原广泽，止王不来”应是与徐福同去者回国带来的消息，基本属于信而有征的说法。

奇怪的是秦始皇坑死了几百个方士，而同样是方士的徐福，耗费巨资并未完成使命，秦始皇却全然相信了他的陈述，不仅没有惩罚犯了“欺天大罪”的徐福，而且竟然再次同意他重新组织人员，除了三千童男女之外，还允许他携带“五谷种种”，和各种具有专门技艺的“百工”同行。联系《秦始皇本纪》中的徐福“诈曰：‘蓬莱药可得，然常为大鲛鱼所苦，故不得至，愿请善射与俱，见则以连弩射之’。”可见徐福所说的“为大鲛鱼所苦”，很可能是第一次迁徙过程中，徐福一行在登陆前后都受到了当地土著在海上和陆上的强烈抵抗而遭到失败，因此，第二次他想携带着“连弩”的“善射”者同往。从前后文看，秦始皇应该是同意了徐福的请求，第二次徐福东渡是有武装力量同行的。如果秦始皇仅仅是为了寻找长生不死的仙药，很难想象他会两次同意徐福率领如此至多的童男女，还有大批掌握着技艺的“百工”随行，因为这是非常明显的辟土安居的行为，只有一种解释，即具海洋意识的秦始皇，是在邹衍这种“大瀛海”知识的支配下，秦王朝已经确立了以山东为基地向海外世界开拓的海洋政策。如果不了解秦始皇海洋意识支配下所确立的海洋政策，徐福及其随行人员根本不敢向秦始皇提出这一率领数千童男女和百工，携带着各种工具、武器和种子，两度下海宏大的出海计划，秦始皇也不可能两次同意如此庞大计划的具体实施。

后人因为秦始皇的残暴，故意贬低秦始皇的智力和判断力，抹杀秦王朝所确立的海洋政策，将徐福两次如此大规模的航海，解释成仅仅是因为寻找仙人和获取仙药。事实上，这里所谓的“仙药”，不仅仅是一种长生不老之药，应该也是多种海洋资源的象征物。② 秦始皇同意徐福率领如此之多的童男女和百工甚至武装力量同行，应该是希望通过这些大规模的海

① 司马迁：《史记·淮南衡山列传》，载《史记》卷一百一十八，（十），北京：中华书局，1975年，第3086页。

② 所谓“仙药”究竟何指？东方朔《十洲记》中称：“祖洲在东海中，地方五百里，上有不死草，生琼田中，草似菰，苗长三尺许。人已死者，以草覆之皆活。”此说未免夸大，但海洋中的药物，历代医书多有记载。对海洋生物的药用，被航海者发现，后来被记载下来，服用有效则又被夸大为“仙药”。参见房仲甫、李二和《中国水运史》，北京：新华出版社，2003年，第74页。春秋战国时代成书的《山海经》中记录了120多种药物，涉及动物药、植物药、矿石药、水类、土类等多个领域。其中很多属于海洋中的鱼类，如“其状如牛”的“鯥”，“食之无肿疾”；“其状鱼身而蛇尾”的“虎蛟”，“食者不肿”，可以治疗痔病；“其状如鱼而人面”的“赤鱬”，“食之不疥”；“状如鲤鱼，鱼身而鸟翼”的“文鳐鱼”和“鱼身而犬首”的“鮨鱼”，都有治疗“狂”病的作用；“其状如鳣”的“滑鱼”、“其状如鲤”的“（鱼巢）鱼”和“其状如鲤”的“鳋鱼”，食之都可以治疗“疣”；“其状如儵而赤鳞”的“鮆鱼”，食之可以治疗骚臭；“其状如（鱼帝）鱼”的“人鱼”，“食之无痴”；“其状如鲋鱼”的“滔（鱼字旁）鱼”，食之可以治疗呕吐；“其状如儵”的“鯎鱼”“食之无疫疾”；有些鱼类有某种治疗精神疾病和具有某种特殊的力量，如“三尾、六足、四首”的“儵鱼”，食之可以治疗忧郁；“鱼身蛇首”的“冉遗”，“食之使人不眯，可以御凶”；“其状如鹊而十翼”的“鳛鳛”，食之“可以御火”；“其状如鲋”的“飞鱼”，“食之不畏雷”；“（鱼帝）鱼”，“食者无蛊疾，可以御兵”，等等。参见薛愚主编《中国药学史料》，北京：人民卫生出版社1984年，页35～41。虽然其中没有提及这些鱼类中是否具有长生不死的神奇功能，但这些治疗疾病的功能，一定会给秦始皇和秦宫中的博士官和方士留下深刻的印象，秦始皇企图通过这些方士如徐福出海的巨大工程，来寻找各种所谓“仙药”的海洋资源。

上移民活动,求得海外的土地,获取更多的海洋资源。

三、秦始皇的造神以及水神与海神信仰

所有的生命都从海洋中孕育而生,海洋浩渺辽阔、神秘莫测,代表着一种无意识的混沌状态。远离中央陆地之海洋和海滨之美景,常常成为人们寻求解脱现实世界中生命不能自主的心灵桎梏和寄托生命归宿之地,因此往往会与死亡联系而产生一种超自然的力量,与神仙和神话联系在一起,海洋意识也包括缘于海洋而创造出的神灵和生成的海洋信仰。

秦始皇在建立中央集权的专制皇朝的同时,就极力推进造神运动。秦国统一天下伊始,秦始皇要求臣下讨论帝号时,就强调之所以能够统一天下是赖祖宗的神灵保佑,六国诸王都依他们的罪过受到了应有的惩罚。在涉及是否要采取分封制度时,廷尉李斯则进一步将统一全国的功劳归功于秦始皇的"神灵":"周文武所封子弟同姓甚众,然后属疏远,相攻击如仇雠,诸侯更相诛伐,周天子弗能禁止。今海内赖陛下神灵一统,皆为郡县,诸子功臣以公赋税重赏赐之,甚足易制。天下无异意,则安宁之术也。置诸侯不便。"始皇听后非常赞同,称:"天下共苦战斗不休,以有侯王,赖宗庙,天下初定,又复立国,是树兵也,而求其宁息,岂不难哉!廷尉议是。"①并确定将秦始皇的丰功伟绩以碑文的形式流芳百世:"古之五帝三王,知教不同,法度不明,假威鬼神,以欺远方,实不称名,故不久长,其身未殁,诸侯倍叛,法令不行。今皇帝并一海内,以为郡县,天下和平。昭明宗庙,休道行德,尊号大成。群臣相与诵皇帝功德,刻于金石,以为表经。"②秦王政三十三年(公元前 214 年)他置酒咸阳宫,博士七十人前来祝寿。仆射周青臣再次赞扬秦始皇的"神灵明圣",进颂道:"他时秦地不过千里,赖陛下神灵明圣,平定海内,放逐蛮夷,日月所照,莫不宾服。以诸侯为郡县,人人自安乐,无战争之患,传之万世。自上古不及陛下威德。"始皇大悦。③

水创造了生命,具有至高无上的神奇力量。在遥远的时代,中国人因为水而形成了所谓的水神信仰,水神信仰在中国古代又与水利工程的利用和治理有关。战国时代水神流行,秦代在全国各地建立了很多水神庙来供奉当地的水神,据《史记·封禅书》记载:"及秦并天下,令祠官所常奉天地名山大川鬼神可得而序也。自崤以东,名山五,大川祠二。……水曰济、曰淮。""自华以西,名山七,名川四。……水曰河,祠临晋;沔(汉水),祠汉中;湫渊,祠朝那(右耳旁);江水,祠蜀。"《史记索隐》称其中"临晋有河水祠",其中供奉水仙冯夷。④ 这些是列入官方祭祀名单的水神,另外还有因为临近首都咸阳,于是所谓"霸、产、长水、澧、涝、泾、渭皆非大川,以近咸阳,尽得比山川祠,而无诸加。"⑤也成为民间祭祀的对象。秦始皇统一天下,三十二年记述"坏城郭,决通堤防",并将这些事迹镌刻在碣石门碑石上:"堕坏城郭,决通川防,夷去险阻。地势既定,黎庶无繇,天下咸抚。"⑥一方面是通过决通河川、兴修

---

① 司马迁:《史记·秦始皇本纪》,载《史记》卷六(一),北京:中华书局,1975 年,第 238 ~ 239 页。
② 司马迁:《史记·秦始皇本纪》,载《史记》卷六(一),北京:中华书局,1975 年,第 246 ~ 247 页。
③ 司马迁:《史记·秦始皇本纪》,载《史记》卷六(一),北京:中华书局,1975 年,第 254 页。
④ 司马迁:《史记·封禅书》,载《史记》卷六(四),北京:中华书局,1975 年,第 1371 ~ 1373 页。
⑤ 司马迁:《史记·封禅书》,载《史记》卷六(四),北京:中华书局,1975 年,第 1374 页。
⑥ 司马迁:《史记·秦始皇本纪》,载《史记》卷六(一),北京:中华书局,1975 年,第 252 页。

水利来实现政治统一；一方面也是在社会上倡导一种"尊卑有序"的礼制秩序。这种社会尊卑的秩序也投射在神灵世界中。"东游海上，行礼祠名山大川及八神"①。所谓"八神"，祠所大致有一半在滨海地区，行礼祀"八神"，也体现出来自西北内陆的帝王，对东方沿海神学系统的承认和尊重。

在秦始皇看来，自然神灵固然神圣，但神圣的信仰应该还是应在政治统治的规范之下，他自认为世俗的力量可以胜过水神的力量，甚至认为自己作为神灵的力量已经超过了一般的水神，表现出对水神和海洋敬而不惧的无畏态度。② 而如秦王政二十八年（公元前219年）他在巡游海疆返回京城的途中，向西南渡过淮河，前往衡山、南郡。乘船顺江而下，来到湘山祠。战国楚国时代，湘君在屈原的《九歌》中已经作为江神被祭祀，即湘君具有"令沅湘兮无波"，"使江水兮安流"的神力。③ 秦始皇在横渡湘江时遇上了大风，几乎不能渡河："逢大风，几不得渡。上问博士曰：'湘君何神？'博士对曰：'闻之，尧女，舜之妻，而葬此'。于是始皇大怒，使刑徒三千人皆伐湘山树，赭其山。"④ 秦始皇对阻碍其渡河的水神湘君很不以为然，当他从博士官这里知道"湘君"仅仅是尧的女儿、舜的妻子时，他深感愤怒，在他看来一般的水神是应该服从他的命令，而不是阻拦他渡河，于是他不惜派遣了三千个服刑役的刑徒，把湘山上的树全部砍光，将水神湘君所居的湘山变为光秃秃的赭红色的土山。

秦始皇依靠这些方士造神，同时也被这些方士所愚弄，如韩终、侯公、石生与徐福一样，号称能够获得"仙人不死之药"。他派遣燕人卢生入海寻找仙药，结果自然无法获得，于是就"以鬼神事"哄骗秦始皇，同时"因奏录图书，曰'亡秦者胡也'。"此"胡"实为"胡亥"，但秦始皇误解，认为应该来自北方的"胡人"，于是"使将军蒙恬发兵三十万人北击胡，略取河南地。"⑤ 卢生还称："臣等求芝奇药仙者常弗遇，类物有害之者。方中，人主时为微行以辟恶鬼，恶鬼辟，真人至。人主所居而人臣知之，则害于神。真人者，入水不濡，入火不爇，陵云气，与天地久长。今上治天下，未能恬倓。愿上所居宫毋令人知，然后不死之药殆可得也。"希望秦始皇学习做一个入水不沾湿、入火不点燃，而且能够腾云驾雾、与天地一样长久的"真人"，于是始皇高兴地说："吾慕真人，自谓'真人'，不称'朕'。"为使自己成为如神仙一般的真人，秦始皇甚至不让大臣知道他的起居活动，显示出神仙的神秘性。⑥

在秦始皇的心中，"海神"为"人状"，而且博士官告诉他神灵有"善神"和"恶神"之分，且"水神不可见，以大鱼蛟龙为候。今上祷祠备谨，而有此恶神，当除去，而善神可致"⑦。秦始皇显然也认同"海神"有善恶之分的观点，在他看来，海神与其地位也是在互相平等、互相商议的层面。徐福第二次出海叙述的内容可能比较符合他的心愿：即"海中大神"曰："汝西皇之使邪？臣答曰：'然'。'汝何求？'曰：'愿请延年益寿药'。神曰：'汝秦皇之礼薄，得观

① 司马迁：《史记·封禅书》，载《史记》卷六（四），北京：中华书局，1975年，第1367页。
② 政权的力量高于水神的力量的又一例证见之《史记·滑稽列传》。该篇有一段记述战国时期魏国邺令西门豹破水神的故事，称邺地祭祀水神河伯，竟然将民间少女投入河中溺死作为水神之妾。结果西门豹将巫婆、三老等投入河里，破除了这一陋俗。司马迁：《史记·滑稽列传》，载《史记》卷一百二十六（十），北京：中华书局，1975年，第3211页。
③ 参见朱天顺：《中国古代宗教初探》，上海人民出版社，1982年，第85~86页。
④ 司马迁：《史记·秦始皇本纪》，载《史记》卷六（一），北京：中华书局，1975年，第261页。
⑤ 司马迁：《史记·秦始皇本纪》，载《史记》卷六（一），北京：中华书局，1975年，第253页。
⑥ 司马迁：《史记·秦始皇本纪》，载《史记》卷六（一），北京：中华书局，1975年，第257页。
⑦ 司马迁：《史记·秦始皇本纪》，载《史记》卷六（一），北京：中华书局，1975年，第263页。

而不得取。'"①虽然其中有海神对秦始皇"礼薄"的批评,但似乎海神是把"秦皇"作为对等地位看待的。蓬莱山的"芝成宫阙",有"铜色而龙形、光上照天"的"海神",要求徐福携带"令名男子,若振女与百工之事"去拜见,结果使"秦皇帝大悦",显然秦始皇认为这是可以商议的"善神",于是他同意"遣振男女三千人,资之五谷种种、百工而行"②。为了打击"恶神",迎接"善神"。公元前 210 年,秦始皇不惜率领将士最后一次出巡,有"渡海渚","望于南海","并海上,北至琅邪"。并在徐福的鼓动下,"入海者赍捕巨鱼具",亲自"以连弩候大鱼出射之。自琅邪北至荣成山,弗见。至之罘,见巨鱼,射杀一鱼。遂并海西。"③王子今认为:对照历代帝王行迹,秦始皇的这一行为堪称空前绝后。而"自琅邪北至荣成山",似可理解为当时的航海记录。④ 这条在秦始皇航海途中被射杀的"巨鱼",其实就是他心目中属于"海神"的"恶神"。

秦始皇也自比与水密切相关的"龙"。秦王政三十六年(公元前 219 年)秋天,有使者从关东夜过华阴平舒道,有持玉璧拦住使者称:"为吾遗滈池君。"并称奉璧人还说:"今年祖龙死。"使者还想进一步询问缘故,"因忽不见,置其璧去"。"使者奉璧具以闻,始皇默然良久,曰:'山鬼固不过知一岁事也'。退言曰:'祖龙者,人之先也'。使御府视璧,乃二十八年行渡江所沈璧也。"⑤可见秦始皇也自认是"人之先"者的"祖龙"。⑥ 滈池,古池名。在西周镐京,今陕西省西安市丰镐村西北洼地一带。池水经由滈水,北注入渭水。汉武帝在池南凿"昆明池"。唐贞观中,丰滈二水入昆明池,唐以后湮废。"滈池君"即"镐池君",或说指周武王。⑦ 不管张晏的意思是奉璧人认为秦始皇无道,长江的水神不接受他奉献的玉璧,要将之交给像周武王那样的君王来替天行道,还是颜师古认为镐池在昆明池北,其实说的就是长江的水神将秦始皇将要灭亡的消息告诉"镐池之神",意思都是"水神"或"镐池之神"都将抛弃秦始皇。这对于相信巫术的秦始皇是很大的打击,因为他内心一直对作为"善神"的"水神"和"海神"存有很大的幻想,自己希望能成为呼风唤雨的"龙"之化身,所以由此引发的内心恐慌,应该比较严重,这也是他次年七月病死于沙丘的原因之一。

秦始皇喜欢大川,更喜欢海洋,《史记·秦始皇本纪》记载秦王政三十一年十二月:"始皇为微行咸阳,与武士四人俱,夜出逢盗兰池,见窘,武士击杀盗,关中大索二十日。"唐代学者张守节《史记正义》称:"《秦记》云:'始皇都长安,引渭水为池,筑为蓬、瀛,刻石为鲸,长二百丈。'逢盗之处也。"⑧张守节根据《秦记》所记,认为秦始皇"夜出逢盗"之地,是在都城附近引渭河水注为池,在水中还营造着蓬莱、瀛洲等海中的仙山模型,又有"刻

---

① 司马迁:《史记·淮南衡山列传》,载《史记》卷一百一十八,(十),北京:中华书局,1975 年,第 3086 页。
② 司马迁:《史记·淮南衡山列传》,载《史记》卷一百一十八,(十),北京:中华书局,1975 年,第 3086 页。
③ 司马迁:《史记·秦始皇本纪》,载《史记》卷六(一),北京:中华书局,1975 年,第 263 页。
④ 王子今:《略论秦始皇的海洋意识》,载《光明日报》2012 年 2 月 13 日。
⑤ 司马迁:《史记·秦始皇本纪》,载《史记》(一),北京:中华书局,1975 年。
⑥ 《集解》苏林曰:"祖,始也。龙,人君象。谓始皇也。"服虔曰:"龙,人之先象也,言王亦人之先也。"应劭曰:"祖,人之先。龙,君之象。"司马迁:《史记·秦始皇本纪》,载《史记》(一),中华书局 1975 年,第 259~260 页。
⑦ 班固:《汉书·五行志》:"持璧与客曰:'为我遗镐池君'。因言'今年祖龙死'。"颜师古注:"张晏曰:'武王居镐,镐池君则武王也'。……镐池在昆明池北,此直江神告镐池之神,云始皇将死耳,无豫于武王,张说失矣"。
⑧ 司马迁:《史记·秦始皇本纪》,载《史记》卷六(一),北京:中华书局,1975 年,第 251 页。

石为鲸",即一人工鲸鱼的雕石像,是一种海洋的象征。① 即使建造陵墓,也寄托着秦始皇的海洋信仰。他仍然不忘用水银来建造大江大海:"始皇初即位,穿治郦山,及并天下,天下徒送诣七十余万人,穿三泉,下铜而致椁,宫观百官奇器珍怪徙臧满之。令匠作机弩矢,有所穿近者辄射之。以水银为百川江河大海,机相灌输,上具天文,下具地理。以人鱼膏为烛,度不灭者久之。"②王子今认为秦始皇陵地宫的设计,表明了秦始皇对大海的向往,至死仍不消减。"三泉"之下荡动着的"大海"的模型,陪伴着"金棺"之中这位胸怀海恋情结的帝王,而来自海产品的光亮,也长久照耀着他最后的居所。按照裴骃《集解》引《异物志》的说法,"人鱼""出东海中"。宋人曾慥《类说》卷二四引《狙异志》"人鱼"条称之为"海上""水族"。明黄衷《海语》卷下《物怪》也说到海中"人鱼"。而在三国时期人们的意识中,秦人已经获得了关于"鲸"的体态以及其脂肪可以用于照明的知识,秦始皇陵中的"人鱼",可能是鲸鱼。③

四、结语

秦始皇不仅接受了战国齐国著名思想家邹衍的五德终始说,而且还接受了邹衍在"四海"说基础上提出的"大九州"说,认为大瀛海环九州之外,还有八十一州广阔的天地空间。邹衍的"大九州"和"大瀛海"的理论,是秦始皇理解海洋和海外世界、建立自己海洋意识的重要依据。正是在这些海洋知识和海洋意识的支配下,出生和活动于内陆的秦始皇才会把眼光长期投射到沿海地区,才能同意徐福率领数千童男女和百工,携带着各种工具、武器和种子,两度下海,进行所谓获取仙药的航海活动。

后人因为秦始皇的残暴,故意贬低秦始皇的智力和判断力,似乎徐福两次如此大规模的航海仅仅是因为所谓获取仙药,事实上,这里所谓的"仙药",应该也是多种海洋资源的象征物。秦始皇同意徐福率领如此之多的童男女和百工甚至武装力量同行,应该有希望通过这些大规模的海上移民活动,求得海外的土地,获取更多的海洋资源。如果没有关于海洋的基本知识,徐福及其随行人员根本不可能制订这样宏大的计划,秦始皇也不可能同意这样庞大计划的实施。

海洋意识也包括缘于海洋而创造出的神灵和生成的海洋信仰。秦始皇在建立中央集权专制王朝的同时,就极力推进造神运动。秦国统一天下伊始,秦始皇要求臣下讨论帝号时,就强调之所以能够统一天下,一方面是赖祖宗的神灵的保佑,同时也是依赖他的威德和神灵明圣,才能平定海内,放逐蛮夷,以使日月所照之地,莫不宾服。战国时代水神流行,秦代在全国各地建立了很多水神庙来供奉当地的水神,在秦始皇看来,自然神灵固然神圣,但他对海洋敬而不畏,认为自己的威德和明圣所形成的力量,也足以与水神、海神较量,甚至已超过了一般的水神。在秦始皇的心中,海神与其地位也是在互相平等、互相商议的层面。"海神"为"人状",亦有"善神"和"恶神"之分,而"水神"不可见,是以大鱼蛟龙为自己的替身,

① 参见王子今:《秦汉宫苑的"海池"》,载《大众考古》2014 年第 2 期,第 50～54 页。
② 司马迁:《史记·秦始皇本纪》,载《史记》卷六(一),北京:中华书局,1975 年,第 265 页。
③ 王子今:《秦汉时期的海洋开发与早期海洋学》,载《社会科学战线》2013 年第 7 期,第 86～96 页。

除去恶神，则善神自然可以到来。为了打击"恶神"，迎接"善神"，秦始皇不惜率领将士携带着"捕巨鱼具"入海，并亲自用连弩射杀作为"海神"恶神替身的"巨鱼"。

　　日本学者认为中国在古代就形成了北方的政治中心和南方的经济中心的两极分化，甚至认为中国是北方"大陆中国"和南方"海洋中国"两张面孔，甚至认为中国是"南船北马"的"两个中国"。① 其实这是一种完全缺乏依据的想当然的说法。秦国发源于内陆，而秦始皇为代表的秦国君主没有止步于偏隅的内地，有纳四海为一统的政治宏图，使秦代的疆域"地东至海暨朝鲜，西至临洮、羌中，南至北向户，北据河为塞"，②伴随着向东南扩张，秦朝设南海、东海等郡来加强沿海的控制，海也被纳入秦的统治范围。秦始皇统一中国的功业不仅影响了中国历史的发展，而且也建构了海陆文明一体中华大国的基本范型。秦朝存在的时间虽然很短，但无论是秦朝的政治制度，还是文化习俗，影响相当深远。"秦"的名声远播海外，欧洲人最早称中国为"秦尼"（Thina, Thinae, Sinae），③或以为英文作 China，法文作 Chine，意大利文作 Cina……其源皆起于拉丁文 Sina，寻常用复数，作 Sinae，初作 Thin；希腊文中的 Sinae 及 Seres 两名，和 Tziniza 及 Tzinista，实与拉丁文同出一源。China 是"秦"的译音，由公元前 249 年至公元前 207 年之秦国而起，经秦始皇传布于远地，这些观点首先由意大利传教士利玛窦提出，后来经由卫匡国（Martin Martini）重申，也得到了法国著名汉学家伯希和的考证支持。④ 可见在相当长的时期里，"秦"在世界很大范围内都被认为是中国的象征。

　　秦始皇虽然是成长在以陆地为核心大一统的中原文化地区，但他却是历史上第一个探索海洋和挑战海洋的皇帝，表现出对海洋的占有和控制的海洋政治观，他不断到海边巡游，甚至不惜进行海洋航行以战胜"海神"之恶神，正是秦始皇的海洋意识才使秦朝这个内陆发展起来的国家，迅速成为一个包括渤海、东海和南海的中央集权之中华大国。中国是一个大陆国家，又是一个海洋国家，中华文明不仅是"大陆文明"，也是"海洋文明"，从内陆发展起来的中华民族也是一个伟大的航海民族，可以说，将海洋作为陆地的延伸和"天下"的有机组成部分而建构海陆文明一体中华大国的基本范型，在秦朝已经确立了其发展的基盘。

　　① ［日］川胜平太著，刘军等译：《文明的海洋史观》，上海：上海文艺出版社，2014 年，第 138～140 页。
　　② 司马迁：《史记·秦始皇本纪》，载《史记》卷六（一），北京：中华书局，1975 年，第 239 页。
　　③ 此词最早出现在公元 1 世纪中期的《厄立特里亚航海记》（The Periplus of the Erythraean Sea），参见黄时鉴、龚缨晏著《利玛窦世界地图研究》，上海：上海古籍出版社，2004 年，第 81 页。
　　④ 罗渔译：《利玛窦书信集》上，北京：光启出版社，辅仁大学出版社，1986 年，第 46 页；参见方豪《中西交通史》上，上海：上海人民出版社，2008 年，第 45～46 页。公元前 5 世纪的费尔瓦丁神颂辞中的"支尼"（Cini）与古波斯文对中国的称呼 Cin、Cinistan、Cinastān，应相一致，或以为"支尼"（Cini）也是"秦"的对译。何芳川主编：《中外文化交流史》上卷，国际文化出版公司 2008 年，第 34 页。

中日钓鱼岛之争的过去与现在

钱　明

（浙江省社科院）

摘要：无论历史还是国际法，都充分证明钓鱼岛主权属于中国。中日双方就搁置钓鱼岛争议曾存在谅解和共识。日方之所以连几十年前的权威史料都要篡改和否认，有其一条看似长远战略的"企画链"。概括地说，就是"一个借势"，"二个事实"，"三个利用"，"四个借口"，"五个忌讳"，"六个企图"。在日本看来，围绕与俄、韩、中而展开的所谓"三大领土之争"，最易于得手的就是与中国的钓鱼岛之争。日本觉得从实际控制到永久占据的条件已经成熟，而随着中国国力的不断提升，又促使日本加快了窃取钓鱼岛的步伐，这可以说是近年来中日岛屿之争日趋激烈的关节点。对此，我们必须要有针对性的对策和措施。

关键词：钓鱼岛　中方依据　日方依据　对策　思考

自 2012 年 9 月日方挑起"购岛闹剧"以来，中日双方有关钓鱼诸岛（简称钓鱼岛，日方称"尖阁列岛"）的争论愈演愈烈，正在逐渐走向全面冲突与持久对抗。钓鱼岛位于台湾东北，距基隆港约 190 千米，距日本冲绳岛西南约 420 千米。钓鱼诸岛总面积约 5 平方千米，岛屿周围的海域面积约 17 万平方千米，相当于五个台湾本岛的面积。钓鱼诸岛由 11 个无人岛组成，包括钓鱼岛、黄尾屿、赤尾屿、北小岛、南小岛、大北小岛、大南小岛等。其中钓鱼本岛东西长 3.5 千米，南北宽 1.5 千米，周长 13.7 千米，面积约为 3.838 平方千米，是钓鱼诸岛中最大的岛。本文对百余年来中日岛屿之争的历史由来及全世界有关钓鱼岛主权的各种论据和主张作了全面而系统的梳理，并在此基础上提出了一些个人的片断思考，希望能对广大读者了解钓鱼岛真相有所裨益。

一、中方[①]钓鱼岛主权主张之依据

中方提出的钓鱼岛主权之主张的依据主要有十大类：

（一）中方文献依据（共 15 条，其中明代 8 条、清代 7 条）

中国早在 15 世纪初就发现了钓鱼岛并给这些岛屿命名，比日本早五百多年。

---

① 　包括中国大陆和台湾。

（1）最早记载钓鱼岛等岛屿的文献是据推测成书于明洪武年间（1368—1398 年）的《三十六姓所传针本》，而《三十六姓所传针本》见于琉球大学者、紫金大夫程顺则撰写的《指南广义》（藏于琉球大学图书馆）中。[①] 在明、清两朝长达 500 年的时间里，中国曾派出 24 次册封使前往琉球册封中山王[②]，在册封使留下的《册封使录》中，有大量文字记述他们利用钓鱼岛列屿的史实。

（2）明永乐元年（1403 年）的《顺风相送》[③]是一部记载明政府与藩属国琉球王国使节往返"针路"[④]的文献，其中就提到过钓鱼屿。

（3）1534 年明朝使节宁波人陈侃在出使针路《使琉球录·使事纪略》[⑤]中有经过钓鱼屿的记载。

（4）1555 年由"奉使宣谕日本国"郑舜功撰写的《日本一鉴》中，明确记录了从澎湖列屿经钓鱼岛到琉球再到日本的航路，其中特别记录钓鱼岛为台湾所属："钓鱼屿，小东小屿也。"小东岛是当时对台湾的称谓。《日本一鉴》是具有官方文书性质的史籍，它反映出明政府早已确认钓鱼岛列屿是属于中国台湾的小岛群。

（5）1561 年明朝册封使郭汝霖在《琉球奉使录》中，曾明确宣示钓鱼屿、赤屿（今称赤尾屿）属中国领地，并且把赤屿作为中国与琉球的地方分界。

（6）1579 年萧崇业、谢杰撰写的《使琉球录》，重申了中琉两国之间海上疆域界限，《琉球录撮要补遗》中记有"去由沧水入黑水，归由黑水入沧水"，是历史上首次对琉球海沟[⑥]的记载。

（7）1602 年夏子阳撰写《使琉球录》，强化了间隔于姑米山与赤尾屿之间的黑水沟，是中琉的天然界线："且水离黑入沧，必是中国之界。"

（8）1633 年胡靖撰写的《琉球记》又一次清楚表明姑米山才是琉球国界。

（9）清康熙册封使张学礼曾记载："赐三十六姓教化三十六岛。"说明当时中琉双方已确认琉球国为 36 岛，其中不包括钓鱼岛。

（10）清册封使汪楫 1683 年所著的《使琉球杂录》又明确记载了中国与琉球的海上边界，即册封船过赤尾屿后"过郊"时所渡过的"黑水沟"（琉球海沟）。

（11）清册封使徐葆光在 1719 年出使琉球时写的《中山传信录》中，也对钓鱼屿、赤屿属

---

① 参见陈佳荣：《清琉球程顺则〈指南广义〉》，香港《国学新视野》季刊，2012 年夏季号。

② 根据明郑若曾的《郑开阳杂著》卷七《福建使往大琉球针路》、同卷《琉球考》、同卷《风俗》等史料，证明从明初开始，琉球就成为明朝的一个附属国，接受明朝的册封，使用明朝的正朔即年号等。

③ 《顺风相送》是明代的一部海道针经，原本藏在英国牛津大学鲍德里氏图书馆（Bodleian Library）。1935 年北京图书馆研究员向达在该图书馆整理中文史籍，抄录《顺风相送》等中国古籍。原本是钞本，封面有"顺风相送"四字，著者姓名不详。副页上有拉丁文题记，说此书是坎德伯里主教、牛津大学校长劳德大主教于 1639 年所赠。向达在 1961 年出版《两种海道针经》（中华书局"中外交通史籍丛刊"，1961 年初版，1982 年再版，向达校注），其中包括《顺风相送》。向达在此书第 253 页注曰："钓鱼屿在台湾基隆东北海中，为我国台湾省附属岛屿，今名鱼钓岛，亦名钓鱼岛。"据专家推测，《顺风相送》的校正者极可能就是郑和宝船上的舟师，著书年代应该是明永乐年间。此书可以说是目前所知的最早提到"钓鱼屿"是福建往琉球途中航路指标地之一的中国古代文献，说明中国人早在 600 多年前就发现并命名了钓鱼岛。

④ 钓鱼屿、黄尾屿及赤尾屿恰好位于中国册封使船经驶的航道上，在当时称之为"针路"。出使琉球国的航行，少不了以这些岛屿作为航标。

⑤ 明嘉靖十三年陈侃自序本。该书记载了嘉靖十一年（1532）陈侃、高澄出使琉球的史实及具体经过。

⑥ 今称冲绳海槽。这一海槽在明代使臣出使录中被明确列为中琉两国的天然分界标志。

于中国及八重山是"琉球极西南属界"的史实作过同样的宣示和说明。

（12）1866 年黄维煊秉承左宗棠的旨意开始编纂《沿海图说》（又称《皇朝沿海图说》或《沿海山沙水礁图说》），1871 年最终定稿。该书"自广东、香港迄福建、浙江、江苏、山东、直隶、长江等处，凡为《图说》三十有二"，其中在台湾东部，已出现八重山和太平山（即宫古山），而在八重山南与太平山西的岛屿就是钓鱼岛，虽未标注名称，但很明显被标在中国范围内。① 此外，1756 年周煌的《琉球国志略》，1800 年李鼎元的《使琉球记》，1808 年齐鲲、费锡章的《续琉球国志略》等，也都无一例外地记载着钓鱼岛等岛屿属于中国的史实。

（二）中方地图依据（共 15 条，其中朝鲜 1 条、明代 6 条、清代 3 条、欧洲 5 条）

（1）1471 年朝鲜人申叔舟的《海东诸国纪》，绘有琉球 36 岛图，图中没有钓鱼岛等岛屿的踪迹。明清时期的地图，已明确把钓鱼岛等岛屿列入中国版图。

（2）明嘉靖三十四年（1555 年）郑若曾初编的《万里海防图》（载《郑开阳杂著》卷一）。

（3）嘉靖四十年（1561 年）胡宗宪和郑若曾编纂的《筹海图编》中的《沿海山沙图》（以《万里海防图》为基础），已将"钓鱼屿""黄尾山（黄尾屿）"和"赤屿（赤尾屿）"纳入其中，并将其视为抵御倭寇骚扰浙闽的海防前沿。

（4）明万历七年（1579 年）册封使萧崇业所著《使琉球录》中的"琉球过海图"。

（5）万历三十三年（1605 年）徐必达等人绘制的《乾坤一统海防全图》。

（6）天启元年（1621 年）茅元仪绘制的《武备志·海防二·福建沿海山沙图》。

（7）明崇祯二年（1629 年）茅瑞征撰写的《皇明象胥录》。

（8）清乾隆三十二年（1767 年）绘制的《坤舆全图》。

（9）由乾隆帝钦准的《大清一统舆图》。

（10）同治二年（1863）胡林翼、严树森等编绘的《皇朝一统舆图》，用中文地名标出了钓鱼屿、黄尾屿、赤尾屿等岛名，而凡属日本或琉球的岛屿，皆注有日本或琉球地名。作者在跋文中特意注明："名从主人，如属于四裔，要杂用其国家语。"此外，18 至 19 世纪的欧洲地图。

（11）1760 年法国人蒋友仁绘制的《坤舆全图》之《台湾附属岛屿东北诸岛与琉球诸岛》中，有彭嘉、花瓶屿、钓鱼屿、赤尾屿等，把上述各岛屿均置于台湾附属岛屿中。

（12）1809 年法国地理学家皮耶·拉比和亚历山大·拉比绘制的《东中国海沿岸各国图》。

（13）1811 年英国出版的《最新中国地图》。

（14）1859 年美国出版的《柯顿的中国》。

（15）1877 年英国海军编制的《中国东海沿海自香港至辽东湾海图》等，也明确把钓鱼岛列入中国版图。②

---

① 水银：《〈皇朝沿海图说〉中的南海与钓鱼列岛》，见"独立观察员博客"，2011 年 6 月 24 日；钱茂伟：《晚清黄维煊洋务与学术研究》，《多维视野下的浙东文化学术研讨会论文集》，2013 年 12 月，宁波大学。

② 2014 年 3 月 29 日习近平主席访问德国时，德国总理默克尔把一幅 1735 年德国绘制的中国地图赠予他。钓鱼诸岛也明显在此图中。

（三）中方管辖依据（共 9 条，其中明代 1 条、清代 5 条、台湾 3 条）

中国明清两代水师（海军）就在钓鱼岛海域巡航、泊船，实行有效管辖。明朝已将钓鱼岛列入海防辖区，比如 1374 年，靖海侯吴祯受命出海巡捕倭寇，一直追击到琉球海域。根据《明史》卷 131《吴祯传》记载，巡捕终点为"琉球大洋"；《明史》卷 95《张赫传》中提到巡捕起点为牛头洋（即今海坛岛，亦称平潭岛，为中国第五大岛，福建省第一大岛）。从牛头洋到琉球大洋，以当时的记述条件，唯一的可能就是沿着册封使节走过的"针路"，借助春夏之际的季风，进到钓鱼岛，横渡黑水沟。这说明钓鱼岛在明代舟师巡捕范围之内。清康熙六十一年（1722 年），黄叔璥任清政府第一任巡台御史，乾隆元年（1736 年）他"以御史巡视台湾"身份作《台海使槎录》（又名《赤嵌笔谈》），其卷二《武备》曾记载："大洋北有山，名钓鱼台，可泊大船十余，崇爻之薛坡兰可进舢板。"文中"崇爻"是形容高耸交错，"薛坡兰"指钓鱼岛附属岛屿南小岛和北小岛等。这证明清朝政府巡视大员在 1722 年之前就实地考察过钓鱼岛列岛，并曾建港泊船。《台海使槎录》是公文文书，其影响甚广，此后史家多有引用，如乾隆年间的《台湾府志》，基本引用了上述内容："台湾港口"包括"钓鱼台岛"。类似记载在其他官员的公文文书中也屡见不鲜，如乾隆十二年（1747 年），时任巡视台湾兼学政监察御史范咸著《重修台湾府志》明确指出，钓鱼岛等岛屿已划入台湾海防的防卫区域内，属于台湾府辖区。同治十年（1871 年）刊行《重纂福建通志》，其中《台湾府·噶玛兰厅》载："北界三貂，东沿大海……又山后大洋北有钓鱼台，港深可泊大船千艘。"类似记载见于余文仪著《续修台湾府志》、李元春著《台湾志略》以及陈淑均纂、李祺生续辑《噶玛兰厅志》等史籍中。[①] 1955 年国民党军队从浙江大陈岛撤离时，暂时驻防钓鱼岛，并射击日本船只迫使其离开。至于历代台湾地方志，则更是明确记载了"山后大洋北，钓鱼台港深可泊大船十艘"，属台湾噶玛兰厅管辖的史实。1967 年 4 月巴拿马籍货轮"银峰号"在南小岛[②]附近搁浅，台湾兴南工程公司为拆除沉船，于 1968 年派工人等上南小岛，建造房舍并设置起重机等机具。1968 年 3 月台湾籍"海生二号"货轮在黄尾屿附近触礁，台湾龙门工程实业公司为打捞拆除沉船，于 1970 年派工人前往黄尾屿，在岛上建造码头、台车轨道及房舍等建筑。这些都是中国有效管辖钓鱼岛的有力证据，同时也说明 1970 年以前中国人一直在使用（亦即事实上的管辖）钓鱼岛。

（四）中方地理依据

从地理特征上来看，国际公认的海域划分准则也表明钓鱼岛属于中国。钓鱼岛实为台湾大屯山之延伸，依据 1960 年生效的《联合国大陆架公约》，理应为台湾岛的一部分，因为钓鱼岛与台湾间海水的深度不超过 200 米，而钓鱼岛与冲绳间海水的深度，超过 1 000 米。此外，钓鱼岛与冲绳诸岛之间有一条既深且宽的海沟，从地理上来看，钓鱼岛绝不可能是冲

---

① 后来慈禧太后曾颁发懿旨将钓鱼岛赐予盛宣怀作为采集草药之地。不过这道懿旨被质疑是赝品，故现在国内外学术界一般不以此为据。

② 南小岛位于钓鱼台东南约 5.5 千米处，是钓鱼列岛的组成部分，也称薛坡兰、黄茅屿、大蛇岛，与北小岛（大鸟岛）合称橄榄山。面积约 0.40 平方千米，最高海拔 139 米。与北小岛相隔 200 米。南小岛与北小岛之间的海峡长约 150 米。在东海风浪大时，台湾渔民会将船只驶于此一海峡以避风浪。

绳的一部分。

（五）中方法理依据

1895 年"甲午战争"前钓鱼岛属于中国,清国战败后被迫签订《马关条约》,才把台湾连同钓鱼岛一起割让给日本。1945 年日本战败投降,有接受《开罗宣言》《波茨坦公告》国际条约的责任和义务。其中《开罗宣言》明确规定:"日本所窃取于中国之领土,例如东北四省、台湾、澎湖群岛等,归还中华民国。"需要注意的是,《开罗宣言》的上述规定采用了不穷尽列举的方式,意在强调日本以任何方式窃取于中国的一切领土,不论是通过《马关条约》正式割让的台湾、澎湖,还是日本通过傀儡政府而实际占据的东北四省,或是以其他方式窃取的中国领土,均应归还中国。因此,即便日方辩称钓鱼岛没有作为台湾附属岛屿在《马关条约》中一并割让给日本,也不能否认该岛是日本利用甲午战争从中国"窃取"的领土,因而是必须归还中国的。此外,中国对钓鱼岛的主权还曾得到美国方面的认可:冷战时期美军驻扎台湾,定期进行的军事演习,需要用钓鱼岛作为射击靶场,美军每次都向台湾政府申请,获得许可后方可使用。这说明,美国对钓鱼岛的法律地位当时是有清晰认知的。

（六）中方外交依据

中国大陆和台湾都对日本旨在增强其在钓鱼岛之法律地位的行动有过回应。从 1951 年签署《旧金山条约》到 20 世纪 70 年代末期,中国大陆和台湾都一直抗议和拒不承认日本利用美国归还冲绳管辖权的机会窃取钓鱼岛的行径。1955 年台湾军队还曾驻防钓鱼岛,并击退日本船只。从 20 世纪 70 年代末开始,中国大陆、台湾、香港及海外华人的民间"保钓"运动从未停止过。1971 年美国准备将钓鱼岛与冲绳一起交给日本,引发了全美华人华侨大规模的"保钓"运动。美国特拉华州前副州长兼州参议院主席吴仙标和他的朋友们对美国参议院做了大量的游说工作,让美国国会了解钓鱼岛问题的历史和现状。同年 10 月 29 日,时任特拉华大学教授的吴仙标与美国华裔诺贝尔奖获得者杨振宁、布鲁金斯学会历史学家约翰·芬彻教授等人受美国联邦参议院邀请,在参议院外交关系委员会举行的"归还冲绳协定"听证会上作证。吴、杨、芬彻等人从历史、地理和现实的角度全面讲述了钓鱼岛属于中国的事实。11 月 2 日,参议院外委会以 16 票比 0 票通过了有关钓鱼岛问题的决议,决定将钓鱼岛的行政管辖权交给日本,但是不包括领土主权。事实上,由于冷战的原因,对于钓鱼岛问题,美方从一开始就不太尊重中国。1953 年 12 月 25 日圣诞节,美军驻冲绳诸岛的副总管、二星将军奥格登(D. A. D. Ogden)擅自宣布了《冲绳民政第 27 号文告》,用六个经纬点在地图上连成了一个近似梯形的六边形,重新划定冲绳诸岛的地域界线,将钓鱼岛划归冲绳诸岛。当时无论中国大陆还是台湾,都没有注意到这一偶然事件,以至于美国一位将军偶然发出的一纸公文,把中国的领土划入日本境内。不幸中的大幸是,《冲绳民政第 27 号文告》直述这是琉球管理区的"新设计"(原文是"redesigned"),而这种"新设计"是完全没有国际公约根据的。然而,1967 年美日开始讨论将冲绳还给日本时,却荒唐地按照这位美国将军擅自公布的《冲绳民政第 27 号文告》来定义冲绳诸岛。

（七）日方文献依据（共 2 条）

中方认为，即使当时日本人和琉球人有关琉球的历史记载，也没有把钓鱼岛等岛屿包括在内。

（1）1650 年琉球国相向象贤监修的琉球国第一部正史《中山世鉴》记载，古米山（亦称姑米山，今久米岛）是琉球领土，而赤屿（今赤尾屿）及其以西则非琉球领土。

（2）1721 年日本学者新井白石编撰的《南岛志》中关于琉球 36 岛的记述，反映了琉球国的疆域及其所属岛屿的界限，其中并没有钓鱼岛等岛屿。可见，在 19 世纪 70 年代冲绳的前身琉球国被日本武力侵吞之前，曾与中国有约 500 年友好交往的历史和十分明确的海上边界，即在中国钓鱼岛最东端的赤尾屿和琉球国最西端的古米山之间。无论从历史或法理上看，钓鱼岛列岛虽然是无人岛，但早已不是日本所谓的"无主地"。因为"无主地"不可能作为一国海上边界的标志。

（八）日方近代档案依据（共 5 条）

从历史上看，在中琉交流最密切的明代，琉球王室的档案《历代宝案》中就从未记载过钓鱼岛等岛屿的名称，说明琉球人从来也没有将钓鱼岛等岛屿视为本国领土。而日本政府则声称："1885 年以来，日本政府通过冲绳县当局等途径再三对尖阁诸岛进行实地调查，慎重确认尖阁诸岛不仅为无人岛，而且没有受到清朝统治的痕迹。"可是中国大陆学者和台湾学者却从 1885—1895 年间的明治政府的档案中找到了大量史料，可以证明日本官方在响应地方要求到钓鱼岛订立界标的申请时是知悉钓鱼岛为中国领土的。1884 年，福冈人古贺辰四郎发现钓鱼岛上有信天翁栖息，并得知羽毛收集后可销往欧洲，获利丰厚，于是吁请冲绳县知事。1885 年冲绳县虽对钓鱼岛进行了第一次实地调查，但事后冲绳县知事西村舍三吁请在岛上订立界标，并请示日本政府："此事与清国不无关系，倘生意外，将不知如何应对，殷盼指示。"当时的外务卿井上馨在给内务省的备忘录中写道："清国已有其岛名。近时清国报纸刊登我政府占据台湾附近清国所属岛屿之传闻，对我国怀有疑忌，促使清政府注意。订立界标事宜必须推迟到晚些时候寻找适当时机。"[①] 1892 年元月新任冲绳县知事"鉴于尚未再次踏查各岛"，于是要求海军派遣军舰海门号前去勘察，然而由于军令传达不善和天气恶劣等原因，勘测并未实现。因此 1894 年 5 月内务省公文书中有这样的记载："自 1885 年由琉球县属警部派出调查以来，期间未再进行实地调查。"1894 年 7 月 25 日中日甲午战争爆发后，清军屡战屡败，日本内务省的一份档案写道："此事（指钓鱼岛上订立界标之事）过去涉及与清国交涉……但今昔情况已殊。"于是 1895 年 1 月 21 日明治政府遂通过内阁决议，将钓鱼岛窃为己有。这项决议是在甲午战争期间秘密通过的，从未公之于世，更未与清政府交涉。1896 年 9 月明治政府又将钓鱼岛租用给古贺辰四郎，而古贺则在传记中把日本对钓鱼岛的窃取归功于"皇国大捷之结果"。而"尖阁列岛"这一名称也是日本学者黑岩恒于 1900 年提出的，后被日本政府采用。这些官方档皆确凿表明，日本占有钓鱼岛的依据不是"再三的实地调查"，而是将这些岛屿作为战利品吞并的。正因为有这段共认史实的存

---

① 郑海麟：《从历史于国际法看钓鱼岛主权归属》，台北：海峡学术出版社，2003 年，第 178 页。

在,所以在台湾日据时期的 1931 年,台北县与冲绳县为控制钓鱼岛发生争执,东京高等法院在判决中认定:从历史上钓鱼岛就属于台湾①。

(九)日方地图依据(共 11 条)

日本过去出版的许多地图都将钓鱼岛标注为中国领土②。

(1)早在 1785 年,日本史地家林子平在《三国通览图说》中便附有《琉球三省及三十六岛之图》,并用不同颜色标出了钓鱼台、黄尾山(黄尾屿)、赤尾山(赤尾屿),图中绘有花瓶屿、澎佳山、钓鱼台、黄尾山、赤尾山这些岛屿均涂上中国色,表明为中国所有。

(2)1805 年日本的《琉球三十六岛图》也把琉球的 36 岛逐个划在圈内,而把台湾的钓鱼台、黄尾山、赤尾山与花瓶山、彭佳山并列画出,并特意在其上端各画上一个小圆圈,以示与琉球 36 岛有别。

(3)1809 年高桥景保绘制的《日本边界略图》,亦未把钓鱼岛列入琉球。

(4)1850 年,秋岩原犁撰《琉球入贡纪略》所附《(琉球)三十六岛之图》,认定琉球属岛只有 36 岛,而并不包括钓鱼岛。即便是后来想到钓鱼岛上订立国标的冲绳县知事,在其著述中采用的也是琉球 36 岛地图。

(5)1876 年日本陆军参谋局绘制出版的《大日本全图》③,图中清楚表明钓鱼岛不属于琉球群岛。

(6)1886 年冲绳县知事西村社三在其编著的《南岛纪事外编》中也附有《琉球三十六岛之图》,其中亦未列入钓鱼岛。

(7)1894 年 3 月 5 日发行、1895 年 5 月 19 日修订再版的《大日本管辖分地图》之《冲绳县管内全图》中没有钓鱼岛,在有关八重山群岛的介绍中还明确记载:"波照间岛为我邦南极,与那国岛为西极,再绕回归那霸。"这证明,截至 1895 年 5 月《马关条约》生效之前,冲绳县管辖下八重山群岛境内不含钓鱼岛。④

(8)1961 年 4 月 4 日日本建设省国土地理院第 8 期第 8 号"承认济"(即完成确认)所批准出版的日本九州地方地理志地图中,也只标注有日本西南诸岛,而没有所谓"尖阁列岛"。

(9)1956 年由日本地图学会编著、日地出版株式会社出版的《新修日本地图》,没有把钓鱼岛收入版图。

(10)1966 年由日本人文社出版的《日本总图》,也没有把钓鱼岛收入版图。

(11)1968 年由上原弘安发行的《琉球列岛概念图》,其中虽有"尖阁列岛"字样,但在钓鱼岛列屿的位置则标作"钓鱼台""黄尾屿""赤尾屿",用的是中国命名。这些都证明,1895 年 5 月《马关条约》生效之前日本出版的地图,都清楚标示钓鱼岛属于中国;而 1970

---

① 这份法庭判决至今无从找到源文件资料,只是根据当时了解这一判决的国际法律界人士的说法。不过从当时台湾属于日本的角度分析,东京高等法院作出这样的判决是完全可能的。

② 鞠德源:《钓鱼岛正名:钓鱼岛列屿的历史主权及国际法渊源》,北京:昆仑出版社,2006 年,第 75 ~ 438 页。该书以大量篇幅从图证角度详细论述了日本出版的将钓鱼岛列入中国领土范围或者未将其列入日本领土范围的地图。

③ 据香港《文汇报》2012 年 7 月 17 日报道,《大日本全图》是著名钓鱼岛研究学者于 20 世纪 90 年代旅居日本时在当地书摊淘得的。由于该图出自日本陆军参谋局,属官方文献性质,具国际法效力,因而具有很高的史料价值。

④ 参见刘江永:《日甲午战争地图证明钓鱼岛属于中国》,《环球时报》2014 年 3 月 6 日。

年之前日本出版的地图,也有不少或者未明确标示"尖阁列岛",或者使用中国命名的岛名。

(十)日方学理依据(共 5 条)

(1)1708 年琉球大学者程顺则在《指南广义》一书中清楚记载了钓鱼台、黄尾屿、赤尾屿,并称姑米山(久米岛)为"琉球西南方界上镇山",等于承认钓鱼岛及其附属岛屿属于中国。

(2)日本著名历史学家井上清在《关于钓鱼岛等岛屿的历史和归属问题》[①]中写道:自1971 年美国国务院宣布次年将琉球群岛和包括中国钓鱼列岛在内的"西南诸岛"交还日本后,在日本社会上就出现了一股强烈"冲动"和"狂热"。"日本政府及以反对军国主义、帝国主义自居的日本共产党、日本社会党和大小商业新闻,皆与帝国主义的日本政府同一步调,不做任何历史学的证明,而用高压手段,硬说该地(指钓鱼岛)在历史上是日本的领土,企图鼓动日本人民投入虚伪的爱国主义、军国主义的狂流中"。一些军国主义分子则公开上街游行,为日美勾结、日本窃夺中国钓鱼岛"呼啸呐喊"。这一切都引起了井上清教授的极大关注和忧愤。为了弄清历史真相,他自费从京都前往琉球进行实地考察,访问琉球当地老一辈居民。他说:"据我对于甚为贫乏的琉球史料之认识而言,并没有关于这些岛屿曾为琉球王国领土的记录,因此想就教于冲绳人民。幸而在这次旅行中,受到冲绳友人之帮助,我方能确认所谓'尖阁列岛'的任何一岛均未为琉球所领有过。不仅如此,我更得知这些岛屿,原来是中国的领土,日本之领有,是 1895 年中日甲午战争胜利时的事情。……正确言之,应该是中日甲午战争时日本掠夺中国的地方。果真如此,则在第二次世界大战时,日本无条件投降接受包括中国在内的联合国对日波茨坦宣言开始,根据该宣言的领土条款,即应自动归还中国。"井上清生前曾指出:"钓鱼岛等岛屿最迟从明代起便是中国领土。这一事实不仅是中国人,就连琉球人、日本人也都确实承认。"

(3)中日友好协会专务理事高桥庄五郎也在其所著的《尖阁列岛笔记》[②]一书中指出:钓鱼岛等岛名是中国先取的,其中黄尾屿、赤尾屿等固有岛名无疑是中国名,与台湾附属岛屿花瓶屿、棉花屿、彭佳屿等相同,而日本则没有用"屿"的岛名。

(4)日本横滨市立大学教授村田忠禧在《尖阁列岛/钓鱼岛争议:对 21 世纪人们智慧的考验》[③]一书中也明确指出:"作为历史事实,被日本称为尖阁列岛的岛屿本来是属于中国的,并不是属于琉球的岛屿。日本在 1895 年占有了这些地方,是借甲午战争胜利之际进行的趁火打劫,绝不是探讨堂堂正正的领有行为。"

---

① 日本现代评论社 1972 年出版。全书七万余字,共十五章,依次为:一、为何再论钓鱼台诸岛问题;二、日本政府等故意歪曲历史;三、钓鱼岛明代以来即为中国的领土;四、清代记录中也确认是中国领土;五、日本先觉者也明记为中国的领土;六、"无主地先占法理"的反驳;七、琉球人与钓鱼台关系淡薄;八、所谓"尖阁列岛"无一定岛名和区域;九、日本军国主义的"琉球处理"和钓鱼台诸岛;十、中日甲午战争时日本确定独吞琉球;十一、日本政府觊觎侵夺钓鱼台诸岛有九年之久;十二、甲午战争时日本偷盗钓鱼台诸岛并公然夺取台湾;十三、日本领有尖阁列岛在国际法上也属于无效;十四、反对侵夺钓鱼台诸岛是当前反军国主义的焦点;十五、补遗。1973 年 12 月北京生活·读书·新知三联书店以"内部资料"的形式出版了邹念之的翻译本。

② 东京青年出版社,1979 年版。

③ 日本侨报社,2004 年版,2012 年 10 第 2 次印刷。

（5）2012年日本外务省国际情报局前局长、现任日本防卫大学教授孙崎享亦撰文指出：钓鱼岛不是日本的"固有领土"。日本方面对钓鱼岛及其附属岛屿的主权主张，是以1895年把钓鱼岛及其附属岛屿编入冲绳县的内阁决定为根据的。

二、日方"尖阁列岛"主权主张之依据

日本方面提出的"尖阁列岛"主权之主张的依据主要有九条：

第一，1895年前钓鱼岛为无主地，从1885年开始日本政府通过冲绳县有关机构，对"尖阁列岛"进行勘查，勘查结果显示岛上未见有任何中国统治的痕迹。基于此，1895年1月14日日本内阁通过决议，同意在岛上订立界标[①]，并正式将其纳入日本版图。从此日本一直对"尖阁列岛"进行实效统治，日本渔民曾在岛上设置水产加工点，最多时有过上百个日本人在岛上生活。

第二，"尖阁列岛"并不包含在1895年5月签署的《马关条约》第二条由清朝割让给日本的台湾及澎湖诸岛之内，因此"尖阁列岛"也并不包含在《旧金山和约》第二条日本所放弃的领土范围内，而是包含在《旧金山和约》第三条作为西南诸岛的一部分被置于美国施政之下。所以尽管当时中国政府反对《旧金山和约》之条款，并声称对西沙群岛、南沙群岛和东沙群岛享有主权，但并未提及尖阁列岛。中国挑战日本对尖阁列岛的主权，实则意在废除1951年《旧金山和约》确立的整个远东国际关系框架。

第三，1900年冲绳县师范学校教员黑岩恒奉学校之命前往这些岛屿进行探险调查后，便在《地学杂志》上发表论文报告，提出了"尖阁列岛"这个名称。[②] 当时的清政府没有对此提出任何异议。

第四，"尖阁列岛"是按照《旧金山和约》的规定交由美国托管的冲绳的一部分，这是日本有关钓鱼岛归属问题的核心逻辑。1951年9月8日《旧金山和约》签订，其中第三条规定："日本对于美国向联合国提出将北纬二十九度以南之南西诸岛（包括琉球群岛与大东群岛）……置于联合国托管制度之下，而以美国为唯一管理当局之任何提议，将予同意"。而"尖阁列岛"就包括在"北纬二十九度以南之南西诸岛"的范围内。根据1971年6月17日签署的《日本国与美利坚合众国关于琉球诸岛及大东诸岛的协议》（简称"冲绳归还协议"），美国将施政权归还日本。"尖阁列岛"又作为冲绳的一部分返还了日本。中国抗议《旧金山和约》是因为中国未被邀请，而根本没有提及钓鱼岛的问题。表明中国在1971年前并不视"尖阁列岛"为台湾的一部分。无论是中国大陆还是台湾，都是到1970年后半期东海大陆架石油开发的问题出现后，才首次提出"尖阁列岛"领有权的问题。

---

① 事实上，关于在钓鱼岛修建界桩，当时的冲绳县政府并未立即执行。据井上清披露，直到1969年5月5日，冲绳县所属石垣市才在岛上建起一个长方形石制标桩。1895年1月14日日本内阁通过的这个决议是密件，过了57年后，才在1952年3月的《日本外交文书》第二十三卷中对外公布（参见张海鹏、李国强：《论〈马关条约〉与钓鱼岛问题（厘清钓鱼岛问题①）》，《人民日报》2013年5月8日）。

② 所谓"尖阁列岛"实际上是以西洋人给这个群岛中的一部分定的名称为基础，于1900年开始使用的。这是因为该群岛东部岩礁群的中心岩礁，其形状颇似塔尖，所以英国人把这个岩礁群命名为Pinnacle Islands. 后来日本海军又把它译成尖阁群岛或尖头诸屿（参见井上清：《关于钓鱼岛等岛屿的历史和归属问题》，第64页）

第五，根据国际法上时效取得主权的概念，"尖阁列岛"从1895年开始已由日本控制，至今已有一个多世纪，直到1971年12月，中国历届政府从未提出过异议，也从未对钓鱼岛实施过实效统治，这是"尖阁列岛"归属日本的有利依据。因为从1895年1月日本内阁决议至今，日本一直实际控制着"尖阁列岛"，按照国际判例法中确立的实际管辖和控制原则，所以日本在"尖阁列岛"主权争议上占据更为有利的位置。

　　第六，1920年5月20日当时的中华民国驻长崎领事冯冕为感谢日方救援中国渔民而给冲绳县石垣村写了封"感谢状"①。信中说："福建省惠安县渔民郭合顺等三十一人，遭风遇难，漂泊至日本帝国冲绳县八重山郡②尖阁列岛内和洋岛。"证明当时的民国政府是承认"尖阁列岛"之称谓及其属于冲绳之事实的。

　　第七，1958年11月和1960年北京地图出版社出版的《世界地图集》，1965年台湾出版的中学教科书地图及一幅世界地图中（即台湾国防研究院和中国地学研究所1965年10月出版的《世界地图集第一册东亚诸国》），1970年台湾国民中学地理课教科书"琉球群岛地形图"等，均将"尖阁列岛"划在冲绳范围内。

　　第八，1953年1月8日《人民日报》登载的一篇没有署名的编译数据性文章也称琉球群岛包括"尖阁诸岛"，而没有将其作为台湾的一部分。

　　第九，中国政府在1950年的外交档案中，曾使用"尖阁诸岛"名称，并认为"尖阁诸岛"属于琉球的一部分。这份外交文件即《对日和约中关于领土部分问题与主张提纲草案》，写于1950年5月15日，现存于北京的中国外交部档案馆（外交史料馆）。该领土草案中有关"琉球边界划定问题"的部分，使用了"尖头诸屿"这一名称，与日方在战争开始前使用的"尖阁诸岛"意思相同，并称"有必要研究是否将尖阁诸岛列入台湾这一问题"。这说明，中国政府当时并未表明"钓鱼岛是台湾一部分"的主张。

　　除此之外，日本还有两条"批判性"论据：

　　第一，东南亚国家提出领土要求主要基于海洋法的规定，然而中国的立场是在海洋法问世之前其对有关领土就拥有了主权，因此这部法律不适用。历史胜于法律。中国借助历史是国际法领域的一个相对新的动向。中国官员和学者试图借助历史文献来支持他们的主张。正因为历史上的领土要求与海洋法存在冲突，所以有中国学者要求对海洋法进行复审，认为"中国应该在执行该公约前考虑自己的情况"。也就是说，尽管中国批准了这一公约，但除非对这个已经生效17年的公约加以修正来支持中国的领土要求，不然的话中国是不会遵守其规定的。

　　第二，中国在处理岛屿之争时，往往缺乏统一的行事准则，只根据"什么对自己最有利"而行事。譬如中国一方面拒绝日方在钓鱼岛上的主张，同时却对菲律宾声称"黄岩岛不存在领土问题"，而拒绝菲方将该争议诉诸国际法庭的要求。此外，中方还一方面理直气壮地指责菲律宾在1997年之前未曾对黄岩岛的主权提出异议；另一方面却对日本质疑中国在1970年以前的75年间未曾对钓鱼岛提出任何异议不以为然。

---

　　① 该感谢状原载《产经新闻》1996年9月23日头版，原件现存冲绳县石垣市市役所。
　　② 八重山郡位于琉球列岛八重山群岛，为日冲绳县辖下的一个郡，面积362.89平方千米。

三、日方否认"搁置争议"说的原因与思考

对于钓鱼岛的主权之争,中国方面的立场很明确,即在坚持主权在我的同时,承认中日双方存有争议,主张"搁置争议",然而日本方面则既不承认"有争议",也不承认双方曾有"搁置"之共识。

2012年10月日本前外相玄叶光一郎在一次记者会上引述1972年田中角荣首相与周恩来总理关于钓鱼岛问题谈话内容,表示中日之间并未就该问题达成共识。现把周恩来与田中角荣的全部谈话内容引于下:

田中首相:借这个机会我想问一下贵方对钓鱼岛(日本称"尖阁列岛")的态度。周总理:这个问题我这次不想谈,现在谈没有好处。田中首相:既然我到了北京,这问题一点也不提一下,回去后会遇到一些困难。周总理:对。就因为在那里海底发现了石油,台湾把它大作文章,现在美国也要作文章,把这个问题搞得很大。

玄叶光一郎只引用到此处,实际上田中角荣还接着说:好,不需要再谈了,以后再说。周总理:以后再说。这次我们把能解决的大的基本问题,比如两国关系正常化的问题先解决,不是别的问题不大,但目前急迫的是两国关系正常化问题。有些问题要等待时间的转移来谈。田中首相:一旦能实现邦交正常化,我相信其他问题是能解决的。

田中角荣与周恩来所提到的要解决的问题是什么呢?这对当时的中日两国领导人是很清楚的,即1971年6月17日美日签署《归还冲绳协议》,规定将琉球群岛等岛屿的施政权归还日本,擅自将钓鱼岛及其附属岛屿纳入"归还区域"。同年12月30日,中国外交部发表声明,强调美日私相授受钓鱼岛等岛屿完全是非法的,丝毫不能改变中华人民共和国对钓鱼岛等岛屿的领土主权。因此这个要解决的问题并不是什么"模模糊糊的事",而是钓鱼岛的主权归属问题。

到了1978年10月,邓小平副总理为交换中日和平友好条约批准书访日,同日本首相福田赳夫会谈后在记者招待会上就钓鱼岛问题表示:"实现邦交正常化时,双方约定不涉及这个问题。这次谈中日和平友好条约时,我们双方也约定不涉及。我们认为,谈不拢。避开比较明智,这样的问题摆一下不要紧。我们这一代人智慧不够,这个问题谈不拢,我们下一代人总比我们聪明,总会找到一个大家都能接受的好办法,来解决这个问题。"对此,日方没有任何人提出异议。

有关中日邦交正常化和缔约谈判时的上述经纬,曾任中国外交部顾问的张香山等两国不少相关人士都是亲历者和见证者,他们也曾以不同方式介绍过这段史实。比如,1972年11月6日,日本外相大平正芳在国会就"日中和平友好条约是否涉及领土问题"的质询时答称:"不触及尖阁群岛主权问题,显示了'冻结'或'搁置'的方针"。1979年5月31日,《读卖新闻》以"不要让尖阁问题成为引发纠纷的火种"为题发表社论,其中写道:"日中政府已达成谅解,即双方均主张享有领土主权,承认现实中存在争议。"当时参加过谈判的日本外务省亚大局中国课课长(后为驻华大使)的桥本恕,后来也在自己所著

的《考证和记录中日复交正常化》①一书明确记载了此事。2013 年 8 月 4 日,曾参与中日邦交正常化工作的原日本外务省事务次官栗山尚一,在接受《东京新闻》采访时,不仅回忆了 1972 年 9 月 27 日田中角荣首相与周恩来总理举行会谈时的情况,称"我认为双方就尖阁(即中国钓鱼岛及其附属岛屿)达成搁置争议的默契",而且认为"解决国际争端通常有三种方法,即外交交涉、司法解决和搁置争议。搁置争议是管控尖阁局势的唯一方法"。而日本政府所谓的"购岛"事件以后,前首相鸠山由纪夫也多次发表讲话,提出了一种与其他日本政治家不同的中日岛屿之争的是非观,主张放弃在钓鱼岛归属问题上的争论,而把精力放在两国对处理钓鱼岛之争所应该共同遵守的原则,认为"将主权争议搁置仍然是目前最好的做法"。这实际上也是对中日两国政府在钓鱼岛问题上存在争议这一事实的承认。

由此可见,尽管中日双方当时在联合声明以及和平条约里没写明这一点,但中日双方就搁置钓鱼岛争议是否存在谅解和共识是清楚的。那么,日方为什么连几十年前的权威史料都要篡改和否认呢?这里面有着深刻的历史原因和现实考量。

实际上,日本窃取钓鱼岛的阴谋由来已久,它一直在围绕着一条看似长远战略的"企画链"而步步推进。这条"企画链",概括地说,就是"一个借势","二个事实","三个利用","四个借口","五个忌讳","六个企图"。

一个借势:即借势美国。二个事实:即有效控制管理之"事实";1972 年发现该海域有石油之前中国从未提出抗议之"事实"。三个利用:即利用 1894 年的甲午战争中国战败;利用 1945—1949 年的国民党与共产党内战②;利用 1966—1976 年的中国"文化大革命"内乱。四个借口:以当代国际法为借口;以日本为民主分权体制为借口;以 1895 年日清签订的《马关条约》第二条清朝所割让的台湾、澎湖诸岛中未明确写明包括钓鱼岛为借口;以购岛"国有化"是为避免日中紧张局势为借口。五个忌讳:中国会忌讳对日强硬而被外界视为"威胁"与"霸权";中国会忌讳把国内矛盾转变为中日矛盾的所谓国际舆论;中国会忌讳利用民族主义这把双刃剑;台湾会忌讳与中国大陆共同保钓;国际上尤其周边国家会忌讳站到中国一边;六个企图:企图利用美国重返亚太的"再平衡"战略;企图利用从东海现状到价值观的所谓舆论制高点;企图利用亚太尤其是周边国家对中国崛起的恐惧心理;企图利用海峡两岸的对峙与猜忌;企图利用中国发展过程中的各种国内矛盾;企图利用中国政治经济制度上存在的问题和缺陷。

在日本看来,围绕与俄、韩、中而展开的所谓"三大领土之争"(即南千岛群岛、独岛、钓鱼岛),最易于得手的就是与中国的钓鱼岛之争。因为南千岛群岛(日方称北方四岛)被俄罗斯有效占领控制着,并有"二战"结束时的各种国际协议作保证,更有俄罗斯强大的军事力量作后盾;独岛(日方称竹岛)由同为美国盟友的韩国有效占领控制着,无论在道德制高点还是在国际法上日本都占不到任何便宜。唯独钓鱼岛,由于我们所说的以上原因,使日本渐渐觉得从实际控制到永久占据的条件已经成熟;而随着中国国力的不断提升,又促使日本

---

① 东京:岩波书店 2003 年版,第 223~224 页。
② 实际上琉球与钓鱼岛问题都是"国共内战"的后遗症。蒋介石当时也不愿意放弃收归琉球,但他个人及那个时代的民国政府已无力抗争,而美国后来却转手将琉球与钓鱼岛作为奖励品奖给了忠心的盟友日本。

加快了窃取钓鱼岛的步伐。这可以说是近年来中日岛屿之争日趋激烈的关节点。

针对日本精心设计的这条"企画链",我们必须要有相应的对策和措施,而且应该在以下三个方面多加给力:

第一,证据收集。要有效利用日本、琉球、朝鲜等历史上周边诸国的各类文献,比如复旦大学出版社2010年至2013年编纂完成的25册《越南韩文燕行文献集成》、36册《琉球王国汉文文献集成》、30册《韩国韩文燕行文献选编》等大型文献丛书,都是可资利用的第一手史料。最近韩结根教授便根据《琉球王国汉文文献集成》而撰写了《钓鱼岛历史真相》①。书中利用大量琉球汉文文献,充分证明了钓鱼岛及其附属岛屿是中国固有领土。研究显示,在明洪武五年(1372年)琉球成为中国藩属国以后,至清光绪五年(1879年)琉球王国被日本占领吞并改名冲绳县以前的500多年间,钓鱼岛及其附属岛屿黄尾屿、赤尾屿、南小岛、北小岛等所在海域,不仅是中国奉命到琉球举行册封大典的使臣前往琉球王国必经之路,也是琉球王国使臣赴京进贡往返的航海要道。根据琉球文献,其西南端领土止于古(姑)米山,这与中国历代琉球册封史的出使记录及其他文献中关于中琉领土分界的记述,是完全一致的。中琉两国历史文献中这种若合符契的文字记叙,说明在明清时期,两国政府在领土划界方面有着非常明确的共识,钓鱼岛及其附属岛屿的归属权在两国之间毫无争议。

第二,对外宣传。多年来,为将中国钓鱼岛据为己有,日本一些政客可谓费尽心机,从发行印有钓鱼岛的邮票,将部分国民户籍"迁移"至岛上,在岛上建灯塔;到上演"国有化"闹剧、修订教材编写指南、制作相关宣传片、设立专门网站等,以图达到混淆视听、以假乱真的目的。而我们在钓鱼岛领土主权的舆论宣传方面,尤其在宣传的广泛性、针对性、有效性上,是有很大距离的。虽然2012年中方正式出版发行了中、英、日三种文字的《钓鱼岛——中国的固有领土》宣传册子,但是没有专门拍摄系统全面介绍和说明钓鱼岛及其附属岛屿是中国固有领土的纪录片之类的视频宣传作品,甚至没有专门的钓鱼岛研究机构和网站之类。国际社会,包括中国国内公众对钓鱼岛的历史事实真相还是知之甚少。在中日岛屿争端宣传方面我们历来是处于被动的地位。2014年美国好莱坞摄制的纪录片《钓鱼岛真相》在洛杉矶公映后,在宣传上就起到了很好的效果。影片长约40分钟,由非当事方的德裔好莱坞导演克里斯·D·内贝执导摄制,因此所述事实的公正性、公平性和可信度较好,具有很强的说服力和感染力。为了不想被人认为是"付钱的宣传",76岁的克里斯·D·内贝自筹50万美元,独立拍摄了这部历史纪录片。这种对历史负责的、严谨的治学态度,对于世人了解钓鱼岛真相是有积极作用的。

第三,民心争取。领土主权问题是国际政治中的棘手问题,但并不等于国际社会就没有公论可言。就领土主权问题而就事论事、打口水仗,往往不会产生良好的效果。我们可以尝试"跳出"领土主权,从更长远、更广阔的视野上看待两国的纠纷和对抗。比如安倍晋三上台后,声称要收回三个日本官方早年为缓和亚洲民众不满情绪而发表的"反省"的三个谈话,即1982年时任日本内阁官房长官宫泽喜一为收拾教科书问题残局而发表的"宫泽谈话"、1993年时任内阁官房长官河野洋平为慰安妇问题发表的"河野谈话"、

---

① 韩结根:《钓鱼岛历史真相》,上海:复旦大学出版社、海豚出版社,2014年。

1995年时任首相村山富市发表反思"二战"的"村山谈话"。尽管对于这三个口惠而不实的谈话,亚洲舆论界的评价并不高,但就连这口头上的声明也要一笔勾销,则不能不引起国际舆论界对日本领导人的基本史观及其今后的走向感到不安。我们可以利用这种不安,争取国内外民心,与日本打外围战、持久战和消耗战,最终促使中日两国重新回到"搁置争议、共同开发"的正确轨道上来,让东海真正成为和平之海、合作之海。

从帝国行政的边缘到海域交流的前沿

——古代宁波东亚枢纽港地位确立过程的考察

刘恒武

（宁波大学人文与传媒学院）

摘要：唐宋时期，我国对外交往的主要途径逐渐由陆上转为海上，随着海上丝绸之路的全面繁荣，位于中国大陆海岸线中央的宁波成为东亚海域交通的枢纽港。本文力图聚焦于与宁波港城相关的"点"——宁波港区空间与对联港博多的唐房、"线"——甬江航道和东海航线进行考察，借此重新审视古代宁波东亚海交枢纽港地位的确立过程及其动因。

关键词：古代宁波　港区　航线

在古代中国的集权支配体系中，宁波是一个偏居东南海疆的区域行政中心，但在古代中华帝国竭力维持的华夷秩序中，宁波却是一个联结华夏世界与海外夷邦的至关重要的临海门户。在城市演进过程中，宁波城市性格中的这两个侧面经历了一个此显彼隐、此抑彼扬的轮转。晚唐之前，宁波主要扮演一个海疆边城的角色，晚唐以降，宁波则更多地发挥着海交重镇的功能。本文将着重通过点的解析——宁波港区空间与对联港博多的唐房、"线"的考察——甬江航道和东海航线，在历史时间维度中审视古代宁波东亚海交枢纽港地位确立的轨迹。

一、西京尘浩浩，东海浪漫漫——港城明州的区位和城市格局

"西京尘浩浩，东海浪漫漫"是唐代诗人白居易《归田三首》中的两句[①]，显然，白居易是将西京长安和东海殊域作为相距遥遥、互异不同的两个世界的代名词对置在一起的。如果对深处内地的西安和濒临东海的宁波做一个比较，两者之间的差异可以粗粗地罗列如是：西安旧名长安，地近中原腹地，历史上曾是 13 个王朝的首都，帝都长安讲京畿正音，食麦服马；宁波古称句章（汉晋）、明州（唐宋）、庆元（宋元），明清以来始用今名，港城宁波远在东海之滨，长期远离中央行政中心，说吴越方言，饭稻羹鱼。

的确，将西安这个与宁波大相径庭的城市作为参照体，无疑会更容易概括出宁波的特点。循沿上段文字引出的思路，让我们将两个城市放置在历史的坐标中进行更细致的解读

---

① 《全唐诗》卷四百二十九。

和对比。

首先,从区位上来讲,古代长安地处内陆关中平原,从西周到汉唐在行政地理上长期都是天下之中,是文书上传和诏令下达的中枢。而古明州则偏居浙东海滨,处在历代王朝行政网络的末梢,同时位于我国东海对外海域交通的前沿。宁波西北遥距汉唐长安1 500多千米,远在北宋都城开封东南1 100多千米,北距元明清三朝首都北京1 400多千米,历代都城中只有南宋临安距宁波最近,大约160千米。然而,从宁波扬帆出发至韩国西南端的木浦港只有700多千米航路,起航到日本九州西南沿海的坊津也不足900千米行程。唐宋时期,随着中国对外交通的重心由陆路转向海道,港城宁波实现了由滨海边城到海疆重镇的涅槃。

从城市类型上来说,宁波是一座濒江近海的港城,与长安、洛阳等内陆都城的功能特色、空间结构有很大的差异。汉唐长安属于帝国中央行政中心,城市风景线由宫殿、朝堂、里坊、市场、城墙组成;宁波临江建城、依港立城,在城市功能上不仅发挥着地方行政中心的作用,同时扮演着水陆物流枢纽的角色,城市图景中可以看到衙署、坊巷以及寺观的轮廓,还可以见到浓墨重彩的商贸片段,以及位于城墙与江滨之间千帆林立的港区块面。宋人舒亶在《和马粹老四明杂诗》中写道:"郡楼孤岭对,市港两潮通"[1],港与市的存在感洋溢诗中。

另外,汉唐都城长安规划在先、营造在后,在城郭圈定的方形区块里,无山丘、河流的分隔,道路南北正向贯通,街巷东西平直延伸。唐都长安规划最为井然,皇家宫殿和中央官署所在地——宫城和皇城居于城市北部正中,建中立极,廓城整体以皇城正南的朱雀大街为中轴线对称布局,白居易在《登观音台望城》一诗这样描绘唐代长安:"百千家似围棋局,十二街如种菜畦。"[2]

现今坐落于余姚江和奉化江两江交汇处——三江口的宁波旧城的历史,可以追溯到唐代。公元821年,明州州城从小溪(位于今宁波市区西南鄞江镇)迁至三江口,然而,需要指出的是,至迟在7世纪后半期三江口已经是唐代鄮县县治的所在地了。唐代三江口明州,作为地方行政中心,州城布局大体遵循了唐长安的范本,官署及其各种附属设施的所在地——子城位于全城北部正中,子城南门向南延伸出来的南北向大街形成城市中轴线,城内干道大致东西平正、南北竖直。

然而,由于明州依江建城,城市四周边界无法像长安那样人为划定。明代黄润玉之《鄞城草堂诗》非常准确地道出了宁波旧城的环境特点:"古鄞三面通海潮,地局西来雉堞高。日月两湖作环岛,坎离双港抱成濠。"[3]这里所谓"坎离双港"实际上意指"坎离双江",上坎在北,下离在南,"坎离双江"即北来之余姚江和南来之奉化江,余姚江自西北向东南流,形成明州主城的北界;奉化江由南向北流,框定了明州主城的东界;而日湖和月湖的南缘则基本上成为州城的南限。在两江两湖的环绕怀抱中延展起来的城市轮廓,呈别具一格的南北稍长、东西略窄的椭圆形,而非唐长安那样中规中矩的方形。不仅如此,明州城内水路纵横,街巷、里坊的建设亦需顺应水网做出曲折调整,舒亶的《和马粹老四明杂诗》"巷陌随桥曲,

---

① 《全宋诗》第二十部"舒亶"。
② 《全唐诗》卷四百四十八。
③ 王昶:《明词综》十三卷(补)。

间阁占水穷"一句①,生动地勾画出明州城内的景象。

二、城外千帆海舶风——从渔浦门到灵桥头

上文我们已经提到,宁波是一座港城,那么,港城与其他类型的城市有哪些不同? 若先从字面上解析,"港城"是港与城的组合,港依城立,城因港兴。首先,港城与其他任何类型的城市一样,是一个具备一定面积规模和人口数量的城邑;其次,港城拥有港区,而港区是由固定的船舶停泊场所以及其他各种水上物流关联设施组成的集合空间。此外,港城并不仅仅作为一个单独的"点"存在,港城亦联结着通往四面八方的"线"——水路与陆路的交通线。水陆交通线的存在,使得港城处在一个相对发达的物流、人流与信息流的网络之中,而这个网络最为密集交织的部分会覆盖出一个"面",即是我们通常所说的"腹地"。因此,对于一个完全意义上的港城而言,城、港、水陆交通网、腹地,缺一不可。

言及港区,不少人会有一个误解,认为所有能够停船的大小船埠、码头都可以视作港区。事实上,作为一个港口城市的功能性区域,港区是一个集合了满足到岸与离岸船舶需求的各种固定设施的空间,当然,这一空间最为核心的设施,是用以方便人员登岸与上船、货物装舱和卸载的船埠,但同时船埠周边还应有为水上物流提供服务的仓储、食宿以及船舶修造的设施,甚至会有祷祝航行平安的宗教设施。唐宋元明时期,航海贸易枢纽港往往设有市舶管理机构,就这类港城而言,市舶官署也是港区的组成要素。港城的港区,均是城市近旁最适合登舟启航、寄碇泊岸的滨水地带,港区位置相对恒久,相关设施也相对固定。

(一)古代宁波的港区在什么位置

《乾道四明图经》卷八引邵必诗曰:明州"城外千帆海舶风,城中居市苦憧憧"②,无疑,海舶停靠的地方在城墙之外,而城墙之外能够停泊海舶的场所是两条江岸,一条是城北侧的余姚江岸线;另一条是城东侧的奉化江岸线,两条岸线在城东北侧的三江口彼此连接起来。从历年来的考古发现状况来看,三江口附近余姚江西南岸的和义门—渔浦门濒江地带和三江口南奉化江西岸的东渡门—灵桥地带,分别是宁波故城城外余姚江岸线和奉化江岸线历史文化遗迹的富集区域。

和义门和渔浦门是宁波椭圆形城墙东北段的两个门,是连通余姚江滨和城内的出入口,其中渔浦门更接近三江口。东渡门和灵桥西头的灵桥门位于宁波城墙东段③,面对奉化江西岸巍然伫立。因此,和义门—渔浦门区域和东渡门—灵桥这两个江滨区块,既坐拥三江口,泊舟江域宽阔,又背倚城门,登岸交通便利,应该即是宁波城的立港之地。然而,根据我个人的研究,由唐入宋,明州三江口港区的核心区块发生过位移——由和义门—渔浦门岸线移到了东渡门—灵桥岸线。这从考古资料中可以找到论据,和义门—渔浦门一带的唐五代文化堆积层最厚,这一带发现了唐代道路、造船场、版筑水沟、唐船等遗迹,还出土了大量唐

---

① 《全宋诗》第二十部"舒亶"。
② 张津等《乾道四明图经》卷八。
③ 罗濬《宝庆四明志》卷十二《鄞县志·叙县·桥梁》。

代越窑青瓷以及板瓦、筒瓦、莲纹瓦当等建筑构件,而宋代文化堆积层相对较薄,遗物和遗迹远不如唐代文化层丰富。[①] 奉化江西岸的东渡门—灵桥一带早期文化层以宋代堆积为主,这里还发现了宋代码头、修船场、来安亭(商舶查验所)、天后宫等遗迹。[②] 此外,由来安亭向西进入来安门即是市舶司遗迹。[③] 根据这些迹象可以推定,和义门—渔浦门一带是唐五代明州城滨水活动最重要的场所,而宋代明州港区的核心地带转移到了东渡门—灵桥一线。宋以后直到晚清开埠之前,东渡门—灵桥一线都是宁波旧城的核心港区,这一带也被宁波人称为"江厦",所谓"走遍天下,不如宁波江厦",足见江厦滨江段在宁波人心目中的地位。直到宁波开埠以后,方便蒸汽船停泊的三江口之北甬江西岸的外滩,开始取代江厦,成为近代宁波的核心港区。

(二)三江口港区核心区块位移的原因何在

行政层面的作用力最为显而易见。唐代明州尚无专门的市舶机构,舶务由子城内的州衙管辖,子城北距和义门—渔浦门一线的余姚江岸500余米,而东距奉化江约1 100余米,从空间距离上来讲,船舶登岸离岸活动集中于余姚江岸,官署实施监督和管理更为近便。到了北宋淳化年间,明州设立了市舶司。[④] 市舶司衙署建在子城东南的灵桥门内,与东渡门—灵桥一段奉化江滨仅隔了一道罗城城墙[⑤],且有市舶专用门——来安门连通到来安亭。宋代抵达明州三江口的外洋船舶,都要先到来安亭接受查验,然后将舶货搬入市舶司附属的市舶库,而出洋商舶也需要到市舶司领取公凭,办理发舶手续。[⑥] 因此,商船停泊于东渡门—灵桥奉化江滨更便于完成各种市舶手续,对于明州市舶司而言,远航商舶人员构成复杂,集中停靠于东渡门—灵桥一带也有利于整饬市舶秩序。

或许可以说,宋代以后东渡门—灵桥一带千帆林立繁荣景象的出现,应当归因于市舶司、市舶库和来安亭的选址。然而,还需要考虑的是,究竟是市舶司衙择址于灵桥门内带来了灵桥头港埠的繁荣?抑或是灵桥头港埠的繁荣促使市舶司衙署择址并长期固定于灵桥门内?这不是一个从文献史料中找得到明确答案的问题。必须认识到,作为一个以水上物流与海航贸易为活力来源的空间,三江口港区空间的布局不可能单单取决于行政力量,渔浦门向灵桥头的港区重心位移,在某种程度上也是余姚江和奉化江风水流转的结果。唐代浙东经济文化中心是越州,明州倚重余姚江内河干线连结越州,而和义门—渔浦门江滨既是自余

① 林士民:《浙江宁波和义路遗址发掘报告》,《再现昔日的文明——东方大港宁波考古研究》,上海:上海三联书店,2005年;宁波市文物考古研究所《浙江宁波船场遗址考古发掘简报》,《浙东文化》1999年第1期;宁波市文物考古研究所《宁波市区和义路考古重大发现》,《浙东文化》2003年第2期。

② 林士民:《宁波东门口码头遗址发掘报告》,《再现昔日的文明——东方大港宁波考古研究》,上海:上海三联书店,2005年;徐兆昺《四明谈助》卷二十九《东城内外(下)》;林士民《浙江宁波天后宫遗址发掘》,《再现昔日的文明——东方大港宁波考古研究》,上海:上海三联书店,2005年。

③ 林士民:《浙江宁波市舶司遗址发掘简报》,《再现昔日的文明——东方大港宁波考古研究》,上海:上海三联书店,2005年。

④ 施存龙:《唐五代两宋两浙和明州市舶机构建地建时问题探讨(下)》,《海交史研究》1992年第2期。

⑤ 林士民:《浙江宁波东门口罗城遗址发掘收获》,《再现昔日的文明——东方大港宁波考古研究》,上海:上海三联书店,2005年。

⑥ 林士民:《三江变迁——宁波城市发展史话》,宁波:宁波出版社,2002年,第110页。

姚江上游下行至明州州城的终点，又是从明州州城沿江深入浙东腹地的起点，理所当然地会被唐代明州官府视为滨江重地。入宋以后，明州自身区域社会经济水平提升，奉化江流域的财赋比重增大，宋代余姚江对于明州水上物流的重要性已经比唐代有所降低。另外，就水文条件而言，奉化江与甬江南北贯通，受到甬江潮水涨落的影响更大，江滨积沙小于余姚江，而水深大于余姚江，因此，东渡门—灵桥奉化江滨更适合宋代以后载重大、吃水深的海船停泊。综合以上分析可知，宋代择址灵桥门内并非纯属偶然。

（三）宁波港区的空间结构如何

前面已经提到，"港区是一个集合了满足到岸与离岸船舶需求的各种固定设施的空间"，与城内居民的生活空间——坊巷街市迥然不同。关于古代宁波港区的空间结构，我们只能利用考古发掘手段对其展开局部解剖、进行片段复原。尽管如此，遗物和遗迹资料，尤其是东渡门—灵桥奉化江滨的遗物资料，已经让我们窥见到了宁波港复杂、多彩的一面。

首先来看一下和义门—渔浦门区块，这一带发现的设施类遗迹和遗物主要是唐五代的遗存，上文提到的道路和版筑水沟的存在表明江岸环境经过了人为的营造，而造船场与唐船则依稀映射出船只泊岸的景象。虽然我们无法根据板瓦、筒瓦、莲纹瓦当等建筑构件复原江岸的建筑，但至少可以据此肯定，唐五代和义门—渔浦门一线的亲水空间曾经排布着各种港埠固定设施。

相比之下，东渡门—灵桥区块的文化遗存，展现出的是一个更为成熟、完备的港区空间。东渡门—灵桥宋代港区，不仅有精心营造的码头，还有修造船场、天后宫、来安亭，而来安门之内的市舶司衙署和市舶库，可以被视为港区空间向城内的一个延伸，市舶司与灵桥门附近的街巷则是港区与城内生活区的接合空间。① 整个港区场域并不宽阔，却可以满足远航船舶在行政、技术、商贸乃至宗教上的各种需求。南宋明州志书——《宝庆四明志》卷三《市舶务》详细描述了从市舶务（司）到来安亭之间缜密的空间联结，按照书中记载，舶商登岸之后，先在来安亭接受身份和货品查验，然后通过位于来安亭西侧的一道门栏，再向西横穿一道沿东城墙南北向延伸的道路，进入市舶专用门——来安门，而那条沿城墙南北延伸的道路南北各设一道小门，道路平日供人往来行走，但舶商进入来安门办理舶务之际，南北小门闭合，闲杂人等被隔离在外。②

市舶司衙署是整个港区的磁场，不但牵引着停泊于城外江滨的海舶，而且还将一些能够满足番客外商需求的店铺、工坊、宿馆吸附到了灵桥门内的市舶衙署周边。例如，宋代市舶司西侧的车桥街、北侧的咸塘街以及市舶司西南不远处的石板巷，集中分布着绘制佛画的工坊或画师居所，而出入明州港的舶商和外来僧侣正是这些工坊的重要顾主。画师们的创作场所集中于市舶司周边，这应该不是一个偶然，从物品供与求的空间对接来看，这种合理化的布局一定是供求双方主动或被动选择的结果。

---

① 林士民：《浙江宁波市舶司遗址发掘简报》，《再现昔日的文明——东方大港宁波考古研究》，上海：上海三联书店，2005 年。

② 罗濬：《宝庆四明志》卷三《叙郡下·制府两司仓场库务并局院坊园等》。

（四）港区——开放与流动的空间

通海港城是海域对外交往的门户，而港城的港区则是门户里的门厅，人流、物流与信息流都在这里集聚，又从这里分散到各处。港区中到来的人与发生的事，充满了不确定性和不可预见性，因此，港区是最具开放性和流动性的空间，也是最富活力的空间。

在港区内登岸和离岸的舶商和船夫，属于一个跨区域流动的特殊人群，他们将殊方异域的物品和信息带到各个口岸，又把从各个口岸获得的物品和信息带往四面八方。舶商和舶吏的相互矛盾与相互依存，形成了港区之内最大张力。对于舶商而言，三江口港区是完成交易、获取舶货之利的场所，故而期待得到宽松的活动尺度；对于市舶官吏而言，港区则是明察秋毫、收缴市舶之税的地点，因此希望实施严格的管理条规。事实上，舶务管制过松，则乱舶政；舶务管制过苛，则损舶利。然而，对外港区的本质是开放的，市舶管理者在保证舶税之利和港区秩序的前提下，也必须为涉鲸波之巨险来求易货之厚利的舶商留出相当的自由空间。明州港区的来安亭与来安门的寓意，即有安抚远来客商之意。

随海舶往来于江滨码头的，还有使节、僧侣、匠师等等各色人物。南宋至明代，宁波已发展成为海滨巨埠和东南佛国，五湖四海的鸿儒、高僧、雅士在宁波三江口邂逅、酬和与送迎；东洋南洋的舟船在东渡门码头连舷寄碇、并桅泊岸。在这里，有时一个踌躇难决的计划，或许因于一次毫无预知的景象观睹而做出了抉择；有时一个思案已久的疑惑，或许因于一次纯属偶然的人物相遇而获得了解答。

日本史籍《本朝高僧传·道隆传》中将南宋高僧兰溪道隆赴日传法的缘起描述为一则充满演义色彩的故事，书中讲到：南宋淳祐六年（1246年），道隆禅师驻锡天童寺，一日前往明州城内，在灵桥桥头见到日本海舶系缆于来安亭边的江岸，禅师正驻足端详之间，眼前忽现神人，告以缘在东方，禅师因此决心随日舟东渡。①

日本入宋求法高僧道元在《典座教训》记载了自己在庆元（宁波）码头与阿育王山老典座（掌管大众粥斋的炊事僧）感悟甚深的邂逅，当时老典座登上日舶买倭椹，道元请其吃茶、问其履历，一番问答之后，又请他留宿舟中，老典座以须尽职守为由婉拒，道元劝他放弃杂务、坐禅弁道，典座笑问道元"弁道"与"文字"之义，道元顿生警心，意识到老典座绝非凡庸僧徒。之后，道元与老典座重逢于天童山，道元问典座："如何是文字？"典座答曰："一二三四五。"又问："如何是弁道？"典座云："遍界不曾藏。"老典座对于文字和弁道至简至朴的诠释，让道元领略到了中国禅学的醍醐真味。② 此外，值得一提的是，在这则记载中，宁波本地僧侣可以直入外舶购物，而异域舟客又可以留宋人在船中住宿，这正反映出三江口港区开放与包容的一面。开放与包容，成为智慧生根、新知发芽的厚土，这或许也正是浙东学派人才辈出、与时俱进的根由。

---

①　木宫泰彦：《日华文化交流史》，富山房，1955年，第383页。
②　安藤嘉则撰、张文良译：《阿育王寺与日本佛教》，《报恩》2007年第2期。

三、水分江北渡头去,风自海东潮外来——宁波与东亚海域交通网络

众所周知,宁波是东亚海上丝绸之路的枢纽港。古代宁波港城的繁荣,主要因于其广阔的腹地和发达的航线。与同样位于我国东南沿海的台州、温州、福州、泉州等港口城市相比,宁波可以借助浙东运河连接到杭州,进而通过京杭大运河进入长江三角洲,其腹地空间的阔度、深度和丰度均相当卓越。长江三角洲北侧原有扬州,但自公元 9 世纪以后,由于受到长江江道南移、大运河阻绝以及战乱破坏等因素的影响,扬州逐渐失去了原先的港城地位,宁波取而代之成为江南第一大港。其次,就国内近海航行而言,宁波位于我国大陆海岸线中央,是国内船舶沿近海南下与北上的必经之地;从对日、对韩的海航条件上来说,宁波比温州、泉州距离日韩更近,且有舟山群岛作为天然的候风引桥,无疑是我国江南地区往来日韩的最佳港口,而从宁波以南诸港发舶前往日韩的海船,也往往在宁波—舟山停留中转。另外,宁波在宋元明时期始终是市舶司所在地,是官方指定的对日、对韩贸易口岸,这种行政因素也强化了宁波的枢纽港地位。

(一)黄金水道

余姚江和奉化江在宁波三江口汇流形成甬江,向东北流入大海。三江口到招宝山这段甬江干流,全长约 26 千米,平均水深 4.9 米,常年可以通行 3 000 吨左右的船舶。甬江口外大海涨潮的时候,潮水会沿着甬江江道直达三江口,然后分流侵入奉化江和余姚江;退潮的时候,两江的江水又会驱赶着咸潮从三江口顺着甬江江道流入大海。因此,甬江主江道既是一条江水的入海行路,也是一条海水的侵陆通道,可谓半分江流半咸潮。宁波三江口港区虽然距海尚有一段距离,却也能嗅到浓浓的潮腥,更重要的是,潮水沿甬江江道的进退,使木帆船出入港区变得容易,商舶渔舟随潮而来、逐潮而往,可以借助海潮、江风之力放洋和出港,既不必担心农忙时纤夫难觅,也不需忧虑天旱时江流变浅。1 000 多年来,宁波之所以能够"港通天下",长盛不衰,很大程度仰仗了甬江优越的通航条件。可以说,甬江航道是条名副其实的"黄金水道"。

(二)东来第一关——招宝山

甬江航道在今宁波大学所在地向南画出一个巨大的 U 字弧,而这个位置恰好是 26 千米甬江主江道的中间点,木帆船驶经这一带时,仿佛是在沿着一个半岛的边缘绕行。在甬江航道中,最精彩也是揭开新篇的段落,是招宝山和金鸡山夹峙而立的甬江入海口。

甬江入海口是浙东的一道胜景,浩浩江波、茫茫海涛、湛湛青天在这里合成一线、融为一片。招宝山、金鸡山一北一南相向而立,恰如两座送江迎海的门阙,从山下流过的甬江似一条夺门入海的蛟龙。伫立于江北岸的招宝山,又称候涛山、鳌柱山,是历代文人吟咏的对象,明末邵似雍《登候涛山》对招宝山和甬江口有具体贴切的描绘:"莫小候涛山,东来第一关。风号连地震,潮涌啮城还。海阔奔难入,江流到此湾。蛟门天设险,领袖众峰环。"[1]

---

① 陈修榆编:《镇海县旧志诗文删余录存》卷下,蔚文书局,1936 年。

招宝山的名称,在北宋人徐兢的《宣和奉使高丽图经》中就已出现:"旧传海舶望是山,则知其为定海也。故以招宝名之。"①宋代定海即明州下辖的、位于甬江入海口的定海县。对于海舶而言,望见招宝山就意味着即将抵达明州,可以收获易货之利;而在宁波人眼里,招宝山可以引导万国商舶来航,从而坐收四海财货之益。《宣和奉使高丽图经》还记载招宝山"上有小浮屠",在江上海中看到的山景必然相当壮观,1999 年在招宝山峰顶重建了鳌柱塔,古招宝山胜景得以复原。江南岸的金鸡山山名不知可以追溯至何时? 名称中也有生金纳宝的寓意,与江北岸的招宝山两相呼应。

招宝山、甬江口,既是甬江航道的终点,也是自宁波穿行舟山海道、驶往外洋的起点。元代词人张翥在《望海潮 丁巳清明日,登定海县招宝山望海》词中写道:"扶桑何许,蓬莱何处,沧海一望漫漫。精卫解填,鼋鼍可驾,凌波直度三韩。"②实际上,甬江口是宁波三江口港区的外港,是凌波直渡三韩与扶桑的放洋之地。

(三)妙音观世音,梵音海潮音——从普陀山到五岛列岛

船只出了甬江口,一般要沿着金塘水道、螺头水道东南行,到达舟山本岛东南角的沈家门,然后再向东北航至普陀山,最后从普陀山候风驶入外洋。由宋代到清代,很多浙东甚至浙北海船选择普陀山作为放洋东渡日韩的候风地,这是因为普陀山处在舟山群岛东南边缘,由这里方便进入外海,而且岛上有一定数量的住民,可以得到淡水、柴薪的补给。除此之外,还有一个重要原因:普陀山是著名的观音道场,外海航行风波难测,海舶到普陀山参拜观音祈求航海平安,这已经成为一个传统。

由普陀山放洋的商舶,多以朝鲜半岛西南和日本九州北部为目的地,事实上,浙东—北九州之间的航路是东亚海上丝绸之路的中轴,这条中轴还有一条向北伸向朝鲜半岛的支线,而中轴之北,还有登州(蓬莱)至朝鲜半岛西岸的海上航线;中轴之南,则有福州、泉州与琉球(冲绳)之间的航线。

日本九州西北端有一组名叫"五岛列岛"的岛屿群,朝西南方向伸入大海,与宁波之东的舟山群岛遥相呼应。早在 8—9 世纪,五岛列岛就成为日本遣唐使横渡东海前往中国的候风地,日本著名的入唐高僧最澄、空海、圆仁所搭乘的遣唐使船都曾在这里候风启航。9 世纪中叶以后,前往北九州中国海商也同样将这里作为航行的第一目的地。舟山群岛与五岛列岛相互之间相隔不到 800 千米,前者在西南,后者居东北,就像互送互迎、隔水相望的一对栈桥。那么,古代木帆船从宁波经舟山前往五岛列岛,大概需要几天的航行? 唐大中元年(847 年)6 月,唐商张支信的海船从明州望海镇(甬江口)启碇,一路顺风扬帆,仅用了三昼夜的时间就到达日本值嘉岛那留浦(即五岛列岛之奈留岛),创下了宁波与北九州之间最快的木帆船航行纪录,普通情况下需要耗费 5～10 余天不等。③

关于宁波到韩国西南端的古代海航时间,1997 年 6 月中韩联合漂流队所耗天数可以作

① 徐兢:《宣和奉使高丽图经》卷三十四《海道一》。
② 张翥:《蜕岩词》卷上。
③ 刘恒武、王力军:《试论宁波港城的形成与浙东对外海上航路的开辟》,宁波"海上丝绸之路"申报世界文化遗产办公室等《宁波与海上丝绸之路》,北京:科学出版社,2007 年。

为参考,漂流队乘坐一只用宁波奉化毛竹制成的长 10 米、宽 5 米的竹筏,从舟山群岛的朱家尖(位于普陀山南侧)出发,在遭遇两天台风天气的情况下,用了 16 天时间到达韩国西南近海的大黑山岛。需要说明的是,竹筏是上古时期使用的原始漂洋工具,如果换作帆船、遇上顺风,航行时间应该收缩在 10 天之内。①

古代骑马从长安到洛阳,如果昼行夜宿连日不间断行进的话,300 多千米行程大约需要 4 天时间。从长安到明州,如果不计翻山越岭、渡江涉河所耽搁的日程,至少也需要 20 余天。这只是千里走单骑的情况,如果长途贩运货物,耗时还要长得多。相比之下,由宁波出海前往日韩,虽或遇到惊涛骇浪之险,但若一帆风顺的话,交通效率远比陆地要高。在大批量货物的长距离运输上,海上航运的优势尤其明显。

宁波启航前往福冈博多的木帆船,穿越东海到达五岛列岛之后,继续向东北经过平户,再沿着九州本岛和壹岐岛之间的壹岐水道越过玄界滩,最后进入博多湾,而早期的鸿胪馆和后期的博多唐房都位于博多湾南岸,木帆船驶入博多湾实际上意味着已经到达了浙东—北九州海航中轴的东端。

(四)跨越海洋的宁波石刻

中国古代木帆船在北九州沿海的航迹,是可以利用考古文物资料进行复原的。提到用于考察古代船舶航迹的遗物,人们通常很容易想到经久不腐的瓷器,的确,舶载外销瓷可以帮助我们勾勒出航海贸易网络的轮廓。不过,需要指出的是,外销瓷是一种可以随意移动交易的普通商品,它的发现地未必是输入瓷器的船舶的着岸地点。近年来,九州西海岸和北海岸发现的一些 12—14 世纪中国系非商品性遗物,为探明宋元时代中国船前往日本九州的航路提供了资料。这些资料主要包括萨摩石塔、碇石(石制锚头)和屋瓦,其中,梅园石制萨摩塔的发现最引人注目。

萨摩石塔属于一种尺寸不大的石制供养塔,其基本形态特征是:顶为屋檐式,中为壶形塔身,下为须弥座。雕刻图案也遵循同一模式:台座束腰部位的四面有四大天王浮雕,台座上部为栏杆浮雕,塔身刻有佛龛和佛像。在形制上,萨摩塔又可被细分为两类:一类六角六面,体量较大,大者高度接近两米,一般塔顶、塔身和台座分别雕成,然后拼合为一体;另一类四角四面,形体较小,一般高 60 ~ 70 厘米,塔的制作上,既有局部分开制作之后拼合的;也有用一块整石直接雕刻的。这种壶形塔身、屋檐顶、须弥座的石塔,完全游离于日本传统石塔系谱之外,却在浙江丽水灵鹫寺能够找到与其形制相似的母型。更重要的是,根据日本学者鉴定,萨摩塔的石材是产于宁波西南郊外鄞江镇的梅园石,这种石料属于凝灰岩,灰色泛紫,质地细腻,是极好的雕刻用材。空间分布上,目前日本发现的 30 余尊萨摩塔,集中分布于九州北部、西北部和西南部的滨海地带,九州内地以及本州、四国等地都见不到同样或类似形

① 金健人:《中国江南与韩国的史前海路》,《中国航海》1997 年第 2 期。

制的石塔。年代上,萨摩塔大都属于12—13世纪的遗物。① 物品性质上,萨摩塔与用于交易的日常性商品不同,重量较大,不易辗转搬运,它应是中国船商随船自带而来的一种佛教崇奉物。因此,我们推断,萨摩塔的分布,大体反映出宋商在日本九州滨海地区的航行路线以及登岸后的活动地点。

萨摩塔的最初置奉地点,大都应该是一些具有空间标识意义的场所。在北九州的几尊萨摩塔中,位于平户岛志々伎神社冲之宫的萨摩塔,是一尊六角形残塔,尽管残高只有1.51米,但根据比例可以推测,这座石塔原高至少3米,体量相当硕大。它所在的志々伎神社冲之宫位于平户岛最南端,西南方碧蓝大海的尽头就是五岛列岛,这一地点的航标意义不言而喻。现在,这座残塔隐身在冲之宫正门旁侧的灌木荒草丛中,悄无声息地伫立,塔座上的宋风纹饰依然线条清晰。可以想象,当初石塔周围的空间必定是净空的,石塔与旁边的鸟居在蓝色海面的映衬下会格外引人注目。

平户岛白山比卖神社萨摩塔位于平户岛北部的安满岳山顶,顺着石块与树根交织着的蹬道一路攀登到山顶,会强烈地感受到那种沉潜在静谧中的神秘,从该地点可以眺望到平户岛西北的生月岛,俯视与远眺,满眼都是碧海蓝天、波光粼粼;平户市田平町海迹寺萨摩塔(现存于里田原历史民俗资料馆),其原置地——海迹寺位于平户大桥东端附近,向西可眺望到平户海峡西侧的平户岛,而海迹寺的庙堂隐蔽于古树老藤的密丛之中,时间仿佛在这里已停滞了千年;火焰冢萨摩塔所在的志贺岛位于博多湾北端,是宋舶进入博多湾的必经之地,志贺岛东南有一道沙堤——海之中道通往九州本岛,海之中道绝对是北九州海滨的一道胜景,其北为风急浪高的玄界滩,其南为风平浪静的博多湾。

平户岛和志贺岛,是浙东—北九州海航干线的要津,是宋元海舶在北九州近海的停泊之地,这一线萨摩塔的发现,为我们更清晰地勾勒出了宋元海商的行迹。分布于九州西南的萨摩塔,则显示出浙东—南九州之间航行线路存在的可能性。现存于南萨摩市坊津町辉津馆的萨摩塔,最初放置在附近的一乘院佛寺,而一乘院正对着波澜不兴的坊津良港,至今,坊津和附近的泊滨海岸随处都能拾得到宋元贸易瓷片;川边町水元神社萨摩塔,虽与海滨相距一段距离,但附近有万之濑川河道通往海边。② 而位于万之濑川河口地带的持躰松、渡畑、上水流、芝原、小薗等遗址均出土了宋元贸易陶瓷,其中,渡畑、芝原两遗址发现了与宁波宋瓦非常相似的中国瓦。透过这些中国遗物,我们似乎隐约可以看到七八百年前宋元商人在这里活动的足迹。

萨摩塔是由中国工匠用宁波梅园石材在宁波雕制完成后运往日本九州的,属于一种石刻制成品的传播。而在南宋时期,也有中国石刻匠师将技艺带到日本的史例。根据日本东大寺寺内文献《东大寺造立供养记》的记载,奈良东大寺南大门的那对石狮出自南宋中国工

① 高津孝、桥口亘:《萨摩塔小考》,《南文化财研究》No. 7,2008年;大木公彦、古泽明、高津孝、桥口亘:《萨摩塔石材与中国宁波产的梅園石との岩石学的分析による对比》,《鹿儿岛大学理学部纪要》第42号,2009年;大木公彦、古泽明、高津孝、桥口亘、内村公大:《日本における萨摩塔・碇石の石材と中国宁波产石材の岩石学的特徵に关する一考察》,《鹿儿岛大学理学部纪要》第43号,2010年;高津孝、桥口亘、大木公彦:《萨摩塔研究——中国产石材による中国系石造物という视点から》,《鹿大史学》第57号,2010年;高津孝:《萨摩塔と碇石浙江石材と東アジア海域交流》,国际日本文化研究センター《江南文化と日本资料・人的交流の再发掘》,2011年;井形进:《萨摩塔の时空》,花乱社,2012年。

② 松田朝由:《鹿儿岛县的萨摩塔》,《南文化财研究》No. 7,2008年。

匠字六郎之手,而石材也是从中国买来的。① 2009 年,我曾专程前往东大寺对这两尊石狮进行了实物观察,其石材肌理和表面色泽与我们在宁波常见的梅园石极其相似,可以推定,东大寺南大门的两尊石狮就是中国工匠在日本用宁波石材雕造的。

事实上,公元 1181 年,日本高僧重源开始主持奈良东大寺的复建工程之后,为了保证工程顺利完成,陆续从中国聘来铸造师陈和卿、石雕匠师伊行末和字六郎等人协助各项施工。在这些工匠中,伊行末可以确认是明州出身,他在日本留下的石刻作品还包括东大寺法华堂(三月堂)前石灯笼、奈良般若寺十三重石塔。东大寺再建工程竣工之后,伊行末留在了日本,再也没有返回宁波故乡,他的子孙以"伊""井""井野"为姓继承发扬了祖辈的石刻技艺,形成了个性鲜明的石刻流派——伊派,至今在京都、奈良和冈山等地仍然可以找到带有伊派石工铭文的石刻遗物。

梅园石作品、梅园石材的对日输出,以及宁波石刻匠师的东渡,是宁波石刻艺术东传的三个维度。它也是古代中日之间人员、物品、技术跨海交流的宏大图景中的一个局部。

(五)博多唐房

正如舟山群岛与五岛列岛之间的对偶,宁波与福冈也是具有对偶性的两个港口城市。福冈位于日本九州北部的福冈平野,北侧面对博多湾,其余几侧都被山地环绕。早在 7 世纪后期,日本朝廷就在这里设置了太宰府,作为处理对中国和朝鲜事务的门户机构。大宰府遗址位于今天福冈市的东南侧,处在福冈平野的南部边缘。从 9 世纪中期起,日本平安朝廷委托大宰府对大陆赴日私商的贸易活动进行统一管理,其贸易场所设在大宰府下辖的鸿胪馆,鸿胪馆更靠近博多湾海滨,其遗址在今天的福冈市内,位于那珂川西岸,与大宰府之间曾有官道相连。9 世纪中期到 11 世纪中期,大宰府鸿胪馆主导对中国大陆和朝鲜半岛贸易,故而这一时期在中日贸易史上也被称为"鸿胪馆贸易期"。

11 世纪中叶以后,随着宋商纷至沓来,位于那珂川和御笠川古河口地带的博多港逐渐崛起,取代那珂川西岸的鸿胪馆,成为宋日贸易的据点。在博多港口和城市的兴起过程中,宋商是最重要的推动力量。宋商的外洋大船到达博多湾一带,一般停靠在博多湾北部的志贺岛或湾域中部的能古岛,然后再驾驶近海小船把瓷器、丝绸等舶货运送到那珂川和御笠川古河口,在那里与当地官民交易,于是这个古河口地带逐渐成为宋人贸易据点和聚居区,随着渡日宋人的增多,宋人聚居区由西向东不断扩大,而且与当地日本人的生活区相互交错起来,到了 13 世纪初,博多宋人聚居区——博多唐房的规模基本确定。② 有意思的是,北九州的权力中枢——太宰府、宋商聚居地博多——唐房、宋人海舶停靠地——志贺岛,恰好由东南向西北排成一条直线。

古博多唐房的区域,位于今天的博多车站西北六七百米处。如果沿着御笠川向西北行,

① 《東大寺南大門の獅子像は中国生まれ 原材料「梅園石」か》,《読売新聞》,2008 年 8 月 10 日;《2 獅子「宋出身」か 凝灰岩の材質酷似 東大寺南大門》,《産経新聞》,2008 年 8 月 10 日;《東大寺南大門の石造獅子像 台座文様も「南宋」と酷似》,《読売新聞》,2008 年 8 月 25 日。
② 大庭康時:《博多の都市空間と中国人居住区》,《港町のトポグラフィ》,青木書店,2006 年;山内晋次撰、李广志译:《近年博多港研究的新动向——以中国人居住区的形成为中心》,《浙江海洋文化与经济》第 6 辑,海洋出版社,2013 年。

依次会看到一系列与宋代中国有关的文化遗存。首先是著名入宋僧圆尔辨圆创建于1241年的承天寺,承天寺在创设之际,得到了博多宋商谢国明等人的财力援助,1248年承天寺因火再建之际,谢国明再次倾力相助。谢国明的墓所就在承天寺东南不远处,墓所旁边有一棵树龄高达几百年的老樟,现在,这里是一片很少为人关注的狭小而僻静的场所,附近市街上匆匆走过的行人大都不会想到,墓主人谢国明是13世纪博多唐房位高名显的中国巨商。谢国明出生于南宋首都临安(杭州),成年后渡海前往博多,中年的时候已经累积了相当的资本,定居椊田神社附近,娶日本女子为妻,广泛结交博多周边寺社权门,成为博多唐房拥有巨大影响力的人物。

由承天寺向西北行,可以看到妙乐寺的白墙灰瓦,这座寺院建于14世纪初,最初位于博多湾岸的冲之浜,后来移建到现在的位置。有名的妙乐寺"唐石"就架在东南侧墙的两根石柱上,这条灰色泛紫的方形条石,是梅园石质地,与九州本地石制品明显不同,远远看去都十分醒目,条石右端有工楷的"唐石"两字,中段用楷书写着:"具一切功德,慈眼视众生。福聚海无量,是故应顶礼。"

过了妙乐寺,继续西北行,即是日本临济宗鼻祖——荣西创建的圣福寺,这是日本最初的禅道场。荣西于公元1168年第1次入宋,参访了明州阿育王山和台州天台山等地,1187年再度入宋,随虚庵怀敞大师由天台山万年寺移驻明州天童寺,1189年曾从日本往明州运去大量木材,协助建造天童寺千佛阁。1191年荣西归国后,在九州北部筑前、肥后地区传教。1195年在博多建圣福寺,该寺的寺址原是博多宋人的灵地——"博多百堂",寺院的建立和维持都得到了宋商势力的支持。[①]

圣福寺东南的冷泉町一带曾出土过大量宋代外销瓷,这里应该是博多唐房宋人居住区的核心,其西南的椊田神社则应标志着唐房的西界。整个博多唐房故地,如果不做停歇地由承天寺向西北绕到圣福寺,再向西南经冷泉町到椊田神社,只需要40多分钟时间。可以推测,在这片不大的区域里长期定居的宋人不超过千人。然而,人数不多的博多唐房宋商,却凭借着贸易资本的力量,在11—13世纪的日本历史上留下了厚重的存在感。

四、结语

从宁波港城城市空间的分析中,我们可以看到我国滨海港城城市空间结构的共性:在河道影响制约下形成的不规则的城市轮廓;相对开放与流动的城市附属空间——港区的存在;发达的内河航道和海上航路。宁波能够成为东亚海上丝绸之路的枢纽港,不仅归因于它借助浙东运河—京杭运河联结的广阔腹地,也要归因于甬江航行条件的优越、舟山群岛外港与宁波内港的配合,此外,宁波与博多之间互航对联的固定化、博多港中国人的移住,也推动并保证了古代宁波海域交通网络的伸张。

---

① 冈崎敬撰、严晓辉译:《福冈市(博多)圣福寺发现的遗物——中国大陆舶来的陶瓷和银铤》,《海交史研究》1989年第1期。

宁波与航海保护神妈祖诞生的前因后果

刘义杰

（海洋出版社）

摘要：宁波（四明）与航海保护神妈祖的诞生有密切的关系。俗传妈祖的第一个封号起源于北宋末年宋徽宗宣和五年路允迪出使高丽的活动中。路允迪出使高丽从宁波启航前往高丽首都开城，随从书记官徐兢事后撰写了出使报告《宣和奉使高丽图经》，其中谈及海上遇险曾得到海神护佑的情节，于是宋徽宗有封海神诏书和在宁波等地建庙宇以祭祀海神。但这个被封的海神并不是后来传说中的妈祖，而是福州地区的海神演屿神。其中逆转的因果关系值得认真研究和还原，本文将就宣和奉使高丽及封祀的过程作一简单的梳理，以求教于大家。

关键词：宁波　航海　妈祖　保护神

关于妈祖（天妃、天后）的封祀经历，就学术而言，论述最为详备的，莫不过于陈佳荣先生的《万里海疆崇圣妃——两宋妈祖封祀辨识》①一文。关于妈祖最初的封祀与北宋末宋徽宗宣和五年（1123 年）的路允迪出使高丽时航海经历之间的因果关系，经陈佳荣先生考据，"总之，不论诸书有何歧异，综合各家之说：妈祖因宣和五年奉使高丽事，而首次被赐庙额顺济，这一结论大致是可信的"②。但陈佳荣先生的此一结论确有值得商榷之处，本文因此展开的讨论，乃试图就路允迪出使高丽的航海经历与航海保护神妈祖的诞生之间的因果关系作一补充和探索，以求教于方家。

一、路允迪使团航海历险

据史书记载，两宋之际（960—1279 年），我国与朝鲜半岛高丽国之间有频繁的海上交通往来。双方之间的海上交通，始从登州，后由明州（宁波），"往时高丽人往反皆自登州，（熙宁）七年（1074 年），遣其臣金良鉴来言。欲远契丹，乞改涂由明州诣阙，从之。……昔高丽入使，率由登、莱，山河之限甚远，今直趋四明，四明距行都限一浙水耳。③"北宋末年，曾有两

---

① 陈佳荣：《万里海疆崇圣妃——两宋妈祖封祀辨识》，载澳门海事博物馆、澳门文化研究会编《澳门妈祖论文集》，澳门，澳门文化研究会出版，1998 年。

② 陈佳荣，前揭文。

③ 脱脱：《宋史》，外国传，高丽。

次重大的出使高丽的航海活动:一为宋元丰元年(1078年)的安焘、陈睦出使高丽;一为宋宣和四年(1122年)路允迪、傅墨卿出使高丽。这两次出使高丽,都曾在明州(今宁波)造船、备航并以宁波作为起航港。宋代历次出使高丽的外交活动都有详尽的出使报告,如吴栻的《鸡林记》、王云的《鸡林志》、孙穆的《鸡林类事》和徐兢《宣和奉使高丽图经》等,可惜至今仅存路允迪这次外交活动的出使报告,即路允迪使团中的书记官徐兢在宣和六年(1124年)撰写成的《宣和奉使高丽图经》。徐兢在自序中说:"谨因耳目所及,博采众说,简汰其同于中国者而取其异焉。凡三百余条,釐为四十卷,物图其形,事为之说,名曰《宣和奉使高丽图经》。"

徐兢,福建建宁人,在路允迪使团中的身份是"奉议郎、充奉使高丽国信所、提辖人船礼物",即为使团的专职书记官和礼宾官。宋徽宗宣和四年,路允迪和傅墨卿奉命出使高丽,未及成行,接报高丽国王王俣去世,路允迪的出使就多了一项吊唁和封赐的任务。朝廷自熙宁七年后出使高丽的船只都停泊在明州,此次为路允迪使团出访又专门改造了两艘"神舟"——"鼎新利涉怀远康济"神舟和"循流安逸通济"神舟。至宣和五年(1123年)五月,神舟造好,路允迪出使的船队便由两艘神舟和六艘客舟组成,从明州起航,前往高丽国首都开城。船队中的"神舟"是正使和副使的座船,其他随行人员则乘"客舟"。徐兢的任务之一就是详细记录路允迪、傅墨卿出使高丽的全过程,以便将来其他使团参考。这次航海活动虽顺利完成,但航海所经历的风险让经历者胆颤心惊。徐兢说:"惟海道之难甚矣。以一叶之舟泛重溟之险,惟恃宗社之福。当使波神效顺以济。不然岂人力所能至哉。方其在洋也,以风帆为适从。若或暴横转至他国,生死瞬息。又恶三种险:曰痴风;曰黑风;曰海动。……若遇危险,则发于至诚,虔诚祈哀恳,无不感应者。比者,使事之行,第二舟至黄水洋中,三柂并折,而臣适在其中。同舟之人断发哀恳,祥光示现,然福州演屿神,亦前期显异。故是日舟虽危尤能易他柂。既易,复倾摇如故,又五昼夜,方达明州定海也。比至登岸,举舟懼悴,几无人色。其忧惧可料而知也。"①在同书的"黄水洋"一节中亦有"至此,第一舟几遇浅;第二舟午后三柂并折"的记载。帆船航海时期,海难事故发生的频率极高,而如路允迪使团能够全身而退,顺利完成出使任务的,在12世纪是极为罕见的。

二、路允迪使团之后的封祀

路允迪使团顺利完成出访任务后,将在海上的历险经历报告给皇上,因此,有了一系列的封祀。

1. 福州越王山昭利庙

据《淳熙三山志》记载:福州越王山有"昭利庙,东渎越王山之麓。故唐福建观察使陈岩之长子。乾符中,黄巢陷闽。公观唐衰微,愤己力弱,莫能兴复。慨然为人曰:'吾生不鼎食以济朝廷之急,死当庙食以慰生人之望。'暨没,果获祀连江演屿。本朝宣和二年始降于州,民遂置祠今所。五年,路允迪使三韩,涉海遇风,祷而获济。归以闻。诏赐庙额'昭利'。"②

---

① 徐兢:《宣和奉使高丽图经》,卷三十九,海道六。
② 梁克家:《淳熙三山志》,卷第八,公廨类二。

福建福州《长乐县志》亦有类似记载:"乾符中,黄巢陷闽,(演屿)神愤唐室衰微。慨然谓人曰;吾生不鼎食以济朝廷之急,死当庙食以慰生人之望。既殁,祀于连江县之演屿。宋宣和五年,给事中路允迪使三韩,涉海遇风涛,赖神以济。归上其状,封协灵惠显侯。赐庙额曰昭利。"①

2. 定海昭利庙

据《宝庆四明志》记载:四明定海县昭利庙"在县东北五里,宋宣和五年,侍郎路允迪、给事中傅时卿出使高丽,涉海有祷,由是建庙"②。

3. 定海灵应庙

据《宝庆四明志》加载:"灵应庙,即鲍郎祠也,旧曰永泰王庙,北距子城二里半。……(宣和)六年,侍郎路允迪使高丽,蹈海无虞,奏请再加忠嘉二字。建炎四年,车驾巡幸敕加广灵二字,今称忠嘉威烈惠济广灵王。"③

4. 莆田神女祠

据《宋会要辑稿》,"莆田县有神女祠。徽宗宣和五年八月赐额'顺济'。高宗绍兴二十六年十月,封灵惠夫人;三十年十二月,加封灵惠昭应夫人;乾道三年正月,加封灵惠昭应崇福夫人"④。

以上可知,宋徽宗宣和五年(1123年),路允迪出使回国后,宋徽宗就护佑航海有功,有一系列的封祀活动。在起航港明州新建了一个"昭利"庙;在福州,将航海中水手提及的保护神演屿神庙赐匾额为"昭利",以示褒扬;原在明州的鲍郎祠也因护佑有功加封而改称灵应庙。福州越王山昭利庙封祀的海神即徐兢所言的演屿神,封祀所言经历与徐兢同。演屿地在福州闽江畔,靠近出海口,古之温麻船屯所在地,即福船发明和建造的场所。从神舟和客舟的型制看,路允迪出使高丽的海船都是福船船型,其中的水手或多位闽籍,故在海难事故发生时祈求他们的保护神护佑,所以,事后在福州褒奖演屿神是闽籍水手参与航海的缘故。而在起航港明州也建筑一座"昭利"庙,是为了将来再次出使时使用的,它们因为同一事由,所以庙额都称作"昭利",不是巧合的结果。鲍郎祠升格为灵应庙也是为了表彰起航港的功绩,估计其中也是因为有较多的明州籍水手参与航海的原因导致的。至于莆田的神女祠,封祀的时间在宣和五年,其地在莆田的白湖,后来也演绎妈祖初始的封祀,但从时间上分析,她的封祀与路允迪航海无关。

三、从演屿神到妈祖

如上,路允迪航海后,朝廷的封祀与妈祖并没有直接的关系,但入南宋以后,演屿神逐渐被妈祖取代,其中的转化,值得探讨。

---

① 《长乐县志》,卷八,神祀。
② 胡矩修、方万里、罗濬:《宝庆四明志》,定海县志,卷第二,神庙。
③ 同上注。
④ 徐松:《宋会要辑稿》,礼二〇之六一。

最早将妈祖初次受朝廷封祀与路允迪航海联系在一起的是莆田人丁伯桂的《顺济圣妃庙记》(约绍定三年,1230年):"宣和壬寅,给事路公允迪载书使高丽,中流震风,八舟沈溺,独公所乘,神降于樯,获安济。明年奏于朝,锡庙额曰'顺济'。"再后同样还是当地人将《宋会要》中记录的"顺济神女祠"与妈祖对接起来:"宣和五年,路允迪使高丽,中流震风,八舟溺七,独路所乘,神降于樯,安流以济。归还奏闻,特赐庙号顺济。"①此后,在南宋的其他文献中多有相似的说法,久而久之,妈祖的初次封祀就与路允迪航海形成了因果关系。

但从《宣和奉使高丽图经》可知,路允迪出使高丽时,乘坐的神舟是"第一舟",出现三樯齐折的是徐兢乘坐的"第二舟",故上述所言的"独公所乘"和"独路所乘"显然与徐兢记载相悖。其次,路允迪航海是一次成功的航海活动,从徐兢的记录看,并没有出现"八舟沈溺"和"八舟溺七"的严重海难事故,这种说法主要是为了显示神的护佑之力,却未顾及事实。其三,从《宋会要辑稿》的记载看,莆田的神女祠封祀的时间在宣和五年而非宣和六年,除非记录有误。宣和六年是宋徽宗封祀演屿神和鲍郎神的时间,宣和五年路允迪刚刚出使归来,因而,宣和五年封祀的莆田神女祠应该与路允迪航海无关。约在南宋绍兴年间,将路允迪航海与妈祖封祀结合起来的故事情节已经十分吻合:"越明年癸卯(宣和五年,1123年),给事中路公允迪使高丽,道东海,值风浪震荡,舳舻相冲者八,而溺覆者七,独公所乘舟,有女神登樯竿为旋舞状,俄获安济。因诘于众,时同事者保义郎李振,素奉圣墩之神,具道其详,还奏于朝,诏以'顺济'为庙额。"②将宋徽宗的"顺济"封祀嫁接到路允迪的航海经历中,经过上述私家笔记和文献如此的演绎,逐渐地,从南宋中叶以后,随着朝廷对妈祖封祀的不断升格,南宋初的这些附会都被后来的志书所收录而转换成"历史事实"。

四、结语

如引言中所引之陈佳荣先生关于路允迪与妈祖封祀之间的因果关系虽然言之凿凿,但从宋徽宗在路允迪航海后封祀福州演屿神和明州鲍郎祠的事实看,妈祖的初次封祀跟路允迪航海没有太多的关系。只是后来不断有人将妈祖的初祀与路允迪航海相结合起来,才产生妈祖护佑路允迪航海成功的故事。其实,作为航海保护神的妈祖,从南宋以后,随着福建造船和航海事业的不断发展以及闽籍航海家左右了大部分航海活动后,闽籍的航海保护神的神格不断跃升进而成为国家祀典的一部分是自然而然的故事。妈祖的成神经过未必与路允迪航海活动有关,但路允迪航海后产生的海神封祀活动以及妈祖神格的上升却真实地反映了南宋时期海上活动的情况,那时,正是海上丝绸之路处于繁盛阶段。

---

① 李俊甫:《莆阳比事》,卷八。
② 廖鹏飞:《圣墩祖庙重建顺济庙记》。转引自陈佳荣上引文。

海神妈祖研究百年回眸

——以溯源与流播为核心

闵泽平

（浙江海洋学院）

瑞恰慈曾经感叹过："在心理学中,比信仰一词更加令人头痛的名词寥寥无几,虽然这个指责可能看来危言耸听。"①回顾20世纪海洋文化的研究,我们发现瑞恰慈的感触确实让人心有戚戚,面对海洋信仰这一研究领域,无处措手的阴霾始终难以挥去,如同河伯东面而视,汪洋一片,莫测崖涘,唯有向洋而叹。不过,当我们仔细审视这一浩瀚的领域时,妈祖的形象总会闯进我们的视野。20世纪的妈祖研究如此蓬勃兴盛,致使其他海神或习俗的研究相形见绌,实在难称规模。妈祖信仰也鸠占鹊巢,俨然以海洋信仰的代言人时时展现在公众面前。于是在许多学者看来,生动可感的妈祖就是模糊宽泛的海洋信仰具体演示。这种以点带面的思维模式,难免以偏概全之弊,与我们所标榜的科学严谨有不少距离,但却提供了一份可供观察与研讨的具体对象,使我们能于海洋信仰这一庞大课题能有所蠡测。

表面看来,作为历史学、民俗学、宗教学对象的妈祖研究,似乎只是徘徊在研究对象的外缘,始终没有接触到内核,即神话学的范畴。这一现象曾经引起了部分学者的忧虑②,不过,倘若我们抛开所有的这些外缘性试探而直接进入这一话题的讨论,20世纪的妈祖研究也许就不会如现今这样令我们眼花缭乱,虽然作为神话学的妈祖研究成果依然丰硕,在某种程度上,或许正是妈祖海神的横空出世才带动了20世纪海洋信仰研究的蓬勃发展。只要扫描一下80年代以海神妈祖或天妃为对象的论文或论著,我们就会对这一盛况有所感触。无论是史料考证、文献梳理、田野调查、海外追踪还是理论分析,学者们时刻标举的旗子是"海神天后"或"海神天妃"③,这都给予我们充足的信心,使我们得以理直气壮地将妈祖研究视为海洋信仰研究的重镇。

---

① 艾·阿·瑞恰慈:《文学批评原理》,北京:百花洲文艺出版社1997年12月,第252页。

② 如王荣国:《明清时代的海神信仰与经济社会》曾言:"对妈祖的研究。这方面的文章为数较多,但大都从民俗学、历史学的角度进行探讨,鲜少明确将其作为'海神'来研究。"厦门大学2001年博士论文。

③ 肖一平主编:《妈祖研究资料汇编》(福建人民出版社出版1987年)所收录的研究妈祖的文章为:朱杰勤《海神天妃的研究》,金秋鹏《天妃与古代航海》,辛文汉《海神天后问题的探讨》,李玉昆《妈祖——海峡两岸共同信仰的海神》,沈桂生《从海神庙看泉台关系》,肖一平《海神天后的东渡日本》与《海神天后与华侨南进》,李玉昆《天妃与郑和下西洋》等。

一、妈祖身世研究

20世纪作为历史学对象的妈祖研究,主要表现为对妈祖身世的考察与梳理,试图把一个业已进入神话殿堂与传说领域的模糊身影,用历史的笔触清晰地勾勒出来。这一努力方向,曾经是传统学者所摒弃的,如方以智、屈大均、赵翼诸人向来对妈祖"具体化"的做法表示深深的鄙薄,认为只要将神龙见首不见尾的妈祖视为神秘的"海神"即可,毋庸纠缠于她究竟是现实生活中何人羽化而成①,但他们的这种模糊化原则被后来者斥责为缺少科学性②。

顾颉刚、容肇祖当为20世纪最早关注妈祖的著名学者,他们于1929年在《民俗》杂志第41、42期各自刊发的《天后》引起了连锁反应,周振鹤③、谢云声④、魏应麒⑤等人随即争相呼应,从而形成了20世纪妈祖研究的第一股浪潮。这浪潮的声势,可能与世纪末的大浪潮相比要弱上三分,其盘踞源头的草创之功却容不得人小觑。只是容肇祖仍执着于"妈祖是海神的代表,未必真有其人"的宣言⑥,而且这宣言还引起了众多同行者的共鸣⑦,不能不让人产生一丝疑虑:这股浪潮究竟是想扛起垦荒创邑的旗子,还是企图架起对接传统的桥梁?故其披沙拣金、勾稽典坟所提炼出的重要成果如妈祖"生辰六说""死期二说"等⑧,不仅无助于妈祖身影的显露,反而使人们因突然面对众多头绪而感到困惑。

或许正是看清了这一端倪,伫立于第二次浪潮潮头的旅日学者李献璋,不免带着开疆拓土者的自信与风采顾盼自若,他宣称此前妈祖虽为人关注,但或为片段记录,或毫无研究目标,离正式的学术研究尚远⑨。真正的学术研究,于他而言责无旁贷。他的系列文章⑩,在试图还原妈祖传说的原始形态的同时,还对传说的渐变过程进行了详细的考察。他认为弄清妈祖传播的历史背景,所传地方的接受状况,与固有的类似神相相剋或融合,以及如何影响那里的信仰,或如何变样等,对妈祖研究的展开是十分重要的。遗憾的是,由于这些问题牵

---

① 如清人赵翼:《陔余丛考》卷三十五"天妃"条:"窃意神之功效如此,岂林氏一女子所能。盖水为阴类,其象维女,地媪配天则曰后,水阴次之则曰妃。天妃之名即谓水神之本号可,林氏女之说不必泥也。"

② 贺逸夫:《近百年来妈祖研究综述》:"这些先人垦草创邑,辟地生粟的功夫,毕竟跳不出时代的局限,所以缺少科学性。"《学术月刊》(妈祖文化研究专辑)2003年第S期。

③ 《天后》,《民俗》1929年,第61~62期。

④ 《异代同居的天后与吴真人》,《民俗》1929年,第61~62期。

⑤ 魏应麒:《关于天后》,《民俗》1929年,第61~62期。

⑥ 容肇祖:《天后》一文云:"妃的生卒有多说,可以证明他的确实性的薄弱,大约卒年以后者为近,愈推愈上,而确实性愈失。"《民俗》1928年,第41~42期。

⑦ 周振鹤:《天后》一文开篇即阐明立场:"读了顾、容二位先生的'天后',使吾们看出的偶像一步一步制成功的事实,和各种不同的记载反证着他的确实性的薄弱。"

⑧ 周振鹤:《天后》:"天后的生日,共有六种记载:1、唐天宝元年三月二十三日生;2、晋天福八年生;3、宋建隆元年二月二十三日生;4、宋太平兴国元年生;5、宋太平兴国四年三月二十三日生;6、宋元祐八年三月二十三日生。""天后的四期,共有四个记载:1、宋雍熙四年二月十九日死;2、宋雍熙四年二十二十九日化去;3、宋雍熙四年升化湄州;4、宋景德三年十月初十死。"

⑨ 李献璋:《妈祖信仰研究》序言,澳门海事博物馆,1995年4月出版。

⑩ 如李献璋著李孝本译:《妈祖传说的原始形态》(《台湾风物》1960年第10期)、《元明地方志的妈祖产说之演变》(《台湾风物》1961年第1期)、《以三教搜神大全与天妃娘妈传为中心来考察妈祖传说》(《台湾风物》1963年第2期)、《琉球蔡姑婆传说考证关连妈祖传说的开展》(《台湾风物》1963年第5、6期)等。

扯到历史学而为过去的研究者所忽视,所以他要用自己的爬罗剔抉填补妈祖研究拼图上这一重大空白。故而历经 40 余年而不间断地旁搜远绍,其《妈祖信仰研究》一书终于为妈祖信仰的演变与传承勾勒出一个较为清晰的轨迹,也为宋元以后、历经明清朝代的中国东南沿海地区的变迁,中国大陆与台湾,中国与冲绳、日本的海上交通史研究建立了一大功绩①。而 60 年代集中出现的系列文章,诸如《妈祖身世探讨》②《妈祖传说的历史发展》③《妈祖史实与台湾的信奉》④等,所展示出来的也并不是作为普通信徒与读者的好奇心,而是作为学术研究者的敏锐度。

李献璋先生曾经说过,如果连生存时代都一点也不清楚,那么有关其他事迹的说法便是沙上楼阁,作为史实便不得不难以置信了。这一说法看起来是那么令人难以辩驳,但当面对妈祖这类在历史与传说的对话中丰富起来的研究对象时,对史实的过分执着或许就会让他陷入茫然之中。他宣称最引以自傲的,是将具有众多附会和资料的中国传说的一般倾向史无前例地具体揭示出来,在学术上奠定了新方法的基础,但这种史无前例的具体材料的排列与学术史上的新方法的建立,仍不足以厘清为千头万绪包裹着的史实。如他认为妈祖传说的原始形态,最早是北宋末期福建地方上的保护航海安全的神,只是一种比较模糊的存在,到了约一世纪后的南宋末年,才赋予了这种神以莆田县湄州的林氏女子为实体的原籍和姓氏,后来在元代至明初的一个多世纪里,又添加了各种传说,因而形成了妈祖故事的骨架。这样看来,他所谓的"还原",其实并没有停留在史学层面上,而是立足于阐释学,试图构造出一个巨大的动态框架,将丰富、暧昧乃至不无舛误的材料尽可能的包容起来,使它们能够和谐相处。

因此,20 世纪学者们的努力似乎注定是事与愿违,他们越想看清妈祖的身影,结果发现这身影在凝视中变得愈加模糊,真相越辩越明的说法只是给他们提供了精神上的安慰,使他们不至于在日渐隐退的真相中陷入迷茫。致力于妈祖姓名⑤、生卒⑥、祖籍⑦、世系⑧、籍贯⑨

---

① 日比野丈夫评:《妈祖信仰的研究》,郭梁译自日本《东洋史研究》第 44 卷第 3 号,《南洋资料译丛》1986 年第 4 期。

② 吴醒周:《妈祖身世探讨》,《民间知识》,1960 年,197 期。

③ 夏琦:《妈祖传说的历史发展》,《幼狮学志》,1962 年,第 3 期。

④ 《台湾文献》1957 年,第 8 卷第 2 期。

⑤ 蒋维锬:《"妈祖"名称的由来》(《福建刊学》1990 年第 3 期)、邓景滨:《"妈祖"读音考》(《方言》1990 年第 4 期)、陈元煦:《"娘妈"、"妈祖"名称新解》(《福建师范大学学报》1999 年第 1 期)。关于妈祖的名字,主要有两种观点:或认为林默或林默娘之名在民间已约定成俗,可以沿称;或认定其系民女出身,史籍无名,所谓林默之名为后来者杜撰。

⑥ 周玉明、张序镕:《对妈祖生卒时间的看法》(《两岸学者论妈祖》第二集,1988 年)、朱天顺《关于妈祖生卒时间之管见》(《妈祖研究论文集》,鹭江出版社 1989 年第 224~226 页)。

⑦ 李露露:《关于妈祖祖籍》,《妈祖故里》,1991 年 2 月 10 日。

⑧ 谢重光:《妈祖世谱考论》,《东南文化》,1992 年第 1 期;林洪国:《妈祖世系及莆田天后宫史迹》,《妈祖研究资料汇编》,1987 年版,第 92 至 96 页;蒋维锬《关于妈祖的世系问题》,《兴化政协报》,1988 年 9 月 13 日第 4 版;方寸:《妈祖世系安释》,《湄州日报》1991 年 5 月 11 日。关于妈祖世系,大约有以下三种看法:或是寻求《显圣录》《天后志》《林氏宗谱》中相关记载,以"蕴—愿—围—保吉—孚—维喜"为其上六代;或怀疑上述资料的真实性,进而推断妈祖出身"九牧林"不可信;或相信妈祖为"九牧林"之裔,但对其曾祖保吉以下的年代和官职的记载表示怀疑。

⑨ 刘俊义、刘季鸣:《妈祖出生于霞浦松山的可能性初探》,《两岸学者论妈祖》,1999 年,第 43 至 47 页;蓝钊森:《也说妈祖出生在霞浦松山》,《两岸学者论妈祖》第二集,第 48~51 页;方寸:《妈祖出生地之争》,《湄州日报》1991 年 3 月 30 日。

等史实考订的大量文章,其意义上似乎不在于贡献了可供选择的新说法,而在于消解了盘结在信徒脑中多年的旧说法,让虔诚的他们进入了无所适从的困境。如《天妃显圣录》《天后志》等文献资料记载,妈祖是都巡检林愿之女,蒋维锬一针见血地指出,北宋前期莆田沿海根本没有设置巡检,更不会有都巡检①。20世纪的学者们更愿意相信林氏是一位普通的渔家女,这位渔家女是如此普通,以至与之身份相关联的所有信息没有任何值得留意的价值,正如同生活中一个普通的民众在历史中等同于虚无一样,一个曾经具有明确家世、籍贯、姓名与事迹的有血有肉的人物就这样被历史的解剖刀消解为一块块坚硬的材料,重新散落于各种传说之中。事实上,20世纪后半叶蜂拥而至的史实考索与辨析,可以简单地理解成一场证伪运动或造神运动,亦即将一种又一种的历史文献置于聚光灯烘烤下,使它们逐一显露出拼凑的裂缝来,或者将一则又一则为历史尘埃所掩埋的历史记录勾稽出来,调整关注的视角,使它们在人们的眼里变得光彩夺目起来。因此,我们不无遗憾地发现,20世纪的学者们费尽心血得出的重要成果,如或以《天妃显圣录》《天后志》等为依据,认定她本是都巡检林愿或林维喜之女,出身于官宦之家;或承认宋人关于"泥洲林氏女"记载可靠性,相信她是湄洲岛上的普通渔家女,长大后为巫;或确定她既是都巡检府的小姐,又是女巫,因宋代不乏官宦之女为巫之例等等,最终又一一遭受后来者的质疑。

在某种程度上,为大量历史文献所纠缠包裹的妈祖,也是一个"戈尔迪乌姆之结",即使费尽心机也未必能理清头绪,不如举起亚历山大之刀刃。刀锋所及,留下的断层或许比绳索本身更值得关注。因为对神话研究而言,梳理历史文献的宗旨依然是将之作为人类学与民俗学的补充。妈祖的原型究竟是都巡检之女还是渔家女,这确实是一个问题,不过,一个都巡检之女或渔家女如何升格为神祇,是一个更为重要的问题,也是一个更让人感兴趣的话题;故事的真实与否需要考订,故事的演变与演变的意义、动因更发人深省。故肖一平在研究妈祖传记时,开宗明义强调:"妈祖作为航海家信仰的女海神,其传略的叙写随时代的发展而演变。"②陈森镇也指出:"就妈祖信仰与传统宗教的联系而言,它是在宋代着重秩祀百神的社会背景下应运而生,又趁着民间祠祀的兴盛而获得历朝加封的大好时机,遂由小神而变成大神,从杂神跃为统一的航海女神。""妈祖传说从民间口传到有记录定本,其间几经演化,越来越丰富、生动,另一方面也越来越离奇失真。"③

---

① 蒋维锬:《一篇最早的妈祖文献资料的发现及其意义》,朱天顺主编《妈祖研究论文集》,厦门:鹭江出版社,1989年7月,第28~29页。

② 不过,作者在反复揭示元明清传记的虚构色彩,却对宋代的传记保有坚定不移的信心,声称:"真实的传记还是回到南宋时期的记载较为确切,可予认定的是莆田湄州林氏女,为巫,能预知人祸福……"肖一平:《略论妈祖传记的演变》,《妈祖研究论文集》,1989年,第11~25页。

③ 作者也认定虚构的基础是真实,那就是妈祖的职业:"妈祖生前的职业是以'巫祝为事',这是最重要的历史事实。由此可推知她很可能懂得一些天象、水文、地理、医药之类的常识,又掌握了上山采药、下海驾舟等技能,且具有善良、聪慧、勤劳、勇敢等劳动人民的美德。故能灵通变化,能知人之祸福和航行之安危,而成为乡里、县里女巫中的历有效验者,殁而被奉为神是合情合理的。"(陈森镇《妈祖传说的演变》,《上海道教》1991年第1期)万石涛反对以"女巫"来形容妈祖早期从事的职业,认为"天气预报员"的称呼更为准确。石万涛:《妈祖初期故事的演变》,《妈祖之研究》第三辑,1989年,第7~10页。

20 世纪妈祖史料梳理的价值,首先体现在对故事演变的梳理上①,随之表现在对演变意义的提升上,曾经随风而逝的灵魂在这一层面才得以重新聚合来。这也正是周金琰所大力强调的妈祖传说研究的重要价值:"妈祖传说在流传过程中,也是一个不断补充、修改、本土化和主观化的过程,体现了传播者的心理需要和生活背景……通过对妈祖传说的研究,提供更富有群众性的更为丰满的妈祖形象。"②妈祖的形象,是群众性,因而也是历时性的,动态的聚合,单一化、固定化的思路无疑会使妈祖形象丧失生机。而当周立方阐发妈祖传说研究的意义在于历史与神话的结合部时,实际上他就是把属于凯撒的交还给了凯撒③,第三次浪潮即以不可阻遏之势迎面扑来。

二、妈祖信仰传播研究

历史与神话相结合所滋生的传说,与信仰的血缘关系更为紧密。虽然我们从不怀疑妈祖信仰研究就是妈祖文化研究的兴奋点,但在回顾 20 世纪这一领域的成果时,我们还是禁不住为之咋舌,从宋元明清到民国直至当下,从沿海到港台直至外洋,从草野民间到智识阶层直至官方当局,每一个时期,每一个区域,每一个阶层,都遍布耕耘者纵横交错的足迹,真可谓上穷碧落下黄泉,茫茫四处搜寻遍。

从时间跨度而言,学者们对每一朝代妈祖信仰传布的状况都进行了系统的梳理。李献璋曾经对元明地方志所载的妈祖事迹进行了审慎的考察,以确认妈祖形象的转换历程,但在后来者看来,这种历时性的结论还是失之于简约。朱天顺有意识地分阶段对妈祖信仰传布的具体情形进行了详细的整理,他回溯到每一个历史时期,通过自己的认真调查,得出妈祖信仰迅速扩散的积极解释。在宋代,他观察了"妈祖从原来是一个巫女死后被神化,以狭小的岛民信仰为起点,经过约三百年的传播,至南宋末已经变成为上海以南到福建沿海一带受民间信仰的江海上的保护神"的历程,并意识到"妈祖这种神性的确立和民间信仰的基础,决定了妈祖信仰在元代以后,随着海上运输业和贸易、渔业等行业的发展而得到进一步发展"④。在元代,他发现妈祖信仰沿海北上,是朝廷利用漕运的结果:"朝廷要利用妈祖信仰来帮助海上漕运的顺利完成,为此才重视对航海保护神妈祖的祭祀,而官方对妈祖的重视和盛大的祭奠,反过来又促进了妈祖信仰在民间的传播。"在明代,他看到"由于对外交往的增多,沿海工商业发展,海上治安多事等社会因素,促使妈祖信仰在南方进一步扩大,并使之突

① 类似的论文还有李丰楙《妈祖传说的原始及其演变》(《民俗曲艺》1983 年第 25 期第 119～152 页);兰水《从普通女子到海上保护神——关于妈祖信仰的一个有趣问题的探讨》(《莆田乡讯》,1989 年 5 月 25 日);李献璋《妈祖传说的开展》,《汉学研究》1990 年第 1 期第 287～307 页;万石涛《妈祖身世传说的演变》,《台湾文献》1993 年第 2/3 期等。
② 周金琰:《论妈祖传说的研究价值》,林文豪主编:《海内外学人论妈祖》,北京:中国社会科学出版社,1992 年 7 月出版,第 155～163 页。
③ 周立方:《妈祖传说研究的意义》:"妈祖传说是妈祖文化的重要部分。对妈祖传说的研究,一个重要丰满,就是从神话中去考察历史,从历史去寻觅神话的踪迹,并从历史与神话的结合上,研究其历史意义与现实意义。"《两岸学者论妈祖》,1998 年 3 月第 113～117 页。
④ 朱天顺:《妈祖信仰的起源及其在宋代的传播》,《厦门大学学报》,1986 年第 2 期。

破国界传到琉球、日本和南洋"①。至于清代,他总结出"其最大的特点是清廷统一台湾、维持台湾的统治以及闽粤两省人民移居开拓台湾成为其传播的主要历史条件,因此使闽南、粤东等台湾垦民的故乡和台湾的妈祖信仰,无论就广度和深度来说,都有很大的发展"。② 总之,他似乎很沮丧地发现,在每一个朝代,朝廷其实掌握着妈祖信仰传播的动态进程,这使他对研究者的倾向性也格外警惕:"人们的社会生活和妈祖信仰,任何时代都脱离不了社会政治氛围的影响,因此,妈祖信仰及其研究要完全脱离政治的渗透,或不被政治所利用是不可能的。在政教分离的社会里,政治与宗教的关系中,政治常处于主动地位。妈祖信仰者和妈祖研究者,一般都有明显或不明显的政治倾向,而妈祖信仰也处在一定的政治制度及其宗教政策的管理之下,因此要寻找不受政治影响的纯净的妈祖信仰是很难找到的。"③

当人们致力于宏观俯瞰的时候,许多他们不愿看到的现象就被有意的忽略了,丛生的荆棘被修剪得整整齐齐。而一旦进入具体的历史情境,旁逸斜出的枝条往往更容易引起观察者的兴趣,这也是细节性研究更为旺盛的重要原因。如朝廷对妈祖的褒封——官方传播的重要途径,20世纪初期妈祖研究伊始,容肇祖等人就以表格的形式进行了梳理④。后来者意犹未尽,认为"夫人—妃—天妃—天后"褒封称号的递变系列,正象征着妈祖信仰的演进历程⑤,因此褒封的次数、封号、年代、锡封事由等都成为学者审视的对象,虽然"经过考证弄清历代朝廷给妈祖的褒封,是妈祖研究中的一个难题"⑥,但研究的难度往往与研究的意义站在同一层面,于是首次赐额的年代、宋代四次封为"夫人"的时间、由"夫人"进爵为"妃"的时间、妈祖父母始封的时间、清代始封天后的时间⑦,乃至宋朝以后历代褒封的称号与次数等都一一被仔细地统计出来。每一朝代褒封的具体情形,都试图得到最可靠的还原;与此同时,每一次褒封的意义,也试图得到最细致的讨论。只是由于年代的久远、文献的繁多与史实的模糊,所统计的数字往往存在着修正的余地。

对于严谨的学者而言,这样一种研究原则是他们共同所坚守的,那就是较少地使用想象的推测而更多地通过对历史实录的判断,使无生命的过去重新矗立在人们面前。但他们都深知,想象的推测是不可避免的,他们的努力只是减少这种想象的推测,或者至少在他们自

---

① 朱天顺:《元明时期促进妈祖信仰传播的主要社会因素》,《厦门大学学报》1986年第4期。杨振辉认为"明人对妈祖的信仰心理(虔诚、神秘、压抑),却在悄悄地回落"。原因在于朱明王朝对妈祖信仰缺乏足够的热情,士大夫阶层对妈祖开始质疑甚至全盘否定,民间信仰妈祖由顶礼膜拜趋向于亲昵敬爱,由对真的单一追求趋向于对善和美的多元追求。见《明代妈祖信仰的趋势及其原因》,《理论学习月刊》,1990年第7期。

② 朱天顺:《清代以后妈祖信仰传播的主要历史条件》,《台湾研究集刊》,1986年第2期。

③ 朱天顺:《有关妈祖信仰研究的几个问题》,陈国强、陈炎正主编:《闽台妈祖文化学术研讨会论文集·妈祖文化》,第5页。

④ 容肇祖在列表总结后,得出的却是批判性的结论:"历代的褒封,可证从前的迷信神道之可怜。……封号的增加,各书每有年号的驳舛,可证中间有不可尽信之处。而天仙圣母碧霞元君的封号列入天妃里,周煌的使琉球杂录亦据此为信,这真是谬误之极。"(《天后》)这一立场同后来者形成鲜明对照。

⑤ 蒋维锬指出,从民间信仰自发性来看,"神女—灵女—娘妈—妈祖"称呼的递变系列也是耐人寻味的。《妈祖名称的由来》,《福建学刊》,1990年第3期。

⑥ 朱天顺:《有关妈祖褒封的几个问题》,《台湾研究集刊》,1997年第4期。

⑦ 张章录:《妈祖进封天后时间刍议》,《黎民大学学报》,1994年第1期。对妈祖进封天后时间的五种说法进行了检讨,即康熙十九年(1680年)、康熙二十年(1681年)、康熙二十三年(1684年)、康熙三十三年(1694年)、乾隆二年(1737年)。

己看来,他们做出的判断已经尽可能的建立在史实的基础上,想象的空间被最大程度地压缩了,由此产生的推测如此严密,几乎没有留下置疑的缝隙。这样一来,观点差异往往体现在对史实的采录上,这也是 20 世纪以来双重证据最受宠信的原因。如对妈祖宣和赐额的三种观点,就建立在各自对史实的采录上。坚信不疑者坚持李振《李氏族谱》地位的不可动摇:"宣和五年(1123 年),朝廷赐圣墩庙以'顺济'庙额。这一首次封赐不仅提高了妈祖和圣墩庙的地位,也把妈祖信仰的发展与传播推向了一个新的阶段。"①反对者则坚持以徐兢《宣和奉使高丽图经》为第一手权威资料,赐额顺济只是后人向壁虚构。存疑者对上述两种记录的真实性都持怀疑态度,认为两种记载都有无法洗刷附会的嫌疑。总之,相信《李氏族谱》,还是相信《宣和奉使高丽图经》,或者两种都不信,决定了对待宣和赐额的基本立场。

在事实无法更改的前提下,细节的增添删减与考核落实就拥有了更为重要的地位。如关于妈祖褒封的次数,随着数字的增加,似乎在某些研究者看来就是对历史真实的靠近,所以历朝妈祖褒封的次数固然已经令人震惊,但数字变大的趋势还在持续。肖一平认为当是28 次②,陈元煦也接受了这一看法③,但这一数字显然不能令人满意;李天赐认为"自北宋宣和五年(1123 年)以来,历代帝王都不断对妈祖进行褒封,至清同治十一年(1872 年)止,共褒封34 次"④;甘玉连统计出历代王朝"前后对妈祖进行了 36 次褒封"⑤;林惠中强调有 39次,"有宋一代,共晋封十三次,元代加封五次,明代共封四次;清代对天妃的敕封达到最高峰,共有十八次"⑥;陈筠则将数字提升为 49 次⑦。因此,查缺补漏的工作一直在进行,这些学者或志在"通过挖掘补充宋代有关文献史料,考证妈祖在宋代所获得的真实封号及其封赐时间、缘由等,纠正清代以来妈祖志书相关记载的错误"⑧,或意图"根据清代档案及文献的记载"⑨,对妈祖神号的迭封和祭祀活动进行辨证等。

简单来讲,妈祖褒封的研究史就是妈祖研究史的一个缩影,由于其天然的政治优势所赋予的文献资料的准确性与丰富性,对褒封的深入研究有助于我们更清楚地了解妈祖的传播历程,虽然褒封次数的纠缠不清就足够让我们领略这一课题的难度,但相比于田野调查的不确定性,它的明晰程度还是令人欣慰的。李献璋曾经为自己过分依赖文献史料而胆怯,他小

---

① 庄景辉、林祖良:《圣墩顺济祖庙考》,《东南文化》,1999 年第 3 期。

② 肖一平《妈祖的历代褒封》指出"自公元 112 年至公元 1259 年 136 年间共晋封 13 次,平均每十年半晋封一次",后统计元朝褒封 5 次,明朝褒封 4 次,清朝褒封 6 次。《妈祖研究资料汇编》第 71 页,福州:福建人民出版社,1987 年 8 月。

③ 其《浅谈妈祖研究中的几个问题》言:"自宋至清共褒封 28 次。"《福建师范大学学报》,1991 年第 1 期。

④ 李天赐:《试论华侨华人妈祖信仰的文化特征及其发展趋势》,《华侨华人历史研究》,1992 年第 3 期。

⑤ 甘玉连:《妈祖文化》,福州:福建人民出版社,2003 年 10 月,第 33 页。

⑥ 林惠中:《由人到神——历代妈祖封神的政治和社会心理基础》,《社会科学战线》,1990 年第 4 期。

⑦ 陈筠:《妈祖历代褒封考》总结道:"宋朝 6 个皇帝对妈祖褒封 17 次,赐匾 1 次,从'夫人'晋封到'妃';元朝 5 个皇帝,加封 7 次,封号到'天妃';明朝 3 个皇帝,加封 4 次,一封'圣妃',一封'天妃',两封'元君';清朝 8 个皇帝加封 26次,赐匾 4 次,并将妈祖晋封为'天后',不但使之上升到与玉皇大帝并起平坐的地位,而且还晋封为'天上圣母'。累计算来,4 代 22 个皇帝对妈祖的褒封达 49 次之多。"(《神州》2006 年第 1 期)另外,财团法人台北市松山慈佑宫董监事会 1989年编《松山慈佑宫宫志》有《妈祖历代褒封》,初步统计宋代褒封 17 次,元朝褒封 7 次,明朝褒封 2 次,清朝褒封 18 次。

⑧ 刘福铸:《宋代妈祖褒封史实综考》,曲金良主编:《中国海洋文化研究》,第 4 ~ 5 合卷,北京:海洋出版社,2004 年12 月版。

⑨ 杨永占:《清代对妈祖的敕封与祭祀》,《历史档案》,1994 年第 4 期。另见其《清代官方在妈祖信仰传播中的作用》,《史学月刊》,1997 年第 2 期。

心翼翼地为自己辩护道:"当民俗学产生之初,其国一反从来的史学研究方法,极力拒绝文献记录,只认为从活着的传承提供的例证才有价值。同时认为民间遗存的传承中保持着比文献记录更贵重的形态要素。可是在中国,正因为文献丰富,大多保留着原始的痕迹,特别宋代以后的文献,不少记载着民间的俗信、传说和生活习惯,只要正确地掌握,文献资料也可以取得这些东西。文化现象即使说变动得很慢,但既然在变动和发展,文献资料对了解其过程有用。毋庸置疑,即使只观察现阶段现象的社会人类学和民俗学的研究,像医生诊察病人要调查遗传关系那样,不运用文献不能深入把握对象。"①现在看来,他的担忧完全是不必要的。因为作为民俗学研究对象的妈祖,并没有一直仅仅生活在民俗当中,或者说生活在民俗中的妈祖并不足以吸引如此多的关注月光,仅仅依靠民间遗存的传承要素也不足以全面反映她的真实面目。因此,诊断这样一个病人,要准确了解她的遗传关系也不必仅仅依靠她的口述,调阅相关病例或许更为直观可靠。这也是我们得以接受这一奇特现象的重要原因:在20世纪妈祖传播史研究中,对其历代赐额和褒封的研究一直占据着至关重要的地位。

---

① 李献璋:《妈祖信仰研究》序言,澳门海事博物馆,1995年4月出版。

清代宁波港历史地位新论

王万盈

（宁波大学人文与传媒学院）

摘要：鸦片战争前清政府海洋政策的频繁变动直接影响着宁波港港口功能的转换，"海禁"政策的推行和日趋保守的贸易政策迫使宁波港开始转向沿海贸易和内河贸易，宁波港也一度出现沿海贸易尤其是帆船贸易快速发展的盛况，其在东南沿海港口的重要性日益显现。该时期的宁波港不仅是清代沿海经济交流的重要平台，更是商业船帮的重要聚居地，而西方列强对宁波港的长期觊觎，也从另一侧面显示宁波港地位的重要。

关键词：清代　宁波港　海洋政策　地位

朱明立国伊始，厉行"寸版片帆，不许下海"的"海禁"政策①，唐宋以来以外向型贸易为主的宁波港遭受严重冲击，港口功能开始向内陆港转化。代之而起的清王朝为防止复明势力反攻，进而实施更为严厉的"海禁"，进一步推动了宁波港的转型，这也使得清代的宁波港呈现出与以往不同的特色。对宁波港口功能转型以及在鸦片战争前所处地位这一问题，学界尚无专门论述。本文拟就此问题进行探究，就教于通人。

一、清代海洋政策的演进

清王朝立国后，为应对东南沿海反清势力，全面承袭朱明王朝海禁政策。顺治十二年（1655 年），顺治帝就有"寸板不许下海，厉禁已有十年"之语②。虽然史书对清王朝何时实行"海禁"的具体时间缺乏记载，但从顺治帝的话中可以看出，至少在顺治初年清政府就开始实施海禁政策。到顺治十一年（1654 年），礼科给事中季开生以海贼"势颇猖獗，条陈战守六要"。所谓"六要"，除远侦探、扼要害、备器械、杜接济、密讥察之外，最为重要的一条就是"严海禁"③；顺治十二年六月壬申（1655 年 7 月 22 日），浙闽总督屯泰进而主张"沿海省分，应立严禁，无许片帆入海，违者立置重典"④。因此就有学者认为清初的海禁政策应该从顺

---

① 《明经世文编选录（上）》，台湾文献丛刊第 289 种，台湾银行经济研究室，1971 年版。
② 《明清史料己编》第 3 本，第 286 ~ 288 页。
③ 《清实录·顺治实录》卷之八十一，顺治十一年二月己巳条。
④ 《清实录·顺治实录》卷之九十二，顺治十二年六月壬申条。

治十二年前后开始,这种看法是值得商榷的。清政府的海禁应该始于顺治初年,而季开生和屯泰的主张与举措,只不过使顺治时期的海禁政策进一步系统化而已。

康熙初期,清政府进一步"严海禁"①,"严禁通洋,片板不得入海",并实施更为严厉的"迁界"政策,"迁界之令下,江浙闽粤沿海居民悉内徙四十里,筑边墙为界,自为坚壁清野计"②。康熙时期的"迁界"政策,在将郑成功集团阻绝于孤岛台湾的同时,也断绝了自己与海外诸国的经贸往来,给东南沿海民众带来的灾难和社会经济的倒退不言而喻,全祖望对此评论曰:"(郑)成功虽以饷不接不复能跳梁,而被迁之民流离荡析,又尽失海上鱼虾之利。"③全祖望的看法可谓一针见血。事实上康熙自己也认识到"迁界"对社会经济的负面作用,因此当康熙二十三年(1684年)八月施琅攻克台湾后,"海氛大靖",清政府就立即下令"弛海禁"④,"通市贸易"⑤。康熙"弛海禁"的具体时间是康熙二十三年十月丁巳(1683年12月7日)。"弛海禁"是康熙时期清政府海洋政策的重大变化,虽然这种有限的开放海洋贸易仍存不小弊端,但与其前的"严海禁"以及"迁海令"相较,仍是巨大进步。康熙二十四年,清王朝又开放与南洋各国远洋贸易往来,并"设榷关四于广东澳门、福建漳州、浙江宁波、江南云台山,置吏以莅之"。在康熙二十四年所设的四个对外海关中,宁波海关是其中重要一关,这不仅显示出康熙时期对外政策尤其是海洋政策的变化,而且也凸显出宁波港在东南沿海诸港口中的重要地位。

雍正即位后,对康熙时期的海洋贸易政策略做调整,仍处于开放态势。雍正不仅扩大了清王朝对外贸易的范围,而且也废除了康熙五十六年(1717年)再次禁止沿海居民前往南洋贸易的规定,"允许浙江商船依照福建商船前往南洋贸易之例","准其一体贸易"⑥。从历史角度观察,雍正时期的海洋政策值得肯定,正是因为这个政策,才使得宁波港能够得到更快发展。

乾隆、嘉庆和道光时期,清政府的海洋贸易政策一反雍正时期的规定,对外贸易时开时禁,表现出摇摆不定的特点。乾隆二十二年(1757年),由于欧洲一些国家尤其是英国商船"收泊定海,运货宁波","洋船至宁波者甚多",这些洋船如果在宁波沿海"留住日久,将又成一粤省之澳门"⑦,不利于海疆的稳定。在这种情况下,清政府下令"英吉利不准赴浙贸易,于是皆收泊广东"。乾隆二十四年(1759年),清政府开始严禁"丝斤出洋",并十分愚昧地认为"近年英吉利夷商屡违禁令,潜赴宁波。今丝斤禁止出洋,可抑外夷骄纵之气"⑧。尤其是洪仁辉事件后,乾隆帝干脆关闭了宁波港的对外贸易通道,"西洋来市"势头遭到遏制。嘉庆皇帝在位的25年时间里,清政府的海洋政策愈加因循保守,一直在沿袭乾隆时期的海

---

① (清)梁廷枬撰:《夷氛闻记》卷一。北京:中华书局1985年版。

② (清)郁永河撰:《郑氏逸事》,中国方志丛书·台湾地区第46册,台北:成文出版社有限公司,1983年。清人查继佐在《东山国语·台湾后语》(台湾银行经济研究室1963年版)也说:"闽浙海禁严,沿海居民例内徙四十里,犯无赦"。

③ (清)全祖望撰:《鲒埼亭集》卷第十五《碑铭·太子少保兵部尚书兼都察院右都御史总督福建世袭轻车都尉会稽姚公神道第二碑铭》。四部丛刊本。

④ 《清史稿》卷七《圣祖纪二》。北京:中华书局1977年版。

⑤ 《浙江通志》卷八十六《榷税》。文渊阁四库全书本。

⑥ 《清实录·雍正实录》卷之八十一,雍正七年五月辛酉条。

⑦ 《清实录·乾隆实录》卷之五百三十三,乾隆二十二年二月甲申条。

⑧ (清)梁廷枬撰:《夷氛闻记》卷一。北京:中华书局,1985年。

洋政策，几乎不作丝毫改变。而道光皇帝在海洋政策上更是偏执，如道光五年(1825年)，当英和奏请"宁波府甬江口，可以收泊海船"时，道光竟认为"均毋庸议"①，顽固坚持海禁政策。直到道光十二年(1832年)六月，道光帝仍诏谕军机大臣等官员，不许"英吉利国夷船"，"赴宁波海关销货"，"饬该管道府，明白晓谕，不准该夷船通商。咨会提镇，督令分巡各弁兵前往驱逐"②。正是道光皇帝的坚持，使得英国商船已经看不到进入宁波港进行贸易的希望，前来浙江沿海的英国商船也只好"放洋而去"。西方列强在宁波港通商的企图在顽固的道光帝面前再告失败，这种现象一直延续到鸦片战争前。

二、清代宁波港功能的转换

鸦片战争前清王朝的海洋政策直接影响着宁波港的功能转换，甚至有人认为顺治、康熙时期所规定的"商舟、渔舟不许一艘下海"，外国商船"非系朝贡，概不准其贸易"的"海禁"政策③，使得宁波港民间海上贸易、渔业窒息④。失去生计的沿海民众开始"私自下海"，走私贸易成为该时期宁波港对外贸易的重要特色，史言"浙江沿海兵民贩卖粮米，因内地利少，出海利多，越界贸易"就是典型表现⑤。而在国内贸易上，由于受到军事形势影响，宁波港几乎成为一座死港。但作为东南沿海重要港口之一，宁波港始终在等待时机，准备再次崛起。

康熙二十三年(1684年)，清政府开放与南洋各国远洋贸易，为宁波港发展带来了新的契机，宁波港又重拾往日海洋贸易的辉煌，"番舶乘潮而舣，商舸蔽江而来"⑥，"内外市舶往来江、浙、闽、粤沿岸者不绝"⑦，镇海港更一度成为宁波港对外贸易的重要组成部分，"浙中通番，皆自宁波定海(今镇海)出洋"⑧。康熙二十四年(1685年)，清政府在宁波设立浙海关，管理对外贸易，宁波港开始了近代化的转型。由于对外贸易势头良好，宁波港的关税收入对财政支持力度也空前增加，"自海道既通，闽商粤贾，舳舻衔尾而至，遂为海滨一大都会，关市之税，岁有增益，以资国用，利莫大焉"⑨，"其税额四万两，赢余八十五万五千五百。岁课无绌，比之唐、宋则倍之"⑩。雍正年间，宁波港与南洋地区贸易进一步加强，宁波"商人往东洋者十之一，往南洋者十之九"⑪，从宁波港前往南洋的船只每年约585艘⑫。南洋地区的大米、木材、糖、象牙、珍珠、药材以及棉织品经由宁波港进入内地，内地的丝织品、茶叶、瓷

① 《清实录·道光实录》卷之八四，道光五年六月戊寅条。
② 《清实录·道光实录》卷之二一三，道光十二年六月壬午条。
③ 《清实录·康熙实录》卷之二十五，康熙七年三月丁卯条。
④ 俞福海主编：《宁波市志》，中华书局，1995年，第692页。
⑤ 《皇朝文献通考》卷三十三《市籴考二·市舶互市》。文渊阁四库全书本。
⑥ (清)陈梦说撰：《新建浙海大关记》碑文，见俞福海《宁波市志外编》，北京：中华书局，1998年，第774页。
⑦ (清)汪荣宝撰：《清史讲义选录》八《嘉庆朝之叛乱(摘录)》。台湾银行经济研究室，1966年。
⑧ (清)王荣商等纂：《光绪镇海县志》卷一《疆域》，台湾：成文出版社有限公司，1983年。
⑨ 雍正《宁波府志》卷之十二《户赋》。中国地方志集成·浙江府县志辑。上海：上海书店，1993年。
⑩ 《台湾关系文献集零(九)》，《柚村文选录·市舶考》。台北：文海出版社，1982年。
⑪ 《皇朝文献通考》卷二百九十七《四裔考》。文渊阁四库全书本。
⑫ 俞福海主编《宁波市志》，北京：中华书局，1995年，第1538页。

器以及各种土特产也通过宁波港被运往南洋。毋庸讳言,从康熙设立宁波海关到乾隆二十二年(1757年)禁止英国商人来浙贸易为止的70多年间,是宁波港口发展的黄金期,大道头(江厦码头)更是"番货海错,俱聚于此"。如果沿着这个方向发展,宁波港就会成为清代东南沿海的外贸大港之一。但好景不长,首鼠两端的清政权又以洪仁辉事件为借口,采取饮鸩止渴方法,禁绝了宁波港对外贸易。

乾隆二十四年(1759年),因洪仁辉事件,清政府禁止英商来浙贸易,宁波港作为对外贸易港口也被乍浦港取代,乍浦不仅是对日铜料贸易和丝绸贸易通道,更是沿海商品中转主要通道,这又迫使宁波港再次转型,承担起国内沿海贸易和转运港的职责,成为浙东地区的货物中转地,也使得宁波港与台湾、福建、两广、山东、辽东等沿海省份的贸易往来进一步密切,"上海、乍浦、宁波,皆闽广商船贸易之地,来往岁以为常"①。如台湾驶往宁波港的商船"两昼夜舟可抵四明、镇海、乍浦、松江"②,台湾的白糖、冰糖等通过海道转运至宁波港,台湾大米也"由海道运至江苏之上海,浙江之乍浦、宁波等海口售卖"③。同时,通过宁波港运往闽台的商品也是种类繁多,主要有粮食、棉花、席草、棉布、丝绸以及石料等,台湾许多建造房屋、刻制石碑乃至烧制石灰的石料都是通过宁波港海运去台湾,台湾"建屋刻碑之石,来自泉州、宁波,而取以煅灰者利甚广"就是如此④。

正由于宁波港外洋贸易被禁绝,对沿海各省的鱼盐粮食贸易却出现畸形繁荣态势,商业船帮进入发展的黄金时期,"1830年(道光十年)后,宁波商业船帮进入黄金时期,南号、北号不下六七十家,其中较著者福建帮15家、宁波帮北号9家,南号10家,山东帮数家,计30余家,最盛时期海船约400艘。北号船一般载重500吨,最大1000吨"⑤。连道光帝也在1833年曾言:"浙江省宁波、乍浦一带,海舶辐辏。"⑥清人胡德迈的"巨舻帆樯高插天,桅楼簇簇见朝烟。江干昔日荒凉地,半亩如今值十千"的描述⑦,正是该时期港口贸易发达,带动区域经济发展的写照。到鸦片战争前,宁波港已经成为东南沿海著名帆船港,"招宝山下沿塘一带樯帆如织,四方商贾,争先贸易"⑧。

鸦片战争前,宁波港帆船贸易出现畸形繁荣局面,"鱼盐粮食码头"成为宁波港的代名词,"每年大约有670条帆船自山东和辽东来到这里","还有大约560条帆船从福建和海南运来糖、白矾、胡椒、红茶、铁、木材、靛青(干靛和水靛)、咸鱼、大米、染料和水果,另外还有25条左右帆船从广州载来冰糖、棉花和上述商品","每年有将近4000只小船从内地沿着河道和运河来到宁波;大量的木材和木炭则从宁波运往上海,据说这两种东西可以获利25%",在舟山群岛上,"有两万多人从事鱼类的捕捞和储藏,这些船只都是属于宁波人的,大多是一个家庭或一个合伙组织的财产,后者是由10个或15个人联合起来组织成的"⑨。

① (清)贺长龄辑:《皇朝经世文编》卷四八《户政》二三"漕运下",台北:台湾世界书局,1964年。
② (清)陈淑均撰:《噶玛兰志略》卷一一《商贾》,台湾银行经济研究室,1963年。
③ 《清实录·咸丰实录》卷二〇六,咸丰六年八月辛亥条。
④ 连横撰:《台湾通史》卷二八《虞衡志》,北京:商务印书馆,1983年。
⑤ 俞福海主编:《宁波市志续编》,北京:中华书局,1998年,第693页。
⑥ 《清实录·道光实录》卷二三八,道光十三年六月庚戌条。
⑦ (清)戴枚修:《光绪鄞县志》卷七四,台湾蝠池书院出版有限公司,2006年。
⑧ (清)王荣商等纂:《光绪镇海县志》卷三《风俗》,台北:台湾成文出版社有限公司,1983年。
⑨ 姚贤镐编:《中国近代对外贸易史料》,北京:中华书局,1962年,第615页。

如果按照载重量计算,宁波港在鸦片战争前帆船的货运能力为 159 360 吨①。这些资料说明,鸦片战争前宁波港帆船贸易已经处于历史高位,正常的外国轮船贸易在"海禁"制度下根本无法撼动宁波港帆船运输的主导地位,宁波港在东南沿海港口的历史地位愈加重要。

三、清代宁波港的历史地位

以往研究者在论述清代"海禁"政策对宁波港发展影响之时,往往用"窒息"一词表明其对宁波港的影响,这种看法虽有一定道理,但尚不足以全面认识该时期宁波港的历史地位。应该说,鸦片战争前宁波港之所以能多次成功转型,与其在东南沿海港口中所处历史地位密切相关。

首先,宁波港在鸦片战争前与国内沿海诸港的贸易取得了前所未有的发展②,成为清代沿海经济交流的重要平台。

由于宁波港扼中国海岸线中段,居于南北水路之间,拥有优越的自然地理位置和广阔的腹地,一旦对外发展出现阻力,其就会迅速进行功能转换,成为沿海经济交流的重要平台。因此,当乾隆以后宁波港对外贸易被禁止后,宁波港就迅速转化为浙东地区的货物中转地,如《镇海县志》所载:宁波港"外省通直隶、山东,本地通杭、绍、嘉、台、温、处各处。如南船常运糖、靛、板、果、白糖、胡椒、苏木、药材、海蜇、杉木、尺板;其船出台、温为艚,中为白艕、小为渔船、尖船,自南至沙埕,北抵定关。如北船常运蜀、楚、山东、南直棉花、牛骨、桃、枣诸果、坑沙等货。其船系沙船、弹船,自北而南抵定关。又有台、温捕贩渔船,绍兴、余姚土产棉花。绍兴至内河至关,并宁波本地捕贩渔船及土产等货与诸番市舶,分征船货有定所,科征百物有定额"③。也就是说,清代宁波港的沿海贸易,北至关东、河北、山东,中至江苏,且溯长江深入四川兼走湘、鄂,南到台、温、闽、广,都是船只直接往来,而且相当频繁;与省内的杭、嘉、绍、定海、象山等地,或以海上或自内河,货物集疏,更是往来不断④。这一点也能从江厦码头堆积的货物种类和货物产地看出该时期宁波港作为东南沿海重要经济交流平台的盛况。清人徐兆昺在《四明谈助》一书中就曾记载了进入宁波港的各种货物。如糖,"糖船皆自闽省来,四时不断,两浙所行转,自此开发";烟草,"闽、广产者佳";烟杆,"从海洋贩至,而鄞所制菸干,独著名四方,京师尤重之。近时更有一种斑色者,曰'虎皮杆',细斑者曰'芝麻杆'。洋船租货,向来以苏木、白藤为君。苏木用于染坊,白藤用于竹木匠,浙省各州县皆取于此,无怪销行之多。今则乌木更多于二者。船初到时,东城街上连日肩运不断,菸杆作场十倍于前时";棉花,"出于余姚者最佳,亦最多。凡甬江南北船回货,以棉花为君";荔枝,"闽、广船以干者时至";龙眼,"闽、广商人,或烘或曝,装以箱包,到者特盛";核桃,"胡桃至甬江者,皆出于北地,与柿干、葡萄干等物,皆至北路船或苏商贩来";枣,"至甬江者,不外红枣、黑枣、南枣、蜜枣数种。惟黑枣行地更广。苏商常以鱼胶、淡菜等物与此交易"。除此之外,还有

① 姚贤镐编:《中国近代对外贸易史料》,北京:中华书局,1962 年,第 615 页。
② 郑绍昌主编:《宁波港史》,北京:人民交通出版社,1989 年,第 110 页。
③ 光绪:《镇海县志》卷九《户赋》。台北:成文出版社有限公司,1974 年。
④ 郑绍昌主编:《宁波港史》,北京:人民交通出版社,1989 年,第 111 页。

燕窝以及"来自番舶"的海参、玳瑁、车螯、海扇、海月等①。《句余土音》诗也从文学视角描写了清代宁波港贸易的胜景:"江亭高,未若江楼高。扪得天边黄云,下连东津桥。海内估客货百艘,乘风一叶到江皋。来远亭前争招邀。木难、火齐千百包,珊瑚十丈何苕荛"②。乾隆二十八年(1763年)十一月,清人陈梦说在《新建浙海大关记》中也曾讲到当时宁波港转运贸易繁盛的情景:"番舶乘潮而舣,商舸蔽江而来","港中舳舻相接,运驳飞驶,内趋绍郡,外趋镇象等邑,旁趋奉化,以达台郡,不尽经由关下"③。此说虽极尽夸张,但也能够从侧面看出当时宁波港与沿海各地贸易往来之频繁,正由于往来于宁波港的各地船只"帆樯蟊竖","番货海错,俱聚于此"④。宁波港当之无愧地成为清代沿海经济交流的平台。

其次,清代宁波港也是各地贸易商帮的重要寄居地。

自宋代以来,宁波港就吸引着福建、广东、江苏等地商人前来经商。嘉庆、道光时期,外地来甬贸易的商人更是趋之若鹜,"鄞之商贾聚于甬江。嘉道以来,云集辐辏,闽人最多,粤人、吴人次之"⑤。随着外地商贾人数的增多,为避免同行竞争和团结同乡,凝聚人心,商业会馆应运而生。

如所周知,早在南宋时期,福建船主沈法询就在今宁波江厦街建立第一座妈祖庙,通过信奉妈祖这个海上保护神,把福建船商联合起来,这是宁波港商业船帮集会场所出现的雏形。康熙末年,以经营木材为主的福建船帮率先在江东建立福建会馆。此后,商帮会馆像雨后春笋出现在宁波港城中,如1735年,闽浙商会在镇海招宝山设立;1804年,在象山的盐仓门前设三山会馆;道光六年(1826年),南号商帮在江东建"安澜"会馆;1839年,象山南门外设有闽广会馆。此外,宁波城区还建有广东商帮的岭南会馆、山东商帮的连山会馆、徽州商帮的新安会馆等。会馆是商帮地域性表现的重要标志,宁波港城内会馆众多、商帮林立正说明鸦片战争前宁波港是商帮重要居住地。尤其是饮誉海内外、持续时间长达七百余年之久的宁波南号和北号船帮⑥,在宁波港功能转换期间的发展引人瞩目。南号船帮主要以经营木材为主,兼营药材、染料、糖、干果和香料;北号船帮主要经营长江以北各港口的贸易运输,北方的粮食、枣子、核桃、花生、黄豆由北号商船运抵宁波港,同时从宁波港运出大米、糖、药材、棉织品、鱼、干果和杂货等。如志书所载:"吾郡回图之利,以北洋商舶为最巨。其往也,转浙西之粟达之于津门;其来也,运辽燕齐莒之产贸之于甬东。航天万里,上下充资。"⑦商业船帮的出现,不仅表明宁波港港口沿海贸易的快速发展,更标志着清代宁波港行业组织的正式出现,宁波港成为商业船帮的重要聚居地。

再次,宁波港始终是西方列强觊觎的通商要地。

随着新航路的开辟和西方资本主义的发展,从明代开始,西方列强就开始觊觎宁波港,最先到中国沿海的西方国家是葡萄牙,葡萄牙人先后在泉州、福州和宁波等地开辟贸易区。

① (清)徐兆昺著:《四明谈助》卷二十九《东城内外(下)》,宁波:宁波出版社,2000年。
② (清)徐兆昺著:《四明谈助》卷二十九《东城内外(下)》,宁波:宁波出版社,2000年。
③ (清)陈梦说:《新建浙海大关记》碑文,《宁波市志外编》,北京:中华书局,1998年,第774页。
④ (清)徐兆昺著:《四明谈助》卷二十九《东城内外(下)》,宁波:宁波出版社,2000年版。
⑤ 光绪《鄞县志》卷二《风俗》。
⑥ 林雨流:《早期宁波商业船帮南北号》,《宁波文史资料(宁波港史资料专辑)》第九辑。
⑦ (清)董沛撰:《甬东天后宫碑铭》,见俞福海《宁波市志续编》,北京:中华书局,1998年,第856页。

到了清代,西方国家希望来宁波通商的渴望更为强烈,如英国东印度公司就曾"力图开辟厦门和宁波的贸易"①,1701 年,东印度公司率先到宁波通商,"派船一艘前往(宁波),并且以 101 300 镑作为一个赌注或投资"②。英国东印度公司这次来宁波通商的尝试虽以失败告终,但却开启了英人来宁波港进行贸易的先河。到康熙二十二年(1683 年),英国商船就开始往来于浙江沿海。浙海关设立后,英国商人开始频繁往返于澳门、厦门与宁波之间,仅 1710 年(康熙四十九年)一年时间内,英国来定海、宁波的商船即达 10 多艘。乾隆时期,英国商船更是"舍粤就浙,岁岁来宁"③。

随着前来宁波港英国商船的增多,清政府担忧宁波会成为第二个澳门,因此在乾隆二十二年(1757 年)清政府就下令英国商船"不得再赴宁波","如或再来,必令原船返棹至广,不准入浙江海口"④。但便利的贸易路线和丰厚的利润,仍然无法完全阻止英国人来宁波经商的意愿。乾隆二十四年,洪仁辉事件发生后,清政府进一步强化了对英国商船进入宁波港的防范。但清政府对洪仁辉的惩罚和更加严格的防范举措,并没有彻底打消英国商业资本进入浙江沿海的决心。乾隆三十四年(1769 年),又有英国商船纷纷进入镇海崎头洋面,试图通商。乾隆五十二年(1787 年),英国政府派卡斯特来华,再度提出在宁波开埠的要求:"如果中国皇帝允许划给英国一块地方,在确定地点时,应特别注意……靠近上等华茶的出产地——大约北纬27 度至30 度之间"⑤。而英人所要求的在北纬27 度至北纬30 度之间所划的贸易区,实际上就是宁波和舟山这两个地方,从中也能看出英国对开通宁波港贸易的急迫心情。对此无理要求,清政府理所当然予以拒绝。乾隆五十八年(1793 年)和嘉庆二十一年(1817 年),英政府又先后两次派马戛尔尼和阿美士德为使节与清政府谈判,提出开辟宁波等为通商口岸要求,同样遭到清政府断然拒绝。当正常的和平方式达不到在宁波通商的要求后,英国人就开始图谋以武力打开与清政府贸易通商的大门。道光十二年(1832 年),英国"阿美士德"号船从广东出发,开始在甬江口外进行侦查,搜集情报,此后又多次进行侦查,以便为将来武力打开宁波港进行军事准备。

从明代开始,西方国家中的葡萄牙、西班牙、荷兰、英国都对在宁波通商兴致盎然,并多次试图打开宁波港港口贸易通道。西方列强之所以对宁波港如此重视,就是因为他们认为:"照它作为葡萄牙和早期英国贸易的商馆的历史看来,宁波是曾经被寄以很大的希望"⑥,宁波"是帝国中最大、最好的城市之一"⑦。而第一次鸦片战争后宁波之所以被作为五口通商口岸之一,是英国人近一个半世纪图谋的结果。这恰恰从一个侧面说明鸦片战争前宁波港历史地位的重要性。

---

① [英]马士著,张汇文、章巽等合译:《中华帝国对外关系史》第一卷,北京:商务印书馆,1963 年,第76 页。

② [英]马士著,张汇文、章巽等合译:《中华帝国对外关系史》第一卷,北京:商务印书馆,1963 年,第59 页。

③ 姚贤镐编:《中国近代对外贸易史料》,北京:中华书局,1962 年,第253 页。

④ 《清实录·乾隆实录》卷之五百五十,乾隆二十二年十一月戊戌条。北京:中华书局,2008 年。

⑤ [英]马士,中国海关史研究中心组译:《东印度公司对华贸易编年史:1635—1834 年》第 2 册,广州:中山大学出版社,1991 年,第149 页。

⑥ [英]马士著,张汇文、章巽等合译:《中华帝国对外关系史》第一卷,北京:商务印书馆,1963 年,第404 页。

⑦ [英]马士著,张汇文、章巽等合译:《中华帝国对外关系史》第一卷,北京:商务印书馆,1963 年,第405 页。

乐于迁徙,善于包容,敢于闯荡

——论温州文化对张翎小说海洋意识形成的影响

周春英

(宁波大学人文与传媒学院)

摘要:地域与文学有着千丝万缕的联系,作为创作主体的作家,也多受地域文化的熏陶,这是他的精神原乡和人文素质的基因来源。从温州移民出去的女作家张翎,她的血液中浸透着温州文化的内在意蕴,她的性格中有温州人共有的文化性格,她的作品中有很多温州元素。文章运用地域文化的相关理论,依据地域、作家、作品三者的关系,对其小说进行详尽分析,从而探讨温州文化对张翎小说海洋意识的影响。

关键词:张翎小说　温州文化　地域文化　海外华文　海洋意识

张翎是新移民小说的领军人物之一,1986年出国留学后定居在加拿大多伦多市。1996年开始创作长篇小说,迄今已出版《望月》《交错的彼岸》《邮购的新娘》《金山》4部长篇小说和《雁过藻溪》《余震》等20多篇中短篇小说。2009年,她的中篇小说《余震》被冯小刚改拍成电影《唐山大地震》之后,知名度骤然提升。张翎的作品多次入选各种转载本和年度精选本,并相继获得"十月文学奖""世界华文文学奖"等多个奖项。对于张翎小说,研究者多从跨文化、女性书写、叙事结构、语言特色等方面进行研究,而从温州文化如何对张翎小说海洋意识产生影响以及张翎如何通过小说彰显温州文化方面关注者尚少,本文试图从这个角度做一些探讨。

地域文化是在一定地理环境和生产生活方式下形成的具有个性特质的物质文化与精神文化,它是特定区域的生态、民俗、传统、习惯等文明的表现。地域文化对作家创作的影响是非常明显的,它"不仅影响了作家的性格气质、审美情趣、艺术思维方式和作品的人生内容、艺术风格、表现手法,而且孕育出了一些特定的文学流派和作家群体"[①]。

温州地处浙南,背山面海,人多地少,矿产资源缺乏,外加台风、虫灾、涝灾等不断发生,自然生活条件是比较恶劣的。南宋著名思想家叶适及其19世纪后期以"浙东布衣"著称的后哲,根据此地的特殊情况,提出"经世致用""义利并举""注重商业"等哲学思想。严苛的自然环境和先哲思想,使生活在这里的子民养成了敢于闯荡、乐于迁徙、敢为天下先、富有包容精神、勤劳务实的文化性格。温州文化作为在该地区范围内形成的特定文化内涵,它以一

---

① 严家炎:《二十世纪中国文学与区域文化丛书》总序《理论与创作》,1995年,第1期:第9~11页。

定的物质文化和精神文化或其遗存,构成这一地区的文化重心。

　　张翎出生在杭州,5 岁时才来到温州。她祖父的家在苍南盛产明矾的矾都,外祖父的家在藻溪。张翎自己在温州念过中小学,还当过教师,做过工人,她是一个地地道道的温州女人。1986 年,张翎出国前夕,随母亲回了一趟藻溪,看到外公家族的祖坟和外公家被火烧得只剩下门框的老屋。她突然明白:“人和土地之间也是有血缘关系的,这种关系就叫做根。这种关系与时间无关,与距离无关,与一个人的知识阅历也无关。纵使要隔数十年和几大洲,只要想起,便倏然相通。”①

　　出国十年之后,当张翎拿起笔进行创作的时候,温州文化中这种强烈的海洋意识成为她小说的母性渊源,左右着她小说的主题、影响了人物形象的塑造、增强了小说的历史厚重感、丰富了小说的地域文化色彩。

一、乐于迁徙——“永远在路上”的母题

　　张翎所有小说都有一个共同的母题,那就是“永远在路上”。这个主题源于张翎的祖先那种一直不断地向外迁徙、寻求更好生存环境的海洋意识。张翎曾说:“择水而居大约是人类的天性。外公的父母辈在藻溪生下了外公,外公长大了,心野了起来,就沿着藻溪往北走,走过了许多地方之后,在一条叫瓯江的河边停了下来。于是,我也跟随着父母在瓯江边上生活成长。后来我也长大了,我的心也野了,想去看外边的世界。溪不是我的边界。河不是。海也不是。我的边界已经到了太平洋。”

　　这种“永不停止,不断寻求”的思想贯穿在张翎的小说中。《望月》中的女主人公孙望月是旧上海圆珠笔企业大亨孙三园的外孙女,从小衣食无忧。长大后嫁给会做生意的颜开平,自己学美术,在丈夫的帮助下,在国内开过几次画展,圈内也小有名气。但孙望月并不满足目前的生活现状,而是追随出国大潮投资移民到加拿大,并筹划在国外开画展。到了加拿大之后,为摆脱精神空虚,去学校听课,与老师牙口产生了爱情,后来发现牙口是同性恋者就结束了这段感情。但这次爱情,使望月因为宫外孕差一点丧了命,是画家宋世昌的精心照顾,不但使望月恢复了身体,还产生了爱情。为了追随去落基山脉班福艺术中心参加培训的宋世昌,望月把房子卖掉,把卖房子的钱以妹妹的名义捐给了东非最大的现代化医院的妇产科。自己则在班福的欧滋租了房子,通过出卖自制的手工艺品和为当地图书馆整理资料赚取低廉的工资维持简朴单纯的生活。在人人都在为物欲而奔忙的时候,孙望月却在恶浊的物欲之海中沉浮一阵之后看破红尘,寻求纯真的精神世界,这是一种更高境界的精神追求。

　　此外,《交错的彼岸》中的黄蕙宁、萱宁姐妹,不满于小城闭塞单调的生活,到加拿大去寻求更好的生存环境;《邮购新娘》中的江涓涓来到加拿大之后,宁愿失去婚姻也不改做服装设计师的梦;《雁过藻溪》中的末雁,在婚姻破裂、母亲去世、搞清楚自己的身世之迷后,没有被悲痛压倒,而是重回加拿大,继续自己的事业;《花事了》中的吟云,为了心爱的越剧事业,离家出走甚至不惜放弃终身大事。《金山》中的方德法虽是广东的孩子,但他 1879 年到了梦中的“金山”,加拿大英属哥伦比亚省时,他和他的同胞却被称为“猪仔”,从那时起,中

---

　　① 张翎:《追溯生命的源头》,见《雁过藻溪·序》,上海:华东师范大学出版社,2009 年 7 月版,第 3 页。

国人向世界走出了很远的路,他们在这片土地上劳作、受苦,屈辱地死去或者坚韧地声息。这些人的行为和做法,都是这种不断奋斗、寻找理想精神家园精神的生动体现。

二、富有包容精神——中西融合的文化追求

海纳百川,这种包容精神使从小在海边城市温州长大的张翎也具有很开阔的胸怀。在加拿大为生存而奋斗的十年里,曾经受过西方文化的无形挤压,也看到众多同胞的孤独寂寞和思乡念家。这使她无论从情感上还是理智上都有足够的距离来审视异质文化之间的差异,来思索和探求不同文化之间的共性。她说:"从老一代移民到他们的后代,观念已经发生了很大的变化,最初是叶落归根,后来是落地生根,到现在,应该是开花结果的时候了,所以,我要在'文化冲突'的这个旧瓶里装上新酒,让读者从作品中感受到中西文化中共通的东西。"①

因此,在《交错的彼岸》《邮购的新娘》《雁过藻溪》等中长篇小说中,作者通过大跨度的时空结构,把发生在海外的故事与温州故土的生活、历史联系起来,以浓厚的人情味、多重的叙述视角来展示东西方文化的平等对话和交流。这种文化观念上的突破既是中国政治经济飞速发展提高了海外移民作家的民族文化自信心的结果,也给华文文学创作带来新的因素。对此,美国华文文学批评家陈瑞林的评价是:"张翎,仿佛是地球舞台的神秘调度,大幕拉在海外,幕里燃烧的焦点却在中国,她让自己心爱的人物,身世凄迷苍凉,游走在东西的时空,时而靠岸,时而扬帆,穿梭出一幕幕人世无常的命运故事……"②

与20世纪60年代的留学生文学与80年代早期的新移民小说相比,张翎的小说创作显然是一种突破。20世纪50、60年代,第一批从台湾赴美的华人作家於梨华、白先勇、聂华苓等,他们随父辈离开大陆到台湾,因不满台湾的现实,先后来到了他们梦想的美国,但是他们发现,台湾故非乐土,美国亦非天堂,回归大陆又无望,不禁四顾茫然,成了"无根的一代"和社会的"边缘人",内心深处产生了孤独、寂寞、思乡念国的愁绪,于是把文学作为宣泄情绪的窗口。出现了於梨华的《又见棕榈,又见棕榈》;白先勇的《纽约客》《芝加哥之死》;聂华苓的《桑青与桃红》等小说,这些作品描摹了"融入"西方文化的艰难和焦虑,宣泄了"离散"的无根感和命运的漂泊感,"乡愁"和"文化冲突"成为最重要的思想情感内容。而80年代初,以曹桂林的《北京人在纽约》、周励的《一个曼哈顿的中国女人》为代表的早期新移民文学,这种现状还是没有太大的变化。

《交错的彼岸》中的故事发生在加拿大的多伦多市,以温州姑娘黄蕙宁的失踪及警方和媒体的寻找牵引出这位姑娘的背景,她是温州城里金三元绸布庄的后代,由此纵向描述金三元布庄近百年的变迁史和发生在当代温州的历史事件。金三元绸布庄是一家百年老店,分店遍布浙江省境内,到蕙宁外公执掌时十分兴旺,后来被同行排挤,乡下的田产又收不上来,

---

① 万沐:《开花结果在彼岸——〈北美时报〉记者对加拿大华裔女作家张翎的采访》,《世界华文文学论坛》2005年第2期:第71~73页。

② [美]陈瑞林:《风雨故人,交错彼岸——论张翎的长篇新作〈交错的彼岸〉》,《华文文学》,2001年,第3期:第62~65页。

才开始败落。而绸布庄唯一的后裔金飞云,她的丈夫黄尔顾、前恋人龙泉分别是新中国建立初温州市的书记和副书记,他们在"文革"中被批斗、毒打和送干校劳动,粉碎"四人帮"之后,他们官复原位,不久就退居二线。伴随家族变迁的还有三代人的爱恨情仇:有丫鬟阿九与蕙宁外公红颜白发的忘年恋;有金飞云与黄尔顾的政治婚姻以及与初恋情人龙泉的痛苦分手;有蕙宁与海狸子之间青梅竹马的爱情。作者用穿插叙述的方法,把加拿大多伦多市发生的故事与金三元绸布庄的变迁史、金家三代人的命运浮沉以及 20 世纪后 50 年在温州城里发生的重大历史事件交织起来,大大加强了小说的历史厚重感和沧桑感。难怪莫言称张翎"在她创作这部小说的日子里,她的身体生活在加拿大,她的精神却漫游在她的故乡温州和温州的历史里"[1]。

《邮购新娘》小说通过描写温州市委书记的私生女江涓涓来到加拿大应婚,牵出发生在太平洋西岸温州城里的故事。作者用大开大阖的手法,借助母女三代人的命运变迁,在梳理清楚 20 世纪百年历史变迁的同时,把温州市委书记江信初与地主出身的许春月、越剧演员竹影、裁缝方雪花几个女人之间的情感纠葛;牧师约翰·威尔逊一百多年前去温州传教办学及与流浪女路得之间的一段情感纠葛;越剧名伶筱丹凤、竹影母女坎坷的身世和凄迷感人的人生故事;还有江涓涓与沈远之间没有结果的爱情之旅叙述得非常感人。这些故事像一道坚实的地基、丰厚的泥土,使江涓涓在加拿大奋斗的故事有了深厚的文化和历史底蕴。

《雁过藻溪》中,作者从末雁在加拿大的婚变写起,然后用倒叙和穿插叙述相结合的手法,把末雁早期的知青生活、求学经历、情感生活,以及回国送母亲的骨灰去乡下安葬的故事融合在一起。作品不但生动展示温州独特的丧葬习俗,而且通过财求的口讲述了土改时发生在藻溪镇上惊心动魄的历史事实。贫协副主席财来与地主黄寿田为争夺一只鼻烟壶相互扭打,之后又在光天化日之下奸污黄寿田的妻子袁氏;袁氏为拯救被关押的侄女黄信月跳井自杀。与周立波的《暴风骤雨》中那些贫苦农民因害怕地主报复,把分来的浮财悄悄退回去的做法截然不同,张翎在作品中对土改时一些干部劣迹的描写,不但大胆,也在一定程度上揭示了历史的某些真相。与赵树理在《李有才板话》中乡村基层政权被坏人掌控的叙写十分相似。

张翎小说中体现出的这种独特中西文化融合观念,与温州文化富有包容精神的特点以及张翎的家族渊源有关。

温州文化是一种包容性很强、历史上经过多次融合的文化。早期的温州文化,就有瓯越文化与闽文化交融的迹象,当时的居民以渔捞樵采为主,称为歧海文化。周报王九年(前306 年)越国被楚国灭亡之后,越人大规模进入浙南,出现了第一次不同文化之间的融合。"永嘉之乱"爆发之后,晋室南渡,中原人士为了避难,大规模的涌入南方。这些移民把北方的先进文化带入温州,为温州文化的发展注入了新鲜活力。北宋末年的"靖康之难",以及后来宋金、宋蒙对峙期间历时达 150 年之久的移民潮,都使温州地面出现了更大规模的南北移民的交汇。这种本土与外来文化的多次融合,使温州文化具有多元性和包容性的特点。

张翎的祖父和外祖父家里都是书香门第。外祖父章涛毕业于浙江大学化工系,有留学日本的经历。祖父张达生新中国成立后曾担任过温州市图书馆馆长、浙江省文史馆员,文史

---

① 莫言:《写作就是回故乡》,见张翎《交错的彼岸·序》,上海:华东师范大学出版社,2009 年 7 月版,第 1~4 页。

和诗词楹联造诣很深。张翎的姑姑张曙岚长期担任中学英语教学,后来寓居新加坡。两位叔叔张纯美和张纯青都是旅美华侨,张纯青退休前还是《拉斯维加斯时报》《华文报纸》的社长、总编辑。张翎家里有很多藏书,其中有不少是英文原著。这样的家庭背景,使张翎在接受传统文化熏陶的同时,对西方文化并不陌生。

富有包容精神的温州文化和家庭背景作为巨大的精神资源,滋养了张翎的灵魂,影响了她的性格品性、审美心理、想象构型,更促成了她中西融合的文化追求。

三、敢于闯荡——勇敢精明的温州女性形象

一方水土,养一方人,面向大海的生活,以及海洋打开的通向世界的道路,不但开阔了温州人的胸襟,也使温州人养成敢于闯荡的习性,并因此闻名中外。他们源源不断地走向世界各个角落去寻求更好的生存环境,可以说,世界上只要有人的地方就有精明的温州男人和女人。

张翎的小说,不仅描写了温州的历史和山水风物,而且塑造了多个敢于闯荡、勇敢精明的温州女性形象。她们大多坚韧、执着、自强、精明、肯吃苦,有自己的信念,能够自立自强。

路得(《邮购新娘》)出生于一百多年前,她本是一个被人抛弃的流浪女,后来被传教士约翰·威尔逊收养,后成为温州市第一个考上省城中学的女子。在杭城的路得一直与威尔逊书信往来,并对威尔逊产生了感情。三年之后,路得回到温州,当她把初吻献给睡眠中的威尔逊时,发现了已有身孕的罗丝林娜,她夺门而出。为了家庭和责任,约翰·威尔逊带着妻子回到美国,但他的心留在了中国。威尔逊离去之后,路得继任了恩典红房学堂的校长职位,之后整整50年,她一直在这个岗位上兢兢业业的工作,以自己对爱情的执着和对事业的忠诚赢得读者的赞赏。筱丹凤(《邮购新娘》)是民国初年的越剧名角,她出身贫寒,天资平平,可她硬是凭着自己的努力成为声震瓯越的名角。在一次给当地富户谢家唱堂会的时候,她与谢家公子相爱了,一夜缱绻之后,产生了爱情的结晶。她冒着被开除的危险隐瞒怀孕的事实,并苦苦等待谢家公子兑现承诺的音讯。事情败露之后,善良的师傅把她送到乡下去生产。几年之后筱丹凤再次被邀去谢家唱堂会,站在台上的她,看到谢家公子与妻子、孩子在下面看戏,一家人和和睦睦,而自己的女儿竹影却在受苦受难,彻底绝望的她,吞下鸦片,以死表达内心的抗争。

除了这些传统女性之外,张翎还塑造了多名坚韧精明的现代女性。

温州文化非常注重经商,将经济利益放在首位,这一价值取向,使得人们在面临经济利益时懂得如何争取利益最大化。赵春枝(《空巢》)在20世纪80年代,考上师范学校等于捧上了铁饭碗,但她为了爱情,果断的中断已经学了一年半的学业,回到男友家中照顾瘫痪在床的婆婆。男友从部队复员与她结婚之后,自己下海经商,她全心支持丈夫的事业,做起全职太太。当发现丈夫为了传宗接代与别的女人生了一个儿子之后,她毅然离开丈夫,到北京当保姆。当保姆期间,她不卑不亢,处事得体有分寸,当雇主何教授因为一点小事与她吵架,她敢于拿了行李回老家。她还十分精明,她用教何教授做家务作为交换条件让何教授教她学英语,最后,她以自己独特的方式赢得了何教授的心,这种做法很好地体现了这个特色。

黄蕙宁(《交错的彼岸》)身体瘦弱但秉性坚韧好强,她是原温州市委书记的千金,在国

内高校有很稳定的工作,但她不满足于小城闭塞单调的生活,来到加拿大。之后 10 年,她一边辛勤打工维持生存,一边拼命读书提升自己,期间又经历了与谢克顿和大金的情感纠葛。最后,她终于得到了陈约翰医生的爱情。江涓涓(《邮购新娘》)比黄惠宁更具有打拼闯荡的精神和不服输的斗志。江涓涓作为林颉明的未婚妻被"邮购"到加拿大,在经历过与沈远的情感波折之后,深知一个女性必须自强自立才能赢得真爱,所以,她坚持做服装设计师的梦。当她得知林颉明打算先盘下咖啡店,几年之后再送她去读书的想法之后,她毅然离开了林颉明。最后林颉明与热情大方的塔米走到了一起。她与牧师保罗达成情感上的默契,又在薛东的洗衣店里找到了工作,她设计的服装在一次戏剧演出中取得意想不到的成功。半年后因为签证到期,江涓涓踏上了归国的途程,但薛东的一封信又给了她新的希望。

四、富有海洋特色的风俗民情

在张翎的小说中描绘了很多富有海洋特色的风俗民情,如葬礼、墓葬、庙会等。风俗是特定社会文化区域内历代人们共同遵守的行为模式或规范,与自然地理环境相比,风俗民情更能显示生活的色彩和情调。"优秀的小说作者最富于魅力的艺术因素之一,是基于历史事件写成的风俗画面。"[1]

婚丧嫁娶最能体现一个地方的风俗民情。张翎在《雁过藻溪》中描写了具有温州特色的墓葬形式。"墓地里一共有二十五座墓穴,分成三排。……坟盖一溜朱红色的琉璃瓦,瓦角有兽头。墓穴之间是五彩砖墙,砌的是十字元宝花纹。三排之间各有一长条水泥平地,也是雕满了福寿图形的。远远看去,竟像是旧式人家的三进住宅,东厢西厢正宅天井大院,样样具备,只是没有门。非但没有那想象中的阴森气象,反倒有几分富贵喜庆的样子。"温州人对墓葬历来非常重视,这源于温州人的一种抱团意识。历史上温州人大多聚居在平均海拔不到 5 米的滨海平原上,这里又是山洪、海溢的重灾区。为了建设抗灾的大型水利工程,必须积聚民间的集体力量,从而形成了温州人强烈的抱团意识。这种意识还表现在将死人与活人抱在一起,阴阳两界共同负担创造财富责任的墓葬习俗上,这种习俗称为"二次入葬",即人死之后停棺不葬,即使入圹安葬了,也要在若干年之后开棺拾骨瓶葬。"一旦人丁不旺、聚财困难、家宅欠安,民间认为祖坟有碍,另择吉穴;一旦添丁聚财,就认为'祖公有力',重修祖坟为椅子坟,让族公'坐到'太师椅上享受福贵。"[2]温州市移风易俗办在 1987 年9 月至 11 月进行过为期 2 个月的调查,发现仅在 104 国道线乐清至苍南 200 千米之内,就有椅子坟 118 725 座,可见温州人对墓葬的重视。墓葬习俗是一个地区人们生活观念的体现和现实生活的折射,更是一种社会文化现象,从温州人"死人与活人共同承担责任,抱成一团"的墓葬习俗中,彰显出共同对抗海洋灾难的心理,也是海洋意识的一种表现。

庙会是指在寺庙附近聚会,进行祭祀、娱乐和购物等活动,是民间广为流传的一种传统民俗活动。庙会期间,各地的民众都聚集到这里采购需要的物品或看看热闹。在《邮购新娘》中,作者形象地描绘了一场在温州市西郊举行的庙会。那天摊贩云集,有卖干海货的、

① [俄]列夫·托尔斯泰:《古典文艺理论译丛》(第一册),北京:人民文学出版社,1962 年,第 132 页。
② 林亦修:《温州族群域区域文化研究》,上海:上海三联书店,2009 年 4 月版,第 55、379 页。

有弹棉花的、有吹糖人的,热闹非凡。来到温州不久的传教士保罗·威尔逊,带着女孩银好(后改名路得)去逛庙会。"洋番在一个小贩跟前停下了。那是一个糖人师傅,正用一根细细的管子吹糖人。腮帮一吸一鼓,手指一搓一捻之间,一个膏肥肠满憨傻万分的猪八戒跃然而出。"在这样的交易会中,也少不了海洋的成分,因为海产品交易是主要的内容之一。

民风民俗、方言土语、传统掌故等独特的人文景观是地域文化的主要表现形式。它能够经受住时间的陶冶、战争的劫难,体现出文明的绵延性和生命力。正是这些具有鲜明特色的民俗描写,无形中增强了张翎小说富有温州海边城市人们海洋意识的地域特色。

总之,地域与文学有着千丝万缕的联系,作为创作主体的作家,也多受地域文化的熏陶,这是他的精神原乡和人文素质的基因来源。从温州移民出去的女作家张翎,她的血液中浸透着温州文化的内在意蕴,她的性格中有温州人共有的文化性格,她的作品中具有温州文化的海洋意识。永远在路上的追逐精神、富有包容精神的中西文化融合、敢于闯荡的温州女性形象、赋予海洋特色的风俗民情,这些都是温州文化海洋意识的外在显现。美国小说家赫姆林加兰指出:"显然,艺术的地方色彩是文学的生命力的源泉。是文学一向独具的特点。地方色彩可以比作一个无穷的、不断涌现出来的魅力。我们首先对差别发生兴趣;雷同从未能那样吸引我们,不像差别那样有刺激性,那样令人鼓舞。如果文学知识或主要是雷同,文学就要毁灭。"[①]张翎的小说之所以具有深厚的底蕴、独特的魅力,与地域文化的滋养以及她在小说中有意无意彰显出的温州文化中的海洋意识,有着不可分割的联系。

① 刘宝瑞:《美国作家论文学》,北京:生活·读书·新知三联书店,1984 年版,第 84 页。

渔文化的变迁及其蕴涵的文化价值

同春芬　刘　悦

（中国海洋大学法政学院）

摘要:渔业,是人类最早的生活和生产活动,也是中华民族最早的一个产业。中国是渔业大国,也是渔业最发达国家。渔文化是农业文化的一种,它是渔民在长期的渔业生产活动中创造出来的具有流转性和传承性的物质和非物质方面的成果。渔文化与鱼文化具有交集关系,二者既有联系又有本质的区别。我国的渔文化历经千百年的沉积、调适与传播,其内涵及象征意义也随之发生改变,但是其所蕴含的文化价值却十分丰富。

关键词:渔文化　变迁　文化价值

我国是一个渔业大国,渔文化的历史十分悠久。渔,本义为捕鱼,是一种海边捕鱼者所进行或从事的生产劳动。捕鱼作为一种生产方式,在中国形成了历史悠久的渔文化,它与百姓的生活紧密结合,并渗透到政治、经济、社会、文化、生产、生活的全方位,极具中华民族特色的渔文化是非常宝贵的文化宝库,是具有开发潜力的文化金矿。

一、渔文化的内涵

渔文化是人类文化的重要组成部分,内容包括鱼类捕捞、养殖、渔获物加工等渔业生产方式,也包括渔民独特的生活、习俗、宗教信仰等。是渔民在长期的渔业生产活动中创造出来的具有流转性和传承性的物质和非物质方面的成果。

在物质方面,渔文化包括渔船渔具、民居建筑、捕捞和养殖等方面。渔民称渔船为"木龙",打造新船是渔民的头等大事,每个程序都要严格按照规矩行事。新船下水时要选择黄道吉日,进庙拜神,敲锣打鼓,鸣放鞭炮,既有庆贺新船起航,又有除去船舱和海里邪气之意。这体现出渔船对于渔民的重要性,以及渔民对于祈求出海平安的强烈诉求。渔民的住房用料一般就地取材,多为石头、木头和茅草、海草。房居内多用珍珠贝类作为装饰,庭院的外部构造和雕梁画栋,多用龙、鱼、船、锚等图案作为象征,以及壁画、廊绘上最为常见的"大海中日""一帆风顺"等,都体现了渔民社会的特性,[①]即靠海、吃海、用海,无不体现着渔业文化与海洋的密切联系。我国渔业历史悠久,渔民传统的捕捞工具种类多且数量大,主要分为钓具

---

① 曲金良:《中国海洋文化观的重建》,北京:中国社会科学出版社,2009 年,第 158 ~ 159 页。

和网具两大类。各种渔具均有其特殊性能,适应各种不同的捕捞对象。

在非物质方面,渔文化是有关渔民民俗信仰、渔歌渔俗渔禁以及与渔有关的典故传说、诗词歌赋等。渔民主要从事渔业生产活动,出海时触礁、翻船以及自然灾害时有发生。民俗禁忌是渔民长期出海经验的结晶,这是渔民出于生命安全防范需求的实用心理的外化表现。比如在船上不能称"老板",因为"老板"谐音"捞板";鱼死了,叫"鱼条了"等。[①] 虽然这些民俗禁忌在科学上并无多少道理,但是却在渔民的精神上和心理因素上起了很大的作用。我国沿海地区的传统民间信仰有很多,影响广泛的有妈祖和龙王。中国民间自古就把龙当作掌管雨水的水神,各地建有许多龙王庙用于祭祀。信仰可以使人心向善、趋利避害、追求人生和谐平安吉祥,又是熨平心灵创伤的传世良方。[②] 文学艺术大都是涉及海洋的,如打鱼人所唱的歌谣,船工的号子、小调,鱼市、码头、打鱼船上表演的渔歌戏曲。还有一些口耳相传的传说,如八仙过海、哪吒闹海、天后娘娘的神迹等。[③] 它不注重政治历史、个人志向,而是注重表达日常生活生产中的情感和领悟。渔船出海前,一般要举行祭拜仪式,意为祈求渔船能够平安归来。船老大为一船之长,其他人必须服从指挥,各自分工,齐心协力。渔文化因为依赖渔民渔村和渔业而生存,所以在方方面面无不体现出涉海的特征。

二、渔文化与鱼文化关系

古文中,鱼和渔是同一个字。而日常生活中,甚至学术研究中,鱼文化与渔文化经常会被混用。鱼文化是人类在生产活动中产生的与鱼类及渔业活动有关的鱼物、鱼俗、鱼信等各种有形无形的物质和精神财富。实际上鱼文化与渔文化是一种交集关系,二者既有联系又有区别。

首先,渔文化包含一部分鱼文化,比如涉及鱼的民俗信事、神话传说、渔业禁忌等,同时还有大量与鱼无关,但与渔业活动紧密相关的内容;而鱼文化也包含一部分渔文化,但同时也包含一些已经脱离渔业活动,而与鱼相关的文学艺术、信仰宗教、民风民俗、社会人文等内容。因此可以看出,鱼文化与渔文化有着密不可分的关系,而将二者联系在一起的则是"鱼"。鱼文化是建立在鱼之上而产生的有关的文化、风俗和器物等各种有形无形的关系,其在沿海地区扩散、蔓延中所产生的文化与渔文化、海洋文化较为重合。而渔文化的产业基础是渔业,二者是从鱼伸展开来的两个彼此有交集,而又不甚相同的文化领域。鱼文化和渔文化在非物质方面也有一定的交集。鱼文化中有关精神、信仰、理念及行为习惯等方面就包含了一部分渔文化中海洋文学艺术、鱼类神话传说、民俗信仰以及渔民生活习俗。传说中龙为鱼的化身,在鱼文化和渔文化的信仰中都会信仰各种的龙王,中国民间自古就把龙当作掌管雨水的水神,各地建有许多龙王庙用于祭祀。鱼纹的装饰图案,因其线条美观,寓意美好,造型千变万化,无论是受鱼文化影响的群体还是受渔文化影响的群体,都将其作为装饰绘图的上乘之选。

---

① 曲金良:《中国海洋文化观的重建》,北京:中国社会科学出版社,2009年,第199~200页。
② 张开城等:《海洋社会学概论》,北京:海洋出版社,2010年,第231页。
③ 曲金良:《海洋文化与社会》,青岛:中国海洋大学出版社,2003年,第100~101页。

其次,渔文化与鱼文化又有本质的区别。如前述,渔文化与鱼文化都包括对鱼的基本知识的掌握。但是,渔文化是农业文化的分支,鱼文化是民俗文化的分支。从农业文化的视角分析,渔文化与捕鱼者所从事的劳动生产密切相关,它主要分布在沿海地区的渔区和渔村,离不开有水的地方。如渔文化中传播很广的妈祖信仰,其发源地在福建莆田,在形成之后便迅速向南北方向传播开来。随着时间的推移,信仰妈祖的民众越来越多,分布的地域越来越广,甚至传播至海外。但是在广大内陆地区,极少有信仰妈祖娘娘的信众,甚至很多人都没有听说过。因此可以说,渔文化侧重自然环境和人行为的相互作用,是一个动态的过程。它依托水域形成,与当地的习惯和生产生活相联系,贴近具体的现象,更多地强调应用。而渔文化在传承中,也侧重于渔业生产,如渔船、渔具、渔法、渔谚、渔歌、书画等,历代文人墨客、达官贵人、诗人学者描写渔区、渔村、渔民的文章、诗词等等,这些文化现象都是围绕着渔业生产展开。总之,离开渔业生产,就没有渔文化生存的土壤。

再次,鱼文化与渔文化也有本质的区别。鱼文化作为民俗文化的分支,具有民俗文化的象征内涵。鱼文化侧重于鱼所代表的价值观和象征意义,是静态的图像。其主要体现在信仰、理念及精神层面,对人们的行为习惯具有指导意义。鱼文化最初产生于水域,但一经形成,就因为人心灵的创造性而具有独立发展的特性,不需要依托水域传承,就可广为传播,无论内陆还是沿海,无论湖泊还是河流沿岸,甚至没有水的地方也会有鱼文化存在的土壤,这些都与鱼文化在精神层面的指导作用有关。正因为如此,受鱼文化影响的群体几乎可以涵盖所有地域和民族。如食鱼、养鱼、赏鱼、钓鱼之乐早已是百姓生活中比较普及的休闲方式,各种民间传统艺术形式中,如年画、剪纸、刺绣、风筝等,鱼依然是活跃的造形元素之一。鱼这一艺术形象,也因此成为具有中国传统文化吉祥象征及视觉象征的符号之一。

三、渔文化的变迁

著名的文化人类学家马林诺斯基认为,文化变迁是一个社会的生存秩序在政治体制、内政制度、疆域形势、知识信仰体系、教育、法律、物质器具及其使用、消费物资等方面或快或慢的变化。[①] 文化变迁不论在任何地方的任何时间,变迁永远存在。这种变迁既有文化内部的促发力,又有文化外部适应的演进,即人类对他生活于其中的环境的调适。渔文化也是如此,经过长期的沉积、调适与传播,其内涵及象征意义也随之发生改变。在此,仅以南方妈祖信仰与北方祭海习俗的变迁阐述渔文化的变迁。

众所周知,妈祖是受到中国渔民崇拜的海神,作为民间神祇,道教神祇,护航海神,她是从民间民众中走出来的,被神圣化了的历史人物。妈祖文化在时间上越千年,空间上跨国界,信奉者近2亿人。其最初是以海神的形象庇佑渔民、海商和水手的出海平安,而妈祖既是海神,又是福建海商家乡之神,对她的虔诚膜拜超过了其他各地神灵,因此,随着"海上丝绸之路"的辉煌,海商的迁移和扩散,妈祖信仰得以迅速而广泛地传播。而且,妈祖信仰最初的信众仅限于闽西客家山区,并在当地顺利地实现了角色的转换,从海神一变而成为山区守护神,紧紧围绕着耕读传家的客家社会需求和社会心理,把观音的救苦救难、送子保赤功

---

① Bronislaw Malinowski,Phillis M. Kaberry. The Dynamics of Culture Change. America: Yale University Press,1968.

能,吉祥哥的保佑生殖功能,以及其他各种地方神灵的功能集于一身,满足了各阶层人民祈求国泰民安、功名顺遂、婚姻美满、却病延年、家庭幸福、五谷丰登、六畜兴旺、知足安分、行仁守义的要求。① 妈祖信仰传到台湾屏东的客家庄,又适应屏东客家庄军政合一组织的特殊需要,逐渐成为一个和平秩序的保护者和大兴福利事业的慈善家形象,是一位具有显灵克敌、消灾灭祸的神通广大的神灵。② 同样,妈祖信仰在东亚不同的国度,也一定能够与不同国度的固有宗教如菲律宾的天主教,印度尼西亚、马来西亚、文莱的伊斯兰教,泰国、缅甸、柬埔寨、越南的南传佛教,新加坡、日本、韩国的民族宗教和各种复杂意识形态相适应、相协调,以新的面貌掌握信众、发挥作用,并成为各国各民族内部沟通和各国各民族之间相互沟通的桥梁。③ 妈祖信仰的变迁,正是体现了渔文化在传承的过程中,受不同时期自然和社会条件下所形成的独特的生产方式和生活方式的影响。如图 1 所示:

图 1　妈祖信仰在传承中的变迁

祭海,自古有之,《史记·封禅记》载:"秦并六国,于雍地即有四海,风伯雨师,填星之属,百有余庙。"《宋史·礼志》载:"立春日祭东海于莱州,立夏日祭南海于广州,立秋日西海就河中府河渎庙望祭,立冬日北海就孟州济渎庙望祭。"以上记载,属官祭,即帝王祭。④ 明朝后期,官祭之风日渐传入地方。那时,中国北方沿海地区生产力不发达,捕捞设施落后,海难多有发生,渔民便在海边建起龙王庙,每年过年后初次出海前,都到龙王庙祭祀,祈求龙王保佑出海平安,满载而归。随着时代的变迁,传承至今的海洋祭祀活动已摒弃了千百年来其本身载有的古老迷信色彩,而逐渐形成颇具浓郁地方民俗风情特征的盛大节日仪式。以胶东为例,青岛将公历 3 月 18 日作为"祭海日",并正式定名为"上网节"。祭海过程既保留了原祭海习俗中的民俗特色,又融入了新的元素如娱乐、纪念会等。蓬莱的"渔灯节"则将历史上每年正月十三(或十四)渔民到蓬莱阁龙王宫送灯、进献贡品的习俗改为以贡祭船、送渔灯、放鞭炮为主要内容的仪式。荣成渔民有在谷雨时节祭海的习俗,与此同时,谷雨节也就成为当地老百姓表达虔诚、祈求庇佑的公共节日。总之,如今的胶东渔民祭海仪式,既是一次隆重的对海神的祭祀,又是一次载歌载舞、自娱自乐、生动丰富的文化展示。随着胶东地区现代化程度的提高,祭海仪式也呈现出变迁的现象,即仪式中祭祀成分较原来相对减弱,而娱乐性、民俗性、商业性等增强⑤。尽管如此,"各地的祭海仪式仍被渔民奉为最为重

① 谢重光:《闽西客家地区的妈祖信仰》,《世界宗教研究》,1994 年,第 3 期:第 74～84 页。
② 谢重光:《略论妈祖信仰的主要社会功能》,妈祖信仰的发展与变迁——妈祖信仰与现代社会国际研讨会论文集,台湾宗教学会、财团法人北港朝天宫,2003 年,第 3 期。
③ 谢重光:《妈祖文化:建构东亚共同体的重要精神资源》,《中共福建省委党校学报》2004 年,第 2 期:第 47～51 页。
④ 徐彬、曹艳英、李振兴、李魏东:《胶东渔民祭海习俗的演变与旅游开发》,《当代经济》2007 年,第 10 期:第 102～103 页。
⑤ 同春芬、闫伟:《人神之间:胶东渔民祭海仪式的象征意义阐释》,《菏泽学院学报》2008 年,第 4 期:第 123～126 页。

要的节日,而且祭海活动也被不断注入新的内涵,成为人们崇敬海洋、欢庆丰收、祈求平安的群众性民俗活动。除此之外,更增添了回报大海、倡导生态保护和可持续发展的理念。"①使传统的祭海民俗具有了更多的现代气息。

四、渔文化蕴涵的文化价值

美国文化学家克罗伯和克拉克洪在《文化·概念和定义的批评考察》一书中指出:"文化的核心部分是传统的(即历史的获得和选择的)观念,尤其是他们所带来的价值。"②如前述,渔文化是人类文化的重要组成部分,也是中国传统文化的重要源头之一。渔文化包括鱼类捕捞、养殖、渔获物加工等渔业生产方式,也包括渔民独特的生活、习俗、宗教信仰等内容。渔文化的发生、发展和传承,凝结着广大渔民世世代代不懈的追求和企盼,其所蕴含的文化价值十分丰富。

首先,渔文化蕴涵着不畏艰险、开拓进取的海洋文化精神。对于渔民而言,茫茫无垠的大海,"万川归之,不知何时止而不盈;尾闾泄之,不知何时已而不虚"③,大海充满了神秘、危险诱惑和希望。渔民面对大海会有一种渴求生存、鼓起勇气,奋勇超过大海的愿望。渔民与海不断地搏击,海既是他的敌人,也是他的同伴。在变幻莫测,险象环生的风浪中,渔民增长了他的智慧和才干。天天出海,四处漂泊,决定了他的生存不是封闭性的,这使他有一种开阔的视野,有较深刻的头脑。渔业文化使渔民"胸襟像海一样开阔无垠,思维像潮水一样深沉宽远,理想像长帆一样高扬鼓舞,意志像船舵一样坚定不移,智慧像波涛一样蕴含丰富而升腾不息,心灵像鱼汛一样充满生机而永不枯竭"④。梁启超曾说:"海也者,能发人进取之雄信者也……试一观海,忽觉超然万累之表,而行为思想,皆得无限自由。彼航海者,其所求固在利也,然求之之始,却不可不先置利害于度外,以性命财产为孤注,冒万险而一掷之。故久于海上者,能使其精神日益勇猛,日益高尚,此古来濒海之民,所以比于陆居者活气较胜,进取较锐……"⑤由此可见,渔文化孕育了渔民以水为家,四处漂泊,动荡不安,乐观进取的品质。

其次,渔文化蕴涵着朴素的生态智慧与生态文化精神。生态文化是指人与自然关系方面的文化,蕴涵着人与自然和谐发展的生态哲学思想。渔业是中国最古老的生产行业,古代渔业的发展不仅对中华民族的生存和发展起了巨大作用,而且对世界渔业的发展产生了积极影响。早在公元前21世纪,古代先民就已经认识到对天然渔资源利用超过天然增长率的情况,因而引起对渔业资源保护问题的重视,并创立了我国第一个渔业法令《逸周书》,也是世界最早的渔业资源保护法。该法令规定:"夏三月川泽不入网罟,以成鱼鳖之长。"(《逸周书》)这是中国对世界渔业的贡献。而欧洲关于渔业资源保护法,于公元5世纪才出现。保

① 徐彬、曹艳英、李振兴、李魏东:《胶东渔民祭海习俗的演变与旅游开发》,《当代经济》2007年,第10期,第102~103页。

② 冯天瑜:《中华文化史》,上海:上海人民出版社,2005年。

③ 老子·庄子:《四书》,沈阳:辽宁民族出版社,2001年。

④ 冯天瑜:《中华文化史》,上海:上海人民出版社,1990年。

⑤ 黄寿祺、梅桐生译注:《楚辞全译》,贵阳:贵州人民出版社,1984年。

护渔业资源在以后的朝代中,得到发展,成为重要的政令。如西周时,捕捞鱼作王族食品、祭祀、馈赠等,还设立了专门职守的"獻"(《周礼》),并规定了捕鱼季节在孟春、在春季、在秋季、在十月、在冬季。基于此,保护渔业资源也成为一种美德,一种道德行为准则。

再次,渔文化承载着渔业地区的民间风尚习俗。它包括捕捞民俗、渔业作业民俗及渔民信仰、礼仪、饮食、起居等日常生活民俗。渔俗文化的最初形成无不与先民的生产与生活状况相关。对于渔俗文化的主线,有学者认为,沿海地区渔俗文化因"海"而生,因"渔"而兴。"海"是渔民生存的唯一依托和希望,"渔"是渔民生存的条件和手段。因此,渔俗文化以"海"为点,以"渔"为线,围绕渔业生产、渔民生活而展开①。比如,渔民以捕鱼为生,海上不定生活使他们不得不相信命运,因此而产生了很多渔俗和船忌。比如造渔船要择日开工,船头称"船龙头",渔船出海俗称"开洋",第一次"开洋",要用猪头供奉。渔民上船后,不穿鞋,不洗脸。船上说话忌带"倒""翻""没有"等词。出海结束也用猪头等祭品谢龙王,俗称"谢洋",等等。这些种种生产、生活习俗无不与渔民"以海为伴,靠海为生"的生存状态相关。渔文化所蕴涵的独特民间信仰与习俗,既是一种历史文化现象,也是一种社会现象,是人类文明进步的结晶。

总之,渔文化是世代相传的一种文化现象,渔文化的积累与传递、传播与交流、融合与冲突是渔民群体文化心理长期积淀的结果,是渔民共同的社会化过程中所形成的一种稳定的、共有的心理倾向、心理特征以及与之相适应的行为方式。它是中华民族的宝贵财富,我们应当以中国渔文化而骄傲,我们更应努力发掘发扬中华民族的渔文化。

参考文献

[1] 曲金良:《中国海洋文化观的重建》,北京:中国社会科学出版社,2009 年。

[2] 张开城等:《海洋社会学概论》,北京:海洋出版社,2010 年。

[3] 曲金良:《海洋文化与社会》,青岛:中国海洋大学出版社,2003 年。

[4] Bronislaw Malinowski,Phillis M. Kaberry. The Dynamics of Culture Change. America:Yale University Press,1968.

[5] 谢重光:《闽西客家地区的妈祖信仰》,《世界宗教研究》,1994 年,第 3 期。

[6] 谢重光:《略论妈祖信仰的主要社会功能》,《妈祖信仰的发展与变迁——妈祖信仰与现代社会国际研讨会论文集》,台湾宗教学会、财团法人北港朝天宫,2003 年,第 3 期。

[7] 谢重光:《妈祖文化:建构东亚共同体的重要精神资源》,《中共福建省委党校学报》,2004 年,第 2 期。

[8] 徐彬、曹艳英、李振兴、李魏东:《胶东渔民祭海习俗的演变与旅游开发》,《当代经济》,2007 年,第 10 期。

[9] 同春芬、闫伟:《人神之间:胶东渔民祭海仪式的象征意义阐释》,《菏泽学院学报》,2008 年,第 4 期。

[10] 徐彬、曹艳英、李振兴、李魏东:《胶东渔民祭海习俗的演变与旅游开发》,《当代经济》,2007 年,第 10 期。

[11] 冯天瑜:《中华文化史》,上海:上海人民出版社,2005 年。

[12] 老子·庄子:《四书》,沈阳:辽宁民族出版社,2001 年。

---

① 何旭、林红:《渔文化浅论——兼论"中国开渔节"对鱼俗文化的传承与创新》,三江论坛,2005(5):41~43。

［13］ 冯天瑜:《中华文化史》,上海:上海人民出版社,1990 年。

［14］ 黄寿祺、梅桐生译注:《楚辞全译》,贵阳:贵州人民出版社,1984 年。

［15］ 何旭、林红:《渔文化浅论——兼论"中国开渔节"对鱼俗文化的传承与创新》,三江论坛,2005 年,第 5 期。

［16］ 张桂芬:《我国海洋渔具发展概况》,《海洋信息》,1995 年,第 4 期。

［17］ 宁波:《试论渔文化、鱼文化与休闲渔业》,《渔业经济研究》,2010 年,第 2 期。

［18］ 王琳、韩增林:《我国休闲渔业发展现状分析与对策研究》,《海洋开发与管理》,2007 年,第 1 期。

［19］ 金掌潮、俞家乐、陈星等:《论淡水渔文化的开发及对产业的促进作用》,《河北渔业》,2008 年,第 10 期。

［20］ 张开城、马志荣:《海洋社会学与海洋社会建设研究》,北京:海洋出版社,2009 年。

［21］ 陈松涛:《保护和开发渔文化刻不容缓》,《中国海洋报》,2004 年 9 月 10 日。

［22］ 黄秀琳:《妈祖信仰文化社会功能的演进与新说》,《岭南文史》,2005 年,第 2 期。

［23］ 李健民:《闽东疍民的由来与变迁》,《宁德师专学报(哲学社会科学版)》,2009 年,第 2 期。

［24］ 徐彬、曹艳英、李振兴等:《胶东渔民祭海习俗的演变与旅游开发》,《当代经济》(下半月),2007 年,第 10 期。

浙江沿海渔民的海洋民俗信仰

毛海莹

（宁波大学国交学院）

摘要：海洋民俗文化是沿海地区和海岛等特定区域内流行的民俗文化，它涵盖物质、制度、精神等多个层面，而隶属精神层面的海洋民俗信仰则是海洋民俗的内核。位于东海之滨的浙江其海岛居民长期以来形成的海洋民俗信仰是颇具东海特色的，本文试从渔船信仰、神祇信仰和禁忌习俗等维度，解读浙江沿海渔民的海洋民俗信仰表现，并结合实际剖析其生成原因。

关键词：渔船信仰　神祇信仰　禁忌习俗　浙江沿海

在长期的历史发展过程中，广大民众自发产生了一套神灵崇拜观念、行为习惯和相应的仪式制度，这就是所谓的民俗信仰。民俗信仰又称民间宗教信仰，它是某一地区民众文化性格和社会心理形成的重要因素，体现着民众的生活理念和价值取向。浙江海岛人民在长期的生产生活中也形成了特定的民俗信仰，本文就浙江沿海相关的渔船信仰、神祇信仰和禁忌习俗作重点论述。

一、浙江渔民的渔船信仰

渔民把渔船看成自己的伙伴，是赖以生存的依靠，因此渔民对它爱护备至，并赋予它灵性。昔日木制渔船每条船都做一对凸出来类似大鱼的眼睛，新船造好后，只画眼不画睛，也即边上是大大的黑眼圈，中间是白色的一个大圆。下水之前，船主请人选择黄道吉日，届时敲锣打鼓放鞭炮，船主亲自为新船点睛，标志着一个新的生灵诞生了，众人喊着大吉大利的号子，把披红挂绿的新船，一步步从岸上移下海去。

船的眼睛在渔民眼里有很高的地位，不仅制作用料来不得半点马虎，而且船眼睛根据船只大小制作定型后，还要讲阴阳五行，就是要请算命先生或去庙里择定时辰。浙江渔民安装船眼睛的黑白有阴阳协调之意，因此，要以五色彩带来代表五行——金、木、水、火、土来搭配。渔船一钉上眼睛后，立刻变得更有灵气。当眼睛的中间位置钉上银元后，变得异常闪亮、生动，船的灵气也呼之欲出。浙东渔家有句俗语"捕鱼人的命一只脚棺材里，一只脚棺材外"，说的是何时遇难，难以预测。因此，船的一只眼睛紧紧关注着天，一只眼睛紧紧地关注着海。渔民们相信，关注着天的眼睛能知风云变幻；关注着海的眼睛不仅能知道浪涛变化，还能知道海里鱼群的动向。可见，船眼睛是渔家出海时的一种心灵的寄托和安抚，当然船老大是具有绝对权威的,出海捕鱼时船老大和听鱼师的经验也是至关重要的。

渔船下水前,渔民们都要精心打扮一番。船头涂上红、黑、白三色,上书"天上圣母娘娘",再用红、黄、蓝、白、黑五色彩布披挂起来。前后上下都有船对。船头书"虎口出银牙";桅杆顶书"大将军八面威风";船舵书"万军主帅";船尾书"顺风相送"或"顺风得利"。出海时拣个逢双的良辰吉日,在一片锣鼓声、鞭炮声中,装扮一新的渔船带着渔民们的希望,八面威风地下水了。

值得一提的是,东海的渔民爱船胜似自己的性命,因为船在人在,船翻人亡,所以他们把船当作水龙,认为每条船都有自己的灵魂。为了寄托他们的这种精神,渔民们便在水舱里安装一个"船灵魂",俗称"水活灵"。每当一艘新船的骨架搭成后,渔民便用一块小木头,挖个小孔,把铜板、铜钱或银元等物放进去,以此作为船的灵魂。俗谓铜或银能镇邪驱灾,如果放进金器当然更好。有的地方还用妇女身上的东西或生活用品,如头发、手帕诸物,缚在铜钱上,一起放入小孔,俗谓女人身上的东西也有避邪的作用。然后用钢钉或银针把这块小木块钉在水舱里。至于"船灵魂"放在水舱里的原因,据说水是机灵的象征,作为木龙的船,必行于水,"船灵魂"放在水中就是个活的生命了。

海洋民俗文化具有鲜明的地域性,"即使是同一个国家和民族,在不同的地域,其海洋民族文化也会有不同的表现形式"①,对于浙江沿海而言这种特色尤为鲜明。以宁波、舟山为例,每逢过年,渔船上都要张贴春联,祭船神。春联内容体现渔民们盼望"顺风顺水顺人意,得财得利得大时"的意愿。春节过后,渔船首航,渔民要到财神庙占卜出海的日子。渔船的启航和归航,有"开海门"和"关海门"的习俗。他们认为只有福运好的船才能领先出江出海"开海门",并能确保渔船全汛安全高产,否则将适得其反。通常是在"妈祖神像"前卜杯择定。船归航时进港的船称"关海门",在捕鱼生产中有人失事或遇到"空船"(海上发现死尸)的,按惯例必须最后进港,以免日后遇上不吉利的事。

农历十二月二十四,渔民循例要在渔船的锅灶前摆供品、点香烛,以谢灶君。渔乡传说灶君是掌管鱼的,每年此夜为渔民开放鱼库。敬灶君时要选一条活黑鱼供祭,敬毕放生,以黑鱼游向决定年后第一次开船捕鱼的方向。新年第一天开船捕鱼,渔家在船头要放鞭炮、烧香,以求吉利。

海岛渔民的床神信仰也十分盛行,这在渔船上也不例外,通常选在农历的正月十六夜进行。床神是住宅神中的重要神灵之一,它同灶神、土地神那样,有公婆两位,称之床公、床婆。传说中的床婆贪杯,床公好茶,因此海岛上有"男茶女酒"之说。海岛渔民在祭祀床神时,除了酒和茶以外,还有糕点和水果。糕点充饥水果解渴,均不可少。当然,还要在床头、床后焚香,但不燃点蜡烛,这也是特别之处。关于床公床婆是何许人,海岛上流传着各种各样的传说。其中一说认为是周文王夫妇。由于周文王人活百岁,生有百子,是"多子多福"的楷模,自然被渔民尊为床神。

此外,渔船船头画中的鳌鱼旗和海泥鳅也体现了渔民对鱼神鱼师的尊崇和信仰。鳌鱼旗的特征是一条木制的鳌鱼。在古代神话中,鳌足能立四极,自然是条辟邪的神鱼。至于海泥鳅,传说中是东海龙王的外甥,统管鱼类的鱼皇帝,这两种鱼类都受到渔民的普遍尊崇。

---

① 苏勇军:《浙江海洋文化研究》,杭州:浙江大学出版社,2011年版。

其实,鱼神的传闻早在我国古代就已经形成了。如《山海经》中的海神禺京,有鲲鹏之变的神通。其实,鲲就是大鱼。京,鲸谐音,也即为鲸鱼。可见海神禺京就是中国最古老的鱼神。

至于当代的信仰,舟山以鲸鱼为神。在舟山,渔民称鲸鱼为"乌耕将军"。旧时,每年立夏汛前后,有大批鲸鱼驱赶海豚,横渡舟山海峡,致使鱼群涌至。渔民们敲锣打鼓放鞭炮,焚香叩拜,并举行盛大的"鱼祭",场面十分火爆壮观。旧时,在舟山的渔民中还有一个鱼俗:船出外洋,路遇大鱼,即撒米粒,赠船旗,以求鱼神的庇护。据传,海上拦船的鱼神往往是些"海和尚"似的癞头奄,即为大海龟。3月开春时,渔民们出海看见的第一条浮出海面的大鱼,就要尊此为鱼神。祷告后才出海,否则,必遭大鱼所害。

鱼师信仰则是浙江沿海区域独特的信仰形式。鱼师信仰起源于石浦三门湾海滩的海豚戏闹进港。由于潮流的原因,海豚先行冲着港面游动,而后借着潮流转向港口,当冲着港岸时,满港的大小海豚酷似向港岸朝拜。百姓认为这一处土地竟然引来海豚的朝拜,必有灵气,便在这神灵之地建一鱼师庙,以供奉鱼师。在浙江沿海的舟山、台州等地都建有鱼师庙,并在特定的时期内都要举行形式各异的祭祀仪式,如庙祭、滩祭与水祭等。

浙江象山石浦渔民称鱼师为海神。石浦港的鱼师庙以鱼骨为栋,内塑鱼师菩萨男女各一,男性称为鱼师大帝,女性称为鱼师娘娘。渔汛开始,石浦渔民们纷纷到以鲨鱼骨为栋梁的鱼师庙祭拜鱼师大帝、鱼师娘娘,祈求一帆风顺满载而归。虽然当时的鱼师庙地处临海的山坡,建筑面积不大,但香火极旺。渔民首次出海拉网,当捕到鱼之后,首先要拣大鱼蒸熟盛于盘中,在船头奠酒焚香,祈祷龙王爷保佑海上发财。几条船在一起捕鱼的时候,谁的船先打上鱼来,就放鞭炮、敲锣鼓,并拣最大最好的鱼供在船头。

"神灵信仰是一定地区精神与制度文化发育的土壤,是民俗文化的核心部分,凝聚着一个民族、一个区域普遍的民众的生活理想和价值取向,以其延续性、稳固性和强大的精神凝聚力成为一个民族、一个地区的文化性格和精神依托。"[①]浙江沿海的渔船信仰也是如此,他们十分重视船神,把丰收的希望、船安人健的企盼寄托于船神的护佑,在一系列的祭祀仪式中寻求情感的宣泄与心理的安慰,这是浙江沿海渔民千百年来沿袭下来的信仰,对海岛居民具有非同寻常的意义。

二、浙江渔民的神祇信仰

海洋渔业捕捞作业在大海上,远离大陆,四面环海,风大浪险,环境十分恶劣,而且在大海上缺少救助,因此海岛渔民祈求太平和健康的心态比内陆居民更为强烈。当渔民们面临强大的灾难而又无法相抗衡时,便会产生恐慌和危机,极力寻找一种解脱的方式,只得把求生和致富的希望寄托在神灵当中,因此便产生了各种海洋宗教信仰,如与渔民的生产和生活息息相关的海龙王信仰;"大慈大悲、救苦救难"的观音信仰;保佑渔民出海平安、化险为夷的妈祖信仰等。

浙江沿海渔民宗教信仰具有相对集中和混杂的特点,以信仰佛教为主,同时也混杂信仰其他宗教。在渔民比较集中的舟山地区,不同宗教的寺庙混杂相处,表现出多种信仰相互融

---

① 姜彬主编:《东海岛屿文化与民俗》,上海:上海文艺出版社,2005 年版。

合。其中佛教寺庙占大多数,300余所;道教宫观约30所;海龙王宫约30所;供奉妈祖的天后宫约20所;另外还有30余所祭祀人物的祠庙,还有数量不少的体现民俗信仰的土地庙、财神殿等。

渔民的生活民俗活动中包含着大量的民俗文化内容,由于不同宗教信仰的表现各异,也因此产生了各地区的特色民俗文化。各种信仰需要物化的表现形式,如舟山渔区的"跳蚤舞"仪式、放"太平焰"、拜天地水三官仪式等民俗祭祀活动,都较好地反映了渔民乞求和谐、平安、丰收的信仰内在动机和精神寄托。也正因为传统民俗文化中混合着这些相关的信仰,才能够使寄托传达内心愿望的民俗文化生生不息。笔者认为,浙江沿海渔民的神祇信仰主要有以下几种方式:

(一)敬畏龙王

龙是先民幻想而产生的神异、汉民族崇拜的图腾神。传说炎帝、黄帝、尧、舜和汉高祖刘邦的诞生、形貌都与龙有关。道经载四海龙王及下属小龙185位,佛经有八大龙王、十大龙王之说。唐宋以来历代帝王封龙王为王爵,下诏设坛、祭祀诸多典制。渔民们祭龙王、挂龙旗、划龙舟、玩龙灯,把龙当作保护神,以求避邪御凶、吉祥如意。

龙王是中国沿海渔民最早崇信的海神。渔民向龙王祈求海面风平浪静,鱼虾成群,平安出海,满舱而归。长期以来,浙江沿海居民对龙王充满着无限的敬畏,建庙修宫,祭典旺盛。据清《定海志》记载,定海各区有龙王宫24个,而到了民国初年达到48个。具体的信仰习俗亦丰富多彩,主要表现在龙王宫设置,龙王寿诞和龙王出巡习俗,海岛人在渔业生产活动重大环节中的祭典习俗和贯穿在渔民人生礼仪和日常生活中的龙王习俗等方面。

在舟山,海龙王是舟山渔民心目中的大海之神,于是靠海吃海的渔民们把自己的命运寄托在龙和海龙王身上,大家都普遍认为海是龙的世界,龙也即为保护他们的神灵了。正因为有了海龙王信仰,于是形成了"出海祭龙王、丰收谢龙王、求雨靠龙王"的信仰,处处充满着浓郁的龙崇拜、龙信仰的氛围。历史文献中很早就记载了舟山的龙信仰,随着这种信仰不断发展,舟山民间对于海龙王的信仰不仅仅只表现在内心,人们更是把这种信仰带进了生活、生产习俗之中。据史料记载,宋乾道五年(1169年)皇帝曾下诏在舟山公祭东海龙王,此后,地方官定于每年六月初一为公祭龙王日祭海,更引发了民间祭海的热情。现在,在岱山、定海、普陀、嵊泗均分布着大大小小的龙王宫、龙王庙等相关建筑,用以祭拜海龙王。祭龙王(俗称"谢龙水酒")便是舟山民间十分重要的祭拜仪式,在每年的农历立夏,先在龙王宫(殿)进行祭拜,后移至海边临时选定的祭坛(或渔船甲板)进行祭拜,目的是祷求东海龙王或四海龙王保护渔船及渔民在海上平安、一帆风顺、满载而归。渔民们也都十分注重祭拜龙王的仪式,正规的祭拜过程就有13条规矩。这13条规矩分别是:选祭坛,立图腾;备旗类;上供品;摆祭器;插渔具;念祭文;奏响器;跳乐舞;祭者;三献礼;祭毕;祭礼忌讳;唱庙戏。

另外,舟山的渔民还把渔船都称为"木龙",这也体现了渔民们对龙王的敬畏之情。在建造新船时,当船的骨架(俗称"龙骨")搭成后,在淡水舱合拢处,要用银钉或铜钉把银圆或铜钿钉合,即为"船魂灵"。因古时铜钿或银圆大多铸有龙的图案及帝王年号,将它作为船魂灵的象征置于船腹,这样木龙便成了活龙、真龙。新船打造成后,还必在船首两侧安装"船眼睛",同时"定彩"。随后进行"封眼""启眼",再挑选父母双全的青年推船下水,也即为"赴水"（谐音"富庶"）。此时船主站在船头向四周抛馒头,这种习俗就被称为"木龙赴水抛馒头"。可见,渔民们对龙王的敬畏之情无处不在。

（二）信奉妈祖

妈祖是我国沿海地区民间信奉的航运海事女神,原名林默（960—987 年）,出生于福建莆田湄洲岛,生前乐于行善济世,常在海上救助遇险船民,死后人们立祠祭祀,以表示感念并祈求佑护。

人称妈祖为"通贤圣女",各个朝代帝王也都有褒封,从"天妃""天后"直到"天上圣母"。相传妈祖能预测天气、指导航海,她熟悉水性、拯救海难,还精研医理。从宋到清被历代皇帝敕封 28 次,清康熙、乾隆年间被尊为"天后圣母"。历代文献关于妈祖的记载不在少数,"凡贾客入海,必致祷祠下,求杯珓,祈阴护,乃敢行。盖尝有大洋遇恶风而遥望百拜乞怜,见神出现于樯竿者"①。"能乘席渡海,人呼龙女。宋太宗雍熙四年（987 年）升化湄洲,常衣朱良,飞翻海上,土人祀之。"②

妈祖信仰由此始行,以福建莆田、台湾岛最盛,我国沿海建有大量的妈祖庙。妈祖信仰的发源地虽然是在福建莆田地区,但随着妈祖信仰地域的扩张,妈祖逐渐成为东南沿海地区的共同信仰。除了福建、广东以外,浙江沿海是信奉妈祖比较集中与兴盛的地方,遍布着妈祖庙、天妃宫、天后宫、娘娘宫等。宁波象山的昌国、石浦、东门、南田、晓塘、定塘、大塘、涂茨一带,历史上均有祭拜天妃的庙宇,其中宁波的甬东天后宫是浙江省现存规模最大的天后宫。甬东天后宫始建于清代道光三十年（1850 年）,占地近 4 000 平方米。后来,天后宫成为航运于北方船帮的议事中心,称为庆安会馆,其精美的砖刻门楼、两对龙凤石柱及大批精巧的木雕石刻保留至今。现为浙东海事民俗博物馆,是展示浙东地区妈祖信仰、海事民俗、会馆商贸活动及其建筑艺术特色的场所。

浙东地区,位于中国海岸线的中部,就自然环境而言,其海上贸易和海洋运输业的发展有利于妈祖信仰的传播与兴盛。据专家考证,浙东是最早接纳妈祖信仰的地区之一,宁波的妈祖庙是湄洲祖庙在福建莆田以外最早的分庙。③尽管它没有那么显赫,但由于浙东一带航海业和海上捕捞业的发达,其妈祖文化也形成了自己独有的体系和特色。

宁波象山的妈祖信仰文化就是这样一种典型的妈祖信仰。其中以东门岛妈祖信仰文化、延昌老街妈祖—渔师信仰文化、渔山海岛妈祖—如意信仰文化为代表。东门岛妈祖信仰文化以东门岛妈祖信仰活动为核心,包括东门妈祖庙、东门庙、王将军庙、东门城隍庙的常年活动。延昌老街妈祖—渔师信仰文化以延昌天妃宫（妈祖庙）和石浦渔师庙活动为核心,包括两庙的活动以及延昌街的传统渔灯舞、马灯舞、细什番演奏等民间活动。渔山海岛妈祖—如意信仰文化以渔山岛如意娘娘庙为核心,包括东门岛妈祖庙、台湾台东富岗新村海神庙的妈祖、如意往来省亲迎亲习俗等。渔山娘娘庙如意信仰已有 300 多年历史,其母庙在渔山岛,已流传至台州的椒江、温岭、三门及台湾台东富岗等渔区。

---

①　（南宋）洪迈:《夷坚志》。
②　（元）《铸鼎余闻》引《临安志》。
③　黄浙苏:《信守与包容——浙东妈祖信俗研究》,杭州:浙江大学出版社,2011 年版。

关于台湾与象山之间的海洋民俗信仰纽带，影响最大的还是妈祖—如意信仰。1955年，国民党军队退踞台湾时，将石浦镇渔山岛的487人全部带到台湾，安置在与石浦极为相似的台东县富冈新村。临走时，虔诚的渔山岛人带走了保佑全岛村民平安的神灵——供奉在渔山岛娘娘庙的如意娘娘。离开家乡的石浦人思乡心切，多年来始终坚持讲石浦话，行石浦习俗，称富冈新村为"小石浦"。近年来，石浦和富冈新村交往增多，每年的开渔节都有那边的亲人过来参加，民间也举行了"妈祖—如意信仰迎亲习俗"，成为增进两岸血脉联系的纽带。

而浙江舟山群岛的妈祖信仰是随着渔业生产的发展而逐渐发展起来的。清代仅定海本岛就有供奉天后的庙36个。到了1923年，定海境内有名望的天后宫达到83个。在舟山，目前有记载的最早的天后宫是嵊泗县的小洋山天后宫，建于南宋绍兴元年（1131年）。同海龙王信仰一样，舟山人民对妈祖信仰的这种意识逐渐渗透到人们各式各样的生活、生产之中。如在普陀青浜岛，当地居民在大年三十，会推举一位德高望重的女性为妈祖净身换装。渔民出海之前，除了会祭拜海龙王之外，也会祭拜其他海神，其中不可忽视的便是妈祖。渔民出海前都到天后宫或妈祖庙等海神娘娘庙去进香火，祈求娘娘保佑。为了保出海平安，收获丰厚，这样的习俗也就一直留存了下来。

在浙江温州洞头县同样存在着"妈祖"信俗。东沙"妈祖宫"就建于清乾隆年间，是浙江省尚存规模最大、构建最完整的妈祖庙，有近300年历史，是浙江妈祖庙中唯一的省级文保单位。目前，温州洞头县全县六个乡镇建有"妈祖宫"12座，妈祖与陈十四娘娘供奉的庙也有十几座。洞头渔民每逢造新船，要在船中舱设龛供奉妈祖。渔汛开始和结束的时候，渔民们都要到妈祖庙祭拜。每年农历三月廿三日与九月初九，各妈祖庙都要举行隆重的祭祀仪式，主要有祭典、"做供"、妈祖平安出巡以及"迎火鼎"、做戏等民俗文化活动，参与信众遍及全县93个渔村，为洞头渔区信俗活动中最大盛典，2009年妈祖信俗被列入浙江省非物质文化遗产代表名录。

由此可见，以宁波、舟山、温州为代表的浙东妈祖信仰已形成鲜明的地方特色，信仰与仪式相互渗透，信仰以仪式为外在载体，仪式因为妈祖信俗而赋予了"灵魂"。

（三）崇拜关公

关公，即关羽，三国蜀汉山西运城人。关羽从侯到公、从公到君王、从君王到大帝逐渐神化。民间信其有掌管风雨的法力，风里来水里去的渔民便把他当作保护神，祈求祛祸消灾、平平安安。

舟山的关帝信仰风俗，是由江浙闽等大陆沿海渔民和商船传入。自宋代以来，小洋山至嵊山一带海域，渔舟商船日益见多，八闽、东莞、宁波、温州、台州和苏州、太仓等地渔民、商贾，起初在自己船上设神龛舱，供奉关帝塑像。后因南宋亡，避免被元朝统治者加害，改为关圣殿；而大洋岛上的关圣殿，至今仍是香火不断。泗礁岛上现也有关帝殿，供有关帝塑像。每逢过年，嵊泗渔民还喜欢在居宅正室厅堂，供奉关帝画像，并配以条幅。正月初一清早，海岛上家家户户门上恭恭敬敬贴上两幅关公像，表达了渔民企盼关公护佑，顺利太平，招财进宝的愿望。

（四）信仰观音

观音原是印度婆罗门教、印度教象征慈悲善良的善神，佛教传入中国后为满足民间信众需要，经中国化、世俗化为"大慈大悲、救苦救难"的女菩萨。观音菩萨信仰能顺利进入浙江沿海岛屿特别是有"千岛之城"之称的舟山，并最后"岛岛建寺庙，村村有僧尼，处处念弥陀，户户拜观音"，与舟山独特的海岛自然条件有关。

舟山四面悬海，岛民以舟为车，日日与海相伴，有着与大海割不断理还乱的复杂情感。舟山得天独厚的渔业资源，自然地使海洋渔业生产成为古代舟山群岛人群维持生存的最佳手段。人们出入于浩瀚无垠的大海，饱受着大海的惠赐，有着丰收的无比喜悦；也经历大海变化莫测的凶险，承受着种种不幸的痛苦。他们面对着无法理解的大海，迫切希望能有一个超凡的力量来保佑他们的幸福和安宁，于是具有大慈大悲德能的观音菩萨正好符合舟山岛民的殷切期盼。普陀山观世音像与海有着十分密切的联系，如法雨寺九龙殿观音像足踩一条海鱼，称为海岛观音；梵音洞庵观音像与鳌鱼相连，称为鳌鱼观音；紫竹林禅院用缅甸白玉雕成的观音像底座，为海涛波浪状；而新造的露天观音菩萨铜像面视大海，与四周大海日夜相伴。不同的观音佛像寄托着舟山海岛居民祈求平安的愿望，观音信仰因此在当地十分盛行。

浙江还有独特的观音香会。每年农历二月十九观音圣诞日，六月十九观音成道日，九月十九观音出家日，为普陀山三大香期。此三月十八日三大寺例行祝诞普佛和观音法会，晚上数千人在圆通殿内外坐香，齐诵大悲观世音名号。香会期间，各地信众及游客渡海蜂拥而至，显示出观音信仰的海洋特色和巨大影响。

（五）敬仰地方神

1. 舟山民间本土的保护神——羊府大帝

相传清乾隆年间，浙江舟山有位船老大姓羊，他在海上救人无数。相传羊老大死后，被玉帝封为海神、掌管海上的生死。乾隆二十年（1755 年），当地百姓念羊老大生前广积阴德，自发募资为其立祠，在岱衢洋西岸的东沙角铁畈沙小岙山麓建造了羊府宫。羊府宫正面大殿五楹，供奉"羊府大帝"和"娘娘"神位，左右厢房各两间，塑有曹班判官神像；中建戏台一座，戏台前建有山门，上悬书写"海不扬波"的匾额，门外竖旗杆一对。这是东沙现存较为完整的最古老的寺庙之一，被称为舟山的"妈祖庙"。舟山渔民对"羊府大帝"极为敬重，羊府宫长年香火不断。每年渔汛，东海渔民争相来到羊府宫烧香，祈盼海神保佑他们海上作业风平浪静、满载而归。若遇风浪大作、渔船未归之日，渔民家属抱子携女来羊府宫进香，祈求海神降福消灾，保佑其亲人平安归来。

2. 嵊泗的仁慈神——洋山大帝

洋山大帝信仰，起先为舟山嵊泗县小洋山岛民所特有，后过往渔民商人泊舟时，亦往洋山大帝庙祭拜，遂逐步传播开来。洋山大帝信仰，源出南北朝陈后主陈叔宝祯明二年（588年），运粮漕官李讳散粮救岛民而自尽的事迹。岛民为感其救济大德，在岛上立一小庙祀奉，春秋香火不断。至唐贞观年间，又新建洋山大帝庙，迁址小洋岛观音北岗下。之后洋山大帝庙毁于"文革"中,拨乱反正后,岛民又捐款新建洋山大帝庙。庙虽不如原来规模宏大,但也香火颇旺。庙内除供奉洋山大帝塑像,另又增供一尊娘娘像,尊其为"洋山大帝娘娘"。正殿门外另立小庙,内有一泥塑白马,谓之洋山大帝神骑。岛上渔民还精心雕制了各类渔船模型,供于洋山大帝庙正殿两侧,意作洋山大帝出海坐船。到现在,信仰洋山大帝的人们依然很多。据渔民介绍,每年渔汛丰收后,他们总要前去拜祭洋山大帝,送上一些供品,一则聊表谢意,二则祈求再得庇护,出海平安、丰收等。

3. 普陀陈财伯公

陈财伯(原名陈财发),清朝后期福建惠安贫苦渔民,懂天时,识潮流,独驾小舟捕鱼糊口。相传有一天陈财伯出海捕鱼,突遇强风暴,不幸覆舟东极海面,他凭借一身泳技,死里逃生登上荒岛庙子湖。陈财伯为使东海渔民免遭风暴之灾,遂定居荒岛,栖身岩洞,务农糊口,砍伐柴草备作燃料,每当风暴将临,他便在山上燃起大火,指引海上的渔民回港避风。数十年间,获救渔民无数,渔民视之为"神火"。陈财伯去世后,为感谢他的救援恩德和助人为乐、无私奉献的精神,人们尊称其为"财伯公菩萨"或"财伯爷"。财伯公菩萨像所穿的是东海渔民传统的大襟布衫和大裤脚笼裤。他的事迹逐渐演化成"青浜庙子湖,菩萨穿笼裤"的脍炙人口的民间故事,流传四方。至今,陈财伯墓依然还保留得比较完整。

4. 嵊泗船菩萨

据舟山渔民介绍,在渔船后舱,有一个专供船菩萨的"圣堂舱"。圣堂舱内设有神龛,供着船菩萨神像。船菩萨有男也有女,嵊泗的船菩萨以男者居多。船菩萨两侧有两个小木人,一为顺风耳,一为千里眼。这船菩萨是谁,说法不一。一说男的是关云长,因关云长刚烈忠义,为渔民所崇拜,又称"船关老爷"。一说男的是鲁班,因为第一条船是鲁班造的。又有一说,是从定海白泉传过来的,说是捕鱼能手杨甫老大。关于女菩萨,一说是宋朝的寇承女;一说是圣姑娘娘。因为渔民信仰的菩萨有两种:一是讲信义、崇豪侠的;一是聪明机智、捕鱼技术高超的,这与渔民的性格和愿望相一致。

5. 洞头陈十四信俗

陈十四娘娘名"进姑",又名靖姑,福建古田县临水村人。生而聪颖,幼悟玄机。唐代宗大历元年(766年)正月十四日出生,故名陈十四。生前由于除妖护民,催生扶幼,人们膜拜为女神。

洞头全县有12座陈十四庙宇,霓屿太阴宫是洞头县历史最悠久的陈十四庙宇。数百年来,洞头海岛祭祀陈十四娘娘已经形成当地人们的信仰习俗。每年正月十四日陈十四娘娘诞辰之日均有善男信女成群结队前往宫庙祭祀。而霓屿逢60年一届的"太阴圣母陈十四娘娘平安出巡"活动,盛况更是空前。出巡一般定在正月十五左右。出巡队伍300多人,出发时吹起号角,大锣开道,礼炮齐鸣,整个出巡队伍浩浩荡荡,场面十分壮观,所到之处,家家户户像过年过节一般,张灯挂红,燃地火相迎,并选一广场,集中接受缘金,祈求神灵保佑。一届的出巡祭祀活动持续三年,方宣告结束。其出巡路线和持续时间之长,在国内甚为罕见。

从上文可见,现存浙江海岛民间信仰的有关海洋的神灵存在许多不同种类,神灵虽多却不显混乱。从舟山民间海洋宗教信仰的整体情况看,海龙王信仰和妈祖信仰是占主要地位的,且其历史都十分悠久,影响范围及深度都远胜于其他神灵。舟山所属四区民间祭拜情况也可以说明这一点,用来祭拜海龙王的宫殿、龙宫数不胜数,供奉妈祖的庙宇也比比皆是。在龙王生日和妈祖生日等特别的节日则更会举行较为盛大的祭拜活动。当然,浙江沿海神灵信仰也有地域之分,舟山、宁波、台州、温州等地均各有特色。以舟山为例,海龙王信仰和妈祖信仰是当地整体的重要神灵,而其他一些地方神灵则有一定的地域分布,比如羊府大帝信仰主要分布在岱山,关帝和洋山大帝则主要是嵊泗渔民信仰,而对陈财伯公的信仰则主要分布在普陀青浜庙子湖一带,船菩萨虽然分布比较散乱,但是嵊泗的船菩萨却又有自己独特的特点。

海洋民俗信仰具有积极的社会功用,"不仅能唤起整个海洋社会成员的血亲意识,而且使整个家族变得更具有凝聚力,发挥出对海洋社会的整合能力"①。从这种意义上说,海洋民俗信仰不仅是浙江沿海渔民内在的精神杠杆,同时也是我们发展海洋文化、创建和谐社会必不可少的"黏合剂"。

三、浙江渔民的禁忌习俗

民俗学家陈勤建教授指出,中国心意信仰民俗的形成在于先民对生存方式和生活体验正确和不正确的心灵感受,并与根源于原始初民生命一体化的神话思维方式有密切的关系。② 并指出心意信仰民俗大致可分为崇祀、禁忌、兆卜、巫蛊等四大类。以禁忌为例,这是心意信仰民俗中心理的防范性制裁手段或观念,各行各业、生产生活,只要有人活动的区域都有它们的存在。如此看来,渔民的禁忌习俗也正从另一个侧面折射出他们内在的海洋民俗信仰。

海上生涯,颇多艰辛风险,正如一首民谣唱的:"茫茫大海没有边,孤舟无依浪里颠。脚踏船板三分命,七分交给龙王管。"在这种特殊环境中进行生产的渔民,不仅希望鱼虾丰收,满载而归,更把祈求平安吉利作为最大的心愿。为"保平安,图吉利",于是便有了渔船上的诸多禁忌,这些禁忌日久天长就成了渔民们约定俗成的"规矩"。

1. 生活禁忌

渔民上船后,不穿鞋,不洗脸。无论冬天或夏天都穿单裤,春汛时船老大穿长裤,弟兄伙计穿短裤,据此你一眼就可看出谁是船老大了。船上吃饭有固定的座位,不得随便乱坐。菜碗放在正中,各人只能吃自己一边的菜,不能吃对面或两边的菜。船上不可搁腿坐,坐船板不可以把腿垂下。不可在船头小便,两侧小便以船桅为界。不准用大土箕等不干净的东西装鱼,不准用脚踢黄鱼。船与船之间在海上一般不借东西,若非借不可,则先以柴送给对方,俗称"拨红头"。东海渔民还有不进产房之俗,妻子生产,渔民便先把衣服拿出,不然认为这衣服不干净不吉利。

在渔民眼里,外人脚不洗干净不得上船头,妇女则不准去坐船头。开船时不准讲话,更不准问到哪里去和什么时候到等类话。若鱼从岸边跳舱,忌食,要放生;鱼从江心跳舱,可

---

① 张开城:《海洋社会学概论》,北京:海洋出版社,2010 年版。
② 陈勤建:《中国民俗学》,上海:华东师范大学出版社,2007 年版。

食。在日常生活中,渔民的禁忌语也不少。

无论是大海上的渔民,还是江湖上的渔民,都忌说"倒""翻""搁""没有"等词,忌做倒翻的行动。"倒掉"称"卖掉","翻个面"叫"转个堂","搁"称"放","没有"叫"满发"。"扫帚"称"关老爷刀","矮凳"叫"狗儿","碗"称"生存","水"叫"青山"。碗不能倒扣;鱼不能翻身,要从上到下顺着吃;睡觉不准俯卧;筷子不能搁在碗口上;鱼卸完了,不能叫"完了",而要叫"满了",总之忌不吉之语,讨彩头以保平安和丰收。

2. 渔船禁忌

在宁波象山石浦,船上的忌讳确有好多,其中就有吃鱼不能翻身之说。为什么不能翻身呢?意讳"翻船"。渔民出海,要和风浪搏斗,风险巨大,"翻船"是头号的忌讳,渔民们最希望的是船只能平稳归来。同样,在船上饭碗、酒杯、羹匙等餐具也不能翻放;筷子不能搁碗上,讳"船搁浅";吃鱼要先吃鱼头,意为"一帆风顺";剩饭剩菜丢弃到海里,不能说"倒菜",要说"过鲜",忌讳"倒掉";不许吹口哨,讳"招风引浪";不许拍手,讳"两手空空";船到岸时不能说"到了",讳"船倒了"。当然,在海岛,最具特色的还是鱼崇拜中的辟邪行为。如送鱼要成双成对。吃鱼要从鱼头吃到鱼尾,示意捕鱼有头有尾,头尾顺利。

东海渔民出海前,船上之物只准进,不准出。进为得利,出则失利,非常讲究。晚上渔民若误将自己的铺盖或食品递错了船,则不能归还,食物折价为钱,铺盖则返航后再归还。早晨渔船开船时也有一定的讲究。渔家风俗,晨开船如欲转回,不能立即调转船头,须绕路回摇,寓"好人不走回头路"。晨开船如见狗或蛇或鼠在河里和船头游过,野鸭飞过,均视为不吉。

渔船在海上如遇触礁或漏水等海损事故,遇难者要先在船头显要处倒插一把扫帚,然后在桅杆顶上挂起破衣,以示遇难求援。若是晚上则点起火把,敲打面盆铁锅呼救。其他船见求救信号后,须全力援救。当救护船只靠拢遇险船只时,先抛缆救人,后带缆拖船。俗规遇险者跳船或跳礁岛时,要先把鞋子、柴片丢过去,然后人才可以跳上去。

3. 对渔妇的禁忌

在浙江海岛的旧俗中,妇女是不允许登上渔船出海捕捞的。新船下水到出海期间,船主不进妻子产房,连妻子经期也不能入内。祭祀时女性勿拜,祭者均属男性,虔诚肃静。新中国成立后,这种陋习破除。但妇女上渔船至今还是有着一定的禁忌。

东海渔民出海,船上不能坐七男一女,据说这与八仙有关。相传有一次八仙要过海上蓬莱仙岛,铁拐李把自己手中的拐杖变成一艘大龙船供大家乘坐。航船中,大伙一时高兴,韩湘子吹起了萧,曹国舅打起了响板板,张果老敲起了渔鼓,何仙姑和蓝采和唱起了歌曲,吕洞宾舞起了剑,汉钟离则摇着扇子助兴,一时间热闹非凡。没想到这齐奏的仙乐震动了东海龙宫,惊起了龙王的第七个儿子"花龙太子"。他见何仙姑色艺皆绝,就兴风作浪,把她抱入龙宫。七位大仙一见大事不好,便各自举起法宝,一齐杀向龙宫,救出了何仙姑。从此以后,花龙太子便怀恨在心,每见有七男一女同船出海,便要兴风作浪,肇事寻衅。于是东海渔民便有了出海船上不能坐七男一女的禁忌。

船上禁忌习俗形成的原因,主要是人们对自然灾害的畏惧,对平安生产的祈求。但从生产安全和谨慎行事的角度看,这些禁忌也有它积极的一面。随着科学的不断发展,如今海岛全面实现了机械化,大型的渔轮和运输船基本上由原木质船体转变成钢质船体,行船方式和生产技术实现了现代化,因此有些禁忌习俗在逐渐消失。但是,部分历史遗留的语言习俗,至今仍被海岛人所沿用。

有学者指出,民俗的重要性体现在其通过"俗"的研究来理解"民",理解作为民主政体权力根基的普通人;通过"民"的研究来理解"俗"的传承,理解"俗"的传承如何构成国家共同体的文化根基,让社会能够以最经济的方式,也就是依托文化传统发挥作用的方式得到再生产发展。①对浙江海洋民俗信仰研究的作用也正是基于此,通过对浙江海岛居民群体心意民俗信仰的解读,我们可以看到民俗信仰对海洋生产作业、渔民日常生活等的重要影响。从传统的优良习俗中吸取海洋民俗的文明,让海洋民俗的精髓得到有效的传承与发展,以民俗道德规范社会民间,这是依托文化传统发挥社会功用、推动社会发展的最直接的效果。

---

① 刘芝凤:《闽台海洋民俗文化遗产资源分析与评述》,《复旦学报》(社会科学版)2014 年第 3 期。

古代(先秦及汉魏晋)涉海叙事笔记辑释

倪浓水

(浙江海洋学院)

摘要:古代涉海叙事是中国海洋小说的一种特殊形态的表述,它文本短小、不讲究故事的首尾完整和情节的曲折紧张,其"笔记体"性质是相当明显的。本文用"辑释"的形式选辑了先秦及汉魏晋部分涉海笔记小说,包括《山海经》《列子》、东方朔著作、干宝《搜神记》等有关涉海叙事,予以简要评析和介绍,以便一窥古代海洋小说的叙事风格和其内涵价值。

关键词:涉海叙事 辑释 先秦汉魏晋部分

古代涉海叙事是中国海洋小说的一种特殊形态的表述,由于它的存在形态,很多时候都是"丛残"式的,即"非完整性内容的集群",所以不方便称为小说,至多为"笔记小说",或干脆就是"笔记"。明人胡应麟把古人小说分成志怪、传奇、杂录、丛谈、辨订、箴规这样六类,古代涉海叙事的文本既短小又不讲究故事的首尾完整、情节的曲折紧张,其笔记体性质是非常明显的。

笔者认为,中国古代海洋小说审美特征之一便是它的笔记性。[①] 最近几年,为了尽可能完整地把握古代海洋小说整体情况,笔者从各种典籍中辑录了几十篇海洋小说,并将其中一部分予以出版。[②] 后来又断断续续地辑录了一些。这里用"辑释"的形式选择了先秦及汉魏晋部分,予以简要评析和介绍,以便一窥古代海洋小说的叙事风格和其内涵价值。

一、《山海经》里的涉海叙事

《山海经》是中国海洋小说之祖。笔者曾经专门写过一篇《中国古代海洋小说的逻辑起点和原型意义——对〈山海经〉海洋叙事的综合考察》(中国海洋大学学报 2009 年第 1 期),指出了《山海经》对于古代海洋小说在神仙岛屿、人鱼、海洋政治、海洋家园等各方面的母题原型的价值意义。这里,对《山海经》涉及海洋部分的叙事和记载,略加阐释。

---

① 倪浓水:《中国古代海洋小说的发展轨迹及其审美特征》,《广东海洋大学学报》2008 年第 5 期。

② 倪浓水:《中国古代海洋小说选》,北京:海洋出版社,2006 年。

（一）《精卫填海》里的文化隐喻

原文：

又北二百里，曰发鸠之山，其上多柘木。有鸟焉，其状如乌，文首、白喙、赤足，名曰精卫，其鸣自詨。是炎帝之少女名曰女娃，女娃游于东海，溺而不返，故为精卫。常衔西山之木石，以堙于东海。漳水出焉，东流注于河。

释义：

此条出自《山海经》的《北山经》。它不但有故事性，而且还有故事的完整性。可以说它是中国最早的海洋小说文本之一。经历代弘扬和宣传，早已经是家喻户晓，无人不知。如果检索对其的阐释，会惊讶地发现，多少年来一代代人的观点是如此惊人地趋向一致，"执著""矢志不渝"这样的主旨关键词和类似"一只孺弱的小鸟振翅飞翔在波涛汹涌的海面之上，企盼以微木细石填平大海，是何等的悲壮与坚强"的描述性阐释，几乎成为一种历史悠久的共识性思维。

但是，笔者认为，这种共识性思维结论值得怀疑。因为里面有许多疑点至今还没有引起学界的注意，如作为一个复仇故事，为什么选择向"东海"复仇？而复仇所用的木石为什么要大老远地从"西山"运来而不就近取材？精卫的前身女娃为什么恰好是炎帝之女？这种种疑点同时又自然会引发我们思考另外一个问题："精卫填海"的真正寓意究竟是什么？

笔者认为"精卫填海"具有强烈的政治和文化象征意义。

如果将"精卫填海"故事里的"女娃游于东海，溺而不返，故为精卫。常衔西山之木石，以堙于东海"的叙述置于"南北抗争"这样的政治和文化背景下来予以考察，就能明白，这里的"游东海"实际上可以理解为炎帝"巡视东海"，而东海是南方的象征，所以又可以理解为炎帝"巡视南方"；这样"溺于东海"也可理解为"长时间地在南方处理事务最终死于南方"。而这种炎帝死于南方的结局让"北方"极其恼火，女娃"常衔西山之木石，以堙于东海"，正是曲折地表达了这种恼火，又表达了进而对"南方"进行"威慑"的隐秘愿望。

（二）《山海经》中的神仙岛意象

原文：

《大荒东经》："东海之渚中，有神，人面鸟身，珥两黄蛇，践两黄蛇，名曰禺。"

《大荒南经》："南海渚中，有神，人面，珥两青蛇，践两赤蛇，曰不廷胡余。"

《大荒北经》："北海之渚中，有神，人面鸟身，珥两青蛇，践两赤蛇，名曰禺强。"

《海内北经》："列姑射在海河州中。射姑国在海中，属列姑射，西南山环之。"

释义：

这里的东海、南海和北海海神，都属于神。神和仙是不同的。神是神话的创造，而仙是道家的产物。可见"神仙岛屿"最初的主体是神，后来才发展到仙，形成神和仙共存的局面。

《山海经》语境下的海神，不同于后世的海神龙王。龙王生活于海洋深处，活动于水中。而海神则生活在岛屿上。因为"渚"，海中之洲，即是岛屿了。海神的脚下都踏着几条蛇，而要脚踏，是必须站在实地上才能做到的。所以海神虽然是海中之神，却是生活在海中陆地岛屿上的。

106

这就是后来著名的神仙岛意象的源头。其中,起重要推动作用的是《海内北经》中"列姑射",它使我们马上联想到了列子的《列子·黄帝第二》:

列姑射山在海河洲中,山上有神人焉,吸风饮露,不食五谷;心如渊泉,形如处女;不偎不爱,仙圣为之臣;不畏不怒,愿悫为之使;不施不惠,而物自足;不聚不敛,而已无愆。阴阳常调,日月常明,四时常若,风雨常均,字育常时,年谷常丰;而土无札伤,人无夭恶,物无疵厉,鬼无灵响焉。

显然,列子的"姑射山"与《山海经》里的"姑射"群岛或"射姑国"有着一种内在联系,都是属于同一种思维的产物。这里的神仙既没有巫性,也没有图腾气味,它完全是一种文学性和审美性的创造。神仙是虚无缥缈的,海上的岛屿也一直缥缈于海雾的围绕中,因此这两者之间有着内在的相同点。"神"和"仙"就这样不知不觉地被融合在一起;或者说,在海洋叙事中,很多时候,"神"不知不觉地被"仙"取代了。

从此以后,在很长一个时期内,人们就坚定地相信海洋中有神岛,岛上生活着神仙。

(三)《山海经》中的人鱼意象

原文:

《海内北经》:"陵鱼人面手足鱼身,在海中。"

《海外西经》:"龙鱼陵居在其(沃野)北。"

《大荒西经》:"有鱼偏枯,名曰鱼妇,颛顼死即复苏。风道北来,天乃大水泉,蛇乃化为鱼,是为鱼妇。颛顼死即复苏。"

释义:

袁珂先生注译《山海经》,认为"龙、陵声转,陵、人音近",因此陵鱼(龙鱼)即是"人鱼"的意思。[1] 这是没有异议的。但是关于"鱼妇"这段记载的解释,颇有分歧。郭璞注为:"《淮南子》曰:'后稷龙在建木西,其人死复苏,其半为鱼。'盖谓此也。"以某地人死复苏释"颛顼死即复苏",这种解释,正如有人所指出,以神话释神话、以怪诞释怪诞,等于没有释读,其结果仍然怪奥。现代也有多种观点。袁珂先生认为,"据经文之意,鱼妇当即颛顼之所化。其所以称为'鱼妇'者,或以其因风起泉涌,蛇化为鱼之机,得鱼与之合体而复苏,半体仍为人躯,半体已化为鱼,故称'鱼妇'也。"[2]陆思贤先生说:"颛顼为'鱼妇',是人格化的鱼神。所谓'死即复苏',是指水生动物冬眠的习性,也称'冬死夏生'。"[3]几年后他又作了更详细的解释:"这是一则冬去春来,先民们举行春社活动的神话。颛顼在古神话中是北方天帝,冬至日的太阳神,'颛顼死即复苏',意为使万物死亡的冬天即将过去,恢复生命复苏的春天也要来到了。'有鱼偏枯,名曰鱼妇',是记载冬眠中的鱼类,因身体被冻得僵硬而呈'偏枯'状,但母鱼的肚子里仍满怀着鱼子,等待春天来到时产卵化小鱼,故称'鱼妇',也即鱼妈妈……"[4]

---

① 袁珂:《山海经全译》,贵阳:贵州人民出版社,1991年12月版,第260页。

② 袁珂:《山海经全译》,贵阳:贵州人民出版社,1991年12月版,第310页。

③ 陆思贤:《神话考古》,北京:文物出版社,1995年,第65页。

④ 陆思贤、李迪:《天文考古通论》,北京:紫禁城出版社,2000年11月第1版,第171页。

笔者认为整段文字由"有鱼偏枯,名曰鱼妇。风道北来,天乃大水泉,蛇乃化为鱼,是为鱼妇"和"颛顼死即复苏"这样两部分组成。显然,从文意上来看,"颛顼死即复苏"为一种插入性叙述,可能是文本整理时的一种误植,也可能是一句赘文或闲文。袁珂先生等人将"颛顼死即复苏"作了各种解释,当然都有道理,但是他们想到这一句话在整段文字里是独立的,它并不与其他内容发生联系,也不存在什么逻辑联系,硬要放在一起解释,实在是很困难的。

正因为"颛顼死即复苏"是独立的插入,所以笔者认为对于这里的"有鱼偏枯,名曰鱼妇。风道北来,天乃大水泉,蛇乃化为鱼,是为鱼妇"的描述,也应该作排除"颛顼死即复苏"后的独立的理解。

笔者认为这里的"鱼妇"是对"海上人风情"的隐晦描述。请注意其中的两个关键词"水"和"蛇",它们都是与"风情"有关的特定性话语符号。也就是说,"人鱼"形象开始和性、生殖有了关系。这种"人鱼"形象是对以前或当时的现实生活文化的一种文学化反映。因为早在西安半坡和临潼姜寨出土的仰韶文化彩陶盆上,就有寓意性和生殖的"人鱼图"出现,而且这种"人鱼文化"的影响甚至延及当代的民间剪纸艺术中,仍然将它当作传统的图案。

源于《山海经》的人鱼意象,后来成了古代海洋叙事的一种系列。晋张华《博物志》里的"鲛人"、宋聂田《徂异记》里的"人鱼"、明冯梦龙《情史》中的"人鱼"形象、清沈起凤《谐铎》里的"人鱼"形象和清王椷《秋灯丛话》里的"人鱼"形象,都是这种系列里的代表性作品。

(四)《山海经》中的"大人堂"和"君子国"

原文:

《海内北经》:"蓬莱山在海中,大人之市在海中。"

《大荒东经》:"有波谷山者,有大人之国。有大人之市,名曰大人之堂。有一大人踆其上,张其两臂。有小人国,名靖人。"

《大荒北经》也有记载:"有人名曰大人。有大人之国,釐姓,黍食。"

释文:

《大荒东经》的这段记载是非常重要的,因为首先,它告诉我们"大人之市"的"市"并非是"市场"的意思,而是指"堂室";其次,由"堂"而"国",自"大人之市"而"大人之堂",最终为"大人之国";再次,为了说明什么是"大人",特地加了一句"有小人国,名靖人","靖人"即小人,郭璞注《山海经》:"《诗·含神雾》曰:'东北极有人长九寸',殆谓此小人也。"这个"小人"是为了与"大人"进行形体对比而出现在这里的。可见无论是"大人之市"还是"大人之国"的"大人",都与《海外东经》里"大人国"中的"大人"一样,都是"巨人"的意思。

《大荒北经》记载里的"大人",考其语意,也当是"巨人"的意思。

这种海洋上的大人(巨人)意象似乎有着全球性的存在。希腊神话"奥德赛"里英雄俄底修斯遇到的独眼巨人,也是在海岛上遇见的。

二、《列子》里的海洋想象

列子,名寇,又名御寇(又称"圄寇""国寇"),相传是战国前期的道家,郑国人,与郑缪公同时。其学本于黄帝老子,主张清静无为。后汉班固《艺文志》"道家"部分录有《列子》八卷,早已散失。今本《列子》八篇,内容多为民间故事、寓言和神话传说,学界普遍倾向于认为是东晋人搜集有关的古代资料,托名列子而编成。

《列子》的著者身份和成书时代虽然存疑,但是比较于《山海经》,从文学叙事角度而言,它情节的丰富性、结构的完整性和思想的寓言性,无疑是有了充分发展的。这里选录的三则文字,都与海洋有关,证明古人对海洋认识有进一步的提高。

(一)列姑射山神人

原文:

列姑射山在海河洲中,山上有神人焉,吸风饮露,不食五谷;心如渊泉,形如处女;不偎不爱,仙圣为之臣;不畏不怒,愿悫为之使;不施不惠,而物自足;不聚不敛,而已无愆。阴阳常调,日月常明,四时常若,风雨常均,字育常时,年谷常丰;而土无札伤,人无夭恶,物无疵厉,鬼无灵响焉。

释义:

此条出自《列子》的《黄帝第二》,题目是笔者加的。《列姑射山》的内容显然源于《山海经》,因为《山海经》的《海内北经》有记载:"列姑射在海河州中。"又记:"射姑国在海中,属列姑射,西南山环之。"与《庄子》也有某种内在联系。庄子《逍遥游》:"藐姑射之山,有神人居焉。肌肤若冰雪,淖约若处子,不食五谷,吸风饮露,乘云气,御飞龙,而游乎四海之外。"但是其中由神山而神人再进而为神人形象,却是中国古代海洋小说人物形象之廊构建中第一个被刻意塑造的"海上人"形象,而且这个形象还被赋予了孔孟君子式的狂者品质,同时又带有老庄式的逸者精神,因此是一个具有深刻寓意的成功的美学符号。

(二)"好沤鸟者"

原文:

海上之人有好沤鸟者,每旦之海上,从沤鸟游,沤鸟之至者百住而不止。其父曰:"吾闻沤鸟皆从汝游,汝取来,吾玩之。"明日之海上,沤鸟舞而不下也。故曰:至言去言,至为无为;齐智之所知,则浅矣。

释义:

此条出自《列子》的《黄帝第二》,题目也是笔者所加。沤通"鸥",即海鸥。"好沤鸟者"叙写的是一个爱好海鸥人的故事。

(三)"渤海五山"

原文:

汤又问:"物有巨细乎? 有修短乎? 有同异乎?"革曰:"渤海之东不知几亿万里,有大壑

109

焉,实惟无底之谷,其下无底,名曰归墟。八纮九野之水,天汉之流,莫不注之,而无增无减焉。其中有五山(3)焉:一曰岱舆,二曰员峤,三曰方壶,四曰瀛洲,五曰蓬莱。其山下周旋三万里,其顶平处九千里。山之中间相去七万里,以为邻居焉。其上台观皆金玉,其上禽兽皆纯缟。珠玕之树皆丛生,华实皆有滋味,食之皆不老不死。所居之人皆仙圣之种;一日一夕飞相往来者,不可数焉。而五山之根无所连著,常随潮波上下往还,不得暂峙焉。仙圣毒之,诉之于帝。帝恐流于西极,失群仙圣之居,乃命禺强使巨鳌十五举首而戴之迭为三番,六万岁一交焉。五山始峙而不动。而龙伯之国有大人,举足不盈数步而暨五山之所,一钓而连六鳌,合负而趣,归其国,灼其骨以数焉。员峤二山流于北极,沈于大海,仙圣之播迁者巨亿计。"

释义:

此条出自《汤问第五》,题目也是笔者所加。文中的"革"指夏革,为《列子》中虚拟的一个殷汤时代的智者。在《汤问第五》中,殷汤向夏革曰询问"古初有物"之巨细、有修短和同异,夏革为他描述了海外五座神山的情形。

《史记·封禅书》:"自威、宣、燕昭使人入海求蓬莱、方丈、瀛洲。此三神山者,其传在勃海中,去人不远;患且至,则船风引而去。盖尝有至者,诸仙人及不死之药皆在焉。其物禽兽尽白,而黄金银为宫阙。未至,望之如云;及到,三神山反居水下。临之,风辄引去,终莫能至云。"可见《列子》的五座神仙山说,在西汉前后或已经是广为传播,或这种说法在当时本身就是一种普遍流传的观点。

三、汉东方朔的海洋叙事

《神异经》和下面的《海内十洲记》,东方朔的作者资格不被后人承认。因《汉书·艺文志》杂家类所列《东方朔》二十篇,未见此书。《四库提要》认为《神异经》"词华褥丽,格近齐梁,当由六朝文士影撰而成",是六朝人的伪托。但是如果撇开作者问题,聚焦文本本身,那么从海洋文学的角度来说,《神异经》和《海内十洲记》都是很有价值的早期古人对于海洋的想象,并且对于海洋神仙岛屿类型的叙事,有很大的推动意义。

(一)焦炎山

原文:

东海之外,荒海中有山。焦炎而峙,高深莫测。盖禀至阳之为质也。海中激浪投其上,噏然而尽,计其昼夜,噏摄无极,若熬鼎受其洒其汁耳。

释义:

此条出自托名为东方朔著的《神异经》。《焦炎山》属于《山海经》创建的"海上奇山"系列。"焦"和"炎"都是焦土炎热的意思。"荒海"指远古海洋。《焦炎山》说在遥远旷古的海洋中,有两个岛屿并峙而立。这是两座非常炽热的岛屿,这种热并不是焚烧造成的,而是"至阳之质"的外露,所以显得"高深莫测"。日日夜夜无数的海浪击打上去,都被完全吸收,并发出吱吱的声音,好像冷水浇在烧红了的铁鼎一样。《西游记》和其他故事中的火焰山,是否受此启发?

稍后的晋的郭璞,在《玄中记》中也有一条类似故事:"天下之强者,东海之沃焦焉;水灌之而不已。沃焦者,山名也。在东海南,方三万里,海水灌之而即消,故水东南流而不盈也。"这是笔者从陈文新《文言小说审美发展史》(武汉大学出版社 2002 年 10 月)中看到的。陈文新在书中引述了近人叶德辉《辑郭氏玄中记序》对《玄中记》的评价:"恢奇瑰丽,仿佛《山海》《十洲》诸书。"他对"沃焦山"的描述的确是"恢奇瑰丽"。但显然是对《神异经·焦炎山》的仿写。然而结尾那句"故水东南流而不盈也",既无科学依据,也少美学色彩,实属于画蛇添足。

(二)鹄国人

原文:

西海之外,有鹄国焉。男女皆长七寸。为人自然有礼。好经伦拜跪。其人皆寿三百岁。其行如飞,日行千里,百物不感犯之,唯有畏海鹄。亦寿三百岁。此人在鹄腹中部死,而鹄举千里。

释义:

此条也见东方朔《神异经》。中国海洋神话和传说中,生活在海洋中的人,既有体型极大的巨人、大人,也有极小的小人。本故事的鹄国人,即是后者。但是这些鹄国人,个子虽小,却极有素养。"为人自然有礼,好经伦拜跪",竟然是一个高度文明的文化空间。而且长寿达三百年,还能"其行如飞,日行千里"。他们什么都不怕,只怕鹄。鹄即天鹅。他们所在的国家就叫鹄国。鹄国人怎么会怕鹄呢?原来这个鹄是"海鹄"。海鹄是什么?没有听说天鹅还分陆上天鹅、海上天鹅的。所以笔者认为这里的"海鹄"不是指天鹅,而是指海上的一种大鸟、一种凶鸟和神鸟。它也长寿达三百年,而且喜欢吃鹄国人。吃下人后,居然还能再飞千里。如果鹄国人是一种海上文明代表的话,那么这种海鹄,则绝对是摧残文明的海上邪恶力量的代表了。

唐人李冗《独异志》卷上也转录有此条,但文字有异:"《神异经》有李子昂,长七寸,日行千里,一旦被海鹄所吞,居鹄腹中,三年不死。"

(三)海童白马

原文:

西海有神童,乘白马,出则天下大水。

释义:

这条笔记也是来自于托名东方朔的《神异经》,转引自梁萧统《文选》卷五《京都下·吴都赋》李善的一个注。题目是笔者加的。《山海经》创造了四海的海神,不过《山海经》版的海神形象比较野性,身上缠满了蛇,一点儿也不佳。但是这个故事的海神很不一样,一者他以儿童形象出现,二者他骑白马。传统上,白马往往是与翩翩俊郎联系在一起的。因此这个"白马海童",可以说是所有海神形象中最美的一个。

然而无论其如何俊美,"威力"仍然是他最核心的构成。所以他不动则已,一动"则天下大水"。李白《横江词》:"海神来过恶风回,浪打天门石壁开。"海神的威力来自于水,而水(雨)必然与风有关,裹风挟雨,昏天黑地,正是海神行动的写照。尤其是当后世将海神具体为龙王的时候,这种与风雨大水的关系,就更紧密了。

四、北魏郦道元《水经注·濡水》里的海神

北魏郦道元是一个地理学家,他的《水经注》是科学的水利考察专著,可是就是在这样一部严谨的学术著作里,却有关于海洋的想象性描述,这是很有意思的。

原文:

始皇于海中作石桥,非人工所建,海神为之竖柱。始皇感其惠,通敬其神,求于相见。海神答曰:"笔者形丑,莫图笔者形,当与帝会。"乃从石塘上入海三十余里相见,左右莫动手,巧人潜以脚画其状。神怒曰:"帝负笔者约,速去!"始皇转马还,前脚犹立,后脚随崩,仅得登岸,画者溺于海。

释义:

此条出自北魏郦道元《水经注》卷十四,但一般都转引自《三齐略记》。其实它又可从唐欧阳询等《艺文类聚》,卷七十九"灵异部"中见到。这又是一则有关海神的故事。在《山海经》中,无论是北海、东海、南海,还是西海海神,形象都很原始、野性,还有点丑陋。但在干宝《搜神记》里的"东海君",已经很有文明相了。可是本篇故事中的海神却自称"笔者形丑",可见它还未转化为"人格神",似乎还停留在《山海经》时代。

故事描述"人"对"海神"的欺骗,最终遭到无情的报复。内容在整个古代海洋叙事中非常罕见。

秦始皇是一个与海洋有较多联系的帝王,本故事也将他拉入其中。说秦始皇在海中建起了一座石桥,工程浩大而复杂,非人工所能,原来是海神帮助竖起桥墩。从这几句叙述来看,这个故事还是有一定的事实根据的。据《史记》记载,公元前219年、公元前210年秦始皇曾两次驾临胶东半岛最东端的海角成山头,拜祭日主、修长桥、求寻长生不老之药,留下了"秦桥遗迹""秦代立石""射鲛台"、秦丞相李斯手书"天尽头秦东门"等历史遗迹和人文景观。至今还留有中国唯一的一座"始皇庙"。其中关于修长桥,就演绎出这个《濡水》故事。为了表示对海神的感谢,秦始皇请求与海神在桥上见面。海神答应相见,但提出条件,见面时不许画像。好像当今约定见面时不许录像拍照一样。可是秦始皇不守信用,派画师潜伏桥下偷画海神。海神恨始皇负约,转身离去,同时海桥也顷刻倒塌了。秦始皇骑马逃得快,而画师则一命呜呼。

这个故事的风格应该属于民间故事而非文人创作。海神说自己相貌难看,秦始皇派画师偷画,等等,都具有鲜明的民间叙述色彩。

五、晋干宝《搜神记》里的海洋叙述

东晋干宝的《搜神记》,《隋书》录为三十卷,唐后多有亡佚,现存二十卷,系后人从《法苑珠林》《太平御览》等书中辑集而成。

《搜神记》的资料主要来自三个方面:一为辑集于前人所载,其中约有二百余则故事见于干宝以前的志怪书籍和其他典籍;二为搜集流传于民间的传说故事;三为根据"采访近世

之事"编撰成篇。故无论是从内容、题材的广泛性,还是从艺术的成熟性来看,《搜神记》可谓是志怪小说的代表作。它保存了大量的古代神话、民间传说和历史传闻逸事,是一部全面展示民间想象力的佳作。

其中关于海洋方面的想象,《搜神记》一改以往同类题材中的绚丽多姿,而渐渐地走向海洋社会的生活化。这说明了中国古代海洋叙事的变化开始有了新的趋势。

(一)数见大鱼

原文:

帝鸿嘉四年秋,雨鱼于信都,长五寸以下。至永始元年春,北海出大鱼,长六丈,高一丈,四枚。哀帝建平三年,东莱平度出大鱼,长八丈,高一丈一尺,七枚。皆死。灵帝熹平二年,东莱海出大鱼二枚,长八九丈,高二丈余。京房易传曰:"海数见巨鱼,邪人进,贤人疏。"

释义:

《数见大鱼》故事见《搜神记》。题目是笔者加的。

《数见大鱼》说的是"大鱼"故事。自《山海经》开始,中国的海洋小说中一直有一种"大鱼系列"。《海内北经》说,"大鳙居海中"。《说文》:"鳙,鳊也。"此为"大鱼故事"之滥觞。《庄子·逍遥游》中的"北冥有鱼,其名曰鲲。鲲之大,不知其几千里也"的"鲲鱼",虽为一种寓言性质,体现的其实也是"大鱼"思维。《搜神记》里还有另一篇"大鱼故事":"古巢,一日江水暴涨,寻复故道,港有巨鱼,重万斤,三日乃死,合郡皆食之。一老姥独不食。忽有老叟曰:'此吾子也。不幸罹此祸,汝独不食,吾厚报汝。若东门石龟目赤,城当陷。'姥日往视。有稚子讶之,姥以实告。稚子欺之,以朱傅龟目;姥见,急出城。有青衣童子曰:'吾龙之子。'乃引姥登山,而城陷为湖。"虽然说的在古巢国境内(今安徽巢县一带)内湖形成的故事,与海洋有距离,可是那条"重万斤"的鱼,显然也是属于"大鱼系列"的。

但是本条故事的"大鱼"意象,除了继承传统的"很大的鱼"的意思外,还另有政治寓意。它将大鱼出现的现象"处理"成一种"政治预兆"。所以它将每次大鱼出现都与某一个政治年份挂钩,而在结尾得出"海数见巨鱼,邪人进,贤人疏"的结论。

这正是《搜神记》的思维特色之一。《搜神记》习惯于将奇异之事当作一种事实论据来使用。它另有一则与海洋有关的笔记,遵循的也是这样的思维形式。其卷二十一:

"千岁之雉,入海为蜃;百年之雀,入海为蛤;千岁龟鼋,能与人语;千岁之狐,起为美女;千岁之蛇,断而复续;百年之鼠,而能相卜:数之至也。"

整则笔记就是为了证实"数之至也",前面所举都是论据。当然这里主要是从海洋文化的角度,寻找其海洋因素。这里的"千岁之雉,入海为蜃;百年之雀,入海为蛤",便是与海洋有关的。如果寻找渊源,它显然来自于《国语·晋语》中的"雀入海为蛤,雉入海为蜃",后终成"海市蜃楼"的瑰丽景象。

(二)东海君

原文:

陈节访诸神,东海君以织成青襦一领遗之。

释义:

此条也出自干宝的《搜神记》。题目也为笔者所加。陈节何许人？已不可考，也无须考了。它说的是东海海神的故事。关于东海海神，《山海经·大荒东经》说他"人面鸟身，珥两黄蛇，践两黄蛇，名曰禺虢"。样子十分古怪。但是这里的"东海君"，却已经"进化"得非常文明。"襦"为短衣短袄，"青襦"即青色的短衣短袄。其意思接近或类似于"青衫"。但这里的"青衫"，并非喻指"失意"，如唐白居易《琵琶引》"座中泣下谁最多？江州司马青衫湿"、宋王安石《杜甫画像》诗"青衫老更斥，饿走半九州"这样的诗句所描述；也并非指"文官八品、九品服以青"这样的官位低微，这两种意思主要出现在唐及以后。东晋时候的"青衫"，大多指学子所穿之服，也泛指学子、书生。本故事的这件"青衫"，是东海海神所赠送，从语境上分析，不可能指"失意"的、"低微"的人穿的衣服。而当是指"书生（学子）之服"。而且这还不是一般的用布做的青衫，而是海神用"织"做的。"织"为丝织物，在海洋文化中，特指"鲛绡"。是非常名贵的。南朝人任昉的《述异志》曾有记载："南海出绞纱，泉室（指鲛人）潜织。名龙纱，其价百余金，以为服，入水不濡。"

所以这个故事，一方面写出了"东海君"的慷慨大方；另一方面也承袭了海洋里充满了宝物这样的传统海洋观念。

而一个"君"字，又使东海海神具有了人性。《搜神记》里出现的一些海中生物，往往具有"人性"。除了东海君，还有卷十二的"鲛人"，其每天"不费织绩"，俨然是一个勤勉的劳动者形象。再另有卷十三的《长卿蟹》："蟛越，蟹也。尝通梦于人，自称'长卿'。今临海人多以'长卿'呼之。"这里的"临海人"当是指濒临海洋的人，而非特指今浙江临海。在东海沿海一带，有一种生活在海边礁石海泥中的螃蟹，体型庞大，壳硬，呈青色，当地人叫它们为青蟹，笔者怀疑准确的称呼应该就是"卿蟹"，根据就是这则《长卿蟹》。它能向人托梦，可见也是通人性的。

六、晋王嘉《拾遗记》里的海洋叙述

王嘉《拾遗记》有许多涉海叙述，不但蓬莱、方丈、流洲诸神岛多有记，另外还有对海中之国、沿海之邦的记载和描述。

（一）沦波舟

原文：

始皇好神仙之事，有宛渠之民，乘螺舟至。舟形似螺，沉行海底，而水不浸入，一名沦波舟。其国人长十丈，编鸟兽之毛以蔽形。始皇与之语，及天地初开之时，了如亲睹。

释义：

此条出自晋王嘉《拾遗记》，题目是笔者加的。《沦波舟》则可称得上是中国古代最早的一篇科幻小说。"宛渠国"的"人"乘坐"螺舟"，在海底来去自如；他们都身长十丈，与《山海经》里记载的"大人"差不多，可见不是凡人，况且开天辟地之事，都能"了如亲睹"，更应该是属于"海上神仙"一类的。

（二）西海之槎

原文：

尧登位三十年，有巨查（槎）浮于西海。查上有光，夜明昼灭。海人望其光，乍大乍小，若星月之出入矣。查常浮绕四海，十二年一周天，周而复始，名曰贯月查，亦谓挂星查。羽人栖息其上，群仙含露，以漱日月之光，则如暝矣。虞、夏之季，不复记其出没。游海之人，犹传其神仙矣。

释义：

此条出自《拾遗记》，题目也是笔者加的。这则故事最引人关注的是它第一次运用"神仙"一词。以前都是"神人""仙圣"等描述之。可见到了汉魏时期，"岛屿—神仙"叙事已经成熟和定型，那就是遥远的海上岛屿＋神仙＋珍宝。这里，岛屿、神仙和珍宝三个元素缺一不可。

（三）含涂国

原文：

含涂国贡其珍怪，其使云："去王都七万里。鸟兽皆能言语。鸡犬死者，埋之不朽。经历数世，其家人游于山阿海滨，地中闻鸡犬鸣吠。主乃掘取还家养之。毛羽虽脱落，更生，久乃悦泽。"

释义：

此条出自《拾遗记》。笔者从李剑国《唐前志怪小说史》（南开大学出版社，1984年）转辑，题目也为笔者所加。本篇记含涂国珍怪故事。这个"去王都七万里"的海洋国家，不但其人非常长寿，可以"经历数世"，而且其上的鸟兽都会开口说话。更奇的鸡和犬，就算死了数百年，也能复活。"毛羽虽脱落，更生，久乃悦泽"，故事还能注意细节描述，将奇幻当作真事来写，反映了当时人对"奇异海洋"的崇敬态度。

七、晋张华《博物志》里的海洋叙事

张华《博物志》十卷，原书已经散佚，今本系后人搜辑成篇，又杂以他记以附益之。记有山川地理、飞禽走兽、人物传记、奇异的草木虫鱼以及奇特怪诞的神仙故事，包括神话、古史、博物等内容。明显受《山海经》的影响。他自己也在"前言"中说："余视《山海经》及《禹贡》《尔雅》《说文》、地志，虽曰悉备，各有所不载者，作略说。"承认是模仿《山海经》等而写成。

（一）浮槎去来

原文：

旧说云天河与海通。近世有人居海渚者，年年八月浮槎去来，不失期。人有奇志，立飞阁于查（槎）上，多赍粮，乘槎而去。十余日中犹器观星月日辰，自后茫茫忽忽，亦不觉昼夜。去十余日，奄至一处，有城郭状，屋舍甚严。遥望宫中多织女，见一丈夫牵牛，渚次饮之。牵牛人乃惊曰："何由至此？"此人俱说来意，并问此是何处。答曰："君还至蜀都，访严君平则知之。"竟不上岸，因还如期。后至蜀，问君平，曰："某年月日有客犯牵牛宿。"计年月，正是此人到天河也。

释义：

此条出自晋人张华《博物志》的"卷之十"《杂说下》，题目为笔者所加。

这篇关于"浮槎去来"的神话，充满了与海洋有关的神思遐想。唐李冗《独异志》卷上第二条也转录了此条，但文字有所不同："海若居海岛，每至八月，即有流槎过，如是累年不失期。其人赍粮乘槎而往。及至一处，见有饮牛于河，又见织女，问其处，饮牛之父曰：'课归问蜀严君平，当知之。'其人归，诣君平，君平曰：'某年月日，有客星犯斗牛，计时即汝也。'其人乃知随流槎至天津。"

（二）海浮国

原文：

有一国亦在海中，纯女无男。又说得一布衣，从海浮出，其身如中国人衣，两袖长二丈。又得一破船，随波出在海岸边，有一人项中复有面，生得，与语不相通，不食而死。其地皆在沃沮东大海中。

释义：

此条出自张华《博物志》卷之二"外国"条。自《山海经》以来，对于海洋社会有种种想象。此条记载了三个"海洋国家"的想象。比较有意思的是"海上女儿国"。这个国家处于"海中"，整个国家"纯女无男"。关于"海上女儿国"，《山海经》《后汉书》《三国志》《梁书》和《异域志》都有海上女儿国的记述。

《山海经·海外西经》："巫咸国在女丑北，……女子国在巫咸北，两女子居，水周之。"郭璞注曰："有黄池，妇人入浴，出即怀妊矣。若生男子，三岁辄死。"

《山海经·大荒西经》："大荒之中……有女子之国。"

《三国志·魏书·东夷传》："有一国亦在海中，纯妇无男。"

《后汉书·东夷传》："海中有女国，无男人。或传其国有神井，窥之辄生子云。"

《梁书·东夷传》："扶桑东千余里有女国，容貌端正，色甚洁白，身体有毛，长发委地。至二三月，竟入水则妊娠，六七月则产子。"

《异域志·女人国》："其国乃纯阴之地，在东南海上，水流数年一泛，莲开长丈许，桃核长二尺。若有船舟漂落其国，群妇携以归，无不死者。有一智者，夜盗船得去，遂传其事。女人遇南风，裸形感风而生。"

上述有关海上女儿国的传说，都反映了先人对海洋的一种神奇想象和向往。到了宋以后，随着航海业的发展，对海洋的了解日益深入，像海上女儿国这样的传说照理应该自动消失才是，但是事实却是，在中国和东南亚沿海一带，宋朝以后仍然有女儿国的传说记载。如南宋周去非，这个生长在海边的浙东永嘉（今浙江温州）人，对海洋自然比较熟悉，可是在他的《岭外代答》中，仍然有"东南海上诸杂国"这样的文学想象性记载："又东南有女人国……其国女人，遇南风盛发，裸而感风，咸生女也"这样的记载说明，女儿国故事产生的原因并非仅仅是缺乏对海洋世界了解的文学想象，也许有一定的事实依据，否则不会这样代代流传。这种事实就是，由于海上生活（航海和捕鱼等）比起陆上生活更具有风险，死亡事故也更频繁,也由于兵灾等原因,海上和沿海村落有许多孀居的女人,渐渐形成了女多男少的人员格局,有一些竟然成了"寡妇村""女人岛"。它们应该是"女儿国"传说的现实背景。

（三）鲛人

原文：

南海外有鲛人,水居如鱼,不废织绩,其眼能泣珠。

释义：

此条《博物志》卷之二"外国"条。另外王粹刚、李伟实选编《明清文言小说选》（河南人民出版社,1981年,第396页《鲛奴》注释"鲛人条"中）,还引有一则"鲛人从水出,寓人家积日,卖绡将去,从主人索一器,泣而成珠满盘,以与主人。"据说也出自张华的《博物志》,但现在能看到的《博物志》无此条。可见由于原书散佚,的确有一些内容散存于他书之中了。

这两则《鲛人》一则,虽然语言过分精练,只有寥寥几句,却是中国古代海洋小说中所出现的"鱼人"形象（最先出现在《山海经》中）的进一步丰富和补充,其故事已经具有一定的完整性。

以产业集群思维发展浙江海洋影视基地

诸葛达维　张雪源　郑晓婕

(浙江大学传媒与国际文化学院)

摘要: 党的十八大提出了"建设海洋强国"的战略目标,这不仅为海洋时代的中国经济、政治发展指明了方向,而且对文化建设和文化产业发展也具有重要的指导意义。海洋影视基地集群作为传统海洋影视基地转型升级的新业态是文化体制机制创新与区域协同创新发展的新课题,也是贯彻落实"海洋强国战略"与"文化强国战略"的重要举措。本文在分析浙江现有海洋影视基地的基础上,以产业集群思维对建设浙江海洋影视基地集群的意义及可能性进行分析,提出构建浙江海洋影视基地集群的相关对策建议。

关键词: 海洋　影视产业　产业集群　浙江

党的十八大提出了"建设海洋强国"战略的目标,这不仅为海洋时代的中国经济、政治发展指明了方向,而且对文化建设和文化产业发展也具有重要的指导意义。海洋影视产业作为海洋文化产业的重要组成部分,是海洋经济与文化建设的重要内容,也是浙江沿海影视基地转型升级发展的特色方向。因此,梳理浙江沿海影视基地发展现状,分析各地海洋影视基地的优势特色,对浙江省沿海影视基地进一步发展具有参考价值。

本文在分析浙江沿海影视基地的现状基础上,对建设浙江海洋影视基地集群的意义及可能性进行分析,提出建设浙江海洋影视基地集群的相关建议。

一、产业集群

产业集群的概念来自于迈克尔·波特的新竞争经济学。他在 2002 年出版的《国家竞争优势》(*the Competitive Advantage of Nations*)一书中将"产业集群"描述为:在某特定领域中,一群在地理上邻近、有交互关联性的企业和相关法人机构,并以彼此的共通性和互补性相联结。产业集群内不仅包括该区域内参与分工协作的各个企业,而且还包括各机构间与制度环境,如企业、政府、行业公会、咨询机构等辅助性组织机构。

产业集群概念的提出为传统的文化产业转变发展方式,实现转型升级提供了新的思路。2002 年德国学者 Claus Steinle 和 Holger Schiele 在前人研究的基础上总结出来了产业集群形成的必要条件与充分条件(见图 1)。其中,必要条件包括:①流程可分性(divisibility of process)。产品的生产流程可以分割为若干个生产工序;②产品可运性(transportability of product)。中间产品和最终产品的运输较为便利。充分条件则包括:①长价值链(long value - chain);②多样化竞争(diversity of competeneies);③网络创新(network - innovations);④市场易变化性(market volatility)。

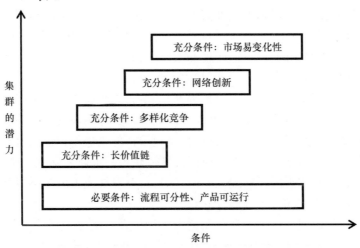

图1 产业集群形成的必要条件与充分条件

(资料资源:Claus Steinle、Holger Sehiele(2002),when do industries cluster? Research Policy 31)

根据以上模型进行分析,影视文化产业具备产业集群发展的条件。首先,影视剧作品的生产过程是具有可分性,且拥有较长的价值链。一部电影或电视剧生产需要经过剧本创作、投资、拍摄、后期、发行、播映等多个环节,每个环节需要由不同专业分工的人员来共同完成。其次,影视剧作品具有便捷的可运输性。电影、电视节目等可以通过电波、电缆、云技术等无线传输设备进行快捷的时空传播;再加上影视剧作品传播的是符号,其中蕴含的可增值的符号价值可以忽略其物理载体传输中的一般运输成本。再次,影视产业是创意产业,其影视作品生产过程融入了创意创新元素,使得影视剧作品具有多样化的竞争优势。并且,好的创意产生需要流畅的信息交流和良好的创意人员交互网络。最后,大众的审美趣味与政策环境对影视剧生产制作影响明显等说明了影视产业面对的市场是易变性的市场。综上所述,影视产业自身的特点和所处的环境表明影视产业基地符合产业集群形成的充分条件与必要条件,具有很高的集群倾向和需求。

在现实中,影视产业在全球的发展也形成多个中心的集群态势,而影视基地的形成与发展过程就是资源和经济要素集中配置的过程。好莱坞是世界电影的主要输出地,美国影视产业主要集中在以好莱坞为中心的洛杉矶以及纽约。印度电影产量领跑世界,印度的宝莱坞年产电影1000部,约为美国好莱坞的两倍。伦敦是欧洲的文化中心,英国70%的电影电视生产位于伦敦。巴黎是法国的文化产业中心,法国大约85%的电影公司都集中在巴黎。东京制作的电视节目大约占全日本的90%。纵观这些世界级的影视基地,我们不难发现,它们大都具有集群发展倾向,并且大多数影视基地都位于沿海城市。这对我国发展海洋影视基地,建设影视基地集群具有重要的参考价值。

二、浙江沿海影视基地的发展现状

海洋影视基地是指那些沿海的或涉海的影视基地,其区别于内陆影视基地的一大特点就是靠近海洋,处于海洋城市,具有海洋赋予它们的独特优势。世界著名的影视产业聚集区大多位于沿海地区,如美国的好莱坞、印度的宝莱坞;世界著名电影节举办地也大多选择沿海城市,如法国的戛纳、意大利的威尼斯、日本的东京、美国的好莱坞等。

以世界电影中心好莱坞为例,其成为电影中心的最初原因在于其得天独厚的海陆自然条件。好莱坞地处太平洋西海岸,这里不仅有阳光、沙滩、棕榈等海洋风貌,而且有形态各异的山峦与自然空地,光照充足、气候宜人,适合搭建影视外景进行影视拍摄与制作。

自20世纪末以来,浙江陆续在沿海地区发展兴建了一批影视基地。这些影视基地与内陆的影视基地相比具有靠近海洋的地理区位优势,具有发展成为海洋影视基地,进而形成浙江海洋影视基地产业集群的合力优势。

浙江现有的海洋影视基地主要分布在杭州湾沿岸及东海之滨的主要海洋城市,具体包括:以海洋影视科研合作为优势的嘉兴—杭州海洋影视产业基地群、以滨海风光与外景拍摄为优势的宁波—舟山海洋影视产业基地群、以金融资本为优势的温州—台州海洋影视产业基地群。这些海洋影视产业基地群特色鲜明、优势互补,与《浙江省文化产业发展规划(2010—2015)》所规划的"浙东海洋文化产业带"的地理分布基本吻合,发展现状如图2所示。

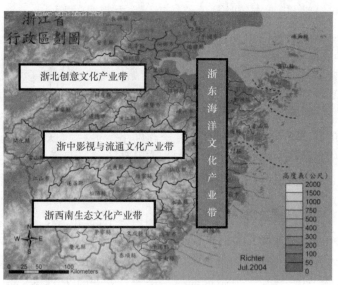

图2　浙江文化产业带分布图

1. 宁波—舟山海洋影视基地发展状况

宁波—舟山海洋影视基地主要以外景拍摄与滨海旅游为特色,其中主要的海洋影视基地有位于宁波的象山影视城、舟山群岛新区的桃花岛射雕影视城与中国海莱坞等。

120

宁波象山影视城是浙江除横店影视基地以外最著名的影视基地,也是"中国十大影视基地"中唯一靠海的影视基地,年门票收入约5 000万元,是发展海洋影视基地中条件与实力最好的影视基地之一。2013年,象山影视城与浙江广电集团合作成立宁波影视文化产业区,进一步推动象山影视文化产业的发展。浙江广电集团作为国内最具影响力的省级媒体之一,在海洋文化传播方面走在全国前列,浙江卫视的"中国蓝"品牌也蕴含了海洋精神理念,能够为发展海洋影视产业提供强有力的支持。舟山的桃花岛射雕影视城是浙江唯一的海岛影视拍摄基地,是浙江集影视拍摄、旅游、休闲、娱乐为一体的著名风景点,也是国内著名的海洋影视基地。此外,被誉为"中国海莱坞"的舟山群岛新区国际海洋影视文化产业园,以打造"戛纳式"的影视城为目标,也是发展海洋影视产业的重要阵地。此外,普陀山的佛教文化也为舟山海洋影视产业提供了特色文化底蕴。

总体来看,宁波—舟山海洋影视基地主要以海洋外景拍摄为特色,同时依靠山海风光、宗教文化带动海洋旅游业发展,具备发展海洋影视基地集群的突出优势,适宜整合海洋资源,协调各地发展,打造统一的海洋影视品牌。

2. 嘉兴—杭州海洋影视基地发展状况

嘉兴—杭州海洋影视基地主要以影视科研与国际合作为特色,主要的海洋影视基地位于嘉兴海宁的中国(浙江)影视产业国际合作实验区。

该基地由杭州市、海宁市、浙江华策影视公司三方共同建设,总部设在杭州,基地建在海宁,实施政府主导、企业主体和全球市场配置的发展模式,形成集影视产业研发、成果转化、科技孵化于一体的实验平台,是浙江省继浙江横店影视产业实验区、杭州高新区国产动画产业基地后的第三个国家级影视产业基地。虽然海宁基地成立较晚,但其以科研创新与国际合作为特色的错位发展思路,使其在横店等老牌影视基地面前实现了共同发展,具备进行海洋影视基地协同创新的科研优势。

3. 温州—台州海洋影视基地发展状况

温州—台州地区主要的影视基地有温州的洞头、泰顺影视基地,台州的仙居等。温台地区民营资本发达,市场开拓能力强,能够充分吸纳社会资本,培育多渠道、多元化的影视产业投入机制,改变单一的国有投资体制,实现资本结构和投资主体多元化,发挥市场在资源配置中的决定性作用,具有建设海洋影视基地集群的经济优势。

三、浙江打造海洋影视基地集群的重要意义

海洋影视基地集群是传统海洋影视基地转型升级产生的新业态,是传统影视产业特色发展的新路径,是文化体制机制创新的新思路。浙江打造海洋影视产业集群具有重要意义。

1. 有利于浙江影视产业凸显特色,实现错位竞争

重复建设,缺乏特色是国内影视基地存在的一个普遍问题。如何在影视基地发展凸显特色,形成浙江影视基地的独特优势,是浙江影视产业升级突破的重要问题。浙江一面多山,一面临海,气候适宜,具备发展海洋影视基地的自然条件。因此,通过突出海洋优势,整合嘉兴、宁波、舟山、温州、台州等沿海地区的影视基地,建立海洋影视基地集群,实现文化要

素与地理要素的深度融合,对浙江影视产业凸显特色、实现错位竞争具有重要意义。

2. 有利于统筹区域发展,建立现代文化市场体系

海洋影视基地集群建设作为传统影视基地转型升级的有益尝试,既是面向统筹区域协调发展的问题,也是面向传统产业转型升级的问题,需要进行跨地区、跨行业合作,有利于统筹区域协调发展,促进生产要素在更大范围内流动,提升影视产业的规模化、集约化、专业化水平,建立现代文化市场体系。

3. 有利于传播海洋文化,推进"海洋强国"建设

海洋文化建设是海洋强国建设不可缺少的重要组成部分,是海洋强国建设的应有之义。建设海洋强国不仅需要有海洋经济、海洋军事这样的硬实力建设,而且需要有海洋文化这样的软实力建设,缺少任何一种要素都不是真正的海洋强国。海洋影视基地集群作为生产制作海洋影视产品的集散地,有利于传播海洋文化,普及海洋知识,提升海洋意识,推进"海洋强国"建设。

四、浙江海洋影视基地集群建设的可能性分析

浙江不仅拥有辽阔的海域、充足的光照等发展海洋影视基地集群的自然条件优势,还拥有发达的影视产业基础,丰富的海洋文化,发达的海洋经济,再加上各种政策机制的保障,浙江具备发展海洋影视基地集群的综合优势。

1. 浙江影视产业发达,海洋影视基地特色鲜明

浙江影视产业发达,影视基地、制作机构、影视剧产量等均处于全国领先地位,是《浙江省文化产业发展规划(2010—2015)》所确定的八大重点文化产业之一。浙江现有海洋影视基地起步较早,特色鲜明,文化资本、社会资本、金融资本等要素齐全,运营状况良好,具备强强联合、集群发展、实现协同创新的基础条件。

2. 浙江海洋文明悠久,文化底蕴深厚

浙江认识海洋、经略海洋历史悠久,早在战国时期以前就出现了开发利用海洋的航海文明,也一度成为唐宋时期"海上丝绸之路"的起点。浙江不仅孕育出灿烂的大陆文化,而且创造出了积极进取、敢于冒险、勇于创新、百折不挠的海洋文化,为海洋影视基地集群建设提供了宝贵的文化资源与实践经验。

3. 浙江经济发达,海洋经济不断发展

浙江经济发达,民营资本活跃,海外贸易繁荣,是国内拥有境外企业数量最多的省份。浙江海洋经济规模持续扩大,海洋产业结构逐步优化,已逐渐成为支撑发展的一个重要增长极,在全省国民经济中占据重要地位,为海洋影视基地集群建设提供了雄厚的经济基础。

4. 国家战略与专项政策的支持

国家"海洋强国战略"与"文化产业大发展战略"的确立为浙江海洋影视基地集群建设提供了战略层面的支持。国务院也在 2011 年先后批复了"浙江海洋经济发展示范区"与"舟山群岛新区",为浙江海洋经济与文化发展提供了历史性的机遇。此外,《浙江省文化产

业发展规划(2010—2015)》《关于加快浙江影视产业发展的若干意见》《全国海洋经济发展"十二五"规划》等专项政策也为浙江海洋影视基地的发展提供了有效指导。

五、打造浙江海洋影视产业集群的对策建议

根据上文分析,作者对此提出以下几点建设性意见。

1. 转变思路,以海洋为中心,制作富有海洋韵味的影视产品

由于长期受大陆思维影响,国内影视基地的场景建设与配套设施大多以拍摄内陆题材为主,忽视服务于海洋题材方面的基地建设。随着海洋强国战略的深入贯彻,社会对海洋题材影视作品的需求将逐渐增多,需要更多能拍摄海洋题材的影视基地。建议我省转变思路,以服务海洋作品拍摄为中心完善沿海影视基地建设,与内陆影视基地形成错位发展。同时,深挖海洋文化,搜寻海洋题材,使海洋不只是拍摄的场景,更成为影视作品的核心内容,从而制作富有海洋韵味的影视产品,打响浙江的海洋影视品牌。

2. 突破行政界线,搭建协同创新平台,完善现代文化市场体系

虽然浙江海洋影视产业取得了不错的成绩,但现有海洋影视基地大都局限于既有行政区划,分散发展,各自为政,没有发挥浙江海洋影视产业的合力,形成有效的现代文化市场体系。因此,作者建议浙江海洋影视基地集群建设应突破传统行政区划观念,以市场为资源配置的决定手段,搭建多元融合的影视协同创新平台,促进生产要素在更大的范围内实现优化配置,实现优势互补,市场共赢,推动产业升级,特色发展,提高海洋影视产业规模化、集约化、专业化水平。

3. 充分吸收民营资本,优化影视产业投入机制

国内影视基地大多以国有投资体制为主,投资主体与结构单一,缺乏市场活力与改革动力。甬台温地区是中国民营经济发源地,市场机制发达,也是浙江海洋影视基地的聚集区,应充分利用该区域的经济文化优势,充分吸收民间资本,发挥市场的决定性作用,完善影视产业投入机制,为海洋影视基地集群提供雄厚的经济动力。

4. 完善价值链,发展影视产业一条龙服务

现有海洋影视基地大多以拍摄与旅游为主营业务,盈利模式单一,产业链不健全。我们可以从横店影视产业中得到一些发展海洋影视产业的启示。横店能够在众多影视基地中胜出,一个重要的原因是因为横店具有影视产业的"一条龙"服务的核心竞争力。首先,从剧本拿进去到片子拿出来,都可以在横店完成,横店提供一个完整的产业链。其次,横店文化旅游产业比较完善,能够吸引人气。最后,横店的影视产业与旅游产业的相互配合较好。因此,做大做强海洋影视产业我们可以从横店的成功中得到启示。

建议各海洋影视基地拓展业务,延生价值链,以海洋为特色要素,以投资、创作、拍摄、后期制作、发行为核心价值链,以海洋旅游、海洋会展、海洋休闲娱乐、海洋文化地产为相关价值链,以保障集群发展的各种物质环境与制度环境为支撑,建立多元盈利模式,发展影视产业一条龙服务。

5. 完善配套设施,优化产业环境

建设现代海洋影视基地集群需要有完善的物质环境与制度环境作为发展保障。一方面,需要完善各地区之间及内部的交通通信网络建设、生产生活服务设施建设等基础性物质环境,使得各地区相关产业在地理空间上具有集聚的现实可能性,实现外部经济效益与规模报酬递增效益。另一方面,需要综合协调完善海洋影视产业集群的制度环境,制定促进产业集群发展的各种经济文化政策,建立完善各种促进集群发展的行业制度、商业协会等。

参考文献

[1] Claus Steinle,Holger Schiele(2002):When do industries cluster? A proposal on how to assess an industry's propensity to concentrate at a single region or nation,Research Policy Volume 31,Issue 6,August 2002,Pages 849 – 858。
[2] [美]迈克尔·波特著:《国家竞争优势》,李明轩、邱如美译,北京:华夏出版社,2002 年。
[3] 诸葛达维:《试论浙江海洋影视基地集群建设——以浙东海洋文化产业带为例》,《东南传播》2014 年第 4 期。
[4] 苏勇军:《海洋影视业:浙江海洋文化与产业融合发展》,《浙江社会科学》2011 年第 4 期。
[5] 李思屈、诸葛达维:《面向海洋时代的文化》,《文化艺术研究》2012 年第 3 期。
[6] 中国共产党第十八届中央委员会第三次全体会议公报,2013 年 11 月。

中国海洋艺术流派发展报告

刘丹　　潘骏晖

（浙江大学传媒与国际文化学院）

海洋代表着一种人文化的精神品格,海洋精神深深地植根于艺术家的心中,成为海洋文化传统的主导精神,是海洋艺术流派的根。海洋艺术流派主要分为音乐和绘画两大类。海洋地域特色不仅表现在背景的选择、环境的渲染、气氛的营造、语言的运用等方面,更重要的是要表现海岛人民的精神气质、性格特征。波澜壮阔、气象万千的大海赋予海岛人民坦荡的胸怀和顽强拼搏的精神。

一、中国海洋音乐的流派与传承

（一）新中国建立初期以海洋为主题的音乐作品

1. 以西洋器乐为主导的海洋音乐作品

这类海洋音乐以芭蕾舞剧《鱼美人》为代表作品。《鱼美人》首演于 1959 年,由我国著名作曲家吴祖强和杜鸣心作曲,苏联舞蹈家担任芭蕾舞蹈指导。舞剧以鱼美人和猎人的爱情故事为主线,以管弦乐为主要伴奏乐器,以芭蕾舞蹈的艺术形式演绎出动人舞剧,曾荣获中华民族 20 世纪音乐和舞蹈的"经典奖",并在美国、英国、俄罗斯和香港地区进行了成功的演出。《鱼美人》舞剧音乐被改编成钢琴独奏曲《水草舞》《珊瑚舞》《婚礼场面群舞》。

2. 新中国建立后创作的民族器乐作品

新中国建立后创作的民族器乐作品,代表音乐为古筝独奏曲《东海渔歌》《战台风》。张燕创作的筝曲《东海渔歌》,取材于渔民的劳动生活,描绘了渔民的劳动场面和对未来美好生活的向往。乐曲开始,以连续上、下行历音伴奏号召性音调作为引子,展现了一幅大海汹涌澎湃的画面。在引子后,乐曲分为三部分:第一部分,运用长摇技法奏出开阔优美、富于歌唱性的主题。并从末句派生出欢快跳跃的对比性的曲调。经反复演奏后,主题用左手移低八度再现,右手用历音技法奏出颠簸激荡的音型作陪衬,表现了渔民愉快出海的情景。第二部分采用号子音调,右手时而用单音,时而用和音弹奏旋律;左手以劳动节奏作伴奏,表现一领众和、团结一致的劳动场面;第三部分是主题的再现,音域宽广,富有激情,表现了渔民对美好未来的向往。《战台风》1965 年由古筝演奏家王昌元创作。王昌元是浙江杭州人,生于音乐世家。在体验生活时,有感于工人与台风搏斗而作的一首筝独奏曲。起初名为《抢险》,后改为《战台风》。《战台风》曲调气势磅礴,音乐形象鲜明,快速段落紧张激烈,慢速段落优美抒情。全曲成功地塑造了码头工人大无畏的精神和压倒一切困难的英雄气概,由5个段落组成。第一段(1～33小节):乐曲一开始就表现出繁忙的码头景象。第二段,台风袭击(散板部分):台风阵阵袭来,威胁着码头上货物的安全。第三段(34～156小节):这是全曲的中心段落,篇幅最长。前4节是引子,38～44小节是主题。主题不断地出现,每次都有变化,表现了码头工人顽强不屈的精神。第二次主题的出现(从第44小节开始),与第一次主题的结尾叠置在一起,同时节奏比主题的第一次出现密集了一些,表现了工人与台风搏斗的紧张气氛。从51小节的第二拍开始,是一个过渡段。66小节,主题再一次出现,节奏更加密集,气氛更加紧张。第二个过渡段后,主题在93小节又开始出现。到109小节,音区转高,工人在勇猛地与台风奋战。从93小节开始,主题的反复中没有再出现过渡段。直到154小节,一气呵成,码头工人在与台风的搏斗中,愈战愈猛。第四段,雨过天晴(157～179小节):台风过去了,码头工人为自己战胜了这场自然灾害,保护了国家财产而感到欣慰和自豪。第四段的结尾又于第五段的开头叠置。第五段(179～最后一小节):欢腾的码头。乐曲再现了第一段的旋律,但气氛比第一段更加热烈、紧张,工人们又投入到繁忙的劳动之中。此外,新民乐作品中的海洋音乐也占据重要的地位。代表作品是马久越作曲、赵聪演奏的琵琶曲《天海蓝蓝》,赵聪演绎的琵琶与吉他的唯美合奏《南海姑娘》。

(二)具有浪漫主义风格的当代海洋音乐作品

具有浪漫主义风格的当代海洋音乐作品可称得上是我国海洋音乐流派的奠基。这就是台湾风潮唱片公司出版的《当代音乐馆—听见大自然系列—我的海洋》。该系列的音乐制作人是风潮唱片音乐制作人、美国杨百翰大学音乐系毕业的吴金黛,此外还有作曲家范宗沛、吴金黛、杨锦聪、林海、彭靖、李世豪、董运昌参与音乐创作。吴金黛回到台湾就到了风潮唱片,签下"狼""汇流""我们"等专辑的代理约,并提出"海角一乐园"音乐企划案,从此使马修·连恩和台湾与风潮结下不解之缘。该系列音乐包括《戏水》《我的海洋》《半岛随想》《大蓝》《奔岩》《山海之歌》《望海》《霞光》《星光小岛》《沙之印》《和平岛》《三貂角》《龟山岛＋棕耳鹎》《丰滨》《石梯坪》《都兰》《三仙台＋灰头鹪莺》《兰屿》《九棚》《猫鼻头＋台湾画眉》《白砂》《枋山》《四草＋白头翁》。吴金黛说,因为她太喜欢台湾了,要做一些让人可以透过音乐更加进入台湾生命力的音乐。还有,把老掉牙的没人要听的传统音乐做成大家还会觉得好听愿意听的音乐。因为出国念书后才发现台湾岛和中国大陆有很多很棒的音乐传承,可是在国外都没人知道,只知道印度音乐和克尔特音乐,当然还有主流的流行音乐。回国后才知道,连台湾人也不太知自己的音乐传承,大部分人都只听流行歌或国外的音乐,觉得应该做出属于本土的自然的音乐。

二、海洋绘画流派

海洋画派是中国当代美术界以海洋为主要创作题材、立志描绘海洋、讴歌海洋的画家集群。海洋画派的美术作品多以中国画形式展现,以海洋为主要创作题材,表现大海的壮美,赞美大海博大精深、宽广无私、昂扬振奋、拼搏奉献的精神品质,揭示海洋与人文、哲学、审美的关系。海洋画派的创世,填补了中国美术史上海洋画科的历史空白,为中国美术发展做出了历史性贡献。

（一）海洋画派的前身——海洋绘画

20世纪八九十年代,在我国海洋事业大发展的环境中,海洋文化以前所未有的速度向政治、经济、科技、教育、体育、军事、考古、文学、艺术等各个领域渗透,反映海防及海洋经济战略、海洋勘探、海洋测绘、海洋石油、海洋环保、海洋旅游、海洋渔业、海港及航海等题材的文学、戏曲、影视、音乐及绘画等艺术成果全面开花,开始了海洋文化的大繁荣。就是在这个历史关头,我国一部分著名专业画家和从事海洋事业的业余画家受这股海洋大潮的影响,不约而同地把艺术主攻方向转向了海境山水画——现已被公认为当代中国海洋画,无意中开始了海洋画派的前期奠基工作。通过大量的个人研究、创作,形成了各自的海洋画风格,分别在各自所在的地区及国外举行了海洋画(有的叫"大海作品"、有的叫"海洋绘画"又叫"海画"的)个展、联展等宣传、交流活动,取得了举世瞩目的海洋画成就,为海洋画派的创立和形成打下了良好的社会和群众基础,这个时期当属于海洋画派创立之前无意识自然发展阶段。

（二）海洋画派的创立

2000—2005年为海洋画派的创立阶段。这期间,部分从事海洋画创作的画家开始相互联系、沟通,我国许多美术报刊也时有海洋画作品及海洋画交流信息的报道。2002年,我国著名版画家、海洋画家、中国美术家协会会员、旅居新加坡的宋明远先生率先提出了海洋画派(当时称"海石画派")理念和创立海洋画派的设想。为进一步发展海洋画和团结海内外海洋画家,在他的大力倡导下,在新加坡注册成立了以宋明远先生为首的新加坡南洋画院。同时,成立了"海石彩墨艺术研究中心",以此作为海洋画家联系沟通的艺术平台,并以"海石画派"作为海洋画家群体的临时名字,进行海内外海洋画家的交流和联系。为创立海洋画派打下了组织基础。这是从事海洋画的画家群由无意识自然发展阶段向有组织地自觉发展阶段过渡的里程碑。

2003年,宋明远先生为了联合国内外海洋画家,发展、壮大海洋画家队伍,共同发展海洋画艺术,他毅然决定回国,在北京注册成立了新加坡南洋画院在北京的代表机构——北京狮城南洋画院及海石彩墨艺术研究中心。在国内继续推进海洋画的研究和发展,以"海石画派"的名义开始进行创立海洋画派的可行性研究,对海洋画及海洋画派理念、组织机构、思想体系、画派命名等进行了深入地探讨,并做了相关宣传、联系等一系列工作。经过一段时间的酝酿,为了更好、更直接地推动海洋画及海洋画派的发展,于2005年1月把"海石画派"改为"海洋画派","把海石彩墨艺术研究中心"更名为"海洋画派研究中心"。至此,我国正式成立了以宋明远先生为首的海洋画派松散型艺术团体。开始了中国海洋画派发展的新里程。

（三）发展阶段

自2005年海洋画派研究中心成立以来,宋明远先生和部分海洋画家一道在国内开始对海洋画派的理念、艺术特点、组织体系,进行了广泛的宣传、交流、征求意见,并开展了联合海内外海洋画名家,发展海洋画派队伍的工作。中国海洋画及海洋画派在社会上的影响越来越大,使更多的海洋画家对海洋画派有了进一步的认识和理解。到目前为止,在社会各界的大力支持和分布在各地的海洋画家的积极参与下,相继分别在海内外开展了一系列海洋画家个展和联展,发表了多篇中国海洋画学术论文,出版了各自的作品集,海洋画理论及海洋画派新理念的研究取得了可喜的成果。特别是去年以来,在中国艺术家联盟主席张胜利先生和各界艺术家及众多媒体的支持下,先后于北京、枣庄和许昌举行了以中国海洋画和海洋画派为内容的第十二、十三和十七届中国书画艺术走向何方高峰论坛暨宋明远海洋画派学术研讨会及海洋画派作品巡回展,在社会上产生了强烈反响,为海洋画派开辟了良好的发展前景,使海洋画派步入了稳步发展的阶段。

(四)海洋画派的主要特点

海洋画派的作品都取材于海洋,分别以近景海洋要素:海水、海岸、礁石、海岛、海鸟、海洋动植物、海上建筑物、导航标志、海洋神话相关元素、海洋历史遗迹、船、舰等为画面意境的主体意象,使普通山水画意境中虚的"水"变成了海洋画中实的近景"海水意象"。这一不约而同的特点,也就成为了当代中国海洋画的主要标志,成了这一新的、在无约定条件下自然形成的海洋画派的艺术"血脉"联系,这就是海洋画派形成的艺术基础。

我们提倡对海洋艺术流派的人文关怀关注和对海洋精神阐释。海是那么贴近我们的日常生活和本土文化。海洋不可避免地要成为人类新的生存空间,亲和是我们对待自己生存环境的唯一选择。在未来的世纪,海洋这一主题将持续下去,而亲海将是海洋艺术的主旋律。浩浩大海洋,泱泱生命源,艺术家的思想与灵魂就像大海一样永远不会停息、枯竭。大海赋予了艺术家丰富的创作底蕴和炽烈的生命情感,激励着我们在广袤的海洋艺术领域探索耕耘,以传神之笔抒写海洋生命之奇美。信息时代人类走向深蓝、进军海洋、开发海洋的豪情。进入新的世纪,海洋本身受到了前所未有的关注,海洋已经作为一种审美形象进入现代艺术领域,海洋精神得到空前绝后的张扬,海洋艺术一定会达到繁荣的峰巅。

元代海洋民俗文化

徐华龙

（上海文艺出版社）

从 1271 年忽必烈改国号为元,到 1368 年朱元璋部队直捣大都,元朝存在了 90 多年。虽然它的时间不长,但却是中国历史上最辉煌最伟大的朝代,疆域空前广阔,全盛时期西北至今中亚,西南到云贵高原和青藏高原,而北部面临北冰洋,东北至外兴安岭(包括库页岛)、鄂霍次克海,东南一直到台湾及南海诸岛。有人就总结说:"自封建变为郡县,有天下者,汉、隋、唐、宋为盛,然幅员之广,咸不逮元。汉梗于北狄,隋不能服东夷,唐患在西戎,宋患常在西北。若元,则起朔漠,并西域,平西夏,灭女真,臣高丽,定南诏,遂下江南,而天下为一,故其地北逾阴山,西极流沙,东尽辽左,南越海表。"①这里,所谓的"南越海表",就证明了元代疆域已经跨越大陆而涉及海洋。

在这样一个背景之下,海洋文化就成为元代统治者十分关注的对象,成为其政权、领土的一部分。其疆域从陆地扩展到了海上,元代对海洋文化的认知也达到前所未有的高度。

一、祭祀

1. 自然祭祀

蒙元原本为游牧民族,他们崇尚的是草原、大漠、荒野,是一个内陆型的北方民族,因此在其风俗里,祭祀北方自然现象就成为主要对象。如对风雪的祭祀,就是一个非常重要的内容。

《元代》卷一《本纪第一太祖》:"初,脱脱败走八儿忽真隘,既而复出为患,帝帅兵讨走之。至是又会乃蛮部不欲鲁罕约朵鲁班、塔塔儿、哈答斤、散只兀诸部来侵。帝遣骑乘高四望,知乃蛮兵渐至,帝与汪罕移军入塞。亦剌合自北边来据高山结营,乃蛮军冲之不动,遂还。亦剌合寻亦入塞。将战,帝迁辎重于他所,与汪罕倚阿兰塞为壁,大战于阙奕坛之野,乃蛮使神巫祭风雪,欲因其势进攻。既而反风,逆击其阵,乃蛮军不能战,欲引还。雪满沟涧,帝勒兵乘之,乃蛮大败。是时札木合部起兵援乃蛮,见其败,即还,道经诸部之立己者,大纵掠而去。"

祭祀风雪,是北方民族的民间信仰之一,是为了取得风雪的帮助。在这里,乃蛮为了赢

---

① (明)宋濂等:《元史》卷五十八《志第十地理一》。以下凡引此书,均不加书名。

得胜利而进行"祭风雪",就是战胜元太祖成吉思汗。谁料到,出现"反风","逆击其阵",使得乃蛮大败。这或许是一个反面的例子,说明祭祀原本是为了请神相助,达到自己设定的目标;但是,由于特殊的地理及自然的原因,祭祀会得到相反的结果,这是最初实施祭祀者所未曾预料的。

元代对于自然现象的祭祀,如祭天①、祭星②、祭日③、祭北斗④,等等,都在官修史书上有明确的记载。到了1312年(壬子),朝廷开始在寿宁宫建造醮祠,专门用来"祭太阳、太岁、火、土等星"。⑤可见元代对自然神灵是多么崇敬。

这些记载,说明了蒙元帝国的信仰里,与自然现象有着紧密的联系。总而言之,祭祀自然有以下三层意思:一是自然神灵是元代信奉的对象。二是元代对自然界现象的祭祀十分在乎,必须要有专职的巫师来举行,其他人是不可随意举行祭拜。三是祭祀自然神灵有其特定的功利性目的。

2. 海洋祭祀

由于海上运输、疆域扩张、海外联系等诸多原因,海洋文化就必然成为元朝政权不可忽视的重要内容,在此情况下,海洋祭祀就显得非常重视,资料记载,这种祭祀一般都是在国家的层面上进行,可见元廷对海洋神灵祭祀的重视。

这种海洋祭祀,是建造在元代祭祀的基础之上的,是传统祭祀的延伸和继承。祭祀,对于元廷而言,是重要的事情,且是"盛事",具有一套烦琐的仪式,不得越雷池一步。元泰定帝就说过:"祭祀,盛事也,朕何敢简其礼。"⑥此话透露了一个信息,就是元代有祭祀的传统,而这种祭祀有严格的规定,不可有礼节的缺失和礼节的简化,必须要遵循前朝的礼仪。

元代,祭祀有一定之规。皇帝亲自遣使祭祀的有三个方面:社稷、先农、宣圣。⑦

为什么天子亲自祭祀社稷、先农、宣圣?因为最高统治者的地位是凌驾于国家、祖先、圣贤之上的。《志第二十三·祭祀一》:"天子者,天地宗庙社稷之主,于郊社禘尝有事守焉,以其义存乎报本,非有所为而为之。"又,同书《志第二十三·祭祀一》:"北陲之俗,敬天而畏鬼,其巫祝每以为能亲见所祭者,而知其喜怒,故天子非有察乎幽明之故、礼俗之辨,则未能亲格,岂其然欤?"这些文字,都将天子祭祀的必要性作了进一步的阐述。

除此之外,对于岳镇海渎的祭祀,天子可以不必亲祀,则可以委派使者拿着皇帝诏书到当地行使祭祀仪式。故《志第二十三·祭祀二》曰:"而岳镇海渎,使者奉玺书即其处行事,称代祀。"

海洋代祀是从忽必烈开始,其原因在于路远,皇帝祭祀多有不便,故请其他臣使替代。《志第二十三·祭祀五》记载了这样的历史:至元二十八年(1291年)正月,帝(忽必烈)谓中书省臣言曰:"五岳四渎祠事,朕宜亲往,道远不可。大臣如卿等又有国务,宜遣重臣代朕祠

---

① 卷三《本纪第三宪宗》:秋,驻跸于军脑儿,酾马乳祭天。
② 卷六《本纪第六世祖三》:敕二分、二至及圣诞节日,祭星于司天台。
③ 卷十五《本纪第十五世祖十二》:庚寅,祭日于司天台。
④ 卷十三《本纪第十三世祖十》:辛卯,敕有司祭北斗。
⑤ 卷十八《本纪第十八成宗一》。
⑥ 卷二十九《本纪第二十九泰定帝一》。
⑦ 《元史·志第二十三·祭祀二》:其天子亲遣使致祭者三:曰社稷,曰先农,曰宣圣。

之,汉人选名儒及道士习祀事者。"

这就说明了对于海洋的祭祀,虽不是天子亲自祭祀,但也必须要"使者奉玺书"进行祭礼。这种行为称之为"代祀"。① 由此可见,代祀是规格很高的国家层面的一种祭祀行为。

这种代祀的时间,自1261年忽必烈执政第二年开始②。

而岳镇海渎代祀的地点,根据《志第二十三·祭祀五》记载:"凡十有九处,分五道。后乃以东岳、东海、东镇、北镇为东道,中岳、淮渎、济渎、北海、南岳、南海、南镇为南道,北岳、西岳、后土、河渎、中镇、西海、西镇、江渎为西道。"

这里,代祀的岳镇海渎中,就有海洋,它与山岳、江河相并列在一起,由此可见,其重要性在元代国家层面上也是非同一般的。无论是山、镇还是海、水都是自然现象,与元代的信仰是一脉相承的,所不同的是更强调了对海洋的文化崇拜,而不是某一个体海神的敬仰;祭祀仪式不再像前朝,而更加礼仪化、程式化。

"其礼物,则每处岁祀银香合一重二十五两,五岳组金幡二、钞五百贯,四渎织金幡二、钞二百五十贯,四海、五镇销金幡二、钞二百五十贯,至则守臣奉诏使行礼。皇帝登宝位,遣官致祭,降香幡合如前礼,惟各加银五十两,五岳各中统钞五百贯,四渎、四海、五镇各中统钞二百五十贯。或他有祷,礼亦如之。"

"其封号,至元二十八年春二月,加上东岳为天齐大生仁圣帝,南岳司天大化昭圣帝,西岳金天大利顺圣帝,北岳安天大贞玄圣帝,中岳中天大宁崇圣帝。加封江渎为广源顺济王,河渎灵源弘济王,淮渎长源溥济王,济渎清源善济王,东海广德灵会王,南海广利灵孚王,西海广润灵通王,北海广泽灵佑王。"③

这样十分隆重的祭祀仪式与祭品,与皇帝亲自祭祀毫无二致,表现的是朝廷对海洋祭祀的最高等级。

元代祭祀海洋,有一定的时间与地点,这是从至元三年(1266年)夏天开始的。正月、立春、三月、立夏、七月、立秋、十月、立冬等都要祭祀海洋。

"至元三年夏四月,定岁祀岳镇海渎之制。正月东岳、镇、海、渎,土王日祀泰山于泰安州,沂山于益都府界,立春日祀东海于莱州界,大淮于唐州界。三月南岳、镇、海渎,立夏日遥祭衡山,土王日遥祭会稽山,皆于河南府界,立夏日遥祭南海、大江于莱州界。六月中岳、镇,土王日祀嵩山于河南府界,霍山于平阳府界。七月西岳、镇、海渎,土王日祀华山于华州界,吴山于陇县界,立秋日遥祭西海、大河于河中府界。十月北岳、镇、海渎,土王日祀恒山于曲阳县界,医巫闾于辽阳广宁路界,立冬日遥祭北海于登州界,济渎于济源县。祀官,以所在守土官为之。既有江南,乃罢遥祭。"④

虽说这些"定岁祀岳镇海渎之制",并不完全是为了海洋而制定的规则,但毕竟是有海洋的相关内容纳入其中,也就说明元代对海洋的祭祀已经成为一种制度。这种制度规定了地方乃至中央官员祭祀海洋的时间、地点等,并为其考核的内容之一。

---

① 卷七十二《志第二十三·祭祀一》:"其天子亲遣使致祭者三:曰社稷,曰先农,曰宣圣。而岳镇海渎,使者奉玺书即其处行事,称代祀。"

② 《志第二十三·祭祀五》:岳镇海渎代祀,自中统二年始。

③ 卷七十六《志第二十七·祭祀五》"岳镇海渎"。

④ 卷七十六《志第二十七祭祀五》。

3. 为什么要祭祀海洋

第一,是从心里害怕海洋的威力及其带来的各种灾难,人们认为只有祭祀了海神,就会带来安康。元代的最高统治者也难免俗。

在浙江省有灾难的时候,"潮水冲破盐官州海岸,令庸田司官征夫修堵,又令僧人诵经,复差人令天师致祭"。还引经据典地论证:"世祖时海岸尝崩,遣使命天师祈祀,潮即退,今可令直省舍人伯颜奉御香,令天师依前例祈祀"[①]。与此同时,元朝并没有完全放任海洋肆虐,而积极应对,抗御灾害。其中最主要的方法就是用祈祷,而这种祈祷不完全有效,只是一种心理安慰而已。

据卷六十五《志第十七上河渠二》记载:至泰定即位之四年二月间,风潮大作,冲捍海小塘,坏州郭四里。"八月以来,秋潮汹涌,水势愈大,见筑沙地塘岸,东西八十余步,造木柜石囤以塞其要处。本省左丞相脱欢等议,安置石囤四千九百六十,抵御镂啮,以救其急,拟比浙江立石塘,可为久远。计工物,用钞七十九万四千余锭,粮四万六千三百余石,接续兴修。"

从这段对话里,可以看出应对海洋带来的灾害,不是一味的祈祷就能够解决问题,需要积极应对,要用实际行动来抵御海洋灾害。

在遭到海浪侵蚀、堤坝损坏的时候要举行祭祀海神的活动。然而一旦无法阻止海洋的破坏,也就做出让步,无奈搬离海边。《元史》卷三十《本纪第三十泰定帝二》记载:"盐官州大风,海溢,坏堤防三十余里,遣使祭海神,不止,徙居民千二百五十家。"

1296 年 2 月,即元泰定登上皇位的第四年,东南沿海海潮涨溢,祭祀海神,依然没有效果,只好疏散人口。因此可见,祭海神是元代经常的一种祭祀活动,但是这种活动不是积极而是消极的应对方法。好在人们不是执迷不悟,只好顺其自然,用大量迁徙沿海居民来躲避灾难。

第二,海洋是元代重要粮食的运输航道。

历代的南北运输货物主要依靠内陆河流,到了元初依然如此,只不过这个时候,由于各种各样的原因,河流运输已经满足不了江南运输货物到大都的要求。卷六十四《志第十六河渠一》:"江南行省起运诸物,皆由会通河以达于都,为其河浅涩,大船充塞于其中,阻碍余船不得来往。每岁省台差人巡视,其所差官言,始开河时,止许行百五十料船,近年权势之人,并富商大贾,贪嗜货利,造三四百料或五百料船,于此河行驾,以致阻滞官民舟楫,如于沽头置小石闸一,止许行百五十料船便。臣等议,宜依所言,中书及都水监差官于沽头置小闸一,及于临清相视宜置闸处,亦置小闸一,禁约二百料之上船,不许入河行运。"

到了至元十二年(1275 年),《元史》明确记载:从河上运输粮食到大都,已经显示出各种不便。[②]

这时候丞相伯颜建议用海运来代替河运,并且得到忽必烈的首肯。关于这一点,《元史》上多有记载。

卷九十三《志第四十二食货一》:"至元十九年,伯颜追忆海道载宋图籍之事,以为海运可行,于是请于朝廷,命上海总管罗璧、朱清、张瑄等,造平底海船六十艘,运粮四万六千余

---

① 卷六十五《志第十七上河渠二》。
② 卷一百六十六《列传第五十三》:"至元十二年,始运江南粮,而河运弗便。"

石,从海道至京师。然创行海洋,沿山求〈山奥〉,风信失时,明年始至直沽。"

《元史·志第四十二·食货一》:"元都于燕,去江南极远,而百司庶府之繁,卫士编民之众,无不仰给于江南。自丞相伯颜献海运之言,而江南之粮分为春夏二运。盖至于京师者一岁多至三百万余石,民无挽输之劳,国有储蓄之富,岂非一代之良法欤!"

卷一百六十六《列传第五十三》:"十九年,用丞相伯颜言,初通海道漕运,抵直沽以达京城,立运粮万户三,而以璧与朱清、张瑄为之。乃首部漕舟,由海洋抵杨村,不数十日入京师,赐金虎符,进怀远大将军、管军万户,兼管海道运粮。"

这就说明了从至元十九年(1282年)开始海上运输粮食。这样不仅大大缩短了运输时间,也增大了粮食的数量。"岁运之数,至元、大德年间为百余万石,后来增至三百余万石。元代岁运的最高额为天历二年(1329年)的三百五十余万石。"[1]这样,就部分地解决了北方粮食问题。

最初的海道,是从刘家港(今浏河)入海,经扬州路通州海门县黄连沙头、万里长滩开洋,沿山而行,抵淮安路盐城县,历西海州、海宁府东海县、密州、胶州界,放灵山洋投东北,路多浅沙,行月余始抵成山。计其水程,自上海至杨村马头,凡一万三千三百五十里。至元二十九年(1292年),朱清等言其路险恶,复开生道。[2]

虽然说第一次海道"险恶",朱清等开辟的第二次"生道"同样也不平坦,但是大大缩短了时间。"漕粮分春夏二运,至元三十年新航道开辟前,一般是正月集粮,二月起航,四月至直沽,五月回帆运夏粮,八月重返本港。新航道开辟后,起运时间一般为三月。"[3]

在卷九十七《志第四十五下食货五》里,就记载了忽必烈听从了伯颜的建议,将海洋运输粮食作为国家战略的重大决定:"元自世祖用伯颜之言,岁漕东南粟,由海道以给京师,始自至元二十年,至于天历、至顺,由四万石以上增而为三百万以上,其所以为国计者大矣。"

为了配合海上运输战略,次年(1283年)朝廷设立运粮万户府。万户府,元官署名。至元二十年(1283年)始置,掌每年由海道运粮供给大都。有达鲁花赤、万户、副万户等官。卷九十一《志第四十一上百官七》:"海道运粮万户府,至元二十年置,秩正三品,掌每岁海道运粮供给大都。达鲁花赤一员,万户一员,并正三品;副万户四员,从三品;经历一员,从七品;知事一员,从八品;照磨一员,从九品;镇抚二员,正五品。"

同样,在卷九十三《志第四十二食货一》:"时朝廷未知其利,是年十二月立京畿、江淮都漕运司二,仍各置分司,以督纲运。每岁令江淮漕运司运粮至中滦,京畿漕运司自中滦运至大都。二十年,又用王积翁议,命阿八赤等广开新河。然新河候潮以入,船多损坏,民亦苦

---

① 高荣盛:《元"海运"航路考》,《地理学报》22卷,第1期,1957年。

② 卷九十三《志第四十二食货一》:初,海运之道,自平江刘家港入海,经扬州路通州海门县黄连沙头、万里长滩开洋,沿山〈山奥〉而行,抵淮安路盐城县,历西海州、海宁府东海县、密州、胶州界,放灵山洋投东北,路多浅沙,行月余始抵成山。计其水程,自上海至杨村马头,凡一万三千三百五十里。至元二十九年,朱清等言其路险恶,复开生道。自刘家港开洋,至撑脚沙转沙觜,至三沙、洋子江,过匾担沙、大洪,又过万里长滩,放大洋至青水洋,又经黑水洋至成山,过刘岛,至芝罘、沙门二岛,放莱州大洋,抵界河口,其道差为径直。明年,千户殷明略又开新道,从刘家港入海,至崇明州三沙放洋,向东行,入黑水大洋,取成山转西至刘家岛,又至登州沙门岛,于莱州大洋入界河。当舟行风信有时,自浙西至京师,不过旬日而已,视前二道为最便云。然风涛不测,粮船漂溺者无岁无之,间亦有船坏而弃其米者。至元二十三年始责偿于运官,人船俱溺者乃免。然视河漕之费,则其所得盖多矣。

③ 高荣盛:《元"海运"航路考》,《地理学报》22卷,第1期,1957年。

之。而忙兀鹕言海运之舟悉皆至焉。于是罢新开河,颇事海运,立万户府二,以朱清为中万户,张瑄为千户,忙兀鹕为万户府达鲁花赤。未几,又分新河军士水手及船,于扬州、平滦两处运粮,命三省造船三千艘于济州河运粮,犹未专于海道也。"

卷九十二《志第四十一下百官八》:为了更好地管理海上运输,朝廷设立漕运司,增添各级官员。"至元二年五月,京畿都漕运司添设提调官、运副、运判各一员。至正九年,添设海道巡防官,给降正七品印信,掌统领军人水手,防护粮船。巡防官二员,相副官二员。"另外,为了保障海上运输的安全与顺利,在沿海进行配套,如加淡水。

卷一百一《志第四十九兵四》:"二十六年正月,给光禄寺铺马劄子四道。二月,从沿海镇守官蔡泽言,以旧有水军二千人,于海道置立水站。"

由于上述两个原因,可见元代对海洋是非常依赖的,敬畏海洋,求助海洋,就成为元代祭祀的重要心理需求。从另外一个角度来说,蒙元统治者最初发迹、征战的地方都是大陆,而对浩瀚无际的海洋肯定有恐惧感,从某种程度上说,也是陆地祭祀向海洋祭祀的一种文化延伸,是一种现实需求的精神层面上的展现。

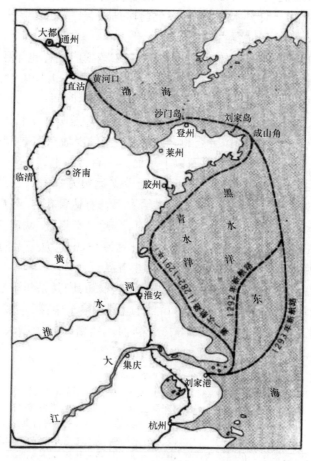

元代海运主航道示意图

二、天妃

1. 天妃崇拜是元代海洋文化的重要标志

关于天妃,在《元史》里的记载甚多,这是元代海洋文化的重要标志。

在信仰天妃之前,人们也相信僧人、天师等能够抵御海洋灾害,并以此希望带来现实的好运。

元代历史上每每遇到海洋灾害,政府的作为就是又求僧人诵经,再命张天师来致祭,以此驱逐灾难,如果效果不佳,则会依照"前例"进行祭祀。这里所说的"前例"就是用过去的模式进行祭祀,以确保战胜灾害。

《元史·志第十七上·河渠二·黄河》:五月五日,平章秃满迭儿、茶乃、史参政等奏:"江浙省四月内,潮水冲破盐官州海岸,令庸田司官征夫修堵,又令僧人诵经,复差人令天师致祭。臣等集议,世祖时海岸尝崩,遣使命天师祈祀,潮即退,今可令直省舍人伯颜奉御香,令天师依前例祈祀。"制曰:"可。"

这段文字说明,有两层意思:第一,当潮水冲破海盐堤坝时,人们除了修筑之外,还要请僧人、天师来诵经、致祭;第二,元世祖时,海岸崩溃,曾命天师进行祭祀,潮水即可退去。

由此可知,抵御海洋以及由于海水引起的灾害,人们相信的是僧人和天师,这是毋庸置疑的。

众所周知,元世祖信仰的藏传佛教,用僧人诵经来抵御海洋灾难,理所当然,但是用天师来作为信仰对象就有疑问。

这里所谓的天师,到底指的是谁,未作交代。不过可以肯定的是与道教有关。在一些道教流派中,张道陵与葛玄、许逊、萨守坚共为四大天师。所谓的张道陵就是张天师。其本名张陵,字辅汉,东汉沛国丰邑(今江苏丰县)人,史称:"米贼",是张良的八世孙,被视为道教的创始者,是五斗米道的创始人。元杂剧中有一批以反映道教神仙信仰、宣扬道教教理和修炼方术为内容的剧目,世人俗称为神仙道化戏。这类戏中的一个重要题材就是演述神仙断案的故事,从而宣传道教的天条戒律。如著名的元杂剧作家吴昌龄的《张天师断风花雪月》,又名《张天师明断辰钩月》,就是描述道教张天师断案的故事。

而张天师是道教范畴的神灵。将道教纳入政府信仰之中,可见元代的包容与豁达。

除了天师之外,元代最相信的海上神灵是天妃。而天妃祭祀,主要源自于民间信仰,这种多元的海洋信仰,构筑了元代海洋民俗文化的一个重要特征。

天妃,又称妈祖,姓林,名默,又称默娘,出生于宋太祖建隆元年。其最早的文献,是南宋廖鹏飞于绍兴廿年(1150 年)所写的〈圣墩祖庙重建顺济庙记〉,谓:"世传通天神女也。姓林氏,湄洲屿人。初以巫祝为事,能预知人祸福……"据此,天妃应是北宋人,被神化的最早时间也在这个时期。

到了南宋,天妃信仰更是非常普遍。南宋李丑父《灵惠妃庙记》:"妃林氏,生于莆之海上湄洲"。南宋李俊甫《莆阳比事》"湄洲神女林氏,生而灵异"。

据《历代神仙通鉴》记载,北宋宣和(1119—1126 年)年间,路允迪受命出使高丽(今朝鲜),途中遇大风暴,诸船皆溺,只有路允迪的船上有一神女降于桅杆上,漂流了两千多里,停靠在一小岛上。路允迪平安归朝后,禀告朝廷,皇帝十分高兴,御赐"顺济"庙额,封妈祖为"崇福灵惠昭应夫人"。

凡此,天妃是从宋开始的海洋神灵,应是无疑的。到了元代,这种民间信仰并没有停止,而且更是信奉有加。

这是因为元代对海洋的利用与关注的程度比较以往的政权更加密切,它已从内陆转向了海洋扩张,更多的梦想试图通过海洋来实现,因此就有了对天妃崇拜的现实依据。

2. 天妃崇拜的做法

一是建立天妃庙。

卷三十《本纪第三十泰定帝二》:辛丑,"作天妃宫于海津镇"。

海津镇,今属天津。金时,称之为"直沽寨",是设在武清、柳口(今杨柳青)附近的一个军事据点,元延祐三年(1316年)改为海津镇,为天津聚落最早兴起之地。由于元代政府所需粮米由南方地区供给,除了河运,还有海运。这些粮食经海道运至直沽(今天津),再经河道运达大都。至元十九年(1282年),元朝政府采用丞相伯颜的建议,命罗璧、朱清和张瑄载粮四万余石由海道北上。次年,立二万户府管理海运。数年后,运数增至五十余万石,由于海上运粮,节约时间,省却劳力,于是粮食运输逐步以海运为主,传统的内河运输退居次要地位。以后,管理机构不断调整,但与海运有关的北方接运系统,于至元二十五年(1288年)定局。因此,海津镇就成为元朝政府重要的海运基地。

海上运输的船民信仰天妃,而政府也希望天妃来保佑海运的安全,修建天妃宫就成为顺理成章的事情。

在人们看来,天妃的功能就在于可以抵御海洋灾难,即使遇到海浪冲击堤岸、淹没海塘也能够化险为夷。

卷六十五《志第十七上河渠二》:文宗天历元年(1328年),"八月十日至十九日,正当大汛,潮势不高,风平水稳。十四日,祈请天妃入庙"。

所谓"祈请天妃入庙"是一种祭祀形式,是将天妃从宫里抬出,巡游之后再抬回宫内。这是一种祈请方式,只有当海潮大汛的时候才进行如此隆重的仪式,人们相信只有进行这样的仪式,才能够求得天妃的保佑。

之所以隆重举行祭祀天妃仪式,是因为文宗天历元年(1328年)八月,盐官发生海洋灾害,为此还将盐官改名为海宁。据记载,自本州(即海宁州)岳庙(应指的是东岳庙,如今松江等地也有将东岳庙称之为岳庙的说法)东海北护岸鳞鳞相接。十五日至十九日,海岸沙涨,东西长七里余,南北广或三十步,或数十百步,渐见南北相接。西至石囤,已及五都,修筑捍海塘与盐塘相连,直抵岩门,障御石囤。东至十一都六十里塘,东至东大尖山嘉兴、平湖三路所修处海口。自八月一日至二日,探海二丈五尺;至十九日、二十日探之,先二丈者今一丈五尺,先一丈五尺者今一丈。西自六都仁和县界赭山、雷山为首,添涨沙涂,已过五都四都,盐官州廓东西二都,沙土流行,水势俱浅。二十日,复巡视自东至西岸脚涨沙,比之八月十七日渐增高阔。二十七日至九月四日大汛,本州岳庙东西,水势俱浅,涨沙东过钱家桥海岸,元下石囤木植,并无颓圮,水息民安。于是改盐官州曰海宁州。①

正因为海洋会给人们带来灾害,人们希望有一个能够制服海洋破坏力的神灵,而天妃就是海洋的神灵,她有掌控海洋的能力,能够逢凶化吉,驱逐灾害,因此天妃崇拜就成为沿海民众的一种信仰,并得到尊崇。

在元代,祭祀天妃,不仅仅是沿海老百姓的神灵祭祀,也是元代统治者的政府行为。特别是元泰定上位之后,更是其祭祀的主要对象;或者说,这时候对天妃的尊崇达到前所未有的高度。

卷二十九《本纪第二十九泰定帝一》:"庚午,以即位,……遣使祀海神天妃。"

卷三十《本纪第三十泰定帝二》:"乙丑,周王和世〈王束〉及诸王燕只哥台等来贡,赐金、银、钞、币有差。遣使祀海神天妃。"

卷三十《本纪第三十泰定帝二》:"甲申,遣使祀海神天妃。"

以上可见,元泰定皇帝虽然不能亲自前往祭祀,但也要派遣朝廷使者去进行祭拜,这同样表现出朝廷对天妃海神祭祀的重视。

同样,还有另外一种情况,请官员来进行"代祀"天妃。

这种"代祀",不是天子亲自祭祀,也不是朝廷内具有一定级别的官员去祭祀,而是派遣普通官员进行祭祀。这种祭祀,同样也说明天妃在朝廷心目中的重要地位,否则是不会遣使或以天子的名义来进行"代祀"的。

到了元文宗时期,依然承袭前朝的传统,派遣使节去祭祀天妃,如卷三十三《本纪第三十三文宗二》:"戊午,遣使代祀天妃。"卷三十五《本纪第三十五文宗四》:"乙酉,遣使代祀护国庇民广济福惠明著天妃。"卷一百八十七《列传第七十四》:"十三年,迁崇文太监,兼经筵官,代祀天妃。"

除了非常重视天妃的祭祀之外,元代还对天妃不断进行加封,这是之前皇朝很少见的事情。

卷三十三《本纪第三十三文宗二》:"己亥,加封天妃为护国庇民广济福惠明著天妃,赐庙额曰灵慈,遣使致祭。"

为什么会加封天妃,《元史》卷七十六《志第二十七祭祀五》就一语道破:"凡名山大川、忠臣义士在祀典者,所在有司主之。惟南海女神灵惠夫人,至元中,以护海运有奇应,加封天妃神号,积至十字,庙曰灵慈。直沽、平江、周泾、泉、福、兴化等处,皆有庙。皇庆以来,岁遣使赍香遍祭,金幡一合,银一铤,付平江官漕司及本府官,用柔毛酒醴,便服行事。"祝文云:"维年月日,皇帝特遣某官等,致祭于护国庇民广济福惠明著天妃。"

在这里,将天妃受到朝廷加封的原因写得很清楚。其主要是保护海上漕运有功绩。不仅在各地建庙,而且还进行隆重的祭祀仪式。天妃的神号,累计为10个字,即"护国庇民广济福惠明著",少了后来的"护圣"的字眼,很显然至元年间加封者还没有认识到天妃对自己的护佑作用。或者也可以这样认为,那时候朝廷还没有将自己与国家、百姓放在同等的地位,否则的话,肯定不会放弃得到天妃保佑的福缘。

到了元顺宗皇帝即位,对天妃进行加封,到了无以复加的地步。卷四十三《本纪第四十

---

① 卷六十五《志第十七上河渠二》。

三顺帝六》："甲辰,诏加号海神为辅国护圣庇民广济福惠明著天妃。"这里的封号"辅国护圣庇民广济福惠明著",已达12个字数,将天妃的功能扩大为对国、对皇帝、对民众都有广泛救济、幸福惠及、鲜明显著的功效。

此外,还要对天妃的父母进行加封,同样证明了元代朝廷对天妃的重视。

《元史》卷四十二《本纪第四十二顺帝五》："二月丙戌,诏加封天妃父种德积庆侯,母育圣显庆夫人。"

这种一人得道鸡犬升天的境况出现在神灵世界,或不以为怪的事情,但是在元代这种不断对天妃及其父母加封,就不能不说是一种奇迹。之所以会有这种场景的出现,最根本的原因,就在于海洋文化对于元代统治者而言,是多么的重要。

三、海船

1. 海船是重要的运输工具

船在元代是很重要的运输工具。其不仅可以在湖泊河流里航行,更是海上运输的载体,因此船就成为不可或缺的一部分。

关于海道还是河道运输粮食,元代早期就有争论,最终忽必烈采用海上运粮的建议,这样才决定。

《元史·志第十七上·河渠二·黄河》:三十一年,御史台言:"胶、莱海道浅涩,不能行舟。"台官玉速帖木儿奏:"阿八失所开河,省遣牙亦速失来,谓漕船泛河则失少,泛海则损多。"既而漕臣囊加䚟、万户孙伟又言:"漕海舟疾且便。"右丞麦术丁又奏:"斡奴兀奴䚟凡三移文,言阿八失所开河,益少损多,不便转漕。水手军人二万,舟千艘,见闲不用,如得之,可岁漕百万石。昨奉旨,候忙古䚟来共议,海道便,则阿八失河可废。今忙古䚟已自海道运粮回,有一二南人自愿运粮万石,已许之。"囊加䚟、孙万户复请用军验试海运,省院官暨众议:"阿八失河扬用水手五千、军五千、船千艘,畀扬州省教习漕运。今拟以此水手军人,就用平滦船,从利津海漕运。"世祖从之。阿八失所开河遂废。

何为平滦船,即平滦(今河北滦县)地方所造的船。为了造船,平滦兴师动众,劳民伤财。有大臣就对元世祖说:"平滦造船,五台山造寺伐木,及南城建新寺,凡役四万人,乞罢之。"诏:"伐木建寺即罢之,造船一事,其与省臣议。"[1]

虽然平滦造船,五台山造寺均需大量人力,但是相比之下,造船更重要,不可轻易取消。为了造船等方面的需要,元世祖不惜"罢京兆行省,立行工部"[2],可见元代对海洋的重视与长远的战略考虑。

史书记载,元代所造的海船都为"平底海船"。卷九十三《志第四十二食货一》:"至元十九年,伯颜追忆海道载宋图籍之事,以为海运可行,于是请于朝廷,命上海总管罗璧、朱清、张瑄等,造平底海船六十艘,运粮四万六千余石,从海道至京师。"

这种平底船,船大底平,装载量很大,却不很稳。而在江中航运的船不完全相同,可能是

---

① 《元史》卷十二《本纪第十二世祖九》。
② 《元史》卷十二《本纪第十二世祖九》。

图1　忽必烈大军进军(日本资料图)

小而底比较深。卷九十三《志第四十二食货一》记载:湖广、江西之粮运至真州(今仪征),"泊入海船,船大底小,亦非江中所宜。于是以嘉兴、松江秋粮,并江淮、江浙财赋府岁办粮充运。海漕之利,盖至是博矣。"文字说明,这种海船是适合于海上航行的,江浙等地的也都是依靠这种船只将粮食运输到元代首都的。

所谓"船大底小"的海船,并不是底部狭小,而是指船头与船尾比较狭小,有利于海上航行,符合海上船只的特点。众所周知,吃水深,才能够载货多,这就是船大的原因之所在。

元代,一艘木制的大型商船,载满了陶瓷、铜钱、香料等货物从庆元港(今宁波)出发前往日本进行贸易,谁知中途遭遇大风,在朝鲜半岛西南角的新安外方海域沉没了。据韩国专家研究,新安沉船复原长34.8米,宽11米,型深3.75米,载重量200吨。是世界上现存最大、最有价值的中国古代贸易船,也是现存最古老的船只之一。①

这里的船宽11米,而深3.75米,显然符合"船大底小"的海船特征,因此其载重量达200吨,毫不夸张。

而在河道里航行的船只,其高度就很有限。2010年,在山东菏泽地区发现元代船只,基本确定该船的残体长21米,宽4.82米,高1.8米。除去船头、船尾、独立舱外,共分为10个小船舱,大小不等,宽在1.3米和1.8米之间。② 只好在江河里行驶。蒙元时期,菏泽属于广济河流经之地,此航道流经今天的东明兰考、开封等地,因此可以推断,这是内陆河流的船只。

元代海船生产非常发达。不仅可以制造实用性很强的战船,而且也能够制造装饰性很

① 《元代东亚最大的贸易船——韩国新安沉船出水文物展示宁波古代海外贸易盛况》,见《宁波博物馆》网址。
② 《中国日报》2010年12月13日。

139

高的龙船。

元顺帝时,曾经动用了大量的财力、人力,而且在京城饥荒、瘟疫的情况下,建造龙舟。

卷四十三《本纪第四十三顺帝六》:"帝于内苑造龙船,委内官供奉少监塔思不花监工。帝自制其样,船首尾长一百二十尺,广二十尺,前瓦帘棚、穿廊、两暖阁,后吾殿楼子,龙身并殿宇用五彩金妆,前有两爪。上用水手二十四人,身衣紫衫,金荔枝带,四带头巾,于船两旁下各执篙一。自后宫至前宫山下海子内,往来游戏,行时,其龙首眼口爪尾皆动。又自制宫漏,约高六七尺,广半之,造木为匮,阴藏诸壶其中,运水上下。匮上设西方三圣殿,匮腰立玉女捧时刻筹,时至,辄浮水而上。左右列二金甲神,一悬钟,一悬钲,夜则神人自能按更而击,无分毫差。当钟钲之鸣,狮凤在侧者皆翔舞。匮之西东有日月宫,飞仙六人立宫前,遇子午时,飞仙自能耦进,度仙桥,达三圣殿,已而复退立如前。其精巧绝出,人谓前代所鲜有。"

这时候,"时帝怠于政事,荒于游宴",建造这样巨型的龙船,也就不以为怪了。

为了更好地管理海上航行,元朝在东南沿海先后设置泉州、上海、澉浦、温州、广州、杭州、庆元等七处市舶司。

市舶司是管理海外贸易的机构,在宋代就已设立,到了元代由行省直接管辖。每司设提举二人,从五品。这个市舶司主要功能是管理海上船只,如根据舶商的申请,发给出海贸易的证明;对船舶进行检查,察看有无挟带金、银、铜钱、军器、马匹、人口等违禁之物;等等。

在泉州府,其管辖的海船达到 15 000 艘之多。卷十五《本纪第十五世祖十二》载:"行泉府所统海船万五千艘,以新附人驾之,缓急殊不可用。"

船多是一种财富,也是与朝廷分庭抗礼的筹码。

在沿海地区,谁的船多,就会占据主动;谁的船只少,就会处于被动。因为当时的交通主要是水路,没有船就无路可走,特别是在朝廷对海洋管辖权非常有限的情况下,拥有船多的不法之徒就更能够占据一定的主动,也会与朝廷分庭抗礼。方国珍就是一个例证。

方国珍(1319—1374 年),元末台州黄岩(今浙江黄岩)人,方国珍世以浮海贩盐为生。至正中,方国珍的同里蔡乱头啸聚海上。卷一百四十三《列传第三十》就记载台州方国珍入海抢劫粮食:"八年,台州黄岩民方国珍为蔡乱头、王伏之仇逼,遂入海为乱,劫掠漕运粮,执海道千户德流于实。"按当时的情况,除了朱元璋、陈友谅、张士诚等外,方国珍也算得上一支势力强大的义军。

另外,也据卷四十三《本纪第四十三顺帝六》记载:"先是,帖里帖木儿与江南行台侍御史左答纳失里奉旨招谕方国珍,报国珍已降,乞立巡防千户所,朝廷授以五品流官,令纳其船,散遣徒众,国珍不从,拥船一千三百余艘,仍据海道,阻绝粮运,以故归罪二人。"

可见,方国珍虽然被朝廷诏降,但一听要没收其船只,当然不从,"拥船一千三百余艘,仍据海道,阻绝粮运",就可以知道船对于他们来说,是最重要的财产与器物,乃至战斗的武器。

当遇到海上战争,也是船多人众者取胜。

卷二百九《列传第九十六外夷二》记载:"张文虎粮船以去年十二月次屯山,遇交趾船三十艘,文虎击之,所杀略相当。至绿水洋,贼船益多,度不能敌,又船重不可行,乃沉米于海,趋琼州。"这里,很明显地表明这样一个观点,船多者胜。

这里所说的是白藤江之战,指的是元朝军队与越南陈朝于 1288 年发生的战役。元朝曾经两次讨伐越南陈朝,均遭失败。1287 年,忽必烈立越南宗室陈益稷为安南国王,命令镇南王脱欢为统帅,调兵 50 万攻打越南。同时命张文虎负责粮草的接应。越将陈庆余初战失利,随后又遇上了张文虎的粮船。两军交战,虽然损失相当,但陈庆余仍旧洗劫了张文虎的部分粮船。为避免更多粮草被劫,张文虎下令凿沉一些粮船,撤回琼州。

2. 海船航行的作用

海船是为了在海上进行航行而建造,元代海船的作用是什么呢?

(1)开辟海上运粮的需要

海上运输,首先是为了满足北方对南方粮食的需求,为此,元代政府经常动用数百艘船只组成的船队进行运输。

鼓励海上粮食运输,政府用提升运费的方法来吸引船队运输。

卷九十三《志第四十二食货一》:"凡运粮,每石有脚价钞。至元二十一年,给中统钞八两五钱,其后递减至于六两五钱。至大三年,以福建、浙东船户至平江载粮者,道远费广,通增为至元钞一两六钱,香糯一两七钱。四年,又增为二两,香糯二两八钱,稻谷一两四钱。延祐元年,斟酌远近,复增其价。福建船运糙粳米每石一十三两,温、台、庆元船运糙粳、香糯每石一十一两五钱,绍兴、浙西船每石一十一两,白粳价同,稻谷每石八两,黑豆每石依糙白粮例给焉。"至元二十一年(1284 年),运输费从八两五钱,降至六两五钱;到了至大三年(1310 年),根据"海道远费广"的原则,予以增加运费;延祐元年(1314 年),"斟酌远近,复增其价",可知,在大多数情况下,运费收入是增加的。这些都证明了海上运输粮食的收入在提高,这是调动船民运粮动力很主要的方面。此举一方面说明政府对海上粮食运输的重视;另一方面也说明政府利用经济手段来增加运力是正确的,也是高明的。

(2)取得更多的海外贡品

在海外交往中,船是必须的交通工具。只有借助船只才能抵达海外之国,也才能够了解海外风土人情。

《元史·列传第九十六·外夷三》:"爪哇在海外,视占城益远。自泉南登舟海行者,先至占城而后至其国。其风俗土产不可考,大率海外诸蕃国多出奇宝,取贵于中国,而其人则丑怪,情性语言与中国不能相通。"

爪哇(今属印度尼西亚),离开元代首都甚远,即使是离开当时的附属国越南占城同样遥不可及,而船只就能够打通海上道路,通过贸易或者进贡,获取更多的海外奇珍异宝。卷十一《本纪第十一世祖八》记载:"海南诸国来贡象犀方物。"《马可波罗游记》也记载了中国遣使马达加斯加,取回珍宝的:"大汗遣使至该岛,探访上方所言奇事。……使者又带献大汗卢克鸟羽一根,长达九十掌(拇指及小指间开时之距离)。羽管周围,须两掌始能抱之,诚异物也。大汗见而悦之,厚赠使者。鸟羽之外,使者又带回野猪牙两根,每根重过十四磅。"[①]

由于海外运来的贡品直接到泉州,为了将这些贡品直接运输到大都,专门设立海站,派遣专人进行运输。卷十五《本纪第十五世祖十二》载:"自泉州至杭州立海站十五,站置船五

①　张星烺编注、朱杰勤校订:《中西交通史料汇编》第 2 册,北京:中华书局,1977 年,第 43 页。

艘、水军二百,专运番夷贡物及商贩奇货,且防御海道为便。"这样,将货物从海上顺利地运到大都,更加有了保障。

《元史》记载,由海道同元朝建立各种关系的国家约有 20 余国。海上通路由杭州通日本,顺风七日七夜便可抵达。由南海西通阿拉伯、东非的海路,也颇便利。汪大渊《岛夷志略》中列举东南亚及西亚、东非等处的地名一百处。位于苏门答腊岛上的三佛齐是元朝与南海诸国交通的枢纽。由此而东至于爪哇,向西经马六甲海峡远及于印度、锡兰、阿拉伯半岛和东非。各国商人驾船经南海来元朝进行贸易。

（3）征战的需要

其中征战日本是元朝政府的重要任务,为此征集了大量的船只,以备战争所需。

在卷十三《本纪第十三世祖十》内有多处提及征战日本之事。

早在元世祖时期,忽必烈就征集了各种船只,准备攻打日本:"丁卯,敕枢密院计胶、莱诸处漕船,高丽、江南诸处所造海舶,括佣江淮民船,备征日本。"又载:"仍敕习泛海者,募水工至千人者为千户,百人为百户。""戊寅,遣使告高丽发兵万人、船六百五十艘,助征日本,仍令于近地多造船。""丙申,赦囚徒,黥其面,及招宋时贩私盐军习海道者为水工,以征日本。"

在这里,提及建造海船,不止一处。另外,征集民船、招募水手、运输粮食等,也都与海船有关。至元二十二年（1285 年）十一月,忽必烈曾命漕江淮米百万石,泛海贮于高丽合浦,并命东京及高丽各贮米十万石,以备征日本。但次年正月,因江南动乱而罢征日本,此次大规模的海战计划未付诸实施。①

（4）打击走私活动

到了元成宗时期,进行海禁。而实施海禁,必须要有船只配合,否则是无法海上查禁的。

首先,查询金银买卖。元代禁止金银贩卖到国外,因此禁止海上交易金银就成为重点打击的对象。卷十九《本纪第十九成宗二》:"八月丁酉朔,禁舶商毋以金银过海,诸使海外国者不得为商。"卷九十四《志第四十三食货二》:"凡金银铜铁男女,并不许私贩入蕃。行省行泉府司、市舶司官,每年于回帆之时,皆前期至抽解之所,以待舶船之至,先封其堵,以次抽分,违期及作弊者罪之。"史书上多次提及禁止金银买卖,是元代政府打击海上贸易的一个组成部分。

其次禁止海上贩卖私盐。私盐国家专属销售物品,任何个人都不许染指。也就是说私盐买卖,在元代是不允许的,属于违法的勾当。而不法之徒就利用海道进行走私,以牟取暴利。卷十九《本纪第十九成宗二》:"壬寅,命江浙行省以船五十艘、水工千三百人,沿海巡禁私盐。"在江浙沿海就布下"船五十艘、水工千三百人",不可谓不是重兵巡查,打击私盐贩卖了。

（5）防止海寇

海寇,在这里一是指海盗,二是指倭寇。由于海上广阔,沿海礁石丛生,港汊多端,这些

---

① 卷十三《本纪第十三世祖十》:癸巳,敕漕江淮米百万石,泛海贮于高丽之合浦,仍令东京及高丽各贮米十万石,备征日本。诸军期于明年三月以次而发,八月会于合浦。乙未,以秃鲁欢为参知政事,卢世荣伏诛。丙申,赦囚徒,黥其面,及招宋时贩私盐军习海道者为水工,以征日本。

都便于海盗的出没,官兵很难将其捕获。而且他们熟悉海道,一旦被朝廷利用,也会成为出色的将领。如朱清(1236—1306 年)就是一个例子。他是崇明姚沙人,因不堪虐待,杀其主而避迹海上,沦为海盗。因此熟悉南北海道诸岛门户。后受宋朝廷招安。至元十六年(1279 年),被升为武略将军。为了防止海盗侵袭,“海道漕运船,令探马赤军与江南水手相参教习,以防海寇”①。探马赤军是元朝军队一种编制,又名签军,由关外边疆各民族(包括色目人)所组成,精于西方的火器,攻城力强。尽管如此,他们的海上作战能力不强,因此与江南水手互相教授作战本领,用以防止海盗,这是非常有效的方法。

特别是在沿海沿江的城市,人口密集,必须要增加各种战船,增设要塞,勤练水手,增强威慑力,这样就可以防止海盗。卷十六《本纪第十六世祖十三》:“今择濒海沿江要害二十二所,分兵阅习,伺察诸盗。钱塘控扼海口,旧置战船二十艘,故海贼时出,夺船杀人,今增置战船百艘、海船二十艘,故盗贼不敢发。”这里,就提到钱塘江防海盗的战绩。过去设立战船二十艘,今天“增置战船百艘、海船二十艘”,如此的阵容,海盗怎么可能不被吓得魂飞魄散呢。

防止海盗,同样还需要防止倭寇侵犯。从某种程度上来说,倭寇就是另外一种类型的海盗。

公元 1308 年(元武宗至大元年)倭寇在庆元“城郭,抄略居民”。这是中国历史上最早倭寇欺负中国的记载。倭寇来骚扰有一定的规律,一般在岁末之时来浙江沿海,进行抢掠,因此元廷在定海设防,以打击倭寇。卷二十一《本纪第二十一成宗四》:“夏四月丙戌,置千户所,戍定海,以防岁至倭船。”此地就明确地说明了这一点。

(6)怀柔政策的需要

琉球,自古以来地处偏远,“在南海之东”,往来甚是不便,史书上也鲜有记载。

根据《元史》记载:“琉求,在南海之东。漳、泉、兴、福四州界内彭湖诸岛,与琉求相对,亦素不通。天气清明时,望之隐约若烟若雾,其远不知几千里也。西南北岸皆水,至彭湖渐低,近琉求则谓之落漈,漈者,水趋下而不回也。凡西岸渔舟到彭湖已下,遇飓风发作,漂流落漈,回者百一。琉求,在外夷最小而险者也。汉、唐以来,史所不载,近代诸蕃市舶不闻至其国。”②

元代朝廷并没有放弃这块土地,忽必烈至元二十八年(1291 年)冬十月,乃命杨祥充宣抚使,给金符,吴志斗礼部员外郎,阮鉴兵部员外郎,并给银符,往使琉求。卷二百一十《列传第九十七外夷三》载诏曰:“收抚江南已十七年,海外诸蕃罔不臣属。惟琉求迩闽境,未曾归附。议者请即加兵。朕惟祖宗立法,凡不庭之国,先遣使招谕,来则按堵如故,否则必致征讨。今止其兵,命杨祥、阮鉴往谕汝国。果能慕义来朝,存尔国祀,保尔黎庶;若不效顺,自恃险阻,舟师奄及,恐贻后悔。尔其慎择之。”

无论是为了扩张还是怀柔,都必须要有强大的船队;没有强大的船队要扬帆远航,要成为海上霸主是不可能的。

---

① 卷二十《本纪第二十成宗三》。
② 《元史·列传第九十六·外夷三》。

四、尾语

元代的海洋民俗，还表现在海岛民众的性格与文化。这是一种与陆地有着很大差异的文化，与海洋的生活方式有密切的关联，因此造就了顽固、刚烈，不易被驯服的海岛之民。卷一百八十五《列传第七十二》："海岛之民，虽顽犷不易治，至有剽掠海中若化外然者，亦为之变俗。"

关于海岛民众性格的刚烈、不易制服，在《续夷坚志》就有记载。有一《海岛妇》就可以说明："近年海边猎人航海求鹘，至一岛，其人穴居野处，与诸夷特异，言语绝不相通。射之中，则扪血而笑。猎者见男子则杀之，载妇人还。将及岸，悉自沈于水。他日再往，船人人载一妇，始得至其家。妇至此不复食，有逾旬日者，皆自经于东冈大树上。"①《续夷坚志》是金人元好问撰写的作品，也很有代表性，将海岛民众特有的那种不屈不挠的个性展现无遗。

开始，人们并不理解，以为可以用高压的统治方法来进行管理就可以，事实上却适得其反。但是干文传却用坦诚相待的方式，来感化海岛民众，起到了意想不到的效果。②

干文传（1276—1353年），字寿道，平江（今苏州）人。文传少嗜学，十岁能属文，未冠，已有声誉，用举者为吴及金坛两县学教谕、饶州慈湖书院山长。至正三年（1343年）召入朝，预修《宋史》，书成，授集贤待制，不久以嘉议大夫、礼部尚书致仕。干文传长于政事，其治行往往为诸州县之最，有古循吏之风。

由此可见，管理民众是一门学问，特别是要尊重民众的生活习惯，要根据不同的民众性格而采取不同的管理方法，而感化则是其中之一。

在元代还有一种强制性的法规，那就是禁止船民与梢水为婚。

卷一百八十三《列传第七十》："初开海道，置海仙鹤哨船四十余艘，往来警逻。今弊船十数，止于刘家港口，以捕盗为名，实不出海，以致寇贼猖獗，宜即莱州洋等处分兵守之，不令泊船岛屿，禁镇民与梢水为婚，有能捕贼者，以船畀之，获贼首者，赏以官。仍移江浙、河南行省，列戍江海诸口，以诘海商还者，审非寇贼，始令泊船。下年粮船开洋之前，遣将士乘海仙鹤于二月终旬入海，庶几海道宁息。"

从这段文字，可以看出"禁镇民与梢水为婚"，其目的是为了打击海盗，防止盗贼肆虐海上。

梢水，是船上管水的人，一般为女性。镇民即在陆地上居住的人，禁止他们结婚，是为了防止海盗船上到陆地上来任意加淡水。也就是说，从根本上杜绝了利用亲戚关系来达到为船只添加水源的可能。这看上去是简单的婚姻关系，其实隐藏着深层次的政治目的。

---

① 《续夷坚志·湖海新闻夷坚续志》，北京：中华书局，1986年，第75页。
② 卷一百八十五《列传第七十二》：初，长官强愎自恣，文传推诚以待之，久乃自屈服。

浙江古代海洋诗歌海滨生活题材探究

杨凤琴

（宁波大学人文与传媒学院）

摘要：海滨生活是浙江古代海洋诗歌中一个重要的题材，海洋给人们提供了丰富的生活资源，人们在一代代的积淀中形成了具有海洋特色的生活方式。这一题材的浙江古代诗歌中有些作品描写了渔村风情，体现了与内陆居民截然不同的生活方式和风土民情；有些作品侧重于描写海村生活的宁静祥和，有一种超然世外的感受；还有一部分作品涉及海滨居民生活的困苦和艰辛。这一题材的作品在内容上有着很大的反差和强烈的对比，从而也形成了巨大的艺术感染力。

关键词：浙江　古代　海洋诗歌　海滨生活

海滨生活是浙江古代海洋诗歌中一个重要的题材，这种生活特色与内陆有着显著的区别，有研究者认为："南中国的沿海地区，长期处于中央王朝权力控制的边缘区，民间社会以海为田、经商异域的小传统，孕育了海洋经济和海洋社会的基因。"[①]这一主题蕴含的内容极为丰富，有些作品描写了渔村风情，体现了与内陆居民截然不同的生活方式和风土民情；也有些作品侧重于描写海村生活的宁静祥和，有一种超然世外的感受；还有一部分作品涉及海滨居民生活的困苦和艰辛。

在以内陆居住为主的中国，海滨生活充满了新奇感和神秘气息，而越地有得天独厚的自然条件与海洋有近距离接触，体会到独特的海滨生活。有史料这样描述越地的环境："西则迫江，东则薄海，水属苍天，下不知所止。交错相过，波涛浚流，沉而复起，因复相还。浩浩之水，朝夕既有时，动作若警骇，声音若雷霆。"（《越绝书》卷五）越人居于东海之滨，生活中的方方面面都与海相关，明代王士性《广志绎》卷四中说："宁、绍、台、温连山大海，是为海滨之民。……海滨之民，餐风宿水，百死一生，以有海利为生不甚穷，以不通商贩不甚富，间阎与缙绅相安，官民得贵贱之中，俗尚居奢俭之半。""餐风宿水"的生活充满了艰辛与危险，但海洋给人们提供了丰富的生活资源，人们在一代代的积淀中形成了具有海洋特色的生活方式。

一、渔村风情

在浙江古代海洋诗歌中很多作品反映出与内陆居民生活迥异的风貌，渔村人民生活的

[①]　杨国桢：《明清中国沿海社会与海外移民》，北京：高等教育出版社，1997年，第1页。

独特使之充满了神秘的色彩。西汉刘向所编《管子》云："渔人之入海,海深万仞,就彼逆流,乘危百里,宿夜不出者,利在水也。"生在海边,维持生计的主要方法也与海相关,渔人深入大海,乘风破浪,为了获取海里的鱼虾鳖蟹。

清代象山人倪象占《鄮南杂句》中有："缆风层石石台高,东去山犹镇铁锚。一自桑田成海曲,不愁平地有波涛。"诗中反映了海滨环境的特点。唐代钱塘诗人章孝标《归海上旧居》描写了海乡环境的清幽:

> 路绕蒹葭,萦纡出海涯。人衣披蜃气,马迹印盐花。
> 草没题诗石,潮摧坐钓槎。还归旧窗里,凝思向馀霞。

乡间小路旁长满了蒹葭,曲折萦回地从海边延伸出来。人的衣裳笼罩着蜃气,马的足迹中闪烁着盐霜。"蜃气"是一种奇异的幻象,也即海市蜃楼,常发生在海上或沙漠地区,古人误以为蜃吐气而成。诗中接下来描写了海滨水草丰美的景象,野草没过了题诗的石碑,浪潮冲击着钓鱼的浮槎。终于回到了旧居,在窗边望着逐渐散去的晚霞不禁勾起许多思绪。这首诗描写了海边自然环境的特色,也提到一些具有代表性的景物,如蜃气、盐花、浪潮、钓槎、海边弯曲的小路以及茂密的蒹葭。宋代诗人晁说之曾于大观、政和年间谪监明州造船厂,他的《见诸公唱和暮春诗轴次韵作》之一描写了海滨风情:

> 那识春将暮,山头踯躅红。潮生芳草远,鸟灭夕阳空。
> 乌贼家家饭,槽船面面风。三吴穷海地,客恨极难穷。

诗中描写了四明暮春时节的风景和人民生活特色,虽然春天即将过去,但山头的花儿依然绚烂,潮水涌来,沙滩之外芳草连天,鸟影渐远,消失在一片夕阳的光辉之中。诗人接下来描写了当地具有海滨风情的生活场景:家家都以乌贼下饭,槽船四面通风。诗人以简洁而形象的语言描写了四明海滨风情,风景优美,以船为家,以海鲜为食。曾在杭州为官的苏轼《送冯判官至昌国》也反映了宁波舟山的特点:

> 惊涛怒浪尽壁立,楼橹万艘屯战船。
> 鱼盐生计稍得苏,职供重修远岛服。

苏轼送友人去宁波舟山供职,诗中描写了海城昌国独具特色的自然风光与人文景观。惊涛骇浪如雪山般壁立,万艘战船屯集在海边,"楼橹"即军中用以瞭望、攻守的无顶盖的高台,建于地面或车、船之上,这里指战船上所建楼橹。诗的前两句写出了舟山作为兵家必争之地的气势,接着是对当地人民生活的描述,鱼盐生计稍稍得到了复苏,"鱼盐生计"是海滨生活的主要特色,海中捕鱼,煮海为盐,衣食住行都与海洋息息相关。元代浙江浦江诗人吴莱《次定海候涛山》形象地描摹了四明定海的风景特色与商贸的繁华,其中有这样的描写:

朝渗日星黑,夜凄金碧光。蹲虎岩掎伏,斗鸡石乖张。
磨砻越湛卢,荡汩吴馀艎。函波视若宙,巨壑深扶桑。
招徕或外域,贸易丛兹乡。喁咿燕国语,慎倒龙文裳。
方物抽所宝,水犀警非常。驱鳅作旗帜,驾鳖为桥梁。
似子万里眼,徒倚千尺樯。稍疑性命轻,终觉意气强。
寄言漆园叟,此去真望洋。便携学仙子,被发穷大荒。

海上的天气多变,光线也变幻莫测,黎明逐渐来临时海面一片黑暗,凄寒的夜里海上却闪耀着金碧之光。"虎蹲""斗鸡"指镇海口的虎蹲山和金鸡山,两座高山岩石崚嶒,气势非凡。面对如此壮阔的海景,诗人想象着要磨好越地湛卢宝剑,乘坐吴地的大船去大海的那一边探寻,晋葛洪《抱朴子·博喻》载:"馀艎鹢首,涉川之良器也。""馀艎"是适合在海上航行的大船。诗人接下来描写了作为贸易港口定海的商贸特色:"招徕或外域,贸易丛兹乡。喁咿燕国语,慎倒龙文裳",招揽来异国的商人,贸易从这里开始。那些外国商人说着听不懂的言语,穿着奇特的龙纹衣裳。南来北往的人们交汇在这里,交易着他们中意的货品,借着便利的海路使自己的经营更加顺利。诗人也关注到海商虽然获利颇丰,但航海的过程存在巨大的风险,"稍疑性命轻"一句写出了海路的危险性,稍不留神便会有性命危险,但商人们的意志力却很强大,战胜千难万险来到定海港口。诗人望着无比开阔的海面不禁想起《庄子》中河伯望洋兴叹的典故,也想象求仙访道的人一样披发泛舟江海了。这首诗中描写的情境与明代王士性《五岳游草》卷四中所载场景相似:"适云雾连三日重,海气昏昏不辨。侯大将军力止之,仅得于招宝山悬望焉。招宝一名望涛,寡崖屹立海际,去城里余,石磴岑嵚,嗌隘且峻,及其巅,始得平冈城之,谒大士不能渡海者多于此遥祝云。东有望海亭,望大海茫无津涯,与天为一。是日风觉雾,日照海中诸岛,远近明灭,方壶员峤如在几席间。"定海候涛山的高俊以及海的壮阔在这里也有形象的描摹。吴莱另一首诗《横水洋》以简洁而形象的语言描写了舟山横水洋港口的富裕和繁华:

扁舟划然往,万顷向渺漫。海宫眩鳞缦,商舶丰贝错。

横水洋在舟山岛、册子岛、金塘岛之间,清康熙《定海县志》卷三载:"横水洋,县西。海水奔赴冲激震荡极为险害,舟欲东西而水则横于其中,故曰横水。"可见此处水流的特点。诗人乘一叶扁舟驶向横水洋,眼前是一望无际的万顷海域。海中有林林总总的海鲜,往来的商船中装满了财货,贝指贝币;错指错刀,王莽时钱币名,"贝错"泛指财货,这首小诗也是海港风情的生动写照。清代四明鄞县诗人李邺嗣《鄮东竹枝词》是一组描写海乡风情的作品,"鄮"指宁波鄞县一带,南朝顾野王《舆地志》释:"鄮县"云:"邑人以其海中物产于山下贸易,因名鄮县。"唐代梁载言《十道四蕃志》解释鄮县的来历,说"以海人持贸易于此,故此名山",又说:"邑中以其海中物产,方山下贸易,因名鄮县"。诗中有鲜明的海洋特色,选取以下两首诗进行分析:

海船齐到大鸣锣,上水黄鱼网得多。
先买肥牲供羊庙,弋阳子弟唱婆娑。

千万鱼鲑叠水涯,常行怕到后塘街。
腥风一市人吹惯,夹路都将水族排。

第一首写了海船捕鱼归来,人们鸣锣击鼓迎接的热闹场面。船上捕得了许多黄鱼,百姓先买来猪羊等肥美的牺牲祭神庙,在庆祝仪式上上演着弋阳腔戏曲。弋阳腔为当时鄞东流行的戏剧,大都跟地方戏糅合在一起,整个庆祝和祭祀活动欢快热烈。第二首诗描写了街头鱼肆风情,成千上万条鱼类堆积在水边,这些鱼都在后塘街出售,人们已经习惯了这里的风中弥漫着的鱼腥味,因为路的两旁都摆满了海鲜水族。清代袁钧《鄮北杂诗》也反映了海滨风情:

洋山三水递相催,海上潮推石首来。
渔浦门前晒渔网,渔舟昨夜捉春回。

吐光蟹小满含膏,绍酒真堪餍老饕。
好饷东坡老居士,为言生嚼不须糟。

第一首诗描写了渔舟出海捕捞石首鱼的情形。石首鱼即黄鱼,《吴地记》载:"吴王阖闾十年,夷人闻王亲征不敢敌,收军入海,据东州沙上,吴亦入海逐之,据沙洲上,相守一月。属时风涛,粮不得度。"在粮断、风狂的危难时刻,"王焚香祷天,言讫东风大震,水上见金鱼逼海而来,绕吴王沙洲百匝。所司捞漉,得鱼食之美,三军踊跃"。又曰:"鱼出海中作金色,不知其名。吴王见脑中有骨如白'石',号为石首鱼。"黄鱼味美价高,是渔民们主要捕捞的鱼类,年年石首来时,渔船大批出海捕捞。诗人看到渔浦门前晒满了渔网,就知道昨夜渔舟捕鱼回来了。第二首描写了人们食蟹的情形,蟹壳光亮的小蟹饱满肥美,绍兴老酒可以使人一醉方休。诗人认为这样的美味应该宴请东坡居士来品尝,并且告诉他不用酒糟直接生吃是最鲜美的。这些作品突出了鲜活而独具特色的海滨风情,使人有耳目一新的感受。清代浙江象山诗人倪象占《象山竹枝词》描写了捕鱼的场景:"渔蓑隐隐海连天,于缩山前钓晚烟。看取孤篷三尺雪,银光铺遍带鱼船。"冬日雪中渔船之上,垂钓显得别有一番情致。清代浙江宁海诗人鲍淦《石浦南关》描写了象山石浦风情:

多少渔船密密排,南关桥下景最佳。
楝花未觉开成簇,却道黄鱼已满街。

渔船密密麻麻地排列在石浦南关的海域中,南关桥下形成了一道美好的风景。楝花在不知不觉中盛开了,黄鱼已大量上市。清代诗人华瑞潢《石浦》也描绘了一幅富裕美好的画卷:"天后宫前看晚渔,从来海物不胜书。山坡晒遍郎君鲞,春涨还生土地鱼。"诗中描写了石浦渔业繁荣的景象,在天后宫前观看渔民在傍晚时分捕鱼,诗人不禁感慨海错丰盈,难以

——记述。除了各种海鲜之外,山坡上到处晒满了鱼干,"郎君鲞"即是"黄鱼鲞",名称据说缘起于浙东沿海一带毛脚女婿逢年过节上丈母娘家要用黄鱼鲞送礼的习俗。清代四明诗人王廷藩《蛇蟠洋》也展现了海村丰富的水产:"千山紫菜万山苔,叶叶轻帆四面开。清夜船头声聒耳,成群石首唧潮来。"海边岩石上生满了紫菜和海苔,捕鱼的轻帆聚集在海面,深夜巨大的嘈杂声在船头响起,原来是成群的黄鱼溯潮而来。通过诗人的描写我们可以想见渔民的丰硕收获了。清代刘梦兰组诗《周行杂咏》中《衢港渔火》一首描写了衢山港的夜景:

> 无数渔火一港收,渔灯点点漾中流。
> 九天星斗三更落,照遍珊瑚海中洲。

　　衢山港位于舟山岛西侧,因地理条件优越成为重要渔港。衢山港不仅白日里非常忙碌,夜晚依然灯火通明,如九天星斗落入海上。清代诗人陈文份《衢港渔灯》也描绘了衢港灯火辉煌的热闹景象:"绝顶登临极目望,衢山港里聚渔航。月华皎皎潮初上,星火萤萤夜未央。"诗人登山远眺,衢山港渔船遍布,月光之下海面渔火闪耀,与星空相辉映异常绚烂。清代诗人叶尔良有一首七律也形象地描写了衢山岛繁荣的景象:"连樯渔艇乱如麻,海客娱情百倍赊。罶影动摇浮浅渚,星光错杂舞横叉。更深焰冷榔敲月,炬列辉腾浪蹴花。出岫岱云零落甚,翻教衢岛擅繁华。"这首诗描写了衢山岛渔船聚集、鱼篓遍布的繁忙捕鱼景象,也形象地描绘了星光错杂、火炬闪烁的绚烂夜景。

　　渔港灯火是海滨生活中一道富有特色的美好风景,而旁观者只能感受到灯火的辉煌,却体会不到渔民劳作的艰辛与收获的愉悦。灯火在捕鱼活动中起到很重要的作用,有些鱼类需要专门在夜间捕捞,而燃起火把则既是为了照明,也是引诱鱼类上网的手段。一些资料有相关的记载,如《七修类稿》有:"每见渔人贮萤火于猪泡中,缚其窍而置之网间,或以小灯笼置网上,夜以取鱼,必多得也,以鱼向明而来之故。"[1]因为有些鱼类具有"向明而来"的习性,黑夜里的灯火就成为吸引鱼的主要工具。《广东新语》载:"鹅毛鱼,取者不以网罟。乘夜张灯火艇中,鹅毛鱼见光则上艇,须臾而满,多则灭火,否则艇重不能载。"[2]渔民在长久的捕鱼实践过程中发现了鹅毛鱼的习性,因而只要张灯于渔船之上,就可以轻松地等待鹅毛鱼自己跳到船上了。

　　反映捕鱼活动的作品有很多,民国汤濬《岱山镇志》第四卷收录的清代乌程(今浙江湖州)诗人周庆森《洋生书》是一首描写捕鱼活动的长诗,节选如下:

> 蓬岛周围百八里,一年生计在洋生。
> 洋生生意出芒种,千樯如织海道雍。
> 小汛停泊大汛行,石首来时似潮涌。
> 弦后三日大汛来,晓事篙工次第开。
> 为探个中真消息,银涛还挟吼声雷。

---

① (明)郎瑛:《七修类稿》卷四〇,上海:世纪出版集团、上海书店出版社,2001年8月版,第418页。
② (清)屈大均:《广东新语》下册卷二十二,北京:中华书局,1985年,第556页。

吼声雷动惊渔父，个个眉飞兼色舞。

举网无虑千万金，玉脍银鳞贱如土。

　　这首诗描写了热闹的捕鱼场面，"洋生"是指立夏到立秋，为鱼类旺发期，俗称洋生。诗中写芒种之后，千帆入海以至海道拥塞，小汛停泊休息，大汛则出海捕鱼。石首鱼趁着潮汛纷纷涌来，正是大量捕捞的好时机。有研究者分析鱼群集中涌来的原因："在舟山渔场，每年立夏前后，大黄鱼群从外洋进入渔场集群产卵。渔谚中曰：'下五立夏捕小满，洋生花开黄鱼来'。"[1]清光绪《定海厅志》也记载了"鱼市"的场面："石首鱼尾鬣皆黄，一名黄鱼。……出北洋，每至夏至渔人竞集网捕，谓之鱼市，凡三汛至五月中方散。"北洋，即洋山渔场。关于石首鱼的得名，《吴地记》记载："吴王回军会群臣，思海中所食鱼，问：'所余何在?'所司奏云：'并曝干。'吴王索之，其味美，因书'美'下着'鱼'，是为'鲞'字，……鱼出海中作金色，不知其名。吴王见脑中有骨如白'石'，号为石首鱼。"[2]《姑苏志》云："其色如金，似称黄鱼。"《吴郡志》云："唯出海中其味绝珍"，"肉厚骨少，味松而嫩"。记载石首鱼的资料颇丰，又如元代大德《昌国州图志》曰："石首鱼，一名鰔，又名洋山鱼。"明天启《舟山志》云："石首，鱼首有枕，坚如石，故名。冬日得之，又紧皮者良。三月、八月出者次之。至四月、五月，海郡民发巨艘，往海山竞取。有潮汛往来，谓之洋山鱼。"这首诗形象地描绘了捕获洋山鱼的热闹与欢喜的场景：潮声如雷鸣般响起，渔父笑逐颜开，每一网下去都会有很大收获，诗中洋溢着渔民丰收的欣喜之情。宋代湖州德清诗人沈与求《观网鱼》也细致地描写了渔民以网捕鱼的情形：

暗雨垂垂梅欲黄，春山吐源春涨狂。

雪鳞頳尾沂流上，吹涛喷浪能奔忙。

鱼师布网名白大，万目井井连重纲。

联艘绝流势甚武，遮罗初若无留藏。

大鱼已得小鱼弃，要使遗育充陂塘。

鲲鲕安用误回避，虾蟹亦复虚跳梁。

宁知不比纶索手，欲以巧饵空沧浪。

　　诗中描写了打鱼的场景，捕鱼活动在中国有悠久的历史，据《竹书纪年》记载，夏朝的八代君王帝芒曾"命九夷狩于海，获大鱼。"《周易·系辞传》中也有："伏羲氏结绳而网罟，以佃以渔。"沈与求细腻地描绘了自己观看渔人用渔网捕鱼的场面，梅雨时节，春水大涨，各种鱼类溯流而上，掀起层层波浪。渔者布下大网，网上的纲目井然有序，"白大"意为不付出代价而得到东西，渔网以"白大"为名可见对轻松捕获鱼类的期盼。这样严密而巨大的渔网似要把水中的一切鱼虾搜罗到网中，但收网之后只留下大鱼，小鱼则放回水中让他们继续繁衍生息，这样的做法体现出了渔民的智慧，也反映了他们长久的眼光。

---

　　① 姜彬主编：《东海岛屿文化与民俗》，上海：上海文艺出版社，2005 年，第 105 页。

　　② （唐）陆广微《吴地记》，南京：江苏古籍出版社，1999 年，第 178 页。

渔网是渔民生活中不可缺少的工具,对渔网具的护理也是他们日常工作的重要部分,清代浙江象山石浦诗人王植三《晒网》即描写了这样的场景:

> 渔户家家有网场,楼船旌旆共飞扬。
> 染来洋栲红如血,屋角高悬到夕阳。

晒网是捕鱼工作中的一个重要环节,从前捕鱼的网大多以麻丝织成,也有用棉纱织的,强度不大,耐磨耐腐蚀性能差,通过栲制,改良性能,经久耐用。栲灶依山而建,栲陶是用大锅,约能装水十三至十五担,烧煮沸滚,用以栲网,网栲成赭色,主要作用是防腐。所用的材料,当地人叫做"洋栲",源自荷兰进口。栲过的网要拉到开阔的地方晒干,王植三就描写了晒网的景象。晒网的场地楼船密布、旌旗飞扬,鲜红的洋栲整天悬挂在屋角,在阳光的照耀下鲜艳夺目。

二、海滨居民平和安宁的生活

东海之滨气候宜人、水土丰美,海洋中的鱼虾贝蟹取之不尽,大自然赐予了人们丰厚的财富,人们的生活相对于内陆来说比较安逸。《史记·货殖列传》载:"楚越之地,地广人稀,饭稻羹鱼,或火耕而水耨,果隋蠃蛤,不待贾而足,地势饶给,无饥馑之患,以故呰窳偷生,无积聚而多贫。是故江淮以南无冻饿之人,亦无千金之家。"浙江沿海人民拥有一方丰美的水土,民风淳朴,习诗书、重教化,宋代施宿等撰《嘉泰会稽志》卷一"风俗"条载越地民俗:"今之风俗好学笃志,尊师择友,弦诵之声比屋相闻。"好学、尊师重友的风气使浙江一带呈现出礼仪之邦的安宁、平和的风貌。加之优美的自然风光也使人赏心悦目,如宋代诗人黄潜《秋至宁海》中所写:"行山云作路,累石海为田。蜃炭村村白,棕林树树圆。桃源名更美,何处有神仙?"海边居民的生活平静而安宁,给人以世外桃源的感受。

北宋浙江临海诗人杨蟠《江阴即事》也描写了海滨景色的优美:"海上帆来何处客,烟中犬吠几人家。云寒雁影翻红照,水落鸥群占白沙。"海上轻帆飘荡,岸上疏疏落落的人家中传来犬吠声。天空中的云霞映红了雁影,水中的洲渚上遍布着鸥群。悠闲、美好的海滨风光使人远离尘世喧嚣,获得了内心的宁静。陆游《游鄞》描写了海城四明令人惬意的风景:

> 晚雨初收旋作晴,买舟访旧海边城。
> 高帆斜挂夕阳色,急橹不闻人语声。
> 掠水翻翻沙鹭过,供厨片片雪鳞明。
> 山川不与人俱老,更几东来了此生?

诗人写自己在黄昏时分乘舟前往四明,夕阳下行船看到鸥鹭翻翻掠水而过,供厨的海鲜鱼类色泽鲜明,明媚的山川、丰富的物产,四明真是一个养生的好去处。浙江天台人黄庚《雨过》写了海滨雨后清丽、闲适的景物特点:"雨过山头云气湿,潮生渡口岸痕深。一声短笛斜阳外,知有渔舟泊柳阴。"雨后潮生,停泊在柳荫中的渔舟上传来悠扬的笛声,江南海滨的温润与悠闲浸润在柳荫里和笛声中。宋代四明宁海诗人舒岳祥《二十三日过良坑冈,东望沧海,隐隐见渔村有感,时避地者多浮海云》同样反映了渔村的安宁:

> 平陆人烟险,渔舟家口肥。青天围箬笠,白雨浣蓑衣。
> 静钓鸥分石,寒归雪满扉。磻溪有恨事,严濑本忘机。

　　舒岳祥在宋末元军入侵过程中携家避躲海上,经历了乱离颠簸之苦,诗人非常羡慕偏安一隅渔村的安宁氛围。诗开篇便感慨:陆地上战火纷飞,险恶非常,生活在渔舟中的人们却口粮充足,生活平静,陆上与海上生活形成了鲜明的对比。之后诗中描写了渔村人民的生活特色,渔人戴着箬笠、披着蓑衣在劳作,箬笠之外是一片青天,蓑衣在雨水的冲洗下焕然一新。人们悠闲地伴着海鸥在石上垂钓,寒天里归来雪满门扉,这里远离战争的侵袭,萦绕着一片静谧的氛围。结句以"磻溪"和"严濑"典故抒情,表现了自己内心矛盾和渴望超脱的情感。郦道元《水经注·清水》载:"城西北有石夹水,飞湍浚急,人亦谓之磻溪,言太公尝钓于此也。"渔人垂钓水滨的景象使诗人联想起姜太公曾在磻溪垂钓,不免产生不能建功立业的遗憾之情,但严光隐居的气节又使他有了忘却世事、避地海村之志。范晔《后汉书·逸民传·严光》载严光:"除为谏议大夫,不屈,乃耕于富春山,后人名其钓处为严陵濑焉。"乱世之中偏安一隅的海村成为一方净土,给四处逃难的诗人带来了心灵的安宁。舒岳祥的小诗《老渔》写了一位老渔翁的朴素而悠闲自得的生活:"少妇提鱼入市廛,儿孙满眼不知年。醉眠还伴沙头雁,身在青天月满船。"一生的捕鱼生活已使老渔翁和海洋融为一体。

　　宋代诗人林景熙《舟次吴兴》描写湖州吴兴风光:"钓舟远隔菰蒲雨,酒幔轻飘菡苕风。彷佛层城鳌背上,万家帘幕水晶宫。"海滨小城湖州风景明丽,诗人泊舟吴兴,感觉整个城市仿佛是建筑在鳌背上的仙境一样,烟水迷蒙,水的韵致使城市具有一种玲珑剔透的风格。元代浙江义乌人黄溍《秋至宁海》(二首)其一则以平淡的语气描写了海宁秋天的宁静与美好:

> 地至东南尽,城孤邑屡迁。行山云作路,累石海为田。
> 蜃炭村村白,棕林树树圆。桃源名更美,何处有神仙?

　　诗中写了海滨山城宁海的独特风光:山行云雾缭绕,好像是白云铺就了山路,海滩累石填土变为良田。家家户户都用蜃炭涂墙,房屋一片洁白,村落中生长着茁壮的棕林。蜃炭,即用蜃烧成灰,《周礼·秋官·赤友氏》载:"掌除墙屋,以蜃炭攻之。"郑玄注:"除墙屋者,除虫豸藏逃其中者。蜃,大蛤也,捣其炭以坋之则走。"孙诒让正义:"《掌蜃》注谓蜃炭可以御湿,盖兼可以杀虫,故捣其炭为灰,以被墙屋而攻之,则虫豸畏其气而走避也。"蜃炭涂屋是海村非常独特的习俗,也是沿海人民智慧的体现。宁海独具特色的风光给人以世外桃源、神仙之地的感受。元末明初浙江吴兴人沈梦麟《寄慈溪令文昭》中有对浙江慈溪美好生活的向往:"公田七月收红稻,山县千家食大鱼。见说海东时序好,欲携妻子就耕锄。"鱼米之乡稻丰鱼肥,优越的自然条件使诗人沈梦麟欲携家带口去彼地生活。宋代四明鄞县诗人陈著《定海》以轻松的笔调描写了海滨小镇风土人情:

152

一夜南风便叶舟，天教偿我定川游。
两崖踞海潮吞脚，万石封堤水掉头。
家家活计鱼虾市，处处欢声鼓笛楼。
不用丹青状风景，逢人且说小杭州。

　　诗人顺风乘舟来到定海，看到这里山势险峻，海潮汹涌。但在这一片惊涛骇浪之中人们却过着幸福安宁的生活，鱼市繁荣，欢声处处，风景如画，竟如同杭州般繁华美好。清代宁波鄞县诗人周志嘉《石塘市》也描写了海滨小镇的生活状态："细雨迟山市，乡邻拉伴行。鱼虾衣角里，鹅鸭担头鸣。白酒喧茅店，红妆纳竹籝。亲朋大都在，街口竞呼名。"位于浙江温岭市的石塘镇民风淳朴，诗人描写了百姓结伴赶集的景象，人们随意携带一些自家出产的物品前去贩卖，担在扁担上的鹅鸭还在鸣叫着。用鱼虾、鹅鸭换了钱之后，人们也会呼朋唤友去小酒馆喝酒，并买一些生活用品带回去，竹筐里鲜亮的红妆分外显眼。海滨古镇百姓的热情、友善、勤劳、热爱生活等等的美好品质洋溢在诗中。
　　渔村或海滨小城悠闲的生活方式，自给自足的生活状态以及远离世俗纷争的宁静氛围都对文人们产生了巨大的吸引力，使他们为此歌吟咏叹。而海滨景色的优美、宁静或者壮观、开阔也能够使人摆脱浮华与急躁的心态，更增添几分超然的隐逸情怀。
　　明代宁波鄞县诗人沈明臣《渔村夕照》也是这样一首作品："洲前洲后尽垂杨，村尾村头满夕阳。换酒醉眠高晒网，远山修竹正苍苍。"遍种垂杨的渔村在夕阳之下弥漫着柔美的金黄色的光辉，渔家在艳阳天里晒网醉眠，远山之上是高高的翠竹。清代诗人袁钧《鄞北杂诗》描写了四明渔村风情："鱼荡纷纷比岁多，秋来到处起渔歌。使君庙望将军庙，海会河通北斗河。"鄞北鱼塘遍布，秋天鱼虾肥美的季节到处响起欢快的渔歌。清代徐镛《山前竹枝词》也反映了海滨人民生活的特色：

爱尝蜃蛤每垂涎，嫩剥蛏儿味更鲜。
广种海边赢种稻，何须沧海变桑田。

　　这首诗描写了宁海风情，鲜美的蜃蛤令人垂涎，蛏子也是又嫩又鲜，人们以沧海为利，海边广种蛏田和稻田，虽然没有大面积的陆地可以耕种，但海田也使人民的生活得到了保障。清代诗人鲍序悦《梧岑竹枝词》："龙溪桥又虎溪桥，近接长亭路不遥。一任鱼虾来市面，每逢四九货都销。"海滨多溪水，多小桥，交通便利，也方便了人们从四面八方赶到集市上贩卖鱼虾，而每逢四九鱼虾全部会卖光。这正因为四九接近春节，人们要大量办置年货了。清代佚名诗人的《青珠竹枝词》同样描写了海村自在悠闲的生活："长街上市促渔翁，大缺桥连小缺通。卖的新鱼便沽酒，归来犹带醉颜红。"渔翁到长街集市上卖掉鲜鱼便沽酒痛饮，归来时犹带醉容，字里行间流露出诗人对这种自由自在的生活的向往之情。
　　浙江古代海洋诗歌中描写海滨居民平和、安宁的生活的作品给人一种心旷神怡的感受，诗人笔下的海滨恰似世外桃源，风景优美，民风淳朴，洋溢着快乐、和谐的气氛，质朴的渔人如世外高人般拥有着洒脱的心态和不同俗流的眼光。可以说这一类作品既有写实的因素，也寄托了诗人的人生态度和理想追求，这些作品在很大程度上是被诗人美化了的现实生活。

三、海边恶劣的环境和渔村人民艰辛的生活

海村居民的生活并不是一直如世外桃源般安宁祥和,而是根据时间和地点的不同在发生着变化,彼时彼地是祥和美好的,此时此地却充满了愁苦和伤痛。大海既拥有奇特的、令人震撼的景色,可以带给人视觉上的美感;大海也拥有丰富的物产资源,可以给人们提供美味的食物,让许多人赖以谋生;但大海同样具有一种破坏的力量,它的惊涛骇浪可以掀翻船只、摧毁房屋,它潮湿的瘴气能够威胁人的健康,靠海洋谋生的人们也要付出异常辛苦的劳动。因此,在某些时候、某些情境之下海滨人民的生活是充满了艰辛与磨难的。海滨处于卑湿之地,唐代襄阳诗人张子容《永嘉作》描写了海滨环境中令人难以忍受的一面:

> 拙宦从江左,投荒更海边。山将孤屿近,水共恶溪连。
> 地湿梅多雨,潭蒸竹起烟。未应悲晚发,炎瘴苦华年。

海边卑湿,有些地方萦绕着瘴气,而又偏远落后,缺医少药,一旦发生传染性疾病,其严重程度远远甚于内地。《玉环县志》载:"光绪四年,是秋,沿海多疫。"《普陀县志》也记载:"明万历元年瘟疫,致死甚众,道殣相望。"海边的湿气与瘴气是人们生活中很大的隐患,尤其是对于像张子容这样并非土生土长之人,因而诗人描写了他在永嘉辛苦度日的情形。不仅外地人在海边会有不适的感觉,即使浙江本地诗人来到穷海之滨依然会生出孤独落寞之感。

明代宁波诗人屠侨《水东驿道中》也反映了海边土壤贫瘠和瘴气严重的恶劣环境:"炎海东来路,龙川曲避沙。江村孤驿舍,竹屋几人家。地脊春无菜,山稠树少花。瘴烟愁未已,汗浸到天涯。"海边的村落中人烟稀少,只有寥寥几户人家。被海水浸润的土地春天也难以生长蔬菜,山虽然座座相连,但山上也难以见到绚烂的花树。空气中弥漫着朦胧的瘴烟,这样的环境也难以调动起赶路人积极的精神状态,难免一路疲惫不堪。海边百姓不仅要忍受潮湿多雾的气候,而且还要承受生活上的种种磨难和痛苦。

渔人长期出海,他们的妻儿生活陷入孤独无助之中,尤其是要养育幼子的女人,她们为了谋生要承担异常艰辛的劳动,元代浙江诸暨诗人杨维桢《海乡竹枝歌》形象地反映了这样一个生活侧面。杨维桢曾任建德路总管推官,元代建德路治所在建德,辖境在今浙江省新安江、桐江流域,《海乡竹枝歌》就描写了这一带海村妇女的艰难生活:

> 门前海坍到竹篱,阶前腥臊蠘子肥。
> 亚仔三岁未识父,郎在海东何日归?

这首诗描写了渔村男子长期出海,致使其妻儿在家无依无靠的生活场景。明代宁波鄞县诗人屠侨《二渔负罾图》也是这种生活状态的反映:"夜饭未得熟,风涛不可罾。柴门桑竹雨,妻子候寒灯。"渔翁在风涛之中出生入死,妻儿在寒灯之下苦苦守候。元代浙江宁海诗人舒岳祥《行海村》描写了海村恐怖荒凉的氛围:"天远鸣榔双桨浦,夜凉吹笛十家村。如今

鬼出无人过，深闭柴门自断魂。"从前海村有鸣榔在远方响起，有笛声在夜间萦绕，鸣榔是一种可以吹响的木制器具。如今因战乱荒凉得见不到人影，此情此景使人伤心断魂。

海村百姓生活的艰辛不仅体现在男人要长期出海，女人和孩子孤独无助，或者在战乱中不得不流离失所，使本来沉重的生活雪上加霜，这种生活的艰苦还体现在他们赖以谋生的日常劳作之上。除了出海捕鱼，也有人为了养家糊口而从事采珠、煮盐等异常艰辛的劳动，曾任浙东观察使的元稹在诗中曾对以采珠为生的海边百姓表达了极大的同情，如《采珠行》：

> 海波无底珠沉海，采珠之人判死采。
> 万人判死一得珠，斛量买婢人何在。
> 年年采珠珠避人，今年采珠由海神。
> 海神采珠珠尽死，死尽明珠空海水。
> 珠为海物海属神，神今自采何况人。

采珠是海边百姓谋生的一种方式，明代叶盛《水东日记·珠池采珠法》载："珠池居海中，蜑人没而得蚌剖珠。盖蜑丁皆居海艇中采珠，以大舶环池，以石悬大絙，别以小绳系诸蜑腰，没水取珠。"又载："明永乐初，尚没水取，人多葬沙鱼腹，或只绳系手足存耳。"[1]虽然此段资料记载的是生活在广东、福建一带的蜑民采珠的情形，但足以说明采珠这一活动的危险性。越地亦有采珠人，元稹这首诗中就描写了采珠人的生活状况，为了采珠潜入深海，将生死置之度外。拼死采来的珍珠又哪里能找到像石崇那样的需要大量珍珠来换美人的买主呢？何况年年采珠，珍珠越来越稀少，这条谋生之路越来越艰难了。

除了采珠，煮盐也是海滨百姓利用大海来生存的方法。《管子·海王》篇记载齐桓公与管仲就如何治理国家的对话：管子对曰："唯官山海为可耳。"桓公曰："何谓官山海。"管子对曰："海王之国，谨正盐。"海盐是人类可以利用的重要海洋资源，但炼制海盐的过程却是异常艰辛的。清代《如皋县志》载："晓露未晞，忍饥登场，刮泥汲海，伛偻如猪，此淋卤之苦也。暑日流金，海水如沸，煎煮烧灼，垢面变形，此煎办之苦也。"如皋虽在江苏境内，不属于浙江的范围，但江浙一带煮盐的方法大致相似，可见这是一项极其辛苦的劳动。而这种劳动却可以为国家带来巨大利益，《史记·齐太公世家》载："因其俗，简其礼。便鱼盐之利，齐为大国。"其后，管仲相齐，"兴鱼盐之利，齐以富强"。可见齐国富强的原因主要是发展了"鱼盐之利"，除捕鱼之外，盐业也是国家经济发展的主要支撑。然而以煮盐为生的海滨百姓却为了谋求衣食而处于水深火热之中，宋代词人柳永曾有《煮海歌》，写于词人在浙江定海晓峰盐场任监盐官之时：

> 煮海之民何所营，妇无蚕织夫无耕。
> 衣食之源太寥落，牢盆煮就汝输征。
> 年年春夏潮盈浦，潮退刮泥成岛屿。

---

① （明）叶盛撰、魏中平点校：《水东日记》卷五，北京：中华书局，1980 年，第 54 页。

风干日曝咸味加,始灌潮波增成卤。

卤浓碱淡未得闲,采樵深入无穷山。

豹踪虎迹不敢避,朝阳出去夕阳还。

船载肩擎未遑歇,投入巨灶炎炎热。

晨烧暮烁堆积高,才得波涛变成雪。

宋《乾道四明图经》载:"晓峰场在县西十二里。柳永,字耆卿,以字行。本朝仁庙时为屯田郎官,尝监晓峰盐场。"①这首诗描写了以煮盐为生的百姓的苦难生活,诗前小序说:"煮海歌,悯亭户也。""亭户"是古代盐户的一种,唐肃宗乾元元年(758年)第五琦制定盐法,将制盐民户编为特殊户籍,专制官盐。因煮盐地方称亭场,故名"亭户"。《定海县志》载:"唐代,定海已成为全国九个海盐产区之一,盐民编称'亭户',免杂役,专司制盐。"从乾元元年开始,海盐实行官卖,寓税于价。《新唐书》中有:"天下之赋,盐利居半。"北宋时期,定海盐场发展迅速,其中以晓峰盐场最为著名。"煮海"即用煎煮的方法制盐,制作的过程有民俗学者进行过如下总结:"煎煮古称'煮海',俗称'熬波',它的制盐习俗最古老,工艺也较简单,制作程序有'制卤'和'烧煮'。所谓'制卤',第一步为刮泥,即在海岸滩涂中刮取咸土挑集于塯内。第二步为淋卤,即在咸土装入塯内后,舀海水浇灌之,使卤水从塯底渗出流入卤井(缸)内。第三步为验卤。古代验卤的方法用10枚石莲测试之。石莲放入卤水中,全浮者为浓,半浮者为浓淡兼半,3莲以下浮者为淡。而后改为黄腊丸裹锡代莲,或用鸡蛋测卤。所谓'烧煮',即在制卤滩场高墩处,建筑一个木梁土壁的灶厂。灶厂内有盐灶数座,前开火门,旁有风洞,不设烟囱。屋内也无窗。煎煮时把卤水注入盘内,灶膛中投薪燃之,卤因熬煎渐结晶粒,则为盐。其中,自起火至熄火谓一造。每造4—10日。下次开煎,重新砌盘。"②由此可见,煮盐的过程相当复杂,既要从海滩上刮取海泥,还要不断地用海水浇灌这些咸泥,使之含盐量更大,以便得到更浓的卤水,之后要烧煮卤水,使盐逐渐结晶。

柳永这首诗对以煮海为生的"亭户"的劳作过程以及生活状况描写得都很详细:以煮盐为业的海滨百姓没有寻常的男耕女织的生活,衣食所需全部依靠煮海为盐来换取。年年春夏趁退潮之际在海滩刮泥,刮出的海泥像岛屿般堆积。待这些海泥风干日晒含盐量增加之后还要以海水来浇灌,制成卤水。为了进行下一步的煎煮,人们还要进山砍柴,冒着被虎豹吞噬的危险,早出晚归,肩扛船载,终于可以把薪柴投入盐灶之中。在炎热炙烤的灶旁不分晨昏地添薪加柴,历尽煎熬才能使一锅卤水变成雪白的盐粒。而在盐煮制出来之前人们只能以借贷谋生,官府收盐所得收入往往不足以偿还高利贷。"亭户"的生活陷入周而复始的恶性循环之中,诗人呼吁朝廷的恩泽能够惠及海滨,使煮海之民摆脱苦难生活。北宋宰相王安石也到过定海,写下了《收盐》一诗:

① (宋)张津等纂修:《乾道四明图经》卷七,《宋元方志丛刊》本,北京:中华书局,1990年。
② 姜彬主编:《东海岛屿文化与民俗》,上海:上海文艺出版社,2005年,第312页。

州家飞符来比栉,海中收盐今复密。

穷囚破屋正嗟郁,吏兵操舟去复出。

海中诸岛古不毛,岛夷为生今独劳。

不煎海水饿死耳,谁肯坐守无亡逃。

尔来贼盗往往有,劫杀贾客沈其艘。

一民之生重天下,君子忍与争秋毫。

诗中抨击了官府对亭户的苛刻征收。生活在海礁上的岛民,不能种植庄稼,只有守着海滩煎盐,否则便没有生路,可是千辛万苦熬出的盐被官府派来的船只收走。盐民即使有机会卖些私盐,也要面临着被海盗劫杀的危险。诗人在诗的结尾讽喻统治者应以民生为重,不要太过盘剥盐民。以煮盐为生的海滨之民生活艰辛而单调,皎然诗中也有"海岛无邻里,盐居少物华。"(《送卢仲舒移家海陵》)

不仅采珠人和盐民过着沉重、痛苦的生活,捕鱼者的生活同样令人同情。明代诗人卢若腾《哀渔父》以细腻的笔法描写了渔父悲惨凄凉的生活:

哀哉渔父性命轻,扁舟似叶泛沧瀛。

钓丝垂下收未尽,飓风乍起浪纵横。

月落天昏迷南北,冲涛触石饱鲵鲸。

是时正值岁除夜,家家聚首酬酒炙。

惟有渔父去不归,妻子终宵忧且讶。

元旦江头问归舟,方知覆溺葬东流。

卢若腾曾在浙江为官,这首诗描写了渔夫除夜在波涛汹涌的海上葬身鱼腹的悲惨情景。在家家团圆的除夕之夜,渔父再也无法上岸与亲人团聚,留下妻儿在家中无望地等待。诗人感慨大海虽然能阻断胡马的入侵,但狂风恶浪也要掀翻渔船,吞噬渔人的性命。

除了采珠、煮盐和捕鱼以外,在海滨百姓的谋生方法中也有纤夫这一行当,以帮人拉纤为生。清代宁波余姚诗人郑世元《纤夫哀》描写了纤夫的艰辛生活:

行行重行行,但闻岸上搯搯牵船声。

赭衣赤棒乱鞭光,眼穿不见杭州城。

途长舟重腰骨折,日午未食饥肠鸣。

唇焦口苦呼荷荷,眼见性命须臾倾。

诗中感慨纤夫像囚犯一样被役使,"赭衣赤棒乱鞭光"一句写出了纤夫受到的不公正待遇。"赭衣"为古代囚衣,因以赤土染成赭色,故称。《荀子·正论》有:"杀,赭衣而不纯。""赤棒",即赤色的棒,古代上层官员出行,仪仗中兵器之一。《北齐书·王俨传》载:"魏氏旧制:中丞出,清道,与皇太子分路行,王公皆遥住车,去牛,顿轭於地,以待中丞过,其或迟违,则赤棒棒之。"可见赤棒是官员的护卫用以打人的工具。此处以"赭衣""赤棒""乱鞭"

衬托纤夫的遭遇,他们穿上囚徒的衣服,受棒打鞭抽之辱,长途拖船,饥肠辘辘,口干舌燥,有苦难言。诗人在结尾表达了自己的愤慨之情:纤夫并不是囚徒,而是天子版图上的良民,可为什么会被看得比鸡犬都轻贱?拖船而行的纤夫是江海岸边一幅令人伤痛的画面,在亮丽的青山碧水的对比之下,纤夫那前倾的身体和沉重的步履更加体现出苦难的一面。

　　浙江古代海洋诗歌中海滨生活题材的作品形象生动地描绘了古代海滨人民的生活情景,诗人们对与内陆生活有着鲜明不同的渔村风情进行了细腻描写,对海滨超然世外的宁静美好的一面进行了渲染和赞美,但他们也并没有回避海滨生活中艰辛、惨痛的一面,用饱满的情绪、同情的笔触写出了内陆居民难以体会到的谋生的艰难。这一题材的作品在内容上有着很大的反差和强烈的对比,从而也形成了巨大的艺术感染力。

浙江沿海岛屿解放的历史回眸

王荣福

（临海市委党史研究室）

摘要： 从 1950 年 5 月解放舟山群岛，到 1955 年 1 月一江山岛登陆战役的胜利，迫使国民党军撤出大陈岛、披山岛、台山岛、南麂岛等沿海岛屿，实现浙江全境的解放，是新中国成立后人民解放军在新的形势下的新贡献。浙江沿海岛屿的解放，从战术意义上说，为我军积累了登岛战斗的实战经验，为解放台湾，实现全国的解放提供了军事上的基础。从战略意义上说，对于粉碎美蒋阴谋，稳定沿海局势，保障南北沿海交通畅通，保护沿海人民的正常生产和生活秩序具有重要意义。解放浙江沿海岛屿的过程，也是激发浙江沿海人民爱国热情，全力以赴投入支援前线的过程，在浙江现代史上写下了永载史册的一页。

关键词： 浙江沿海岛屿　解放　历史意义

浙江大陆解放后，国民党军纷纷逃到沿海岛屿，封锁海上交通，破坏渔业生产，不断袭击大陆，严重威胁着沿海各地的安全。驻浙人民解放军在全省人民的大力支援下，从 1949 年 7 月至 1955 年 2 月，历时 5 年零 7 个月，先后进行攻岛战斗数百次，终于解放浙江全境。浙江沿海岛屿的解放，无论是战略上还是战术上都具有重要的历史意义。而浙江沿海百姓为支援前线迸发出来的爱国热情更为"人民群众创造历史"的唯物史观添加了浓重的一笔。

一、浙江沿海岛屿解放经过

解放舟山群岛，是解放沿海岛屿的首次战役。

舟山群岛位于沪、杭、甬、温及东南诸省商轮往来的主要航线，具有重要的战略地位。1949 年 7 月，国民党组建舟山防卫司令部，兵力约 6 万人。他们构筑复杂、坚固的防御工事，组成海陆空立体防御体系，不断派出舰艇，骚扰、炮击沿海村庄和群众，并出动飞机轰炸沪、杭、甬等城市。

为粉碎国民党军的封锁，保证经济建设与东南沿海人民生命财产的安全，根据第三野战军的命令，中国人民解放军第七兵团确定了先逐次攻占定海外围岛屿，后攻占舟山本岛（定海）的作战方案，决定由 22 军和 21 军 61 师解放舟山。

8 月 18 日傍晚，22 军一部发起攻占大榭岛的战斗。经一夜激战，全歼国民党守军 1 448 人，揭开了舟山战役的序幕。从 10 月 3 日至 11 月 6 日，22 军的 66 师、64 师和 65 师一部，以及21军61师,在炮兵的支援下,先后攻占了金塘、六横、虾峙、佛渡、桃花岛等岛屿,歼敌9 000余人,形成了对舟山本岛守敌的弧形包围。

连续攻岛战斗的胜利,使部队产生了轻敌情绪。11月3日,61师奉命对登步岛之敌发起攻击。由于战前准备不足,先头部队登陆后,未能完全控制渡口,4日,敌援兵上岛,以6个团的兵力在军舰、飞机掩护下轮番反扑。解放军5个营与之血战两天三夜,伤亡达千余人。毙伤敌3 300余人,因为后续部队增援困难,我军6日凌晨1时主动撤出战斗。

登步岛战斗的失利,使解放军将士进一步认识到渡海作战的复杂性和做好战前准备的重要性。从11月14日至次年3月28日,毛泽东主席4次致电第三野战军副司令员、华东军区副司令员粟裕,分析盘踞在舟山群岛的国民党军情况,对进攻舟山群岛的准备工作和战役部署提出意见并作出指示。此时,舟山国民党军队已增至12万余人,中共三野前委决定再增调第23、24、26军和部分海空军参战,参战部队增至5个军和10个山炮团及部分海空军(后24军、26军未到位)。战役延至1950年6月底发起总攻。

正当解放军前线部队作战准备基本就绪时,海南岛、东山岛先后解放。蒋介石被迫于1950年5月初飞抵定海布置撤逃。舟山国民党军于5月13日至16日撤往台湾,并抓走岛上居民3万多人。第七兵团得知舟山守敌撤逃,当即兵分3路进军舟山。

5月16日,解放军占领登步岛,然后解放了沈家门、朱家尖、定海城、岱山、长涂和普陀岛。至此舟山群岛全部解放。

舟山战役先后经历了9个月,共歼敌8 500余人。

舟山群岛解放后,浙江沿海仍有20多个岛屿被国民党军残部占据,他们与土匪、海盗沆瀣一气,抢劫商船,杀害群众。从1950年6月至1954年底,前后袭扰破坏沿海大陆地区共达500多次,打死打伤大陆军民上百人,抓走渔民1 100多人,劫去渔船132艘。浙江军区第21、22、25、20等4个军,公安部队和驻浙海军空军所属各部及广大民兵,先后对盘踞海岛的残敌进剿数百次。有些岛屿经过反复争夺才获得解放。

1949年10月,21军63师奉命进剿盘踞在洞头等岛之敌,发起了温州湾战役。该师以189团攻击洞头诸岛,187团攻击鹿栖岛,188团攻击大嵛山。7日晚,189团经数小时激战,攻占洞头岛,歼敌2 000余人,俘"浙南行署"主任兼"浙南行署绥靖军"司令王云沛等。同日,187团三营向鹿栖岛攻击,全歼岛上守敌200余人,活捉"浙南行署绥靖军"副司令叶金饶。188团渡海向大嵛山发起进攻,全歼守敌。温州湾战役共歼敌1 500余人。与此同时,浙江军区警备旅第二团也向黄大岙、北龙、状元岙、霓屿诸岛之敌发起攻击,歼敌大部。此后,解放军和国民党军互有进退。1952年1月15日,洞头列岛终于获得解放。

在此前后,解放军还攻占了披山(后又主动撤离)、大小鹿山、鸡山、洋屿、头门岛、积谷山、高塘、南韭山、檀头山等岛屿。

在解放沿海岛屿的战斗中,最著名的就是解放军陆海空三军首次联合作战,攻占一江山岛。

地处台州湾的一江山岛因为地理位置的重要,使得蒋介石对其设防特别关心,提出了"保卫台湾,必先固大陈,要守住大陈,必确保一江山岛"的口号,部署守军1 086人,并在美军的协助下,构筑永久性、半永久性地堡154个、壕堑两道,以203高地和2 180高地为支撑点,分四层配置火力,实现在两岛之间相互支援。岛四周还有铁丝网、地雷等副防御设施。

台湾方面曾声称:一江山岛是生物通不过的钢铁堡垒和打不沉的美国造军舰。

为适应解放军陆海空三军首次协同作战的需要,1954年8月下旬,经中央军委批准,华东军区后组建浙东前线指挥部,由华东军区参谋长张爱萍任司令员,统一指挥解放一江山岛战役。进攻一江山岛的兵力有陆军4个步兵营和9个炮兵营;海军各式舰船188艘;空军8个航空兵师和1个独立团;浙江军区也抽调各种船艇144艘。三军参战总兵力达1万余人。

浙东前线指挥部确定整个战役分两个阶段进行,先攻下一江山岛,再攻占上下大陈岛。

为了不让国民党的飞机和舰艇到达预定战区发现和破坏解放军的战役意图,首先与国民党军展开了争夺战区制空权和制海权的斗争。经过8个月的争夺,共击落击伤敌机16架,炸毁敌舰3艘,击伤和炸伤敌舰8艘,解放军不仅基本上控制了大陈地区的制空制海权,为渡海作战,解放浙江沿海所有敌占岛屿创造了极为有利的条件,而且也探明了美国的企图。

陆海空三军还进行了登陆演习。华东军区海军也向战区派出气象观察员,加强战区气象观察。在做了比较周密和充分的准备后,由总参谋部报请毛泽东、刘少奇、周恩来等中央领导同志批准,于1955年1月18日对一江山岛守敌发起攻击。

18日8时,解放军开始火力准备。强大的海空军火力和炮兵火力一齐发挥威力,共投弹127吨,发射炮弹12 544发。一江山岛各登陆点的敌防御工事和炮兵阵地在炮火的猛烈轰击下已基本摧毁,敌通信枢纽和指挥系统也陷于瘫痪。在炮兵、航空兵、舰艇的直接掩护支援下,登陆部队先后于12时15分和13时22分从集结地域雀儿岙、头门岛向一江山岛航渡,于14时30分至15时突击登陆。上岸后,仅35分钟就抢占了主峰,并迅速向纵深发展。战斗异常激烈,有许多指战员壮烈牺牲,支援作战的民工有的也英勇献身。经过近3个小时的鏖战,终于全歼守敌,打开了被国民党称为"固若金汤"的大陈的大门——一江山岛。19日凌晨,岛上守敌被全部肃清,战斗胜利结束。

一江山岛渡海登陆作战,歼灭国民党军1 086人,其中击毙519人,俘虏567人。解放军参战部队也付出了沉重的代价,伤亡837人,其中393名烈士长眠在东海之滨。

解放军在一江山岛作战的胜利,使大陈等岛的国民党军极度恐慌。1955年2月8日至25日,大陈等岛守敌仓皇撤逃。浙江军区所部乘胜出击,先后攻占了北麂山、大陈、渔山、披山诸岛。26日解放军占领南麂山岛,至此,浙江全境获得解放。

二、浙江沿海岛屿解放的战略意义

(一)解放舟山群岛,粉碎蒋介石"反共基地"梦

舟山群岛是蒋介石在大陆失守前就开始苦心经营的"反共基地",位于沪、杭、甬、温及东南诸省商轮往来的主要航线,又是我国最大的渔场,在战略上具有重要地位。

蒋介石看重舟山群岛,绝非仅仅把它作为部队撤退的一个中转站。蒋介石十分清楚,中共没有海军、空军,他要利用这一弱点,控制舟山群岛,利用这些岛屿的特殊地理位置,图谋依仗制空权,使之成为控制长江口和海上交通线、袭击大陆的理想基地,将舟山打造成第二个"台湾"。

蒋介石深知舟山群岛的重要,在他"引退"之时,就对舟山给予了高度重视。根据蒋经

国回忆，"父亲引退之后，交我办理的第一件事情，是希望空军总部，迅速把定海机场建筑起来。"他"对这件事情显得很关心，差不多每星期都要问，机场的工程到何种程度了？后来催得要紧，几乎三天一催，两天一催，直到机场全部竣工为止。到了淞沪弃守，才知道汤恩伯的部队就是靠了由定海机场起飞的空军掩护，才能安全地经过舟山撤退到台湾。"

　　1949 年 5 月中旬，蒋介石离开舟山赴台湾前，亲临金塘、普陀山、舟山本岛、岱山、朱家尖、登步、桃花、虾峙、六横诸岛和镇海的郭巨一带，察看天险兵要，检查军容，指导防务，特别督促空军总部加快修筑空军基地。12 日，又决定在定海成立舟嵊群岛防卫司令部，统一指挥舟山国民党的党政军各机关和陆海空各部队。并调整防务，加修工事，扩建定海机场，新建岱山机场，增设作战飞机。

　　8 月 3 日，蒋介石趁到南朝鲜寻找盟友之机，再次飞到舟山，指示守军"要明确舟山国军的战略目标就是确保舟山基地，封锁袭扰大陆沿海，窒息共匪经济，掩护台湾侧翼安全，并等待国际情势变化，伺机反攻长江下游"。

　　我军展开攻岛战斗后，蒋介石又多次增兵，企图阻止解放军，巩固舟山群岛的反共基地地位。直到海南等岛屿相继被解放，眼看守岛无望，才被迫撤离。在我解放军的快速强大攻势下，舟山群岛获得解放，彻底粉碎了蒋介石的"反共基地"梦，直接打击了国民党固守台湾的信心，为解放沿海岛屿赢得了战略转机，也标志着解放战争的大规模作战行动宣告结束。

　　（二）一江山岛战役，封住了蒋介石"反攻大陆的大门"

　　舟山群岛、洞头列岛、东矶列岛相继解放以后，蒋介石集团还占领着浙江沿海的上下大陈、福建沿海的马祖、金门。这些岛屿成为蒋介石的防卫区，也成为蒋介石"反攻大陆"的前沿阵地。他们频繁进行海上窜犯袭扰活动，严重影响我沿海地区的经济建设，威胁我沿海人民的生命财产安全。美国在侵朝战争失败后，与蒋介石签订《共同防御条约》，企图以此将其占据台湾为基地合法化，进而遏制和分裂中国。蒋介石集团将美国拉进大陆与台湾的国共内战之争，妄图借势阻止人民解放军解放沿海岛屿和台湾，并伺机"反攻大陆"。

　　对于美蒋的这些阴谋，中共中央高度关注，并形成有效的应对策略。为解除我东南沿海受美蒋勾结的威胁，把我军对敌斗争的重心由朝鲜战场开始有计划地转移到我国东南沿海地区，浙东前线除了增强海、空军力量外，还特地抽调了刚从朝鲜战场凯旋回国已驻防上海地区的第三野战军主力之一的第二十军，进驻浙东前线宁波、台州和温州等沿海地区布防。早在 1952 年 2 月，毛泽东主席就提议"先解放浙江沿海敌占岛屿"。

　　解放大陈岛，首先必须确定战役的突破口。张爱萍认为，一江山岛是大陈本岛的门户，位于大陈岛和我军前进基地之间，距我基地仅五海里，完全在我军火力控制之下，我军组织航渡、各种作战保障及三军协同都比较容易。同时，我军夺取一江山岛后，不仅清除了大陈岛的外围，还能把海岸炮拉上去，可起到军事要塞的作用，使大陈岛直接暴露在我炮火的威胁之下。另外，蒋介石国民党一直视一江山岛为大陈岛的"门户"，并将其作为"反攻大陆的大门"，由美军顾问直接参加设防，苦心经营。如果我军选择这个"大门"打进去，必然收到击敌要害、撼敌全局的效果，造成敌人政治上、军事上的巨大震动，给美蒋协防阴谋以沉重打击；大陈岛的守敌可能慑于我军威势，不战自弃，向台湾龟缩，从而一举解放浙江沿海岛屿。华东军区最后决定把战役的突破口选在一江山岛，这个方案很快得到中央军委和毛泽东主席的批准。

此后的事实说明,我军整合优势,首次以三军联合作战一举夺得一江山岛战役的全面胜利,迫使大陈等岛屿国民党守军不战自弃,撤向台湾,实现了浙江沿海岛屿的全部解放,也捅破了美蒋用来吓唬人的《共同防御条约》的纸老虎本质,迫使美国调整公开与中国人民为敌的对华政策;同时,彻底打破了蒋介石集团企图借助美国军事实力,伺机反攻大陆的妄想;还走出了一条在现代化战争条件下,三军联合进行两栖登陆作战的成功路子,创造并积累了许多极为有益的实际作战经验。

三、浙江沿海岛屿解放的战术意义

(一)登步岛战斗,我军在极为困难复杂的条件下顺利实施了大部队登陆、撤出海岛的战术动作,丰富了我军海上作战经验

登步岛战斗,在敌强我弱的情势下,加上不可抗拒的因素——由于风向潮水的变化,致使未能把原计划使用的部队及时投入战斗,加上少数干部处置失当,当晚未能全歼守敌,次日起敌大量增援,战局出现逆转。虽4日晚师长亲率部队增援,但未能扭转战局。

在这弹丸小岛上,一方是能攻善守的两个老红军团,一方是蒋介石嫡系6个美械团,国共双方共约18 000人在登步厮杀两天三夜,流水岩、大山、炮台山等战略要地几次易手,双方伤亡都极为惨重。解放军因准备不足,在要点尽失三面受敌的情况下,果断脱离战斗,撤回桃花岛。我军虽然没能实现歼敌占岛的目的,但给敌人的打击是沉重的。我军以五个营的兵力,与在飞机、军舰支援下的敌六个团的兵力激战两个多昼夜,连续击退敌人20多次进攻,毙、伤、俘敌人3 396人,其中敌军3个团长被我击伤,坚守住了主要阵地。

在敌人增援部队更加增多的极其困难的情况下,我军指挥员分析战场形势,感到在兵力对比上敌我悬殊过大,以现有力量歼灭敌人已无可能,遂决心主动撤出战斗。并对各部队撤退方法和顺序作了指示和部署。部署各种佯动迷惑敌人、隐蔽我方意图。5日下午起,各部队即以轮番交替佯攻的方式相互掩护撤退。此时敌人也已如惊弓之鸟,轻易不敢乱动。至晚,我军顺利撤至海边原登陆点。接应船只已陆续抵达滩头,部队即分批乘船驶离登步岛,撤回桃花岛驻地,至6日凌晨1时,所有登陆部队全部顺利撤回。

登步岛之战,我军虽然未能实现歼敌占岛的预定作战意图,但在极为困难复杂的条件下,指挥员审时度势,以大无畏的精神,抓住转瞬即逝的时机,果断决策,顺利实施了大部队登陆、撤出海岛的战术动作,以较小的代价取得了歼敌三千余、俘敌数百名的胜利,给敌人以沉重的打击。此役既丰富了我军海上作战经验,又极大地震动威慑了敌人。粉碎了敌人妄图制造第二个金门的美梦。也为全军渡海作战提供了正反经验。因之,登步岛战斗在我军的战斗史册上应享有其独特的地位和意义。

(二)一江山岛战斗,灵活运用"牛刀杀鸡"之战法,充分准备,精心组织,战法创新,速决全歼

一江山岛之战,是我军在现代化战争条件下的一次集中陆海空三军优势兵力的联合渡

163

海登陆作战。参加作战的部队有 3 个军种、10 多个兵种,通过反复演练,解决了各军兵种的整体协调,灵活运用"牛刀杀鸡"之战法,充分准备,精心组织,战法创新,速决全歼。

在战斗发起前,就有效地控制了制海、制空权。并以佯攻和严格封锁作战消息等手段,造成敌人判断上的错觉;以反向思维,利用潮汐规律,打破常规,实施白天抢滩突击,在登陆时机上造成突然性。攻击发起后,步兵在我强大的海、空、炮火力支援下,以"雷霆万钧之势",在南江、北江等三个登陆点上一举突破登陆成功。仅用 15 分钟,就歼灭前沿守敌,攻占了敌岛滩头水际第一线坚固防御阵地。

步兵在巩固扩大登陆场的同时,充分利用我海军、空军、炮兵强大火力对敌毁灭性的压制效果,乘敌尚未恢复瘫痪状态之际,迅速向敌第二线中间阵地和敌纵深核心阵地发起猛烈的攻击,又神速地用不到 20 分钟时间,先后攻占了该岛 203、190、180 和 160 等敌全部纵深制高点核心阵地,控制了全岛局势。这种海岛山地背水攻坚战的战斗速度,在作战史上实属罕见。

纵观整个战斗,我军仅用不到 3 个小时的时间,速战速决,彻底摧毁了美蒋苦心经营 5 年之久的海上战略要点一江山岛,全歼守敌 1 086 余人。其行动之快,为美蒋始料所不及。我军不给蒋介石军队有组织增援反击的机会,更不给美国留有进行军事干涉的反应时间和机会,出色地完成了党中央、中央军委和祖国人民赋予我军解放浙东沿海岛屿的光荣任务。

四、浙江沿海岛屿解放中的群众支援

人民解放战争,离不开人民群众的大力支援。正如陈毅元帅曾深情地说,"淮海战役是老百姓用小车推出来的"。浙江沿海岛屿的解放同样是以人民群众的有力支援为保障的。而且,因为是登陆攻岛的海上战斗,群众的支前又有其独特的形式。

海上战斗,首先离不开船只的运输作保障。我人民解放军转战南北,所向披靡,却没有渡海作战的经历和经验。怎样适应海上作战,对部队来说是个很大的问题。刚刚获得翻身解放的浙江沿海渔民、船工,在这要紧关头,以极大的爱国热情万众一心支援前线,从帮助部队战士开展海上练兵,到直接驾船运送部队战士上岛战斗,从战前协助部队进行敌情侦察,到战斗过程中运送伤员,成为作战部队军事行动的基本保障。

舟山战役打响前,渡海作战是部队的全新课题,绝大多数人连海都没见过。刚刚获得解放的浙江沿海渔民和船工响应部队征集船工和渔船的号召,不仅自觉地献出自己的船只,还与部队一起抢修破损的船只。为配合部队的水手训练,船老大给战士们讲潮水、风向对使船的影响和海上使船的要领,手把手地教战士如何摇橹、掌舵,如何起帆使篷,如何逆风打戗。经过战士们日夜勤学苦练,初步掌握了驾船搏浪的本领,适应了渡海作战的要求。

渔民、船工直接驾船投入战斗,则更成为运送战士上岛参战的动力。进攻金塘岛战斗中,老渔民应兰文主动将自己家的那条载重 60 吨的机帆船贡献给部队作为进攻指挥船,还亲自为解放军在金塘岛登陆的突击团指挥船掌舵,把部队顺利送上岛,被突击团评为一等功臣。一江山岛战役中,100 多名渔民自告奋勇,当上"炮船"老大一直参加战斗,海门的金寿兴在战斗中驾驶着 17 号"炮船",连续摧毁了敌人五个地堡,掩护第一梯队登陆部队占领滩头阵地,紧接着,他又主动驾船支援另一个登陆点的战斗。在"炮船"驶到距敌只有 200 米处时,遭到敌人暗堡中的几挺机枪的集中扫射。金寿兴毫不畏惧,勇敢地向前冲。不幸被击中前额,光荣牺牲。

一江山岛战役的准备阶段,海门区渔民协会为配合部队开展侦察工作,确定海上支前大队第一中队专门承担这一任务。在部队执行侦察任务时,中队长尤长保成了运送侦察兵的"专业"船老大。无论天气情况如何变化,尤长保都摇着小船,把侦察兵送上敌岛,机智勇敢、按时准确地完成了上百次侦察任务。就在解放一江山岛战斗打响前一天的晚上21时,尤长保还驾船运送一支侦察小分队到离一江山岛仅2 000米的北峡山,对敌情作最后一次核对。船行至中途,遇上大陈岛的敌巡逻艇。尤长保当机立断,让侦察兵们躲进船舱,然后自己扯起船帆,把船头调向东南,向着敌舰开来的方向疾驶过去,机智地与敌舰上的敌人打招呼,蒙骗敌人;船到了北峡山,因风浪太大无法靠岸,尤长保纵身跳进冰冷刺骨的海水里,拉着绳索,游到岸边,把船停靠岸。直到18日凌晨3时,他们才返回头门岛。

把伤员及时地从战场上转运下来,是战斗中一项既危险又繁重的任务。担任转运任务的61名船工,驾驶着五艘船,同心协力,冒着枪林弹雨,两天两夜不休息,连续13趟往返于海门和一江山岛,运送了数百名伤员和烈士遗体。

在解放舟山战役中,宁波地区参加支前的民兵和民工就达166 185名,船工4 598名;征用海船479艘,内河民船1 581艘,手拉车285辆,担架786副,船篷、舵、桨、橹等船具808件,麻袋12 165条;提供大米5 514万千克,杂粮:240万千克,柴草7 352万担;其他军需物资75万千克。

1954年11月12日,为全面配合部队解放一江山岛,浙江省人民政府还专门成立"浙江省黄岩支前办事处",又于18日在黄岩召开浙江沿海10县(市)负责人支前会议,全面部署支前工作。会后,台州各级党组织迅速行动,周密部署。县、区、乡层层建立和加强了支前机构。

在一江山岛战役的战前准备和战斗过程中,台州地区的各级党组织和人民政府广泛发动群众,动员干部、民兵、医务人员和群众12 000余名,调集大小船只1 053艘、担架1 675副,调运了大批战备物资,保证了战斗的需要;为抢救伤员,地方医护人员奋战在第一线,实施现场救护,上百青年主动献血2万毫升,500多名妇女赤脚在冰水中清洗伤员被服。

参考文献

[1] 中共浙江省委党史研究室编著:《浙江解放纪实》,北京:中共党史出版社,2009年8月第一版。

[2] 中共浙江省委党史研究室著:《中共浙江党史》(第一卷),北京:中共党史出版社,2002年10月第一版。

[3] 杭州市新四军研究会第21军委员会编:《东海晨曦——21军在浙江》,北京:中国文联出版社,2000年10月第一版。

[4] 中共浙江省委党史研究室、中共台州市委、中国新四军研究会战史专业委员会编:《论一江山岛战役——纪念一江山岛解放50周年学术 研讨会论文集》,北京:中共党史出版社,2005年8月第一版。

[5] 中共温州市委党史研究室编:《廿一军在温州》,北京:中共党史出版社,2010年12月第一版。

明代浙江海防建设述评①

苏勇军

（宁波大学人文与传媒学院）

摘要： 浙江因地近日本，因而倭患尤重，故明代浙江海防建设自始至终"以倭寇为警，以备倭为要"。一方面，浙江海防是明代海防体系的中枢。有明一代，中国沿海防御体系从这里开始建设并纳入国家防御体系之中，对倭作战计划在这里着手制定，对倭战略进攻从这里开始打响。另一方面，由于倭寇对东南沿海的入侵时紧时松，也由于明代各个时期政治、经济状况不同，明代的浙江海防建设亦呈现出忽强忽弱的阶段性与被动性。

关键词： 明代　浙江海防　倭寇　得失

浙江"以海为境"②，"境濒海者，为杭、嘉、宁、绍、温、台六郡，凡一千三百余里。南连闽峤，北接苏、松。自平湖、海盐西南至钱塘江口，折而东南至定海、舟山，为内海之堂奥。自镇海而南，历宁波、温、台三府，直接闽境，东俯沧溟，皆外海"③。现今浙江拥有海域面积 4.24 万平方千米，若包括管辖的大陆架及专属经济区，海域面积则达 26 万平方千米；大陆海岸线和海岛岸线则长达 6 500 千米，占全国海岸线总长的 20.3%。浙江位于中国东部沿海，地处中国南北交通要冲，隔海与日本、朝鲜相望，是明清以来抗击日本倭寇④以及西方侵略者、殖民者的海防门户，在中国海防史上占有重要地位，是国家整体海防链条上的重要一环，在保卫海疆安全中发挥了重要作用。

---

① 浙江省哲学社会科学重点课题"浙江海上丝绸之路文化遗产及其保护与开发研究"成果之一（课题编号：14JDHY02Z）。

② （清）顾祖禹：《读史方舆纪要》卷八九《浙江一》。

③ （清）赵尔巽等：《清史稿》卷一三八《兵九·海防》。

④ 倭寇一般指 13 世纪至 16 世纪期间，以日本为基地，活跃于朝鲜半岛及中国大陆沿岸的海上入侵者。《中国历史大辞典》（上海辞书出版社，1999 年）认为：倭寇是"明时骚扰中国沿海一带的日本海盗。14 世纪初，日本进入南北朝分裂时期，在长期战乱中失败的南朝封建主组织武士、浪人到明朝沿海一带走私抢掠，进行海盗活动。从洪武时起，明朝致力于加强海防，永乐十七年（1419 年）明军于辽东望海埚全歼来侵之倭，此后海防较为平静。嘉靖以后，日本进入战国时代，在封建诸侯支持下，日本海盗与中国海盗王直、徐海等勾结一起，在江浙、福建沿海攻掠乡镇城邑，明朝东南倭患大起。明廷多次委派官吏经营海防，但因朝政腐败而难有成效。嘉靖后期爱国将领戚继光、俞大猷等在广大军民支持下，先后平定江浙、福建、广东倭寇海盗，倭患始平。"而在日本平凡社 1994 年版的《日本史大事典》倭寇则指出，倭寇是"在朝鲜半岛、中国大陆沿岸与内陆、南洋方面的海域行动的，包括日本人在内的海盗集团。中国人和朝鲜人把他们称为'倭寇'，其含义为'日本侵寇'或'日本盗贼'。由于时代和地域的不同，倭寇的含义和组成是多样的，作为连续的历史事件的倭寇是不存在的"。

一、明代浙江海防建设的阶段性

明朝建立伊始,倭乱就一直没有停息过,"有明三百年中,入贡而无事者,尽数十寒暑耳,其祸寇之深且棘,几与国相始终矣"①。由于浙江"当南北洋适中之地,又居上海香港之间,贴近长江口外"②,倭患尤为突出。故浙江海防建设自始至终"以倭寇为警,以备倭为要"。根据《明史》《明实录》以及浙江地方志等资料作粗略统计,明代浙江倭乱及与其关系密切的事件共有约 177 起③。具体如表 1 所示:

表 1　明代各朝倭乱分布表

朝代	洪武	建文	永乐	洪熙	宣德	正统	景泰	天顺	成化	弘治	正德	嘉靖	隆庆	万历	泰昌	天启	崇祯
次数	17	0	11	1	0	5	1	0	1	0	1	146	1	12	0	2	0

根据明代各朝倭乱分布表,我们列出一份数据分析图。具体如图 1 所示:

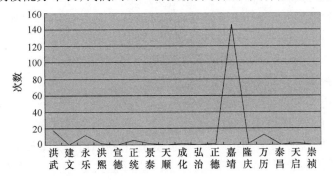

图 1　明朝浙江倭乱发生年际波动示意图

根据此示意图,我们可以看出,倭寇对浙江沿海的侵扰具有明显的阶段性:

第一阶段:明代前期的浙江海防(洪武—宣德年间)。此阶段倭寇开始成为浙江沿海重要的危害,再加上割据浙东、浙南长达 20 年的张士诚、方国珍余部和沿海民众的联合反抗,以及胡惟庸厚结宁波卫指挥林贤"欲籍日本为助"④,图谋造反事件等内忧外患威胁着明王朝在东南沿海的统治。为此,明初开始在浙东沿海构建并巩固了一个以"海禁政策为主体、海防体系为辅体"的海防体系,有效维护了海疆安全,"百余年间,海上无大侵犯"⑤。

第二阶段:明代中期的浙江海防(正统—嘉靖年间)。明朝中期,中国东部沿海海防一度出现严重危机,一方面是在长期的和平环境下沿海卫所吏治腐败,军队士气涣散,逐渐弱化了海防战斗力;另一方面,倭寇、海盗日益猖獗,使得沿海遭遇前所未有的灾难。基于此,

---

① （清）金安清:《东倭考》《倭变事略》,上海:神州国光社,1951 年,第 206 页。
② （清）薛福成:《浙东筹防录》卷一。
③ 此数据包括了历次倭寇侵扰以及与其相关联的事件。
④ （清）张廷玉等:《明史》卷三二二《外国三·日本》。
⑤ （清）张廷玉:《明史》卷九一《兵志三》。

明政府增兵置将,构建起"海上、海岸、内陆"相结合的综合防御体系,并展开大规模的抗倭战争,逐渐平息了东部沿海的海防危机。因此史籍中有"而海之严于防,自明之嘉靖始"①之说。

第三阶段:明代后期的浙江海防(隆庆—崇祯年间)。隆庆年间,明王朝汲取嘉靖时期的经验教训,大力整饬与建设海防,浙江沿海海上力量发展到了前所未有的规模,在海上设置了较严密的防线。但援朝战争后,随着明朝战略中心的转移,浙江海防力量严重削弱。

二、明代浙江海防的积极性

明初注重海防,实施水陆并防的海防战略,"陆有战守,水有战船"②,一方面积极加强海岸防御,设卫所,建堡寨、墩台等海岸防御设施;另一方面积极建设水军,派军定期出海巡捕。这是一种积极主动的海防部署,多次击溃倭贼的侵扰,取得了良好的防御效果。据《明太祖实录》记载,洪武年间,浙江沿海卫所也多次因成功击退倭寇的侵扰而受到朝廷的表彰。如洪武十六年(1383年)八月,"赏温州、台州二卫将士擒杀倭寇有功者凡一千九百六十四人文绮、钞布、衣物有差"③。洪武十七年(1384年)闰十月,"浙江定海千户所总旗王信等九人,擒杀倭贼并获其器仗事闻,上命擒杀贼者升职,获器仗者赏之"④。而到永乐年间,浙东抗倭更是取得辉煌战果。如永乐七年(1409年),倭寇入侵中国沿海,朱棣命令沿海巡视军队围剿,其中浙江藩百户唐鉴等将倭寇追至朝鲜义州界⑤。永乐十一年(1413年)春,"倭贼三千余人寇昌国卫、爵溪千户所,攻城,城上矢石击之,贼死伤者众,众遂退走至楚门千户所,备倭指挥佥事周荣率兵追之,贼被杀及溺死者无算"⑥。在永乐之后的百余年间,浙东沿海虽然不时又有一些小股倭寇的骚扰,但总的来说是比较平静的。正如《明史》所言:"自是倭大惧,百余年间,海上无大侵犯。朝廷阅数岁一令大臣巡警而已。"⑦这与明初海防建设的加强密不可分。

嘉靖年间,随着倭寇危害的加重,明王朝采取了一些变通的新体制:由明初军队编制设卫、千户所、百户所、总旗、小旗各级调整为适于作战需要的营、总、哨、队、什各级。原先的总兵、副总兵多是临时设立的官职,事毕即撤,此时将总兵、参将作为常设之职,统管一段海疆的防务。在总兵、参将之上,各地区设有兵道(即整饬海防兵备副使),一省设有总督(或巡抚、巡按、巡视等),有时数省设一总督。在浙江,"设六把总以分领水兵;四参将以分领陆兵;又设一总兵以兼统水陆"⑧。"备浙江者,使六总之兵,联络策应,不爽倾刻,则倭自不敢落帆海上矣"⑨。在这一体系中,浙东海防军队主力是募兵,其兵力可以根据战争需要随时

---

① (清)蔡方炳:《广舆记·海防篇六》,《四库全书存目丛书》本。
② 《明世宗实录》卷四一〇,嘉靖三十三年五月庚子条。
③ 《明太祖实录》卷一五六,洪武十六年八月戊子条。
④ 《明太祖实录》卷一六七,洪武十七年闰十月乙巳条。
⑤ 《明太宗实录》卷八九,永乐七年三月壬申条。
⑥ 《明太宗实录》卷一三六,永乐十一年正月辛丑条。
⑦ (清)张廷玉:《明史》卷九一《兵志三》。
⑧ (明)严从简:《殊域周咨录》卷三《东夷·日本国》。
⑨ (清)夏克庵:《金乡镇志》卷四《防御》。

增减,且军队根据需要配备先进的火器等。这种海防编制体制的变化,更有利于协调相邻地区的海防力量,强化沿海防务的整体性,提高海防军队的作战能力,对于消除海患具有重要意义。

总之,浙江海防建设在整个明代沿海海防体系中地位突出:"(浙江)地居沿海各省之中段,有左右呼应之利,因此常常成为统领各省海防事宜官员的驻节之地,明代海防体系的中枢,沿海防御体系从这里开始建设,对倭作战计划在这里着手制定,对倭战略进攻从这里开始打响;同时……浙江因此成为抗倭主力军的招募、训练和粮草后勤保障基地,明军在福建、广东等省的抗倭作战,都不得不更多地依靠浙江的支援。"[1]

三、明代浙江海防的局限性

随着沿海各卫所的建立,明初的海防部署战略趋于消极与保守。这种局限性主要表现为三个方面:

1."讲海战不如讲陆战"

依照方鸣谦的策略看,海防主要应该包括两部分:海上及陆上。海兵戍守海上,是与敌人接触的第一道防线,海上防线实际优于陆上防线。明人对此亦有深刻的认识。唐顺之认为:"照得御倭上策,自来无人不言御之于海"[2];严从简亦称,"前哲谓防陆莫先于防海"[3];郑若曾在《筹海图编》中说,"防海之制谓之海防,则必防之于海;犹防江者必防之于江"[4],并主张在浙东沿海,"会哨于陈钱,分哨于马迹、洋山、普陀、大衢为第一重;出沈家门、马墓之师为第二重;总兵发兵船为第三重"[5]。

但沿海卫所设立以后,海上巡逻任务逐渐由各卫所的水军担任。洪武十五年(1382年)一月,朱元璋指出,"海道险,勿出兵,但令诸卫严饬军士防御之"[6];四月,"以浙江之舟难于出闸,乃聚泊于绍兴钱清汇"[7],一改过去"春季出洋,秋季返回"远洋巡哨之制。到嘉靖年间,"巡海会哨制度"也渐遭废弃。谭纶认为:"大海茫茫剿匪甚难,盖贼之来也必乘风潮之顺,吾往迎之,必逆风潮,不甚难乎。贼之去也,亦必乘风潮之顺,我伺其顺而追之,愈追愈远,能必其相及乎。即使及矣,逆风逆潮不难归乎。况贼见我舟能必其不远避乎。运舵之间咫尺千里,我能必攻之乎。故海将专以风潮藉口,实躲闪焉。故讲海战不如讲陆战。"[8]"以陆制海"成为中国明及清王朝一种主要海防形式。清代学者姜宸英对此指出:"成、弘后迄嘉靖初,倭警寝息者五十余年,边备废弛,卫所屯田并兼豪右军户忘耗不复句补,水寨移于海

① 刘庆:《明清(前期)浙江海防战略地位的演变》,《军事历史研究》2009 年第 3 期,第 116 ~ 121 页。
② (明)唐顺之:《荆川先生外集》卷二《条陈海防经略事疏》。
③ (明)严从简撰:《殊域周咨录》卷二《东夷》。
④ (明)郑若曾:《筹海图编》卷一二《经略二·御海洋》。
⑤ (明)郑若曾:《筹海图编》卷一二《经略二·勤会哨》。
⑥ 《明太祖实录》卷一四一,洪武十五年一月辛丑条。
⑦ 《明太祖实录》卷一四四,洪武十五年四月辛丑条。
⑧ (清)张廷玉等:《明史》卷二二二《谭纶传》。

港,墩堡弃为荆榛,哨船毁坏不修。"①由于沿海卫所水军不集中,防守海域有限,只能执行近海防御任务,再也无能追敌于大洋。恰如雍正《宁波府志》所言:"然不宿重兵于海外而徒事哨巡,不驻札于悬海之舟山而防诸沿海,此所以防愈密而力愈分也。"②这种缺乏海权意识的海防战略指导思想,对明代乃至清代的海防建设造成了很大的负面影响,长期影响着中国海防建设发展。

2."海患紧则海防兴,海患缓则海防弛"

海防是国防战略的重要组成部分,必须作为一项长期工程加以建设③。明朝政府则不然,明廷经营浙江海防时,时紧时松,只是对海洋威胁的被动反应,始终呈现出一种"海患紧则海防兴、海患缓则海防弛"的被动消极和短视的状态,缺乏系统的科学的筹划。明朝立国伊始,倭寇便屡屡进犯中国东南沿海,"我明洪武初,倭奴数掠海上,寇山东、直隶、浙东、福建沿海郡邑"④。为此,明洪武至宣德年间,明政府按照方鸣谦建议,"陆聚兵,水具战舰",在浙东沿海就建立了以 11 卫城为中心,以 30 所城、48 巡检司城为辅,以 286 关隘、营寨、烽堠等为配套的完备海防体系,有效地增强了浙东沿海的海防力量。正统至嘉靖年间,特别是嘉靖时期,是倭患空前严重时期。明初海防建设成就自宣德之后便因海上风平浪静而"驯至末造,尺籍久虚,行伍衰耗"⑤。浙江情况尤为严重,"浙中卫所四十一,战船四百三十九,尺籍尽耗"⑥。于是,嘉靖中期以后,"海寇大作,东南为鱼烂者二十余年而后定"⑦。明政府不得不"自是增兵置将,各据要地,以定海为倭船所从入,特宿重兵,省城营兵、分番防汛。海防之重自此始"⑧。自隆庆至崇祯年间,大规模的倭寇侵扰已经基本平息,特别是援朝抗倭战争结束后,明朝政府就忙于裁减海防武力,致使海防又渐趋衰弱。虽然此时零星的余倭仍不断骚扰浙江沿海,但已经不足以构成严重威胁了。

总之,明代浙江海防建设的消极性与被动性,使其难以得到持续的发展,防御效果也缺乏持久性,致使中国一步步从海洋上退缩,最终走向了衰颓。

3."市通则寇转而为商,市禁则商转而为盗"

洪武时期,明政府规定"片板不许入海",禁止渔民近海捕鱼。明太祖及其后继者甚至下令废除沿海的某些县,对沿海各岛的居民实行内迁政策。从国防的角度来说,海禁政策是明太祖为巩固新生政权而采取的一种极为消极保守的海防政策,是一种放弃海权的海防政策。海禁、锁国尽管保守,但在明初对于打击东南割据势力、巩固统一政权、消除自元以来的倭患、维护东南沿海的社会稳定起了一定的作用。但海禁政策的实施,不仅没有从根本上解决倭寇问题,而且酿成了社会灾难和动荡。更重要的是,明初制定的海禁政策并非是临时性权宜之举,结果演变成一以贯之的既定国策和不可或变的祖宗家法。如果将其置于新航路

---

①　(清)姜宸英:《海防总论》,《小方壶斋舆地丛钞》第九秩。

②　雍正:《宁波府志》卷一五《海防》。

③　赵红:《明清时期山东海防》,山东大学 2007 年博士毕业论文,第 231 页。

④　(明)张瀚:《松窗梦语》卷三《东倭纪》。

⑤　(清)张廷玉:《明史》卷八九《兵一》。

⑥　(清)张廷玉:《明史》卷二〇五《朱纨传》。

⑦　(明)王世贞:《弇州山人四部稿》卷一四九《像赞》。

⑧　(明)李东阳:《大明会典》卷一三一《兵部·镇戍》。

开辟后世界历史格局变化的大背景下进行考察,不能不说是一种历史的倒退。

浙江漫长的海岸线和沿海丰富的渔业资源,是沿海民众世代赖以生存的物质基础,直接影响浙江滨海民众的生活与生产方式。如明代定海、奉化、象山一带的浙东沿海贫民,更将大海视为生活的源泉:"向来定海、奉、象一带贫民以海为生,荡小舟至陈钱下八山,取壳肉紫菜者,不啻万计。"①渔业生产对浙江沿海民众生活影响更大,每到鱼汛期,浙江"宁、台、温人相率以巨舰捕之,其鱼发于苏州之洋山,以下子故浮水面,每岁三水,每水有期,每期鱼如山排列而至,皆有声"②。在双屿港四周,一大批平民依靠为中外海商提供生活用品和后勤服务为生,就如浙江巡抚朱纨所言:"愚下之民,一叶之艇,送一瓜,运一罇,率得厚利,训至三尺童子,亦知双屿之为衣食父母。"③实行海禁,严厉打击海商,无疑加剧了东南沿海地区本已十分紧张的人地矛盾,使"视海为田"的浙江民众生计更为窘迫,社会矛盾更加激化,整个社会更显动荡不安。正像明人郑晓所述:"小民迫于贫酷,苦于役赋,困于饥寒,相率入海为盗,盖不独潮惠漳泉宁绍徽歙奸商而已,凶徒、逸贼、罢吏、黠僧及衣冠失职、书生不得志、群不逞者,皆从之为乡道,为奸细。"④因此,海禁政策的实施,军事上打击海商,以武力摧毁其贸易基地,反而将大批丧失生计的海商和贫民驱入海寇队伍。因此,"海禁"政策的实施,导致了走私贸易的滋生,激化社会矛盾,加剧海防的危机,后来的"嘉靖倭患"就是明证。就如张燮所言:"成、弘之际,豪门巨室间有乘巨舰贸易海外者。奸人阴开其利窦,而官人不得显收其利权。初亦浙享奇赢,久乃勾引为乱,至嘉靖而弊极矣。"

迁徙政策是明"海禁"政策的一种极端手段,严重破坏了沿海地区的社会生产力,使岛民蒙受了巨大的痛苦。更值得关注的是,迁徙政策不但未能消除海患,反而成为海患滋生的沃土。据《皇明世法录》载:"宁波之金塘、大榭,台州之玉环、高岙,温州之南麂、东洛等山,俱称沃壤,外逼岛夷,元末逋逃之徒,蕃聚其中,卒之,方国珍乘之以据浙东。洪武间,汤信国经略其地,迁徙其民,一洗而空之,勒石厉禁,迄二百余年。莽无伏戎,岛无遗寇,则靖海之效也。嘉靖三十二年间,倭夷内讧,多系海中潜住奸猾,结连勾引,以致祸延内地。"⑤

宁波、台州、温州沿岸诸岛,在洪武帝厉行"海禁"政策之下,曾被"迁徙其民,一洗而空",致倭盗再入犯时,因缺乏奥援而无所凭依,确实达到"莽无伏戎,岛无遗寇"的目标,让边海民众度过二百年安定的生活,但是,随着海禁政策日渐废弛,不仅导致了"奸民豪右擅将前项海墙闲地,私自开垦、占住图利"问题的发生⑥,还因岛上不肖民众的援引,进而引发嘉靖三十二年(1553年)时"祸延内地"的倭寇大动乱。

① (明)陈子龙等:《皇明经世文编》卷二七〇《御倭杂著·倭寇论》。
② (明)王士性:《广志绎》卷四《江南诸省》。
③ (明)朱纨:《甓余杂集》卷四《双屿填港工完毕》。
④ (明)陈子龙等:《皇明经世文编》卷二一八《与彭草亭都宪》。
⑤ (明)陈仁锡:《皇明世法录》卷七五《海防·靖海岛以绝衅端议》。
⑥ (明)陈仁锡:《皇明世法录》卷七五《海防·私出外境及违禁下海》。

从旧海关档案看抗战初期温州港贸易特征

滕宇鹏

（宁波大学人文与传媒学院）

摘要：温州港作为中国东南沿海的重要港口拥有悠久的发展历史。近代开埠之后，温州港的港口设施得到改善，进出货品量也大幅提升。尤其1937年随着抗日战争的爆发，浙北杭嘉湖地区的相继沦陷、宁波封港以及浙江省府南迁等一系列因素，造就了浙南温州港的空前"繁荣"。温州港的畸形繁荣从1938年初持续到1939年4月共经历了一年多时间，其中，1938年又成为其在新中国成立前最繁荣的一年。本文从海关档案着手，通过对比1937年、1938年两年的海关数据，分析温州港在此期间进出口贸易的特征以及同当时国内外环境的联系，进而回顾抗战初期温州港所发挥的特殊作用。

关键词：温州　港口贸易　海关档案

一、引言

抗日战争初期由于国内局势动荡，加之政府经济统计手段有限，所以保留下来的浙江地方经济统计资料相对较少，因此该时期温州地方经济状况的相关文章亦不多见。而中国第二历史档案馆馆藏的海关档案资料[①]却给我们带来了研究地方经济状况新视角。旧海关档案统计周期通常是一年，其涵盖进出口贸易、转口的土货贸易等相关领域[②]。借助旧海关档案我们不仅可以了解温州本地及周边经济状况，同时我们也能得窥当时浙江沿海的政经环境。

温州港地理坐标为120°38′50″E，28°01′35″N，位于中国大陆海岸线的中段，自古以来作为中国东南沿海的重要港口发挥着巨大的作用，而特殊的历史时期里温州港的作用突显。1937年抗日战争爆发，北方的港口如秦皇岛、青岛、烟台和南方的上海、厦门等地纷纷陷落，中国的对外贸易联系几近中断，而温州港作为为数不多几个尚未沦陷的港口之一，发挥着沟通沿海各港口和抗战大后方桥头堡的作用，因此1938年的温州港不仅在贸易额上增加迅

---

① 本海关档案资料是根据中国第二历史档案馆和中国海关总署办公厅共同主编，由京华出版社出版发行的《1937年中国旧海关史料（1859—1948）127》《1938年中国旧海关史料（1859—1948）131》等资料整理。

② 文章主要讨论的直接进出口贸易，不含国内转口贸易。

猛,贸易结构上也有了很大的变化。

二、抗战初期温州港的进口贸易

（一）背景

抗日战争爆发以后,浙北沦陷省政府南迁至金华、丽水等地,大大增强了温州港经济腹地的政治向心力和人口的聚集。工商业虽然只有武林、大来、协昌、胡金兴和应慎昌等少数厂商迁至浙南,但是也带动浙南地区的相应工业发展。① 另外,政府力图加强浙江抗战的经济实力,先后在浙南的丽水地区建立浙江铁厂、浙江炼油厂、浙江锯木厂、浙江化工厂、浙江造纸厂等大型的工业企业,这些企业大大增强了温州港经济腹地的经济实力,为温州港贸易额增长奠定了工业基础。此外,浙北的农业机构也纷纷南迁至浙南,1938 年 1 月,浙江省政府在丽水松阳成立了省农业改进所,其以开发浙南山区农业为主要任务,这些农业举措无论对浙南山区耕作面积的增加,抑或是粮食产量增长都起了重要的作用。最值得关注的是教育,日寇占领浙北以后,浙江的学校也纷纷进行了流亡搬迁,后在丽水地区迁建、新建了浙大龙泉分校、英士大学以及省立临时中学等大中院校,这对浙南地区教育水平的提高,为抗战人才培养起了积极作用。此外,1937—1938 年期间金华、丽水等地作为集散中心,成功为温州港打开了经由两地通往内地的交通入口。以上因素为温州港的繁荣创造了极为重要的客观条件。

（二）进口贸易货物类编（表 1）

表 1　进口贸易货物类编表

组别	统计编号	货物名称	1937 年值金单位（元）	1938 年值金单位（元）
第二十四组（矿质、汽发油、石蜡汽油、扁陈汽油、各种未列名发动机燃料）	333	矿质、汽发油、石蜡汽油、扁陈汽油等	4 097	0
	334	矿质、半矿质滑物油膏	0	68
	336	洋干漆、钮树胶	0	31
	337	未列名名胶、松香、亚拉伯（阿拉伯）胶	0	95
	338	柴油	22 025	20 035
	339	椰子油	0	2 250
	341	精油、精质、综合香料	0	22
	342	煤油	84 757	45 511
	344	滑物油	259	1 748

---

① 袁成毅:《浙江通史》,杭州:浙江人民出版社,2005 年,第 204 页。

组别	统计编号	货物名称	1937年值金单位（元）	1938年值金单位（元）
	346	未列名油脂	0	276
	347	斯蒂林白蜡	0	500
	348	石蜡（油蜡）	90 486	115 961
	351	香肥皂、化妆香肥皂	0	219
第二十五组（书籍、地图、纸、木造纸质）	353	印本、刻板、抄本、书籍、乐谱	0	28 037
	355	纸板	0	20
	358	普通印书纸，印报纸	0	15 838
	359	画图纸、文件纸、钞票纸、债券纸	0	1 409
	362	白或染色、油光纸	0	2 236
	363	包皮质、样表古纸	0	346
	364	牛皮纸	0	280
	366	模造纸	0	40
	369	其他	0	33
	374	文具	0	215
第二十六组（生皮、熟皮、其他动物产品）	378	鞋底皮	0	1 076
	381	未列名熟皮	0	246
	389	鹿角	0	462
第二十八组（木、竹、藤、棕、草及其制品）	403	檀香末	0	164
	410	藤片	1 053	2 345
	418	金丝草、巴拿马草	0	12 214
	419	帽缠、制帽缠纤维	0	9 349
第二十九组（煤、燃料、沥青、煤膏）	420	煤砖	1 730	3 791
第三十组（瓷器、搪瓷器、玻璃等）	430	厚玻璃白片（未磋边）	0	1 608
第三十一组（石料、泥土及其制品）	434	水泥	1	1 565
	437	未列名石料、泥土及其制品	0	120
	439	其他制品	0	31
第三十二组（杂货）	441	其他杂货	0	767
	447	未列名冠、帽	0	61
	448	其他生或废旧橡皮制品	96	1 597
	451	汽车橡皮汽胎	0	216
	452	汽车橡皮里胎	0	157
	453	汽车橡皮实心胎	0	562

组别	统计编号	货物名称	1937 年值金单位（元）	1938 年值金单位（元）
第三十二组（杂货）	455	未列名橡皮制品	0	579
	463	漆布及其类似的衣类	0	10
	465	其他未列名者	0	360
	471	摄影干片、纸、软片	0	14
	473	未列名铅印、石印、材料	0	7
	481	未列名邮包	772	6 399
	482	未列名货品	957	555

资料来源：数据引自《中国旧海关史料（1859—1948）127/131》，京华出版社，2002 年

（三）进口货物的特点分析

从总的趋势来看，温州港无论从数量或是种类都取得了跨越式的发展，除了和温州本地贸易需求改变有关之外，最重要是和日寇北侵、浙江省政府南迁有直接联系。

从第二十四组（燃料类）来说，除柴油、汽油、煤油等出现一定程度下降之外，其他燃料项目都取得了较大幅度的增长，相信柴油、汽油、煤油等物资进口减少和抗战初期日本对此类战略物资管控有直接的联系。另外，比如二十四组的香肥皂、滑物油、亚拉伯胶等项目出现了较大幅度的增长，甚至有的更是实现了零的突破，可以看出本地和邻近地区对于燃料类产品的需求日益增大、种类要求日益多元。而第二十五组（书籍、地图、纸等）则全部实现了零的突破，从中我们可以发现浙江省部分教育机构南迁对温州港书籍、纸张等相关文具用品进口的直接刺激作用的相关情况。此外，第二十六组（皮制产品）和第二十七组（木、竹、藤制品）货物绝大部分也都实现了零的突破，可以看出战略大后方的工农业生产对相关生产用具旺盛的需求程度。通过第二十九组（煤、燃料、沥青、煤膏）、第三十组（瓷器、搪瓷器、玻璃等）以及第三十一组（石料、泥土及其制品）我们可以了解，浙江省政府、学校、企业南迁以后，这些机构进行房舍、校舍、道路等相关市政基础设施建设物资需求的相关情况。通过第三十二组（杂货）包含汽车轮胎、摄影设备以及未列名邮包等产品也都有较大幅度的增加的数据分析，我们可以相信浙江省政府南迁之后，为浙南地区交通发展以及居民生活的改善创造了良好的条件。总之，南迁之后的省政府以及战略大后方对温州港进口贸易影响巨大。

三、抗战初期温州港的出口贸易

（一）背景

浙江素来盛产油、茶、棉、丝等大宗特产，产品远销海内外。南迁至金华、丽水后的省政府为了解决浙南物资短缺的现状，利用传统产业生产优势在龙泉成立了省农业改进所，所内

设有农艺、森林、畜牧、兽医、蚕丝、病虫害、农业水利、推广、总务 8 股。[1] 在处属的 10 个县设立中心农场，并在县属各区设立繁殖场。同时在景宁畜繁殖场、浙江近郊的福建五夫建稻麦养殖场、在萧绍地区设立蚕业改进所。为了检验和管理农产品，在温州设立茶叶检验所。另外，为了提高温州及周边出产的土货产量，在平阳推广繁殖爪哇甘蔗品种，在黄岩改良柑橘。这些举措在极大程度上刺激了温州港土货出口。此外，由于内地通往宁波港交通受阻，江西、湖南、广西、四川等客商纷纷来温州进行采购活动，这极大地刺激了温州本地的工商业和服务业的发展。并且省政府先后在温州设立了涵盖木板、木炭、植物油、纸伞、纸类的运销公司，这些措施也在一定程度上促进了温州港出口贸易的繁荣。[2]

（二）出口贸易物类编（表2）

表 2　出口贸易物类编表

组别	统计编号	货物名称	1937 年值国币（元）	1938 年值国币（元）
第一组　动物及动物产品（不含生皮、熟皮、皮货、鱼介、海产品）	013	鲜蛋（含带壳冷冻蛋）	20 650	23 890
	014	皮蛋、咸蛋	23 731	21 036
	015	鸭毛	3 839	3 990
	016	鹅毛	657	7 181
	024	散装整只火腿	0	57 543
	025	其他未列名者	8 085	62 662
	031	散装猪油	32 759	216
	032	蜂蜡	0	1 429
	033	其他未列名动物产品	287	3 896
第二组　生皮、熟皮、皮货	034	干的皮货	0	170
	052	其他未列名的已硝皮	46	0
第三组　鱼介、海产品	066	鱿鱼、墨鱼	0	3 468
	067	干鱼、咸鱼	0	672
	069	未列名鱼介、海产品、海菜、石花菜	4 264	912
第五组　杂粮及其制品	087	米、谷	1 628	720
	094	未列名子饼（含油饼）	13 444	7 320
第六组　植物性燃料	097	五倍子	0	4 836
第七组　鲜果、干果、制果	100	黑枣	0	1 642
第八组　药材、香料（不含化学产品）	120	未列名药材	9 726	51 886

---

① 袁成毅：《浙江通史》，杭州：浙江人民出版社，2005 年，第 210 页。
② 袁成毅：《浙江通史》，杭州：浙江人民出版社，2005 年，第 213 页。

组别	统计编号	货物名称	1937年值国币（元）	1938年值国币（元）
第九组 油、蜡	127	茶油	2 344	21 832
	128	桐油	265 119	2 727 539
	129	其他未列名者	544	0
第十组 子仁	135	杏仁	0	2 160
	139	莲子	0	450
	144	未列名子仁	0	22
第十三组 茶	150	其他红茶	0	185 582
	153	小珠绿茶	0	40 112
	154	惜春绿茶	0	495 843
	155	雨前绿茶	0	70 405
	156	其他绿茶	0	122 953
	157	毛茶（未经烘烤者）	3 520	6 811
	158	未列名茶	810	10 413
第十四组 芋草	160	芋叶	6 607	22 209
第十五组 菜蔬	166	香菌	540	2 285
	169	鲜姜	0	130
	173	未列名鲜菜蔬	0	115
	174	未列名咸菜蔬	33 305	6 587
	175	罐头菜蔬	1 440	7 100
	176	山薯	0	637
第十六组 其他植物产品	177	腐乳	0	103
	182	其他未列名者	494	53
第十七组 竹	183	直径不及25公厘	15	0
	184	竹篾、竹叶	3 307	5 935
第十八组 燃料	186	碳	0	399
第二十组 木材、木及其制品	192	重木材	102	0
	193	轻木材	0	200
	195	棺材木	1 450	0
	197	其他未列名木材（含樟木、红木板）	9	1 840
	198	其他未列名木质家具及木器桶箱板料	146	1 049
第二十一组 纸	201	下等纸	0	304
第二十二组 纺织纤维	214	苎麻纤维	0	8 038
第二十三组 纱、线、编织品、针织品	235	挑花品及非丝制绣花品	12 894	8 876

组别	统计编号	货物名称	1937年值国币（元）	1938年值国币（元）
第二十五组 其他纺织品	263	其他未列名衣服及衣着零件	1 170	560
第二十八组 石、泥土、砂及其制品（含瓷器、搪瓷器）	294	粗瓷器	1 347	0
	296	瓦器、陶器	132	0
	298	石膏	4 483	2 654
第二十九组 化学品、化学产品	299	明矾	26 671	9 880
	303	碱（碳酸钠）	3 147	0
	309	银硃	503	0
第三十一组 杂货	320	蜜饯 糖果 糖食	0	80
	322	古玩	278	221
	327	纸伞	45 731	48 770
	330	席子	775	10 854
	346	熟皮箱	0	299
	354	未列名邮包	422	2 589

资料来源：数据引自《中国旧海关史料（1859—1948）127/131》，京华出版社，2002年。

（三）出口货物的特点分析

总的来说，大部分土货的出口也取得了较大幅度增长。但是有部分产品由于受战事的影响，出口出现了不同程度的下降。

对比1937年和1938年可以发现第一组的动物及动物产品蛋类、禽毛类基本处于稳定状态，但散装整只火腿、蜂蜡、其他未列名动物产品却出现了较大幅度的增长，尤其是散装整只火腿激增，由此可见，温州港和内地金华的联系应该是极为紧密的。此外，散装猪油却呈现出速降的趋势，相信这和政府南迁之后，战略大后方对此类基本生活物资需求增加，使之出口减少有关。第五组的杂粮及其制品出现了较大幅度的下滑趋势，这和战时吃紧以及温州本地、腹地的消费需求增加不无联系。得益于战略大后方农业措施，使得第六组的植物性燃料，第七组的鲜果、干果、制果和第八组的药材、香料（不含化学产品），第十四组的芋草，第十五组菜蔬等组的出口额呈现出较大幅度的增加。除了第二十二组的苎麻纤维出现了新的突破，第二十三组挑花品及非丝制绣花品和第二十四组都出现了下滑的态势，相信这和战争导致纺织原料的缺乏存在着一定的联系。第二十八组的瓦器、陶器以及第二十九组的明矾、碱等出现了不同程度的下降，这和战事胶着，往来于产地、港区之间的道路受阻有直接关系。第三十一组杂货中的席子以及纸伞等温州本地特产土货则继续保持着增加的态势，也说明了抗战初期温州本地经济保持良好的总趋势。尤其值得大家注意的是，第九组桐油和茶油，第十三组的茶叶都出现了暴增现象，这和当时的国内外环境有着密切关系，因为抗战之后，茶叶和桐油在国内外市场都非常紧俏，所以由省政府统一调配，其产品不仅来自本省，许多外省的类似产品也经由温州港出口。[①] 此外,第二组的生皮、熟皮、皮货和第三组的鱼介、海产品,第二十组木材、木及其制品,第十七组竹等产品总的来说变化不是很大,但第十八组的木炭出口却实现了零的突破,这也充分证明了浙江部分工业企业南迁之后对温州及其腹地的经济格局影响。

四、结语

温州港是一个拥有千年历史的天然良港,是全国主要港口之一,在不同的历史时期曾扮演过不同角色。[②] 民国时期作为表现并非突出的温州港,随着抗日战争的爆发,一跃成为全国对外的最重要的港口之一。通过比对 1937 年和 1938 年的温州港,我们可以发现其在 1938 年直接进出口货物总值是 1937 年的 6 倍左右,其中进口 192.35 万元,出口 623.99 万元,分别是 1937 年(进口 84.2 万元,出口 54.06 万元)的 2.3 倍和 11.5 倍,由此可见其贸易额变化之大。其中特别值得一提的是,1938 年温州港的贸易额创纪录的达到 816 万多元,成为了其在新中国成立之前贸易额之最。

我们在明确贸易额增加的同时,也了解了抗战初期身处浙南的省政府内外贸易的基本情况。不难发现温州港对当时浙江乃至内地抗战大后方的巨大战略意义。笔者希望通过分析温州港海关档案,在探知 1938 年其出现畸形繁荣的原因、具体表现以及其与浙江省政府南迁之间的关系的同时,亦希望本文能为今天人们了解抗战初期浙江民众的生存状况提供参考。

---

① 周厚才:《温州港史》,北京:人民交通出版社,1990 年,第 128 页。
② 滕宇鹏:《略论温州港贸易的历史变迁》,《温州学刊》2013 年,第 3 期。

海洋非物质文化遗产的产业化探究

——以舟山群岛新区为例

张 鹏

（浙江传媒学院管理学院）

摘要： 非物质文化遗产资源是文化产业发展珍惜而独有的资源，对地区非物质文化遗产资源进行合理的开发利用，不仅能使非物质文化遗产在新的时代背景下得到传承和发展，还可以帮助区域经济走向蓝海，摆脱区域间文化产业发展同质化的恶性竞争。本文以舟山群岛新区为例，探究舟山群岛新区的非物质文化遗产的产业化模式，促使舟山群岛新区的非物质文化遗产在文化产业的浪潮中脱颖而出，为舟山群岛新区经济转型升级提供新的思路。舟山群岛新区作为中国首个群岛新区，充分体现了国家级的海洋强国战略，同时对文化产业的重视也凸显了文化强国这一母题。

关键词： 非物质文化遗产　产业化　舟山群岛新区

一、绪论

近年来，全国的文化产业呈现出了空前的活力，一大批文化产业园区涌现，大量资本涌入文化产业，但是各地均出现了文化产业规模小、效益低、同质化严重的现象。舟山地区在发展文化产业时，也遇到了同样的瓶颈。与其他地区相比，舟山海洋类非物质文化遗产丰富，堪称文化底蕴深厚，发展特色海洋文化产业有着较好的基础，但同全国其他地区一样，舟山发展非物质文化遗产的产业发展遇到了产业化过程中的典型问题：大众接受认可程度低，单纯的静态保护与有限的财政拨款使非物质文化遗产没展现出它应有的魅力。

而非物质文化遗产是各地所独有的、具有不可复制性的、珍贵的文化资源，是各地发展特色文化产业的源泉[1]，在前人的实践与研究中，人们都忽略了海洋类非物质文化遗产的产业化问题，存在空白领域。舟山拥有深厚的文化底蕴和良好的产业化条件，作为国家级新区，优惠的政策条件和开放的外部环境，都有利于舟山摸索出一条具有示范意义的非物质文化遗产产业化道路。

二、舟山群岛新区的非物质文化遗产概述

（一）舟山群岛新区典型非物质文化遗产概述

舟山群岛新区的非物质文化遗产资源非常丰富，目前，已经有 5 个项目被列入国家非物

质文化遗产保护名录,9个项目列入浙江省级非物质文化遗产保护名录,22个项目被列入浙江省民族民间艺术保护名录;非物质文化遗产保护共有文物保护单位109处,其中国家级3处、省级5处;命名了6个"舟山市民族民间艺术之乡"和10个"民间名艺人"(表1)。并且同全国范围内其他非物质文化遗产相比,舟山的非物质文化遗产充满海洋性,如观音传说、渔民号子、祭海大典、岑氏木船等均独具特色,富有海洋风情。这在以农耕为主要文化特色的中国是少见的。在海洋强国战略的召唤下,舟山群岛新区各界均下决心大力发展海洋文化产业。但是从目前的现状来看,以上宝贵资源并没有得到有效的利用,也没有达到预期的保护效果,因此舟山群岛新区的非物质文化遗产的宣传与产业化进程亟待改善。本文旨在探究舟山群岛新区的非物质文化遗产的产业化新模式,以便解决以上的问题。

表1 舟山群岛新区非物质文化遗产名录

	国家级	省级	市级
民间音乐	舟山锣鼓、舟山渔民号子		舟山锣鼓、舟山渔民号子、舟山渔歌、舟山佛教音乐
民间文学	观音传说	观音传说	观音传说、舟山鱼类故事、舟山渔业谚语
民间曲艺			瀚州走书
民间舞蹈			跳蚤会、马灯舞、打莲湘
民俗	渔民谢洋节	岱山县的祭海	祭海
民间美术			舟山渔民画、临城剪纸
曲艺、戏剧		定海区的瀚州走书	布袋木偶戏
传统手工技艺	传统木船制造技艺	岑氏木船作坊、渔用绳索编织技艺	渔网结、造船工艺、海盐制作工艺

(二)舟山群岛新区非物质文化遗产的特点

1. 海洋性

遍观舟山群岛新区的国家级、省级、市级非物质文化遗产,都离不开"海洋"两字。无论是民间音乐、舞蹈、文学、曲艺、美术、传统手工、民俗等,都与当地群众生活息息相关,完全脱胎于海洋生活,来自于日常的生产生活,是舟山几千年海洋渔业文化的综合提炼。因为临海,所以船多,造船技艺精湛,古时船上设施不完善,勤劳智慧的舟山先民便运用锣鼓、劳动号子等形式,进行海上捕捞,由于大海喜怒无常,变化多端,渔民生命常常受到威胁,所以多信佛教,观音传说盛行。

2. 脆弱性

舟山非物质文化遗产的脆弱性不仅来源于实物载体、传承人物的减少,还在于其不同于农耕文化的特殊性。主要在于其承载的范围较为狭小、受众面小。如传统木船制作技艺最初来源于舟船制作,当金属船舶用于渔业捕捞和海洋运输后,木船制作技艺就失去了根基;再如舟山渔民号子源于以前木船需要手工操作,通过号子来调节情绪,当引进先进的捕捞技术后,渔民号子同样失去了生存的基础,只能作为一种舞台表现艺术存在。

3. 兼容性

现在的海洋非物质文化遗产经常以符号等抽象的形式出现,这就使非物质文化遗产和其他的产业有着较好的相容性。例如:大型山水实景表演《印象普陀》就主要演绎了普陀的地方信仰——观音文化;舟山著名特产之一就是普陀佛茶,同样包含了观音传说的内涵;岑氏木船作坊的代表作"不肯去观音号"则再现了观音不肯东渡的故事场景。以上林林总总的例子都说明非物质文化遗产可以与物质实体相融合的,二者并行不悖,可以相互促进。

4. 传播性

每个地区的非物质文化遗产都是由独特的自然地理、历史文化等因素一起糅杂而成,舟山群岛新区其纯粹的海洋性很难被模仿。所以说,以海洋非物质文化遗产为代表的区域特色文化,就是舟山作为一个千岛之城,发展旅游业的核心竞争力,独一无二的东西总是具有极高的传播价值。从入选国家级、省级、市级的非物质文化遗产项目来看,舟山群岛新区的非物质文化遗产项目特色明显,种类齐全,并且对非本地人群有着足够的吸引力,从传播学角度来说,也就同时具备了足够的传播动力。[2]

5. 变异性

非物质文化遗产是各族人民世代相传、与群众生活密切相关的各种传统文化表现形式和文化空间。[3]舟山群岛新区的非物质文化遗产,如舟山渔民号子,传统木船制造技艺等在以前都是舟山生产生活必不可少的部分,但到了现在,他们逐渐脱离了生产劳动,失去了原来的意义,经常以民俗艺术等形式出现,呈现出不断变化与发展的态势,这就要求我们对其不仅仅进行静态的保护,不断地丰富非物质文化遗产来顺应时代的潮流,为非物质文化遗产增添时代的意义。

6. 产业性

舟山群岛新区的非物质文化遗产已经在旅游、休闲、养生等领域呈现出一种欣欣向荣的趋势,非物质文化遗产确实需要受到保护,但单纯的保护会给地方和传承者带来沉重的负担,产业化已经成为解决这一问题的优选方案,并且在实际的操作中已经取得一定的成就,[4]既为保护非物质文化遗产提供了资金,减轻了各方的负担,也可以调动社会公众参与的积极性,为丰富群众精神生活提供精品文化。

三、非物质文化遗产的产业化动力源头及存在的问题

(一)非物质文化遗产的产业化动力源头

1. 非物质文化遗产保护现状

目前舟山群岛新区对非物质文化遗产的保护以国家财政拨款静态保护为主,如舟山对观音传说、渔民号子、木船制作技艺、瀚洲走书、海鲜加工等传统非物质文化遗产进行了较为完善整理收集和记录。但是这远远不够,首先国家拨款有限,只能维持各地非物质文化遗产

的存续,与弘扬广大非物质文化遗产的目标尚有差距。其次非物质文化遗产具有变异性,有活力的非物质文化遗产是要靠一代代的人去弘扬与传承的,但是捉襟见肘的经费,与当下群众生活脱节的现实,使得大部分非物质文化遗产的传承人寥寥无几,如渔民号子的传承,就很难在当下的社会中找到传承者,只有为数寥寥的老渔民还掌握着这门技艺,其他知名度不高的非物质文化遗产其社会公众的参与性就更低了。

2. 政策支持

舟山群岛新区是国家一项做深做强海洋经济的战略决策。在具体政策上,国家级、省级层面上有众多财政、国债资金的倾斜,并安排了涉海专项资金。为了鼓励舟山群岛新区企业成长,政府部门设立了专项的基金,培育小微型企业,带动社会资金流向舟山群岛新区。

3. 资源丰富

舟山群岛新区拥有丰富的非物质文化遗产,只需要经过合理布置与包装,非物质文化遗产就能以崭新的面貌出现在世人面前。舟山群岛新区的非物质文化遗产在产业化的过程中,应整合整个地区所有的非物质文化遗产资源,以一种集团军的形式出现在广大群众面前,形成区域整体产业形象,有利于集中宣传力量资源,重点打造区域产业特色形象。

(二)目前存在的问题

1. 缺乏产业化经验

舟山群岛新区虽然近邻上海、杭州等文化产业有优势的城市,但由于其发展重点一直是海洋渔业、海洋运输和船舶制造业和海洋港口建设及运输业,这就导致了舟山群岛新区的文化产业基础较为薄弱。据舟山群岛新区文广局统计,海洋非物质文化遗产所包含的口传传说类作品、地方曲艺、民间歌舞表演、沿海风俗礼仪节庆、渔民美术音乐及乐器和与航海生活相关的传统手工艺技能主要依靠文化产业来传播、推广,有的甚至是非物质文化遗产的重要载体。所以说,文化产业相关行业基础的薄弱与缺乏相关建设经验,无疑是舟山群岛新区非物质文化遗产走产业化道路的一大瓶颈。

2. 经营主体单一化

舟山群岛新区的非物质文化遗产相关工作主要由政府部门包办,以其中的国家级和省级非物质文化遗产为例:民间音乐的开发主体是各级文化馆,他们专门制作了舟山锣鼓、渔工号子、瀚州走书等歌舞和语言类节目,并参加各类竞赛和表演活动,但是并没有将其转化为营利性歌舞表演;观音传说被开发为"印象普陀"大型实景演出,公司为全资国有企业;谢洋节被作为"舟山群岛中国海洋文化节"的重要节目表演。

3. 认识程度不足

普通公众对于非物质文化遗产的认识还停留在保护的层面,而且对当地的非物质文化遗产缺乏认知,他们只知道要保护文化,但是不知道需要保护哪些文化。这主要有两方面原因:一方面传统的博物馆展示方式很难吸引人的注意力;另一方面,非物质文化遗产的多样性以及由语言差异带来的鸿沟,又会使外地人难以欣赏,所以才会极大的制约非物质文化遗产的传播。

四、舟山群岛新区非物质文化遗产的产业化措施

(一)形式多样化,适度产业化

舟山群岛新区旅游业以非物质文化遗产为内核,就更应该注意非物质文化遗产在产业化的过程中要保持一定的纯洁性,因为非物质文化遗产是数千年集体智慧的结晶,这些民俗艺术能够深深打动人、触动人的情感,这是非物质文化遗产与普通商品的区别性,也使其更容易受到普通大众的诟病,认为铜臭味玷污了文化的纯洁性,从而使人们不齿。商家的过度商业化与欺诈性经营都会给非物质文化遗产带来致命的伤害,因此使非物质文化遗产以一种半公益的形式出现会使人们更容易接受。

(二)深入挖掘内需

通过身份辨别,给予本省游客旅游优惠,或者通过各种方式分发旅游消费代金券,刺激旅游文化类消费,已经成为除却大规模基础设施建设之后,另一种拉动内需的有效方法。此类活动的进行既可以提升健康文明的生活方式、提高人民群众的幸福指数,又可以释放巨大的消费潜能、形成新的经济增长动力源,对经济进行转型升级,走健康持续的经济发展之路。旅游购物是旅游发展中重要的一项内容,是地方旅游发展从数量竞争转变为质量竞争的核心要素。舟山旅游发展如果融入海洋非物质文化遗产内涵,则可以通过提供新颖、异质的旅游商品吸引游客购买,增加当地旅游收入。

(三)积极引进文化产业高级人才

利用地缘优势,花大力气从上海、杭州等文化产业发展状况较好的城市引进文化产业高级人才,人才的引进不仅可以解决当地缺乏发展相关文化产业的经验,也可以从源头上改善舟山群岛新区文化产业薄弱的现状。努力解决相关人才的落户,子女上学,住房等切实的生活难题,为他们解决后顾之忧,以达到长久的留住人才的目的。

(四)扩大非物质文化遗产的宣传覆盖度

目前舟山群岛新区对于非物质文化遗产的宣传还处于初期,主要在新区内部进行宣传,并没有在较大的范围内形成知名度。根据调查整理,舟山群岛新区的信息,主要出现在官方网站和专业网站中,主要有:舟山群岛新区官网、大海网、百度旅游、途牛网、舟山旅游网等。而在本地的宣传中,舟山群岛新区的所有港口、码头、车船、机场等窗口单位以及各种客运交通工具,通过电子屏幕显示、播放声像资料等形式,向进出舟山的客人宣传舟山城市形象宣传语。

以公益宣传的方式,呼吁社会各界重视非物质文化遗产保护事业,进而宣传舟山群岛新区非物质文化遗产,吸引人们来舟山休闲、养生、旅游,感受纯正的海洋非物质文化遗产,从而拉动当地的经济发展,当经济发展到一定程度,获取的资金应当反哺非物质文化遗产,用充足的资金为非物质文化遗产提供更好的保护。[5]根据浙江省旅游局统计,在来浙的游客

当中,港澳台同胞占了很大的比例,舟山群岛新区可以在港澳台等地区大力开展旅游推介会,提升在以上地区的知名度与美誉度,吸引港澳台地区的游客,根据旅游半径与成本的原理,舟山地处出海口,有天然良港,与东南亚,乃至整个亚洲有密切的接触,应该利用这样的天时、地利、人和的好时机,将舟山群岛新区的非物质文化遗产推向亚洲,走向世界,做拓展经济交流合作的开路先锋。

参考文献

［1］ 李昕:《文化全球化语境下的文化产业发展与非物质文化遗产保护》,《西南民族大学学报》(人文社科版)2009 年第 7 期,第 171～175 页。

［2］ 黄海波、詹向红:《传播学视阈下非物质文化遗产保护的媒介建构——以合肥市非物质文化遗产保护为例》,《江淮论坛》2011 年第 2 期,第 149～155 页。

［3］ 梁笑梅:《非物质文化遗产的艺术传播与城市文化格调的提升——以重庆大型交响音诗画〈清明〉为例》,《艺术百家》2010 年第 3 期,第 76～79 页。

［4］ 辛儒、吕静:《论非物质文化遗产经济价值的开发和利用——以河北省为例》,《河北经贸大学学报》2009 年第 6 期,第 85～87 页。

［5］ 刘琼:《中国文化遗产传播曲线变化:由被动传播到主动传播》,《艺术评论》2012 年第 8 期,第 92～95 页。

宁波海洋非物质文化遗产的调查及分析

傅祖栋

（宁波城市职业技术学院）

摘要：宁波历史悠久、文化昌盛，海洋非物质文化遗产更是内容丰富、类型多样。保护和开发海洋非物质文化遗产，对于促进宁波海洋经济向深层次发展具有重要的战略意义。基于对宁波海洋非物质文化遗产的调查研究，梳理了海洋人事记录、海洋文学艺术、海洋民间习俗、海洋节庆活动、海洋制作工艺五个方面的宁波海洋非物质文化遗产，在探讨目前保护和开发中存在问题的基础上，有针对性地提出了保护和开发的对策。

关键词：非物质文化遗产　海洋　调查

宁波历史悠久、文化昌盛，海洋非物质文化遗产更是内容丰富、类型多样。保护和开发海洋非物质文化遗产，对于促进宁波海洋经济向深层次发展具有重要的战略意义。当前，宁波海洋非物质文化遗产保护总体形势比较乐观，但部分海洋非物质文化遗产也面临流失甚至消亡的威胁。

一、宁波海洋非物质文化遗产的主要内容

（一）海洋人事记录

1. 海洋人物

《徐福与玉鱼山》讲述的是道士徐福将大鱼变成一座小山的故事。《龙王堂的传说》讲有个昌字辈的人砍柴时发现一个被虫蛀过的树根，晒干后想当柴，结果发现是一个菩萨头，是东海龙王三公主。之后他把头丢进奉化江，然后在那搭起凉棚，烧香供奉。《求雨与投身的传说》讲村里一位叫何福豪的妇女为了求雨，投身于江后解除了干旱，当地百姓在其投江处设立云跟娘娘庙。《曰岭夫人和覆船山的故事》讲一位名叫阿贵的渔人为了捕鱼告别新婚不久的妻子，不幸在海上遇到了风暴，阿贵为了保护一条小船而被巨浪吞没，永远沉入了海底。妻子每天都来一个叫曰岭的山头痴心地遥望大海，希望有一天丈夫能够回来。很久以后，她眼睛都望穿了，喉咙都哭哑了，眼泪都流干了，最后变成了一块大石头，甚至长到了天，样子很像一个遥望大海的妇女。人们就叫她曰岭夫人，而阿贵翻船的地方变成了一座小山，人们就叫它覆船山。另有《定海来历的传说》《罗隐的传说》等。

2. 海洋事件

《黄鱼带鱼的故事》讲宋朝书生吕蒙正因家贫,常被有钱人欺负,后来发奋努力考取功名,为了满足对金钱的报复,就叫人打了金人和银人,之后每天让人打金人和银人,并把碎末倒进海里,龙王生了慈悲之心赋予他们活力,就成了黄鱼、带鱼。《盐的故事》讲述的是渔民发明盐的故事。《镇海"泥艋船"由来的传说》讲每逢退潮后,泥土都很滑,不利于明朝官兵打击倭寇,戚继光设计了泥艋船后瞬间将倭寇击败。如今该船被百姓用来捕鱼捉虾。另有《招宝山的传说》《邵氏后人不吃鲤鱼的传说》《石乌龟的传说》《江浪桥的传说》等。

(二)海洋文学艺术

1. 海洋文学

《船家谣》用歌谣的方式生动形象地讲述了各种船名。《渔家谣》讲述了各个渔场的地理位置和特点。《拔篷、拔锚号子》讲述的是扯篷起锚时人们喊"号子"的故事。《五色鹅卵石滩的传说》讲东南沿海唯一一处海岛卵石奇观,据说是女娲补天时遗留下来的。《鳖水岩的传说》中,一只千年鳖精因为时不时地兴风作浪,所以被天帝化为石头,造福于人类,下边还建了"观音洞",坡名改为了"月楼"。《鲤龙洗潭的传说》中,一条自称"鲤鱼"的龙建造了水晶宫,被人称为"鲤龙潭"。《蒙顶山的传说》讲述的是蒙顶为双亲报仇的故事。《十二月鱼名》记录了十二个月内不同鱼的不同形状。另有《象山地名来源的传说》《松兰山来源的传说》《白玉湾来源的传说》《锯门龙独眼的传说》《海水为啥是咸的》等传说和《四季渔歌》等歌谣。

2. 海洋艺术

《打龙结》中,古代劳动人民为了祈求风调雨顺、国泰民安,在祭祀中用舞龙的形式进行祈福。另有《渔场船类歌》《瀔浦船鼓》《西岩高跷》《霅雪龙舞》《龙舞》《马灯舞》《大张老龙会》《跑马灯》《龙舟舞》《龙灯舞》《昌国鲫鱼灯舞》《石浦鱼灯舞》《龙打颤滚》等。

(三)海洋民间习俗

1. 海洋经济民俗

《船饰习俗》中提到了渔民装饰船只。《钉船眼的传说两则》讲述的是船主钉船眼,希望可以发财的故事。《做船福习俗》是渔民出海前必做的仪式,祈求渔船顺风顺水。《航运习俗》讲正月十五财神日,船主为了讨吉利,五更时举行接财神仪式,供全猪、全羊,烧香叩拜,祈求以后船运生意一路顺风,财源滚滚。《采苔条的习俗》讲述的是在海涂上拾起绿色苔生,制作成苔条的过程。另有《咸祥鲜鱼行价格行话》《渔民出海打鱼习俗》《新船下海习俗》《渔民出海捕鱼忌俗》《夜航船习俗》《扦网习俗》《叉虾(落小海)习俗》《取鱼骨刺的习俗》等。

2. 海洋社会民俗

《求雨习俗》讲述的是鹤浦鹤南村人民祭拜龙神求平安的故事。《渔家婚礼习俗》讲述的是渔家结婚时红纸上贴两条"鸳鸯鱼",礼品中必备黄鱼的习俗。《招魂习俗》讲述在遇到海难之后,死者家属进行"招魂活动",意在将死者灵魂招回家的习俗。《三月三习俗》讲述人们在农历三月三捕捉辣螺,同时女儿们回娘家看父母的习俗。《渔民饮酒习俗》讲述渔民一生以酒为伴,在什么时候喝什么酒都有极多的讲究。《旱天求雨请龙王的习俗》讲旧时农村流传着一种请龙王祈求下雨的习俗,由村内有威望的老人组织全村青壮年参加请龙王活动。扎彩桥一乘,用木杠扎牢一把木椅,用材抽装饰,木椅上安放一只小绿缸。《请龙神求雨习俗》讲盛夏酷暑干旱季节,由族长领头,择日在宗祠内发食打醮驱逐鬼魅,祈祷天地。《咸祥人捕鱼的习俗》介绍了咸祥人捕鱼的工具以及捕捞期,还有捕鱼的信仰忌讳,如妇女不得下船,脚不得踩进船头等。另有《渔家待客饮食习俗》《渔民穿笼裤习俗》《吃鱼习俗》《渔船上的语言禁忌》《开荤及剃满月发习俗》《渔岛渔民造房的程序和礼仪》《东门渔村婚娶习俗》《东门渔村生育习俗》等。

（四）海洋节庆活动

1. 海洋历史节庆

《爵溪渔鼓》讲述爵溪纷繁的民俗事象,渔文化活动十分活跃,有浓厚的文化底蕴。另有《请龙求雨》《后船灯》《"三月三"习俗》《十四夜吃"糊粒"习俗》等。

2. 海洋现代节庆

《东门开洋节》中记录的开洋节是东门渔民在长期生产、生活中形成的民俗节庆活动。"开洋节"大约在每年的农历三月下旬或四月上旬举行。《庙会》记录晚清民国年间庙会盛行沙船表演,以沙船为道具,采用扭秧歌动作,自编自导的唱词进行表演,反映了社会的发展和人们的生活状况。另有《"三月三,踏沙滩"习俗》《祭船神》等。

（五）海洋制作工艺

1. 捕捞制作工艺

《蛎灰的烧制技艺》记录渔民为了修船发明了"蛎灰"（渔船防漏密封材料,非常坚硬）。《钓红钳蟹习俗》记录为了钓红钳蟹,人们带上竹竿、钓绳、蟹钩和克笼去海滩上红钳蟹出没的地方。《海马的制作技艺》记录的海马是戚继光抗倭时,花岙岛海涂上的一种交通工具,以后演变成百姓在海涂上捕虾等的工具。《木制渔船的制作技艺》记录木制渔船具体的制作过程、设计理念、工艺流程等。《白栏捕鱼技艺习俗》中说到渔民利用鱼类见光下钻的习性,发明了用白栏捕鱼的方法。另有《骑泥马捕鱼习俗》《栲网和血网的制作技艺》《涨网》《贝雕工艺》《网梭的制作技艺》《渔网的编织技艺》《仿真工艺船模制作工艺》《船模工艺》《渔网修补技艺》《鱼模制作工艺》等。

2. 海产品制作工艺

《鱼胶（鱼鳔）制作烹饪技艺》讲述鱼胶历史悠久,早在清康熙年间,渔民加工黄鱼鲞,留下很多鱼胶,人们将它剪开洗干净、晒干,收藏起来以便随时吃到。《黄鱼海参羹的制作技艺》中提到宁波是最早的海鲜饮食文化的发源地。此外,还详细记录了黄鱼海参羹的制作过程。《海水制盐技艺》介绍了几种制盐的方法。另有《咸蟹的腌制技艺》《红膏呛蟹的腌制技艺》《海鳗的制作技艺》《海蜇的腌制技艺》《雪菜大黄鱼的制作技艺》《咸糟鱼的腌制技艺》《青蟹土豆羹的烧制技艺》《蟹酱的制作技艺》《熏河豚鱼》《鱼卤制作技艺》等。

二、宁波海洋非物质文化遗产保护和开发中存在的问题

（一）资源流失严重，传承后继乏人

当前，宁波海洋非物质文化遗产保护的生态环境正在急剧改变，保护形势不容乐观，许多风格独特的海洋非物质文化遗产正日渐消逝，有的则已经流落到进入博物馆的命运。海洋非物质文化遗产的最大特点是依托人本身而存在，以声音、形象和技艺为表现手段，并以身口相传作为文化链而得以延续。因此，对于海洋非物质文化遗产传承来说，人就显得尤为重要，但现实是这些海洋非物质文化遗产的传承人已经出现了断代现象，后继乏人。

（二）资金投入不足，产业开发困难

保护和开发本地区的海洋非物质文化遗产，是各级政府应该履行的职责，必须投入必要的经费付诸这些项目，但现实是一些地方政府在海洋非物质文化遗产保护的资金投入上并没有达到应有的标准，从而加快了海洋非物质文化遗产濒危失传的速度。现在，大多数海洋非物质文化遗产还停留在博物馆的基础上，只能静等参观者前往观赏，却不能与生活相挂钩，以至于忙碌于"快餐文化"的人们忘记了这些储藏在博物馆里的"老古董"。

（三）宣传力度不够，保护意识不强

在海洋非物质文化遗产保护上，不少人包括部分管理者仍"雷打不动"地认定，传统民间文化遗产（包括海洋非物质文化遗产）糟粕大于精华，与现代化格格不入，已经跟不上社会进步的节拍。"何必依依唱挽歌，该淘汰的就让它淘汰吧！"倘若在这样的执政思想指导下，海洋非物质文化遗产将面临危险的境地。由于宣传工作滞后，人们对海洋非物质文化遗产保护的政策和相关知识非常匮乏，保护意识淡薄，认识不到海洋非物质文化遗产保护工作的重要性。

三、宁波海洋非物质文化遗产保护和开发的对策

（一）建立健全宁波海洋非物质文化遗产保护的管理体制和运行机制

在人们意识薄弱，相关法律法规尚不完善的情况下，政府在海洋非物质文化遗产保护上将起到主导作用。因此，政府首先要提高认识，把海洋非物质文化遗产的保护和开发列入议事日程，对其进行整体规划。可以设立专家咨询委员会，由相关领域的专家、学者，以及市文广新闻出版局、旅游局、规划局、发展研究中心、发改委、博物馆、宣传部等有关部门人员和相关社会团体成员组成，为海洋非物质文化遗产保护和开发的规划审订、项目评估提供决策咨询和业务指导等工作。同时，要树立针对海洋非物质文化遗产传承人的科学保护观，既要给予经济上的资助扶持，又要有法律上的权利保障（包括知识产权保护）。

（二）全面开展宁波海洋非物质文化遗产普查和研究

宁波海洋非物质文化遗产历史悠久,内容丰富。要传承这些海洋非物质文化遗产,首先要进行普查,明确其种类、数量、分布状况、生存环境、保护现状及存在的问题,对其进行系统、完整和立体的记录,并使之固化为书籍、影碟、光盘等文字、音像资料。可以由市政协文史委员会联合相关领域专家、学者、相关职能部门人员、各乡镇、街道文化工作者等对宁波海洋非物质文化遗产进行调查,形成详细的综合和个案调查报告,提出保护和开发的建设性意见,供有关部门决策参考。要充分利用高校的资源优势,开展宁波海洋非物质文化遗产研究。此举在高校中已有先例。如中央美术学院成立了"非物质文化遗产研究中心",并举办了"中国高等院校首届非物质文化遗产教育教学研讨会";清华大学美术学院研究所举办了"非物质文化遗产研究"研讨会;北京理工大学与德国考特布斯工业大学合作创办了世界文化遗产保护硕士专业;天津师范大学设有文化遗产评估与管理本科专业等。宁波也可以充分利用宁波大学海洋学院等,开设相关专业,加快海洋研究人才的培养。

（三）加快宁波海洋非物质文化遗产的开发和利用

1. 传承性开发

海洋非物质文化遗产要继续发展、流传,离不开传承人,尤其是手工艺品、制作流程,需要掌握技艺的传承人,当然更需要有人来学习。当然,也可以让传承人进入市场,加上政府的支持和带动,自己将海洋非物质文化遗产引向市场,走向人们的生活中去。传承人可以将自己传承下来的工艺进行对外展示,而政府部门也要做好相应的配套工作。

2. 旅游式开发

在对海洋非物质文化遗产的价值进行深入挖掘的基础上,精心筛选一些对游客具有旅游吸引力,并容易转化为旅游产品的遗产进行旅游式开发。在开发过程中应该贯彻"保护为主、抢救第一、合理利用、传承发展"的方针,努力保持海洋非物质文化遗产的真实性、完整性和原生态性,正确处理好旅游开发与文化遗产保护的关系。

3. 品牌化开发

充分利用和开发底蕴深厚的海洋非物质文化资源,逐步形成一批高端市场和大众市场协调发展的知名品牌。以海天佛国、渔都风情、历史名城、休闲海岛为主要形象,将海上丝绸之路旅游、中国渔村民俗风情旅游、海岛休闲文化旅游、东方大港旅游等培育成国内外知名品牌,并通过强势品牌的延伸,全面拉动海洋文化旅游市场,从而塑造鲜明的海洋文化旅游名城形象。

（四）加大宁波海洋非物质文化遗产的宣传力度

要加大宣传力度,让更多的人了解海洋非物质文化遗产,认识海洋非物质文化遗产,让更多的人参与到保护海洋非物质文化遗产的工作中来。可以利用国家"海洋宣传日"开展丰富多彩的文化活动,将文化展示、思想教育、旅游观光、文化体验等相互结合,充分发挥海洋非物质文化遗产的教育作用。新闻媒体应当积极加入到宣传海洋非物质文化遗产保护工作的队伍中来,电台、电视台等视听媒体以及网络媒体可以开设专题,报纸等平面媒体可以开设专栏。文联、社联、科协、作协和有关行业协会、学会等组织要继续发掘海洋非物质文化遗产,一如既往地深入群众基层,让海洋非物质文化遗产流动于群众中。此外,还可以拍摄海洋非物质文化遗产专题片、制作海洋非物质文化遗产公益广告、绘制海洋非物质文化遗产知识系列图片等。海洋非物质文化遗产保护的落脚点和归宿点应该放在引导人们的文化自觉性上来,让海洋非物质文化遗产真正融汇到每个人的文化血液中,人人保护,人人传播,让每个人从心底里认同非遗的不可或缺性。

参考文献

[1] 曲金良:《海洋文化概论》,青岛:青岛海洋大学出版社,1999 年。
[2] 苏勇军:《海洋非物质文化遗产的旅游开发与保护》,《海洋信息》,2008 年第 4 期。

宁波－舟山区域海洋文化建设现状与对策

张　伟

（宁波大学浙东文化与海外华人研究院）

摘要：宁波、舟山核心区海洋文化建设是浙江省海洋经济发展示范区建设的重要组成。近年来，宁波、舟山的海洋文化建设虽取得进展，但受制于现行的行政区划，仍存在着条块分割、各自规划的情况，从而制约着海洋文化建设的发展空间。为了全面推进核心区海洋文化建设，宁波、舟山需要在《浙江省海洋经济发展示范区规划》指导下，通力合作，形成有统一领导、分工明确、社会力量积极参与的工作体制和工作格局；明确建设目标与任务，制定海洋文化建设规划；搭建研究平台，共同推进海洋文化研究；合作开发，打造海洋文化特色品牌；加强海洋文化宣传力度，提升全民的海洋意识。

关键词：宁波　舟山　核心区　海洋文化建设

2011年2月，国务院正式批复《浙江省海洋经济发展示范区规划》（以下简称《规划》），浙江海洋经济发展示范区建设上升为国家战略。《规划》明确提出：浙江省海洋经济发展示范区建设以宁波－舟山港流域、海岛及依托城市为核心区，通过宁波、舟山区域统筹、联动发展，形成我国海洋经济参与国际竞争的重点区域和保障国家经济安全的战略高地。浙江海洋经济发展核心区建设，不仅关乎未来浙江海洋经济的发展，而且关乎国家实施海洋发展战略和完善区域发展总体战略的全局。然而，文化引领未来，经济的发展离不开文化软实力支撑，因此，如何加强核心区海洋文化建设，已成为当下浙江海洋经济发展示范区建设亟须破解的问题。本文在分析核心区海洋文化建设意义的基础上，针对宁波、舟山海洋文化建设现状，就如何进一步加强核心区海洋文化建设提出对策建议。

一、加强宁波、舟山核心区海洋文化建设的意义

自20世纪后期，尤其是进入21世纪以来，我国政府对文化在经济社会发展中的作用有了更为深刻的认识，《中共中央关于深化文化体制改革 推动社会主义文化大发展大繁荣若干重大问题的决定》明确指出，在我国进入全面建设小康社会的关键时期，在深化改革开放、加快转变经济发展方式的攻坚时期，"文化越来越成为民族凝聚力和创造力的重要源泉，越来越成为综合国力竞争的重要因素，越来越成为经济社会发展的重要支撑，丰富精神文化生活越来越成为我国人民的热切愿望"，从而将文化建设提升到国家战略高度。笔者

认为,加强核心区海洋文化建设,不仅对推动浙江海洋经济发展,加快转变经济发展方式,实现海洋经济强省有着重要的支撑作用,而且对丰富人们的精神生活,建设"物质富裕精神富有"现代化浙江具有重要现实意义。

(一)加强核心区海洋文化建设,是浙江省海洋经济示范区建设的一项重大战略任务

《规划》不仅对浙江省海洋经济示范区建设提出了总体要求与目标定位,而且明确了海洋文化建设任务:"继续办好中国海洋论坛和中国海洋文化节,筹办海洋科技成果应用交流会和海洋生态文明论坛。加强海洋文化研究、海洋科技和海洋主题博物馆建设,保护涉海文化古迹,传承海洋文化艺术,扶持发展海洋文化产业。广泛普及海洋知识,开展海洋文化交流,形成全社会共同关注海洋、科学开发海洋、有效保护海洋的良好氛围。"同时要"建成一批海洋科研、海洋教育、海洋文化基地"。通过加强核心区海洋文化建设以提高人们的海洋意识,为海洋经济发展提供支撑,无疑对浙江省海洋经济示范区建设具有决定性作用。

(二)加强核心区海洋文化建设,是加快浙江省转变经济发展方式,实现海洋经济强省战略目标的内在要求

在当代社会,经济发展中的文化含量、文化附加值越来越高,不仅知识生产力愈来愈成为生产力、竞争力的关键因素,而且生产者的文化素养、文化个性、价值观念、审美情趣等也日益渗透到产品之中,企业间的竞争已不再仅仅是产品质量的竞争,而是企业形象、企业文化、企业品牌的综合竞争。因此,加强核心区海洋文化建设,不仅有利于提高生产者的文化素养、精神素质,促进经济社会的协调发展和人的全面发展,而且已成为提高浙江海洋经济发展中的文化含量、转变经济发展方式的必由之路。

(三)加强核心区海洋文化建设,是满足新时期人民群众日益增长的文化需求的重要途径

浙江是海洋大省,海洋文化是浙江文化的重要组成,而宁波、舟山区域又是浙江海洋文化的中心地。因此,加强核心区海洋文化建设,不仅有助于深入挖掘浙江海洋文化的内涵,推动海洋文化大发展大繁荣,建设具有时代特征、浙江特色的文化强省,而且能够为人民提供更加丰富多样的精神文化产品,满足人民群众日益增长的精神文化需求。

(四)加强核心区海洋文化建设,有助于提升我国海洋文化在国际上的地位

宁波、舟山区域是浙江省海洋文化资源最为丰厚的地区,也是中国海洋文化的发祥地之一,在促进东西方文化交流、推动人类文明的进程中产生过积极作用,有着重要的历史地位。因此,全面加强核心区海洋文化建设,不仅有助于推动我国海洋文化研究的深入,而且有助于实施文化"走出去"战略,提升我国在国际海洋文化界的话语权。

二、宁波、舟山核心区海洋文化建设现状

海洋文化建设是宁波、舟山文化建设的重要组成。近年来,随着国家对文化建设事业的

重视,宁波、舟山两地在加强海洋文化研究,深入挖掘海洋文化资源的同时,加大了对海洋文化建设的投入,相继修建了一批宣传海洋文化知识、保护海洋文化遗产、弘扬海洋文化精神的主题公园、博物馆、陈列室、纪念馆等文化场馆设施,极大地丰富了人们的精神文化生活,同时,使人们的海洋意识不断得到提高。

（一）宁波的海洋文化建设

宁波倚海而立,因海而兴,宁波的文化建设与海洋文化密不可分。在海洋文化主题公园建设方面:2004年建成开放的宁波帮文化公园(第一期,10万平方米),以水榭园林和商帮文化景观为特色,反映了宁波帮的百年发展历程,体现了"开拓勤俭、义利兼备、诚信守约"的宁波商帮精神;2005年建成的江北老外滩公园,既保存了英国领事馆、浙海关、巡捕房、太古洋行、天主堂等文物建筑以见证近代宁波开埠以来的历史,同时在设计中又融入现代都市文化元素,成为宣传展示宁波港城风貌的一大标志性文化设施。

在博物馆建设方面:1993年5月建成开放的河姆渡遗址博物馆,以文物陈列和遗址现场展示形式,反映了宁波的史前农耕文明与海洋文明;1997年10月建成开馆的镇海口海防历史纪念馆,以镇海口抗倭、抗英、抗法、抗日史迹为主要内容,采用实物和多媒体相结合的手段,展示了数百年来宁波人民不畏强暴、自强不息的精神,成为重要的爱国主义教育基地。2001年12月建成开馆的浙东海事民俗博物馆,以全国重点文物保护单位庆安会馆为依托,通过实物、图片展览陈列以及妈祖祭祀实景向人们展现了妈祖信仰、庆安会馆与宁波海事的关系;2009年10月建成开馆的宁波帮博物馆,由博物馆和会馆构成,其中博物馆展区以时间为脉络,以人物为主线,以丰富的陈列手段为载体,展现了宁波帮的辉煌史绩,反映了宁波帮人士的创新精神与桑梓情怀;而以增进新老宁波帮乡谊、乡情、乡恋为主旨的会馆,已成为海内外宁波籍人士的主要活动场所和交流平台。

近年来,宁波加大了海洋文化基础设施的建设,根据《宁波市国民经济和社会发展第十二个五年规划纲要》,宁波将新建中国国家水下文化遗产保护宁波基地暨宁波·中国港口博物馆(北仑春晓滨海新城)、宁波·中国大运河出海口博物馆等,使之成为展示宁波形象的标志性文化设施。其中占地5.2万平方米、建筑面积约4.1万平方米、总投资6.8亿元、定位为"城市标志、文化符号、教育基地、旅游亮点、百姓客厅、交流平台"的宁波·中国港口博物馆于2010年7月破土动工,于2014年底开馆。在《宁波市"十二五"时期文化发展规划》中,宁波国际港口文化节、宁波海上丝绸之路文化节、国际河姆渡文化节、中国象山开渔节等文化节庆项目,以及相关海上丝绸之路考古、水下考古调查与河姆渡遗址保护、象山国家级海洋渔文化生态保护区建设均列入文化育民工程之列。

（二）舟山的海洋文化建设现状

舟山的海洋文化建设更是与大自然所赐予的独特资源分不开,丰富的自然景观、人文景观为舟山的海洋文化建设提供了丰厚资源。

在海洋文化主题公园与广场建设方面:1997年6月,在定海鸦片战争古战场遗址上建成竹山公园(2002年4月易名为鸦片战争遗址公园),现占地面积12万平方米;1999年10月,在定海城区龙峰岗山麓南侧建成集陵园、牌坊、烈士事迹陈列馆等于一体的海山公园,占地面积 28.4 万平方米;2010 年,为纪念徐福东渡,又在岱山高亭磨心山西侧建成占地面积约 0.19 万平方米的徐福广场。此外,为纪念唐高僧鉴真东渡日本、传播中华佛教于域外,2010 年 4 月,在嵊泗菜园镇大悲山建成"鉴真东渡泊舟处"。

在博物馆建设方面:2001 年 5 月,在有"海上文物之乡"之誉的定海马岙镇建成马岙博物馆。博物馆分馆内展区和户外遗迹展区,建筑面积为 0.13 万平方米。近年来,舟山市充分利用岱山的海洋资源优势,倾力打造中国台风博物馆、海洋渔业博物馆、盐业博物馆、灯塔博物馆、海防博物馆、岛礁博物馆、徐福博物馆、渔村博物馆、海洋生命博物馆、海鲜博物馆等 10 大系列博物馆。这类专题博物馆依托当地的人文景观和生态景观,集文物保护、科普教育、游乐于一体,目前已建成开放 6 个。此外,在定海还建有舟山警备区军事陈列馆、海军军史馆、鸦片战争纪念馆;在蚂蚁岛长沙塘村建有反映舟山渔业发展史、展示 20 世纪 50—60 年代蚂蚁岛渔民艰苦创业的蚂蚁岛创业纪念室。

在海洋文化名城建设方面:2001 年 9 月,舟山市委常委会讨论通过《舟山市建设海洋文化名城纲要 2001—2020 年》。2005 年 9 月又出台《关于加快建设海洋文化名城的决定》,提出实施市民文明素质工程、海洋文化精品名品工程、海洋文化保护传承工程、海洋文化节庆会展工程、海洋文化传播工程、海洋文化阵地工程等"六大"工程建设,以发展具有时代特征、舟山特色的海洋文化,建设舟山海洋文化名城品牌。为此,舟山已着手制定海洋文化名城建设战略规划,以进一步推动舟山海洋文化名城建设。

同时,为全面推进舟山群岛新区建设,《舟山市国民经济和社会发展第十二个五年规划纲要》明确提出要"激活舟山海洋文化创造力,增强海洋文化竞争力,提升海洋文化软实力,加快建设海洋文化名城",并把打造海洋文化节庆品牌、海洋民俗文化品牌、开展海洋系列博物馆建设等作为未来海洋文化名城建设的重点方向。在国务院正式批复的《浙江舟山群岛新区发展规划》中,再次明确提到要"整合提升佛教文化、渔业文化、民俗文化、海岛文化等,形成特色鲜明的舟山海洋文化,推进建设海洋文化名城","加快建设和提升博物馆、展览馆、影剧院等公共文化设施,积极完善基层公共文化设施和服务网络","积极保护舟山历史文脉,深度挖掘海洋人文资源,创作一批海洋文化精品","推进文化与产业、资本、科技深度融合,大力发展旅游、节庆、会展、创意等文化产业,规划建设国内一流的海洋文化特色公园"。随着舟山群岛新区建设的推进,舟山的海洋文化建设将迎来更大的发展机遇。

综上所述,不难发现,宁波、舟山在大力挖掘海洋文化资源的基础上,均十分重视海洋文化建设。近年来,更是以海洋经济发展示范区建设为契机,以"十二五"发展规划纲要为指导,加大建设力度,并成功打造出一批具有一定影响的海洋文化品牌。然而,受制于现行的行政区划,两地在海洋文化建设上存在着条块分割、各自规划的情况,这无疑在很大程度上制约着未来核心区海洋文化建设的发展空间。

三、核心区海洋文化建设的对策措施

为全面推进核心区海洋文化建设,使核心区成为我国沿海地区海洋文化建设的先导区,经济文化协调发展的示范区,宁波、舟山两地政府应在《规划》指导下,通力合作,形成有统一领导、分工明确、社会力量积极参与的工作体制和工作格局;明确建设目标与任务,制定海洋文化建设规划;搭建研究平台,共同推进海洋文化研究;合作开发,打造海洋文化特色品牌;加强海洋文化宣传力度,提升全民的海洋意识。

（一）创新体制,建立协作新机制

宁波、舟山作为浙江海洋发展示范区建设的核心区域,两地政府应站在国家发展战略的高度,从全局出发,创新体制,积极探索并建立有助于推进核心区海洋文化建设的合作机制。

文化引领时代风气之先,文化建设需要健全领导体制机制,把握正确的发展方向。结合核心区海洋文化建设现状,首先,宁波、舟山两地党委、政府应尽快组建"核心区海洋文化建设领导小组",加强对海洋文化建设的组织领导,形成党委领导、行政推动、党政齐抓共管的工作格局;其次,成立由两市宣传部门、文化部门、社科联、相关高校领导及知名专家学者组成的"核心区海洋文化建设指导委员会",具体负责组织协调与建设规划的起草。

（二）通力合作,制定海洋文化建设规划

在核心区海洋文化建设指导委员会的指导下,宁波、舟山两地政府的相关部门应尽快联合制定出台《核心区海洋文化建设规划纲要》,明确核心区海洋文化建设的指导思想、方针原则和目标任务。规划纲要应以《规划》为指导,结合《宁波市"十二五"时期文化发展规划》《舟山市文化发展"十二五"规划》《舟山市建设海洋文化名城战略规划(2009—2020)》等相关文件,从现代化、国际化、全民化海洋文化建设的长远角度出发,立足经济发展实际、文化资源分布状况、地区文化主体功能以及发展潜力和运行质量要求,坚持"以点带面、点面结合、整体推进"的方针,制定海洋文化建设与发展规划,着力打造"海洋文化主体功能区",初步形成"分布均衡、结构合理、特色鲜明、功能齐全"的空间发展布局。

海洋文化建设规划是指导未来核心区海洋文化建设的重要依据,应集中力量,抓紧制定。就目前而言,可重点规划"1+2+n"核心区海洋文化建设空间布局,即"一圈"——核心区海洋文化建设圈;"两翼"——舟山海洋文化发展翼、宁波海洋文化发展翼;"n板块"——依托核心区沿海城市与众多岛屿,形成多个各具特色的海洋文化板块。

（三）搭建平台,加强海洋文化研究

为了全面推进核心区海洋文化建设,需要整合核心区内现有的各类研究机构和社会团体的力量,组建实体型的"核心区海洋文化研究中心",全面加强海洋文化的研究。目前,在核心区内由政府设立的研究机构主要有设在宁波大学的浙江省海洋文化与经济研究中心,设在浙江海洋学院的中国海洋文化研究中心。社会团体主要有2006年在舟山岱山成立的浙江省海洋文化研究会。

基于核心区海洋文化建设的需要,以及目前各类研究机构、研究团体的研究现状,核心区应单独成立在"核心区海洋文化建设领导小组"统一领导下,由政府专项经费投入为主,以地方高校研究力量为主要依托、社会学术研究团体参与的"核心区海洋文化研究中心",全面加强核心区的海洋文化研究。新成立的"核心区海洋文化研究中心"应是实体型研究机构,有专职研究人员、管理人员编制;有研究场地、会议场所等相应的基础配套设施。

（四）联合开发，打造海洋文化特色品牌

当前，核心区海洋文化建设应借助浙江海洋经济示范区全面推进、舟山新区建设等有利契机，积极打造海洋文化品牌；加速推进海洋文化产业的深层次合作，推动生产要素的跨地区高效流动和资源的优化整合，以推动海洋文化产业市场的开拓、开发成本的降低和区域品牌的塑造，建立起具有区域特色的现代海洋文化产业体系。

1. 提炼文化内涵，打造海洋文化节庆品牌

节庆活动既是民俗文化的传承和创新，又是地方文化资源的整合和提升，更是旅游经济发展的舞台和灵魂，已成为一种新型的文化现象和经营手段。核心区需要对现有海洋文化节庆资源进行整合，合力打造中国海洋文化节、中国开渔节、中国港口文化节、中国普陀山南海观音文化节、朱家尖国际沙雕艺术节五大节庆，使其成为具有国际影响力的知名品牌。

（1）中国海洋文化节。中国海洋文化节最早由岱山县人民政府举办，至 2013 年成为由文化部、国家海洋局、国家旅游局和浙江省人民政府共同主办的我国大型海洋文化节庆活动。海洋文化节至今已举办八届，而作为海洋文化节主要内容的中国海洋文化论坛已按年度举办七次。今后，中国海洋文化节应抓住有利时机，在提高民众参与度的同时，加强与国内外研究机构的合作，提升论坛的学术层次，努力朝打造国际知名节庆品牌方向发展。

（2）中国（象山）开渔节。中国开渔节是重要的海洋信俗文化节庆，至今已成功举办十六届。为提升影响力，应整合宁波辖区的宁海长街蛏子节、宁海时尚海钓节、象山海涂节、象山国际海钓节、象山海鲜美食节，以及舟山辖区的嵊泗贻贝文化节、沈家门渔港国际民间民俗大会、中国舟山海鲜美食文化节、舟山渔民画艺术节，形成规模效应，全方位展示核心区丰富多彩的海洋信俗与饮食文化，扩大在海内外的影响。

（3）中国港口文化节。核心区港口历史悠久，港口文化遗产丰厚。今后，中国港口文化节庆活动应依托宁波港（北仑港、象山港、镇海港）、舟山港（岱山岛、秀山岛、虾峙岛、六横岛）等有形载体，整合现有中国宁波国际港口文化节、中国海上丝绸之路文化节、外滩文化节等各种节庆活动，展现核心区港口在中外文化交流史的历史地位，以及港口在推动当代经济社会发展中的作用，充分展示港口文化的魅力。

（4）中国普陀山南海观音文化节。中国普陀山南海观音文化节以"自在人生·慈悲情怀"为主题，以"弘扬观音精神，传播观音文化"为理念，自 2003 年至今已举办十一届，成为国内有较大影响的海洋宗教节庆。为了做大做强这一富有特色的节庆，需要深入挖掘观音文化的内涵，同时以普陀山深厚的观音文化为依托，整合"中国（奉化）雪窦山弥勒文化节""普陀山之春""普陀三大香会节"等同类节庆资源，扩大"东南佛国"在海内外的影响，将观音文化节打造成为具有国际影响力的佛教文化节庆品牌。

（5）朱家尖国际沙雕艺术节。国际沙雕艺术节首创我国沙雕艺术和旅游活动结合的先河，自 1999 年举办以来，已成功举办十五届。经过十多年的创新发展，沙雕艺术节的运作模式已趋成熟，每年吸引着数十万游客前来观摩沙雕作品，品味沙雕文化，领略海岛风情，初步形成了国内沙雕看舟山的品牌格局。今后，需要加强沙雕文化会所的建设，加强与国际沙雕界的合作，使舟山沙雕节更上一层楼，成为具有国际影响力的知名品牌。

2. 科学谋划布局，打造海洋文化公共设施建设品牌

根据"整合提升，集群发展"的建设原则，核心区应科学谋划，建设一批国内一流的海洋文化专题博物馆、海洋文化主题公园与海洋民俗风情园区。目前，核心区已建或在建的博物馆主要有宁波帮博物馆、镇海口海防历史纪念馆、河姆渡博物馆、中国港口博物馆等。未来，应立足海洋文化资源，在整合的基础上建设中国渔文化博物馆、海上交通博物馆、中国渔船博物馆等，把核心区打造成为中国海洋博物馆之都。在海洋主题公园、海洋民俗风情园区建设上，目前象山已建有海洋文化主题公园——中国渔村，舟山秀山岛建有滑泥主题公园等，可考虑建设海洋体育旅游类主题公园，以及反映海洋民俗风情的大型园区等，使核心区成为我国海洋体育旅游、展示海洋民俗风情的中心区。

3. 积极扶持海洋文化产业，打造海洋文化产业品牌

海洋文化产业既是海洋文化建设的标志性产业，又是海洋经济的"半壁江山"，更是沿海城市现代服务业发展的支柱产业。目前，核心区海洋文化产业市场化程度较低，文化市场还不成熟，尚未形成互动共赢的产业链。为此，需要结合《浙江省文化产业发展规划（2010—2015）》中的"一核三极七心四带"这一总体布局，制定海洋文化产业发展战略规划。目前，应根据核心区海洋文化建设的空间布局，重点建设海洋文化产业园区，如海洋民俗文化产业园、海洋影视文化产业园、渔文化产业园、海洋文化综合产业园等。健全以企业为主体、市场为导向、产学研相结合的海洋文化技术创新体系，重点推进海洋旅游业、海洋节庆会展业、海洋文化创意业、海洋影视制作业、海洋文化演艺业、海洋体育业、海洋工艺美术业、海洋休闲娱乐业八大海洋文化产业的发展，着力培育海洋旅游业、海洋文化会展业、海洋体育业、海洋影视制作业，使其成为核心区海洋文化的品牌和支柱产业。

（五）加强海洋文化宣传，提升全民海洋意识

海洋意识即海洋观，是指人们对海洋世界总的看法和根本观点，反映着人们对海洋的认识。海洋竞争的背后是文化的竞争，不同的海洋思维、海洋意识将决定未来海洋竞争的成败。提高海洋意识是一项长期而又艰巨的任务，就核心区而言，从各级政府部门到民众，都需要树立起强烈的海洋意识。树立海洋意识，对建设海洋文化、发展海洋经济具有决定性意义。

1. 提高海洋文化的传播能力

当今时代，传播力决定影响力，哪一种文化传播手段先进、传播能力强，其文化产品也就更具影响力。大众传媒是社会公众获取信息的主要来源，应充分利用传统媒体特别是新兴媒体拓展传播渠道，及时将海洋类节庆活动的举办、海洋类公共设施的建设与落成，以及一切有关海洋文化的活动进行宣传和报道，使海洋文化观念逐渐深入民众。网络也是重要的传播途径，可建立海洋文化专题类网站，利用网络的功能使越来越多的人感受到海洋文化的魅力。

2. 加强全民海洋意识教育

宣传海洋文化是加强海洋意识教育的有效途径。首先，可通过海洋科普文化读本、海洋知识讲座以及创作海洋专题片等多种方式，向广大百姓宣传海洋在21世纪发展中的重要

性,使人们认识到海洋的重要性而重视海洋,从而增强海洋意识。其次,加强对青少年的海洋文化教育,使他们从小亲近海洋,生成牢固的海洋意识。当前,需要在已有海洋文化研究成果的基础上,组织专家队伍编写出一套深入浅出、图文并茂的海洋文化教科书,用于小学、中学教育,并大力予以推广和普及。

3. 重视海洋文化公共设施建设,营造海洋文化氛围

随着人们对海洋知识和文化需求的提高,博物馆、节庆活动正向专业化、现代化、信息化和产业化方向迈进,其社会影响将越来越广泛。这类文化场馆的建设已不仅仅是物品的陈列、收藏与展示,更重要的是它的文化导向作用。因此,在宣传、推介海洋文化方面,应重视海洋类博物馆、科技馆、节庆活动以及主题公园等设施的建设,以营造重视海洋文化的社会氛围。

参考文献

[1] 国务院批复:《浙江海洋经济发展示范区规划》,2011 年 2 月。
[2] 《中共中央关于深化文化体制改革 推动社会主义文化大发展大繁荣若干重大问题的决定》,2011 年 10 月。
[3] 《中共浙江省委关于认真贯彻党的十七届六中全会精神大力推进文化强省建设的决定》,2011 年 11 月。
[4] 舟山市人民政府:《舟山市国民经济和社会发展第十二个五年规划纲要》,2011 年 3 月。
[5] 宁波市人民政府:《宁波市国民经济和社会发展第十二个五年规划纲要》,2011 年 3 月。
[6] 胡锦涛:《坚定不移沿着中国特色社会主义道路前进 为全面建成小康社会而奋斗》,2012 年 11 月。
[7] 国务院批复:《浙江舟山群岛新区发展规划》,2013 年 1 月。
[8] 浙江省人民政府:《浙江省文化产业发展规划(2010—2015)》,2011 年 1 月。

僧统义天与净源法师以及东坡居士

崔凤春

（杭州师范大学外国语学院）

高丽时期僧人大觉国师义天是一位宋丽佛教文化交流史上极有影响力的人物。对他的研究始于 1910 年"日韩合并"之后的日本学界，如今中日韩三国学界有关他的研究成果丰硕，并且在深度和广度上都有新发展。关于他的身世和经历、入宋求法活动和佛教传播活动、佛教思想和佛经编撰工作的分析与探讨，都是研究重点。然而，至今为止，仍然留下不少未解之谜。本文将依据文献史料对义天入宋求法时期的若干问题进行推论求证。

一、义天与善住法师净源

义天与宋朝净源法师有着颇为奇异的因缘。净源法师为泉州晋江杨氏，因此也被称为晋水法师。[①] 他在写给义天的书信中对自己的经历曾做出如下概括：

> 吾泉南人也，少游京师，与缙绅交习儒学，务进士业，一旦观荣衰之分，若镜象若梦寐，遂弃儒就释，习浮图道，始由花严，洎通诸部，悦贤首诸祖，有传术之意，遂节疏注经，及诸制撰，凡自苏及杭湖秀等处，讲畅开帷门生，及数百人，而洪扬吾道，不二十人而已。[②]

净源法师早先在东京（开封）报慈寺剃发为僧，此后赴秀州拜长水子璿为师。回到泉州后任清凉寺主持。不久又到吴中，历任主持于苏州报忠寺观音院、杭州大中祥符寺、湖州青真寺密印宝阁院及秀州华亭晋照寺善住阁院。西湖讲律临坛僧冲羽、胥山布衣濮昂[③]在其诗序中称净源法师为"善住法师"，这是因为净源法师一时曾担任过善住阁院的主持。净源、义天、冲羽三位法师曾分别和诗一首，收录于《大觉国师外集》。

净源：炉拂二事，付法子华严僧统，因成一绝，大宋云间座主净源上。

---

① 《玉岑山慧因高丽华严教寺志》卷之八，《宋杭州南山慧因教院晋水法师碑》。

② 《大觉国师外集》卷第三，《大宋沙门净源书》。

③ 《大觉国师外集》卷第十一，《大宋胥山濮昂诗》：昂启，昂虽不敏，尝谓"今之学佛，必以贤首为径趋，若其恢洪经术，唯善住法师为尤，其他以讲授之不下"，而法师敷训外补缉，兴唱于教迹，且著书日广于数，乃德之大，功之深，昂感怀叹仰之不足，辄为古诗三十韵，少纪风猷伏惟采瞩。

青炉黑拂资谈柄,同陟莲台五十年。

今日皆传东海国,焚挥说法度人天。①

义天:某伏蒙本讲阇梨尊慈,垂示佳什,以手炉稷拂见贶,为传授之信,感荷之际,
辄嗣严音,遥献几前。

远结因缘应累劫,忝窥章句又多年。

今承信具增何愿,慧日光前睹义天。②

冲羽:冲羽启,前日奉善住法师慈旨,俾和寄高丽国王之什,谨写上呈小资嚟览。

湖居沙门冲羽稽首。阇闾携里及余杭,教像颓龄弃举扬(师于苏秀二州三迁绛纱,皆建
教藏,立诸祖宗像,今欲就杭亦然)。祖祖灯传无尽焰,冥扶海国万年昌。

冲羽因睹高丽僧统,上禀受善住法师之什,谨依韵和呈。

贯花文富旨幽玄,空积疑云度岁年。

何日抠衣墙数仞,辩风吹散睹青天。③

显而易见,"五十年""又多年""度岁年"和"度人天""睹义天""睹青天"各以"年"和
"天"为韵而相互对应。因此,云间座主净源也就是义天所说的"本讲阇梨"和冲羽所说的
"善住法师"。

当宋元丰、元祐交替之际,亦即公元 1085 年阴历四月至 1086 年五月之间,义天入宋游
学求法。义天入宋之前就已与宋华严宗净源法师有缘结为师徒关系,双方很多次互通书信。
其中《上净源法师书四首》及《净源书六首》现收录于《大觉国师文集·外集》,其余均已散
失,未能完整保存下来。为此,根据这些残存书信内容,梳理书信往来时间顺序如下。

义天和净源之间的书信往来主要通过宋朝纲首李元积、洪保等人进行。早在入宋之前,
义天"悲正法之下衰,是惜寸阴,拟探群典,向者于故国,偶得两浙净源讲主开释贤首祖教文
字,披而有感,阅以忘疲,乃坚慕义之心,遥叙为资之礼。"④义天寄给净源法师的第一封书信
已经失传。但是他在第二封信《上净源法师书》中对第一封信的部分内容有所提及,即"是
敢托千里之归礼,贡一封之礼牍,期于远达,心所未遑。泊去年八月十五日,都纲李元积至,
得捧二月书教一通。"⑤而净源法师在"书第二"中写道"正月十有九日,都纲李元积至,得去
年九月书,辞意勤拳,才识寅亮,铺三经之说义,贡三家之遗文,邂逅绅绎,使人乐而不自觉
因。"⑥实际上,净源法师于翌年正月十九日从李元积处收到义天的"九月书"之后写了回信,
即"二月书教",并托付李元积转交。直到同年八月(一年半之后),义天才收到"二月书
教"。据《高丽史》载,李元积曾于宋神宗熙宁四年(1071 年)九月和元丰四年(1081 年)八

---

① 《大觉国师外集》卷第十,《大宋沙门净源诗二首》。
② 《大觉国师文集》卷第十七,《和大宋源法师》。
③ 《大觉国师外集》卷第十一,《大宋沙门冲羽诗二首》。
④ 《大觉国师文集》卷第五,《乞就杭州源阇梨处学法表》。
⑤ 《大觉国师文集》卷第十,《上净源法师书四首》。
⑥ 《大觉国师外集》卷第二,《书第二》。

月去过高丽。① 另据《续资治通鉴长编》，"元祐元年闰二月丙午，诏祭尊吊慰高丽国王所管公舟船客人船主梢工虞际与三班借职盛崇李元积与大奖。"②也就是说，当高丽国王祭奠吊慰之际，都纲李元积等人渡海功劳卓著，于是宋朝廷予以奖赏。假如李元积于元丰四年（1081 年）八月来到高丽与义天相见，那么义天在信中所提到的"去年八月"当是元丰五年（1082 年）八月。因此，到了元丰六年（1083 年），义天才回复净源法师的"二月书教"。元丰七年（1084 年）正月，义天在《请入大宋求法表》中向国王重申净源法师"二月书教"的一段话，称"于去年八月，得大宋两浙华严阇梨净源法师书一道。其书云：'因风而来，口授心传，则针芥虽远，悦高下之相投，笙磬同音，穆宫商而切响。'其言三复。臣意一同，睎巨利以未忘，认强缘而得遇。"③净源法师的这封信原文现已失传。

净源法师在《书第一》中写道："大宋国两浙传贤首祖教老僧净源，书白高丽国僧统法子。秋凉缅想，法履小病小咄，纲首洪保至，辱惠书勤勤，并以先代王遗赐见口捧领讽味愧感交集，老僧才无他长，以疏笺经，知大旨而已。承吾子嗜学不倦，且欲老僧为之宗工，不惮风涛万里之虞，惠然肯来，有不可夺之志，事虽未遂，其勤全矣。虽然相远以迹，相契以心，山海虽隔，未始不为觌面相呈也。窃闻吾子，得老僧影像，观叹无穷，得老僧文轴，玩味不已。……以吾子英特之资，加之以力学勤行之不已，何所不至哉，勉之无多谈。"④假如说"先代王"指的是高丽文宗或顺宗，那么此信无疑作于元丰六年（1083 年）秋。

净源《书第二》开头为"大宋国两浙传祖教老僧净源，复书高丽国花严阇梨僧统法师"，因此《大觉国师外集》中收录书信的先后顺序与写信时间顺序相符。

净源《书第三》完全遗失。

净源《书第四》目前仅存后半部分，其中有一句是"今春二月内，都纲洪保来，得书三通，遐剖教宗，历叙师友，玩味其辞，若对面语。"⑤

仔细分析可知，所谓"书三通"指的是义天对净源"二月书教"的回信及其他两封信，于翌年即元丰七年（1084 年）二月由都纲洪保转交给净源法师。

净源《书第五》现存完好。

净源《书第六》仅存开头两行，即"净源三月内，附都纲洪保书一封，炉拂绝句一首，必达检收，近李元积至，伏蒙殿下亲笺……"对此，《续资治通鉴长编》亦载："元丰七年五月己酉，诏高丽入齎王子僧统书及金银，遗秀州僧净源，源有答书，即明州移牒报之。"

现将义天、净源两位大师来往信件目录列表如下：⑥

---

① 《高丽史》世家卷第八，文宗二十五年（辛亥，公元 1071 年）九月乙酉"宋商元积等三十六人来献土物。"世家卷第九，文宗三十五年（辛酉，公元 1081 年）八月戊辰"宋商李元积等六十八人来献土物。"

② 《续资治通鉴长编》卷 369，宋元祐元年（丙寅，公元 1086 年）闰二月丙午（18 日），第 3437 页。

③ 《大觉国师文集》卷第五，《请入大宋求法表》。

④ 《大觉国师外集》卷第二，《书第一》。

⑤ 《大觉国师外集》卷第二，《书第四》。

⑥ 上海图书馆藏《大觉国师文集》，韩国建国大学刊《大觉国师文集》。

卷数	代号	标题	编首
文集卷第十	1	未详(义天书信)	一首
文集卷第十	2	上净源法师书	四首
文集卷第十一	3	见大宋净源法师致语	一首
文集卷第十一	4	上大宋净源法师状	三首
文集卷第十一	5	上大宋净源法师书	三首
文集卷第十四	6	请本讲晋水法师讲法界观疏	一首
文集卷第十四	7	追荐大宋净源法师百日斋疏	一首
文集卷第十七	8	和大宋源法师	一首
外集卷第一	9	大宋源法师答辞	一首
外集卷第二	10	未详(净源书)	六首
外集卷第三	11	大宋沙门净源书	五首
外集卷第九	12	大宋净源法师真赞	一首
外集卷第十	13	大宋沙门净源诗	二首

（1）文集卷第十共 11 页，其中第 1～4 页及第 9～10 页缺失。仅存部分疑为"状二"，其内容是："……外，所传诸家教乘，或有绝本不行者，或有鱼鲁混淆者，或有阙于钞解者，兼以自五代，至今日，向二百年，诸师著述，未见流通，所以发愤忘遑，特来求法，今被本国王催来之命，还乡在即，伏望大法师，流通为急，凡有古今诸家章疏，出目示之，贵得还乡之日，聚集古今诸宗教乘，总为一藏，垂于万世，导无穷机，返本还源，是其本愿也。"疑为元祐元年（1086 年）四月义天向净源请教古今诸家章疏目录。

（2）文集卷第十收录《上净源法师书》共四首，其中第一首①完好无损，第二首仅有开头五行，里面一句是"忽承尊慈为我先兄国王，笺注仁王护国般若经，将欲摹印流布，不图短拙，俾预看详，自闻命而既惧且愧者。"由此可见，净源准备为高丽顺宗雕印传播《笺注仁王护国般若经》，并请义天帮助其进行校正。第三首完全缺失。第四首完好无损，只缺序号，其全文："某稽首言，泉商继至，再奉受教，伏蒙尊慈，以先兄国王薨逝，远及慰问，或于杭州祥符寺王子院，营攒胜祉，特伸追荐，仍以其功德疏文为寄，寻具以闻王府，昨承教旨，差遣近官，备办祭奠于先兄灵筵，转赞前件疏文，且藏殡宫，以为仙驾司南之制，以此观之，先兄曾寓书曰，舍身受身，常亲近师，闻无尽佛法，得归正道者信矣，况然思念，感涕无已，谨奉状谢。"可见，净源得知高丽顺宗去世的消息，于杭州祥符寺王子院内特设追荐斋，为顺宗祈福，并将"祈功德疏文"寄与义天。

（3）文集卷第十一《见大宋净源法师致语》完好无损，其中称"江山虽缅，针芥有缘，昔在海东，叨沐犹吾之纳，今来浙右，伫蒙类我之恩，甘夕死于朝闻，誓中兴于末法。"宋元丰八年（1085 年）秋，义天初次面见净源时所作。

---

① 关于"二月书教"的回信。

（4）文集卷第十一收录《上大宋净源法师状》共三首,均完整无缺。

（5）文集卷第十一收录《上大宋净源法师书》共三首,亦完整无缺。

（6）文集卷第十四《请本讲晋水法师讲法界观疏》,仅存最后一行。

（7）文集卷第十四《追荐大宋净源法师百日斋疏》,整篇虽存,但其字迹模糊不清。其中称"……言犹在耳,讣已临门,既冥漠以难追,唯熏修而可荐,了录所缔,觉鉴已知,所禀伏愿脱洒尘区,优游净域。"宋元祐三年(1088年)十一月二十八日,净源法师在杭州慧因院示寂。义天挥笔为净源写一首诔辞悼念。

（8）文集卷第十七收录《和大宋源法师》,和诗全文如前所述。

（9）外集卷第一收录《大宋源法师答辞》,净源在杭州初次会见义天时所作,其中称"今法子僧统,远离贵国,近入中华,虽则慕道而来,此皆圣宋天子,威加四海,泽及万方,使之□矣。"

（10）外集卷第二收录《净源书》共六首,其中第一首完好无损,第二首后半部分缺失,第三首完全缺失,第四首仅存后半部分,第五首完好无损,第六首仅存开头两行,即"净源三月内,附都纲洪保书一封炉拂绝句一首,必达检收,近李元积至,伏蒙殿下亲笺……"

（11）外集卷第三收录《净源书》共五首,其中前三首万种无缺。第四首仅存开头两行及结尾两行半,即开头两行是"净源启,向者徐都纲回,领书并银合盛茶水精珠三颗,兼知启迪讲筵,四方僧徒辐凑,座……",结尾是"……记继之,阇梨书贾相公注金刚经,洎遗教经节要七部,附慈应乐真,已下习讲,各宜检至,其余心绪,叶舍奘书"。第五首缺失,代之标记序号"第二",其内容为"净源遗书",然而结尾部分缺失(即第九页),而版口标题却是"大觉国师外集第二(第七页)"及"大觉国师外集第二(第八页)"。

（12）外集卷第九《大宋净源法师真赞》,完全缺失。

（13）外集卷第十《大宋沙门净源诗》共二首,其中一首如上所述,另一首为:"送高丽国王子祐世僧统。大宋沙门净源上。离国心忙海上尘,归时身遇浙江春。休言求法多贤哲,自古王宫只一人。"这首诗作于宋元祐二年(1086年)四月。

二、义天与东坡居士苏轼

下面将着重说明义天入宋求法时期与东坡居士苏轼会面情况。首先按时间顺序陈述义天入宋云游日程如下。

农历四月初八是佛祖释迦摩尼的诞辰日。是日,义天一行搭乘宋商林宁之返航商船由高丽开往大宋,于当年即宋元丰八年(1085年)五月二日(甲午)安全到达宋密州板桥镇。此时,由朝奉郎知密州范锷亲自出迎慰劳。义天向范锷及知高密县致状,表明其入境缘由,并请求保护。① 宋朝廷获悉此消息,于同年5月8日派遣朝奉郎守尚书主客郎中苏注②引伴义天入京。于是,自当月二十一日起苏注与义天同行。此间义天参拜板桥镇圣寿院,并作诗

---

① 《大觉国师文集》卷第九,《与大宋知密州状》,《与知高密县状》。
② 《彭城集》卷19 诰:"金部郎中范锷可京东转运副使","朝散郎苏注可司封郎中制。"宋元丰七年(1084年)六月苏注任奉议郎滑州通判州事。

赠与澄流座主,还探访密州资福寺,又留诗一首。同年 6 月初,义天南下抵达海州。六月七日内侍省内西头供奉官黄永锡锡奉传敕旨,特赐御斋,以示慰问。密州、海州两地均有新建的高丽亭馆。① 宋代大文豪苏东坡曾参观海州高丽亭馆并作诗纪念。僧统义天专程从东国高丽而来,既然路经此地,岂有过门不入之理? 义天到泗州城礼赞名刹普照王寺。② 六月十三日中使奉传敕旨,特赐御茶 20 角及药 1 银合。义天继续西行至宿州,致函知宿州及通判表达感慨之情。六月二十二日,宋朝廷派遣中书舍人范百禄任馆伴。到达南京(河南商丘)后,义天又分别向留守和少尹朝仪致信吐露自己的激动之情。七月一日中使至南京,特赐御斋。七月六日义天一行抵达东京(开封)郊外,范百禄特赐劳宴,以示慰问。同日,宋朝廷又派中使百般抚慰,同时安排住宿于东京启圣院。义天一行从板桥镇到东京,路上花费两个多月时间。由于路途遥远、交通工具落后,加上沿途四处观光闲游、拜寺问佛,自然放慢了行程。正如《仙凤寺大觉国师碑铭》所载:"师自密州诣京,闻有知一法,持贰行者,无不遍致咨问。"

七月十八日为高丽文宗忌日。是日义天于启圣院为父王设斋祭祀。同月二十一日,义天在垂拱殿谒见哲宗皇帝和皇太后高氏,并敬献佛像经文。朝廷都以客礼待之,并回赐法服。此外,义天还访问了当世名相司马光。同日,朝廷又派中书舍人钱勰至启圣院,特设斋筵。正如《陕川般若寺元景王师碑铭》所有载:"孟秋□一日(子正),从大觉朝京师,皇帝侍之甚厚。"翌日,义天上表"请遍参名德,于是诏华严法师有诚,素止别院,使与游处相从。"七月二十四日,朝廷许令义天"就普净院汤浴,仍赐斋筵。"③七月二十八日,义天到大相国寺进见圆照宗本,并为皇帝及皇太后设斋祝圣寿。④ 对此,哲宗皇帝特赐奖谕。

从此直到同年十二月八日哲宗皇帝诞辰日为止,有关义天的活动日程,史无记载。综而观之,义天在吴越地区的求法活动,最早可能始于同年八月初。

当时,义天的馆伴为朝散郎尚书主客员外郎杨杰。他们一行从东京乘船沿着汴水、淮水南下,途经泗州,于当年八月下旬到达大江(长江)北岸的扬州。也许义天与苏轼在此地偶然相遇。苏轼(1037—1101 年),字子瞻,号东坡居士,宋代文豪。现考察元丰、元祐之交苏轼任职情况,以便查明其移动路线。《续资治通鉴长编》里有如下记载:

神宗元丰八年(1085 年)九月己酉(18 日),朝奉郎苏轼为礼部郎中;⑤
神宗元丰八年十二月戊寅(18 日),礼部郎中苏轼为起居舍人;⑥
哲宗元祐元年(1086 年)三月辛未(4 日),起居舍人苏轼免试为中书舍人,仍赐金紫。⑦

宋代施宿编纂的《东坡先生年谱》中有如下记载:

① 《续资治通鉴长编》卷 435,元祐四年十一月甲午,第 4098 页。
② 《苏轼诗集》第一册《泗州僧伽塔》第 289 页;《宋高僧传》卷第十八,《唐泗州普光王寺僧伽塔》,第 497 页。
③ 《大觉国师文集》卷第五,《谢赐沐浴表》。
④ 《大觉国师外集》卷第一,《大宋哲宗皇帝诏书二首》。
⑤ 《续资治通鉴长编》卷 359,第 3313 页。
⑥ 《续资治通鉴长编》卷 363,第 3343 页。
⑦ 《续资治通鉴长编》卷 371,第 3473 页。

元丰八年三月，哲宗皇帝即位，宣仁皇后高氏垂帘听政。先生正月离泗上至南京，寻得请常州居州。三月六日，先生在南京，闻神宗皇帝遗诏，寻自南京复赴常。五月一日，过扬州游竹西寺，寻有旨复朝奉郎知登州。七月，自常赴登。九月，除尚书礼部郎中。冬十一月，至登州，任末旬日，召赴阙。十二月，除起居舍人。是岁作诗有《海州高丽馆》《密州赠霍守》《登州海市》《游扬州竹西寺留题》《送杨杰》等。子由是岁八月自知积溪县除校书郎，未至，迁右司谏。①

根据《苏轼资料汇编》，将元丰八年苏轼的逗留日期及地点整理如下：

南京（三月六日）→ 扬州（五月一日）→常州（五月二十二日、七月十五日）→润州（七月二十五日）→扬州（八月二十一日、二十八日）→登州（十月十五日、十一月二日）→东京（十二月三日）→杭州（1089 年七月三日）

如上所示，元丰八年八月下旬苏轼正在赴登州任职，途中逗留于扬州。而此时义天、杨杰一行也乘船沿运河南下到达扬州，与苏轼偶遇。苏轼和杨杰是老相识，均为佛教居士，两人早先曾一同参观杭州各处寺院和名胜古迹，吟诗作赋。苏轼为即将渡江至杭的杨杰作诗一首，这便是收录于《大觉国师外集》的《送杨杰诗》。诗序如下：

礼部尚书翰林学士承旨苏轼述
无为子尝奉使登太山绝顶，鸡一鸣，见一出。又尝以事过华山，重九日欲酒莲华峰上。今乃奉诏与高丽僧统游钱塘。皆以王事，而从方外之乐，善哉未曾有也，作是诗以送之。

"无为子"是杨杰的号。苏轼得知杨杰将陪同义天游钱塘，于是赋诗一首，与友人作别。可见，苏轼与杨杰、义天一行偶然相遇，并赞扬杨杰陪同高丽僧统游钱塘。这首诗末尾一句是：

三韩王子西求法，凿齿弥天两勍敌。过江风急浪如山，寄语舟人好看客。②

凿齿姓习，字彦威，东晋著名文学家，史学家，精通佛学、史学。弥天为东晋高僧道安的法号，他是佛经翻译家，著述、译经甚多。苏轼把杨杰和义天分别比作习凿齿和道安，从而可见他对两人评价极高。后来杨杰作诗谦称"我愧陪弥天，才辩非凿齿。"③"过江"意即"渡过大江（长江）"。苏轼的这首诗出自《摭言》，其中还有如下内容：

唐令孤楚镇扬州，处士张祜常与狎宴，楚视祜，改令曰："上水船，风又急，凡下人，须好

① 《苏轼资料汇编》下篇，第 1681～1682 页。
② 《大觉国师外集》卷第十一，《送杨杰诗》，礼部尚书翰林学士承旨苏轼述。
③ 《大觉国师外集》卷第十一，《大宋尚书主客员外郎杨杰上》。

立。"祜应声曰:"下水船,船底破,好看客,莫倚柂。"①

令孤楚和张祜两人均为唐代著名诗人。苏轼作此诗时恰在扬州,因此自然想起《摭言》中令孤楚和张祜的和诗。再者,宋代大运河为南北交通要道,而江北重镇扬州是南北河运必经之地,它位于长江、运河之交叉点,因此可以肯定,苏轼和义天、杨杰一行恰好在扬州相逢。

子由苏辙就兄长苏轼的《送杨杰》和诗一首,题为《次韵子瞻送杨杰主客奉诏同高丽僧统游钱塘》,其中有如下内容:

出家王子身心虚,飘然渡海如过渠。远来欲见倾盆雨,属国真逢戴角鱼。②

"属国"当是高丽王子义天的代名词,而"戴角鱼"则应指宋朝反高丽派代表苏轼,如此解释,才符合诗意。《东坡狱中寄子由诗》中有一句"额中犀角真吾子",所谓"额中犀角"在诗意上与"戴角鱼"比较吻合。也就是说,高丽王子义天恰遇"戴角鱼"般的苏轼。

在宋熙宁年间(1068—1077年),苏轼曾与高丽使节相见,《宋史》中有如下记载:

高丽入贡,使者发币于官吏,书称甲子。轼却之曰:"高丽于本朝称臣,而不禀正朔,吾安敢受!"使者易书称熙宁,然后受之。③

苏轼曾在宋、丽两国关系上表现出如此强硬的态度,义天身为高丽王子、僧统,想必有所耳闻。义天长于文,亦长于诗。然而这次他们俩在扬州初次见面,而且彼此之间沟通不畅、戒心重重。因此,恐怕当时现场气氛并不适合互赠诗篇。无论如何,时至今日已不可能原封不动地描绘当时的场景,但是可以想象,他们作为两国奇才在言谈举止方面尽显优雅气质。

是年初秋,义天、杨杰一行从扬州继续南下,途经润州、苏州、秀州,到达杭州,但无法确定其具体的行程日期。

《龙井见闻录》中收录了杨杰的《延恩衍庆院记》,其中有一句是"元丰八年秋,余被命陪高丽国王子祐世僧统访道吴越,尝谒师于山中。"④也就是说,元丰八年(1085年)秋杨杰曾陪同义天拜访杭州龙井寺辩才元净大师。显而易见,义天、杨杰一行于元丰八年秋已在杭州逗留。

元祐元年(1086年)闰二月十三日,义天、杨杰一行从江南回到东京。同月二十日以义天为首的10余名高丽人在东京垂拱殿谒见哲宗皇帝。三月一日,义天又到大相国寺,设斋祝圣寿,并再次拜访圆照宗本禅师。此时,馆伴为苏轼。

宋元丰八年十月十五日,苏轼受命复朝奉郎知登州。十月二十日到任第五天就被召回

---

① 《苏轼诗集》卷二十六,《送杨杰并序》,第1374~1375页。
② 《栾城集》上,卷之十四,诗八十五,第334页。
③ 《宋史·列传》第九十七,《苏轼》,第10808页。
④ (清)汪孟鋗恭《龙井见闻录》卷二,《寺内外古迹·龙井寺》。

京师任命为礼部郎中,于同年十二月初旬抵达东京。十二月十八日苏轼被任命为起居舍人,翌年三月十四日免试为中书舍人。因此,义天第二次逗留东京时,苏轼的官职是起居舍人。

关于苏轼陪同义天拜访相国寺宗本禅师的情况,慧洪著《禅林僧宝传》中有详细记载。除此之外,其他佛书对此亦有类似记载,具体如下:

> 《佛祖统纪》:元祐元年高丽王子祐世僧统义天来朝,敕礼部苏轼馆伴,有司共张甚设。①
> 《佛祖历代统载》:初至京师,朝毕,敕礼部苏轼馆伴,谒圆照本禅师,示以宗旨。②
> 《释氏稽古录》:义天朝京师,礼部郎中苏轼接伴,谒拜慧林圆照禅师宗本。有司馆遇甚厚。③

"礼部郎中"是苏轼担任起居舍人之前的官职名,与其担任义天馆伴时的官名不符。或许作者起草文章时习惯使用苏轼的旧官名。因为苏轼离开礼部时日不久,外人有可能对其新任职务不甚了解。

苏轼原来是礼部官员,虽时任起居舍人,但是半年前曾在扬州与义天有一面之缘,因此由苏轼陪同义天拜访受朝廷上下敬仰的禅宗大师,无论从何种角度来看均是合情合理的。再者,宋朝廷任命一代文豪苏轼为义天的馆伴,这也是对义天的尊重和关心。更何况义天绝非一般朝贡使节,而是异国高僧和一国王子。苏轼本身作为反高丽派,或许对高丽王子抱有偏见,但他毕竟是一个朝廷大臣,唯命是从,焉有违抗之理。

在分析义天和宗本两位大师的对话之前,先考察一下苏轼所记录的一则掌故:

> 下天竺净慧禅师思义,学行甚高,综练世事,高丽非时遣僧来,予方请其事于朝,思意馆之。义日与讲佛法,词辩锋起,夷僧莫能测,又具得其请以告,盖其才有过人者。④

如这一掌故所述,当高丽僧与宋僧思义谈论佛法时,未能与之匹敌。义天弟子寿介等高丽僧曾来到杭州为净源法师进行祭典,⑤当时苏轼出任杭州太守(1089—1091年),他派遣思义陪同高丽僧。因此,所谓"夷僧"就是寿介。

《禅林僧宝传》中有如下记载:

> 高丽僧统义天,以王子奉国命使于我朝,闻师道誉,请以弟子礼见师。问其所得,以《华严经》对。师曰:《华严经》三身佛,报身说耶,化身说耶,法身说耶?义天曰:"法身说。"本曰:"法身编周沙界,当时听众何处蹲立?"义天茫然自失,钦服益加。⑥

---

① 《佛祖通纪》卷第四十六,第121页。
② 《佛祖历代统载》卷第二十八,第15页。
③ 《释氏稽古录》卷第四,《圆照禅师本传》,第34页。
④ 《苏轼文集》卷七十二,《杂记·思义》,第2301页。
⑤ 《苏轼文集》卷三十,《论高丽进奉第二状》,第857~858页。
⑥ 慧洪《禅林僧宝传》卷十四,慧林圆照本禅师。

义天并非奉国命出国访宋，而是微服潜行入宋求法。《禅林僧宝传》著于宋宣和六年（1124 年），其作者慧洪为临济宗黄龙派禅师。慧洪本人作为禅宗门徒，编撰佛书时，褒禅宗、贬他宗，这种做法也不足为奇。义天是一位高丽华严宗高僧，研究华严已有 20 余载，和禅僧谈论华严学绝不可能到"茫然自失"的地步。为了凸显禅僧的卓越才能，作者有可能夸大其词。毫无疑问，苏轼作为馆伴肯定在对话现场耳闻目睹。果真如此，那么将这一话题传到外界的，不外是苏轼本人。无论如何，上述两则掌故内容有出奇相似之处，似乎都是别有用心的。

苏轼对待高丽僧人的态度也有轻重之分，具体实例详见于苏轼的《论高丽进奉状》，该文中有如下内容：

> 臣谓寿介等只是义天手下侍者，非国王亲属，其来乃致私奠，本非国事。待之轻重，当于义天殊绝。①

由此可见，苏轼对高丽高僧义天及其门徒寿介的态度截然不同，对前者谦恭备至，而对后者却恰恰相反，说明他对高丽确有偏见。

苏轼对高丽僧的这种心态和行为与宋朝所处的周围环境有着密切的关系。当时，辽国雄踞北方，对宋朝虎视眈眈，而属国高丽却采取多边自主外交政策，不希望得罪宋辽任何一方，使得宋朝对高丽产生不信任感。正因为受到这种外缘影响，当时包括苏轼在内的不少宋朝官僚缺乏正常的外交心态，导致做出许多并不应该的行为。

---

① 《苏轼文集》卷三十，《论高丽进奉状》，第 847 页。

日本遣唐使宁波航线考论

李广志

（宁波大学外语学院）

摘要：唐代的日本，正处于古代国家制度建立和完善时期，为了从中国学习先进文化和技术，学习佛教以及获取典籍等，先后派出十几次遣唐使来唐。遣唐使入唐的路线大体分为北线和南线，其航行历尽艰辛。明州是日本遣唐使的上岸和返航地之一，文章对明州航线做了系统考论。

关键词：遣唐使　明州　登陆　返航

今日宁波，即古代明州，作为日本遣唐使船的主要航线，曾发挥过独特的历史作用。宁波在唐武德四年（621 年）为鄞州，统辖句章、鄮县和鄞县。开元二十六年（738 年），从越州析出 4 县（鄮县、慈溪、奉化、翁山），设立明州。天宝元年（742 年）改为余姚郡，乾元元年（758 年）复为明州。630 年，日本派出第一批遣唐使，在以后的 200 多年间，几乎每隔二三十年就派遣一批。期间，明州成了船舶和人员往来的一个重要基地。关于明州与遣唐使的历史渊源，中日两国史料中屡屡提及，但把它作为独立的研究对象，却少之又少。本文基于中日相关史料记载，在前人研究的基础上，归纳遣唐使的路线，对遣唐使抵达及明州返航的历史过程，做一详细考证。

一、遣唐使的航线

公元 618 年，唐朝宣告成立，东北亚局势出现了新的格局。日本出于自身的健康发展和国际关系的双重考虑，开始向唐朝派遣朝贡使。由于遣唐使的次数众多，有任命后中止的，也有护送唐使到百济的，因计算方法不同，多年来学者们提出不同主张。总结起来大致有 7 种观点，即 12 次、14 次、15 次、16 次、18 次、19 次和 20 次诸说。笔者认为，无论遣唐使船是否抵达唐土，每次派遣都要经过日本朝廷周密讨论，慎重审议，同时花费巨资，动用大批人力和物力，最终才得以实施。因此，以 20 次相论，更符合历史事实，王勇[①]和东野治之[②]等学者主张的 20 次之说，有助于把握遣唐使这一历史概念的整体含义。遣唐使从 630 年的第一次至 894 年最后一次任命，在两个半世纪里，日本共任命过 20 次遣唐使，其中 4 次因故中止，

---

①　王勇：《日本文化——模仿与创新的轨迹》，北京：高等教育出版社，2001 年。

②　东野治之：《遣唐使船》，朝日新闻社，1999 年。

实际成行 16 次。

遣唐使前往中国的路线,无论经由哪里,最终的目的是要抵达唐都长安或洛阳。简而言之,其旅程可分为三部分。第一,先从日本都城出发,到难波后驶向九州;第二,从北九州出发驶往大陆;第三,唐朝国土内的行程。关于遣唐使的航线,日本学界出现两种不同的见解。木宫泰彦[①]和森克己[②]主张有三条航线。北线:630 年至 671 年,初期遣唐使的线路,从日本出发后经由朝鲜半岛南岸、西岸,到达山东半岛的登州或莱州;南岛线:762 年至 769 年,中期的南岛线路,从九州筑紫出发,经由平户岛,沿天草、萨摩南下,经南方诸岛,正面横穿东海到达明州;南线:770 年至 894 年,从博多出发,经五岛列岛,然后横跨东海抵达长江口或杭州湾沿岸。然而,杉山宏则认为遣唐使船只有北线和南线,所谓"南岛线"只是一次偶然季风漂流所致,实际上并不存在有计划航行的南岛线。[③] 因此,北线和南线属于常规线路。

另外,遣唐使属于日本朝廷有计划、有组织的大规模官方使团,有别于一般的使节往来。按照遣唐使的总体时代特征,可分为两期,从公元 630 年至 701 年为前期,而以 701 年至 894 年日本中止遣唐使为界,作为第二期。[④] 也有学者把它分为三个时期。[⑤] 遣唐使的人数和船只,前后时期有所变化,船队的规模也在扩大。前期每次一至两船,后期扩大到四条船,每船大约可搭乘 120 人至 160 人,四船约载 500 人至 600 人。这期间,明州作为唐朝对内、对外交往的一个重地,成为遣唐使登陆和返航的主要港口之一,发挥着独特的功能。

二、遣唐使明州登陆

(一)第一次登陆

第一次抵达明州的遣唐使,是第 4 次遣唐使(659—661 年)中的第二船。日本齐明天皇五年(659 年)派遣的第 4 批遣唐使,共发两船,人数约 240 人,大使为坂合部石布,副使津守吉祥。遣使除了向唐皇进奉日本珍品之外,还携东北地区的异族"虾夷男女二人,示唐天子"。[⑥]

此次航海,原定通过北线驶向大唐,后因两船行至百济南畔时,二船相继放纵于大海中,遭遇逆风,漂流至南方。大使坂合部石布指挥的第一艘船,漂到一个称作"尔加委"的南海之岛,遭到岛人袭击,除 5 人盗乘岛人之船逃走外,其余全部被杀。第一船的 5 人横渡东海,到达括州(今浙江丽水),由州县官人送到洛阳。而副使津守吉祥率领的第二船,因遭遇强烈的东北风,驶向杭州湾沿岸,最终抵达余姚县。当时余姚县归属越州,明州尚未设立,今余姚为宁波市下属县。故此,把此次遣唐使登陆归结为明州境地。据《日本书纪》原引遣唐使

---

① 木宫泰彦:《日中文化交流史》,北京:商务印书馆,1980 年。

② 森克己:《遣唐使》,至文堂,1955 年。

③ 杉山宏:《遣唐使船の航路について》,石井谦治编:《日本海事史の諸問題 対外関係編》,文献出版,1995 年,第 31~64 页。

④ 韩昇:《遣唐使和学问僧》,北京:中华书局,2010 年,第 24 页。

⑤ 东野治之:《遣唐使》,岩波新书,2011 年,第 32 页。

⑥ 小岛宪之、直木孝次郎、西宫一民、藏中进、毛利正守校注·译:《日本书纪 3》,小学馆,1999 年,第 222 页。

成员伊吉博德的记载："十六日夜半之时,吉祥连船,行到越州会稽县须岸山。东北风,风太急。二十三日,行到余姚县。所乘大船及诸调度之物留著彼处。闰十月一日,行到越州之底。十月十五日,乘驿入京。二十九日,驰到东京。天子在东京。"①

齐明天皇五年七月三日,两船从难波的三浦港出发,八月十一日驶离筑紫的大津浦。一个多月后,第二船于九月十六日半夜,安全到达越州会稽县的须岸山。九月二十三日,津守吉祥一行在余姚县境内上岸,并把大船及各种杂品留在此地,转乘驿马入京城长安。但是,十月十五日,当日本使臣到达都城时,唐高宗李治却已行幸至东京(洛阳),于是又赶往洛阳,最终得以拜谒天子。此次海上航行线路,尽管是由一次偶然的漂流所致,却是遣唐使第一次行驶南线的最早记录。

(二)第二次上岸

第二次登陆明州的遣唐使,是在752年。日本天平胜宝二年(750年)九月,再次策划使团入唐,也就是第12次遣唐使。据《续日本纪》载:"己酉,任遣唐使。以从四位下藤原朝臣清河为大使,从五位下大伴宿祢古麻吕为副使,判官、主典各四人。"②

九月二十四日,任命藤原清河为大使,大伴古麻吕为副使,另有判官和主典四人。次年又追加任命吉备真备为副使。此次共派四船,总数约450人。经过近两年的准备,天平胜宝四年(752年)五月从平城京出发,六月中旬经由筑紫起帆,行驶南线。四船于七月抵达明州及其周边,最后经越州前往长安。关于这次航路及靠岸地,《新唐书·东夷传·日本》有如下记载:"新罗梗海道,更繇明、越州朝贡。"③

同样,《旧唐书·东夷·日本》所述的"天宝十二年,又遣使贡"④指的也是这次遣唐使。这时期,日本凤敌新罗在唐朝的援助下,统一了大同江以南的朝鲜半岛,遣唐使经由朝鲜的北线受阻。再加上日本造船技术较前期有所提高,大型船只可载150人以上,具备了横渡东海直接抵达明州、越州的条件。从此,遣唐使的航向,全部转向了南线。日本使船到达明州后,大使及其他被指定的人数奔赴长安,谒见天子,完成使命。期间,四艘船移动至苏州,船员等在那里等候,回国时从苏州起航。

(三)第三次明州登陆

遣唐使第三次明州登陆,发生在804年。按遣唐使的总数20次计算,此次则为第18次。使团从任命到出发,经历了漫长的过程。801年开始筹划,任命藤原葛野麻吕为大使、石川道益为副使,延暦二十二年(803年)四月十六日,从难波出发,出航不久便遭遇暴风,人员和船只损失惨重,被迫终止。次年重新编组人员,再次发遣。重组后的使团由四艘船只构成,主要成员如表1所示。

---

① 小岛宪之、直木孝次郎、西宫一民、藏中进、毛利正守校注·译:《日本书纪3》,小学馆,1999年,第224页。
② 《续日本纪》卷十八。
③ 《新唐书·东夷传·日本》。
④ 《旧唐书·东夷·日本》。

表 1　各船主要成员表

船号	职务	人员
第一船	大使	藤原葛野麻吕
	录事	山田大庭
	留学僧	空海
第二船	副使	石川道益
	判官	菅原清公
	请益僧	最澄
第三船	判官	三栋今嗣
第四船	判官	高阶远成

日本延曆二十三年(804年)七月六日,四艘船由肥前国松浦郡田浦驶入大海。空海搭乘的第一船,在海上漂泊了34日,八月十日抵达福州长溪县赤岸镇已南海口;最澄搭乘的第二船,在七月下旬抵达明州鄞县;其余两船一度被风暴吹至筑紫,第三船去向不明;第四船历尽艰辛,最终抵唐并顺利归国,但在唐的靠岸地点不详。

第二船抵达明州鄞县,最澄欲往天台山供养、巡礼,后因患病耽搁数日。日本比叡山延历寺保存的《传教大师入唐牒》实物原件上有如下文字:

牒,得勾当军将刘承规状称,得日本僧最澄状,欲往天台山巡礼,疾病渐可,今月十五日发,谨具如前者。使君判付司给公验,并下路次县给舡及担送者。准判者。谨牒。
贞元廿年九月十二日。史孙阶 牒①

判官菅原清公指挥的第二船顺利抵达明州后,州府核查入唐人数,并向他们供给食物及其他用品。在唐代,日本遣唐使等外国朝贡者来华之后,地方州府必须首先确认他们的人数,并写成"边蝶"(汇报书)呈报朝廷,然后向他们支给官方提供的食物。② 通过明州刺史孙阶签给最澄的牒状可知,通行证(牒)的落款日为贞元廿年(804年)九月十二日,再加上最澄在此之前已"疾病渐可",由此可以推断,最澄在明州上岸入城的时间,至少应该在八月底之前。

不久,明州府确定前往京师的人数,限定27人准许入京进贡。九月一日,州府官员陪同入京人员从明州出发,十一月十五日到达长安城。805年,黄帝下诏,"准贞元廿一年二月六日敕,每人各给绢五疋者"。③ 准许明州地方政府,赐给在那里等候的使团成员每人5匹绢。

此外,请益僧最澄拿到孙阶发放的牒文后,于九月十五日,携同弟子义真等4人,从明州出发,前往天台山巡礼求法。遣唐使的其他人员则在明州原地等候。

以上,遣唐使三次登陆明州,史实清楚,不存异议。然而,关于中日文化史研究中颇具影

---

① 另见,最澄著:《显戒论缘起》《平安遗文》4297 明州牒。
② 古濑奈津子著,郑威译:《遣唐使眼里的中国》,武汉:武汉大学出版社,2007年,第19页。
③ 圆仁:《入唐求法巡礼行记》,桂林:广西师范大学出版社,2007年,第29页。

响的木宫泰彦所称的"仁明朝到达明州的第一、第四船"[1]这一提法,引起学界不小的混乱。木宫泰彦的引文出自圆仁《入唐求法巡礼行记》承和五年十月四日条,该条曰:

> 四日。斋后。两僧各别纸造情愿状。赠判官所。其状如别。入京官人。大使一人。长岑判官。菅原判官。高岳录事。大神录事。大宅通事。别请基生伴须贺雄。真言请益圆行等。并杂职已下卅五人。官船五艘。又长判官寄付延历年中入唐副使位记。并祭文。及绵十屯。得判官状称。延历年中。入唐副使石川朝臣道益明州身已亡。今有敕。四品位。付此使送赠赐彼陇前。须便问台州路次。若到明州境。即读祭文。以火烧舍位记之文者。三论留学常晓犹住广陵馆。不得入京。[2]

日本承和五年(838 年),即唐开成三年,日本再派遣唐使,这次是日本实际到达唐朝的最后一批使团,也就是"仁明朝"遣唐使。请益僧圆仁随团而至,并在其《入唐求法巡礼行记》中详细地记录了这次遣唐使的情况。此次遣唐使在扬州上岸,准许入京的人数为 35 人,乘 5 艘官船从扬州驶往京城长安。人员包括大使 1 人(藤原朝臣常嗣)、长岑判官(长岑高名)、菅原判官(菅原善主)、高岳录事(高岳百兴)、大神录事(大神宗雄)、大宅通事(大宅年雄)等。延历二十三年(804 年),与最澄同乘第二船登陆明州的遣唐副使石川道益,次年未能归国,亡于明州。因此,这次圆仁等使团,在扬州为石川道益举行了 33 祭法事,同时为道益准备了位记、祭文及绵十屯,"若到明州境,即读祭文,以火烧舍位记"。

圆仁记录的石川道益,分明是 804 年派来的使臣,并非仁明朝(833—850 年)这次遣唐使。通览木宫泰彦的《日中文化交流史》,不难看出,前后文均与到达明州无关。书中系统地论述了仁明朝遣唐使的经纬,指出到达大唐的地点为扬州,回国启程地点为楚州,唯独此处称到达明州,自相矛盾。因此,这里的"明州"可以认为是作者笔误,仁明朝遣唐使实际没有到达"明州",到达的是"扬州"。

三、遣唐使明州返航

(一)第一次返航

从明州返航的遣唐使,最早一次是上文提及的在余姚县登陆的第 4 次遣唐使。659 年第一船飘至南海岛后,除 5 人幸存外,包括大使坂合部石布在内的其余成员全部被岛人杀害。几经周折,生还下来的东汉长直阿利麻、坂合部连稻积等 5 人终于抵达洛阳。由副使津守吉祥率领的第二船,经余姚县乘驿马到长安,转至洛阳与第一船的 5 人会和,顺利完成使命。661 年,遣唐使踏上归国之路。《日本书纪》齐明天皇七月条载:

> 伊吉连博得书云:辛酉年四月一日,从越州上路,东归。七日,行到柽岸山明。以八日鸡

① 木宫泰彦:《日中文化交流史》,北京:商务印书馆,1980 年,第 89 页。
② 圆仁:《入唐求法巡礼行记》,桂林:广西师范大学出版社,2007 年,第 16 页。

鸣之时,顺西南风,放船大海。①

伊吉博得(《日本书纪》其他条中表述为"伊吉博德")在回国后的报告书中,记述了此次遣唐使的归国情况。使节一行十一月二十四日从洛阳出发,唐龙朔元年(661 年)一月二十五日到达越州。四月一日,全体成员乘坐在余姚县等候的船只返回日本,四月七日,航行至柽岸山以南,次日黎明,顺西南风,放船大海。至于"柽岸山",具体地点不明,很可能是舟山群岛中的某个岛屿。② 不过,这次遣唐使来航时经过的"须岸山",则见于《宝庆四明志》(卷二十)、《昌国州图志》(卷四)、《延祐四明志》(卷七)、《浙江通志》(卷十四)等诸多方志中,方位在舟山群岛的南面。③ "柽岸山"和"须岸山",很可能是同一海岛。由此可知,此次遣唐使是经由明州境地返航的。

(二)805 年返航船

从明州返航的遣唐使,还有第 18 次遣唐使中的第一船、第二船和第四船。日本延历二十三年(804 年),遣唐使的第一船到达福州长溪县赤岸镇后,由于通关手续不畅,空海替大使藤原葛野麻吕写了《为大使与福州观察使书》,遣使一行几经周折,最终允许 23 人赴长安。加上从明州入京的 27 人,两船赴京的首脑阵容 50 人,第二年五月十日踏上归国之路,归途指定从明州返航。朝廷同时派内使(监使)王国文护送,行至越州永宁驿后,监使将敕书函交给使团返京。随后,越州继续派差使送至明州。关于这段史实,《日本后纪》记录得较为详细。《日本后纪》延历二十四年六月乙巳条载:

> 事毕首途。敕,令内使王国文监送。至明州发遣。三月廿九日,到越州永宁驿。越州即观察府也。监使王国文,于驿馆唤臣等,附敕书函,便还上都。越州更差使监送。至管内明州发遣。四月一日,先是去年十一月,为回船明州,留录事山田大庭等,从去二月五日发福州。海行五十六日,此日到来。三日,到明州郭下,于寺里安置。五月十八日,于州下鄮县,两船解缆。六月五日,臣船到对马下县郡阿礼村。④

由此可知,大使等人前往京城时,第一船的录事山田大庭等人留守福州。永贞元年(805 年)二月五日,他们接到通知,离开福州前往明州,经过 56 天的海上航行,四月一日抵达明州。另外,从越州赶来的大使一行,四月三日到达明州郭下,全体人员被安置在寺庙之中。

在此期间,前往天台山的最澄,大约在四月五日,从台州返回明州,与其他成员会合。最澄确认离出发日期还有一段时间,他又携弟子义真离开明州,奔赴越州龙兴寺请经受法,五月五日返回明州。最澄在唐求法的 8 个多月中,接受了天台、密宗、禅及大乘戒法的四种传

---

① 小岛宪之、直木孝次郎、西宫一民、藏中进、毛利正守校注·译:《日本书纪 3》,小学馆,1999 年,第 242 页。

② 上田雄:《遣唐使全航海》,草思社,2007 年,第 61 页。

③ 王勇:《唐代明州与中日交流》,宁波文物保管所、宁波考古研究所编:《宁波与海上丝绸之路》,北京:科学出版社,2006 年,第 266 页。

④ 《日本后纪》延历二十四年六月乙巳条。

授，即所谓"圆、密、禅、戒"的"四宗相承"。最后带回日本经书章疏 230 部 460 卷，另有《金字妙法莲华经》《金字金刚经》及图像和法器等。[①]

两船人员在明州汇合，五月十八日，使船于明州鄮县解缆，从甬江口望海镇驶向东海。最澄在《显戒论缘起》中描写道："解藤缆于望海，上布帆于西风。鹢旗东流，龙船着岸。"[②] 第一船，于六月五日到达对马岛下县郡阿礼村（今日本对马市岩原町阿连）。第二船的动向，据《日本后纪》延历二十四年六月甲寅条载："甲寅。遣唐使第二船判官正六位上菅原朝臣清公。来到肥前国松浦郡鹿岛。附驿上奏。"驿站上报称，判官菅原清公乘坐的第二船，于六月十七日来到肥前国松浦郡鹿岛（五岛列岛的小值贺岛）。这样，日本延历年间派遣的遣唐使，在唐完成使命后，第一和第二船顺利地从明州返回了日本。

（三）空海回国

至于判官高阶远成指挥的第四船，情况略显复杂。804 年四船并发，第三、四船渡海失败，第二年继续起航；第三船失踪；第四船历经艰辛到达唐境。高阶远成在长安遇见了准备长期留学的空海和橘逸势，由于二人成绩优异，想要提前回国。于是，判官上奏宪宗皇帝，最终得到准许。《旧唐书·东夷·日本》载："贞元 20 年，遣使来朝。留学生橘逸势、学问僧空海。元和元年，日本国使判官高阶真人上言，前件学生，艺业稍成，愿归本国，便请与臣同归。从之。"另外，《新唐书·东夷·日本》中也记载着同样内容。

这样，原本应该在唐学习 20 年的空海、橘逸势提前踏上归国之路，恰好赶上晚一年到达的第四船。唐宪宗元和元年（806 年）四月，空海等一行到达越州（绍兴）。空海在越州期间，致书给越州节度使恳求内外经典。[③] 八月，空海乘遣使船从明州出发。[④] 第四船终于十月抵达日本博多。

然而，关于空海所乘的第四船返航地为何处问题，中日两国正史中没有相应记载，对此日本史学界并存多种观点。[⑤] 笔者认同明州归国一说。第一，从相关记载来看，明州归国一说最早出现在日本康宝五年（968 年）仁海著的《金刚峰寺建立修行缘起》中，该书是一部以高野山缘起为中心的弘法大师空海传，尽管它具有佛教缘起传说的性质，但关于空海生平的基本史实出入不大。更何况此书是在更早前流传的空海自传《御遗告》基础上完成的。因此，明州归国航线是成立的。第二，圣贤撰于 1118 年的《高野大师御广传》，以及 1166 年由橘以政撰写的《橘逸势传》中均记载"八月，趣于本乡"，这两处出典具有较高史料价值。第三，元和元年四月，遣唐使一行到达越州，空海在越州的活动内容史料清楚，八月归朝，归国的船只应该是在口岸等候的第四船。根据去年第一、二船在明州等候、返航的情况看，第四船也应该是在明州等候的。第四，空海在离开明州海边时，向日本方向抛掷"三钴杵"，寻求日本真言密教圣地，后来高野山的三钴之松也就成了"飞行三钴"的感应之地。这段缘起说

---

① 杨曾文：《日本佛教史》，北京：人民出版社，2008 年，第 104 页。

② 东野治之：《遣唐使》，岩波新书，2011 年，第 96 页。

③ 空海著，渡边照宏、宫坂有胜校注：《三教指归 性灵集》，岩波书店，1984 年，第 272~277 页。

④ 松长有庆：《空海 无限を生きる》（高僧传④），集英社，1986 年，第 111 页。

⑤ 木宫泰彦著《日中文化交流史》、东野治之著《遣唐使》、森公章著《遣唐使的光芒》等均持"情况不详"论；上田雄著《遣唐使全航海》认为从楚州出发；谷口耕生：《宁波圣地的信仰与美术》（载《圣地宁波》）等认为从宁波返航。

流行千年,且与《扶桑略记》抄 2 大同元年八月条中的"八月,空海和尚行年卅五。自大唐国将归本朝。泛舟之日,祈请发愿。所学教法秘密撰处,若有感应地,到点此三钻而向日本之方。抛飞入云中。"①相印证。所有的资料,显示的时间都一致明确为八月,因此可以断定,第 18 次遣唐使中的第四船,于元和元年(806 年)八月从明州返回日本。

四、结语

综上所述,唐朝成立后,日本继前朝的遣隋使,接连派出遣唐使。两百多年间,共派遣 20 次,最终于 894 年停止了长达近三个世纪的国家计划。由于以唐为中心的东亚局势不断发生变化,每次遣唐使的派遣,都具有当时的历史背景,因此,对遣唐使航线及时期划分,很难一言蔽之。遣唐使由前期的北线转移至后期的南线以后,明州便成了其主要航线。

遣唐使从明州登陆 3 次(共 6 船),分别为 659 年一船、752 年四船、804 年一船。遣唐使从明州返航 3 次(共 4 船),分别是 661 年一船、805 年两船、806 年一船。遣唐使在明州期间,依照唐朝律令,州府给予使臣优厚待遇,现存历史文化遗存中,仍保留有明州刺史孙阶发给最澄大师的"明州牒"。另外,明州地方政府还补给停留在明州等候的其他人员相关物资。至于遣唐使靠岸的准确地点,由于历史久远,历史遗存全无,目前尚无法判明。不过,根据最澄的"解藤缆于望海,上布帆于西风"来看,大体可以推断,遣唐使船进出于甬江,停靠在奉化江、姚江、甬江交汇处的"三江口"的可能性较大。

---

① 《扶桑略记》抄 2 大同元年八月条。

试论海洋文化的内涵与基本特征

金庭竹[1]　金　涛[2]

（1. 浙江海洋学院外语系, 2. 定海海洋历史文化研究会）

摘要：本文综述了当前我国学术界对文化定义及海洋文化内涵与特征的各种观点，并以舟山群岛海洋文化为例，创意性地提出了作者对海洋文化内涵与特征的基本思路和观点，认为海洋文化是大陆文化延伸入海的一种特殊形态，它因海而生，因海而兴。而其本质是人类与海洋互动关系及其产物，并有六大基本特征。

关键词：海洋文化　内涵　基本特征

在党的十八大会议上，习近平总书记提出了建设海洋强国和实现中华民族伟大复兴的中国梦。而从浅蓝走向深蓝，维护国家的海洋权益，建设海洋强国，首先要强化海洋意识，要提升海洋文化的软实力。为此，关于海洋文化基础理论的研究，成为当前我国学术界研究的一个重点和热点。

然而，什么叫海洋文化？海洋文化又有哪些基本特征？我国学术界可说是各持己见，众说纷纭，至今尚无定论。下面论述的仅是我们对海洋文化的探索和若干思考。

一、关于海洋文化内涵的几点思考

当然，研究海洋文化，先要了解文化的定义。关于文化的定义，现今各有论述。按照目前通行的说法，文化的定义是人类社会所创造的物质财富和精神财富的综合。但是，《求是》杂志社原编委兼秘书长盛天启先生，并不同意这种观点。他说，这是《辞海》中的定义，虽属正统，但不全面。他认为文化有正面性，也有负面的价值观念。《辞海》中的定义只讲正面而不讲负面，有片面性。他在一次报告中举例说："海洋文化中有海盗文化、船妓文化等等，这算不算文化？这当然是文化，但是负面的。即使在中国传统文化中，也有精华和糟粕之分。"因此，他认为文化的定义，应该是人类价值观的一种外化，是人的本质力量对象化。这是马克思和赫格尔经常引用的一个观点。

2011 年 8 月 3 日，著名学者余秋雨在舟山的一次报告中说："在我看来，会背好多古文的人倒不一定素质很高。我奶奶不识字，但不能说她没有文化，因为我的名字就是她起的。所以，我说不识字的人也有文化。"他在报告中认为文化没有表面的标志，文化是精神价值渗透到公共空间的生活方式。

联系舟山的实际，笔者认为事实确是如此。例如，富有舟山特色的海洋渔捞文化，它的始作俑者和创造者,并不是那些大儒或者著名的文化人,而是一群世代相传而目不识丁的渔民。因在新中国成立前,舟山渔民中的90%以上是文盲。

那么,文化的定义究竟该如何表述? 笔者认为,文化作为上层建筑,它是人类社会的意识形态以及与之相适应的社会制度、组织机构和生活状态。简而言之,她是一种形态和状态。既有正面的,也有负面的。作为形态,她如水一般无声无息地渗透在各种空间和生活方式之中。作为状态,她如大山一般的宽大而深不可测。

关于海洋文化,现今学术界也各有说法。有的说海洋文化即为涉海文化,有关海洋的文化,均为海洋文化。有的说海洋文化即为地域文化,主要指我国东南沿海一带的港口、滨海地区以及海岛的特色文化。还有人说,海洋文化即人类社会历史实践过程中受海洋影响所创造的物质及精神财富或各种形态的总和。总之,关于海洋文化的定义,迄今尚无统一的说法。笔者的观点,海洋文化是人类文化学的一个分支,是大陆文化延伸入海的一种特殊形态。她因海而生,因海而兴,具有独特的内涵和表现形态或状态。而其本质,则是人类与海洋的互动关系及其产物。

在这里,还必须驳斥一个观点:有人认为中国只有农耕文化,而没有海洋文化。有人还说,只有西方的西班牙、葡萄牙、英国等才有海洋文化,这是一种毫无根据的错误论调。其实,早在史前时期,中国沿海的原始岛民包括舟山群岛,已开始了海洋捕捞和远海航行,而西班牙等国的航海活动,则是在中世纪后才形成,远远迟后于中国。但在海洋文化的形式和特质方面,两者有所区别。西方的海洋文化,是以海盗掠夺式或冒险扩张式的航海活动为主。而中国,则是以耕海牧鱼式或航海探险式的海洋活动为主。

在此之前,也曾有人提出"海洋文化是水文化""海洋文化是包容文化"等说法,笔者认为较为片面。如果说"海洋文化是水文化",那么"长江文化"或"黄河文化",难道就不是"水的文化",两者有何区别? 若说"海洋文化是包容文化",难道大陆文化就没有包容性? 从历史实践看,中国的丝绸之路原是从内陆开始的,而后才有"海上丝绸之路"。因此,包容性或水的漂流性,仅是海洋文化的一些基本特征,并非是它的本义。

二、海洋文化的基本特征

关于海洋文化的基本特征,我们认为主要有以下几个方面:

(一)漂流性、包容性与多元性

这是从海洋文化对异域文化的交融和吸纳把握。古人云:"海纳百川,有容乃大"。海洋与内陆相比,具有广阔的海域。并因水的漂流性,故无国界或人类种族之区隔。以舟山为例,昔日,在未划定经济专属区之前,在东海海域捕鱼的,不仅有我国东南沿海渔民,还有韩国和日本的渔民,他们在同一海域内捕鱼或海上贸易,自然把各国的文化元素融入其中,并呈现出中国的、日本的、韩国的,直至太平洋东岸美国的本土文化,互为交流融合。再如"海上丝绸之路"之开辟,从徐福东渡、鉴真东渡直至郑和下西洋,我国的华夏文化,通过中国的东海海域通往世界各国,并把世界各国的多元文化互为交融,融入到我国的华夏文化之中。因此,若与牢牢地扎根一方土地的内陆文化作比较,海洋文化就更具漂流性、包容性与多元性。

（二）重商性、开放性与外向性

这是从海洋文化在社会经济生活中的作用和功能视角把握。以舟山为例，早在秦始皇时期，舟山已有了海岛与内陆间的海上贸易。宋元时期，舟山的海上贸易十分活跃。明朝，曾被称为"十五世纪上海"的舟山双屿港，曾是国际自由贸易港之一。清末民初，上海开埠后，定海商人朱葆三、刘鸿生、董浩云等人抢占上海滩，首先接纳了世界潮流，开创了银行业、保险业等新兴产业，成为宁波帮中的领军人物。上述这些，均与海洋文化的重商性、开放性和外向性有关。

（三）原创性与民俗性

这是从海洋文化的发展史和海岛文明史的视角把握。如舟山的海洋民俗文化："推缉网"等古老渔法，"半副銮驾嫁新娘"等古老婚俗，"跳蚤舞"等游艺习俗，均是海洋文化的原创性和民俗性所致。

（四）冒险性与开拓性

汪洋大海，风急浪高，海洋气候，瞬息多变。长年累月在海上航行或在海上捕捞的渔民或航海的船员，随时都有生命之险。所以，冒险性是海洋文化的必有特征。如在 20 世纪 60 年代，舟山渔民"北上品泗，南下大陈"，打破原有的渔场格局，均是海洋文化开拓性的体现。

（五）神秘性

这是从海洋文化的特质视角把握。浩瀚大海，变幻莫测，时而风平浪静，忽而怒涛汹涌。还有八月半大潮、龙卷风、海市蜃楼等海洋奇观，充满了一种难以预测的神秘性。

（六）传承性与变异性

远古时代，民俗的集体性就是它的全民性，是全民共同参与创造和传承的。这种传统通过某种变异，一直延续至今，并在自然流动和传承过程中，不断加入新的因素。再以舟山渔捞文化为例，从人类早期的用手抓鱼或用石块击鱼的方法，代之而起的是鱼叉、弓箭、鱼钩、鱼篓、渔网，直至当代的现代化渔轮。正是这种"自然流动"和"不断加入新的因素"，致使舟山的海洋文化从史前至今，在不间断地传承变异中得到发展和繁荣。

当然，有关海洋文化的基本特征，当今学术界各有说法。一是有人以"三开四味"概括之。所谓"三开"，即"开放性、开发性和开拓性"。"四味"，即"海味、洋味、古味和新味"。二是有人认为海洋文化的特征，主要表现在涉海性、辐射性等六个方面。所谓涉海性，这是对地域环境而言。人们之所以把海洋文化称为"蓝色文化"，这是海洋文化的色彩特性。所谓辐射性与交流性，是对运作机制而言。所谓商业性和营利性，是对价值取向而言。所谓开放性和拓展性，是对历史形态而言。所谓社会组织的行业性、政治形态的民族性和法制性，是对社会机制而言。所谓本然性和壮美性，是对海洋文化的哲学理念和审美内涵而言。总之，由于研究者的出发点与视角不同，有关学者对于海洋文化特征的表述也有所不同，但其内容基本相似。

关于舟山海洋文化的基本特征,我们还想作些强调和补充。由于舟山群岛海域广大,岛屿林立,又因舟山独特的地理环境与历史因素,致使舟山的海洋文化与山东、福建等地有所差异,并彰显出更为强烈的个性特征,即"古朴、奇特、多元和开放"。

古朴。即在舟山现代文化的演绎中保留着许多古代文明的烙印。例如船眼习俗,至今在舟山港湾里,尚可看到镶嵌着圆形船眼的带角船和小舢板。而船眼的起源,可追溯到7000 年前的新石器时代。

奇特。舟山海洋文化中有许多奇特的民俗风尚。例如"小姑代拜堂,抱鸡入洞房""潮魂习俗"等,均为大陆内地所罕见。

多元。即在舟山的海洋文化中,不仅有舟山的本土文化,还有来自大陆的农耕文化和半大陆文化。就区域言,除了越文化和浙东文化的影响外,还有吴文化、闽南文化及至境外文化的渗透。就文化元素言,舟山元素中有海洋渔文化、海洋民俗文化、海洋宗教文化、海洋历史文化以及海洋节庆旅游文化等。

开放。舟山群岛,地悬外海,为我国第一岛链和第二岛链直接面向太平洋的最敞开的一个口子。因此,不论就舟山的区位、岸线、岛屿和周边环境以及海洋文化的特质,均有对外开放的独特优势。

究其原因,主要有四个方面:第一,舟山是个移民城市。舟山的先民为新石器时代河姆渡人东渡至此。而在唐宋时期,也有因战乱、屯垦、捕捞、经商等原因而从宁绍平原及闽南沿海迁居而来的外地移民。又因明清两次"海禁"展复后,又有大批浙东居民复归海岛,又把内陆及东南沿海的多元文化传入舟山。第二,舟山是个军事要塞。从春秋战国吴越争霸到东晋孙恩、唐朝袁晁和元代方国珍海上聚义,以及舟山的平倭、抗英斗争,致使舟山屯兵数万,战事不断。而这些兵员数量十分庞大,并且来自全国各地,促使舟山的海洋文化容纳了多种成分。第三,舟山是中国第一大群岛和世界四大渔场之一。每年渔汛旺季,华东沿海十万渔民会聚于此,形成了我国东海岸的海洋文化大交汇。第四,舟山是我国"海上丝绸之路"的主通道。不论稻作东传,徐福和鉴真东渡,郑和七下西洋,以及日本遣唐使和韩国商人来华等,舟山均是必经之地。舟山的海洋文化必然融入了日韩等国的境外文化。因此,舟山海洋文化的基本特征,若与我国的山东、福建等滨海城市相比较,更具光彩和特色鲜明了。

以上浅见,仅为我们的一家之言,并借此求教于方家学者。

参考文献

[1]　曲金良著:《海洋文化与社会》,青岛:中国海洋大学出版社,2003 年 3 月出版。
[2]　参见 2010 年《求是》杂志社原编委盛天启在定海"文化产业论坛"上的讲话稿。
[3]　参见 2011 年 8 月 4 日《舟山晚报》刊登的余秋雨有关"海洋文化与美学"的演讲稿。

鸦片战争期间英国对舟山的认知和政策转变^①

王文洪

（浙江省舟山市委党校）

摘要：在第一次鸦片战争中，英国要夺取的主要战略目标是舟山而不是香港。但在英国军队第一次占领舟山后陷入困境，才不得不退出舟山而强占香港。英军第二次攻占舟山后，英国宣布舟山和香港为自由贸易港。在《南京条约》签订后，英国又打算用占有的香港将舟山交换回来。最终，英国没有强迫或者利诱中国政府把舟山开辟为通商口岸，而是在名义上将舟山交还中国，实质上仍置于其保护之下。

关键词：鸦片战争　英国　舟山　香港

英国通过鸦片战争将香港占有，开辟了英国在中国的重要占领地，这是人尽皆知的。但是，在鸦片战争时期，香港却不是英国最初想占有的领土，舟山才是英国最先觊觎的目标，英国在较长时期内都没有将香港看成是最理想的占领目的地。19 世纪 40 年代，舟山不仅成为英国发动对华鸦片战争最主要的攻击目标；战后，又长期被英军占领，成为中英两国外交的症结。英国之所以夺取了香港，并将其变为自己的殖民地，其中间过程发生了多个变化，才形成了这个结果。这一过程表明了英国在殖民地占有目标上发生了转换，也表明了英国在对华政策上做出了很大的调整。

一、英国将舟山作为进攻的首要目标

1830 年之后，中英关系变得越来越僵化，舟山群岛成为英国政府想武力占有的对象。1830 年 12 月，47 名从事鸦片贸易的英国商人联名向英国议会提出建议，政府必须要针对舟山地区做出一项国家性决定，占领一处靠近中国沿海的海岛，使这个偏远地区的英国商业不再受虐待和压迫。^②他们的集体上书得到了英国政府的认可，尽管英国政府打算在中国领土上掠夺一个岛屿，但是却没有确定侵占目标，他们在台湾、香港、舟山、厦门、福州这几个地区中犹豫不决。

巴罗（John Barrow）是当时英国的海军部次长，他认为，从面积上说，台湾的面积过大，

---

① 基金项目：2012 年浙江省社会科学界联合会社科普及立项课题《西方人眼中的近代舟山》（12ZC38）的研究成果之一。

② ［英］格林堡著，康成译：《鸦片战争前中英通商史》，北京：商务印书馆，1961 年，第 178 页。

在长期占有上英国的兵力不够。①他的意见得到了英国鸦片贸易商人的赞同,由于他们常常在华活动,很熟悉中国的情况。查顿(William Jardine)是这批人员的代表,他认为如果想要长期占有台湾,就首先要得到岛上原有居民的支持,这难度非常大。1839 年 10 月,一个新的方案被查顿提出,他认为占领香港比较适合,因为香港从面积上来说不如台湾大,有广阔的海湾停泊,并且易攻易守,水源充足。②当时查顿的建议并没有受到政府的重视,他们不屑于这个偏远荒僻的小岛屿。当时英国政府中的很多重要人物,不仅对香港,而且对广州是不屑一顾的。1840 年 3 月 18 日,曼彻斯特商会主席莫克维卡(John Macvicar)致函英国外交大臣巴麦尊(Palmerston),认为广州不是一个进行谈判的好地方,因为从地理位置上离北京中央政府遥远,而且因为广州地方当局会做出各种反抗与阻挠、甚至欺骗行为。他认为,如果让他选择,他会选择福州、舟山和厦门。巴麦尊也觉得厦门是比较好的选择目标,但是当时的英国殖民地印度总督奥克兰(Auckland,Lord)却认为厦门、福州等这两处位置离中国的首都太远,位置有些靠南,没有足够的威慑力。③

在选择中,舟山的地位与优势日渐突出。曾任广州英国商馆负责人的厄姆斯顿(J. B. Urmston)、传教士郭士立(Gützlaff)等人强烈建议英国当局占领舟山。④巴麦尊收到"东印度与中国协会"的上书,他们提出:要求中国开放对英通商的更多口岸,如果这一要求得不到满足,就运用武力占据东海岸的一岛,在岛上建立商馆并执行英国法律⑤。1837 年 11月 9 日,英国驻中国商务监督、海军上校义律(Charles Elliot)以备忘录的形式给巴麦尊提出建议:英国派出武装部队"不是在广州,而是在舟山和舟山以北建立根据地"⑥。1839 年 4月 3 日,义律又以"最最忠诚的心情献议陛下政府立刻用武力占领舟山岛",并断言英国"将从此获取最最适意的满足"。称"舟山群岛良港众多,靠近也许是世界上最富裕的地区,当然还拥有一条最宏伟的河流和最广阔的内陆航行网",其腹地江浙是当时中国最重要的出口商品丝茶的主产区。义律对占有舟山做出了乐观的结论,认为舟山"对面那些最富裕地区的内陆航运贸易等于全欧洲贸易的三分之一",如果把舟山辟为自由港,它将成为"大不列颠的商业中心",该中心不但面对中国,而且面对日本,"所以舟山不久便会成为亚洲最重要的贸易场所,也许是世界上最重要的商业基地之一。"⑦

义律的建议得到了英国各方的认同。英印总督奥克兰对义律的建议予以政治和战略方面的补充,在他看来,英国要想向当时的清朝政府施加一定的压力,就要先将舟山占领下来,"这样更能提供大运河与大海之间的交通控制权,以及可能大得多的政治影响"⑧。巴麦尊认为英国在选择占领地的时候,要充分考虑到既能做到船只的安全锚泊,又能防御中国方面的进攻,并且能够根据形势的需要长期占领,英国政府认为舟山群岛的某个岛屿能够满足这

---

① 严中平辑译:《英国鸦片贩子策划鸦片战争的幕后活动》,《近代史资料》1958 年第 4 期,第 61 页。

② 严中平辑译:《英国鸦片贩子策划鸦片战争的幕后活动》,《近代史资料》1958 年第 4 期,第 39、44 页。

③ 中国第一历史档案馆等:《鸦片战争在舟山史料选编》,杭州:浙江人民出版社,1992 年,第 480 页。

④ 刘存宽:《香港、舟山与第一次鸦片战争中英国的对华战略》,《中国边疆史地研究》1998 年第 2 期,第 74 页。

⑤ 王和平:《英国侵占舟山与香港的缘由》,《中国边疆史地研究》1997 年第 4 期,第 68 页。

⑥ 中国第一历史档案馆等:《鸦片战争在舟山史料选编》,杭州:浙江人民出版社,1992 年,第 480 页。

⑦ 胡载仁、何扬鸣:《鸦片战争中的舟山》(英国档案选摘),《浙江档案》1997 年第 7 期,第 14 页。

⑧ 中国第一历史档案馆等:《鸦片战争在舟山史料选编》,杭州:浙江人民出版社,1992 年,第 480 页。

些条件。舟山群岛的位置处于广州与北京的中段,不但可以满足水路交通的要求,还可以为远征军建立一个防守有效的据点。①

1839 年 10 月 18 日,巴麦尊在给义律的密信中提出初步的行动方案,命令他立刻率军队占领舟山群岛中的一个岛,作为侵华英军的供应中心与行动基地,并且将来也可作为英国商务的安全根据地。巴麦尊还特别提出要以占有舟山作为要挟中国政府满足英国政府提出的各项要求的条件:"从舟山撤退的一个条件可能是这样:在那些岛屿中,许给不列颠人以某种像澳门似的居留地,并以条约保证允许不列颠人到中国东部沿海所有港口或某些主要港口去进行贸易。"②

1840 年 2 月 20 日,巴麦尊在给义律的最后训令中,除全面安排了英军的行动步骤外,再次重申了为什么要在舟山建立殖民地,但此时巴麦尊已不满足于获得像葡萄牙在澳门那样的居留地,而是公然要求割让舟山给英国。但是与此同时,巴麦尊也认为,割占岛屿并不是对华战争的唯一目的,并不是在任何情况下都必须坚持不变的"赔偿"要求。"如果中国政府不愿意将舟山的主权割让给英国,而是愿意以条约的方式保证英国国民能够在中国领土上进行自由商业活动,并且保证英国人的安全,英国政府可以同意这一方案,并且在这一方案长期有效的前提下,英国可以做到永不侵占中国沿海岛屿。"③但即使放弃对中国沿海任何岛屿的永久占有,英军也将继续占领舟山,以使中国政府履行和实施其所"应承担"的各项义务。

1840 年 2 月底,英国政府正式开始对中国沿海发动武装攻击,首先是将珠江口封锁了,之后以主力攻打并占领了舟山,将舟山变成军事大本营,最后向天津白河口进行攻击。1840 年 7 月 6 日,英军经数小时激战后攻占舟山,这次战役为第一次鸦片战争时期中英双方军队首次大规模交战。伦敦《泰晤士报》即时以兴奋语调发表消息:"舟山落入英国人手中,英国国旗第一次在中华帝国的一部分土地上飘扬,英国政府在远东又增加了一块殖民地。"④舟山对中英两国都不是一个无足轻重的地方。至此,舟山成为鸦片战争时期中英争夺最重要的地区之一,战后,又一度成为中英两国外交的症结。

二、英军撤出舟山占据香港的缘由

1841 年 1 月 7 日,英军突然向广东沙角进攻,在沙角得手后以香港的码头和海岸调换为条件,答应从定海撤军。琦善擅自作主,以英军归还舟山为条件作出重大让步。20 日,义律单方面公布了所谓的《穿鼻草约》(实际上,琦善并未在草约上签字,清政府也没有批准这个条约),答应以赔偿烟价 600 万两,割让香港,开放广州等为条件,英军撤出定海。1 月 26 日,义律派兵强行占领了香港。2 月 25 日,英军撤离舟山。英国政府何以将目标转向了广州相邻的香港,其原因是复杂的,多方面的。

---

① 中国第一历史档案馆等:《鸦片战争在舟山史料选编》,杭州:浙江人民出版社,1992 年,第 470 页。
② 严中平辑译:《英国鸦片贩子策划鸦片战争的幕后活动》,《近代史资料》1958 年第 4 期。
③ [美]马士,张汇文等译:《中华帝国对外关系史》第 1 卷,上海:上海书店出版社,2000 年,第 712~713 页。
④ 张馨保:《林钦差与鸦片战争》,福州:福建人民出版社,1989 年,第 204 页。

1. 传染病给英军继续占领舟山造成了巨大的麻烦

"英军放弃舟山,对于军队健康方面的考虑恐怕是比较重要的原因。中国本土病原微生物和印度霍乱菌使英军在战争中遭到重创,如同一只看不见的手,不自觉地影响了战争的整个进程。"①1840年下半年,在定海的英军中开始流行严重的病疫。"在一支不超过4000人的军队里,兵员住医院疗病就有5329人次;死亡有448人"②。

侵华英军士官宾汉(John Elliot Bingham)在《英军在华作战记》中也写道:"苏格兰来福枪联队完全消瘦到皮包骨头,……无疑,这种现象当归根于缺乏新鲜而有益的食物,以致士兵的体质容易感染这里所流行的虐疾和发热症,因为我们发现军官中间病情较轻,而他们的食物是比较丰富的。"③从1840年7月13日至12月31日,就死亡的人数说,英军在舟山病死的人数是其两年多战争中战死人数的5倍,以1841年1月舟山驻军数量1762人的话,那么平均每人住院3次以上。与此同时,舟山民众在英军占领期间进行了不屈不挠的斗争,他们在水源下毒,拒绝提供新鲜食物,还有乡民组织袭扰英军,这些都让驻守在定海的英国军队胆战心惊。

2. 清政府对于割让舟山的坚决反对

1840年8月30日,琦善在与义律的谈判中强调"皇上不可能割让一个岛屿"给英国。在谈判最初阶段只同意赔偿烟价500万元,分十年偿清,拒绝其他要求,他表示如果英方继续占领舟山,则双方没有和平的商业交往可言。12月11日,琦善的照会针对定海问题特别指出:"定海土地面积有限,人民贫穷,……但是只要贵国继续占有那个地方,便不能有恭顺之称,而且不可能奏请皇上恢复通商。对贵国来说,占领该地有什么好处或利益?"④

清政府甚至还没能弄清楚英国发动鸦片战争出于何种目的,但对于其领土的要求仍是予以拒绝,并以中断双方贸易为要挟。12月15日,琦善同意在500万元的基础上再增加100万元,但坚持"割让领土是天朝迄今从来未有之事——这一情况是无论如何行不通的"。他进而提出"可以代为请求再增加开放一个口岸,并释放在舟山被俘的英人,以此交换定海"。随后,义律与琦善之间的照会纠缠于增开商埠的问题上,并都以归还舟山与否作为必要条件。可以说,清政府在舟山问题上的坚持迫使义律退而求其次,将谈判要点转移至增加开放除广州以外的北方口岸。

3. 割让岛屿并非英国的唯一目标,争取开放贸易才是最终目标

1840年2月20日,在巴麦尊的最终训令中,他提出如果中国政府允许英国建立商馆并为双方贸易做出永久安排而不愿意割让岛屿的话,那么在草拟的同中国订立条约中关于割让岛屿一条可以忽略,而作为弥补相应增加五条关于商务方面的条款,其内容不外保护英商在口岸的自由商业活动、核准关税等。而被占领地最大的作用则在于此,即如果双方达成有关协议,那么在临时条约中以"女王陛下的军队将继续占有舟山群岛或可能已被占领的其

---

① 齐敬霞:《鸦片战争期间英军传染病》,复旦大学硕士论文,第48页。

② [美]马士、张汇文等译:《中华帝国对外关系史》第1卷,上海:上海书店出版社,2006年,第301页。

③ [英]宾汉:《英军在华作战记》,《浙江鸦片战争史料》下册,宁波:宁波出版社,1997年,第306页。

④ 胡滨:《英国档案有关鸦片战争资料选译》下册,北京:中华书局,1993年,第801页。

他地方,以示威胁,直到中国政府完全履行其一切条款为止"①。也就是说,以舟山作为监督中国履行条约的一个"质押"。

8月30日,义律与琦善在天津大沽举行了第一次会谈,在会谈中,琦善坚决反对将舟山的主权割让给英国,在这一背景下,义律只提出了将舟山作为来华英军的临时基地。"占领舟山是为部队行动方便和需要,这是因中国官员的暴行而引起的",而且"英国女王经常占领别国的领土或者岛屿,也常常归还。如果中国政府能够作一些让步,归还舟山也不是做不到的"②。这无疑是对永久占领舟山立场的重要修正,而且双方讨论的焦点并不在领土,领土(舟山)在义律的表述中并没有被强调为必要条件。

4. 英国政府赋予其中国远征军司令的自由权限

战前,英国政府对首要目标是占领舟山意见一致,但在占领后如何处置问题上没有形成统一意见。1839年10月18日,巴麦尊指示义律占领舟山,不但要作为军事基地,还要把舟山作为英国的商务基地,并明确表示将长期占有舟山。在这之前,针对中国局势发展,英国内阁召开了专门会议,也表达了长期占有舟山的意见。过了几天,巴麦尊就对外改变了说法,于11月4日巴发出了这样的命令,如果中方政府能够满足英方的要求,就不主张长期占有舟山,舟山就成了英国勒索中国的筹码。巴还提出了另一个设想——想把舟山变成类似澳门的租借地③。

巴麦尊的设想遭到奥克兰的反对,他认为建立澳门那样受制于中国的"混合政府","会破坏我们指望在这样一块殖民地上得到的全部利益",他建议还是应该把舟山建成"完全独立于中国干扰"之外的英国的殖民地④。由此可见,英国最高当局对舟山等于是提出了殖民地、租借地、临时占领地三种方案。1840年2月,英国政府又赋予驻华代表对任何中国岛屿实施占领、撤军和强逼割让的决定权。这样一来,义律等人的在华行动一方面享有很大的自主权,另一方面又处于莫衷一是的境地。因此,舍舟山而取香港,义律的因素占有很重的分量。

从以上分析中我们可以看到,关于舟山问题,清政府一直是坚决的,只以开放港口和释放战俘作为交换条件,但英国方面却以舟山为要挟步步紧逼,不断抬高要价,在明知无法获得一寸领土的情况下,以最为强硬和卑劣的手段占领沙角,试图通过武力威胁广州达到目的,更趁势提出以香港交换沙角,完成了从舟山到香港的转换。舟山的收回是以香港为代价的,是广东方面琦善的妥协和英国武力威胁下的产物,英国人之所以退出舟山,不仅是因为手中有了一个可以替代的香港。而且是在当时情况下英国策略适时而变的调整,是一种退而求其次的无奈之举。

三、英国宣布舟山和香港为自由贸易港

当得知义律自作主张放弃舟山之后,英国朝野兴起一片反对浪潮。1841年2月中旬,

① 炎明:《浙江鸦片战争史料》上册,宁波:宁波出版社,1997年,第51页。
② 炎明:《浙江鸦片战争史料》上册,宁波:宁波出版社,1997年,第164~166页。
③ 胡滨:《英国档案有关鸦片战争资料选译》下册,北京:中华书局,1993年,第525页。
④ 中国第一历史档案馆等:《鸦片战争在舟山史料选编》,杭州:浙江人民出版社,1992年,第483页。

奥克兰首先得到消息,就对义律此举表示不满。4月间,消息传到英国,反响更大,12日,伦敦39家公司商人致函巴麦尊,紧急呼吁政府干预中国事态。20日,英国外交部向政府提交了义律对政府规定目标的执行情况,有关舟山的内容占了很大的篇幅,结论是义律有辱使命。英国政府最感恼火的是义律竟然轻率地放弃了舟山而去占领香港这个几乎没有人烟的小岛,更何况,香港的地位也很不确定。既然允许清政府在岛上收税,那就不是英国的殖民地。4月21日,巴麦尊迫不及待地给义律写了一份私人信件,告诉他英国政府关于中国事务的最后决定。他在信中严厉斥责了义律把命令当废纸的行为,责备他没有充分利用手中的武装力量去实现全部目的。尤其对义律同意交还舟山感到愤怒。他说,我们的海陆军全世界无敌,小小一个舟山,我们爱保留多久就保留多久。对于割占香港岛一事,巴麦尊表示根本不感兴趣。他认为发展对华贸易的理想地区是在中国东海岸,香港在贸易上几乎毫无价值,即使在华南的贸易,也只能在广州而不是在香港进行。此外,香港还远离中国北方的重要政治、经济中心,它的价值仅仅是贸易淡季时可供英商盖房栖息。鉴于义律拒不执行政府的训令,巴麦尊在信末宣布,他不能将重任托付给义律这样的人,义律将被撤销他在中国担任的一切职务。①随后,巴麦尊召集内阁会议,做出停止广东谈判、扩大侵略战争的决议,改派璞鼎查(Henry Pottinger)取代义律,出任驻华全权使臣兼商务监督,负责扩大侵华战争以掠夺更多的利益。

1841年5月3日,巴麦尊连续发出三项公文,一是命令侵华英军重占舟山;二是咨文英国海军部,为了确保攻占舟山的兵力,可以从香港撤出任何部队,表明为舟山不惜放弃香港的决心;三是照会中国负责外交事务的大臣,宣布英国政府否决了义律撤出舟山的决定,英军将"再度占领舟山"②。义律的战略调整被否认,英国政府力图恢复以前确定的侵华部署,香港前景未卜。

后来的消息表明香港并不完全是一个毫无价值的荒岛。当义律被罢免后,英国商人马地臣(James Matheson)等人担心香港被英国政府抛弃,大力鼓吹香港不可替代的贸易地位,"只有在香港等地的中国人才熟悉英国人,并才会同英商发生贸易关系,而在舟山和别的地方的中国人则往往被英国人吓跑"③。奥克兰虽不同意撤出舟山,但同样反对放弃香港,认为香港"具有适宜泊船的港湾,有益健康的气候和军事价值,保有香港对英国来说有着不容忽视的意义"④。在各方游说下,英国国内的情绪适当平息。1841年5月31日,巴麦尊在给新任驻华全权代表璞鼎查的训令中,部分修改了对香港的看法,认为它可能成为一个"重要的商业基地",不要轻易放弃。但仍坚持认为,舟山要比香港重要的多,璞鼎查到达中国后的"第一项军事行动将是重新占领舟山岛",并在舟山住下来,和中国政府谈判。他告诫璞鼎查:"女王陛下政府深恐香港在相当长的时期内将不会给予我们商人以任何对北方各口岸贸易的新便利,因此,取得东海岸另一岛屿,或取得英国臣民居住任何海岸各主要城邑的许可的必要性,并不能由香港的占有予以代替"⑤。8月10日,璞鼎查抵达澳门;22日,率兵

①　余绳武、刘存宽:《十九世纪的香港》,香港:香港麒麟书业有限公司,1994年,第57页。
②　胡滨:《英国档案有关鸦片战争资料选译》下册,北京:中华书局,1993年,第845~850页。
③　[英]格林堡,康成译:《鸦片战争前中英通商史》,北京:商务印书馆,1961年,第194页。
④　*Great Britain and China*,1933—1960,p. 99.
⑤　[美]马士,张汇文等译:《中华帝国对外关系史》第1卷,上海:上海书店出版社,2000年,第749页。

北上;10 月 1 日,再次攻陷舟山。

恰在此时,英国国内政局出现引人注目的变动。1841 年 9 月,阿伯丁(Aberdeen G. H. G)出任英国外交大臣,就英国对华政策作了一些调整。他给璞鼎查的修订指示,强调英国对华政策的目标是贸易而不是领土扩张。认为割取领土可能妨碍中英贸易,得不偿失。不仅香港,而且舟山,阿伯丁考虑到除了占有费用不低、中英长期贸易会受到影响,甚至可能卷入中国政局等方面因素,均不主张长期占领。1842 年 1 月,英国外交部正式通知璞鼎查,在香港一切非军事用途的建筑物停建;而舟山则作为勒索中国的筹码,逼迫中国政府对英方做出最大的让步,同意不平等条约。英国政府似乎想放弃在华夺取占领地的政策。

关于舟山,璞鼎查基本按令行事。关于香港,璞鼎查却未按英国政府的旨意行事,港岛的民用建设未予停止,反而大规模展开。1842 年 2 月 16 日,璞鼎查公然宣布:"照得粤之香港,浙之定海等处,地属海港,为洋船来往之区,应准各船在彼任便贸易。缘此示仰诸人知悉,凡各国船只,俱得出入买卖。迨奉君主降命之先,所有船钞货税,及一律规费等项,不论何国之船,俱可毋庸输纳。"①美国历史学家马士(Hosea Ballou Morse)将它翻译为:"香港与定海将要作为自由港,对于任何国家的任何船只,不收任何种的关税、港口税和其他捐税。"②

1842 年 8 月,根据英国新内阁出台的方针,在中英谈判《南京条约》时,英国向中国政府提出了巨款赔偿,要中方将厦门的鼓浪屿、舟山、镇海的招宝山这几处被英国占领的地区作为抵押。中国政府认为,两国既然已经停战签约,就要以信任为基础,不能进行担保,如果担保说明双方还不够信任,这会影响到双方今后的有利合作。英方则认为,赔款也如同还债一样,不管是否相互信任,都要立下字据并且交付抵押物,这样才算合适,两国间的约定更要如此。在中方力争下,英方同意减去招宝山,但断然拒绝中方提出的"舟山只与开埠联系,不与赔款联系,俟五口开放,即将舟山交还"的意见。《南京条约》签订时,第十二款规定,舟山交还日期定为 1846 年 1 月,截至那时,清政府要付清赔款,并开放五口。"惟有定海县之舟山海岛、厦门厅之古浪屿小岛,仍归英兵暂为驻守;迨及所议洋银(指中国对英赔款 2100 万银元)全数交清,而前议各海口均已开辟,俾英人通商后,即将驻守二处军士退出,不复占据。"③而《南京条约》第三款则完成了对香港岛的法权割让。"因英国商船,远路涉洋,往往有损坏须修补者,自应给予沿海一处,以便修船及存守所用物料。今大皇帝准将香港一岛,给予英国君主暨嗣后世袭主位者,常远主掌,任便立法治理。"④

按照英国政府最初的设想,要割占的实际是舟山,并不是香港。但是由于义律对香港的经营管理,各大洋行的积极参与,使这个小小的香港在短时间内爆发出巨大的能量,让璞鼎查难以割舍。再加上舟山海域附近浅滩暗礁,航行不便,清朝政府又一再坚持,坚决不允许割让舟山,英军在舟山遭遇的瘟疫也让他们心有余悸,最终璞鼎查放弃了舟山,选择了香港。

① 中国第一历史档案馆等:《鸦片战争在舟山史料选编》,杭州:浙江人民出版社,1992 年,第 535 页。
② [美]马士,张汇文等译:《中华帝国对外关系史》第 1 卷,上海:上海书店出版社,2000 年,第 329 页。
③ 参见《南京条约》,龚鹏程主编:《改变中国历史的文献》下册,北京:中国工人出版社,2010 年,第 698 ~ 700 页。
④ 参见《南京条约》,龚鹏程主编:《改变中国历史的文献》下册,北京:中国工人出版社,2010 年,第 698 ~ 700 页。

四、舟山成为英国的第一块"势力范围"

1843 年 6 月,中英在香港互换《南京条约》文本,英国对香港的态度又产生了分歧。随着战事的结束,军队的撤离,五口的开放,1844 年香港经济开始慢慢衰落,1846 到 1847 年,香港经济下滑至谷底,其前途变得风雨飘摇。与舟山相比,有着很大的差距,舟山这块地方地处香港的北部,物产丰富,人力资源丰足,很有发展前景,远远强过当时的香港,因此,舟山受到了更多英国人士的欢迎。前特派委员会主席、日后当上东印度公司董事会主席的詹姆斯·厄姆斯顿爵士,依然力主占领舟山,抱怨香港"已经被称赞和吹捧到了极其不可思议的程度……从贸易角度看,在目前的状况和条件下,这个岛屿不但对我们毫无用处,也很难设想或指望它有朝一日能变成一个商业中心"①。

1845 年 8 月,清政府已如约开放了广州、福州、厦门、宁波、上海五处通商口岸,2100 万银元的对英赔款亦将全部交清,英国再无继续盘踞舟山的理由了。此时的一部分英国人,却对舟山特殊的地理位置、丰富的特产资源及其可能带来的巨大商业利益垂涎欲滴。其中以香港财政局长蒙哥马利·马丁(Robert Montgomery Martin)最为著名,他始终主张放弃香港而保有舟山。1845 年秋卸任后,他曾专程从香港经印度赴英国,沿途游说,"他此行的目的是在于劝使女王陛下政府用香港向中国交换舟山,因为与香港相比,舟山更适合进行贸易交往、卫生条件更好。与舟山相比,香港则处在荒漠状态,没有良好的发展前景。与此相反,舟山的米粮生产却足以供给很多人的需要"②。很长一段时间内,香港将作为交换物与清政府进行交换舟山的消息在中国人、英国人之间进行了热烈的讨论。

《印度之友》是一份英印报纸,1845 年 9 月 18 日这份报纸上发表了关于舟山的专论。作者分析了把舟山建成殖民地的有利条件,不但具有优越的气候,广阔的港口,从地理位置上说,舟山靠近了物产丰富、人口密集的江南水乡。专论预言,舟山在很短一段时间内将会变成世界上最大的商业中心之一,如果英国能占有舟山,就可以制止中国政府的仇外行为,英国能够很好地提升他的综合国力,从而使自身在列强中处在最强势地位。《印度之友》的看法得到了《香港公报》《孟买信使报》《中国之友》等其他同行报刊的支持。这些舆论工具的渲染造成了这样的声势:无论采用何种手段,如果必要的话,以香港相交换,已成为一件当时英国内阁最为亟须处理的事情了。《香港公报》写道:"对于舟山的重要性和它对于一个伟大的海军和商业国家的价值决不能视而不见。"上列报刊一致认为,即使放弃已经进行了大量投资的香港"也是合算的",呼吁尽"一切努力,把舟山夺取过来"③。

但是,也有部分英国人认为,舟山岛的所谓气候条件、商业利益等,皆被人为地"极大地夸大了"。因为从单纯商业观点来看,舟山并不能为英国带来过多"特殊的裨益",上海的开埠使舟山的贸易地位大为降低;如作为一个军事基地,其费用将大大"超过议会愿意支付的相关费用"。况且,中国政府"没有表示出他们要破坏与英国签订的条约的欲望",所以英国

---

① J. B. Urmston, *Chusan and Hong Kong*, london, 1847.

② 广东省文史研究馆译:《鸦片战争史料选译》,北京:中华书局,1983 年,第 303 页。

③ 参见 *Chinese Repository*, 1845, 14(12).

政府"应该从更高的水平去考虑"舟山及整个中国的问题。他们认为违约拒交舟山,将会带来意想不到的后果,这将引起中国政府的极大对抗。这将会对今后的英国在国际上的发展受到影响,甚至会引起国际负面影响,美国、法国这些实力雄厚的国家或许也会强烈反对英国。所以,英国政府在这种考虑之下,就严守条约,重视信誉与名誉。

这时,英国进行了担保方案的调整,提出在偿还全部赔款前就可以把鼓浪屿还给清政府。英方之所以做出这样的决定,因为要驻守鼓浪屿,需要派兵驻扎,费用不菲,有舟山担保就可以了。这种做法出乎清政府的意料,他们认为英国政府在用欲擒故纵的方法,以鼓浪屿为诱饵,引导清政府破坏条约,为自己可以强占舟山奠定基础。后来的事实表明,清政府的考虑是很有必要的。1845年10月,中方派人与英方谈判舟山的交还问题,英方以离交还时间还有两个月的时间为借口拒绝交还。中方辩驳,即使英国要马上交还,中国也要派人进行接收,其交接手续也要一段时间完成。英国政府在没有理由的情况下才同意开谈。

1846年1月22日,中方按条约提前4天结清赔款,英方却恶意生事,拒绝从舟山撤军,双方互换交涉照会40余次。英方除了将舟山与赔款相连外,又衍生出许多问题。一是在善后问题上,英方要求中方派出的接收官员要对英国人的墓地进行保护,对与英国有往来的中国人不得进行惩罚,继续保持中英的商业活动。二是关于不得割让舟山给第三国。英国害怕其他国家尤其是法国想得到舟山的主权,因此就警告中方不得将舟山转让给其他国家,提出,如果其他国家侵占舟山,英国将作为中国的同盟进行抵御。三是关于广州入城,是这次交涉中最费周折的问题。英方坚决要求要将入城问题与交还舟山问题一起来谈,如果英国人没有进入广州,就拒绝交还舟山。在此,英国显然认为自己与舟山有着较其他国家更为重要的关系和特殊的利益,视舟山为其保护领地或势力范围。

1846年4月29日,英国代表戴维斯(John Francis Davis)在虎门与清朝代表耆英会晤,双方签订了《虎门寨特约》(又称《英军退还舟山条约》)。《虎门寨特约》由戴维斯单方拟订,内容共五条,其中第三、四条分别规定:"英军退还舟山后,大皇帝永不以舟山等岛给与他国;""舟山等岛若受他国侵伐,英国应为保护无虞……"①。7月23日,在超过交还舟山的时间半年之后,英军才全部从舟山撤出。至此,英国已经强占舟山5年半之久,英国也在选择香港与舟山之间做出最后定夺。

在此,英国不仅开西方列强在华提出势力范围要求之先河,甚至是西方列强关于划分势力范围要求的最初表述。英国通过这一条约,强行把舟山视为它的势力范围,置于它的保护地地位,使清政府在收回舟山的同时又使舟山成为中国近代史上英国的第一块"势力范围"。

五、小结

综上所述,在攫取中国相关占领地的过程中,英国采取了随势而定的策略。在这个确立过程中,不仅有"蓄谋已久"的一面,而且有随机调整的一面;不仅存在着必然性,而且也存在着偶然性;这不仅有英国政府的侵略意图,而且还有它的驻华代表所发挥的作用,例如义

---

① 王尔敏:《五口通商变局》,桂林:广西师范大学出版社,2006年,第261~262页。

律以及璞鼎查等人的意志显然更大些。在鸦片战争前夕和战争爆发初期,英国更为关注东南沿海、长江流域以及广大的北方地区,曾经第一个要侵占的中国岛屿就是舟山,这势必遭到中国政府超乎寻常的抵抗和反对。鸦片战争仅仅是近代中国与外国的初次交手,难以想象当时的清政府会出让这片至关重要的地区,而当时仍为僻远小岛的香港却比舟山更易于获取。在鸦片战争之前,广州为中国唯一开放口岸,香港亦为广州开放贸易圈中的一个地区。在华的英国商人与广州长期进行贸易,在华南地区具有极深厚的经贸基础。义律、璞鼎查这些人之所以坚持占据香港,更注重于历史所形成的传统,注重照顾在华英商的既得利益,提出的方案比较具有可行性。因此,英国政府根据他们提出的建议,调整了对华的占领地战略。

参考文献

[1] 斯当东:《英使谒见乾隆纪实》. 叶笃义,译. 上海:上海书店,2005 年。
[2] 萧致治:《西风拂夕阳:鸦片战争前夕中西关系》. 武汉:湖北人民出版社,2005 年。
[3] 王宏斌:《清代前期海防:思想与制度》,北京:社会科学文献出版社,2002 年。
[4] 高鸿志:《近代中英关系史》,成都:四川人民出版社,2001 年。
[5] 马士:《中华帝国对外关系史》,张汇文,译. 上海:上海书店,2000 年。
[6] 中国第一历史档案馆:《英使马戛尔尼来华档案史料汇编》,北京:国际文化出版公司,1996 年。
[7] 茅海建:《天朝的崩溃:鸦片战争再研究》,北京:生活·读书·新知三联书店,1995 年。
[8] 余绳武、刘存宽:《十九世纪的香港》,香港:香港麒麟书业有限公司,1994 年。
[9] 佩雷菲特:《停滞的帝国——两个世界的撞击》,王国卿等,译,北京:生活·读书·新知三联书店,1993 年。
[10] 格林堡:《鸦片战争前中英通商史》,康成,译. 北京:商务印书馆,1961 年。
[11] 中国第一历史档案馆:《鸦片战争在舟山史料选编》,杭州:浙江人民出版社,1992 年。
[12] 舟山市地方志编纂委员会:《舟山市志》,杭州:浙江人民出版社,1992 年。
[13] 马士:《东印度公司对华贸易编年史》,区宗华,译. 广州:中山大学出版社,1991 年。

叶剑英与南中国海海疆维权

窦春芳　苗体君

（广东海洋大学）

摘要:广州解放后,中央人民政府任命叶剑英为广东省人民政府主席、广州市市长兼广州市军事管制委员会主任。1950 年 6 月,叶剑英赴北京出席全国政治协商会议第一届会议,叶剑英在《广东省工作报告》中说:"广东全境,有大陆,有海岛如东沙群岛区、西沙群岛区、中沙群岛区、南沙群岛区、万山群岛区。""所以广东的实际疆域是包括宽阔海面的。保护这些海岛及沿海口岸,使其不为帝国主义和国民党海盗所侵占,不仅和保护我神圣领土有关,也直接与广东大陆的治安有关。"这是叶剑英在全国规模的大会上第一次提到海洋的军事意义,并把宽阔的海面纳入广东的疆域,开始重视海洋存在的巨大的政治与军事价值。1950 年 9 月,在广东省首届民政会议闭幕式上,叶剑英提出了:"巩固城市、依靠农村、面向海洋"的基本方针,把广东的城市、农村和海洋联成一个有机的整体,以充分发挥三者之间互相联系、互相促进、互相转化的作用。在实施"面向海洋"的战略中,叶剑英提出:"必须把东沙、西沙、中沙各岛控制起来。在科学发展到征服了天空和海洋的现在,一个小小的荒岛,都不能放弃的。"在新中国成立初期,世界各个国家还没有意识到海洋、岛屿的社会、经济及军事战略价值时,叶剑英能超前提出控制南海岛屿,即使是一个荒岛也不放弃,这种思想的的确确具有远见卓识! 1950 年 11 月,叶剑英在广东省农林水利工作会议上的讲话中说:"我们画广东地图,画了一半,忘了一半。""海洋上有海南岛,还有东沙群岛、西沙群岛、中沙群岛、南沙群岛、万山群岛等等一个大水国,我们还未有给予应有的注意。过去,反动政府对这许多岛屿是不管的。现在,我们可要去管理了。"可以说新中国成立后,南海维权问题开始于叶剑英,叶剑英是南中国海海疆维权第一人。

关键词:叶剑英　主政广东　南中国海疆

　　叶剑英是广东梅州人,梅州位于广东省东北部山区,其远离大海,东北邻近福建省,西北与江西省寻乌县接壤,但在中共执政后第一位提出"面向海洋"的领导人就是故里远离大海的叶剑英,他也是中共领导人当中第一位重视海洋的人。让我们重温历史,看看当年叶剑英主政广东时,是如何成为南中国海海疆维权第一人的。

一、解放华南前后，叶剑英提出重视南海海疆的全过程

1949 年春季，解放战争已进入了最后的尾声，国民党残余势力大多溃败云集在华南、西南地区。为了尽快解放广东，建立和巩固祖国的南大门，中共中央决定成立华南分局，抽调当时正任北平市长的叶剑英来担任华南分局第一书记，同时任命张云逸为华南分局第二书记，方方为华南分局第三书记。中央军委还做出决定，将担负解放华南的第二野战军第四兵团、第四野战军第十五兵团作为一个临时性的独立兵团，由叶剑英和两个兵团负责人带领，南下解放广东。为此，毛泽东多次找叶剑英谈话，在许多问题上作了具体的指示。同年 8 月 9 日，叶剑英遵照中共中央、毛泽东的指示离开北平，于 9 月上旬到达江西赣州。

9 月 23 日，中共中央华南分局和第二野战军第四兵团、第四野战军第十五兵团的负责人，在华南分局第一书记叶剑英的主持下，在赣州召开解放广州的作战会议，会议研究决定了解放广东的方针、政策、作战计划等问题，在这次会议上，叶剑英作了《关于解放广东的若干问题》的报告，报告中叶剑英特别提到广东的一些海岛，这也是叶剑英第一次在报告中提到与海洋相关的一些问题，他说："广东是一个和境外接触最频繁的地区，不说香港和澳门，单是海关就有拱北关、三水关、公益关、甘竹关、北海关、海口关、广州湾、粤海关、潮海关等许多个，每天都要和外人接触，处理得不好就要出岔子，造成外事工作上不必要的纠纷。同志们要十分注意这个问题。"[1] 他接着说道："凡属有关外侨的问题，在没有请示军管会并得到指示前，不得自行处理。"[2] 10 月 14 日，人民解放军攻下了华南地区最大的城市广州，10 月 19 日，中央人民政府任命叶剑英为广东省人民政府主席兼广州市市长，10 月 21 日，叶剑英又兼任广州市军事管制委员会主任一职。

1949 年 11 月 1 日，叶剑英在《广东社会情况和 1950 年几个重要部门的工作任务》的报告提纲草案中提到："中国大陆一经解放，广东的地位，很自然的推进到国防的最前线，担负着在南海边疆巩固中华人民共和国国防的重大任务。可是，海南岛、南澳岛及万山群岛等岛屿，尚有残余敌人盘踞着，在帝国主义支持下，在敌残余海军、空军配合下，企图苟延残喘，对我沿海进行海盗式的扰乱和破坏。""广东海岸线，长约两千五百千米，岛屿罗列。岛上渔民多年来处于贫穷的惨境"[3] 等与海洋有关的内容。1950 年 6 月，叶剑英赴北京出席全国政治协商会议第一届会议，6 月 27 日，在政务院第三十八次政务会议上，当时兼任广东省人民政府主席的叶剑英做了《广东省工作报告》，在报告中，叶剑英强调说："广东全境，有大陆，有海岛如东沙群岛区、西沙群岛区、中沙群岛区、南沙群岛区、万山群岛区。""广东沿海及其海上岛屿，是处在国防的最前线。海岸线全长二千五百千米，沿海岛屿星罗棋布，如东沙、西沙、中沙、南沙等群岛，又距离海岸甚遥。所以广东的实际疆域是包括着宽阔海面的。保护这些海岛及沿海口岸，使其不为帝国主义和国民党海盗所侵占，不仅和保护我神圣领土有关，也直接与广东大陆的治安有关。"[4] 这是叶剑英在全国规模的大会上第一次提到海洋的军事意义，并把宽阔的海面纳入广东的疆域，开始重视海洋存在的巨大的政治与军事价值。

1950 年 7 月 31 日，叶剑英在广东省政策研究工作会议上作了重要讲话，他强调说："政策研究室的建立是必要的。"[5] 谈到政策研究室的分工问题时，叶剑英说："如果在河南省分城市、农村两部分就够了，那在广东就必须加上海岛的研究。"[6] 广东是沿海省份，有其自身

的特点,叶剑英号召广大研究者,"今天要做好城市工作、农村工作,同样也要做好海岛工作,这几个方面都不能偏废。"[7]可见,当时的叶剑英对海洋的重视程度。

叶剑英真正提出"面向海洋"的口号,是在 1950 年 9 月 20 日召开的广东省首届民政会议闭幕式上的讲话时提出的,叶剑英说:"加强国防海防,巩固基层政权,肃清特务散匪,消灭残匪寄托其'反攻大陆'的幻想于其上的一切条件等,是我们的严重斗争任务。为了更好地进行工作、进行斗争,各地民政工作同志们要根据'巩固城市、依靠农村、面向海洋'的方针,大力搞好海岛、墟镇工作及农村基层政权的建立与巩固工作。"[8]叶剑英清晰地把广东的工作分为三类:城市工作、农村工作与海洋工作,并明确了三类工作间的相互关系,就是既相互依赖,又互相支持。

二、叶剑英提出"巩固城市、依靠农村、面向海洋"的思想内涵

早在 1949 年 3 月,毛泽东在中共七届二中全会上已经提出:"从一九二七年到现在,我们的工作重点是在乡村,在乡村聚集力量,用乡村包围城市,然后取得城市。采取这样一种工作方式的时期现在已经完结。从现在起,开始了由城市到乡村并由城市领导乡村的时期。党的工作重心由乡村移到了城市。在南方各地,人民解放军将是先占城市,后占乡村。"[9]华南分局包括广东、广西,历史上习惯称之为"两广",新中国成立初期,广西的工作主要由华南分局第二书记张云逸负责,而叶剑英的精力主要集中在广东省。在治理广东时,叶剑英依据毛泽东的指示,还根据广东当地具体情况,提出了自己的治理构想。叶剑英把广东比作即将腾飞的一条"龙",这条龙由三部分组成,"龙头"就是以广州为中心的城市,"龙身"则是广东广大的农村,而"龙尾"则是广东沿海各个大小岛屿。叶剑英这一构想的实质就是,以发展城市经济为中心,带动农村和海岛,与毛泽东当时的经济战略思想是完全吻合的,只不过是叶剑英依据广东特殊的地理位置,在毛泽东城市、农村的基础上加上了一个海岛,突出了广东临海的自然特点。

1950 年 10 月 14 日,叶剑英在广东省第一届各界人民代表大会上作了《关于广东工作几个主要问题的补充报告》的报告,对"巩固城市、依靠农村、面向海洋"的基本方针作了具体的解释与说明。叶剑英说:"我们应当承认,本省与华北各省的农村情况有所不同。华北的解放是由农村到城市,农村广大群众久经锻炼,已经实行土地改革。本省的解放,基本上是由城市到农村。目前农村基层组织比城市弱,是可以理解的。但如果不立即进一步地将工作推进到农村基层组织中去,仍然把双脚悬在半空,那就要犯严重的原则性的错误。同时,本省不仅有城市与农村,而且还有海岛。"[10]叶剑英根据广东情况,提出:"在争取国家财政经济状况根本好转的总任务下,依据本省具体情况,我们必须以全力加强城市、农村和海岛工作,巩固城市,依托农村,面向海洋,"[11]叶剑英提出的这个基本方针具有全面性、整体性、辩证性和实践性的特点,其中"面向海洋"这一条是叶剑英主政广东时提出的最富有战略眼光和创新思维的举措。

叶剑英制定的"巩固城市、依靠农村、面向海洋"的基本方针,把广东的城市、农村和海洋联成一个有机的整体,以充分发挥三者之间互相联系、互相促进、互相转化的作用。在当时的历史时期,即必须以现代的、先进的工业集中地城市来领导农村、指导农村、支援农村,

以广大农村作为城市发展的依托,组成坚固的城乡互助和工农联盟;然后再以城市和农村的力量来支持海岛的建设和海洋资源的开发与利用;同时又以海岛作为牢固的国防前哨,来保障城乡工农业生产的发展。叶剑英在主政华南期间提出的"面向海洋"来建设广东的举措,是十分切合广东"海洋大省"的客观实际的,其既注意到了"巩固海防"的军事方面的问题,也顾及到了利用滨海的有利条件,发展海洋贸易和渔业生产等经济方面的问题。这一切对于刚刚取得政权的中国共产党人来说,不仅具有真知灼见而且极为难得。

要贯彻这一基本方针,第一是要"巩固城市"。依据党的七届二中全会的精神,城市工作以恢复和发展生产为中心,一切工作都要围绕这个中心,并为这个中心服务。因历史的原因,广东省的城市比较发达,经过调查研究后,兼任广州市市长的叶剑英提出城市工作要建立一个领导体系,"省应以广州为中心,领导几个较大城市;地委以较大城市为中心,领导大县城;县城领导镇。这样,通过抓好大城市,推动中小城市,并通过抓好圩镇,联系广大农村。"[12]要"巩固城市"必须以恢复和发展生产为城市工作的中心任务,在市长叶剑英的直接领导下,广州市的国民经济迅速恢复和发展,人民生活也初步得到改善。据统计,"广州市1950年全市国民生产总值3.35亿元(按当年币值),社会总产值6.14亿元,国民收入4.79亿元,工业总产值2.92亿元。1952年增加到:国民生产总值5.39亿元,社会总产值9.63亿元,国民收入4.79亿元,工业总产值4.96亿元。比1950年分别增长60%、57%、53.6%、70%,"[13]当时,广州作为广东省的省会,华南地区最大的城市,在叶剑英的正确领导下,其国民经济的恢复和发展,为华南地区其他城市树立了一个榜样,起到了"龙头"的作用。

第二是要"依托农村"。叶剑英早在1949年9月23日在赣州主持召开解放广州的作战会议上就说:"我们到广东后要做城市工作,并不是说乡村工作就不重要。中央从来没有叫我们只要城市不要乡村。世界上是先有乡村后有城市的,城市如果没有乡村,就等于没有工业原料和市场,就不能存在。所以城市是乡村造成的,乡村工作做不好,城市工作就不堪设想。"[14]广东刚刚解放时,全省农民有2800万人,占广东全省人口总数的90%,叶剑英深知农民在广东的重要性。1952年7月6日,叶剑英在《在华南分局扩大会议上的总结报告》中说:"30年来的经验证明,前方作战,出兵出粮的是依靠广大农民;巩固后方,发展生产,也是依靠广大农民;而要依靠农民,不提高他们的觉悟,不发动对封建势力的斗争,不解决他们的切身问题是不可能的。"[15]叶剑英主政广东期间,从战略的眼光重视农村和农民工作,没有因为工作重点转移到城市就丢掉了农村,而是城乡兼顾、工农结合,使农村成为城市发展的依托。为了实现"依托农村",叶剑英在广东农村实行土地改革,大力兴修水利,发展农业生产,整顿农村基层组织,培养农村干部,健全农村党支部。

第三是要"面向海洋"。叶剑英科学地提出"面向海洋"的依据是,广东面临南海,而且是中国最南端的一个省份,是中国的南大门,也是中国最重要的沿海省份之一。当时,广东全省面积22万平方千米,其境内的大陆海岸线4300多千米,沿海大小岛屿810多个,海湾578处,还包括东沙、中沙、南沙、西沙等群岛在内的广阔的海疆,海岛人口约100万。在近代史上,西方殖民主义首先从广东向中国进行侵略扩展,新中国成立后,中国大陆选择了向苏联社会主义阵营"一边倒"的倾向,这样就受到了以美国为首的帝国主义阵营的包围与封锁,叶剑英提出"要谈中国问题,应该把中国作为世界的一部分来看。中国处在世界动荡中,世界上任何一个地方发生的重大事件都会影响中国的建设。因此,我们要在全世界范围内来考虑自己的问题。"[16]其实,早在赣州会议上,针对广东的特殊地理位置,谈到帝国主义时,叶剑英就提醒与会人员说:"华南的解放,不但使他们丧失在中国的市场,而且威胁到它的生命线——殖民地。因此,帝国主义现在虽不可能向我们进攻,但它对于它在中国的利益总是要想法保存的。"[17]对于新中国,美帝国主义发动武装干涉的可能性虽小,但决不会就此善罢甘休,对中国人民的民主事业,仍然继续进行破坏。叶剑英认为帝国主义的破坏方式可能有三种,第一种是扶植国民党在大陆的残余力量,即"从内部来组织破坏。组织所谓个人的民主主义者作为反动派组织特务。"[18]第二种是"实行经济封锁。""切断我们和国外的经济联系,组织走私,来破坏我们的市场,截断侨汇,压迫华侨回国,来增加我们的困难。"[19]第三种从外部来组织破坏,"如组织太平洋公约,长期占领日本,重新武装日本,扶植南韩的傀儡政府,托管台湾,占领海南岛,建立一连串的反对基地来包围我们,以至把云南与广西组织成一个隔离地带,阻止革命力量进入西南,或是组织海面斗争,以海盗的方式来骚扰我们。"[20]可以说,叶剑英提出"面向海洋"的思想是当时复杂的国际环境所决定的,是叶剑英从广东的实际中概括出来的。

1950年5月22日,为了加强海洋工作,叶剑英在《给毛主席的综合报告》中说:"广东海岸线有二千五百余千米,我们除了城市和农村工作外,还有海岛工作问题,这是沿海各省所特有的。""从今后广东的形势看,防卫沿海港口,使特务、土匪不得潜入内地;土匪因其籍海岸取得国外补给,是一个严重的斗争。在防止走私上,也必须控制沿海口岸,近来就曾发现有敌方兵船、轮船,停泊海丰县海面,和海边渔船取得联络后即行驶去的事";"我们打算向上级建议,在广东省政府内设立一海岛管理局,负责领导沿海沿江渔民船户及东、西、南沙等群岛工作。"[21]1950年6月26日,叶剑英在中央政务院会议上提请成立广东省海岛管理局,不久,中央采纳了叶剑英的提议,正式批准广东建立海岛管理局,人员编制为500人,同年8月19日,在华南分局常委会上,正式确定成立海岛管理局,由林尹平担任局长,以加强海岛的建设与管理,发展海洋经济。

1950年8月20日,叶剑英领导下的华南分局发出《关于加强沿海边防及岛屿工作的指示》,动员全省各级人民政府重视海岛工作,加强对海岛工作的领导,还动员沿海人民起来,粉碎敌人企图从水上钻进大陆的阴谋。为了加强口岸管理,广东全省规定海口、黄埔、拱北、深圳、北海、汕头、汕尾、湛江、江门为出入港口,制定了出入口岸管理的办法,有效地限制了反革命分子逃出与潜入活动,切断了敌人对外的联系。在军事上加强防卫力量,部署一定兵力驻在海边防地区及一些重要岛屿上,巩固了国防、海防。

三、叶剑英实施"巩固城市、依靠农村、面向海洋"的基本方针,并成为南中国海海疆维权第一人

当时,在实施"面向海洋"的战略中,叶剑英首先提出应该加强对海岛的建设与管理,这一措施实施的大体步骤有:第一,明确加强对海岛的建设与管理是巩固国防的需要。新中国成立后,广东自然而然的就被推到了国防最前线,而且广东毗连港澳,如果不注意广东沿海海岛的话,将来这些海岛就会成为帝国主义入侵的基地和跳板。第二,对具体的海岛工作,

叶剑英也作了全面、科学的界定:"所谓海岛工作,计有:①海口工作(哪些应开,哪些应闭,如何管理等)。②海岸工作:沿岸有渔民、盐户。③海岛工作:必须把东沙、西沙、中沙各岛控制起来。在科学发展到征服了天空和海洋的现在,一个小小的荒岛,都不能放弃的。"[22] 21世纪是海洋的世纪,海洋蕴藏着丰富的宝藏,世界各国对海洋、岛屿的争夺愈演愈烈,而在新中国成立时期,世界各个国家还没有意识到海洋、岛屿的社会、经济及军事战略价值时,叶剑英能超前提出控制南海岛屿,即使是一个荒岛也不放弃,这种思想的的确确具有远见卓识!第三,叶剑英还提议中国人民解放军在沿海重要岛屿驻守设防,加强华南地区海军的建设。他还亲自组织海防建设,修筑海防工事,集结部队,修复公路,修建军用机场,整编江防舰队,初步建立起广东沿海的海防体系。通过上述三点措施,叶剑英把沿海的许多岛屿都掌控在我们的手中。

在实施"面向海洋"的战略中,叶剑英还提出了一些利用开发海洋资源的措施。在20世纪50年代初,人们对海洋资源的开发主要集中在渔业上,叶剑英也很重视渔业工作,他指示广东省海岛管理局及其下属机构,制定了一系列政策,帮助沿海渔民恢复被战争破坏的渔业生产。当时发展渔业生产最主要的困难是缺乏资金、生产工具落后。针对这一情况叶剑英指示,沿海当地人民政府应向渔民发放生产所需的贷款,"广东渔业产量逐年增加,由1950年的17万吨提高到1951年的25万吨。到1952年,广东省水产品数量增至31.12万吨,比1949年增加57.6%。"[23]

在实施"面向海洋"的战略中,叶剑英还提出了突破西方国家的经济封锁,开展与西方国家的对外贸易。1949年3月5—13日,在河北省平山县西柏坡村召开的中共七届二中全会上,毛泽东就提出:"关于同外国人做生意,那是没有问题的,有生意就得做,并且现在已经开始做,几个资本主义国家的商人正在互相竞争。"[24]叶剑英依照毛泽东的指示,强调要"面向海洋",发展海上贸易,以打破西方国家对新中国进行的严密的经济封锁,为此叶剑英还探索性地成功开辟了两条重要海上贸易通道。

第一条海上贸易通道是香港与澳门。叶剑英率大军解放广东时,他根据中央的指示,没有收复香港和澳门。当时,港澳工作的具体事务由叶剑英领导的中共中央华南分局负责,在东西方激烈对抗的时代,香港和澳门也成了中国与西方国家进行联系的最重要的渠道。1949年9月23日,在赣州会议上,叶剑英就曾向与会人员介绍关于澳门的相关历史,他说:"明正德十二年(1517年)葡萄牙人到了中国,嘉靖三十六年(1557年)明朝官吏受贿,以每年一千两钱的租价出借澳门给他;万历三年(1575年)西班牙人也自马尼拉来到中国;万历三十四年(1606年)荷兰人也自爪哇来到澳门;崇祯十年(1637年)英国人也到了澳门。从此西方资本主义势力逐步向中国侵入"[25]可见,当时的叶剑英不但熟悉澳门的历史,而且十分关注澳门问题。由于帝国主义国家对新中国实施经济封锁,我们就无法直接从西方国家引进资金和物资,当时的香港、澳门是两个中立的港口,这就成了我们进口资金和物资的重要渠道。有一段时间,从香港进口比较难,叶剑英便通过在澳门的柯麟医生,及澳门的南光公司,把大批的战略物资通过澳门抢运回广东,这些物资包括粮食、五金、钢材、汽油以及渡海器材等,这不仅缓解了广东物资紧张的状况,而且还有力地支援了解放海南的战争。

第二条海上贸易通道就是广大华侨、侨眷。广东是著名的侨乡,根据土改时的调查统计,"居住海外的粤籍华侨约为647万余人,占全国华侨1100万的80%强,占广东总人口

3000万的20%,约五个人中有一人是华侨,加上眷属人数就更多。"[26]而且华侨侨眷一般都留居在广东原乡。叶剑英提出,应该争取华侨对新中国的同情与支持,以打破帝国主义的经济封锁。

从1949年8月1日,叶剑英被任命为中共中央华南分局第一书记开始,到1952年8月,叶剑英离开广州赴北京治病止,叶剑英主政广东的时间刚好是3年,在这3年当中,叶剑英进行了一系列的开拓性的工作,为广东的革命和建设事业作出了许多重要的贡献,其中以"面向海洋"的提出最富有战略眼光、创新思维和超前的海疆意识,它不仅有着重要国防意义,而且有重要的经济意义。正如1950年叶剑英在广东省农林水利工作会议上的讲话中说的:"我们画广东地图,画了一半,忘了一半。究竟地图是怎样画法的呢?在广东大陆土地上有2 500千米长的海岸线,海洋上有海南岛,还有东沙群岛、西沙群岛、中沙群岛、南沙群岛、万山群岛等等一个大水国,我们还未有给予应有的注意。过去,反动政府对这许多岛屿是不管的。现在,我们可要去管理了。广东有五十几个海口,设了五十多个海关的机构,就像窗户上没有窗门,外国人自由地进进出出,不成样子。我们应该把几个大海口开放,其他的通通关起来,帝国主义挂外国旗的非经允许就不准进入。今天若不注意海岛问题,将来就会变为帝国主义的基地和跳板了。"[27]可以说新中国成立后,南海维权问题开始于叶剑英,叶剑英是南中国海海疆维权第一人。实践证明叶剑英提出的"面向海洋"的方针是富有远见的、正确的,广东是海洋大省,随着经济社会的发展,海洋在全球事务中的战略地位愈加突出,今天叶剑英"面向海洋"的思想对于广东建设海洋大省依然具有重要的现实意义。

参考文献

[1][2][14][17][18][19][20][25]　叶剑英:《关于解放广东的若干问题》,《叶剑英选集》,北京:人民出版社,1996年,第196、196、197、192、195、195、195、189页。

[3]　叶剑英:《一九五零年广东的艰巨任务》,《叶剑英在广东》,北京:中央文献出版社,1996年,第92页。

[4]　叶剑英:《广东省工作报告》,《叶剑英选集》,北京:人民出版社,1996年,第220~221页。

[5][6][7]　叶剑英:《做好政策研究工作》,《叶剑英在广东》,北京:中央文献出版社,1996年,第209、214、214页。

[8]　叶剑英:《加强海岛、墟镇工作及农村基层政权建设》,《叶剑英在广东》,北京:中央文献出版社,1996年,第233页。

[9][24]　毛泽东:《在中国共产党第七届中央委员会第二次全体会议上的报告》,《毛泽东著作选读(下册)》,北京:人民出版社,1986年,第654、663页。

[10][11]　叶剑英:《关于广东工作几个主要问题的补充报告》,《叶剑英在广东》,北京:中央文献出版社,1996年,第272、272页。

[12]　《叶剑英传》编写组:《叶剑英传》北京:当代中国出版社,1995年,第463~464页。

[13]　张江明:《叶剑英主政华南的光辉业绩》,《文韬武略 功勋卓著》,北京:中国社会科学出版社,2007年,第64页。

[15]　叶剑英:《在华南分局扩大会议上的总结报告》,叶剑英传编写组:《叶剑英传》,北京:当代中国出版社,1995年,第468页。

[16]　叶剑英:《关于中国建设问题》,《叶剑英选集》,北京:人民出版社,1996年,第429页。

[21][22]　叶剑英:《给毛主席的综合报告》,《叶剑英在广东》,北京:中央文献出版社,1996年,第194~

195，194 页。

［23］　杨汉卿:《叶剑英主政华南的历史贡献》,《文韬武略 功勋卓著》,北京:中国社会科学出版社,2007年,第 92 页。

［26］　郑群、刘子健:《土改风云彰显远见卓识》,《文韬武略 功勋卓著》,中国社会科学出版社,2007 年,第78 页。

［27］　叶剑英:《发展农林水利工作》,《叶剑英在广东》,北京:中央文献出版社,1996 年,第 303 页。

浙江省文化创意产业分布差异的影响因素研究

马仁锋　张茜　王益澄

（宁波大学 建筑工程与环境学院）

摘要： 文化创意产业是新经济的产物，是促进经济发展方式转变与提升城市创新能力的重要产业；近十年来浙江文化创意产业迅速发展，成为学界与地方政府的关注热点。本文基于 2004 年与 2008 年浙江经济普查数据，运用 GeoDA 软件和 SPSS 软件判识了浙江文化创意产业分布的影响因素。研究发现：①杭州、宁波、金华、台州 4 市为浙江文化创意产业发展的四大高地；湖州、丽水、衢州、舟山 4 市为四大低谷。②杭州、金华、台州、丽水 2004 年与 2008 年两年区位熵均值大于 1，其文化创意产业专业化程度高，空间分布集聚；2004 年的舟山与 2008 年的衢州区位熵大于 0.9，其产业专业化程度接近全国平均水平，空间分布有集聚趋势；宁波、温州、嘉兴、湖州、绍兴的区位熵均值都小于 1，其产业的专业化程度和空间集聚度均亟待提高。③七类因素对文化创意产业发展影响程度从大到小的排序为：人才因素、科技因素、政府因素、基础设施、市场需求因素、经济因素、生态环境因素和宽容因素。其中，人才、科技和政府的支持是影响浙江文创产业发展的关键因素。

关键词： 文化创意产业　空间分位图　空间自相关　区位熵　影响因素

一、引言

1998 年英国的《创意产业路径文件》首次提出"创意产业"概念，认为"创意产业是源于个人创造力、技能和才华，能够通过知识产权的开发和运用，具有创造巨大财富以及提供更多就业岗位潜力的产业"[1]。因中国大陆学界译介和官方最初关注"文化产业"统计，因而多称之为"文化创意产业"。下文中将文化创意产业简称为"文创产业"。2010 年，美国的文创产业年增长速度达 14%，英国为 12%。而日本每年出口美国的动漫产品收入已经超过了 50 亿美元，相当于日本对美国钢铁出口收入的 4 倍[2]。国内，《中国创意产业发展报告 2013》显示：2012 年北京、上海、广东、湖南、浙江、云南等省/市的文创产业增加值占国内生产总值的比重已突破 7%，成为区域经济的战略性支柱产业与新增长点。2001 年中国从事文化及相关产业的人员总数为 145 万多人，到 2008 年已增长到 1200 万人。

伴随文创产业在全球范围内引人注目的崛起，尤其近些年在国内的快速发展，它吸引了学术界高度的关注[3]。目前学界重点关注文创产业的概念与界定、产业的空间集聚及其动因分析、城市发展与文创产业的关系,以及研究方法等议题。其中,文创产业的空间测度及影响因素问题备受关注。关于空间测度问题,国内外学者从不同尺度进行了探究:全球尺度的产业网络[4]、区域尺度的区位选择和集聚动因分析[5]、城市尺度的空间分布及其形成机制[6-7]、分部门的文创产业案例[8]及文创产业集群对城市空间影响[9]等。关于影响因素问题,国内外学者亦掀起一股研究热潮。其中,最著名的是美国区域经济学家Florida于2002年提出的"3Ts"理论。他认为地区文创产业发展受到人才(Talent)、技术(Technology)和宽容度(Tolerance)3个要素的影响,并建立创意指数评价体系,对美国81个人口在50万以上的大都市区和50个州进行了创意能力评价[10]。后期的欧洲创意指数(ECI)、香港创意指数、上海城市创意指数对影响因素的研究有重要贡献。

国内学者对文创产业的空间测度和影响因素问题的研究已有一定基础,但多采用单一计量方法或案例分析,存在局限性。浙江文创产业相关研究鲜见关注空间测度及其影响因素问题。鉴于浙江具有发展文创产业的优势资源禀赋、浓郁文化底蕴和充足民间资本,且近年文创产业发展水平与规模均位居全国前列[11]。本文在文创产业统计范畴界定和影响因素指标体系构建的前提下,基于2004年与2008年浙江经济普查数据,运用GeoDA软件和SPSS软件,通过空间分位图、空间自相关、区位熵和回归分析等多种方法对浙江文化创意产业进行了空间测度和影响因素判识,以期为浙江文创产业发展战略的制定提供科学依据。

二、文化创意产业界定、影响因素指标体系及数据来源

(一)文化创意产业统计范畴界定

明确统计范畴是文创产业实证分析的重要前提,不同国家界定存在显著特色:以英国为代表的国家对文创产业的行业范畴界定突出"创意"型,以澳大利亚为代表的国家突出"艺术性",以荷兰为代表的国家界定比较宽泛,以美国为代表的国家突出"版权",以中国和韩国为代表的国家则注重"文化性"[12]。本文以国家统计局《文化及相关产业分类2012》和《浙江文创产业发展规划》为据,并结合《国民经济行业分类与代码(GB/T 4754—2002)》确定文创产业包括六大类(研发设计业、信息软件业、建筑景观业、文化艺术业、咨询策划业、时尚消费与娱乐休闲业),十六中类(工业设计业、研究开发业、软件设计业、计算机系统服务业、信息服务业、建筑工程业、建筑装饰业、城市绿化业、传媒出版业、艺术品创作及交易业、展演业、广告策划、咨询业、时尚消费业、运动休闲业、旅游休闲业)和66个国民经济小类(表1)。

(二)文化创意产业影响因素指标体系

在Florida的"3Ts"理论[10]、欧洲城市创意指数[13]、香港城市创意指数[14]、上海城市创意指数[15]、杨凤丽的"中国创意阶层区域分布及其影响因素的实证研究"[16]、马仁锋的"中国长江三角洲城市群创意产业发展趋势及效应分析"[17]等理论基础之上,结合数据的典型性和可获性,选取人才因素、科技因素、宽容因素、政府因素、基础设施、经济因素、环境因素7大因素14个指标构建用于实证分析的浙江文创产业发展影响因素指标体系。

表1 文化创意产业统计范畴

大类	中类	国民经济小类	行业代码	大类	中类	国民经济小类	行业代码
研发设计业	工业设计	其他专业技术服务	7690	传媒出版		广播	8910
	研究开发	工程和技术试验与发展	7520			电视	8920
		农业科学研究与试验发展	7530			电影制作与发行	8931
		医学研究与试验发展	7540			电影放映	8932
信息软件业	软件设计业	基础软件服务	6211			音像制作	8940
		应用软件服务	6212			新闻业	8810
		其他软件服务	6290			图书出版	8821
	计算机系统服务	计算机系统服务	6110			报纸出版	8822
		其他计算机服务	6190			期刊出版	8823
		数据处理612	6120			音像制品出版	8824
	信息服务	互联网信息服务	6020			电子出版物出版	8825
咨询策划	广告策划	广告业	7440			其他出版	8829
	咨询业	科技中介服务	7720	文化艺术业	艺术品创作及交易	雕塑工艺品制造	4211
		会计、审计及税务服务	7431			金属工艺品制造	4212
		市场调查	7432			漆器工艺品制造	4213
		社会经济咨询	7433			花画工艺品制造	4214
		其他专业咨询	7439			天然植物纤维编织工艺品制造	4215
		知识产权服务	7450			抽纱刺绣工艺品制造	4216
时尚消费与娱乐休闲	时尚消费	理发及美容保健服务	8240			地毯、挂毯制造	4217
		婚姻服务	8260			珠宝首饰及有关物品的制造	4218
		摄影扩印服务	8280			其他工艺美术品制造	4219
	运动休闲	体育组织	9110			其他文化艺术	9090
		体育场馆	9120			卫生陶瓷制品制造	3151
		其他体育	9190			特种陶瓷制品制造	3152
		群众文化活动	9070			日用陶瓷制品制造	3153
		室内娱乐活动服务	9210			园林、陈设艺术及其他陶瓷制品制造	3159
		休闲健身活动	9230		展演业	文艺创作与表演	9010
		游乐园	9220			博物馆	9050
		其他娱乐活动	9290	建筑景观业	建筑工程	工程管理服务	7671
	旅游休闲	旅行社	7480			工程勘察设计	7672
		风景名胜区管理	8131			规划管理	7673
		公园管理	8132		建筑装饰业	建筑装饰业	4900
		其他游览景区管理	8139		城市绿化	城市绿化管理	8120

在替代指标的选取过程中,本文用浙江各地区高等学校在校生人数(R1)和 R&D 研究人员数(R2)衡量人才资源的供应程度;将发明专利申请量(K1)与科技 R&D 经费内部支出(K2)作为衡量地区科技水平的替代指标;采用非当地户口和户口待定人口总数(K0)衡量地区开放性和对外来事物的接纳程度,间接反映地区宽容程度;教育、科技财政支出占总支出的比重(Z1)与文化体育与传媒财政支出占总支出的比重(Z2)两项指标可间接反映地方政府对文创产业的支持力度,故将其作为政府因素的替代指标;采用人均高速公路线路长度(S1)和互联网宽带用户数(S2)来衡量各个地区的文创产业基础设施供应状况;人均 GDP(J1)可反映地区经济水平,城市化率(J2)反映地区城市化水平,市区居民年人均可支配收入(J3)反映当地居民的支付能力,间接反映对文创产品的需求度,三项指标均作为经济因素的替代指标;最后,用建成区绿化覆盖率(H1)和空气质量二级以上天数(H2)反映地区生态环境状况。

表2 浙江文创产业发展影响因素指标体系

影响因素	符号	选取指标	单位	数据来源
人才因素	R1	高等学校在校生人数	万人	城市统计年鉴 2009
	R2	R&D 研究人员数	人年	浙江科技统计网
科技因素	K1	发明专利申请量	件	浙江科技统计网
	K2	科技 R&D 经费内部支出	万元	浙江科技统计网
宽容因素	K0	非当地户口和户口待定人口总数	万人	城市统计年鉴 2009
政府因素	Z1	教育、科技财政支出占总支出的比重	%	城市统计年鉴 2009
	Z2	文化体育与传媒财政支出占总支出的比重	%	城市统计年鉴 2009
基础设施	S1	人均高速公路长	公里	城市统计年鉴 2009
	S2	互联网宽带用户	万户	城市统计年鉴 2009
经济因素	J1	人均国内生产总值	元	城市统计年鉴 2009
	J2	城市化率	%	城市统计年鉴 2009
	J3	市区居民年人均可支配收入	元	城市统计年鉴 2009
环境因素	H1	建成区绿化覆盖率	%	城市统计年鉴 2009
	H2	空气质量二级以上天数	天	城市统计年鉴 2009

(三)数据来源

国内现有对文创产业的研究大部分基于产业增加值进行,本文采用"从业人数"对浙江文创产业进行空间测度和影响因素研究,主要原因如下:①中国各省市尚未公布准确可靠的文创产业增加值数据,大多文献以《中国文化文物统计年鉴》中的文化产业增加值作为研究基础,但该年鉴的统计对象覆盖面较窄,且统计尺度为省域,对于市域文创产业的研究参考价值微小[18]。②劳动投入是企业重要的生产要素,人才更是文创产业发展的核心要素,且经济普查数据更为权威,因而采用"从业人数"进行研究能够客观地反映各地区文创产业的实际发展水平。浙江各地市文创产业从业人数数据源于 2004 年和 2008 年浙江省经济普查年鉴数据中行业中类的从业人口数据,并结合已确定的浙江文创产业统计口径,对有关文创产业从业数据进行汇总得到。

三、浙江文化创意产业的空间分布

(一)空间分布特征

利用 Geoda 软件的 quantile 功能,对浙江文创产业从业人数分别作二分位图、三分位图、五分位图(图 1),逐步揭示其空间分布特征。由二分位图可知,从 2004 年到 2008 年,浙江文创产业集中在东部沿海一带并有向浙江中部发展的趋势,即沿海的宁波、台州、温州和中部的杭州、金华、绍兴市,这六市从业人数相对其他地市较为突出。三分位图在二分位图的基础上,空间分布层次更加明显。该种分级方法下 2004 年与 2008 年的分级情况完全一致:共三级,第一等级文创产业从业人数最高,代表文创产业发展水平高,包括杭州、宁波、金华、台州;第二等级人数中等,文创产业发展一般,包括绍兴、温州、嘉兴;第三等级人数最少,文创产业发展较落后,包括丽水、衢州、湖州、舟山四地。

浙江文创产业发展以沿海和中部两大区块最突出,沿海区块包括宁波、台州和温州,中部区块包括杭州、金华和绍兴;浙江 11 个地市中杭州、宁波、金华、台州 4 市两年的文创产业发展总规模均较大,2004 年 4 市总规模占全省的 67.33%,2008 年为 71.17%,为浙江文创产业发展的四大高地;湖州、丽水、衢州、舟山 4 市的文创产业规模占全省比重均在 2% 左右或以下,4 市总规模不足全省 10%,为浙江文创产业的四大低谷。究其原因,杭州和宁波在人才储备、科技水平、政府支持力度以及经济实力上均有明显优势;文化艺术业发展突出是金华和台州两市的共同特点,这点为其文创产业发展水平位居前列做出巨大贡献;剩余的湖州、丽水、衢州、舟山,其经济发展水平在全省较落后、专业人才缺乏、产业基础薄弱制约其文创产业的发展。

(二)区位熵测度

区位熵又称专门化率,由哈盖特首先提出并运用于区位分析中。区位熵可以衡量某一区域要素的空间分布情况,可以反映某一产业部门的专业化程度,还可以体现某一区域在高层次区域的地位和作用。因区位熵是产业分析常用方法,其计算公式不做赘述。区位熵大于 1,表示某产业在某地区的专业化水平高于全国平均水平,区位熵越大,专业化水平越高,通常这个产业构成产业集群;区位熵小于或等于 1,则表示某产业在某地区专业化水平低于或等于全国平均水平,可以认为该产业是自给性部门,且空间分布较分散。将浙江文创产业从业人数、浙江各市总产业从业人数、全国文创产业从业人数、全国总产业从业人数数据代入区位熵计算公式得表 3。

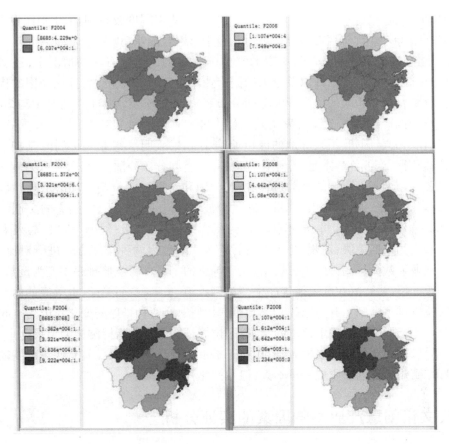

图1　2004 年与 2008 年浙江市域文化创意产业从业人数空间分位图

注:①图中颜色深浅表示分位等级区别,颜色越深等级越高,文创产业从业人数就越多;
②中括号数据表示文创产业从业人数的取值区间;③小括号数据表示出于某分位等级下市的数量。

表3　2004 年与 2008 年浙江各地市文化创意产业区位熵

地区	2004 年		2008 年		平均值	
	区位熵 (对全国)	区位熵 (对浙江)	区位熵 (对全国)	区位熵 (对浙江)	区位熵 (对全国)	区位熵 (对浙江)
杭州	1.6154	1.4904	1.6997	1.6207	1.6575	1.5555
宁波	0.7852	0.7245	0.7196	0.6861	0.7524	0.7053
温州	0.7738	0.7139	0.8512	0.8116	0.8125	0.7628
嘉兴	0.6026	0.5559	0.6120	0.5836	0.6073	0.5698
湖州	0.7475	0.6897	0.6441	0.6142	0.6958	0.6519
绍兴	0.5695	0.5254	0.6044	0.5763	0.5869	0.5509
金华	1.3115	1.2100	1.5316	1.4604	1.4215	1.3352
衢州	0.8369	0.7721	0.9370	0.8935	0.8869	0.8328
舟山	0.9856	0.9093	0.8430	0.8038	0.9143	0.8566
台州	1.7241	1.5907	1.3216	1.2602	1.5228	1.4254
丽水	1.2661	1.1681	1.0086	0.9617	1.1373	1.0649

整体而言,杭州、金华、台州、丽水产业优势突出、集聚程度较高,但由于地区发展的非均衡性导致了市际产业优势存在差异:①杭州、金华、台州、丽水2004年与2008年对于全国和对于全省的区位熵均大于1,表明4市的文创产业在满足地区需求的情况下,还能对外输出,产业专业化程度高,在浙江以及全国的同产业中处于优势地位,而且在全国的优势大于在浙江的优势;同时,也表明4市产业空间分布有集聚态势。②2004年的舟山与2008年的衢州对于全国的区位熵大于0.9,表明其文创产业专业化程度接近全国平均水平。③浙江的宁波、温州、嘉兴、湖州、绍兴等地的区位熵均小于1,表明这些地区文创产业与全国和全省的同产业相比,产业优势不足,专业化程度不高,空间分布分散,需加大投入力度。

计算各地市两年区位熵的平均值,并按对全国和对浙江区位熵平均值从高到低进行排序:杭州、台州、金华、丽水、舟山、衢州、温州、宁波、湖州、嘉兴、绍兴。上文的文创产业从业人数空间五分位排序为:杭州、金华、宁波、台州为第一、二等级;温州、绍兴、嘉兴为第三等级;湖州、丽水为第四等级;衢州、舟山为第五等级。对前后两种排序方式进行对比,发现在文创产业从业人数分位图排序中位居第一、二等级的宁波在区位熵排序中变为倒数第四;位于第三等级的绍兴、嘉兴在区位熵排序中变为倒数第一、第二;而第四、五等级的丽水、舟山、衢州在区位熵排序中则上升为第四、五、六位。如何解释两种排序的变化? 因为空间五分位图是在绝对化指标测度方式下得出的结果,区位熵是在相对化指标测度的结果。也说明,虽然宁波、绍兴、嘉兴文创产业规模大,但相对于本市产业总规模而言,其专业化程度较低。而丽水、舟山、衢州的文创产业规模虽不大,但专业化程度较高。

四、文化创意产业影响因素的实证分析

(一)相关系数检验

本部分仅对2008年浙江各地市文创产业从业人数数据进行分析。利用SPSS软件对选择的14个指标变量的相关性进行检验。相关系数矩阵中系数最大的为$r(K2,K1)=0.986$,最小的为$r(H2,R2)=-0.572$,且很多变量间的相关系数大于0.664。由此可知,自变量间存在较大相关性。同时进行回归分析,发现很多回归系数没有通过t显著性检验。由此判定,14个自变量间存在明显的多重共线性。故需要先进行主成分分析消除各变量间的多重共线性,再进一步建立模型进行影响因素回归分析。

(二)影响因素的主成分分析

首先将14个自变量的原始数据进行标准化处理,并利用SPSS软件进行主成分分析,得到4个主成分,其累计方差贡献率为87.9%,且特征值均达到1以上,表明4个主成分可反映原始14个变量的变化情况。此外还得出因子载荷矩阵方差最大化旋转结果(表4)。

表4 因子载荷矩阵方差最大化旋转结果

指标名称	第1主成分 X_1	第2主成分 X_2	第3主成分 X_3	第4主成分 X_4
高等学校在校生人数	0.956	−0.005	0.148	0.048
R&D研究人员数	0.934	0.039	0.216	−0.199
发明专利申请量	0.956	−0.006	0.189	−0.063
科技R&D经费内部支出	0.955	0.068	0.21	−0.098
无当地户口和户口待定人口占总人口比例	0.679	0.318	0.526	−0.192
教育、科技财政支出占总支出的比重	0.062	−0.85	−0.159	−0.202
文化体育与传媒财政支出占总支出的比重	0.533	−0.534	−0.183	0.472
人均高速公路长	−0.143	0.256	0.077	0.883
互联网宽带用户	0.593	−0.303	0.552	−0.287
人均国内生产总值	0.695	0.486	0.376	−0.253
城市化率	0.671	0.592	0.28	−0.028
市区居民年人均可支配收入	0.338	0.02	0.888	0.143
建成区绿化覆盖率	0.206	0.759	−0.336	0.073
空气质量二级以上天数	−0.304	−0.1	−0.603	0.59

观察上表对主成分进行解释:第1主成分与原始14个变量载荷较大的有:高等学校在校生人数、R&D研究人员数、发明专利申请量、科技R&D经费内部支出、无当地户口和户口待定人口占总人口比例、互联网宽带用户、人均国内生产总值、城市化率共8个变量,表明这几个变量与第1主成分之间存在较强的相关关系。由于这9个变量直接或间接反映了地区的科技、教育和经济水平,故将第1主成分解释为"科教经济因素 X_1";14个变量中,第2主成分与教育、科技财政支出占总支出的比重、文化体育与传媒财政支出占总支出的比重、建成区绿化覆盖率3个变量有较强相关性,显然这3项均需要政府的重视和支持,故将第2主成分解释为"政府支持因素 X_2";第3主成分与市区居民年人均可支配收入、空气质量二级以上天数相关性强,将其解释为"市场需求与环境因素 X_3";第4主成分与人均高速公路长相关性强,将其解释为"交通因素 X_4"。

(三)回归分析与影响因素的判识

X_1、X_2、X_3、X_4 分别代表第1、2、3、4主成分。根据主成分得分系数矩阵,得出主成分表达式(表5)。将浙江各市文创产业从业人数 Y 作为被解释变量,四个主成分(X_1、X_2、X_3、X_4)作为解释变量,对其进行回归分析,得回归方程为:$Y = 0.965 X_1 + 0.171 X_2 + 0.036 X_3 − 0.123 X_4$。模型汇总表中的复相关系数 $R = 0.988$,表明方程的总体相关性很高。回归方程检验:$F = 63.996$,远大于查表值[$F_{0.05}(4,6) = 4.53$,$F_{0.1}(4,6) = 3.18$],说明在 $a = 0.05$ 和 0.1 的水平下,回归方程均有显著意义。回归系数检验:系数表中 X_3、X_4 的 sig 值均大于 0.05,而 X_1、X_2 的 sig 值均小于 0.05。可见,"市场购买力与环境因素"和"交通因素"对 Y

没有显著影响,而科教经济因素、政府支持因素对 Y 影响显著。其中,科教经济因素对文创产业水平的影响程度大于政府支持因素。

表5　主成分表达式

主成分名称	主成分表达式
科教经济因素	$X_1 = 0.217R1' + 0.186R2' + 0.204K1' + 0.195K2' + 0.04K0' + 0.073Z1' + 0.213Z2' - 0.035S1' + 0.028S2' + 0.071J1' + 0.091J2' - 0.113J3' + 0.11H1' + 0.081H2'$
政府支持因素	$X_2 = -0.044R1' - 0.017R2' - 0.042K1' - 0.01K2' + 0.089K0' - 0.347Z1' - 0.256Z2' + 0.068S1' - 0.173S2' + 0.174J1' + 0.216J2' - 0.070J3' + 0.34H1' - 0.02H2'$
市场需求与环境因素	$X_3 = -0.105R1' - 0.099R2' - 0.095K1' - 0.091K2' + 0.167K0' - 0.109Z1' - 0.133Z2' + 0.233S1' + 0.231S2' + 0.032J1' + 0.002J2' + 0.59J3' - 0.33H1' - 0.251H2'$
交通因素	$X_4 = 0.091R1' - 0.071R2' + 0.021K1' - 0.003K2' - 0.03K0' - 0.127Z1' + 0.335Z2' + 0.61S1' - 0.065S2' - 0.108J1' + 0.025J2' + 0.272J3' - 0.04H1' + 0.294H2'$

注:其中 $R1'$、$K1'$……为原数据标准化后的数据。

将以上主成分表达式代入得到的回归方程中,得文创产业发展水平与14个指标的回归方程及系数排序表(表6)如下:

$$Y = 0.202R1' + 0.1876R2' + 0.198K1' + 0.187K2' + 0.0331K0' + 0.1415Z1' + 0.2033Z2' + 0.112S1' + 0.0729S2' + 0.0532J1' + 0.0479J2' + 0.1093J3' + 0.0411H1' + 0.0364H2'$$

表6　回归方程系数排序表

回归方程系数	排序	影响因素指标名称	指标代号
0.2033	1	文化体育与传媒财政支出占总支出的比重	Z2
0.2020	2	高等学校在校生人数	R1
0.1980	3	发明专利申请量	K1
0.1876	4	R&D研究人员数	R2
0.1870	5	科技R&D经费内部支出	K2
0.1415	6	教育、科技财政支出占总支出的比重	Z1
0.1120	7	人均高速公路长	S1
0.1093	8	市区居民年人均可支配收入	J3
0.0729	9	互联网宽带用户	S2
0.0532	10	人均国内生产总值	J1
0.0479	11	城市化率	J2
0.0411	12	建成区绿化覆盖率	H1
0.0364	13	空气质量二级以上天数	H2
0.0331	14	非当地户口和户口待定人口总数	K0

人才因素包含的两个指标"高等学校在校生人数"和"R&D 研究人员数"对应的回归系数分别为 0.202 0、0.187 6,总计 0.389 6,居第一位,即人才因素中的两个指标每同时增加一个单位,y 就会增加 0.389 6。表明人才因素对文创产业发展水平有较强的解释力。在 Florida 提出的"3Ts"理论模型中人才是第二个"T",即人力资本。他指出受过良好教育的人是经济发展的关键动力,文创产业需要具有创意天赋的高素质劳动力资源的投入[10]。前文空间测度部分结果显示文创产业主要分布在杭州、宁波、金华等地,这些地区的高素质人才量也居全省前列,这与浙江省实际情况相符。

体现科技因素的"发明专利申请量"和"科技 R&D 经费内部支出"的回归系数分别为 0.198 和 0.187,总计 0.385,仅次于人才因素,为影响文创产业的第二大因素。文创产业通常表现为创意与现代科技的融合,创意产品的创造、生产、传播、销售环节中均有数字、网络等现代技术的介入,由此技术变成文创产业发展的必要因素。

政府因素包含的"文化体育与传媒财政支出占总支出的比重"和"教育、科技财政支出占总支出的比重"对应回归系数分别为 0.203 3、0.141 5,总计 0.344 8,为第三大影响因素。政府优惠的财税政策对于刚刚起步的文创企业而言甚至起决定作用。这样的优惠政策不仅变现为资金的支持和税收减免,更多的表现为一种激励作用。此外,政府对文创产业的财税支持力度大的地区,更加容易吸引创意企业入驻该地,促进产业集群发展。

在回归系数排序中,人才、科技、政府因素指标之后的是(按影响程度由大到小进行排序)人均高速公路长、市区居民年人均可支配收入、互联网宽带用户,其对应的回归系数分别为 0.112、0.109 3、0.072 9。交通条件和互联网设施均为基础设施,地区居民购买力直接影响对文创产品的需求。因此,次于人才、科技、政府三大因素,基础设施和市场需求对文创产业发展亦有重要影响。交通、网络设施是地方文创产业发展的重要物质保证。一个地方若同时具有便利的交通、发达的网络通信技术便可大大降低经营成本。成本的降低对于以营利为目的的文创企业而言具有很大吸引力,是其区位选择的重要影响因素。而文创产品的市场需求会影响产业的生产规模和生产结构。

剩余的 5 项指标为人均国内生产总值、城市化率、建成区绿化覆盖率、空气质量二级以上天数、非当地户口和户口待定人口总数,其含义分别为经济水平、城市化水平、城市绿化水平和空气质量以及城市开放度。经济因素虽然是各产业发展的基础,但显然不是影响文创产业的重要因素。优美的生态环境对创意人才有很大的吸引力,但其对文创产业的发展也是间接作用。整体而言,经济因素、生态环境因素和宽容因素对文创产业影响有限。

五、结论与讨论

浙江在全国文创产业发展中占据举足轻重的地位,而产业的空间测度和影响因素研究又是产业研究的重要前提和基础,对浙江的研究将具有极强的引领性和代表性。本文在文创产业统计范畴界定和影响因素指标体系构建的基础上,首先通过空间分位图和区位熵方法对浙江文创产业进行了空间测度,得到:①空间分位图直观地表明浙江文创产业发展规模呈现东部沿海和中部两大集中区块,其中杭州、宁波、金华、台州 4 市为浙江文创产业发展的四大高地,湖州、丽水、衢州、舟山 4 市为四大低谷;②杭州、金华、台州、丽水 2004 年与 2008年两年区位熵均值大于 1,其文创产业专业化程度高,空间分布集聚;2004 年的舟山与 2008

年的衢州的区位熵大于 0.9,其文创产业专业化程度接近全国平均水平,空间分布有集聚趋势;宁波、温州、嘉兴、湖州、绍兴的区位熵均值都小于1,其文创产业的专业化程度和空间集聚度均亟待提高;③运用 SPSS 软件对 2008 年的 14 个指标数据先后进行相关分析、主成分分析和回归分析,得到结论:七类因素对文创产业发展影响程度从大到小的排序为:人才因素、科技因素、政府因素、基础设施、市场需求因素、经济因素、生态环境因素和宽容因素。其中,人才、科技和政府的支持是影响浙江文创产业发展的关键因素。

参考文献

[1] 赵继敏,刘卫东:《文化创意产业的地理学研究进展》,《地理科学进展》2009 年 28 第 4 期,第 503 ~ 510 页。

[2] 文嫮、胡兵:《中国省域文化创意产业发展影响因素的空间计量研究》,经济地理 2014 年 34 第 2 期,第 101 ~ 107 页。

[3] Flew T,Cunningham S. Creative industries after the first Decade of Debate. The Information Society,2010, (26):113 ~ 123。

[4] Karenjit Clare. The essential role of place within the creative industries:Boundaries,networks and play. Cities,2013,34(5):52 ~ 57。

[5] 肖雁飞、王细韵:《中国文化创意产业发展影响因素与实证》,《科学管理研究》2014 年第 11 期,第 102 ~ 105 页。

[6] 褚劲风:《上海创意产业空间集聚的影响因素分析》,《经济地理》2009 年第 1 期,第 303 ~ 310 页。

[7] 马仁锋:《大都市创意空间识别研究——基于上海市创意企业分析视角》,《地理科学进展》2012 年 31 第 8 期,第 1013 ~ 1024 页。

[8] Alan Scott. Cultural – products Industries and Urban Economic Development:Prospect for Growth and Market Contestation in Global Context . Urban Affairs Review,2004,39(4):461 ~ 490.

[9] 马仁锋:《创意产业区演化与大都市空间重构》. 杭州:浙江大学出版社,2014 年。

[10] Richard Florida. The Rise of Creative Class. New York: Basic,2002.

[11] HongJin,YuWentao, Guo Xiumei. Creative Industries Agglomeration,Regional Innovation and Productivity Growth in China . Chinese Geographical Science,2014,24(2):258 ~ 268.

[12] 马仁锋、梁贤军:《西方文化创意产业认知研究》,《天府新论》2014 年第 4 期。

[13] Florida ,Tinagli. Europe in the Creative Age. 2004:42 ~ 44.

[14] 香港中文大学文化政策研究中心:《香港创意指数中期报告》,2004 年。

[15] 上海创意产业中心:《上海创意产业发展报告》,2007 年。

[16] 杨凤丽、洪进:《中国创意阶层区域分布及其影响因素的实证研究》,《科学发展》2011 年第 819 ~ 822 页。

[17] 马仁锋:《中国长江三角洲城市群创意产业发展趋势及效应分析》,《长江流域资源与环境》2014 年 23 第 1 期,第 1 ~ 9 页。

[18] 顾江:《中国文化产业发展的区域特征与成因研究——基于第五次和第六次人口普查数据》,《经济地理》2013 年 33 第 7 期,第 89 ~ 95 页。

[19] Anselin L . Geographical spillovers and university research:a spatial econometric perspective,growth and change. Gatton College of Business and Economics,2000,(02):11 ~ 20.

[20] 贺灿飞、潘峰华:《产业地理集中产业集聚与产业集群:测量与辨识》,《地理科学进展》2007 年 26 第 2 期,第 1 ~ 12 页。

16 世纪末的在日明人

郑洁西

（宁波大学浙东文化与海外华人研究院）

摘要:16 世纪末的在日明人社会构成颇为复杂,当时的在日明人除了季节性的赴日海商和丰臣秀吉侵略朝鲜战争期间的明朝间谍、使节之外,还有长期居住于日本的明人奴隶、在日明商、明人倭寇、从军明人等不同构成。其构成大致可以归结为明日贸易、倭寇活动、丰臣秀吉侵略朝鲜战争三个要素。这些在日明人在当时已经深入日本社会的各个层面,但随着 16 世纪末的整个东亚世界的急剧变动,其在日本的社会构成模式很快又发生了瓦解和重构。

关键词:在日明人　丰臣秀吉侵略朝鲜战争　明日贸易　倭寇

一、引言

关于日本华侨史研究,早年有陈鹏仁、陈昌福、罗晃潮等人的研究颇具体系,近年则以过放、王维、朱慧玲、段跃中等人的研究最具代表性。[①] 但这些研究,多重视近现代,对古代华侨情况,仅停留于简单的介绍,深入的个案研究不多,对某些特殊时期华侨情况的整体把握略显模糊。

本文以 16 世纪末的在日明人为研究对象。[②] 之所以用"在日明人"而不用"华侨"这一现代流行词,是因为"华侨"一词系现代法学概念,其未必完全适用于古代情形。

本文之所以考察 16 世纪末的在日明人,是因为在当时的时代背景之下,在日明人具有比较重要的存在意义。众所周知,16 世纪末的东亚世界里发生了丰臣秀吉侵略朝鲜战争

---

① 陈鹏仁:《日本华侨概论》,水牛图书出版事业有限公司,1989 年;陈昌福:《日本华侨研究》,时候社会科学院出版社,1989 年;罗晃潮:《日本华侨史》,广东高等教育出版社,1994 年。过放:《在日華僑のアイデンティティの変容——華僑の多元的共生》,东信堂,1999 年;王维:《日本華僑における伝統の再編とエスニシティ——祭祀と芸能を中心に》,风响社,2001 年;朱慧玲:《中日关系正常化以来日本华侨华人社会的变迁》,厦门大学出版社,2003 年;段跃中:《现代中国人の日本留学》,明石书店,2003 年。

② 根据《中华人民共和国归侨侨眷权益保护法》,华侨指的是"定居在国外的中国公民",所谓定居,指的是"在外国已经获得该国政府允许的永久定居权,但又未加入居住国国籍者"。可见,华侨是一个现代法律概念,难以比定古代情形。

（1592—1598 年），这场战争事关整个东亚，明朝中国、日本丰臣政权、朝鲜王朝都卷入其中。作为东亚世界里的一个重要跨境因素，在日明人对这场战争所涉颇深，一定程度上影响着战争整体局势发展变迁。

关于 16 世纪末在日明人，陈鹏仁、陈昌福、罗晃潮等人通史性华侨史研究虽有提及，但涉足较浅。在具体的个案研究上，增田胜机的研究大体代表了日本方面的最高水平。增田氏主要围绕郭国安、许仪后两位当时旅居萨摩州的在日明人，利用明、日、朝三国相关史籍以及日本方面的文书、家谱资料，对其事迹做了较为细致的考究，但其对当时在日明人的整体把握有所欠缺。① 著名明清史学者李光涛对这个问题也有所涉及，他指出在日明人许仪后向明朝报告日本情报，"为倭不为明"②，认为其一方面是为日本张皇辞说以动摇人心，一方面飞辞明朝以图倾陷朝鲜，"都是不外替日本平秀吉作传声筒播送离间明朝之计而已"，批评其忘记本土，"留在日本长子孙"，"为日本人治疫，救活了无数的日本兵"。③ 李氏在总体上认为发生在朝鲜的"倭患"，是由于叛逃日本的在日明人勾引而起的。④ 此说虽然颇具新意，但需进一步确证。笔者旧年亦曾关注过在日明人，但主要局限于考察当时编入日本朝鲜侵略军的在日明人。⑤

本文试图从整体上考察当时在日明人在日本的社会构成。

二、在日明人的类型

16 世纪末丰臣秀吉侵略朝鲜战争背景下的在日明人社会构成颇为复杂，这些在日明人渗透于日本社会的各个层面。其中短期滞留于日本的有季节性的海商，特殊时期的赴日间谍、使节，关于这些群体，用"赴日明人"来表述可能更为明确。长期居住在日本的有明人奴隶、在日明商、明人倭寇、明人通事、明人医士等。其中部分明人以其特殊才艺受到日本地方领主青睐，跻身武士阶层。这些在日明人已经逐渐深入日本社会的各个层面，但在当时的时代背景下，其社会构成模式很快又发生了瓦解和重构。

（一）赴日海商

关于当时的赴日海商，台湾学者刘序枫曾指出，"1592 年及 1596 年丰臣秀吉两次侵略朝鲜，赴日商船一时绝迹。"⑥认为因为战争的爆发，影响了中日之间以贸易活动为代表的民间往来。但事实上，朝鲜的战争形势并未造成"赴日商船一时绝迹"的局面，明人的赴日走私贸易仍然不断见诸当时文献。

---

① 增田胜机:《薩摩にいた明国人》,高城书房,1999 年。
② 李光涛:《明季朝鲜倭祸与中原奸人》,《明清档案论文集》所收,联经出版事业公司,1986,第 780 页。
③ 李光涛:《朝鲜壬辰倭祸酿衅史实》,《明清档案论文集》所收,第 767 页。
④ 李光涛:《明季朝鲜倭祸与中原奸人》,《明清档案论文集》所收,第 777 页。
⑤ 郑洁西:《万暦時期に日本の朝鲜侵略軍に編入された明朝人》,载《東アジア文化交渉研究》第 2 号,关西大学文化交涉学教育研究据点,2009 月 3 月,第 339～351 页。郑洁西:《万历朝鲜之役前后的在日明朝人》,载《唐都学刊》第 25 卷 2009 年 3 月第 2 期,第 80～83 页。
⑥ 刘序枫:《明末清初日本华侨社会的形成》,《第七届明史国际学术讨论会论文集》,长春:东北师范大学出版社,1999 年,第 516 页。

日本方面的相关记载不多。增田胜机考察了当时的两份日本古文书,推断出文书中涉及的"唐船"是丰臣秀吉侵略朝鲜战争期间的明朝赴日海商的商船。[①]

明朝方面的相关记载则相对较多。万历十九年(1591 年)自日本逃回的台州渔民苏八当时就搭乘了明朝赴日海商的商船。其当时所乘坐的是福建漳州"振峰货船",途经吕宋(今菲律宾)中转到福建漳州登陆。[②] 因当时仍对日本实施海禁,明朝商船多以福建－吕宋－日本三角航道开展对日走私贸易。

万历二十一年(1593 年),福建地方政府雇佣了泉州海商许豫(后被委任为明朝军官)的商船搭载间谍史世用一行潜入日本。史世用完成谍报工作后,其所搭乘的是另一赴日海商海澄县人吴左沂的商船回国。而当时的贸易地并不局限于九州一岛,明朝商人赴日本京畿地带(京都、大阪一带)贸易似乎亦已呈常态。当年在京畿地区从事贸易活动的赴日海商有张一学、张一治、黄加、黄枝、姚明、姚治衢等人。万历二十二年(1594 年),福建地方政府仍然雇用了许豫的商船以贸易名义赴日调查情报。[③]

日本方面对明朝的赴日海商亦有所利用。赴日海商们当时应需将各种违禁物品输入日本,而日本方面的间谍则亦搭乘明朝商船入境刺探明朝情报。[④]

(二)间谍

万历二十一年,以史世用为首的明人间谍潜入日本,对九州南部的萨摩州、日本侵朝大本营名护屋城以及京都、大阪等地做了较为彻底的调查。次年正月开始,这些间谍分四批陆续回国。万历二十二年,以刘可贤为首的间谍再次潜入日本,策反萨摩岛津氏以武力颠覆丰臣政权。次年,岛津氏遣使僧玄龙与刘可贤一道返回福建协商相关事宜,但因明廷已经定议册封丰臣秀吉而告失败。关于这两次间谍活动,笔者曾撰文做过介绍,兹不复详述。[⑤]

万历二十五年,丰臣秀吉第二次侵略朝鲜,明朝再兴对日间谍活动。目前能够判明的对日间谍活动有如下几起:

1. 福建方面

漳州海澄县儒生林震虩一行于万历二十六年(1598 年)四月受福建巡抚金学曾之命潜入日本,除了搜集相关的日本情报之外,他们还与在日明人许仪后取得了联系,通过许仪后等人的从中转圜,促成了侵朝日军岛津氏军团的撤军。[⑥] 另有一批以把总刘志迈、吴从周为首的间谍亦于同年受金学曾委派潜入日本搜集情报,其中的部分成员于万历二十八

① 增田胜机:《内之浦来航的唐船(明船)》,《薩摩にいた明国人》所收,高城书房,1999 年,第 7～36 页。
② 《中军左游击李承勋奉军门常发下被掳人苏八职会同右游击黄嘉谋审得苏八供称》,侯继高:《全浙兵制》(清钞本,《四库全书存目丛书》子部第 31 册,齐鲁书社,1995 年)第二卷附录《近报倭警》所收,第 175～176 页。
③ 参见郑洁西:《万历二十一年潜入日本的明朝间谍》(《学术研究》2010 年第 5 期)第 115～124 页。
④ 许孚远撰:《请计处倭酋疏》,《明经世文编》卷 400《敬和堂集》所收,北京:中华书局,1962 年,第 4363 页。
⑤ 参见郑洁西:《万历二十一年潜入日本的明朝间谍》(《学术研究》2010 年第 5 期)第 115～124 页。
⑥ 长节子:《朝鲜役における明福建军门の岛津氏工作—『錦溪日记』により—》,《朝鲜学报》第 42 辑,1967 年,第 105～112 页。鲁认:《錦溪日记》万历二十七年(1599)三月十六日条,《文禄庆长役における被掳人の研究》所收,东京:东京大学出版会,1976 年,第 336 页。

年四月回到明朝。①

2. 两广方面

浙江绍兴人吴汝实当时任两广制府参军,他奉两广总督陈大科之命潜入日本打探倭情。关于吴汝实等人在日本的活动情况,当时的高僧释德清在其所著的《忠勇庙碑记并铭》中述其事如下:"将军(招讨将军吴天赏)之子汝实,……顷以倭奴犯东鄙,连兵数年,将军子实犹为两广制府参军,以司马公命往日本间谍之,关白果死,实乃携碧蹄所亡火器归,诸执事奇之,未及报命而朝鲜倭已退,后司马竟寝之。"②

吴汝实滞日期间得到丰臣秀吉病毙的消息,遂尔携归万历二十一年碧蹄馆之战中明军所亡失的部分火器回来复命。但是,因为朝鲜战事在其回国之前已经戛然终止,吴汝实最终未得叙功,而其所打探到的日本情报自然也没能派上用场。

3. 南京方面

曾于万历二十一、二十二年主持过对日"间谍"活动的福建巡抚许孚远虽然后来被改调为留都南京的闲职,但其一直留意日本动向。许孚远在南京兵部右侍郎任上亦曾派遣间谍龚威卿潜入日本。叶向高为其所作墓志铭中有如下一段相关记录:"自南廷尉佐留枢,复遣侦者龚威卿等浮海,得关白殒报,与前策合,人谓先生功,而先生不居。留都戍备单弱,舟师复应调东征,先生益募士,简材官,造舰分寨,为根本计。尝代大司马署事,所用将领必推择谋勇,不以奥援狥。……"③

"南廷尉"系指"南京大理寺卿","佐留枢"指辅佐留都南京兵部尚书的副职"南京兵部侍郎",许孚远"佐留枢"即担任"南京兵部侍郎"在万历二十三年四月至万历二十六年八月三年间,期间他曾派遣间谍龚威卿潜入日本。龚威卿的间谍活动因为记载的阙如不得其详,只知道他也打探到了丰臣秀吉的病毙情报。

丰臣秀吉侵略朝鲜战争结束之后,史籍上未见有明朝的对日间谍活动。

(三)使节

丰臣秀吉侵略朝鲜战争期间明朝的遣使在日本活动有两次。

第一次遣使活动在万历二十一年。当年四月,明使谢用梓、徐一贯受经略宋应昌派遣赴王京(今首尔)日营议和,其一行在日将小西行长等人的陪同下远赴九州北部的名护屋城面见丰臣秀吉。关于当时的交涉情形,时人小濑甫庵的《太阁记》所述颇详,但其记载系出传闻,部分内容的虚实有待进一步考证。④ 谢、徐二使于六月二十一、二十二两天与丰臣秀吉的代理者玄圃灵三进行了正式谈判。日方提出了如下七项条件:①明公主下

---

① 刘元霖:《抚浙奏疏》卷19"题报倭使送还差官请旨勘处疏",日本东洋文库藏明刻本。

② 释德清:《憨山老人梦游集》(清顺治十七年毛褒等刻本,《续修四库全书》集部第1377册,上海古籍出版社,1995年)卷12"忠勇庙碑记并铭",第545页。

③ 叶向高:《苍霞草》(明万历刻本,《四库禁毁书丛刊》集部第124册,北京:北京出版社,2000年)卷16"嘉议大夫兵部左侍郎赠南京工部尚书许敬庵先生墓志铭",第413页。

④ 大濑甫庵:《太阁记》卷15"大明より使者之事""就大明国之两使帰朝御返简之事""大明之使於船入之地秀吉公催船遊事""六月廿八日唐使衆大明へ可有帰朝之旨被仰出宫筒として被遣覚""大明被遣御一书""对大明勅使可告报之条目",新日本古典文学大系60,岩波书店,1996年,第432～450页。

嫁日本天皇;②两国复开勘合贸易;③明日高官誓约通好;④割朝鲜南部四道予日本;⑤朝鲜王子及大臣渡日为质;⑥交还被俘朝鲜王子陪臣;⑦朝鲜永誓不叛日本。谢、徐二使据理反驳,认为这些条目几乎都有问题。谈判的焦点最后集中于明日通婚和割占朝鲜南方四道两个问题上。明使最后拒绝了日方的和亲要求,但答应回国后向朝廷转奏日方割占朝鲜领土的要求。①

第二次遣使活动在万历二十四年(1596年),其目的是册封丰臣秀吉为日本国王。其中宣谕使(当年五月升格为册封副使)沈惟敬于当年正月渡海赴日,正使杨方亨于当年六月渡海赴日。使节团成员有数百名之多。明使一行于九月初二日在大阪城册封丰臣秀吉为日本国王,其后不久即启程回国。关于这次遣使册封活动,以往的定说认为两国外交活动者一直欺瞒各自的最高统治者,但在册封典礼举行之际呈露破绽,结果册封失败,导致次年战事再起。② 不过,近年的研究表明,册封失败的问题点在于日方所要求的朝鲜王子入质日本问题。③

另外,在万历二十六年战争结束之际,为了谋求日方的和平撤兵,朝鲜驻在明军向日方提供了一批人质,其以中路军游击将军茅国器麾下的指挥毛国科为首。这批人质在当时亦以讲和使者的名义进入日营,在日军撤退时被带往日本,两年后被德川家康遣返。④

(四)奴隶

早期在日明人中奴隶的比重比较大。嘉靖朝的"宣谕日本使"郑舜功在其《日本一鉴》中曾经将其统称为"被虏人种",指出其人数极多,并举当时萨摩高洲的明人奴隶情况称:"本(高)洲民居约百家,我民之被驱虏为夷奴者约二三百人。"⑤据郑舜功的记述可知,当时在高洲,平均每户日本人家有明人奴隶二至三人,可见当时日本社会中明人奴隶所占比例之大。

隆庆朝和万历朝前期的倭寇活动虽然并不像此前的嘉靖倭患那么剧烈,但其仍是东亚海域人口流动的一大要因。16世纪末的在日明人奴隶亦起因于倭寇的人口掳掠和奴隶贸易。万历二十二年海商许豫回自日本的报告称"浙江、福建、广东三省人民被虏日本,生长杂居六十六州之中十有其三,住居年久",可见被掳至日本的明人为数颇多,但其称明人占当地人口十分之三,似乎有所夸张。这些被掳掠至日本的明人,其最初一般被卖做奴隶,后各以其特殊因缘在日本社会各阶层内重新流动,大多脱离奴隶阶层。苏八、朱均旺和许仪后

---

① 《南禅旧记》,日本国立公文书馆内阁文库藏写本。

② 北岛万次:《秀吉の朝鲜侵略》,山川出版社,2002年,第68页。陈尚胜:《壬辰战争之际明朝与朝鲜对日外交的比较——以明朝沈惟敬与朝鲜僧侣四溟为中心》,《韩国研究论丛》第18辑所收,2008年,第329~354页。黄枝连:《天朝礼治体系研究(上)亚洲的华夏秩序 中国与亚洲国家关系形态论》,中国人民大学出版社,1994年,第351~390页。

③ 佐岛显子:《壬辰倭乱講話の破綻をめぐって》,载《年報朝鮮學》第4号,1994年,第36~37页。中野等:《秀吉の軍令と大陸侵攻》,吉川弘文館,2006年,第289~293页。桑野栄治:《東アジア世界と文禄・慶長の役朝鮮・琉球・日本における対明外交儀礼の観点から》,财团法人日韩文化交流基金《第2回日韓歴史共同研究報告書 第2主題:東アジア世界と文禄・慶長の役》,2011年3月,第85~95页。

④ 李启煌:《文禄・慶長の役と東アジア》,临川书店,1997年,第7~42页。渡边美季:《鳥原宗安の明人送還德川家康による対明「初」交涉の実態》,载《ヒストリア》第202号,2006年,第138~165页。

⑤ 郑舜功:《日本一鉴・穷河话海》卷4,中国国家图书馆藏民国钞本。

可谓三个代表性案例。

苏八 万历八年(1580年)四月,浙江台州渔民苏八等8人于近海捕鱼时被倭寇抓走,其中5人在海上被杀,3人被带回日本贩做奴隶。苏八以四两银子的价格被卖与萨摩州的陈公寺为奴,两年后又被寺院转卖给在日明商。苏八最终于万历十六年积攒够银子将自身赎回,脱身为自由民,继而成为在日明商,后来又从军参加当地武装。[①]

朱均旺 万历五年五月,江西抚州商人朱均旺等人在越南边海遭遇倭寇被抓,因识文断字被卖至萨摩州福昌寺抄写经文。次年,朱均旺被同乡的在日明人许仪后解救出来。朱均旺后于万历二十年回国投递日本情报。[②]

许仪后 许仪后于隆庆五年(1571年)在广东被倭寇掳获带至日本。其在日本的最初情形不得其详,但应该逃脱不了像苏八、朱均旺一样被卖做奴隶的命运。所幸许仪后擅长医术,后来成为萨摩州当主岛津义久的侍医,深得其恩宠,跻身武士阶层。[③]

(五)在日明商

16世纪末的赴日明商中,有一部分人后来长年定居了下来,当时文献称这些在日明商为"走番人"。这些在日明商长年生活在日本,在日本购置和役使奴隶。与苏八一起被倭寇掳至日本的刘庆就曾被卖给某未具姓名的"走番人",其具体情况不详。苏八最初被卖在萨摩州,后来被卖往对马岛,其买主亦为"走番人"。这名"走番人"名叫曾六哥,原籍福建漳州。曾六哥指派给苏八的工作为"打柴、种田、卖布",可见其常年定居于对马岛,在当地拥有田产,从事着布匹贸易。苏八赎身后迁居"飞兰岛(即平户)","卖布卖鱼为活",亦变身为在日明商。[④] 不过总体上看,当时的在日明商还是极其少见。明人朱国祯称"自三十六年至长崎岛明商不上二十人,今不及十年,且二三千人矣"[⑤],指出万历三十年代后期的长崎明商尚且不到20余人,可以想见当时在日明商为数之少。在日明商到万历四十年代以后方始急剧增加。

(六)倭寇

嘉靖朝的倭寇本来以明朝为主要劫掠地,但因明朝政府的大力剿杀而被迫退回日本本土。退回日本后的倭寇此后发生分化,一部分接受了日本官方的招安,一部分仍然重操旧业为患日本边海。重操旧业的倭寇后来亦不断遭到日本政府的镇压。

接受招安的明人倭寇对后来丰臣秀吉的战略决策有所影响。万历二十年的许仪后"陈机密事情"中有如下一段记录:

---

① 《中军左游击李承勋奉军门常发下被掳人苏八职会同右游击黄嘉谋审得苏八供称》,侯继高:《全浙兵制》(《四库全书存目丛书》子部第31册,齐鲁书社,1995年)第二卷附录《近报倭警》所收,第175~176页。

② 《投状报国人朱均旺》,侯继高:《全浙兵制》第二卷附录《近报倭警》所收,第176~178页。

③ 《万历二十年二月二十八日朱均旺赍到许仪后陈机密事情》,侯继高:《全浙兵制》第二卷附录《近报倭警》所收,第178~185页。参见增田胜机:《薩摩と明国福建军との合力计画》(《薩摩にいた明国人》所收,高城书房,1999年)。

④ 《中军左游击李承勋奉军门常发下被掳人苏八职会同右游击黄嘉谋审得苏八供称》,侯继高:《全浙兵制》第二卷附录《近报倭警》所收,第175~176页。

⑤ 朱国祯:《涌幢小品》(明天启二年刻本,《四库全书存目丛书》子部第106册,济南:齐鲁书社,1995年)卷30"倭官倭岛",第723~724页。

既而召曩时注五峰之党问之,答曰大唐执五峰时吾辈三百余人自南京地方劫掠,横下福建,过一年,全甲而归,唐畏日本如虎,欲大唐如反掌耳。关白曰:"以吾之智,行吾之兵,如大水崩沙,利刀破竹,何国不亡。吾帝大唐矣。"①

许仪后称这些倭寇在当时极力怂恿丰臣秀吉发动对明战争,丰臣秀吉因此高估了自己的军事实力。关于丰臣秀吉对这些倭寇的战略配置设想,战争前夜有"入福广浙直者令唐人为之向导"之传闻,②但战事最终仅局限于朝鲜一隅,该传闻无由得以证实。其后的日本朝鲜侵略军中出现有明人倭寇出身的战斗人员,但因其身份低微,大多难以考见其姓名事迹。③

对于继续为患日本边海的倭寇,萨摩岛津家当主岛津义久在许仪后的建言下曾经对之加以剿杀,当时被镇压的明人倭寇有陈和吾、钱少峰等十余人,其余党逃往柬埔寨、暹罗(今泰国)、吕宋(今菲律宾)等地。丰臣秀吉征伐九州之时(1586—1587 年),这批倭寇余党再肆跳梁,但很快又被丰臣秀吉镇压。④ 万历二十一年谢用梓、徐一贯二使赴名护屋城谈判之际,丰臣秀吉即以其镇压倭寇的作为向明使邀功请和。⑤

但倭寇问题在丰臣秀吉治世期间并未完全解决。丰臣秀吉侵略朝鲜战争结束以后,仍然有部分明人倭寇继续骚扰日本边海。德川家康主政以后,继续下令擒拿倭寇。万历二十八年,日本官方剿杀的倭寇有一百余人,其头目林明吾、王怀泉、蒋兴岩等人被解往京都。德川家康为了与明朝恢复勘合贸易,当年派遣岛原宗安为遣明使赴明交涉,明人倭寇李明、陈文秉、石二、郭春、林贵、陈明吾、许天求及其日方同伙三九郎、喜助、弥九郎等 11 人被同船送回明朝听凭处分。⑥ 至此,有明一代的倭寇问题基本终结。

(七)日军中的明人

笔者旧年曾关注过被丰臣政权编入侵朝日军的在日明人,将之归类为"明人日本兵"而做过专门考察。⑦ 但是,进一步关注侵朝日军中的在日明人,发现其从军现象在丰臣秀吉侵略朝鲜战争之前其实已经出现,另外,日军中的明人并不局限于战斗人员,一批明人通事(部分通事兼任谈判使者)和明人医士亦随侵朝日军涉足朝鲜。

前述浙江台州渔民苏八就曾参加过丰臣秀吉的统一日本战争。苏八此前已经加入了飞兰岛主(平户松浦氏当主松浦镇信)的地方武装。丰臣秀吉征伐九州(1586—1587 年)之

---

① 《万历二十年二月二十八日朱均旺赍到许仪后陈机密事情》,侯继高:《全浙兵制》(《四库全书存目丛书》子部第31 册,齐鲁书社,1995 年)第二卷附录《近报倭警》所收,第 178 ~ 185 页。

② 《具报人陈申为疾报倭人倾国入寇事》,侯继高:《全浙兵制》第二卷附录《近报倭警》所收,第 173 ~ 175 页。

③ 郑洁西:《万历時期に日本の朝鮮侵略軍に編入された明朝人》,《東アジア文化交渉研究》第 2 号,2009 年 3 月,第 339 ~ 351 页。

④ 《万历二十年二月二十八日朱均旺赍到许仪后陈机密事情》,侯继高:《全浙兵制》第二卷附录《近报倭警》所收,第 178 ~ 185 页。

⑤ 小濑甫庵:《太阁记》卷 15"对大明勅使可告报之条目",第 448 ~ 450 页。

⑥ 刘元霖撰《抚浙疏草》卷 17"题报倭使送还差官请旨勘处疏"。参见渡边美季:《鳥原宗安の明人送還徳川家康による対明「初」交渉の実態》(《ヒストリア》第 202 号,2006 年)第 138 ~ 165 页。

⑦ 郑洁西:《万历時期に日本の朝鮮侵略軍に編入された明朝人》,《東アジア文化交渉研究》第 2 号,2009 年 3 月,第 339 ~ 351 页。

际,松浦镇信所部一千余众加入了丰臣军团征讨萨摩岛津氏,苏八在从军期间得以俟隙见到丰臣秀吉。[①]

侵朝日军中的明人通事多为浙江人。最早与援朝明军交涉的日军通事是一名来自浙江的倭寇被掳人张大膳。张大膳以日方和谈者身份在万历二十一年正月初四日进入平壤郊外的明军营中,但被明方扣留。[②] 之后在史籍里出现的日方通事几乎都是浙江人。曾在明日外交活动中颇为活跃的日方通事浙江人朱元礼是万历十二年(1584 年)的倭寇被掳人,他从万历二十三年开始以通事身份出现在明、日交涉舞台上。[③] 万历二十六年四月,朱元礼被小西行长任命为讲和使者赴明军营中谈判,但遭到了明方的猜忌和指责。小西行长军中另有林姓和洪姓两名通事多次见诸史籍。林通事原籍浙江温州,年十三岁时被掳至日本,后在日本娶妻生子。[④] 洪通事则于万历三年(1575 年)被倭寇掳至日本。[⑤] 又有一名叫康宗麟的唐通事,当时任职于日军加藤清正营中,但未详其来历。[⑥]

随军的明人医士见载于史籍的有许仪后、郭国安两人。关于两人的从军赴朝情形,增田胜机已经有所考述,兹不复赘。[⑦]

三、结语

从整体上看,16 世纪末的在日明人社会构成颇为复杂,除了季节性的赴日海商和战争期间的明朝间谍、使节之外,还有长期居留日本的明人奴隶、在日明商、明人倭寇、从军明人等不同构成。可见,当时的在日明人已较深地渗透到了日本社会的各个层面。当时的在日明人大致可以归结为明日贸易、倭寇活动、丰臣秀吉侵略朝鲜战争三个要素。但是,随着 16 世纪末的整个东亚世界的急剧变动,这些在日明人的社会构成很快就被打破。因为倭寇集团的不断弱化和明人奴隶在日本社会内部的重新流动,明人倭寇和明人奴隶两种构成逐渐消失。丰臣秀吉侵略朝鲜战争期间曾经一度活跃的明朝间谍、使节和侵朝日军中的明人,随着战争的终结,很快退出了历史舞台。虽然江户幕府与明朝重开勘合贸易的多次尝试归诸

① 《中军左游击李承勋奉军门常发下被掳人苏八职会同右游击黄嘉谋审得苏八供称》,侯继高:《全浙兵制》第二卷附录《近报倭警》所收,第 175～176 页。

② 宋应昌:《经略复国要编》(《四库禁毁书丛刊》史部第 38 册,北京出版社,1997 年)卷 7"叙恢复平壤开城战功疏(万历二十一年三月)初四日",第 142 页。

③ 《宣祖实录》(《李朝实录》第廿八册)卷 63,宣祖二十八年(万历二十三年,1595)五月庚辰(初八日)条,第 301页。

④ 《宣祖实录》(《李朝实录》第廿八册)卷 60,宣祖二十八年(万历二十三年,1595)二月癸丑(初十日)条,第 240页。

⑤ 《宣祖实录》(《李朝实录》第廿八册)卷 60,宣祖二十八年(万历二十三年,1595)二月癸丑(初十日)条,第 244页。

⑥ 《宣祖实录》(《李朝实录》第廿八册)卷 61,宣祖二十八年(万历二十三年,1595)三月丁酉(二十四日)条,第 272页。

⑦ 增田胜机:《帰化人汾阳理心(中国名郭國安)》,《薩摩にいた明国人》所收,高城书房,1999 年,第 65～123 页。

失败①,但明朝方面的海禁逐渐松弛,赴日海商不断增多②。而明末清初的社会动荡和中原战乱,则引起了明朝义民的出海逃亡。③ 从事长崎贸易的赴日海商和明朝义民逐渐成为 17 世纪在日华人的主角。

① 赵刚:《德川幕府对外关系史料考》,载《日本学刊》2006 年第 1 期,第 148 ~ 160 页。
② 郑洁西:《万历四十七年投书日本德川幕府的"浙直总兵"考》,载《浙江工商大学学报》2014 年第 4 期,第 37 ~ 45 页。
③ 陈鹏仁:《日本华侨概论》,水牛图书出版事业有限公司,1989 年,第 5 页。陈昌福:《日本华侨研究》,时候社会科学院出版社,1989 年,第 25 页。罗晃潮:《日本华侨史》,广州:广东高等教育出版社,1994 年,第 99 页。

朝鲜史料中关于清代海上贸易的记述

——以《备边司誊录》为中心

屈广燕

（宁波大学浙东文化与海外华人研究院）

摘要：康熙解除海禁后，清朝海上贸易开始活跃起来。虽然朝鲜与清朝之间并不开展海上贸易往来，但天然的地域关联使得朝鲜明显感受到清朝开海带来的变化。一方面，随着出海清船数量的增加，因海难漂流至朝鲜的船只也相应增多，《备边司誊录》"漂汉人问情别单"将许多清朝漂流船的详细情况记录在案，尤以商船为主，为我们深入地了解清代海上贸易提供了史料借鉴；另一方面，朝鲜亦不可避免地被纳入清朝海上贸易范畴，但主要以非法形式存在，其中"荒唐船"贸易最具典型性。

关键词：备边司誊录　海禁　漂流船　海上贸易

朝鲜史料一直被视为研究明清史的重要补充，《朝鲜王朝实录》已广泛被中国学者利用，相比之下《备边司誊录》受到的关注较少。《备边司誊录》是朝鲜备边司讨论、决定和处理各项事务的记录，上起光海君八年（1616 年），下至高宗二十九年（1892 年），中间偶有年份短缺。其记载内容丰富具体，既包括朝鲜边境事务，也涉及内政诸多方面，相当于政府日志，可信度较高，对研究同时期的鲜清、鲜日关系具有重要意义。

询问并记录"漂海人"情况是备边司的职能之一，"异国人漂到状启入来，水陆间从自愿还送之意，覆启知委。而衣袴及越海粮、禁杂人护送等节申斥。漂人若路由京畿，则入弘文院后发遣郎厅更为问情，衣袴杂物别为题给。漂汉人从陆还归者，内地人则别定咨官领送。若外地人，湾府译学领付凤城。咨文，定禁军下送湾府。"①这些漂流人所述信息成为朝鲜了解外界的重要来源。其中对清朝漂海人的问讯记录被称为"漂汉人问情别单"，内容包括漂海人姓名、数量、籍贯，船只属性，出海公文，航行目的，装载货物，"漂人"所在地方政府官员配置、军器、士兵操练、社会状况等，记载之详细是同时期中国史料所看不到的。日本学者松浦章在《清代帆船东亚航运史料汇编》中专门对此进行过整理，收录"漂汉人问情别单"40 例。②

漂流船的发生具有偶然性，存在着一个概率的问题，仅仅依靠漂流船资料很难全面揭示

---

①　[朝]徐荣辅、沈象奎编：《万机要览》《军政编一》，"备边司．所掌事目"，早稻田大学图书馆藏乐浪书斋本。

②　[日]松浦章编著，卞凤奎编译：《清代帆船东亚航运史料汇编》，台北：乐学书局有限公司，2007 年。

出清代海上贸易情况。但这些记录对某些研究专题却是较好的佐证,国内学者已经有所利用。① 本文将以《备边司誊录》为中心,结合《朝鲜实录》《同文汇考》等史料,将朝鲜视野下的清代海上贸易进行简要梳理,希望对该专题研究有些许贡献。

一、清朝解除海禁的渐进过程

船只发生海难属于意外和突发事件,与洋流、天气状况密切相关,而《备边司誊录》中漂流船的增多除了自然因素外,又与清朝平定台湾郑氏、解除海禁的政治动向有直接关系。

康熙二十三年(1684 年)清廷正式解除海禁,②而康熙二十年(1681 年)就已有清朝海难船漂到朝鲜的记载,"杭州人赵士相等破船,分漂于罗州及灵光,而淹死六名,现存二十六人。""专差副司直李庆和押赵士相等二十六名解京。"③《朝鲜实录》也记载了此事,"差都总府都事李諿、译官李庆和等,管押漂海清人高子英等二十六人入送清国,漂人等自两湖送于京师,不令入城,直向西路。其到弘济院也,许休息一两日,命礼曹馈酒食,遣译官慰谕而送之。且录各人姓名、年岁、居住、所带资装对象及漂海时淹死人王大章等六人姓名,移咨礼部。"④高子英等人缘何出海不得而知,但他们似乎没有受到清政府的惩罚。康熙二十六年(1687 年),朝鲜还专门向苏州漂流船询问过高子英等人情况,"辛酉年间,苏州人高子英等漂到本国,自此领送北京矣,未知何年归道本土耶?"回答称,"高子英本以苏州常熟县口生之人,壬戌四月间,自北京转向厥居,仍移家苏州城内云,而相距百余里,故不见其人,只闻传播之言矣……高子英同时还家者数十余人中,赵恩相、许二、许三、岑有生、郑公违五人,则还家后相见,而亦闻其言,每于朔望,焚香祝手,永思本国鸿恩云。"⑤康熙二十一年(1682 年),朝鲜又发现有清船到来,且数量众多,由于边镇将官瞒报,当时没能记录下这些船只的详细情况,"今观黄海兵使状启,不觉骇然,金使所干何事? 而许多荒唐船之来泊于本镇椒岛,至过旬望,而非但掩置不报而已,敢以孟浪等语,终始隐讳之状,诚极痛恶,金使张后良拿问定罪。"⑥

根据西海域过往船只增多的现象,朝鲜推测清朝海禁政策可能已经有所放松,遂向康熙二十三年初漂到的山东渔民求证,"曾闻南方有海贼,清国极禁海边渔采之事云,近来自何间禁令始缓耶? 山东地方,则距南方绝远,本无此禁耶? 七、八年前则绝无漂海之人矣,近闻

---

① 如邓亦兵的《清代前期沿海粮食运销及运量变化趋势——关于粮食运销研究之三》,(《中国社会经济史研究》,1994 年第 2 期)根据"问情别单"中"以粮食运销为目的"的船只的比例,得出"以粮食为主导商品,带动其他商品流通,是清代前期国内沿海商品流通的一个特点。"他在《清代前期沿海运输业的兴盛》(《中国社会经济史研究》,1996 年第 3 期)利用这些资料阐述了清前期沿海运输业的情况。范金民在《清代前期福建商人的沿海北艚贸易》(《闽台文化研究》,2013 年第 2 期)利用"问情别单"中福建籍海难船资料来探讨福建商人的贸易活动。

② 《清圣祖实录》卷 116,康熙二十三年九月甲子:"向令开海贸易,谓于闽、粤边海民生有益,若此二者民用充阜,财货流通,各省俱有裨益。且出海贸易,非贫民所能,富商大贾,懋迁有无,薄征其税,不致累民,可充闽粤兵饷,以免腹里省分转输协济之劳。腹里省分钱粮有余,小民又获安养,故令开海贸易。"

③ [朝]金庆门编:《通文馆志》卷 9《纪年》"肃宗大王七年辛酉",早稻田大学图书馆藏乐浪书斋本。(下同)。

④ 《朝鲜肃宗实录》卷 12,七年八月丁亥条。

⑤ 《备边司誊录》卷 41,肃宗十三年五月"济州漂汉问情别单",韩国国史编纂委员会,1982 年(下同)。

⑥ 《备边司誊录》卷 36,肃宗八年五月"荒唐船停泊本镇椒岛经过报告"。荒唐船,指来自清朝非法捕渔船只,后文将详细论及荒唐船问题。

海边往往望见海外之船,抑果海禁稍缓耶?""漂人"回答说,"康熙十八年之前则海禁甚严,商贾船海采船不得往来。十八年之后,皇旨一下除其禁令,故今则寻常往来矣。"①同年晚些时候,送还漂民的朝鲜使臣带回了清朝正式解除海禁的通知,"礼部题'奉旨海禁已开,漂人发回等应行奖赏。'再题'准赏银宴,嗣后为例。'"②此后,朝鲜依然多次向清朝漂流船询问开海问题,清商回答略有差异:

1686 年(康熙二十五年),厦门前往日本贸易的商人称,"在前有海禁矣,去年为始开海路,收税於行商矣。"③

1686 年(康熙二十五年),漳州前往日本贸易的商人称,"在前郑之龙之子国信、国信之子锦喜、锦喜之子克塽在于台湾岛,有时来侵于漳州、泉州等处,故海禁至严矣,今则克塽甲子年归顺于清国,方在北京,故海路始通矣。"④

1688 年(康熙二十七年),普陀山前往南京、苏州做买卖的商人称,"自通海路之后,户部郎中一员,在于浙江省宁波府,凡海路商贾处成给标帖而收税,此法始自康熙二十二年矣。"⑤

1704 年(康熙四十六年),厦门前往日本贸易的商人称,"曾前南方不平,故海禁极严,自康熙十九年,始通水路,许民往来矣。"⑥

上述回答不排除商人陈述或朝鲜官员记录错误的可能性,但也表明清沿海各地是分批解除海禁的。对此,学界已有考证,"1680 年(康熙十九年),随着对三藩之乱的平定,清军收复了厦门、金门,退守台湾的郑氏集团也成了强弩之末。故距台湾较远的山东在这一年开了海禁,准许沿海居民捕鱼、煮盐……这是清初开禁的先声。至于福建,则因厦门、金门未设重兵,'海禁未可骤开'。从 1680 年到 1681 年……一些官吏都多次具疏题请,以厦门、金门等处沿海要地均已设防为由,请予展界复业。于是,1681 年 3 月 26 日(康熙二十年二月初七日),清廷准其所请,予以展界,但仍严行察缉与台湾郑部交通者,严禁商船出洋贸易。这说明,随着郑氏集团对清政权威胁力量的减弱,统治者的对内政策也相应起了变化,原先严厉的海禁政策有了进一步松动,清廷开始在局部地区展界复业。"⑦可见,清朝沿海各地允许内海捕鱼、恢复海路、出洋贸易经历了渐进的过程。至于各地具体实施的时间,仅依据商人的回答还是难以确定的。

对于康熙开海后的情形,清人曾描述道:"康熙二十三年克台湾,各省督抚臣先后上言,宜弛航海之禁,以纾民力。于是诏许出洋,官收其税,民情踊跃争奋,自近洋诸岛国以及日本诸道,无所不至。"⑧沿海百姓踊跃出海贸易的另类表现就是朝鲜史料中关于清朝漂流船记录的增加,从而为我们提供了进一步了解清代海上贸易的机会。

---

① 《备边司誊录》卷 38,肃宗十年二月"漂汉人追后问情别单"。
② 《通文馆志》卷 9《纪年》,"肃宗大王十年甲子"。
③ 《备边司誊录》卷 40,肃宗十二年九月"金鳌岛漂汉人问情别单"。
④ 《备边司誊录》卷 40,肃宗十二年九月"漂汉人问情别单"。
⑤ 《备边司誊录》卷 42,肃宗十四年九月"济州漂汉人问情别单"。
⑥ 《备边司誊录》卷 55,肃宗三十年十月"全罗道珍岛漂到汉人问情别单"。
⑦ 刘奇俊:《清初开放海禁考略》,《福建师范大学学报》1994 年第 3 期。
⑧ 姜宸英:《日本贡市入寇始末拟稿》,《皇朝经世文编》第 6 册,台北:文海出版社,1972 年,第 2958 页。

二、清朝对出海船只的管理

漂流到朝鲜的清朝渔船一般来自于山东和奉天。清初对渔船管理比较宽松,只需"豫行禀明该地方官,登记名姓,取具保结,给发印票",即可出海捕鱼。[①] 并且"采捕鱼虾船及民间日用之物,并糊口贸易,悉免其收税。"[②]康熙四十二年(1703 年),朝廷要求渔船申请渔业执照,[③]但主要是针对远洋渔船,一般内海捕渔船是不需申请的。所以漂流渔船常常无照无税,如 1762 年来自奉天的漂流渔船就曾说"俺等国法,商贾而出他地方者有票文,如俺等之只于境内乘小船渔采者无票文。""卖买商贾船则有税,渔船则无税。"[④]

乾隆二十五年(1760 年),清朝允许渔船携带货物进行买卖,但需"赴置货之地方汛口验明给单,以便沿海游巡官兵及守口员弁查验。如单外另带多货,即移县查明来历"。[⑤] 货物也要征收一定税款,"采捕渔船各口岸不同,视其大小纳渔税银,自二钱至四两四钱八分。免税例。凡鱼鲜类十有九条,四百斤以上者征税,四百斤以下者免税。烧柴、木炭、炭屑,千斤以上者征税,千斤以下者免征。蛎蝗等十有五条,无论多寡均免税。"[⑥]1684 年,登州漂流船就说"俺等在乡井时,每于春夏则打鱼,秋冬则卖炭为业。""一年纳税银子十五两。"[⑦]

渔船兼运货物,使得贸易性质的船只数量大为增长,因此《备边司誊录》所载"漂汉人问情别单"主要是商船的信息。就船籍来说,苏浙闽粤四省约占三分之二,其余三分之一来自奉天和山东。就航行目的而言,或为省际间的物资交换与调配,或为前往日本长崎贸易。关于清日贸易,学界研究成果较多,其丰厚的利润是毋庸置疑的,这也是促使商人甘愿冒海难风险的根本原因。1713 年,朝鲜官员曾问泉州前往日本贸易的海难船,"你们地方幅员甚广,东西南北往来行商,何所不可,而涉险远赴于日本,自取漂没之患耶?"商人回答说"我们地方买卖不如日本买卖之利多,故冒险要利。"[⑧]即使是省际之间普通的物产交易,其盈利也是可观的。1733 年,一位漂海商人自述称,"上年五月将本银八百两,买本地茶叶布疋等货物,赁载于周隆顺船,闰五月十五日发船出吴淞口,放大洋,六月初八日到辽东西锦州,卖毕收账,得本利银共九百四十两,又买瓜子及榛子、松子等物装载候风至。"[⑨]如果不是回程遇到海难,此次买卖赚到三百两是可能的,对小商人来说,这已经是不错的营生了。

利益的驱使是清朝海上贸易在禁止多年后能够迅速恢复的根本原因,同时也得益于清政府实施的相关政策。

---

① 《钦定大清会典事例》卷 776《刑部·兵律关津·私出外境及违禁下海二》,续修四库全书本(下同)。
② 《皇朝文献通考》卷 26《征榷考》,商务印书馆,1936 年,第 5078～5079 页。
③ 《钦定大清会典事例》卷 629《兵部·绿营处分例·海禁一》"未造船时,先行具呈州县,该州县询供确实,取具澳甲、户族、里长、邻佑当堂画押保结,方许成造。造完,报县验明印烙字号姓名,然后给照。其照内仍将船户、舵水、年貌、籍贯开列,以汛口地方官弁查验。"
④ 《备边司誊录》卷 142,英祖三十八年九月"泰安郡安兴镇漂海人问情别单"。
⑤ 《钦定大清会典事例》卷 630《兵部·绿营处分例·海禁二》。
⑥ 《钦定大清会典事例》卷 235《户部·关税·浙海关》。
⑦ 《备边司誊录》卷 38,肃宗十年二月"漂汉人问情别单"。
⑧ 《备边司誊录》卷 66,肃宗三十九年十一月"济州漂汉人渡海后译官李枢问情"。
⑨ 《备边司誊录》卷 93,英祖九年二月"全罗道大静县漂汉人等本司郎厅问情别单"。

首先,清政府放松了人身控制并减轻田赋。在实施"摊丁入亩"前,清朝赋役也不重。1684年登州漂流渔人称"一年内只出银子三钱六分,以应民丁之役矣。"①1687年苏州漂流船商人说"徭役则一船之税,只大米二斗之外,别无杂役矣。"②1706年登州漂流船商人说"俺等则非军丁,故一年每口纳丁徭银子一钱六分,而农者纳田税,商者纳商税,此外无他身役耳。"③废除人丁税后,对于商人及沿海本就少地的人来说,摆脱了丁役负担,更便于自由迁徙。1733年南通州漂流船商人称"本州岛则一亩地税,银七分,民役则一丁一年纳银三钱矣,自雍正八年皇帝下旨意,特为蠲免。"④1733年上海漂流船商人称"赋税则田有三等,上等每亩纳米一斗一升,纳银一钱二分;中等,纳米五升,银一钱二分;下等只纳银不纳米。而米银完纳之后,则无他民役之规。"⑤

其次,清政府对出海贸易所征收的税额也在商人承受范围内。从"问情别单"来看,沿海各地执行的税率不同:

1704年,厦门前往日本的商人称"小船银子二十两,中船银子三十两,大船银子四十两,货物则随其多寡,增减其税矣。"⑥

1760年,上海前往山东的商人称"大船一年税银三十两,中船十五两,小船七八两,而税之多少在于行商之远近。"⑦

1760年,泉州前往山东的商人称"船只则无税规,只黄豆有税,十斗一石税纹银三分,绵花一百斤税纹银二钱,纳于闽海关。"⑧

1777年,奉天前往山东的商人称"官府收税银三两后,出给票文。"⑨

1777年,天津前往广州的商人称"非江南、福建等地船则无县票、关票,故俺们船只有验单一张、执照一张。"⑩

清政府对于出海船只有很多规定,如船只长度、载量、人员、货物种类等,但在实际执行中却有很多疏漏。例如乘员与票文不符的问题。1689年一艘宁波前往福建的商船载乘60人,与"所持宁波府踏印文引中,原系四十六人之数相左",船人解释称"果为新雇水手以来,而当初开洋之时,行色忙迫,未暇出官文,故事势如此矣。"⑪清政府是允许票文所列人员临时发生变化的,雍正九年规定"水手人等在洋患病,临时雇觅别船水手相帮者,亦属事所恒有,准令该船户于收口时,郎行出具保结,呈报该管官员,于新雇水手年貌之下,亦注明箕斗,以防牵混。但须验明同船之人,每名箕斗皆属相符,方准具保。如此立定章程,则船户有箕

---

① 《备边司誊录》卷38,肃宗十年二月"漂汉人问情别单"。
② 《备边司誊录》卷41,肃宗十三年五月"济州漂汉人问情别单"。
③ 《备边司誊录》卷57,肃宗三十二年四月"济州漂到人问情别单"。
④ 《备边司誊录》卷93,英祖九年正月"全罗道珍岛郡漂汉人等本司郎厅问情别单"。
⑤ 《备边司誊录》卷93,英祖九年二月"全罗道大静县漂汉人等本司郎厅问情别单"。
⑥ 《备边司誊录》卷55,肃宗三十年十月"全罗道珍岛漂到汉人问情别单"。
⑦ 《备边司誊录》卷138,英祖三十六年正月"罗州黑山岛漂人问情记"。
⑧ 《备边司誊录》卷139,英祖三十六年十二月"全罗道罗州慈恩岛漂汉人等本司郎厅问情别单"。
⑨ 《备边司誊录》卷158,正祖元年十一月"珍岛漂人问情别单"。
⑩ 《备边司誊录》卷158,正祖元年十二月"茂长漂人问情别单"。
⑪ 《备边司誊录》卷43,肃宗十五年六月"济州漂人载来汉人问情别单"。

斗为凭,盗匪即无从假冒,於防盗之法,较为严密。"①由于出海船只众多,官员难以一一核验,造成商船乘员异常混乱。1760年,福建往山东的商船所载24人中只有一人名字在公文内,对此船人的解释为"往山东时,公文内之人皆不来,故再招本乡之人同来帮理。""公文一年出一次,时尚未到故耳,此是小的等常行之例也。"②1777年,奉天至山东卖盐鱼的船票只书两人姓名,"而来者为七人",船人解释称"票文全凭船主故,人数之或多或少,并不相干。"③

商船瞒报货物数量的情况也有存在。漂流船所载货物常常在海难中丢失,发现货物与税单不符的几率比较小,《备边司誊录》仅记有一例。1813年,一艘泉州商船装载黑枣一百石,红枣一千八百石,税单上却"书以红枣六百十四石,黑枣八十七石。"其原因即是"欲为小〔少〕纳税银,故减其装载之数矣。"④

上述可见,清政府开放海上贸易及实施的相关政策,使商人有利可图,而出海管理上的种种弊端,又使之有机可乘,这就极大地刺激了人们对海上贸易的热情,促使清朝海上贸易日益繁荣起来。

三、清朝海上贸易发展的表现

从"漂汉人问情别单"来看,清朝海上贸易发展主要体现在商船行业化、商队结构多元化及商业资本循环化等方面。

开海之初,清商出海贸易是自备船只的,即船主与贩商为同一体。后来逐渐出现专门以赁船为业之人。赁船业形成的初期阶段,船主还参与船只航行的,如1732年,船主受雇于徽州商人,驾船自南通州出海,先至山东莱阳,再至关东南金州,在南金州又受雇于太仓商人前往天津,在天津又有另一商人雇此船前往山东海丰县。⑤ 随着赁船业的成熟,船主逐渐脱离运输过程,直接将船租与他人,或雇他人经营。1760年太仓漂流商船称"船主元无上船的规矩。"⑥1777年奉天漂流商船称"船主乃是于忠盛,为看秋成,在家不来,故赵永礼替为船主。"⑦1791年登州漂流商船称"船主虽入于票文中,上船不上船元不相干。"⑧

赁船业的发展也使乘船人员地域归属逐渐呈现多元化,即船主、商人、水手、舵工等并非来自同一地区。1777年,朝鲜在问讯一艘漂流船时发现船主为天津人,舵工、水手为泉州同安县人,而客商为广东南海人,朝鲜不解道,"天津属直隶,同安属福建,南海属广东,则相距甚远,缘何以作伴同船耶?""漂人"回答道,"天津、同安之船互相往来买卖,天津之船或雇同安之水手,同安之船或雇天津之水手,故俺于去年冬,自天津装货到同安发卖,今年五月,自

---

① 《钦定大清会典事例》卷776《刑部·兵律·关津》。

② 《备边司誊录》卷139,英祖三十六年十二月"全罗道罗州慈恩岛漂海人领来译官李禧仁问情别单"。

③ 《备边司誊录》卷158,正祖元年十一月"珍岛漂人问情别单"。

④ 《备边司誊录》卷203,纯祖十三年十二月"全罗道扶安县格浦漂到大国人问情别单"。

⑤ 《备边司誊录》卷93,英祖九年正月"全罗道珍岛郡漂汉人领来译官洪万运问情别单"。

⑥ 《备边司誊录》卷138,英祖三十六年正月"茂长漂人问情别单"。

⑦ 《备边司誊录》卷158,正祖元年十一月"珍岛漂人问情别单"。

⑧ 《备边司誊录》卷179,正祖十五年十二月"忠清道洪州牧长古岛漂汉人问情别单"。

同安买货,还到天津,而舵工、水手雇佣同安县人,惟凭照验,无所拘碍,乃所以便行商之道也。"①这种回答也传递出南北方经济的融合性。

为了取得更多的利润,商船非直航贸易也逐渐增多。1813年,福建商人雇船自泉州出发前往台湾购买糖属,再运至上海交易茶叶,后又从上海前往奉天西锦州收购黄豆、白米、木耳等物。② 同年,一艘泉州商船也是先往台湾买糖,运往天津交易,又在天津购得红黑枣、干葡萄、干小鱼、白米等货物运回福建。该商船所携"公文多至十数张","海澄县照牌一张、闽海关照牌一张、闽部牌二张、台湾府照票一张、执照一张、台分府护送小单一张、天津关正税单一张、验单一张、通永道计开一张、随身正腰牌二十张。"盖因"出入各港,东西买卖,故多出公文,以便凭验。"③又有1837年漂到的漳州船,"去年五月十八日,自诏安县出船,同日到广东省潮州府饶平县装糖,二十四日出海口,七月初一日到天津府卖糖装酒,九月十一日出口,十七日到宁远州装豆枣,二十九日发船回家,十月十六日遭风。"④这种非单一直航贸易表明商业资本循环利用加快。但商人辗转各地买卖,所需时间较长,如遇海难,在外时间更久。为此,乾隆七年(1742年),清政府采纳了闽浙总督那苏困的建议,"外洋贸易,或至压冬,又遇飓风,难以逆料,然亦不过三年内定可回掉。查海疆立法自宜严密,但内地外洋情形各别,令内地贸易定以二年为限,其重洋风信难定,限期太促,恐有未便。应如所请,商船往贩诸番者,以三年为限,如逾期始归,即将舵水人等,不许再行出洋。"⑤清廷给予了二至三年的海上贸易周期为资本流动提供了时间保障,进一步促进沿海经济的活跃性。

四、清鲜之间微弱的海上贸易

清朝与朝鲜之间并不发展海上贸易,两国经济往来被严格限定在朝贡贸易、边市贸易范围,前者是明清时期与朝鲜贸易往来的主要形式。边市贸易集中在鸭绿江、图们江流域,如著名的中江后市、栅门后市、会宁开市、庆源开市等。这两种陆路贸易方式的风险程度远远低于海路交易。如果说清鲜存在海上贸易的话,也主要以小规模且非法的形式存在,其中"荒唐船"贸易最具典型性。

按朝鲜史料记载,荒唐船主要是指进入朝鲜海域捕鱼、采参的清朝船只,非海盗性质,船中人"尽削发,服色或白或黑,去来无常。""大抵皆山东福、登等州人,以渔采为业。船中所载衣服器皿外,无兵器。"⑥康熙三十六年(1697年)以后荒唐船情况日益严重。《朝鲜实录》称"自丁丑运粟之后,唐人之谙知海路者,为采海参,每于夏秋之交,往来海西,岁以为常,而来者益众,不知为几百艘。地方守令、边将虽欲追逐,而彼众我寡,或潜与酒粮,诱之使去,识者忧之。"⑦所谓"丁丑运粟"是指康熙三十六年,朝鲜发生了严重饥荒,请求与清朝开展以粮

---

① 《备边司誊录》卷158,正祖元年十二月"茂长漂人问情别单"。
② 《备边司誊录》卷203,纯祖十三年十二月"全罗道灵光郡佳子岛三头里漂到大国人问情别单"。
③ 《备边司誊录》卷203,纯祖十三年十二月"全罗道扶安县格浦漂到大国人问情别单"。
④ 《备边司誊录》卷225,宪宗三年三月"全罗道罗州牧黑山岛漂到大国人问情"。
⑤ 《清高宗实录》卷176,乾隆七年十月庚寅。
⑥ 《朝鲜肃宗实录》卷38,二十九年六月辛丑条。
⑦ 《朝鲜英祖实录》卷38,十年五月辛巳条。

食为目的的临时性贸易,其中有三万石米是由海路运至朝鲜的。① 由此,前往朝鲜的海路为清人所了解,私船贸易开始激增。朝鲜称"唐船之采参者,漂泊我境,近颇频数,故滨海愚氓,与之惯熟,或相卖买,遂使边禁渐弛。"②有时连边镇将官也参与其中,"我国沿海各镇,若见倭船及唐船过去者,则必依例问情逐送,而近来奸伪百出,诿以问情逐送,而引至洋中或岛屿无人处,不无卖买禁物之虑。"③

朝鲜请求清政府严查私自出海船只,康熙三十九年上表称:"近年以来,西海洋中,小邦地面有未辨形色大小舟船,自春徂秋络绎不绝,一日或至数十只,一船不下三四十人,随处停泊,率意下陆,或侵挠闾井,或强逼村女,或有乍去旋来留连累日者,海边一带大抵皆然……及观听其言,貌似是上国之人为渔采而来也……小邦若欲追赶,则既是上国之人,有所不敢。若任其往来而不为之防,则势将与小邦之民渐相惯狎,一则有挟带货物惹起事端之虑,一则有争狠细故互相伤害之患,此外可忧之端,亦非一二,抑恐因此辗转,以至获戾于大朝,此小邦之所以日夜懔惧而不敢弛者也,不得不将此事情一经陈暴,烦乞贵部曲加恩照,明立科条,着令禁断。"④清朝回复道,"嗣后如有渔采并贸易人等至朝鲜国侵扰地方者,查验船票、人数、姓名、籍贯,开明根脚,转行地方官,从重治罪,并行文各该抚,严饬沿海地方官员,以海上贸易渔采为名,往外国贩卖违禁货物、肆行侵挠者,严行禁止可也。"朝鲜也据此向沿海居民强调,"我民之私自相款交易物货者,各别禁断,当论以潜商现发之律。"⑤可是效果并不明显。

清朝也曾允许朝鲜严厉打击荒唐船,"康熙壬辰(1712 年),礼部奏请奉旨,'有违禁渔采,即系盗贼,伊国即行追拿杀戮,勿因天朝之人,遂怀迟疑。'又于壬寅(1722 年)雍正新立时,又有'若无标文而越境生事者,照此律惩治。'"⑥朝鲜不愿执行这种规定,担心因擅杀清人而妨碍两国关系。其实清朝也不希望朝鲜实施杀戮,更愿意朝鲜将这些荒唐船捕获送交清廷处理,不过追捕船只并不是一件容易的事情,并且荒唐船数量太多,"才已押送,未满一朔,又此捕捉。每每押送,其弊难支。"⑦"或有一再捕捉者,而不能钩问事情,或虑押送彼国之有弊,[边将]不肯出力讥{缉}捕。"因此海西边镇多以驱逐为主,难以有效控制局面,"以致[荒唐船]出入[朝鲜]内洋,无所忌惮。"⑧

除了荒唐船贸易外,朝鲜也会根据清朝漂流船的请求而收买其货物,这种方式可能始于康熙二十八年(1689 年)。当时一艘宁波至安南贸易商船返航时搭载了 23 名漂流至安南的朝鲜人,行至朝鲜海域发生事故。出于对送还本国漂人的感激之情,朝鲜购买了该船残骸及部分物品,"除将商船人等着令本道造给衣服,另加供馈,差人领到船人等所骑船只,既由旱路,依其所愿价,折银一千两,赁船糊口各项费用共银一千八百两,一一计给。"并向清廷作

① 参见松浦章:《康熙年间盛京的海上航运和清朝对朝鲜的赈灾活动》,《韩国研究论丛》第 24 辑,北京:社会文献出版社,2012 年。
② 《朝鲜英祖实录》卷 56,十八年十月庚寅条。
③ 《朝鲜英祖实录》卷 80,二十九年七月戊寅条。
④ 《同文汇考》原编卷 70《漂民五·上国人》"报安兴漂人发回兼请申饬犯越咨"。
⑤ 《朝鲜肃宗实录》卷 35,二十七年三月丙辰条。
⑥ 《朝鲜英祖实录》卷 47,十四年七月乙卯条。
⑦ 《朝鲜肃宗实录》卷 59,四十三年二月戊子条。
⑧ 《朝鲜肃宗实录》卷 58,四十二年十二月庚子条。

了汇报。清朝回复称，"差官解送[漂人及物品]至京，但路途遥远，解送维艰。嗣后，凡有内地一应船只至朝鲜者，停其解京，除原禁货物不准发卖外，其余货物听从发卖，令其回籍，仍将姓名籍贯人数货物查明，俟贡使进呈之便，汇开报部存案。如船只遭风破坏难以回籍，该国王将人口照常解送至京。"① 朝鲜亦有相关规定，"在前漂人所持物货难于输运，自请买卖，故令该曹从优折价许卖矣……[若]防塞不许，亦非优恤之道，其中自愿可卖者，分付该曹，依前例折价许买。"② 这样，清朝漂流船与朝鲜贸易成为两国政府都允许的合法行为。当然，这种贸易开展的前提是漂流船要有出海船票公文，像荒唐船之类仍然是被禁止的。

遭逢败船的商人都愿将剩余货物卖与朝鲜以降低损失，朝鲜有时以银两支付，如 1791 年，购买登州漂流船所剩"杂粮及凉花、山茧、烟草等物"时支付"价银总为六百四十七两。"③ 1809 年，将登州漂流船剩余的"山茧、包米等物……折银三百三十三两五分。"④ 1825 年，购买漳州漂流船的剩余物时说，"带去不了的这十多包子各种粮食也罢，零碎东西也罢，和那沈{沉}水的一百几十包子粮食也罢，东东西西都按时价，馈你银子。"⑤ 有时也以实物支付。1777 年，朝鲜将苏州漂流船剩余枣子"换给绵布……六十五疋"。⑥ 1777 年，天津漂流船剩余棉花"换给绵布至于八十疋之多。"⑦ 1809 年，太仓漂流船的"海参及装船铁物"被朝鲜"以纸折给"。⑧ 对于漂流船所载贵重货物，朝鲜需要先奏禀清廷。如 1704 年，漳州前往日本贸易的商船沉没于朝鲜附近，次年船上物品才被打捞上来，共计"苏木三万斤，象牙六桶，黑角八十四桶。"清礼部称"今所拯黑角系犯禁之物，其黑角象牙，俱着解送交内务府，苏木着令变价，解到之日交送户部。"随后又称"这黑角等物，解送京师有累驿递且属无用，苏木亦不必变价，令该国王酌量处置。"⑨

朝鲜史料对交易过程的记载过于简略，具体价格不得而知。但这种交易的经济意义并非贸易初衷，朝鲜更看重政治意义。在购买漂流船货物后，朝鲜会将收买物品名称及折价开列清楚，奏明清廷。这些东西常常并不是本国需求之物，但对于遭遇海难的人来说，携带货物通过陆路回国诸多不便，官方购买既减轻了他们的运输负担，又弥补了一部分经济损失，因此这种交易更应被视为朝鲜的一种抚恤政策。

---

① 《同文汇考》原编卷 70《漂民五·上国人》"解送领来漂口人及船货变卖给价咨""礼部知会船完停解船破解京咨"。
② 《备边司謄录》卷 66，肃宗 39 年 11 月"备边司启该曹换买漂人货物"。
③ 《备边司謄录》卷 179，正祖 15 年 12 月"忠清道洪州牧长古岛漂汉人问情别单"。
④ 《备边司謄录》卷 199，纯祖 9 年 1 月"全罗道灵光郡奉山面漂到大国人问情别单"。
⑤ 《备边司謄录》卷 213，纯祖 25 年 1 月"全罗道罗州牧荷衣岛漂到大国人问情别单"。
⑥ 《备边司謄录》卷 158，正祖 1 年 11 月"灵光漂人问情别单"。
⑦ 《备边司謄录》卷 158，正祖 1 年 12 月"茂长漂人问情别单"。
⑧ 《备边司謄录》卷 199，纯祖 9 年 1 月"全罗道灵光郡小落月岛漂到大国人问情别单"。
⑨ 《同文汇考》原编卷 70《漂民五·上国人》"报追拯物件咨""礼部知会拯出物件令该国处置咨"。

远洋渔业竞争力比较研究

——以浙江省等十省市为例

姚丽娜　　刘　洋

（浙江海洋学院经济管理学院）

摘要:远洋渔业是具有战略意义的重要产业和实施农业"走出去"战略的重要组成部分。发展远洋渔业对保障食物安全、缓解近海渔业捕捞强度、带动渔区经济发展、丰富国内水产品供应、促进对外经济技术合作及维护国家海洋权益具有重要意义。本文结合迈克尔·波特的产业竞争力模型,从生产能力、贸易与加工能力、可持续增长能力、要素禀赋及外部保障等方面提出了影响远洋渔业竞争力的五大要素,构建了递阶层次的远洋渔业竞争力评价指标体系,进而运用层次分析法对我国沿海十省市的远洋渔业竞争力进行比较评价,分析了浙江远洋渔业的竞争力。

关键词:层次分析法　浙江　远洋渔业　竞争力

经过近30年的发展,我国远洋渔业已成为世界重要的远洋渔业大国之一,然而我国远洋渔业仍未摆脱大而不强的窘境,加之近些年来捕捞成本的不断提高以及国际上对公海渔业资源管理的日趋严格,我国远洋渔业正面临严峻的挑战。同时,作为海洋经济的重要组成部分,远洋渔业不仅具有重要的经济利益和资源意义,还关系到海洋权益、食品供应安全、外交战略及国际合作等。因此,国家高度重视远洋渔业发展:2008年十七届三中全会提出要"支持和壮大远洋渔业";同年中央一号文件中明确提出各项免税、补贴等政策支持远洋渔业发展,国家渔业局和各级地方政府也相继出台各项扶植远洋渔业发展的政策;2011年10月,农业部公布《渔业十二五规划》,提出了着力构建水产养殖业、增殖渔业、捕捞业、加工业和休闲渔业"五大产业体系",在远洋渔业拓展工程中提出了巩固拓展过洋性渔业、大力发展大洋性渔业[①]。这些都标志着远洋渔业已经上升成为我国具有重要战略意义的产业之一。

浙江省在2003年第三次海洋经济工作会议提出了"海洋经济强省",之后在浙江省"十二五"规划中明确提出建设海洋经济强省的战略,提出加快做大做强海洋产业,构建现代海洋产业体系的目标。而远洋渔业作为现代渔业的不可或缺的组成部分,在海洋产业发展和体系建设中至关重要。发展远洋渔业能够缓解浙江省近海渔业资源衰退带来的渔业资源压力、加快渔业结构调整,增强浙江省渔业综合实力。另外,远洋渔业还具有很高的产业联动

---

① 来源:全国渔业发展第十二个五年规划(2011—2015年)。

效应,不仅带动造船等临港工业的发展,还能推动港航、贸易、物流、咨询等相关服务业的迅速增长。因此,分析浙江省远洋渔业竞争力,并与全国主要渔业产区进行比较,对探索浙江省远洋渔业可持续发展及加快建设海洋经济强省均具有重要的现实意义。

一、文献综述

从国外的研究来看,远洋渔业竞争力主要集中在对竞争力的分析模型及指标体系的构建方面。波特(1985)的《国家竞争优势》一书认为:一国竞争力的强弱应通过该国的产业竞争力反映出来,而该国只是作为产业的承载体,并形成了著名的"钻石模型"(National Diamond)。之后邓宁(1993)、鲁格曼(1993)等对波特的"钻石模型"进行了补充,将跨国公司作为一个重要变量引入波特的"钻石模型"中,形成了 Porter – Dunning 模型、双钻石模型(Double Diamond Model)。韩国学者乔东逊(2000)构建了比较适合发展中国家产业国际竞争力研究的"九要素模型"(The Nine Factor Model),从而解释韩国经济发展的事实。马太·戈顿等人(2001)运用国内资源成本系数法(DRC)对波兰农产品的国际竞争力进行了研究,涉及三个农业领域和八种农产品。马瑞亚·赛茜(2003)运用贸易竞争力指数、相对贸易优势指数、相对比较优势指数和产业内贸易指数对世界各区域农产品的国际竞争力进行综合评价,重点分析欧盟 15 国农产品在国际竞争中所处的地位及影响因素。韩国学者徐薇娜(2005)通过市场占有率、显性比较优势指数、国际竞争优势指数等指标分析了中国和韩国主要海水养殖产品的对日出口状况。

从国内对于远洋渔业的研究来看,主要集中在竞争力分析框架、远洋渔业现状、产业结构调整及竞争力等定性方面的研究。金碚(1997)借鉴了波特关于竞争力的分析框架,遵循因素分析的原则,创造性的把影响因素分为直接和间接两类,并从结果和原因两个方向来进行分析。瞿兵(2001)认为我国远洋渔业结构不合理,为了提升远洋渔业实力和赢得更大发展空间,我国需要实现从过洋性渔业向大洋性渔业的战略转移。中国水产科学研究院 WTO 课题组(2002)分析了我国远洋渔业发展现状,阐明加入 WTO 对我国远洋渔业的影响,并提出调整远洋渔业结构及加大支持力度等对策。文秋利(2003)从战略管理的角度对远洋渔业企业的行业地位、资源环境和经营特征进行分析比较,进而对影响我国远洋渔业企业行业竞争力的五个方面因素进行了全面剖析。杨培举(2005)认为我国目前远洋渔业面临着渔船落后、船员素质低下、国家扶持政策不够、缺乏科技投入等问题,并重点分析了我国远洋渔船落后的现状。黄欣(2009)运用钻石模型理论,对影响我国远洋渔业国际竞争力的多种竞争因素进行分析,并提出提高我国远洋渔业国际竞争力的对策。

从上述文献来看,鲜有专门针对远洋渔业竞争力的模型及指标体系。同时,涉及关于竞争力评价的研究也大多从定性的角度论述,缺乏从定量角度出发的研究成果。

二、浙江省远洋渔业竞争力的评价

远洋渔业竞争力的本质是区域远洋渔业在开放竞争市场条件下持续创造财富的综合性能力,因此对远洋渔业竞争力进行综合评价的关键在于建立科学合理的评价指标及指标体系,并依此对包括浙江在内的主要渔业省份的远洋渔业竞争力进行综合评价。

（一）研究框架的选择

目前关于产业竞争力评价中最典型的是迈克尔·波特的国际竞争优势模型（又称钻石模型），此模型包括四个决定因素和两个外部力量。四个决定因素是指:本国的资源要素条件、需求条件、相关及支持产业、公司的战略、组织以及竞争。两个外部力量是指:随机事件和政府。迈克尔·波特关于竞争力的理论较为系统的提出了影响竞争力的各种条件,一个国家通过改善影响其竞争优势的四个决定因素及两个外部力量,就可以增强自身的竞争优势。结合波特的钻石模型,考虑到远洋渔业产业的特殊性及数据的可获得性,本文认为构成远洋渔业竞争力主要有五大要素,分别是:生产能力、贸易与加工能力、可持续增长能力、要素禀赋及外部保障,其中构成远洋渔业竞争力的中心要素是生产能力、贸易与加工能力、可持续增长能力和要素禀赋,它们之间互为支持、相互作用;外部保障通过中心的四大要素影响远洋渔业竞争力（图1）。

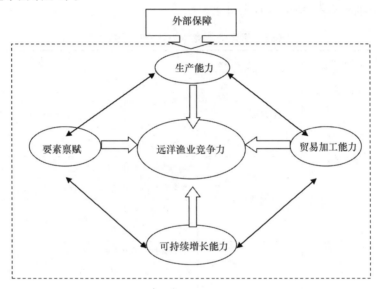

图1　远洋渔业竞争力要素

（二）评价指标的选择

根据远洋渔业竞争力指标数据的可获得性和可操作性,充分考虑到远洋渔业生产的约束因素较多、生产伴随高风险以及流通条件要求较高等特点,选择浙江与山东、广东、福建、辽宁、海南、河北、江苏、上海和北京十个沿海渔业省市进行比较,构建了具有递阶层次结构的远洋渔业经济竞争力评价指标体系,选择远洋渔业生产能力、贸易与加工能力、可持续增长能力、要素禀赋和外部保障等主要指标构建指标体系（表1）,对浙江远洋渔业竞争力进行研究。

1. 与生产能力有关的指标

生产能力代表的是一省市远洋渔业生产的实际能力，主要以捕捞能力、远洋企业的规模效益及远洋渔业企业的数量及上市数量来表示。其中，远洋渔业的总产量、产值可以比较直观地说明目前远洋渔业生产实力，考虑到目前我国远洋渔业捕捞的品种主要为鱿鱼和金枪鱼，所以也将这两项指标列入其中。远洋渔业产值占渔业产值的比重说明了该省市海洋渔业的发展重心。渔业纯收入代表远洋渔业的生产效益，远洋渔业企业的数量说明渔业企业的生产实力，上市企业数量说明远洋渔业企业的质量。

2. 与贸易加工能力有关的指标

贸易与加工能力主要从第二、第三产业的角度考察远洋渔业的实力。主要包括加工能力、贸易流通能力两个方面。从加工企业数量、加工值、冷库数量及海水产品加工总量来考察一省市的远洋渔业加工能力。以水产品进出口额、交易额和交易市场数及水产品流通增加值来表示贸易流通能力。因远洋渔业不光只是捕捞，还包括把捕捞来的产品如何加工和卖出去，所以本研究认为，这部分必不可少。

表 1　远洋渔业竞争力评价指标体系

首层	第二层(要素)	第三层(领域)	第四层(指标)
远洋渔业竞争力 U	生产能力 U_1	捕捞能力 U_{11}	远洋渔业总产量(吨) U_{111}
			远洋渔业增加值(万元) U_{112}
			金枪鱼捕捞量(吨) U_{113}
			鱿鱼捕捞量(吨) U_{114}
		规模效益 U_{12}	远洋渔业总产值(万元) U_{121}
			远洋渔业占渔业经济产值比重(%) U_{122}
			水产品加工总值(万元) U_{123}
			渔民纯收入(元) U_{124}
		远洋渔业企业 U_{13}	远洋渔业企业数量(个) U_{131}
			水产上市企业数量(个) U_{132}
	贸易与加工能力 U_2	贸易流通能力 U_{21}	水产品流通增加值(万元) U_{211}
			水产产品交易市场数量(个) U_{212}
			水产品交易额(万) U_{213}
			水产品出口额(万美元) U_{214}
			水产品进口额(万美元) U_{215}
		加工能力 U_{22}	水产加工增加值(万元) U_{221}
			加工企业数量(个) U_{222}
			海水产品加工总量(吨) U_{223}
			水产冷库数量(个) U_{224}

首层	第二层（要素）	第三层（领域）	第四层（指标）
远洋渔业竞争力 U	可持续增长能力 U_3	生产增长 U_{31}	远洋渔业总产量增长率（%）U_{311}
			捕捞专业从业人员增长率（%）U_{312}
			渔民纯收入增长率（%）U_{313}
		水产品需求 U_{32}	城镇居民水产品消费额（元）U_{321}
			水产品在食品支出中的比重（%）U_{322}
		科技投入 U_{33}	水产技术推广机构（个）U_{331}
			水产技术推广经费（万元）U_{332}
	要素禀赋 U_4	基础设施 U_{41}	远洋渔船年末拥有量（艘）U_{411}
			一级中心渔港数量（个）U_{412}
		人力资源 U_{42}	捕捞专业从业人员数量（人）U_{421}
			渔政管理人员数量（人）U_{422}
	外部保障 U_5	渔政管理能力 U_{51}	高级水产技术推广人员数量（人）U_{511}
			渔业执法机构数量（个）U_{512}
			本科以上渔政管理人员人数（个）U_{513}
			本科以上渔政管理人员比重（%）U_{514}
		人员培训及渔情信息 U_{52}	渔民技术培训人数（人次）U_{521}
			渔业公共信息服务网站数（个）U_{522}
			渔业公共信息服务资料（份）U_{523}

3. 与可持续增长能力有关的指标

关于竞争力的考察，不能只看静态的某一时点上的发展，还要看未来的竞争力，而研究持续增长的潜力就显得十分必要。可持续增长能力指标包括生产增长、水产品需求和科技投入等方面。生产增长主要从远洋渔业总产量和远洋渔业从业人员的增长来考量。同时，渔民纯收入的增长也是重要一环。如果只考虑生产，不考虑需求，市场有可能出现过剩或产品卖不出去的情况，导致渔民收入下降。所以，这里也从居民对于水产品的消费额及水产品在消费中的比重来考量水产品的需求情况。可持续的增长离不开投入，这里我们主要从对远洋渔业的科技投入来说明问题。由于考虑到资料的可获取性，只能选择水产技术的研发推广机构个数和金额来表示。

4. 跟要素禀赋有关的指标

发展远洋渔业，要素禀赋是重要一环，是基础。这里从物力和人力两个角度来进行考量。物力资源主要是基础设施，包括渔业渔场的数量和中心渔港的数量。人力资源主要包括专业的捕捞人员的数量和渔政管理人员的数量。

5. 跟外部保障有关的指标

远洋渔业生产是一个风险大、涉及面广的行业，其发展需要强有力的外部保障，主要有渔政管理能力和人员培训及获取渔情信息的能力。渔政管理能力主要从高级水产推广人员的数量、渔业执法机构的数量及本科以上渔政执法人员的数量和比重等方面来考量。通过公共信息网站的数量及渔业公共信息服务资料来考察提供给远洋渔业的信息服务。

在以上这些指标的选择中,有些指标是远洋渔业独有的,如远洋渔业捕捞量、捕捞专业从业人员、远洋渔业企业数等;有些是属于渔业产业共同的指标,但由于远洋渔业是渔业产业中的一个重要组成部分,本研究也借用了部分综合性的指标。

(三)指标权重的确定

本文采用层次分析法(AHP)及德尔菲法来确定上述各个指标权重,通过上述表 1 中建立的递阶层次的评价指标体系,对远洋渔业竞争力进行综合量化评价,以下为具体步骤。

1. 收集相关数据

本文设计 5 大要素中的 37 个评价指标分别通过收集整理 2013 年《中国渔业统计年鉴》《中国渔业年鉴》《中国商品交易市场统计年鉴》、各省市统计年鉴、中国农业部网站及证监会网站获得。另外,由于数据来源的统计口径不一致造成的数据差距,本文以《中国渔业统计年鉴》为准。

2. 计算指标权重

1)构造判断矩阵

通过分析各个指标的相互关系,建立递阶层次的评价指标体系,如表 1 所示。评价指标体系建立后,层次间的隶属关系就被确定了,对同一层次指标进行两两比较,其比较结果以 1-9 标度法表示,并通过德尔菲法向 7 位专家收集评语,从而对于同一层次的 n 个指标构建得到两两比较判断矩阵,结果见表 2,表 3,表 4。[①]

表 2 一级评价指标 U 的判断矩阵

U	$U1$	$U2$	$U3$	$U4$	$U5$
$U1$	1	3	1/2	1/2	3
$U2$	1/3	1	1/2	1/2	1
$U3$	2	2	1	2	1
$U4$	2	2	1/2	1	2
$U5$	1/3	1	1	1/2	1

表 3 二级评价指标 U_1 的判断矩阵

U_1	U_{11}	U_{12}	U_{13}
U_{11}	1	1	2
U_{12}	1	1	1
U_{13}	1/2	1	1

---

① 由于篇幅所限二级、三级判断矩阵仅列部分。

表 4   三级评价指标 U_{11} 的判断矩阵

U_{11}	U_{111}	U_{112}	U_{113}	U_{114}
U_{111}	1	1/2	2	2
U_{112}	2	1	2	2
U_{113}	1/2	1/2	1	1/2
U_{114}	1/2	1/2	2	1

2）计算指标权重

（1）计算判断矩阵的每一行元素的乘积 $M_i = \prod_{j=1}^{n} a_{ij}, i = 1, 2, 3, \cdots, n$

（2）计算各行 M_i 的 n 次方根值 $\overline{W}_i = \sqrt[n]{M_i}, i = 1, 2, \cdots, n$ 式中 n 为矩阵的阶数。

（3）将向量 $\begin{bmatrix} W_1 & W_2 & \cdots & W_n \end{bmatrix}^T$ 归一化处理,计算如下：$W_i = \overline{W}_i / \sum_{i=1}^{n} \overline{W}_i$，$W_i$ 即为所求的各指标的权重。

根据上述计算过程,计算出来上述各层指标的权重,以上述表 2、表 3、表 4 所列为例,分别计算得到：一级评价指标权重 $W_U = (0.2211, 0.1144, 0.258, 0.2481, 0.1314)$,二级评价指标 $W_{U1} = (0.2599, 0.3275, 0.4216)$,三级评价指标 $W_{U11} = (0.2761, 0.3905, 0.1381, 0.1953)$,其余各层权重的计算结果详见表 5。

表 5   各层评价权重及综合指标权重

首层	第二层 （要素）	第三层 （领域）	第四层 （指标）	指标综合 权重 W_i
远洋渔业竞争力	生产能力 0.2211	捕捞能力 0.2599	远洋渔业总产量(吨)0.2761	0.0159
			远洋渔业增加值(万元)0.3905	0.0224
			金枪鱼捕捞量(吨)0.1381	0.0079
			鱿鱼捕捞量(吨)0.1953	0.0112
		规模效益 0.3275	远洋渔业总产值(万元)0.2951	0.0214
			远洋渔业占渔业经济产值比重(%)0.2087	0.0151
			水产品加工总值(万元)0.2481	0.0180
			渔民纯收入(元)0.2481	0.0180
		远洋渔业企业 0.4126	远洋渔业企业数量(个)0.5	0.0456
			水产上市企业数量(个)0.5	0.0456

首层	第二层 （要素）	第三层 （领域）	第四层 （指标）	指标综合 权重 W_i
远洋渔业竞争力	贸易与加工能力 0.1144	贸易流通能力 0.5	水产品流通增加值（万元）0.1938	0.0111
			水产产品交易市场数量（个）0.1207	0.0069
			水产品交易额（万）0.183	0.0105
			水产品出口额（万美元）0.3747	0.0214
			水产品进口额（万美元）0.1297	0.0073
		加工能力 0.5	水产加工增加值（万元）0.3925	0.0225
			加工企业数量（个）0.165	0.0094
			海水产品加工总量（吨）0.2775	0.0159
			水产冷库数量（个）0.165	0.0094
	可持续增长能力 0.258	生产增长 0.2599	远洋渔业总产量增长率（%）0.3108	0.0230
			捕捞专业从业人员增长率（%）0.1958	0.0145
			渔民纯收入增长率（%）0.4934	0.0365
		水产品需求 0.3275	城镇居民水产品消费额（元）0.6667	0.0622
			水产品在食品支出中的比重（%）0.3333	0.0311
		科技投入 0.4126	水产技术研发推广机构（个）0.3333	0.0392
			水产技术推广经费（万元）0.6667	0.0784
	要素禀赋 0.2841	基础设施 0.3333	远洋渔船年末拥有量（艘）0.5	0.0473
			一级中心渔港数量（个）0.5	0.0473
		人力资源 0.6667	捕捞专业从业人员数量（人）0.3108	0.0589
			渔政管理人员数量（人）0.1958	0.0371
	外部保障 0.1314	渔政管理能力 0.5	高级水产技术推广人员数量（人）0.4934	0.0935
			渔业执法机构数量（个）0.1692	0.0111
			本科以上渔政管理人员人数（个）0.3874	0.0255
			本科以上渔政管理人员比重（%）0.4434	0.0291
		人员培训及 渔情信息 0.5	渔民技术培训数量（人次）0.3874	0.0255
			渔业公共信息服务网站数（个）0.4434	0.0291
			渔业公共信息服务资料（份）0.192	0.0126

3）计算判断矩阵 A 的最大特征值 λ_{max}

$$\lambda_{max} = \sum_{i=1}^{n} \frac{(AW)_i}{nW_i}$$

$$\text{其中,}AW = \begin{bmatrix} a_{11} & a_{12} & \cdots & a_{1n} \\ a_{21} & a_{22} & \cdots & a_{2n} \\ \vdots & \vdots & \ddots & \vdots \\ a_{n1} & a_{n2} & \cdots & a_{nn} \end{bmatrix} \begin{bmatrix} W_1 \\ W_2 \\ \vdots \\ W_n \end{bmatrix}, (AW)_i = \sum_{j=1}^{n} a_{ij} W_j$$

以一级指标 U 为例,计算得到 $\lambda_{max} = 5.4205$

4)一致性检验

(1)计算一致性指标 CI,$CI = (\lambda_{max} - n)/(n-1)$.

(2)查同阶矩阵平均一致性指标 RI(见表6)

表6 平均随机一致性指标

阶数 n	1	2	3	4	5	6	7	8	9
RI	0	0	0.52	0.9	1.12	1.24	1.32	1.41	1.45

(3)计算一致性比率 CR

即:$CR = CI/RI$,当 $CR < 0.1$ 时,判断矩阵具有满意一致性。

以上述计算为例:一级指标 U 的最大特征值 $\lambda_{max} = 5.4205$,$n = 5$,$RI = 1.12$,计算得到 $CR = 0.0939 < 0.1$,判断矩阵具有满意一致性;二级指标 U_1 的最大特征值 $\lambda_{max} = 3.0536$,$n = 3$,$RI = 0.58$,计算得到 $CR = 0.0515 < 0.1$,判断矩阵具有满意一致性;三级指标 U_1 的最大特征值 $\lambda_{max} = 4.1213$,$n = 4$,$RI = 0.9$,计算得到 $CR = 0.0449 < 0.1$,判断矩阵具有满意一致性。依次通过计算得到其余各层的一致性比率均小于0.1,说明所建立的评价指标体系具有实用性。

3. 指标数据无量纲化

由于远洋渔业竞争力的各项指标数据的量纲不同,因此要对这些指标的原始数据进行标准化处理,根据以下公式(1)对浙江、山东、福建等10个省市①的37个指标数据进行无量纲化处理。

$$Y_i(t) = \frac{X_i(t) - \min X_i(t)}{\max X_i(t) - \min X_i(t)} \tag{1}$$

其中:$i = 1, 2, \cdots, 37$;$t = 1, 2, \cdots, 10$,$Xi(t)$ 为 t 省市第 i 个的指标值,$Yi(t)$ 为无量纲化后的数值。

4. 计算综合评价值

根据上述指标综合权重及无量纲化处理后的指标值,计算2012年第 t 省市远洋渔业竞争力的综合评价值,计算的公式为:

$$CI(t) = \sum W_i \times Y_i(t) \tag{2}$$

---

① 海南省不在选取的沿海省市之列是因为《中国渔业统计年鉴》中没有该省的远洋渔业统计数据,通过其他的途径也不容易获取该数据资料。

（四）综合测评值的计算

通过上述实证研究计算得出远洋渔业竞争力的综合得分及排名（表7）。2012年,在全国10个远洋渔业省市中:山东排名第一、浙江紧随其后排名第二、江苏排名第三。总体上看,各省市远洋渔业竞争具有较大的不均衡性、差距较大,排名靠前的省份集中在长三角区域。

表7　2012年10省市远洋渔业竞争力综合得分及排名

省份	远洋渔业竞争力综合得分	排名
北京	0.073 6	10
天津	0.144 2	9
辽宁	0.420 7	6
上海	0.325 3	7
江苏	0.592 9	3
浙江	0.671 0	2
福建	0.514 9	5
山东	0.674 6	1
广东	0.509 8	4
广西	0.184 8	8

（五）结果分析

上述指标体系用一系列具有代表性的指标来衡量浙江远洋渔业产业的发展状况,研究浙江远洋渔业发展的各要素的相应关系和总体趋势。结果表明:在远洋渔业生产能力方面:浙江排名第一、山东排名第二、辽宁排名第三(表8)。其中浙江在远洋渔业捕捞的产能方面表现突出,在远洋渔业总产量、鱿鱼捕捞量、远洋渔业总产值、远洋企业数量这些指标上均排名全国第一。2012年,浙江拥有农业部远洋渔业资格企业34家,远洋渔业产量29.09万吨,产值23.59亿元,特别是北太鱿钓产量占全国的65%,地位举足轻重,同时已初步建立了阿根廷、缅甸、舟山3个远洋综合配套基地。全省基本形成了以超低温金枪鱼钓业、大洋性鱿鱼钓业、大洋性金枪鱼围网和过洋性渔业为主要作业方式的远洋渔业生产格局。但是伴随各渔业资源国开始重视其渔业资源,渔业管理和入渔条件日益严苛,未来远洋渔业发展的规模空间受限,因此急需开展渔业合作,积极开发新渔场。尽管如此,浙江省目前尚未有一家渔业方面的上市企业,这也说明浙江省渔业企业的现代化水平还需要再上层次。

表8　2012年10省市远洋渔业生产能力综合评价值

省份	生产能力	排名
北京	0.023 7	9
天津	0.023 2	10

278

省份	生产能力	排名
辽宁	0.126 7	3
上海	0.096 2	4
江苏	0.025 3	8
浙江	0.171 8	1
福建	0.069 1	6
山东	0.135 6	2
广东	0.084 2	5
广西	0.032 9	7

在水产品贸易与加工能力方面:山东排名第一、浙江排名第二、福建排名第三(表9)。其中浙江的水产品加工企业数量(36个)及交易市场数量(35个)这两个指标在全国名列前茅,但在其他指标如水产品加工(570 162万元)及流通增加值(972 244万元)方面远落后于山东(水产加工2 407 837万元、流通增加值2 543 272万元)。说明浙江远洋渔业产业链比较单一,加工和贸易竞争能力明显不足。到目前为止,浙江远洋渔业产业主要集中在捕捞生产环节,还没有形成捕捞、加工、运输、销售、供应一条龙、前后方配套联动的产业发展格局。大部分远洋渔业企业的渔获物不经加工或经粗加工冷藏(冷冻)后直接运回本国或运到日本、美国直接出售,没有经过精深加工,产品附加值低,更没有延伸到其他的行业和产业。因此,未来浙江要着力延展远洋渔业产业链,发挥其产业联动作用,带动码头、运输、装卸、冷库冷藏、加工、流通、加油和渔船修造业等相关产业的发展。如:在舟山建立国内远洋渔业综合基地,形成鱿鱼生产基地、鱿鱼加工基地、远洋鱼货集散基地和远洋渔船修造基地,从而在加工销售、后勤补给、渔船修造、贸易物流服务等方面形成产业联动的示范效应。另外还要支持和鼓励远洋渔业的龙头企业,在海外项目较集中的国家和地区建设基地,解决在生产、运输、海上补给、海上救护和销售环节中受制于人的状况。

表9　2012年10省市远洋渔业贸易与加工能力综合评价值

省份	贸易与加工能力	排名
北京	0.007 0	8
天津	0.005 1	9
辽宁	0.046 4	5
上海	0.010 3	7
江苏	0.046 1	6
浙江	0.070 5	2
福建	0.062 1	3
山东	0.104 2	1
广东	0.048 2	4
广西	0.005 1	9

在远洋渔业可持续增长方面:江苏排名第一、福建排名第二、浙江排名第三(表10)。其中,浙江2012年远洋渔业总产量增速较快,为23.94%,仅次于江苏33.38%,但是在渔民收入增速(9.04%)、水产技术推广机构(497个)和经费(12 411.37元)方面与江苏(收入增速19.92%、技术推广机构1 027个,推广经费20 199.96元)相差较大。远洋渔业属于科技依存度高的产业,长期以来浙江省各级政府及企业对远洋渔业的资源分布、渔船、船用设备、网具和捕捞技术等基础研究方面缺少应有的专项资金支持和科技成果转化平台。为此,要加大资源探捕工作的扶持力度,设立专项资金,更多利用现代科技手段,逐步改善落后的资源和渔场定位方法,组建专业的远洋渔业资源调查船队,建设相应的数据资料和渔场信息库。加强对先进远洋渔船、船用设备、新型渔具渔法及捕捞节能降耗技术的开发研究,如:通过政府专项补贴或资本金投入、给予优惠贷款等方式鼓励科研单位与远洋渔业企业间的密切合作,建造及更新改造数艘超低温金枪鱼钓船和大型金枪鱼围网船等科技含量高的渔船。

表10　2012年10省市远洋渔业可持续增长能力综合评价值

省份	可持续增长能力	排名
北京	0.020 6	10
天津	0.088 5	7
辽宁	0.074 3	8
上海	0.142 7	5
江苏	0.208 2	1
浙江	0.169 8	3
福建	0.185 9	2
山东	0.138 9	6
广东	0.144 5	4
广西	0.071 4	9

在要素禀赋方面,排名前三的省份差距较小,具体分别是:山东、江苏、浙江(表11)。其中,浙江在基础设施(渔船407艘,一级中心渔港8个)建设方面表现亮眼,但是在人力资源方面(专业捕捞人员177 506人,渔政管理人员1 954人)与山东(专业捕捞人员202 260人,渔政管理人员2 736人)相比存在较大差距。

表11　2012年10省市远洋渔业要素禀赋综合评价值

省份	要素禀赋	排名
北京	0.000 0	10
天津	0.021 4	9
辽宁	0.136 8	6
上海	0.028 1	8
江苏	0.203 1	2
浙江	0.200 8	3

省份	要素禀赋	排名
福建	0.180 6	4
山东	0.218 1	1
广东	0.175 1	5
广西	0.059 4	7

在外部保障方面:江苏排名第一、山东排名第二、浙江排名第三(表12)。其中,浙江在渔业人员培训(62 547 人次)及渔情信息提供方面(渔业公共服务信息网站 69 个)与排名第一的江苏(培训人次 406 455,网站 107 个)相比存在较大差距。浙江远洋渔业人才培养滞后,制约其在人力资源和渔政管理能力方面的竞争力。根据浙江渔业局的相关信息:群众性远洋渔业船员占全省的 67.5% ,90% 左右的本地船员仅有高中文化程度,2012 年渔政管理人员本科以上比例仅达 1.79% 。由于远洋渔业项目均在公海或境外实施,环境复杂、风险较高,更需要复合型的专业管理人才,但目前来看,远洋渔业人才队伍还不能满足其发展需要。因此,行业主管部门要做好远洋渔业项目的风险评估、可行性论证和审核把关,加强对远洋渔船的跟踪管理,健全境外突发事件预警和应急处理机制;建立规范的远洋渔业船员制度体系,打造一支素质过硬的远洋渔业船员队伍。同时,也可以通过与高校和研究机构的合作,逐步建立完善的培养和输送人才体系。

表12　2012 年 10 省市远洋渔业外部保障综合评价值

省份	外部保障	排名
北京	0.022 3	7
天津	0.006 1	10
辽宁	0.036 5	6
上海	0.048 0	5
江苏	0.110 2	1
浙江	0.058 1	3
福建	0.017 1	8
山东	0.077 8	2
广东	0.057 8	4
广西	0.016 1	9

三、结论

本文分析了浙江远洋渔业产业的发展现状及存在问题,根据指标数据的可获得性和可操作性,构建了具有递阶层次的远洋渔业竞争力评价指标体系,用 AHP 法确定各指标权重,对浙江远洋渔业产业竞争力进行了评价,得出 2012 年浙江省远洋渔业产业竞争力排在沿海

10 省市的第二位,但从其可持续发展、资源禀赋和外部保障等方面还需要加强,才能保持其远洋渔业在未来的竞争力。

参考文献

[1] Michael Porter, The Competitive Advantage of Nations, Harvard Business School Press, 1990, p. 2.

[2] Dunning John H. Internationalizing Porter's Diamond , Management International Review, Second Quarter 1993. 33(2), pp. 7 - 15.

[3] Rugman, Alan M; D Cruz, Joseph R. The double Diamond Model of International Competitiveness: The Canadian Experience , Management International Review, Second Quarter, 1993, 33, pp. 17 - 39

[4] Matthew . Corton, Alina Danilowska . Slawomir Stnaszewski , Aldoma Zawojska &Edward . Majewsk : The International competitveness of Polish Agriculture . Post - Commumist Economies . 2001, 13(4):78 - 85.

[5] Maria Sassi . The Competitiveness of Agricultural Products in World Trade and The Role of the European Union . Tnternational Conference , Agriculture Policy reform and the WTO: where are we heading capri (Italy) , 2003(7):23 - 26.

[6] 金碚:《中国工业国际竞争力——理论、方法与实证研究》,北京:经济管理出版社,1997 年。

[7] 瞿兵:《我国远洋渔业的发展现状及对策》,《经济与管理研究》2001 年,第 113 ~ 114 页。

[8] 中国水产(集团)总公司、中国水产科学研究院 WTO 课题组:《加入 WTO 对我国远洋渔业的影响和对策研究》,《中国渔业经济》2002 年第 1 期,第 9 ~ 13 页。

[9] 文秋利:《我国远洋渔业企业的竞争力分析》,《水产科学》2003 年 22 第 6 期,第 41 页。

[10] 杨培举:《中国远洋渔业直面海洋寒冰》,《中国船检》2005 年第 8 期,第 27 ~ 28 页。

[11] 黄欣:《基于钻石模型的我国远洋渔业竞争力分析》,《广东农业科学》2009 年第 11 期,第 219 ~ 220 页。

[12] 云经才:《中水集团发展远洋渔业的环境分析与战略选择》,对外经济贸易大学,2003 年。

[13] 季晓南、刘身利:《把远洋渔业作为一项战略产业加以扶持》,《中国国情国力》2010 年,第 9 页。

浙江海洋文化景观特质及其形成机制^①

浙江海洋文化景观特质及其形成机制[①]

李加林

（宁波大学城市科学系）

摘要： 浙江海洋文化景观是浙江海洋文化的体现形式。文章在分析浙江海洋文化景观构成的复杂性、海洋文化景观的时代性、地域性、功能性和稀缺性的基础上，指出自然环境是文化景观建造的基底和物质，人文社会环境控制着区域文化景观的内质与精神。并从盐业生产、农耕文化、渔业生产、沿海聚落的选址等方面分析了海洋文化景观形成的地理环境感应机制，从经济发展、文化底蕴、宗教信仰和海防军事等方面阐析了海洋文化景观形成的人文环境作用机制。

关键词： 海洋文化景观　地理环境　人文环境　形成机制

浙江是我国的海洋大省，海岸线曲折绵长、海域岛礁众多、海岸类型多样、港口海湾资源丰富、滩涂面积广大、海洋渔业资源丰富。独特的地理区位条件和复杂的海洋环境使得浙江沿海成为人类文明起源、发展与传承的重要区域。浙江沿海地区的劳动人民在认识、利用海洋的过程中，创造了无数与海洋有关的物质与精神财富，由此产生的文化也不断积淀。浙江海洋资源的开发历史，也是一部与海抗争的历史。在此过程中，浙江沿海形成了包括海洋遗址遗迹景观、海洋历史场所景观、海洋乡土景观、海洋聚落景观、海洋关联性文化景观和海洋文化线路景观等在内的类型多样的海洋文化景观。各海洋文化景观类型相互作用、相互影响、相互补充，构成了丰富多彩的浙江海洋文化景观系统。海洋文化景观是人类文明的历史在海洋上的反映所构成的可供旅游观光、审美鉴赏的存在物，既包括人造存在物及其残留，如海洋艺术建筑、海洋历史名人事迹、历史事件的遗址、海洋文化活动场馆等，也包括"拟人造化"的自然存在物。

一、浙江海洋文化景观特质

（一）海洋文化景观构成的复杂性

海洋文化景观是人们对海洋自然环境施加影响后产生的，因此自然和人文环境都会对其景观结构产生影响。而浙江海洋自然环境以及沿海人民思想观念和行为方式等的多样性

---

① 基金项目：浙江省哲学社会科学规划重点项目（No. 14JDHY01Z）部分研究成果。

特点,决定了浙江海洋文化景观具有构成上的复杂性,内涵上的多义性,界域上的连续性,空间上的流动性和时间上的变化性等特点。由此而产生的海洋文化景观更是具有以上复杂多变的特点。首先,海洋自然环境对海洋文化景观的空间格局起着主导性的控制作用。浙江沿海不同基质类型的海岸带地区由于物质来源、生态系统构成等方面的差异性导致了其海洋文化景观格局和功能都存在较大的差别,并直接影响到人类活动对于海洋资源的利用程度和文化行为的选择等。而海洋自然景观受海洋环境的影响总是处于高度的空间动态迁移和时间演化叠加之中,它与人类行为对其的影响相互叠加,加剧了这种空间分异。其次,人类活动在海洋文化景观结构的形成与演化中也扮演着重要的角色。随着人们涉海活动范围的扩大和生活内容的日益多样化和丰富,不同区域的各种海洋文化景观的分异渐趋扩大,地域特色不断趋于明显,不同的沿海区域形成不同的海洋文化景观,从而使得整个沿海区域的文化景观从总体上表现为繁复众多,支离破碎的格局。

(二)海洋文化景观的时代性

海洋文化是人类在涉海活动中逐渐形成的,并随着社会的进步而不断发展变化。在此过程中,人类既通过海洋文化利用和改变自然,同时,此过程又受到海洋自然环境的制约,正是这种矛盾关系推动着沿海地区人类历史的发展及海洋文化景观的演变。当一地的海洋文化精髓与海洋自然地理环境的关系高度协调时,海洋文化的基本特质就处于相对稳定状态,海洋文化体系稳定的特质就表现为某种海洋文化模式;而当其文化精髓与海洋自然地理的关系协调程度相对较低时,海洋文化则处于相对运动的状态,海洋文化处于运动变化的时段就表现为海洋文化的变迁。在历史的发展过程中,海洋文化模式不断地随着时代的变迁而变化,亦即海洋文化模式与海洋文化变迁交替发生,从而形成不同时代的海洋文化景观。因此,从时间序列上看,海洋文化景观具有鲜明的时代特征,同一区域的海洋文化景观是在不同时代背景下海洋文化景观演变而成的文化景观的镶嵌体。每一海洋文化景观都是某一特定时代的产物,它必然带有创造和生产它的那个时代的特点,并与当时的自然和社会背景相联系。

早在7 000年前,浙江河姆渡人就开始与海洋进行广泛的接触。随着其对于海洋的认识能力增强和利用方式的变化,海洋文化处于不断的历史演进之中。与之相对应的海洋文化景观,也随着历史上海岸变迁、人类对海洋资源利用改造等活动不断累积和更新。如浙江在围垦滩涂、海洋捕捞、垦区开发、抵御外敌、港口开发和商贸发展过程中,分别形成了相应的海塘景观、垦区农耕文化景观、渔文化景观、海防军事景观、港口景观及海洋经济文化景观等。在海洋文化漫长的演变史中,海洋文化景观经历了从分散到集中,从简单到复杂的过程。在此过程中海洋文化景观的内涵不断丰富,其基本特质也不断更新,最终导致海洋文化景观类型也随着时代的变化而不断演化。

(三)海洋文化景观的地域性

海洋文化景观是附着在沿海地区自然物质之上的人类活动形态,其所处的空间位置具有相对稳定性和固定性的特征。但是,由于沿海地区不同地域间自然条件及人文环境差异性的存在,海洋文化景观的分布形态和功能结构都表现出显著的空间差异。因此,地域性就成为海洋文化景观的一个重要特征。不同地区的海洋自然环境和社会历史背景下形成的海洋文化景观具有不同的表现形式和文化内涵,加上不同区域的海洋文化景观的组合和匹配关系都各不相同,这导致了海洋文化景观在自然丰度和地理分布上的差异性十分明显。如镇海口附近海防遗址景观分布密度大,数量多,易于保护和开发;而河姆渡的海洋文化景观则呈现出质量好,年代久远,考古价值大的特征。

沿海人民群众既是海洋文化的直接创造者,又是海洋文化的传承者,海洋文化的继承和发展通过一代代的沿海人民承载并不断发扬光大。而不同地区的沿海人民生活方式、对外交流、宗教信仰等条件的差异,也使得不同地区人民创造的海洋文化景观各不相同。即使在海岸带自然条件非常相似的区域,也可能由于沿海人民生活方式等的差异形成不同的海洋文化景观。因此,在沿海地区的不同聚落,都有相应的文化与习俗,如不同地区的建筑形态、饮食习惯、风俗传统等物质和非物质文化与习俗各不相同,并以此向人们展示着该地的特有社会文化传统。由于其特有的地方海洋文化习俗深深地根植于沿海人们的生产生活之中,在其基础上形成的海洋价值和海洋文化精神也可能各具特色,并孕育了不同类型的海洋文化景观。

（四）海洋文化景观的功能性

海洋文化景观的功能性首先反映为其可以被人类利用的特性,即经济性,这是海洋文化景观最基本的功能。海洋文化景观对于沿海区域经济发展的作用是显而易见的,它赋予沿海人们开拓进取、务实创新、兼容并包的海洋商业精神,为区域经济发展提供动力支持和价值引导。同时,海洋文化景观本身可以成为沿海区域经济的一个增长点,海洋文化景观中可闻、可见、可体味的文化特质对海洋经济发展有着巨大的辐射作用,是沿海及海岛发展旅游业和海洋文化产业的基础。纯朴的渔家风情文化景观、雄伟的军事遗迹文化景观、多样的海洋饮食文化景观等都是极具吸引力的旅游资源和极具深度的文化产业资源,这些资源如果得到合理利用,其所能创造的价值是无穷的。

海洋文化景观的功能性还反映在其科研教育功能上,由人类长期适应海洋、利用与改造海洋环境而形成的海洋意识形态及海洋文化景观反映了人类活动在海洋自然生态干预过程中的劳动和智慧,蕴藏着人类道德等重要信息和文化传统。与海有关的科学见解与神话传说、宗教信仰与风俗习惯、海洋文化与艺术作品都反映了沿海地区劳动人民对于海洋发展历史的见解,反映了沿海人民认识海洋、与海抗争、向外拓展、抵御外敌入侵等的观念和意识形态,它不仅代代相传、寓意深刻,而且直接影响着沿海人民的生活方式。而清新明丽的海滨建筑、风格各异的海洋主题乐园、方兴未艾的海洋科技产业等等则充分展现了现代社会所创造的海洋文明。这些物质和非物质海洋文化景观记录了长期以来沿海地区人海互动的遗迹和发展历程,是集历史、地理、经济、文化等知识为一体的百科全书,是对青少年及广大公众进行普及地球科学知识及大专院校、科研单位教学、实习、科研的重要基地,也是保障和促进海洋法律、海洋政策、海洋意识、海洋人文审美思想宣传的重要依托。

（五）海洋文化景观的稀缺性

随着人类社会的进步和科技的发展、人类与海洋接触范围和内容的增多,海洋所具有的价值开始在经济、社会、生态等领域不断显现并逐渐加强。海洋文化对沿海人民的影响也就可能渗透到社会生活的各个领域,并对沿海地区的景观设施、生活方式、民众心态、精神气质、价值取向、审美感受乃至社会经济发展目标的设定、发展模式的选择及国家体制创新的选择等产生影响。因此,在现代社会,海洋文化景观对沿海地区社会经济发展的作用将越来越明显。海洋文化景观与沿海地区的人类社会经济系统两者之间的关系具有资源与社会经济系统之间的供体和受体的关系。由于海洋文化景观相对沿海地区的人类社会经济系统发展具有不可逆性,因此,这种资源作为一种不可再生资源,具有资源的稀缺性。随着沿海地区社会经济的发展,海洋文化景观资源不断被开发利用;同时,沿海地区的开发建设也使得海洋文化景观资源被不断地破坏和改造,这些都将导致海洋文化景观资源的耗损,并表现出资源的稀缺性特征。如舟山定海新城建设使得许多历史街区景观逐渐消失。

从文化生态学的角度来看,文化生态系统是比自然生态系统更为复杂的系统,文化生态建设既有文化产品硬件生产的任务,更有塑造美好心灵的软环境建设的任务。因此,对于沿海地区而言,与文化生态建设相匹配的海洋文化景观也受到硬环境和软环境的双重影响和制约,海洋文化景观的积累和传承必须建立在相对稳定的海洋自然环境和社会环境条件基础之上,而海洋自然环境的脆弱性和人类各种开发活动的负面效应都会导致并增强海洋文化景观的稀缺。而对于海洋文化景观资源的价值而言,年代越久远,影响范围越广的景观资源其稀缺程度就越高,其综合价值也越高。而随着全球化的不断推进,沿海地区所受的文化侵略程度不断加深,这也导致许多沿海区域的非物质文化景观处于濒危状态之中,这一切都加剧了海洋文化景观的脆弱性,从而使得海洋文化景观作为资源更具稀缺性。

二、海洋文化景观形成的地理环境感应机制

浙江沿海地区一直以来就是人类活动密集的区域,浙江先民很早就学会利用海岸带独特的地理区位条件和资源优势,进行各种与生产生活直接相关的开发建设。在人海互动过程中,地理环境决定了海洋文化景观形成的物质来源、发展条件等自然基础,其在人类对于认识、利用和改造海洋自然环境的行为与方式的选择上产生着重大影响,影响海洋文化景观形成和空间分布。

(一)地理环境与盐业生产

海洋盐业资源形成的自然环境因素包括海水盐度、气候、滩涂条件等,海水盐度是盐业资源形成的最基本要素,气候条件的日照、降水、蒸发、风力等要素直接影响着盐业生产活动,滩涂则是海盐生产的场所。浙江沿海有着发展海洋盐业生产的良好条件,沿海海水盐度冬低夏高,地域上表现为岛屿、半岛地区较高;且沿岸地区日照较多,热量丰富,沿海地区广泛分布有开阔平坦的滩涂。

浙江历来是我国海盐生产大省,汉武帝时期就曾在浙江海盐县平湖设立盐官,秦时浙江的制盐业已颇具规模。从三国开始,中国经济中心逐渐南移,浙江的盐业经济也随之发展。宋元时期,浙盐的年产量约占全国年总产量的四分之一。如今,虽然浙江沿海的盐业在浙江国民经济各部门行业中的比重并不大,但其作用却不可低估。不仅满足了全省的食盐需要,

还供应了上海、安徽、江西等地,成为华东地区盐业生产的重要基地。盐业资源对于浙江与盐有关的海洋文化景观的形成有重要影响。首先,盐业生产的发展,带动了与之相关的各种产业的发展,从而形成了相关海洋文化景观。其次,作为一项历史悠久的传统资源利用方式,海盐制作本身的生产工艺、生产工具、生产场所就是海洋文化景观的重要组成部分。再次,盐业生产所形成的有关习俗也是浙江沿海民俗文化景观的重要组成部分,盐业民俗包括盐生传说、盐产崇拜、盐业祠祀等。

(二)地理环境与农耕文化

农业是浙江海岸带开发的基础产业,浙江省的沿海农业用地绝大部分都是历史时期海积平原和滩涂围垦开发利用过程中形成的。浙江沿海地区农业生产的自然环境十分优越,区位、土地、水热、水文、土壤等地理要素的组合成为影响浙江沿海农业文明繁衍生息和农业生产布局结构多样化的基础条件。

因此,农业文明的变迁也是浙江海洋文明发展历程的重要组成部分。早在7 000多年前,河姆渡先民就开始种植水稻,以农业生产为起点,开创了浙江悠久的海洋文化史。在河姆渡遗址的考古挖掘过程中,发现了大面积的稻谷堆积层、大片木建筑遗迹和总数超过6 000件的生产工具、生活器具、原始艺术品,充分说明当时的农业生产已经初具规模。温暖的气候,适宜的水文、土壤条件,丰富的动植物资源等因素,使河姆渡人能够较早地在杭州湾南部地区,开始以种植栽培水稻为特征的多样性的农业开发活动。

在不断地实践发展过程中,浙江沿海的农民总结出了很多传统的农艺,沿海农业生产技术不断发展。宋代在沿海的余姚、温岭一带就已经普遍种植间作稻或连作稻。农业的土地利用精耕细作,复种指数平均在260%左右。至今,浙江沿海农业的土地利用和生产水平都处于全国领先地位,粮、棉、麻的单产始终走在全国的前列。随着沿海劳动人口的不断增多,生产技术的不断改善,浙江沿海平原地区成了田园密布,物产丰饶之地。先民们开始将农业的生产基地扩大到自然环境相对较差、人烟稀少的山区丘陵地带,他们在这些群山中寻找适宜开垦种植的开阔地,并因地制宜地发展山区种植业和养殖业,将农业文化延伸至浙江内陆的各个角落。从这个层面上说,当今浙江内陆的农耕文明也或多或少带着一些海洋农业文化的气息。

(三)地理环境与渔业生产活动

浙江沿海水域常年受长江、钱塘江等大江大河径流影响,海水营养物质丰富,提供了海洋生物赖以生长繁殖的物质基础。以著名的舟山渔场为代表的浙江近岸浅海一系列渔场,不仅海洋水产品种类丰富,而且产量大、经济价值高。浙江渔业生产有着悠久的历史,随着造船、航海技术的不断进步,渔业生产由离岸不远的沿海渔业,逐步拓向大海。渔业生产在不同地理环境背景下呈现出不同的形态特征,并与周围环境产生有机联系,造成了与渔业生产有关的海洋文化景观的多样化特征。

浙江沿海岛屿众多,岸线曲折,也使得海岸线上分布了许多有良好锚泊的天然港口,目前全省沿海分布有数量众多的渔港,这也是浙江渔业之所以成为全国最好渔场的原因之一。海洋渔业活动主要包括以下四个要素。首先是渔场,即鱼群天然栖息或鱼类养殖水域。前者是海洋营养物质丰富,有利于鱼类进行休养生息的海域,后者则是人工形成的进行鱼类养殖的水域;其次是渔业生产的生产工具与技能,包括渔具、渔工艺、网箱等;第三是渔产品交易场所,包括渔港、鱼市、水产品冷冻库等;第四为渔民和渔村,前者是从事渔业捕捞或水产养殖的经营者和从业者,后者则为渔民聚居所形成的村落。上述四项要素包含技术、制度及文化等层次,再融合多样性的渔业生物,衍生出的海洋渔业文化景观,具有独特而丰富的海洋文化内涵与特色。

(四)地理环境与沿海聚落的选址

浙江大陆沿岸的聚落遗址一般选择在山麓与沼泽、溪河低地的交接处;或是靠近海岸、湖边的高地。比如,河姆渡遗址背靠四明山,北临沼泽低地,旁邻河溪。宁波的八字桥遗址与河姆渡遗址的选址十分相似,它依傍着黄金、阮家两座小山而建,前面是较为开阔的平地,其间有低洼的湖泽。宁波鄞州的董家跳遗址,坐落在河岸旁边的高地上,大陆沿岸类型的聚落遗址采取这种选择形式是出于最大限度地利用自然资源,并减少可能发生的自然灾害对聚落的影响。这种类型聚落和选址,主要基于以下几点考虑,首先是靠近森林,以便能就地获取聚落建造所需的各种木料;其次,森林有较为丰富的动植物资源,方便古人狩猎动物或采集植物资源而无需长途跋涉;第三,聚落一般濒临海岸、湖泊,以便于下海(湖)捕鱼、采捞和行舟船之利;第四,附近有便于耕作的低地、平原。大陆沿岸聚落选址山麓地带亦非常有利于生活,由于地势相对较高,空气流通性好,在湖泊或沼泽附近选址,亦可通过架起杆栏,将房屋的居住面抬高,起到通风防潮的作用。此外,这种选址,还十分方便获取引用水源和柴薪。

而浙江海岛类型聚落选址的一大特点,是坐落在三面环山、一面向海的山岙的山坡上或剥蚀夷平面上。这种选址主要是为了适应海岛的自然环境而作出的。因为,浙江海岛区域深受台风影响,山岙的三面隆起能够很好地抵御台风灾害的侵袭,位于山岙背风坡的民居建筑可不受或少受台风影响;此外,山岙的海侧沿岸是潮汐波浪的波能辐散区,便于自由船舶作业停靠。这一古老的海岛居住理念一直得以传习,甚至如今的渔村大多还是处在这样的山岙里。

三、人文环境作用机制

区域人文社会环境在区域文化景观建造中的作用是极其重要的,如果说自然环境提供的仅是文化景观建造的基底和物质,那么人文社会环境控制着区域文化景观的内质与精神。在漫长的海洋文明史中,沿海地区人们根据自己对海洋环境的感知、认识、美学准则、信念等从事着与海洋有关的生产与生活,形成了丰富的海洋文化,并从政治、经济、社会等各个方面驱动着海洋文化景观的形成。

(一)经济发展机制

在浙江沿海地区的人们开发和利用海洋资源的历程中,随着生产力水平、生产结构等经济形态的转变,不同时代人们对于海洋资源的开发利用模式、经济制度和经济观念等方面有着较大的差异,因而也就形成了不同时代与特色的海洋文化景观格局。早期,浙江沿海地区人们的生产方式以农耕、渔猎为主。随着生产技术和能力的改善,人们利用更先进的劳动工具,从事更高级的生产活动,原始的农业和渔业文明不断成熟,因此农业经济形态的演变对于浙江海洋文化景观的产生具有积极作用。随着社会经济的进步,经济规模不断扩大,人们开始将生产与市场行情相结合,战国时期后养殖渔业、制盐业等行业的产生,说明浙江沿海地区的经济形态已发生了一定的变化,而唐宋以来,随着航海技术的发展,浙江沿海与外界的商业交流不断增多,海洋文化的开放性不断增强,浙江海洋文化景观也融入了更多商业元素,而海洋商贸业又为近现代浙江海洋文化景观的形成和沉积做出了重要的贡献。因此,经济形态的演变是海洋文化景观形态和发展的基本前提。

经济发展还决定着文化景观的形态以及空间演化规律。以宁波港为例,宁波港口及港口城市文化景观形态及空间演化正是由于经济的发展逐步形成的。宁波港口文化景观的形成可以追溯到 7 000 年前河姆渡先民从陆路迈向海洋的时期,河姆渡是中国沿海最早出现的原始寄泊点。随着经济发展及社会变迁,宁波港逐渐经历句章港—老外滩—镇海港—北仑港及宁波 - 舟山组合港的发展过程,与此相对应,沿海港口城市宁波的城市形态逐渐由老市区向镇海、北仑扩展。正是由于经济的发展,我们才能看到海洋文化景观随着时间、经济水平改变的全过程。

(二)文化底蕴机制

浙江海洋文化精神是千古"海中洲"悠久历史与灿烂文化的结晶,是浙江海洋文化的内核和精华。海洋文化景观全面激活了浙江人身上的"文化基因",强化了他们适应自然和人文环境各种复杂情况的思想观念和行为方式,从而创造了海洋文明的新局面。因此,从文化景观的构成来看,海洋文化精神不仅是海洋文化景观精神和行为层面的重要成分,而且直接影响着对于浙江海洋物质文化景观的塑造。比如明清时代的海禁政策,迫使人们只能犯禁冒险才能求得更好地生存,久而久之,犯禁冒险就渐成浙江人的一个普遍的性格特征。而大海亘古常新,给人以广阔的想象与联想的空间,开拓着人的心灵世界,这也使得浙江开创了中国海洋航行、造船和海洋渔业捕捞之先河。

在古代中国,航海、造船这些重要的涉海生产领域,浙江沿海的先民们取得了大量的杰出成就,形成了相应的海洋文化景观。至今大家公认越人精于造船和擅长于航海,他们是中华民族中最出色的航海家和造船技艺师。长期以来,浙江人为中国航海及造船事业发展做出了多项贡献。同样,砌筑海塘需要准确计算,精心施工,浙江人不断改革,提高海塘长期抗海潮性能。如改砌石"多纵少横"为"纵横交错""层必渐缩而上作阶梯形,使顺潮势无壁立之危"等,都是精致创造的体现。此外,海洋文化精神的开放性,也使得浙江历来都是我国对外贸易最为发达的地区之一。而海洋作为对外贸易的主要媒介,海洋商贸文化的内涵十分丰富。这种重视商贸、注重功利的思想,深深地影响了以后浙江许多思想家,并成为浙东学派的重要思想,也成为中国海洋文化中少有的成体系性的意识形态性思想内涵,这无疑是浙江海洋文化景观形成的重要精神内涵。

（三）宗教信仰机制

宗教是文化的重要组成部分，与文化景观相互作用，相互影响。宗教信仰的介入，促进了浙江海洋文化景观的发展。由于海洋的神秘，海洋自然灾害的难以抗拒，浙江沿海居民早在五六千年前就产生了强烈的信仰崇拜。而大海的开放性、兼容性，使得浙江沿海宗教文化资源丰富，形成了多重性的文化结构，如妈祖信仰、观音信仰、鱼师信仰、龙王信仰等。这些不同类型的宗教信仰在浙江沿海地区相互影响，相互渗透，或同时并存，或交替重叠，或兼收并蓄，构成一个五彩斑斓、交相辉映、特色鲜明的宗教信仰文化体系。

宗教信仰文化在浙江沿海地区的传承与扩展，留下了丰富的宗教文化景观，在浙江海洋文化景观的体系中融入了更多的宗教性元素。首先，宗教信仰文化是浙江海洋文化物质景观的重要组成部分，它在浙江沿海地区的形成与传播，留下了丰富的宗教建筑和其他构筑物，无论是散落在乡村的小庙宇还是宗教的发源地，都是留给后人宝贵的物质财富。其次，宗教信仰文化大大提高了浙江海洋文化景观的非物质文化层次，它影响到人们的思想意识、生活习俗等方面，并渗透到文学、艺术、天文、地理等领域，那些留传民间的信仰对象和文化活动习俗不断形成了一道道独具特色的海洋文化景观，而且对于其他非物质文化景观的形成与发展产生了积极的推动作用。宗教信仰与海洋文化景观的联系还表现在其对于海洋自然景观的文化改造方面。在我国古老宗教中，历史最长的要数本土宗教道教和外来宗教佛教，这两种宗教往往离不开山林和沿海，这就为海洋文化景观为宗教信仰所附着，为海洋文化景观的建筑、制作和铺排，提供了文化环境的前提。

（四）海防军事机制

浙江濒临东海，位居我国沿海中段，是我国东南沿海地区的门户地带，历来肩负着抗击外敌侵略的重任，自古以来就是我国东南地区的海防要塞。特别是明清时期以来，镇海先后经历了抗击倭寇和抗英、抗法、抗日等战争，留下了先辈们可歌可泣的英勇业绩和丰富而又珍贵的海防遗迹文化景观。

明代初期开始，鉴于海寇的日渐猖獗，海防上升到重要位置，沿海地区成为海防前哨，政府在各州县治以外的沿海一带设置卫、所等海防要塞，如浙北的海宁卫、浙中的观海卫、浙南的温州卫等。而到了晚清时期以后，虽然浙江海防的战略地位有所下降，但也在抗击外敌侵略中做出了许多重要的贡献，如定海保卫战中对英军的顽强抵抗和中法战争中镇海保卫战的胜利等。在浙江漫长的海岸线上，至今仍然保留着众多的海洋军事文化景观，这些留存的历史遗址，见证的是中华民族百折不挠的精神。海洋军事防御不但留给人们宝贵的历史文化景观，还是浙江人民奋斗的动力来源之一，对于浙江特色海洋文化景观的形成和发展具有重要影响。

四、结语

海洋是地球生命的摇篮，浙江沿海独特的地理区位使得浙江沿海成为中华文明的重要发源地并留下宝贵的海洋文化景观。然而，在经济利益驱动下，各地都沉浸在开发海洋文化景观的热潮中,致使历史上形成的各种海洋文化景观遭受不同程度的破坏,许多历史文化遗产面临消失的危险。因此,研究浙江海洋文化景观的特质,并分析其形成机制,对充分认识海洋文化景观资源的价值,落实相应的保护措施,传承浙江悠久的海洋文化具有重要意义。同时,对于浙江海洋文化景观形成机制的认识,也有利于合理的海洋文化景观开发利用方式的科学选择。

参考文献

李加林、杨晓平:《中国海洋文化景观分类及其系统构成分析》,《浙江社会科学》,2011 年第 4 期,第 89 ~ 94 页。

刘桂春:《我国海洋文化的地理特征及其意义探讨》,《海洋开发与管理》,2005 年第 3 期,第 9 ~ 13 页。

郑培迎:《我国滨海旅游业的海洋文化开发》,《海岸工程》,1996 年 18 第 2 期,第 94 ~ 97 页。

董郁奎:《先秦至隋唐时期浙江盐业经济探略》,《盐业史研究》,2009 年第 1 期,第 37 ~ 42 页。

浙江省海岸带资源综合调查队:《浙江省海岸带和海涂资源综合调查报告》,北京:海洋出版社,1985 年。

黄声威:《浅谈海洋文化(上)》,《渔业推广》,2000 年第 170 期,第 39 ~ 49 页。

李加林:《河口港城市形态演变的分析研究——兼论宁波城市形态的历演变及发展》,《人文地理》,1998 年 13 第 2 期,第 50 ~ 53 页。

柳和勇:《简论浙江海洋文化发展轨迹及特点》,《浙江社会科学》,2005 年第 4 期,第 122 ~ 126 页。

柳和勇:《试论浙江海港城市文化中的海商精神》,《浙江海洋学院学报》(人文科学版),2005 年 22 第 1 期,第 43 ~ 48 页。

姜彬:《东海岛屿文化与民俗》,上海:上海文艺出版社,2005 年。

苏勇军:《浙江海洋宗教信仰文化的旅游价值及其可持续发展研究》,《渔业经济研究》,2008 年第 6 期,第 29 ~ 34 页。

曲金良:《海洋文化与社会》,青岛:中国海洋大学出版社,2003 年第 18 ~ 27 页。

宋煊:《浙江明代海防遗迹》,《东方博物》,2005 年第 3 期,第 3 ~ 11 页。

方堃、张炜:《晚清浙江海防战略地位的弱化及原因透视》,《历史档案》,1996 年第 1 期,第 109 ~ 115 页。

明代浙江海洋灾害与政府的应对

（宁波大学人文与传媒学院）

摘要：明代浙江海洋灾害频繁，明政府采取了一系列的救灾措施，如赈灾、修筑河渠、海塘等。明代赈灾有如下特点：一、有系统的理论；二、有具体的赈灾策略和措施；三、有成熟的经验和较为周到的准备；四、灾害过多，考验太大。尽管明政府有积极的态度和周密的措施，但其所遭受的自然灾害过于频繁，最终导致其国库空虚，疲于奔命。这也影响了其赈灾的效果，而民间义军的兴起也与此有关。再加上外来入侵，军饷加派，内外交攻，终致明政权摇摇欲坠。

关键词：明代　浙江　海洋灾害　赈灾

关于海洋灾害，是一个比较模糊的说法，其界限难以界定，因为无论沿海地区陆地还是海洋上的灾害，皆与海洋有直接或间接的关系。所以，海洋灾害范围若仅仅局限于海洋上，则就显得狭窄。我们这里将因海洋原因引起的直接或间接灾害都看成是海洋灾害，其类型包括雨雪灾害，江河灾害，海水、海潮泛滥之灾等。

一、浙江雨、雪、水等灾害

在《明史》记载中，明代浙江雨、雪、水灾甚是频繁。

洪武四年（1371 年）七月，衢州府龙游县发生大雨，"水漂民庐，男女溺死"。五年八月，嵊县、义乌、余杭"山谷水涌，人民溺死者众"。六年七月，嘉定府龙游县洋、雅二江水涨，翼日南溪县江水涨，"俱漂公廨民居"。七年十二月，湖州、嘉兴、杭州俱发大水。九年，江南又发大水。十一年七月，苏、松、扬、台四府海水涨溢，"人多溺死"。洪武十四年六月，杭州"晴日飞雪"。二十三年七月，海门县大风潮"坏官民庐舍，漂溺者众"。①

永乐二年（1404 年）六月，苏、松、嘉、湖四府俱发大水。三年八月，杭州属县多水，"淹男妇四百余人"。永乐七年秋，浙东发生雨雹。八年，宁海诸州县自正月至六月，"疫死者六千余人"。九年七月，海宁潮溢，"漂溺甚众"。十一年六月，湖州三县发生疫情。七月，宁波五县发生疫情。十四年夏，衢州、金华等府，"俱溪水暴涨，坏城垣房舍，溺死人畜甚众"。十八

---

① 《明史》卷28，志第四，五行一（水）。

年夏秋,仁和、海宁潮涌,"堤沦入海者千五百余丈"。①

洪熙元年夏,苏、松、嘉、湖积雨伤损庄稼。②

宣德六年(1425年)六月,温州飓风大作,"坏公廨、祠庙、仓库、城垣"。③ 宣德九年五月,宁海县潮决,"徙地百七十余顷"。④

正统八年(1443年)八月,台州、松门、海门海潮泛溢,"坏城郭、官亭、民舍、军器"。九年闰七月,嘉兴、湖州、台州俱发大水。九年冬,绍兴、宁波、台州"瘟疫大作,及明年,死者三万余人"。十一年六月,两畿、浙江、河南俱连月大雨水。⑤

天顺五年(1461年)七月,崇明、嘉定、昆山、上海海潮冲决,"溺死万二千五百余人"。浙江亦大水。

景泰五年(1454年)正月,江南诸府大雪连四旬,苏、常"冻饿死者无算"。⑥ 景泰五年,杭、嘉、湖"大雨伤苗,六旬不止"。七年,浙江等三十府,"恒雨淹田"。⑦

成化十一年冬至,杭州大雷雨。成化十二年(1476年)八月,浙江风潮大水。弘治四年(1491年)八月,苏、松、浙江水。五年夏秋,南畿、浙江、山东水。九年六月,山阴、萧山山崩水涌,溺死三百余人。⑧

正德十二年(1517年),苏、松、常、镇、嘉、湖大雨,"杀麦禾"。⑨ 隆庆二年(1568年)正月元旦,大风"扬沙走石,白昼晦冥,自北畿抵江、浙皆同"。⑩

万历三年(1575年)六月,杭、嘉、宁、绍四府"海涌数丈,没战船、庐舍、人畜不计其数"。七年,浙江大水。十四年夏,江南、浙江等地大水。十五年五月,浙江大水。杭、嘉、湖、应天、太平五府江湖泛溢,"平地水深丈余"。七月终,"飓风大作,环数百里,一望成湖"。十七年六月,"浙江海沸,杭、嘉、宁、绍、台属县廨宇多圮,碎官民船及战舸,压溺者三百余人"。十九年七月,宁、绍、苏、松、常五府"滨海潮溢,伤稼淹人"。⑪ 万历二十四年,杭、嘉、湖霪雨伤苗。二十九年春夏,苏、松、嘉、湖霪雨伤麦。四十二年,浙江霪雨为灾。⑫

崇祯元年(1628年)七月,杭、嘉、绍三府海啸,"坏民居数万间,溺数万人,海宁、萧山尤甚"。⑬ 崇祯十二年十二月,"浙江霪雨,阡陌成巨浸"。⑭

如此频发的灾害除了毁坏官民居舍、淹毁庄稼、疫病流行外,还导致了浙江的饥荒。如正统三年(1438年)春,江西、浙江六县发生饥荒。十三年,宁、绍二府及七个州县饥荒。景

① 《明史》卷28,志第四,五行一(水)。
② 《明史》卷29,志第五,五行二(火、木)。
③ 《明史》卷30,志第六,五行三(金、土)。
④ 《明史》卷28,志第四,五行一(水)。
⑤ 《明史》卷28,志第四,五行一(水)。
⑥ 《明史》卷28,志第四,五行一(水)。
⑦ 《明史》卷29,志第五,五行二(火、木)。
⑧ 《明史》卷28,志第四,五行一(水)。
⑨ 《明史》卷29,志第五,五行二(火、木)。
⑩ 《明史》卷30,志第六,五行三(金、土)。
⑪ 《明史》卷28,志第四,五行一(水)。
⑫ 《明史》卷29,志第五,五行二(火、木)。
⑬ 《明史》卷28,志第四,五行一(水)。
⑭ 《明史》卷29,志第五,五行二(火、木)。

泰六年春,浙江等八省发生饥荒。成化元年(1465年),两畿、浙江、河南饥荒。弘治元年(1488年),应天及浙江饥荒。八年,苏、松、嘉、湖四府饥荒。十六年,浙江、山东及南畿四府、三州饥荒。正德七年(1512年),嘉兴、金华、温、台、宁、绍六府乏食。崇祯七年(1634年),由于饥荒,御史龚廷献绘《饥民图》以进。十年,浙江发生大饥荒,父子、兄弟、夫妻相食。①

这些饥荒有的直接为海洋灾害所致,有的间接受到影响。那么政府如何来应对这些灾害呢?

二、明政府对灾害的应对

对于民心,朱元璋是最在意的,因此,在救灾问题上他是非常积极和重视的。其继承者也是如此。在救灾措施上不外乎以下几种,即赈灾、修河渠和海塘。

(一)赈灾

应对各种灾害是传统统治者的天职,是关乎民生和国家统治的大问题。所以,明统治者不仅非常重视赈灾,还有系统和明确的赈灾理论。

1. 赈灾理论

明统治者的赈灾理论和天道思想是一脉相承的,这在明神宗时期兵科给事中李熙的奏章中有明确体现,其言曰:"自古帝王之政,足食而后足兵,甚哉。阜财之道不可不讲也。以民之财济民,则官不费;以民之力生财,则国随足。臣惟当今民务之重,有司所宜究心者五,曰:赈穷民也;优富民也;驱游民也;禁末作之民也;抑刁讼之民也。五者,得其理而天下治矣。今各省被灾被兵之地,在在有之矣。幸皇上丕布鸿恩,凡民间往岁积逋钱粮,悉从蠲免。海隅苍生,莫不知有太平之乐,但臣之愚以为,蠲免者特上之,不取乎下,而非所以为与也。如使民虽贫无以供税,而力犹有以自存,如是而不取之,已足为恩矣。今被灾之地,水旱为虐,兵火残燹,往往无粟可充,展转沟壑,当此而不有以赈之,则饿殍日多,盗贼四起,臣谓穷民宜赈者,此也。

周礼曰:'以族得民。'洪范曰:'既富方谷。'以此观之,民之富者可必其为善,而世家巨族,是富民之积,正贫民之资也。有无相通,缓急相赴,虽贫者亦可恃以无恐。今贪墨之吏,一遇富民即以为奇货,诛求胁削,靡所不极,至于廉吏,民之所谓父母也,乃又矫枉过正,每于富右族,务摧抑之,困辱之,不与齐民蒙一体之视。如田土则曰是兼并而无厌;两造则曰是睚眦而使气;债负则曰是放利而多取;甚者或罹小罪必重坐之以破家,谓有搏击之能明。知含冤必故入之以倾货,谓无贿嘱之染。间有存心公恕、意在平反者,则或以疑似,为所指摘,谤议纷然,而官民俱败。繇是矫虔之吏益得藉口而肆毒是今之富民。其遇吏之贪与廉而皆不能免也。夫贫者,既不能赒之使富;富者,又不能全之。使同归于贫,则闾阎之积愈空,而国将何赖焉。臣谓富民当优者,此也。

先王于民辨之以四:士、农、工、商。各勤其业,故衣食足而储蓄裕也。方今法玩俗偷,民

---

① 《明史》卷30,志第六,五行三(金、土)。

294

间一切习为闲逸游惰之徒，半于郡邑，异术方技、僧衣道服，祝星、步斗、习幻、煽妖，关雒之间往往而是。夫游惰日众，生理日废，饥寒切身，则必转为非义，刑法禁令，莫可如何矣。臣为游民当驱者，此也。先王之制百工也，奇技淫巧必严其禁，盖以逐末者多，则力本者少，此自然之理。今之末作可谓繁夥矣，磨金、刮玉多于耒耜之夫，藻绩、涂饰多于负贩之役，绣文、细彩多于机织之妇，举凡可以耀耳目、淫心志者，罔所不施其巧，财安得不靡，而费安得不竭也？诚使今之司民者，程课百工，各按其度，诸有造作，一依会典，毋得踰越，若违式不法，则服用者罪，而制造之人亦必并坐如此。则作无益者，不摈而自消恣，无涯者不戢而自歛，俭朴日敦而民知力本矣。臣谓末作当禁者，此也。

凡民之好讼，奸顽之所鼓也。奸民怀险饰诈，志于贼良；顽民负忿乐斗，快于求逞，往往巧挽虚情，牵诬无辜。不才有司，利其如是可以恣其渔猎，遂一概收受，又或委讯鞫于首领，寄耳目于胥隶，于是诓索百端赃赎无艺，或坐罪未明而身已毙，或纳赎未竟而业已散，岂非始于一二奸顽刁讼，好讦遂尔贻累无极哉。诚使今之民牧一意，以忠厚恭逊训率其民，务在减省词讼，岁终则计所部词讼，独多非真含枉者，即治以罪，使民晓然知上意之所在。则一切架虚饰诬之徒，俱无所容以遂其私，齐民安业而专心力穑，淳古之风可想见矣。臣谓刁讼之当抑者，此也。

夫赈穷、优富，正以培财所繇生；驱游、禁末、抑讼，亦以谨财所繇耗，此皆安邦固本之要，而今时之急务也。至于穷民之赈，则必度其所给。今天下郡邑库藏大抵皆空，惟常平仓尚有十之二三，赃罚银尚有十之三四，以此赈发，不谓无资，惟在良有司者著意行之耳。更望我皇上与二三大臣力崇节俭，以倡率之，务为安静以休养之。将见五年生息，五年蕃殖，五年蓄聚，不出十五六年之间，而红腐贯朽，亿万年治安之业，孰有盛于此乎！"疏下户部，酌覆如议。①

李熙的奏章从圣王治理天下的整体角度出发，论证了赈灾之重要性和必要性。李熙提到了圣王安治天下的两个基石，即食和兵。食乃满足人自然生存的根本，兵乃保障人们生存不受外来威胁。而这两者相比，食又比兵更具优先性，所以李熙会说"自古帝王之政，足食而后足兵"。而足食就必须懂得"阜财之道"。而"阜财"并不是我们现今所讲的货币财富，而是物资、物产的富足。而"阜财之道"的核心思想是"以民之财济民，以民之力生财"，如此，自然国盛民安、天下太平。而要实现这一目标，必须处理好五个方面的事情，即赈穷民；优富民；驱游民；禁末作之民；抑刁讼之民。这几方面的道理要搞清楚了，治理天下就没问题了，"五者，得其理而天下治矣"。

那么，为何要赈穷民，还将其放在五者之首呢？李熙自然有他的考虑。从这五者的排列来看，似乎表现了李熙心中的本末秩序。无论是贫民还是富民，皆是阜财之主要来源，而游民、末作之民、刁讼之民则是耗财之源，因此要接济和保护前者，禁止后者。尤其在前两者中，贫民是占大多数的，是整个国家的基础，所以其生存和生产一定要有保证。而贫民经常会遇到令其无法生存和生产的天灾人祸，因此不仅要减免其税负和劳役，还必须要进行一定的赈济。如上节所述，明代灾荒频发，因此对贫民之赈济就更不可少了。"今各省被灾被兵之地，在在有之矣。"如此仅仅减免其税赋、劳役是不够的，"蠲免者特上之，不取乎下，而非

① 《明神宗实录》卷之四，隆庆六年八月癸酉条。

所以为与也。"对被灾严重的贫民必须要进行赈济,否则就会产生饿死人,甚至良民被逼为盗贼之现象,"今被灾之地,水旱为虐,兵火残燹,往往无粟可充,展转沟壑,当此而不有以赈之,则饿殍日多,盗贼四起,臣谓穷民宜赈者,此也。"所以,赈济贫民被放在圣王施政之首位,因其在很大程度上决定着国家和社会的稳定。李熙的这些主张被统治集团全部接受和赞同,这说明,赈灾对整个集团来说,是天经地义的,也是至关重要的。

而神宗也深谙此天道,万历十五年(1587年)八月,神宗谕户部曰:"朕见南北异常水旱,灾报日闻,小民流离困穷,殊可矜悯,书不云乎:'民惟邦本,本固邦宁'。若民生不宁,国计何赖?各该灾伤地方,蠲赈委宜亟举,但须分别轻重,务使实惠及民。尔户部查照累年事例及节次明旨,如果灾重去处,斟酌起存本折减免分数,从优议恤。仍查见贮仓库银谷,放赈煮粥,许以便宜行事。灾轻地方,止照常格,不得混报妄援,各该抚按有司毋得玩视民艰,壅阏德意。"①

神宗对天道下的统治之本是了解的。其深知,国之根本乃在于民,若民生维艰,则国家不稳,因此他才会说:"民惟邦本,本固邦宁。若民生不宁,国计何赖?"而关注民生的任务之一就是要在其受灾时予以救援和赈济。如此,才会使上下安宁,天德广布,"各该抚按有司毋得玩视民艰,壅阏德意。"

在明神宗为保国慈孝华严寺所写的碑文中,也从侧面体现了对赈恤的重视,其文曰:"朕惟象教之设,虽起自后世,然用以邑泽导慈,延禧昭贶,历代以来,不能废之。故宇内名区梵宇相望。夫宁内典是崇,亦于福田善果良有助焉。近涿县永乐店,乃我圣母皇太后诞育之区,其为灵秀,甲于宇内。圣母顾念枌榆比于涂山渭涘。命朕即其地创慈圣景命殿,又为保国慈孝华严寺。于左方凡若干楹,规制宏壮,足与殿相护翼。营构之费一出帑金,不烦将作。既落成,朕具其事恭告,圣母尤念。圣母慈仁之性本自天成,含育之功原于积累,其所为俯弘六度,兼济众生,盖与西来宗旨原自契合。顷岁,每闻四方水旱,辄为悯恻,至减膳金赈恤,而内庭之贝叶琅函,朱提宝锾,络绎布施于中外者,皆为国祚民生,皈诚发念若斯之恳笃也。今方内喁喁,咸蒙圣母休泽,迦维有灵,必弘拥祐矧。兹地为祥源所肇发,流衍未穷,加以禁苑祇林,辉煌附丽,宁不足以导迎休祉,默护慈躬,为宗社生灵无疆之福哉?此朕所以既喜其成,因为之记,而系以诗。诗曰:有赫璇宫,箕尾分躔,佛日绕之,瑞霭人天,灵秀攸钟,笃生圣母,愿力乘前,洪慈启后,众生沉漠,咸度迷津,稽首颂赞,归于至仁,圣母不居,原原本本,潞水潏泉,发祥斯远,既营崇殿,乃启双林,雕梁文础,玉埒金绳,法雨朝兴,白毫夜映,香室增华,绀园逊盛,猗欤圣母,功德巍巍,于万斯年,福履永绥。"②

这是明神宗为其母亲所制的碑文,从文字中可以看出,其母是信奉佛教的。神宗所谈到的思想中也涉及了佛教思想。但在神宗看来,佛教思想并不是外来思想,反而是和中国传统儒道思想相融洽与呼应的。如其言:"圣母慈仁之性本自天成,含育之功原于积累,其所为俯弘六度,兼济众生,盖与西来宗旨原自契合。"由此,神宗明确点出,天之本性就是慈仁,秉其"俯弘六度,兼济众生",亦是统治者的天然义务,而这与佛教宗旨也相契合。正是认识到这一天道法则,其母才"每闻四方水旱,辄为悯恻,至减膳金赈恤,而内庭之贝叶琅函,朱提

---

① 《明神宗实录》卷之一百八十九,万历十五年八月庚申条。
② 《明神宗实录》卷之四百五十,万历三十六年九月己亥条。

宝锭,络绎布施于中外者,皆为国祚民生,皈诚发念若斯之恳笃也。"由天地之慈仁过渡到赈恤万民,是非常自然的逻辑。因此,赈灾成为践行天道之不可缺少之环节。

在对赈灾理论基础进行简单的阐述之后,接下来我们将对赈灾的具体策略和措施进行介绍。

2. 赈灾的策略和措施

明代的赈灾策略和措施是逐渐完善起来的。嘉靖二年(1523年)九月,户部奉旨会商和评议赈恤事宜,提出诸种赈济方法,具体奏言如下:"一折漕粮。请将江南等处被灾地方本年应纳改兑粮米准改折银九十万石:内直隶江南各府五十万石,江北各府及湖广、江西、山东、浙江、河南共四十万石,行各抚按通融分派。每石连脚耗徵银七钱,以备月粮。折放所余运舡听令修艖存恤。

一发内帑。请将内帑、太仓银各发十五万两:直隶江南十万两,江北、山东、河南、湖广各五万两。差官运送巡抚衙门,量灾轻重给发州县官,与预备仓粮赃赎相兼给赈。

一惩侵欺。言江南钱粮多被粮里将已徵在官者,侵费贿嘱官吏,捏作未徵,冀幸赦免。请访拿到官责限完解违者,从重问遣。

一任抚牧。请行各巡抚官,捐停不急,专意区处,钱谷择属分赈。其应徵钱粮,听巡抚便宜从事,或酌量丰俭均节,或即赈数代补,务于徵派中存赈恤之意。

一行劝借。请于被灾地方军民有出粟千石赈饥者,有司建坊旌之,仍给冠带。有出粟借贷者,官为籍记,候年丰加息偿之。不愿偿者,听照近例,准银二十两者,授冠带;义民三十两者;授正九品散官;四十两授正八品;五十两授正七品。各免本身杂差。仍禁有司逼强及饥民挟骗等毙。

一处财用。谓今议赈者,或欲捐赋发帑,或欲授官补吏,或欲借余财省快舡,或欲借抽分折竹木,为说不一,均切民瘼。但事各有掌檀难议覆,乞敕各部随宜详覆施行。"

议上,命发太仓银二十万两分给赈济,余悉如议。①

这六项措施分别从国家税收政策调整、国家赈济、赈灾行政及其监督、民间赈济、赈灾经济等方面进行了具体规定。在国家政策方面,主要措施就是折漕粮。这不仅将粮食等实物留将下来便于赈济,还减少了运费等损耗和负担。在政府救济方面,主要措施是发内帑和太仓之银,即皇宫内室和国库的收入。这种财政救济是必要的和有显著效果的。在赈灾行政方面,有任行抚和惩侵欺等措施。这一方面保证赈灾的灵活和高效,一方面防止官员的舞弊怠政行为。在鼓励民间参与救济方面,有行劝借等措施。这一措施鼓励民间人士进行捐助救济,同时给予他们或名或利之奖励。

这六项措施被世宗完全接受,而且当即就拨发太仓银二十万两进行赈济。

嘉靖八年(1529年),广东佥事林希元又上《荒政丛言》疏,对古今赈济措施进行了高度的总结,其疏言:"救荒有二难,曰:得人难,审户难。有三便,曰:极贫之民便赈米,次贫之民便赈钱,稍贫之民便转贷。有六急,曰:垂死贫民急饘粥,疾病贫民急医药,病起贫民急汤米,既死贫民急募痊,遗弃小儿急收养,轻重囚系急宽恤。有三权,曰:借官钱以籴粜,兴工作以

---

① 《明世宗实录》卷三十一,嘉靖二年九月甲午条。

助赈,借牛种以通变。有六禁,曰:禁浸渔,禁攘盗,禁遏籴,禁抑价,禁宰牛,禁度僧。有三戒,曰:戒迟缓,戒拘文,戒遣使。其纲有六,其目二十有三,各参酌古法,体悉民情。"条列上,请户部覆议,当付有司酌量举行。世宗以其疏切于救民,皆从之。①

林希元所提到的赈灾策略和措施总结了前人的经验,看上去系统而细致。他系统提出了赈灾的六条纲领和二十三条措施。这六纲是:二难;三便;六急;三权;六禁;三戒。"二难"指赈灾工作的难点,一是能干的赈灾人才难得,一是灾民的统计工作难。须知救灾工作千头万绪,人员参差不齐。人员虚报、瞒报问题,物资是否正确、高效、诚实被使用之问题,皆需明察秋毫,其难度可想而知。"三便"指救灾的便宜措施,牵涉赈济的程度和大小之问题。不是所有灾民都统一赈济,而是根据受灾程度之大小进行不同程度之赈济,如极贫之民粮食钱财都空,方便赈济米粮,满足其基本生存需要;次贫之民粮食稍有,便宜赈济些许钱财,让其自购所缺米粮;稍贫之民条件较好,便宜借贷钱物与之暂渡难关。"六急"则是六项及时、急需要做的事,如对垂死贫民要紧急给予粥食;对疾病贫民要及时给予治疗和医药;对病刚好的贫民要及时给予汤米;对已经死亡之贫民要及时募瘗;对被遗弃的小儿要及时收养;对各种囚犯要及时给予宽慰和体恤。"三权"即三种权宜之措施,包括:借官钱来买卖米粮,以便维持民间市场的正常运转;兴工作以助赈,也即古代的以工代赈;借耕牛和种子以恢复生产,使农业正常通变流转。"六禁"为六项严禁行为,即禁止侵夺他人财产行为;禁止盗贼行为;禁止不许买米粮之行为;禁止压价行为;禁止宰牛行为;禁止度人为僧的行为等。"三戒"乃赈灾中要引以为戒的事情,即戒救援迟缓;戒拘泥成文旧规;戒遣使扰乱救济秩序。

林希元这短短的百余字,已经将赈灾的前前后后交代得非常周到而清楚了:救灾所遇到的苦难是什么;如何灵活而有差等地进行救济;什么是当务之急;什么是权宜之计;要禁止哪些非法行为;政府如何反应,如何掌控和放权等等,一应俱全。难怪会被朝廷全部接受。这就为明朝的赈灾行动提供了系统的策略和措施支撑。

在神宗时期,赈灾的策略和措施又进一步完善了。万历十五年(1587 年)九月,南京湖广道试御史陈邦科陈述救荒五事,分别为酌议折兑、通行借留、严禁遏籴、核实分赈、破格蠲免。并请求皇上躬节俭、汰靡费。无益者罢之,不急者止之,未甚缺者停之,派有余者减之。章下户部议覆:"改折漕粮,破格蠲免,候各按臣勘报酌议遏籴之禁,应行申饬。备留漕粮,除山陕舟楫不通,难以轻议外,河南及新运经行之处,俱有漕粮。今既请被灾州县暂从改折,即所谓不留之留也。又将运到漕粮中途借留,大损岁漕之额,且与其留各省运到之粮,不若留本处应运之粮,从而改折之。便分赈以银,不若以粟诚为确论。但临德两仓,上年支放已尽,合于遇灾地方随宜设处,及无碍官银给脚价赴有,收地方籴粮以赈饥民。"神宗从之。②

在这里,陈邦科所陈述的五项赈灾条目并没有超出林希元所陈赈济纲领和精神。只是其在增加赈灾资源和减免税负方面提出了一些有价值的建议。增加资源的核心思想是节俭与减少浪费,其具体的方法是:无益者罢之,不急者止之,未甚缺者停之,派有余者减之。减免税负的措施就是蠲免,即免除受灾地区的赋税和劳役等。户部听从了其主张,在改折漕粮、破格蠲免、遏籴之禁等方面积极回应,神宗也对这些行动给予支持和赞同。

---

① 《明世宗实录》卷之九十九,嘉靖八年三月庚子条。
② 《明神宗实录》卷之一百九十,万历十五年九月己丑条。

万历十五年(1587 年)十月,南京礼科给事中朱维藩奏蠲恤赈济八款,分别为:"一汰浮冗之征;一裁供亿之费;一苏里甲之累;一约关税之数;一广储蓄之途;一议远籴之令;一倡义助之风;一申赈粥之法。"章下所司覆行。①

朱维藩所提出的八条措施大部分在前面已经都有所涉及,新的内容就是"苏里甲之累"和"约关税之数"。这在储备和节约措施方面进行了补充。

万历十七年(1589 年)六月,吴地大旱,江以北、浙以东,道殣相枕藉,应天巡抚周继、凤阳巡抚舒应龙、浙江巡按蔡系周等上疏条晰荒政,给事中王继光等、御史陈禹谟等,南京给事中朱维藩、御史刘寅等,或言军国征输一切蠲除;或言勘灾伤分数酌免;或言发内帑、南户部帑暨临德仓囷;或言改折漕粮白粮、停徵金花银两;或言留关税、盐课、赃罚,散赈籴买;或言清驿递、禁止苏杭织造;或言假抚按便宜,责成贤能有司,毋令猾胥扣克;或言劝富民输粟给冠带,徒流以下纳粟赎罪;或宽囚停刑,以召和气,埋瘗瘼疠以消怨厉,练乡兵固城池,以弥盗贼;开水利、筑河工,使饥民受佣糊口。章满公车,该部俱酌议,具覆。上无弗俞。②

以上所提措施,大部分也已经提到过,只有"徒流以下纳粟赎罪"条是我们没提到的。这是让受劳役和流放罪行的人以纳粮的方式减免刑罚之措施。这又增加了赈济资源的一个筹集渠道。

万历四十二、四十三年,户科给事中官应震以及巡按直隶御史李嵩都对蠲赈之法进行了讨论,这又进一步充实了赈灾策略和措施。

户科给事中官应震说,"蠲之说,有蠲而势不能蠲者;有不可不蠲者;有不可不蠲而蠲之犹晚者。夫积逋带徵,皆为正赋,皆属济边考核之法,藩司郡守运不及数者停满停升。夫督之官而蠲之民,窃恐功令自相为左。有司以遵考成之心,为奉职业之心,必有宁为彼不为此者。况从来逋欠往往在民间者什三,在保歇里胥者什七,以姑息布猾之故,而宁甘罚焉。恐良有司或不其然,所谓应蠲而势不能蠲者,此也。

存留虽系正赋,无预京边,自是有司所得而蠲,但须著为令,列行坐款:大灾蠲某项,中灾蠲某项,小灾蠲项。平日颁行,遇灾即如式再为敕谕。有催徵已完而纶音后到者,揭榜通知来岁补蠲。蠲后州邑报府,府报藩司,务以所蠲某项某项据实转闻,其有万不能蠲者,亦明白申说,不得用泛泛蠲存字样,致虚浩荡之仁。我朝户工两曹所遣榷关之吏,钦定限期不越一年而止,何也? 以利津不可久居,利权不可久假也。今税珰在外二十余襈矣,年限既无而又莫为钤束,恣其所为。所谓不可不蠲而蠲之犹晚者,此也。

赈之说,有自外留以行赈者,有自内发以行赈者。外之留也,或留起解税银或留抚按赃罚。夫赃罚原议八分,备边二分。备赈若以赈故而概留八分,似难尽从。至税银以备大工,今鸠工未闻而各省直梯航而来者,祗为内帑长物,与其朽蠹置之而官民莫赖其用,孰若以民间所输还以活民。往三十六年准留仪真税银,三十七年准留北直、河南、山狭税银,三十八年准留福建、四川税银,多少各有差无,非哀此泽鸿举行大赉,今奈何不踵而行也。此留而允留者也。内之发也,或发帑金或发仓廪。臣读三十八年四月内圣谕:'今岁各处灾伤,朕承圣母慈谕发银二十万,差官赍解各处赈济,以称圣母与朕赈恤元元至意。'其畿辅灾民还发京

---

① 《明神宗实录》卷之一百九十一,万历十五年冬十月壬戌条。
② 《明神宗实录》卷之二百一十二,万历十七年六月癸卯条。

仓及附近仓米三十万石,一并给赈。今畿辅与四方处处皆灾,视三十八年不啻过之。惟皇上出帑金若干,散行远服,无量功德,锡厥庶民。自此遐迩鼓□,神人叶和。此应发而不可不急发者也。"①

官应震对于蠲赈之法进行了细致的讨论。他将蠲免分为三种情况:有蠲而势不能蠲者;有不可不蠲者;有不可不蠲而蠲之犹晚者。"有蠲而势不能蠲者"指的是地方官员为了政绩考核的原因,会不愿意去免除赋税。如此就导致了蠲免与政绩考核之间的矛盾,不利于赈济。"有不可不蠲者"指的是对统一要蠲免的项目进行分类,登记造册,"大灾蠲某项,中灾蠲某项,小灾蠲项",明确之后则照册执行,就不会出现当蠲免不蠲免、不该蠲免乱蠲免之情况了。"有不可不蠲而蠲之犹晚者"指的是那些不符合规定的税收机构和税官应当裁撤,尤其是收税之宦官早就应该撤销,但却迟迟没有采取行动。

官应震还对行赈之法进行了分类,分为自外留以行赈者、自内发以行赈两类。自外留以行赈即或留起解税银或留抚按赃罚以备赈济。自内发以行赈即皇帝或发帑金或发仓廪进行赈济。

官应震这些建议都对赈济、蠲免措施有诸多补充,完善了赈灾过程中出现的不足之处。但其奏章并没有被户部上报,估计是触动了利益集团之私欲,被人为搁置。

李嵩亦言:"赈者,赈其贫也。若止据里书查报,恐贫者未必给,给者未必贫。合严谕州县正佐,自备壶殅量带驺从,分历郊原,逐一查视。其贫者即登簿钤票,票令贫户收报。俟领米日对同给散,则胥役不得高下其手矣。赈者,期于享赈之利也,聚千万众于城市中,守费之苦,得不偿失,合无以积米所在,为率酌村落之远近,为脚价之多寡,令民间有车者辇之各乡,即出其米之绪。余偿之,仍谕州县正佐,各于原查地方验票俵给,则贫民不至扶携道路矣。至于蠲存留不蠲起运,是名为蠲而实不蠲。暂蠲停徵,若骤近民以小喜,终不蠲,并追是重绳民以难堪。故蠲存留不若蠲起运之为益也,暂蠲之不如终蠲之为益也。虽然,议赈易议蠲难,今边饷动迟至数月,督催之令急如星火,顾安得所剩余而贷之。惟皇上一旦诏发帑金数十万,以抵灾民今岁田租之半,则有蠲之利无蠲之害,有蠲之名并有蠲之实,将吹枯赈槁,普沾浩荡之恩矣。"②

李嵩详细讨论了在赈济过程中如何避免渎职行为和不合宜蠲免行为、如何提高赈济效率等问题。对于胥役之渎职行为,如"贫者未必给,给者未必贫"等,李嵩建议要对灾民详细检查登记。而在下发米粮时,要就近下发,不要拥堵于城市中,导致交通不便,人员拥堵,浪费大量人力物力。在蠲免时,免除存留之赋税不如免除起运之赋税,暂时的蠲免不如长久蠲免。李嵩这些主张也是很有见地的,对赈灾策略有所补充。但其奏章也未被上报,估计其对蠲免的大胆讨论不符合统治者之利益,也不太符合常识,因为蠲免不可能这么彻底,可以对某些次要和多余之税收项目进行删减,但若全部免除,无疑是极端的。

从上面可以看出,明代君臣对赈灾策略和措施有详细的研究和讨论。其赈灾行为也是在这些策略和措施指导下进行的。接下来我们来看其在浙江的具体赈灾行动。

① 《明神宗实录》卷之五百一十七,万历四十二年二月甲申条。
② 《明神宗实录》卷之五百三十四,万历四十三年七月乙卯条。

3. 明代浙江的具体赈灾行为

在具体操作过程中,上述策略和措施大部分都被施行过。如发内帑和国库赈济钱粮、折漕粮、蠲免、以工代赈、昌节俭、停织造、旌输赈富户、惩渎职官员等。现举例如下。

洪武八年(1375 年)十一月,直隶苏州、湖州、嘉兴、松江、常州、太平、宁国、浙江杭州诸府发生水患,朱元璋遣使赈给之。① 洪武九年十二月,直隶苏州、湖州、嘉兴、松江、常州、太平、宁国、浙江杭州、湖广荆州、黄州诸府发生水灾,朱元璋遣户部主事赵乾等赈给之。② 洪武十年春正月,朱元璋诏赐苏、松、嘉、湖等府居民旧岁遭遇水患者每户钞一锭,计四万五千九百九十七户;二月,又赈济苏、松、嘉、湖等府民去岁遭遇水灾者每户米一石,凡一十三万一千二百五十五户。可见,开始时苏湖等府遭水患,常以钞赈济之,后来由于听说当地"米价翔踊,民业未振",才一律以米赈之,"复命通以米赡之"。③

洪武十年庚申,又赈济宜兴、钱塘、仁和、余杭四县遭遇水患居民二千余户,户给米一石。④ 九月,由于绍兴、金华、衢州水灾民乏食,又命赈给之。⑤ 洪武十一年五月,朱元璋以苏、松、嘉、湖之民遭遇水灾,已经遣使赈济了。但,又考虑其困乏,再遣使慰问,又济饥民六万二千八百四十四户,每户赐米一石,免其逋租六十五万二千八百二十八石。⑥

永乐二年(1404 年)六月,户部言直隶苏、松、浙江嘉湖等郡水民饥,朱棣命监察御史高以正等往督有司赈之。⑦ 永乐三年六月,朱棣命户部尚书夏原吉、都察院佥都御史俞士吉、通政司左通政赵居任、大理寺少卿袁复赈济苏、松、嘉、湖饥民,朱棣谕之曰:"四郡之民,频年厄于水患。今旧谷已罄,新苗未成。老稚嗷嗷,饥馁无告。朕与卿等能独饱乎?其往督郡县亟发仓廪赈之。所至善加绥抚。一切民间利害,有当建革者,速具以闻。卿等宜体朕忧民之心,钦哉!毋忽。"⑧

永乐四年七月,户部言浙江嘉兴县水民饥,命发县廪赈之。⑨ 同月,浙江山阴县民饥,给米稻赈之,凡给八千四百七十余石。⑩ 永乐四年九月,赈苏、松、嘉、湖、杭、常六府流徙复业民户十二万二千九百余奇,给粟十五万七千二百石有奇。⑪ 永乐九年六月,赈浙江龙游县饥民四千二百余户,给稻四千八百六十余石。⑫ 永乐十年六月,浙江按察使周新言:"湖州府乌程等县,永乐九年夏秋霖潦,洼田尽没。湖州府无徵粮米七十万二千四百余石。所司不与分豁,一概催徵。今年春多雨,下田废耕,饥民已荷赈贷。而前年所负田租,有司犹未蠲免,民

---

① 《明太祖实录》卷之一百二,洪武八年十一月甲寅条。
② 《明太祖实录》卷之一百一十,洪武九年十二月甲寅条。
③ 《太祖实录》卷之一百十一,洪武十年春正月丁未条、二月甲子条。
④ 《太祖高皇帝实录卷之一百十一,洪武十年庚申条。
⑤ 《太祖实录》卷之一百十五,洪武十年九月丙申条。
⑥ 《太祖实录》卷之一百十八,洪武十一年五月丁酉条。
⑦ 《明太宗实录》卷三十二,永乐二年夏六月辛卯条。
⑧ 《明太宗实录》卷四十三,永乐三年六月甲申条。
⑨ 《明太宗实录》卷五十六,永乐四年秋七月庚寅条。
⑩ 《明太宗实录》卷五十六,永乐四年秋七月甲午条。
⑪ 《明太宗实录》实录卷五十九,永乐四年九月戊辰条。
⑫ 《明太宗实录》卷一百十六,永乐九年六月壬子条。

被迫责日就逃亡。乞遣官覆验,以舒民急。"朱棣命户部亟遣人核实蠲免。①

永乐十年六月,浙江按察司奏:"今年浙西水潦,田苗无收。通政赵居任匿不以闻,而逼民输税。"上以问户部尚书夏原吉,原吉对曰:"比赵居任奏民多以熟田作荒伤,按察之言未可悉信。"上曰:"水潦为灾,人皆见之。按察司敢妄言乎!愚民虽间有为欺谩者,岂可以一二废千百尔?"即遣人覆视,但苗坏于水者,蠲其税,民被水甚者,官发粟赈之。② 可见,朱棣对百姓的重视超过其对官员的信任。这说明朱棣是深懂百姓为本之天道的。

永乐十一年(1413年)三月,皇太子命赈济浙江乌程等五县饥民,计有一万二千八百一十三户,给粟三万七千六百石。③ 永乐十一年八月,赈浙江之仁和、嘉兴二县饥民三万三千七百八十余口,给米稻六千七百三十石。④ 永乐十三年四月,浙江桐庐、西安二县民饥,命发预备仓谷赈之。凡户七千六百六十,赈谷万三千四百石有奇。⑤ 永乐十四年五月,赈直隶六安、英山、砀山、萧县及浙江西安诸县饥民凡二万三千四百户,给粮三万二千八百石有奇。⑥ 永乐十四年七月,浙江衢州、金华二府大雨,溪水暴涨,坏城垣、漂房舍,溺死人畜甚众。朱棣命户部遣人分视赈恤。⑦ 永乐十九年六月,赈苏州府吴县、浙江西安县等饥民,凡给仓粮一万一千八百石。⑧ 永乐二十年正月,赈浙江之游龙、湖广之宁乡县饥民一千七百二十户,凡给粮二千九百石。⑨

嘉靖元年(1522年)十二月,浙江湖州府水灾,明世宗令该府漕运粮米再改折六万石,每石征银七钱,仍命总理粮储尚书李充嗣于浙江运司量支盐课银五千两,督同守巡等官核实赈济饥民。⑩

嘉靖二年十二月,大学士杨廷和等乃疏曰:"今年直隶、浙江等府水旱异常,额徵税粮尚冀蠲免。若更差官织造一切物料工役,何能措办?非惟逼勒逃亡,抑恐激成他变,况经过淮、扬、邳诸州府,见今水旱非常,高低远近一望皆水,军民房屋、田土概被渰没,百里之内寂无爨烟,死徒流亡难以数计。所在白骨成堆,幼男稚安称斤而卖,十余岁者止可数十,母子相视痛哭,投水而死。官已议为赈贷,而钱粮无从措置,日夜忧惶,不知所出,自今抵麦熟时尚数月,各处饥民岂能垂首栖腹、坐以待毙,势必起为盗贼,近传凤阳、泗州、洪泽饥民,啸聚者不下二千余人。劫掠过客……未知何日剿平。况将来事势,尚有不可预料者,臣等职叨辅导,实切惊惧,所有敕书,决不敢撰写。"大臣们建议停止织造,以减少灾民负担。世宗了解大臣心意,但似有不舍,曰:"卿等所言,具见忠诚爱君恤民至意,朕已知之。宜安心治事,但此事业已差官,其写敕遣行,第令安静无扰可矣。"后众大臣纷纷上书,建议停止织造,给事中张翀等御史谢汝仪等主事黄一道等各疏言:"宜信大任臣,停止织造,以元圣德保盛治。"世宗有

① 《明太宗实录》卷一百二十九,永乐十年六月庚申条。
② 《明太宗实录》卷一百二十九,永乐十年六月壬申条。
③ 《明太宗实录》卷一百三十八,永乐十一年三月甲辰条。
④ 《明太宗实录》卷一百四十二,永乐十一年八月戊申条。
⑤ 《明太宗实录》卷一百六十三,永乐十三年夏四月辛卯条。
⑥ 《明太宗实录》卷一百七十六,永乐十四年五月甲辰条。
⑦ 《明太宗实录》卷一百七十八,永乐十四年秋七月己未条。
⑧ 《明太宗实录》卷二百三十八,永乐十九年夏六月甲辰条。
⑨ 《明太宗实录》卷二百四十五,永乐二十年春正月丙子条。
⑩ 《明世宗实录》卷之二十一,嘉靖元年十二月癸酉条。

所收敛。①

　　而且,世宗还接受大臣们节俭之建议,如巡视库藏给事中葛鹉条陈六事,曰:"一申揽头之禁;二戒门官之害;三清未完之批;四处寄库之布;五裁内官之滥;六崇节俭之风。"其裁内臣之滥言:"各库旧有额,设内臣除一二员能通书筹掌管外,余已为冗员。兹又无故传张禄等三员于甲字等库到任管事,臣不知此何谓也。夫多一官有一官之扰。冗滥既添,克剥必广,乞依前诏裁革。将张禄等取回,待有各库员缺以次叙用。"其崇节俭之风言:"陛下即位,首严奢侈之禁,中外已知圣心有志复古。近闻各库钱粮取用太多,赏赐太滥各色物料,每每称乏,渐与初政不同。今苏、松等处水旱相仍,方蒙蠲恤。即有徵处,亦多饥馑流移,若复不次催科,恐皆填于沟壑,伏望皇上重念东南民力已竭,躬行俭朴,为天下先,赏赐有节,取用适中,仍敕各监局造作不急者,暂且停止。应用者亦从减省,节缩有方。钱粮自裕。"疏下,户部覆言可行。上曰:"躬行节俭,朕将采而行之。各库官不必动,余如议行。"②

　　嘉靖四年(1525年)九月,以灾免浙江绍兴、湖州二府存留粮有差,湖州仍听折兑军粮入万石,暂停征,通议赈给。③ 嘉靖七年九月,以浙江杭、嘉、湖等处灾伤,诏于兑军粮六十万石内准二十万石,南京仓粮十一万七千四百六十二石内准六万石,并徐州仓粮四万五千石,每石折银五钱,道融分派灾重州县。④ 嘉靖八年十一月,以浙江杭州等府水灾,免今岁存留税粮及改折有差,仍令守巡等官开仓赈济。⑤ 嘉靖八年十二月,以水灾暂免两浙灶户岁辨盐课,仍发仓库及余盐银赈之。⑥ 嘉靖十年十二月,以灾例免浙江杭州、湖州、绍兴、严州、温州等府金乡等卫粮税有差,其杭州北新关税课于正额外余银输南京者,许存留本省以备滨海卫所急缺月粮,仍命各处设法赈贷。⑦

　　万历二年(1574年)十一月,神宗对浙江水灾进行了赈济,如浙江抚按官杨鹏举等言:"处州、安吉、嘉善等府州县水灾,已经会议改折,减免屯粮,分别赈恤。其随时加派者,或量减分数,或暂行停徵。"并对赈灾过程中出现的官员舞弊行为进行了处理。如巡按御史奏:"贪官赵文华侵冒边饷十余万,沈永言侵欺蜡茶等银三万余两,姑为缓追。"户部覆言:"有灾州县带徵钱粮,姑准徵一分。赵思慎、沈永言等各犯,变产暂令改限完奏,奉旨追徵侵欠,与灾伤地方何干?抚按官借言蠲恤,背公市恩,姑不究,余依拟行。"⑧

　　万历十五年(1587年)八月,神宗见南北水害严重,谕户部曰:"朕见南北异常水旱,灾报日闻,小民流离困穷,殊可矜悯,……各该灾伤地方,蠲赈委宜亟举,但须分别轻重,务使实惠及民。尔户部查照累年事例及节次明旨,如果灾重去处,斟酌起存本折减免分数,从优议恤。仍查见贮仓库银谷,放赈煮粥,许以便宜行事。灾轻地方,止照常格,不得混报妄援,各该抚按有司毋得玩视民艰,壅阏德意。"⑨同月,神宗再令东南太平、宁国、苏、松、常、杭、嘉、湖等

　　① 《明世宗实录》卷三十四,嘉靖二年十二月庚戌条。
　　② 《明世宗实录》卷三十四,嘉靖二年十二月辛亥条。
　　③ 《明世宗实录》卷五十五,嘉靖四年九月甲申条。
　　④ 《明世宗实录》卷之九十二,嘉靖七年九月壬午条。
　　⑤ 《明世宗实录》卷之一百七,嘉靖八年十一月甲辰条。
　　⑥ 《明世宗实录》卷之一百八,嘉靖八年十二月辛未条。
　　⑦ 《明世宗实录》卷之一百三十三,嘉靖十年十二月庚辰条。
　　⑧ 《明神宗实录》卷之三十一,万历二年十一月癸巳条。
　　⑨ 《明神宗实录》卷之一百八十九,万历十五年八月庚申条。

府所在水灾地区,起运钱粮蠲免一年。①

万历十五年九月,户部覆:"浙江巡抚滕伯轮、巡按傅好礼各题灾伤重大,乞停织造,折漕粮,留盐课,预赈恤等事相应,依拟。惟盐课、赃罚系济边正项,难以准留。"上是之,诏民屯钱粮、应停免改折者,俱如议,以苏民困。② 可见,对于该减免的,神宗尽量减免。而涉及军费的税赋是不会轻易减免的。

万历十六年五月,湖州发生饥荒,巡按御史傅好礼动支漕折银一万两赈济灾民。其先斩后奏之行为被户部所批评,责令其如数抵解,并申敕其擅动之过。③ 十七年正月,神宗表彰浙江输米谷助赈义民董钦等家族,对于此等不系职官者予冠带。④ 十七年六月,浙江飓风大发,海水沸涌,杭州、嘉兴、宁波、绍兴、台州等属县廨宇庐舍倾圮者,县以数百计,碎官民船及战舸压溺者二百余人,桑麻田禾皆没于卤。⑤ 同月,吴地大旱,震泽化为夷陆,斗米几二钱。袤至江以北、浙以东,道殣相枕藉,应天巡抚周继、凤阳巡抚舒应龙、浙江巡按蔡系周等上疏条晰荒政,给事中王继光等、御史陈禹谟等,南京给事中朱维藩、御史刘寅等,或言军国征输一切蠲除;或言勘灾伤分数酌免;或言发内帑、南户部帑暨临德仓困;或言改折漕粮白粮、停征金花银两;或言留关税、盐课、赃罚,散赈籴买;或言清驿递、禁止苏杭织造;或言假抚按便宜,责成贤能有司,毋令猾胥扣克;或言劝富民输粟给冠带,徒流以下纳粟赎罪;或宽囚停刑,以召和气,埋胔瘗殍以消怨厉,练乡兵固城池,以弥盗贼,开水利、筑河工,使饥民受佣糊口。章满公车,该部俱酌议,具覆。上无弗俞,又奉特旨:"文武官俸米亦准改折,浙江南粮折银留给军饷,已得旨。浙直为财赋重地,被灾小民流离困苦,朕心恻然。还查照近年山陕等处赈济事例,差老成风力给事中一员,查理钱粮,拊恤饥贫,禁治劫夺,司道不职者,即时参处。"因发太仆寺银二十万,南京户部银二十万,南直隶府州县分银三十万,浙江十万,户科右给事中杨文举衔命以往。⑥ 可见,这是官员们对赈济措施已经非常熟悉了,提出的建议已经装满公车了。神宗对此也习以为常,按例布置安排。

万历十七年七月,刑部左侍郎何源去世,其在嘉兴任知县期间,曾发生一件关于赈济之轶事,当时浙江嘉兴发生灾荒,靖江王盘游至浙江,有饥民待赈者数千人环绕驿站,何源令民哀噪求赈于靖江王,王竟不堪骚扰,急急遁去。⑦

万历十七年八月,江南又有灾荒,南京工部尚书李辅请兴工作以寓救荒,谓:"留都流离渐集,赈粥难周,请修神乐观报恩寺各役,肇举匠作千人,所赈亦及千人,及查僧众无度牒者领给,以示澄汰,礼科给事中朱维藩亦有言。"从之。⑧ 这是以工代赈的典型案例。同月,神宗钦定赈荒科臣关防(印信),名曰督理荒政。⑨

由于灾荒如此频繁,还出现了大臣请辞事件。万历十八年五月,大学士王锡爵因灾异自

---

① 《明神宗实录》卷之一百八十九,万历十五年八月丙戌条。
② 《明神宗实录》卷之一百九十,万历十五年九月壬寅条。
③ 《明神宗实录》卷之一百九十八,万历十六年五月乙酉条。
④ 《明神宗实录》卷之二百七,万历十七年正月乙亥条。
⑤ 《明神宗实录》卷之二百一十二,万历十七年六月癸未条。
⑥ 《明神宗实录》卷之二百一十二,万历十七年六月癸卯条。
⑦ 《明神宗实录》卷之二百一十三,万历十七年七月丁卯条。
⑧ 《明神宗实录》卷之二百十四,万历十七年八月己卯条。
⑨ 《明神宗实录》卷之二百十四,万历十七年八月甲申条。

陈言:"臣之在事满五年矣。兹五年之内,朝讲一月疏一月,一年少一年,四方无岁不告灾,北朝南寇,在在生心,太仓藏钱廪米枵然一空,而各边请饷,各省请赈茫无措处。皇子册立大典尚未举行,即豫教急务亦尚停阁。见今京师亢旱风霾,人情汹汹,求其召灾之故而不可得,则有妄传宫庭举动,归过皇上者。臣谊属股肱,职叨辅养,主德之未光,则臣不肖之身实累之。伏惟皇上察臣无状,首赐罢免。"得旨:"灾异叠臻,朕方切兢惕,卿辅弼重臣,岂可引咎求去,宜即出佐理,不允辞。"①这一奏疏反映出神宗时期灾荒是历代之最,几乎年年有饥荒。再加上军费开支,导致国库空虚。根据天人感应之说,人们自然将责任推到了天子身上:天子德能不足,才会导致上天对其质疑和反对。而各种自然灾害就是天之回应。君臣乃一体,天子治理不当,做臣子的也感到脸上无光,所以才出现王学士请辞一事。

万历十九年(1591年)九月,浙江嘉、湖二府"霪雨夹旬,洪水灾伤"。御史黄钟疏乞蠲折赈给。户部覆:"行该省将各属被灾分数,计筹免徵,将府州县无碍官银抵补。其湖州所屯粮照灾重例,每石折银三钱,通融抵作军粮。被灾者稍轻,量行县动支仓穀赈恤。"神宗从之②万历二十年十月,浙江金、衢、严、湖四府灾荒,神宗命蠲免税赋,存留钱粮发仓赈济有差。③

万历三十六年(1608年)九月,命户部于拖欠买办银内,给发五万两赈救浙江灾民。④万历三十七年正月,浙西郡灾荒,准海宁、余杭、临安三县漕粮与从改折。但神宗又认为,"漕粮每年俱完折色,反致拖欠,岂不有负朝廷德意,军国大计,何容泛视!着地方官严行催督,毋得迟缓。"但是,依然给赈浙西盐课税银共十万六千两。⑤万历三十七年十月,浙江巡抚高举言"湖州府属桑田潗没",请将三十六和三十七两年实徵白绢,岁一万七千八十余定,尽行改折,其两年丝绵与三十八年以后绢定,仍徵本色,不得援为成例。神宗允准。⑥

万历三十九年(1611年)六月,户部奏浙西杭、嘉、湖三郡,戊申重罹霪潦,洊饥为甚,士民尚义捐赈,除操江都御史丁宾具疏力辞旌建,已奉旨辞免外乡官。金事闵滚庆、主事朱长春等共七十余员,名径行有司,分别旌奖,以励世风。从之。⑦这是对民间赈济的又一次嘉奖。

万历四十三年(1615年)四月,户部覆浙江抚按疏,称浙省水旱灾伤,议将本省税银五千余两,南北二关新增税银各二千四百两,赃罚银内姑留一半,计三千三百五十两,赈济饥民。已经三请未蒙俞允,复请如初。上曰:"这赃罚等银,依议留赈,以昭朝廷轸恤灾民德意。"⑧看来国库已经非常空虚,神宗不得已只允许部分赃银可以留赈,而税赋不能再蠲免了。

万历四十六年(1618年)九月,户部以辽饷缺乏,援征倭征播例,请加派。除贵州地硗有苗,变不派外,其浙江十二省、南北直隶,照万历六年会计录所定田亩,总计七百余万顷,每亩

① 《明神宗实录》卷之二百二十三,万历十八年五月甲辰条。
② 《明神宗实录》卷之二百四十,万历十九年九月戊寅条。
③ 《明神宗实录》卷之二百五十三,万历二十年十月乙巳条。
④ 《明神宗实录》卷之四百五十,万历三十六年九月丁未条。
⑤ 《明神宗实录》卷之四百五十四,万历三十七年正月戊戌条。
⑥ 《明神宗实录》卷之四百六十三,万历三十七年十月壬戌条。
⑦ 《明神宗实录》卷之四百八十四,万历三十九年六月丙子条。
⑧ 《明神宗实录》卷之五百三十一,万历四十三年四月辛丑条。

权加三厘五毫。唯湖广淮安额派独多,另应酌议。其余勿论优免,一概如额通融加派,总计实派额银二百万三十一两四钱三分八毫零。仍将所派则例印填一单,使民易晓,无得混入条鞭之内。限文到日,即将见在库银星速那解,随后加派补入。设督饷抚臣一员,请敕节制庶军实充而肤功。可奏计浙江派银一十六万三千四百三十九两四钱三分八厘。① 在赈灾之余,当民间稍有缓和,政府就不得不加征税赋,因为辽饷消耗太大。如此内外交攻,明元气大损。

万历四十六年(1618年)九月,浙江钱塘、富阳、余杭、临安、新城、孝丰、归安、长兴、临海、黄岩、太平、天台、仙居、宁海等县洪水为灾,田舍人民淹没无筹,乞照四十二年留钱粮赈济。②

以上并不是明代浙江赈灾之全部,而是拣选了几个时期为例来进行初步了解。其中神宗万历年间应该是灾情比较严重的时期,可作为典型代表。从这些例子我们可以看出明代赈灾之基本特征。其一,有系统的理论。皇帝及其大臣都以传统天道思想为其理论基础,论证了赈灾的必要性。其二,有具体的赈灾策略和措施。可以看到,明代君臣不断丰富和充实着赈灾策略和措施,从政府到民间、从朝廷到地方,各个层面所应担负职责和注意事项都有所考虑。其三,有成熟的经验和较为周到的准备。由于自然灾害频发,明政府已经积累了大量的赈灾经验。在赈灾的储备和应对过程中,明政府的安排还算有条不紊。其四,灾害过多,考验太大。尽管明政府有积极的态度和周密的措施,但其所遭受的自然灾害过于频繁,最终导致其国库空虚,疲于奔命。这也影响了其赈灾的效果,而民间义军的兴起也与此有关。再加上外来入侵,军饷加派,内外交攻,终致明政权摇摇欲坠。

(二)修河渠、海塘

对付水灾的另一项措施是修河渠和海塘。在这一方面,明政府做出了诸多努力,其在浙江的业绩也可圈可点。具体举例如下。

洪武六年(1373年),朱元璋发松江、嘉兴民夫二万开上海胡家港,自海口至漕泾有一千二百余丈,以通海船,而且还疏浚海盐、澉浦。洪武十四年筑海盐海塘。洪武二十四年,修临海横山岭水闸,并修宁海、奉化海堤四千三百余丈;又筑上虞海堤四千丈,改建石闸;疏浚定海、鄞二县东钱湖,灌田数万顷。③

永乐元年(1403年),朱棣修浙江赭山江塘,凿嘉定小横沥以通秦、赵二泾。还命夏原吉治苏、松、嘉兴水患,疏浚华亭、上海运盐河,金山卫闸及漕泾分水港。原吉根据自己的考察,认为浙西地势高,苏松地区必须疏浚才能减少水患,其言曰:"浙西诸郡,苏、松最居下流,嘉、湖、常颇高,环以太湖,绵亘五百里。纳杭、湖、宣、歙溪涧之水,散注淀山诸湖,以入三泖。顷为浦港埋塞,涨溢害稼。拯治之法,在浚吴淞诸浦。按吴淞江袤二百余里,广百五十余丈,西接太湖,东通海,前代常疏之。然当潮汐之冲,旋疏旋塞。自吴江长桥抵下界浦,百二十余

① 《明神宗实录》卷之五百七十四,万历四十六年九月辛亥条。
② 《明神宗实录》卷之五百七十四,万历四十六年九月壬子条。
③ 《明史》卷88,志第六十四,河渠六。《明太祖实录》与此记载稍有补充,其记曰:"洪武二十四年三月辛巳,修筑浙江宁海奉化二县海堤成。宁海筑堤三千九百余丈,用工凡七万六千;奉化筑堤四百四十丈,用工凡五千六百。"(《明太祖实录》卷之二百八,洪武二十四年三月辛巳条)

里,水流虽通,实多窄浅。从浦抵上海南仓浦口,百三十馀里,潮汐淤塞,已成平陆,……难以施工。嘉定刘家港即古娄江,径入海,常熟白茆港径入江,皆广川急流。宜疏吴淞南北两岸、安亭等浦,引太湖诸水入刘家、白茆二港,使其势分。松江大黄浦乃通吴淞要道,今下流遏塞难浚。旁有范家浜,至南仓浦口径达海。宜浚深阔,上接大黄浦,达泖湖之水,庶几复《禹贡》'三江入海'之旧。水道既通,乃相地势,各置石闸,以时启闭。每岁水涸时,预修圩岸,以防暴流,则水患可息。"朱棣命发民丁开浚。原吉昼夜监工,以身作则,最终完工。①

永乐五年,又修钱塘、仁和、嘉兴堤岸,余姚南湖坝,治杭州江岸。永乐六年,疏浚浙江平阳县河。永乐七年修海盐石堤。永乐九年,修长洲至嘉兴石土塘桥路七十余里,泄水洞一百三十一处,监利车水堤四千四百余丈;修仁和、海宁、海盐土石塘岸万余丈;筑仁和黄濠塘岸三百馀丈,孙家围塘岸二十余里。同年,丽水民言:"县有通济渠,截松阳、遂昌诸溪水入焉。上、中、下三源,流四十八派,溉田二千馀顷。上源民泄水自利,下源流绝,沙壅渠塞。请修堤堰如旧。"部议从之。②

永乐十年(1412年),修浙江平阳捍潮堤岸。永乐十七年,萧山民言:"境内河渠四十五里,溉田万顷,比年淤塞。乞疏浚,仍置闸钱清小江坝东,庶旱潦无忧。"请求被接受。永乐十八年,海宁诸县民言:"潮没海塘二千六百馀丈,延及吴家等坝。"通政岳福亦言:"仁和、海宁坏长降等坝,沦海千五百余丈。东岸赭山、严门山、蜀山旧有海道,淤绝久,故西岸潮愈猛。乞以军民修筑。"朱棣一并从之。第二年修海宁等县塘岸。③ 永乐二十一年,修嘉定抵松江潮圮圩岸五千余丈。永乐二十二年,修临海广济河闸。④

洪熙元年(1425年)修黄岩滨海闸坝。宣德二年,浙江归安知县华嵩上疏请治泾阳洪渠堰,其言曰:"泾阳洪渠堰溉五县田八千四百馀顷。洪武时,长兴侯耿炳文前后修浚,未久堰坏。永乐间,老人徐龄言於朝,遣官修筑,会营造不果。乞专命大臣起军夫协治。"疏被接受。宣德三年,临海民言:"胡巉诸闸潴水灌田,近年闸坏而金鳌、大浦、湖涞、举屿等河遂皆壅阻,乞为开筑。"宣宗曰:"水利急务,使民自诉於朝,此守令不得人尔。"命工部即饬郡县秋收起工。仍诏天下:"凡水利当兴者,有司即举行,毋缓视。"宣德五年,巡抚侍郎成均请修海盐海堤,其言曰:"海盐去海二里,石嵌土岸二千四百馀丈,水啮其石,皆已刓敝。议筑新石於岸内,而存其旧者以为外障。乞如洪武中令嘉、严、绍三府协夫举工。"从之。⑤

正统十二年(1447年),浙江听选官王信请通绍兴、钱塘等江,其言曰:"绍兴东小江,南通诸暨七十二湖,西通钱塘江。近为潮水涌塞,江与田平,舟不能行,久雨水溢,邻田辄受其害。乞发丁夫疏浚。"请求被批准。景泰七年(1456年),尚书孙原贞请求疏浚西湖,其言曰:"杭州西湖旧有二闸,近皆倾圮,湖遂淤塞。按宋苏轼云'杭本江海故地,水泉碱苦。自唐李泌引湖水入城为六井,然后井邑日富,不可许人佃种。'周淙亦言:'西湖贵深阔。'因招兵二百,专一捞湖。其后,豪户复请佃,湖日益填塞,大旱水涸。诏郡守赵与訔开浚,芰荷茭荡悉去,杭民以利。此前代经理西湖大略也。其后,势豪侵占无已,湖小浅狭,闸石毁坏。今民田

---

① 《明史》卷88,志第六十四,河渠六。
② 《明史》卷88,志第六十四,河渠六。
③ 《明史》卷88,志第六十四,河渠六。
④ 《明史》卷88,志第六十四,河渠六。
⑤ 《明史》卷88,志第六十四,河渠六。

无灌溉资,官河亦涩阻。乞敕有司兴浚,禁侵占以利军民。"其认为西湖枯涸的原因是豪强占田,需要禁止侵占湖田,疏浚湖道。其疏被接受。①

成化六年(1470 年),修平湖周家泾及独山海塘。成化七年,海潮决钱塘江岸及山阴、会稽、萧山、上虞,乍浦、沥海二所,钱清诸场。宪宗命侍郎李颙修筑。成化十一年,疏浚杭州钱塘门故渠,左属涌金门,建桥闸以蓄湖水。成化十四年,大臣俸言:"直隶苏、松与浙西各府,频年旱涝,缘周环太湖,乃东南最洼地,而苏、松尤最下之冲。故每逢积雨,众水奔溃,湖泖涨漫,淹没无际。按太湖即古震泽,上纳嘉、湖、宣、歙诸州之水,下通娄、东、吴淞三江之流,东江今不复见,娄、淞入海故迹具存。其地势与常熟福山、白茆二塘俱能导太湖入江海,使民无垫溺,而土可耕种,历代开浚具有成法。本朝亦常命官修治,不得其要。而滨湖豪家尽将淤滩栽苇为利。治水官不悉利害,率於泄处置石梁,壅土为道,或虑盗船往来,则钉木为栅。以致水道埋塞,公私交病。请择大臣深知水利者专理之,设提督水利分司一员随时修理,则水势疏通,东南厚利也。"再次申请疏浚自浙至苏、松之水道。宪宗即令俸兼领水利,听所浚筑。建成之后,乃专设分司管理。成化二十年,修嘉兴等六府海田堤岸,特选京堂官往督之。②

弘治七年(1494 年),孝宗命侍郎徐贯与都御史何鉴经理浙西水利。徐贯任命之初,奏请以主事祝萃辅助修筑。祝萃乘小舟去调查。徐贯先令苏州通判张旻疏各河港水,潴之大坝。接着开白茆港沙面,乘着潮退,决大坝水冲激之,河道沙泥刷尽。被潮水荡激,河道日益阔深,水到达大海畅通无阻。又令浙江参政周季麟修嘉兴旧堤三十余里,以石修建,增缮湖州长兴堤岸七十余里。徐贯上疏细言自己治理经过,其言曰:"东南财赋所出,而水患为多。永乐初,命夏原吉疏浚。时以吴淞江滟沙浮荡,未克施工。迨今九十馀年,港浦愈塞。臣督官行视,浚吴江长桥,导太湖散入澱山、阳城、昆承等湖泖。复开吴淞江并大石、赵屯等浦,泄澱山湖水,由吴淞江以达於海。开白茆港白鱼洪、鲇鱼口,泄昆承湖水,由白茆港以注於江。开斜堰、七铺、盐铁等塘,泄阳城湖水,由七丫港以达於海。下流疏通,不复壅塞。乃开湖州之溇泾,泄西湖、天目、安吉诸山之水,自西南入於太湖。开常州之百渎,泄溧阳、镇江、练湖之水,自西北入於太湖。又开诸陡门,泄漕河之水,由江阴以入於大江。上流亦通,不复埋滞。"这项工程第二年四月竣工。此工程修浚河、港、泾、渎、湖、塘、陡门、堤岸百三十五道,招募劳工二十余万。在其中,祝萃之功较大。③

嘉靖四十二年(1563 年),给事中张宪臣言:"苏、松、常、嘉、湖五郡水患叠见。请浚支河,通潮水;筑圩岸,御湍流。其白茆港、刘家河、七浦、杨林及凡河渠河荡壅淤沮洳者,悉宜疏导。"世宗以江南久苦倭患,民不宜重劳,只令斟酌疏浚支河而已。④

从上面可以看出,明代在浙江进行了一系列的河渠、海堤修建,从中我们还能看到一些特点:首先是除了地方官员要尽职尽责外,平民百姓也可以直接向朝廷提议进行河渠和海堤建设。明朝历代皇帝很重视民间的声音,这也反映了天道生民之法则;其次,海洋灾害频繁,河渠海堤不断被冲毁和重建。这也加大了民众的负担,影响了明朝的国力。

---

① 《明史》卷88,志第六十四,河渠六。
② 《明史》卷88,志第六十四,河渠六。
③ 《明史》卷88,志第六十四,河渠六。
④ 《明史》卷88,志第六十四,河渠六。

明代海洋政策与宁波港口地位变迁研究

白 斌

（宁波大学人文与传媒学院）

摘要: 历史时期中国港口的形成与发展较多受到地理环境与腹地经济因素变化的影响。到国家海洋政策侧重海防安全的明代,政策变迁对港口地位的影响日益明显。地处中国沿海中部宁波港的地位在海洋政策的影响下经历了从对外贸易商港到专通日本贸易港口,再到国际走私贸易港,最终成为国内贸易中转港的剧烈变迁。宁波港口地位的大起大落是国家海洋政策对港口经济发展干预的直接显现。究其原因,国家海洋政策形成因素的变化直接决定了其对港口影响的深度。当这一外部因素消失后,港口地位会在区域地理与经济因素的支撑下恢复到原有水平。

关键词: 海洋政策 明代 宁波港

一、序言

港口,是能够为船舶提供靠泊服务使其能进行货物装卸的某一地域[1],通常是由人工建筑而成,具有完备的船舶航行、靠泊条件和一定客货运设施的区域,它的范围包括水域和陆域两部分。[2] 而与之相对应的港湾,则是天然形成的可供船舶停泊或避风的水域。作为一个集内河港、河口港和海港为一体的多功能、综合性的现代化深水大港,宁波港地处我国大陆海岸线中部,地理位置适中,是中国大陆著名的深水良港。宁波港自然地理条件得天独厚,向内不仅可以连接沿海各港口,其便利的水运与交通条件可以辐射中国最发达的长三角经济区,而海上至香港、高雄、釜山、大阪、神户均在1 000海里以内,是中国远洋辐射的理想集散地。宁波港的起源可以追溯到河姆渡时期。唐天宝十一年(752年),3 艘遣唐使船在宁波靠泊登岸,标志宁波港的正式开埠。历史上的宁波港一直是对日本和朝鲜贸易的主要港口。而早在16世纪,宁波港就已经出现了与西方直接的海上贸易活动,这从稍后时期欧洲绘制的中国地图中有明显的宁波标示就可以看出西方对宁波港的熟知程度,而这同时也是近代英国要求中国将宁波港作为首批开放港口之一的重要原因。

作为长三角经济区曾经最大的国际贸易港口,历史时期宁波港的地位在明代和晚清经

---

① Stopford, M. (2003) *Maritime Economics*, London: Routledge, p. 29.

② 马宁:《港口功能的发展分析》,《中国水运》,2006年第12期,第43~44页。

历了多次变化,而明代的变化直接导致宁波港口地位出现大幅度的转型,先是专通日本的贸易港口,其后演变为国际贸易大港,最后转变为国内货物转运港。为什么宁波港的地位在这一时期出现如此剧烈的转变? 是什么因素导致了宁波港地位的变化? 借鉴王谷成构建的港口区位价值影响因子体系,我们可以知道影响港口价值的因子体系包括内部因子、区位因子与外部因子三方面①。就明代而言,宁波港发展的区位因子(包括自然、经济、战略区位)并没有大的变化,江南地区商品经济的发展对宁波港持续发展的支撑并未改变,而晚清影响宁波港外贸港口地位的上海港在这一时期并未对宁波港造成威胁②。就外部因子而言,宁波辐射江南经济腹地,其紧邻产品生产地的区位优势使得其产品出口的竞争优势十分明显,如江南丝绸、茶叶、折扇在日本及欧洲有广泛需求。因此,对明代宁波港地位变化的原因,更多的要从国家政策层面去分析。从历史案例来看,国家政策对于港口地位变化的影响是非常大的,如《航海法》的颁布奠定了伦敦国际航运中心的地位③,香港"自由港"政策直接推动了香港转运港地位的形成④。就明代而言,初步形成的国家海洋政策在海疆安全形势变化中不断修正变革,而这些政策的变化对于宁波港口地位变化的影响是非常直接的。本文即通过考察明代宁波港口地位三次变化(专通日本港、国际走私贸易港、商贸中转港)中的政策因素,进而讨论国家海洋政策与港口发展之间的关系。

二、明初朝贡贸易与宁波专通日本港口地位的确立

宁波港与日本的海上贸易可以追溯到唐代,当时众多日本遣唐使前来中国学习,其间也夹杂商人的贸易活动。宋代以后,随着江南经济的发展,大量出口商品通过宁波港销往世界各地,日本则是一个重要的输出地。同时,各种日本产品也经由宁波港登陆销往全国各地。可以说,宁波港的地理位置及经济腹地优势使其成为对日贸易中最重要的港口之一。而宁波作为唯一专通日本贸易港口地位的确立,却是在明朝初期。明初宁波专通日本贸易港口地位的确立与这一时期明政府实行朝贡贸易政策有直接关系。

宋元时期政府积极进取海洋政策的实施使得中国海外贸易达到空前繁荣,而地处中国东部的浙江宁波港也由此确立了东方外贸大港的地位,海外贸易达到鼎盛时期。与宋元不同,明朝立国之初就面临严峻的东南海疆安定问题。元末江浙地方势力与高丽的交通结盟以及日本海盗对中国沿海的侵扰等因素的影响,使得明朝初期的海洋政策由开放进取转为保守退缩。自洪武四年(1371 年)明太祖朱元璋诏令禁"濒海民不得私出海"后⑤,明廷其后又多次重申这一政策。终明一朝,未经官方许可的私人海上贸易都属于严厉禁止的范畴。即使到明朝中后期朝廷对官方认可的私人海上贸易仍在数量与规模上多加限制。明廷的这一作为主要是为了确保沿海社会的稳定,加强国家对海洋社会的控制力。但是中国与海外诸国的贸易是不可能因此而禁绝的,无论从政治上还是经济上去考量,海外贸易对政权的稳

---

① 王谷成:《港口区位价值理论探析》,《经济研究导刊》,2009 年第 23 期,第 260～263 页。
② 王列辉:《近代上海港崛起的区位分析——兼与宁波港的比较》,《史学月刊》,2009 年第 8 期,第 82～88 页。
③ 张丽:《伦敦发展国际航运中心的经验及启示》,《港口经济》,2008 年第 9 期,第 54～56 页。
④ 真虹等:《国际航运中心的形成与发展》,上海:上海交通大学出版社,2012 年,第 21～22 页。
⑤ 《明太祖实录》卷 70,洪武四年十二月丙戌条,台北:中央研究院历史语言研究所,1961 年,第 1300 页。

固仍有重要的意义。因此,明初政府在禁绝私人海上贸易的同时,将海上贸易的控制权纳入到国家的直接管制之下,即所有海上贸易都必须经过朝廷同意,并在各港口市舶司的主持与监督下进行。基于这一思路,明初全国只开放浙江宁波、福建泉州和广东广州三个沿海港口为对外贸易港口,其中宁波专通与日本的海外贸易,其贸易以日本政府单方朝贡的形式展开,因此被称为中日朝贡贸易。又因为勘合底簿为双方官方贸易的凭据,因此这一贸易形式也被称为勘合贸易。朝贡贸易体制经过洪武年间的反复在永乐元年(1403年)最终得以确立并持续到明朝中期①。而作为朝贡贸易制度的具体执行机构,浙江宁波市舶司也在同年作为常设政府机构最终稳定下来。②与朝贡贸易制度一样,明代浙江宁波市舶司的设置主要是出于政治上的考虑,以怀柔日本,平息倭患,因此随着中日两国政治关系的变化,浙江宁波市舶司的作用将受到极大影响③。另外,浙江宁波市舶司在这一时期的主要功能是接待日本朝贡使团,查禁民间私人海上贸易,其对外贸易管理的功能趋于弱化,这与市舶司设立的政治考量有极大关系。

永乐年间朝贡贸易体制的最终确立源于当时中日政治形势的变化。日本方面,室町幕府将军足利义满统一日本,其因财力不足,急于想通过与中国的贸易来扩大财政收入。而中国方面,明成祖篡位成功后,也想通过建立华夷朝贡体系来显现其政权的正统性,同时中国沿海的倭寇问题,中国也需要日本政府的配合。因此,当1403年9月日本贡使坚中圭密一行300余人到达宁波之后,朱棣不仅不追究其私载兵器的罪名,还准其在中国按照市价出售④。永乐二年(1404年)四月,明成祖派遣特使赵居任率答谢使团携带国书和礼品随日本使团一起,分乘5艘海船,从宁波起航,前往日本,告知足利义满有关明政府对于朝贡贸易的安排事宜。按照明朝的规定,允许日本10年一贡,使团不能超过200人,船不超过2艘,这就是日本方面所称的“永乐条约”或“永乐事例”。永乐年间,日本共派出朝贡船队6批,船只38艘,明朝派遣使者7批,平均2年一批,这说明当时实际的朝贡贸易并没有遵守10年一贡及人数与船只数量的限制规定⑤。这一方面源于朝贡贸易的规定是明政府单方面做出的,并未与日本政府达成一致;另一方面明成祖的上国心态使得明政府并未刻意抑制日本的朝贡贸易活动。因此。永乐年间的朝贡贸易在双方共同利益的驱使下得以顺利开展。而宁波港作为专通日本贸易港的地位得到大大提升。

这一时期的中日朝贡贸易,是以日方携带贸易产品前来中国“朝贡”的形式进行的。初期贸易船队由幕府直接经营,其后又加入其他地方势力,但勘合的保管和发放权仍在幕府手中。到后期,贸易则演变成大名垄断,商人承包经营的形式进行,勘合逐渐由大名掌握。日本贸易船队前期多从兵库出发,经过濑户内海,在博多暂停,或直接从博多出发,驶到肥前的五岛一带,等候春汛或秋汛,然后横渡中国东海,直驶宁波。如顺风,五天五夜便可到中国的普陀山,若不顺风,半个月也可抵达宁波⑥。尽管其后日本开通了新的“南海路”前往中国,

① 《明太宗实录》卷22,永乐元年八月丁巳条,台北:中央研究院历史语言研究所,1961年,第409~410页。
② 白斌、王慕民:《明代浙江市舶司废止考》,《海交史研究》,2008年第1期,第52~58页。
③ 李庆新:《明代海外贸易制度》,北京:社会科学文献出版社,2007年,第129页。
④ 《明太宗实录》卷23,永乐元年九月己亥条,台北:中央研究院历史语言研究所,1961年,第426页。
⑤ [日]木宫泰彦著,胡锡年译:《日中文化交流史》,北京:商务印书馆,1980年,第522页。
⑥ [明]李延恭等:《日本考》,北京:中华书局,1983年,第68页。

但目的地都是宁波港。偶有在海上偏离航线在中国其他沿海登陆的日本船只,最终都在中国当地政府的帮助下,前往宁波进行报关交易。其携带的贸易产品,除部分由政府以市价收购外,其余则在浙江宁波市舶司的监管下,在宁波港或北京会同馆与中国商人交易。这种特殊的贸易方式使得中日双方在一定程度上实现了互通有无,并奠定了宁波港专通日本贸易大港的特殊地位。

永乐后期日本政局的变化使得中日朝贡贸易一度中断,直到宣德八年(1433 年)在日本新任幕府将军足利义教的推动下继续展开。与上一阶段相比,中方仍重申十年一贡的限制,但使团与船只的数量则分别扩大到 300 人和 3 艘,这也就是一些学者所称的"宣德条约"或"宣德事例"。从随后的统计数据来看,自 1433 年至嘉靖二十七年(1548 年)这 115 年间,日本共向中国派出朝贡船队 10 次,平均 11 年一次,基本遵循了这一约定,但明廷从此未向日本派遣使团。与永乐年间相比,宣德年间之后的朝贡贸易已经呈现衰落迹象,其弊端逐渐显现出来。朝贡贸易的衰落与海上贸易的高额利润形成极大的反差,在政府主导的贸易行为日渐衰落时,私人海上贸易的崛起就成为必然,而这对宁波港口地位转型的冲击是非常巨大的。

三、明中期海禁与宁波双屿国际走私贸易港的崛起

作为朝贡贸易的补充,中日私人海上贸易也一直同时存在。日本贡舶在抵达宁波港之前,通常都会在舟山一带岛屿稍作停留,以便与中国私商进行交易。在贡舶进入宁波后,日本商人常常会在宁波与北京往返途中进行违规交易。这种不被官方认可的交易方式,使得日本商人经常会因为中国商人推迟偿付货款而无法按期归国,而且这种情况并非个案①。另外,就日本而言,其割据一方的封建领主和商人随着政治势力的扩张与商业资本的积累,逐渐频繁组织私人贸易商船队,独自前往浙江沿海进行贸易。他们有的在宁波外海直接同中国的走私商人进行秘密交易,有的打着贡舶的幌子进入宁波港从事商业交易。在政府主导朝贡贸易逐渐式微的情况下,中日海上走私贸易仍然选择宁波港作为交易港口,除了交易双方对宁波走私贸易的熟知外,更加关注的是宁波港所紧靠的经济腹地。作为宁波港进出口货物集散的直接腹地,即由宁波、绍兴、杭州、嘉兴、苏州、松江、常州、镇江、江宁、太仓这 10 府 1 州组成的江南地区,从宋元时代起就是中国经济最发达的地区。入明以后,特别是从明中期开始,该地区的农业、手工业出现强劲的商品化趋势,商品经济加速发展,大批工商业市镇相继形成。随着社会分工的不断扩大,蚕桑、丝绸、棉花、棉布、陶瓷、铁器、书籍等商品的数量迅速增加,市场容量日益扩大。江南地区商品经济的快速发展,为以宁波舟山群岛为中心的私人海上贸易的繁荣兴盛提供了强大的物质基础。就日本而言,其最受欢迎且需求最大的进口商品,大多都可以从与宁波相连的经济腹地购得。而日本销往中国的产品,在江南地区有着强大的消费市场。经济形势的发展使得中日双方贸易的增长成为必然,而中国朝贡贸易体制的严厉管制与官方贸易活动的式微,使得中日海上贸易的利润逐渐攀升。

① [明]朱纨:《甓余杂记》卷 2《章疏一·哨报夷船事》,《四库全书存目丛书(集部第 78 册)》,济南:齐鲁书社,1997 年,第 35 页。

曾两度入明的日本人楠叶西忍就说过,中国丝绸收购的价格为每斤二百五十文,带回日本的销售价格为五贯文,获利达二十倍①。中日贸易的高额利润使得一大批中日沿海商人在高额利润的刺激下,纷纷无视中国政府的禁令,从事海上走私贸易活动。

嘉靖二年(1523 年)宁波争贡事件发生后,明政府以为祸起于市舶,于是对朝贡贸易的限制更为严厉,历时 100 余年的贸易体制已经名存实亡,行将退出历史舞台。原本对官方贸易体制不满的中国商人以走私的形式控制了中国商品的输出。同时因为官方贸易渠道阻塞而无缘与中国贸易的日本商人,也开始加入到正在兴起的走私贸易中来。从 16 世纪 30 年代开始,日本的小规模贸易船队开始沿中国海岸扩大接触,而中国商人建立了接待他们的靠近海岸的贸易中心②,其中最有名的就是宁波外海的双屿国际走私贸易港。

双屿港是因双屿洋而得名的港口。作为进出宁波甬江的必经航道,双屿港既便于与宁波内陆的交易,同时悬居海上,容易躲避官兵的追剿,正是从事走私贸易的好地方。双屿国际走私贸易港的形成是中国商人与葡萄牙等外国商人结合的产物,是应对国家历行海禁举措压力下的无奈选择。最初的双屿港只是宁波与福建走私海商交易的众多外海港湾中的一个,但随着葡萄牙人的加入,使得双屿港开始向国际走私贸易港转型。新航路开辟后,葡萄牙人开始向亚洲扩张。嘉靖元年(1522 年)的"西草湾之战"使得葡萄牙力图打开与中国官方贸易渠道的努力失败。但由于对华贸易的高额利润,他们把注意力转向更北面的沿海省份福建和浙江③。而两省地方官员无论是出于经济利益还是社会稳定的原因,在初期都默许了这一活动的存在。1526 年,在闽人邓獠的引导下,葡萄牙海商来到宁波外海的双屿港从事走私贸易。以此为契机,中国海上走私贸易的重心开始向浙东沿海转移,双屿港随之在众多海商私泊锚地中脱颖而出,逐渐成为中国、日本、葡萄牙和南海诸国走私商人的共同居留地和东亚最重要的私人海上贸易基地④。1543 年 8 月,葡萄牙人在王直的引导下,直接与日本开展贸易。⑤ 此后,葡萄牙人经过双屿港与日本商人的贸易活动日渐增多,每年葡萄牙商人都要从双屿港前往日本萨摩、大隅、丰后、日向、平户等港贸易。⑥ 1547 年,胡霖招引日本商人前来双屿港,其后林剪等亦从马来半岛的彭亨将 70 多艘商船领到双屿港。至此,以浙东双屿港为主要中转基地的中、日、欧三角贸易圈初步形成。欧洲的银币、葡萄酒,东南亚的胡椒、香料,中国的生丝、丝绸、瓷器,日本的银、铜,都在此处交汇流通,商品贸易的品种、数量增加,质量提升。这在浙江乃至中国贸易史上都是前所未有的。正如斯波义信所言,在16 世纪,宁波作为一个南方货物地区转运中心的作用变得愈来愈重要了。⑦

在明政府严厉的海禁政策下,私人海上贸易属于非法违禁贸易,因此只能避开世人耳

① 王晓秋、大庭修:《中日文化交流大系》(历史卷),杭州:浙江人民出版社,1996 年,第 182 页。
② [美]牟复礼:《剑桥中国明代史》,北京:中国社会科学出版社,1992 年,第 534 页。
③ [英]C. R. 博克舍编著、何高济译:《十六世纪中国南部行记》序言,北京:中华书局,1990 年,第 4 页。
④ 王慕民:《海禁抑商与嘉靖"倭乱"——明代浙江私人海外贸易的兴衰》,北京:海洋出版社,2011 年,第 118 ~ 119 页。
⑤ [日]北村勇泽:《中世近世日欧交涉史》(上册),东京:现代思潮社,1981 年,第 26 页。
⑥ 郑彭年:《日本西方文化摄取史》,杭州:杭州大学出版社,1996 年,第 15 页。
⑦ [日]斯波义信:《宁波及其腹地》,[美]施坚雅编:《中华帝国晚期的城市》,北京:中华书局,2002 年,第 133 页。

目,秘密进行。嘉靖年间,随着贸易活动的扩大,私人会更多地依赖于寻租和暴力活动。①再加上此时走私贸易的畸形发展②,给明廷海防带来了极大的不安全因素。这些因素导致海禁的更加严厉,与国初的《大明律》相比,这一时期实施的《嘉靖问刑条例》显然是重典③。在单项案例审判中,由于人为因素的影响,司法部门对违禁下海囚犯处罚的严厉程度往往会高过律法的规定④。政府的海禁政策,进一步刺激了私人对暴力的投资。为对抗官军禁缉和海盗劫掠,浙海私商结成团伙,配置武器,形成了寄托于私人暴力的"类国家组织"集团。随着相对弱小的集团被消灭、兼并,暴力集团的数量减少,力量壮大,逐渐能与国家抗衡,冲突最终扩展到暴力集团与国家之间。⑤ 这就决定了这些海商亦商亦盗,具有很强的不稳定性,而这种盗性和不稳定性又同政府的海禁政策密切相关,上下波动起伏,一旦失去平衡,就会产生极大的破坏力,造成社会动乱。在封建保守的明代社会,这种畸形无序的私人贸易,很难持久、稳定、健康发展⑥。双屿国际走私贸易港最终在嘉靖二十七年(1548 年)四月被浙江巡抚朱纨摧毁。

四、晚明"隆庆开海"与宁波商贸中转港的转型

明中期厉行海禁的双屿之役所带来的不仅仅是宁波国际走私贸易港地位的消亡,更引发了极其严重的后果。嘉靖二年(1523 年)的宁波争贡事件就已经造成了中日官方贸易的萎缩,而双屿之役更是直接摧毁了当时中国东南沿海最为兴盛的私人海上贸易基地,彻底堵塞了浙江沿海的中外贸易。双屿之役导致了以浙东舟山群岛为中心的私人贸易更加无序、畸形地发展,进一步激化了江南商品经济发展同明政府海禁政策之间的尖锐矛盾,从而成为诱发"嘉靖大倭寇"的重要动因。历时 10 余年的"嘉靖大倭寇"(1552—1564 年)所造成的切肤之痛在中国朝野引发了一场前所未有的筹海之争。

早在倭寇大规模暴乱开始的嘉靖三十二年(1553 年)四月,时任巡视浙江都御史的王忬上奏朝廷,要求厉行海禁法令的同时,允许渔船下海捕鱼,同时对于违禁海商允许其改过自新,这一建议获得明廷的准许。⑦ 但其后的浙江海防形势并未好转,反呈恶化趋势。1554 年五月,兵科都给事中王国祯就对王忬招降海商首领的做法提出异议⑧。六月,漕运侍郎郑晓也上奏朝廷,指出重新恢复市舶司并不能解决倭寇问题⑨。同年十二月,兵部尚书聂豹进一

---

① 郭艳茹:《明代海外贸易管制中的寻租、暴力冲突与国家权力流失:一个产权经济学的视角》,《世界经济》,2008年第 2 期,第 84 ~ 94 页。

② [明]何乔远:《名山藏》卷 105《王亨记一·东南夷·日本》,《续修四库全书(第 427 册)》,上海:上海古籍出版社,2002 年,第 602 页。

③ 怀效锋:《嘉靖专制政治与法制》,长沙:湖南教育出版社,1989 年,第 137 ~ 138 页。

④ 《明世宗实录》卷 166,嘉靖十三年八月癸丑条,台北:中央研究院历史语言研究所,1961 年,第 3653 ~ 3654 页。

⑤ 郭艳茹:《明代海外贸易管制中的寻租、暴力冲突与国家权力流失:一个产权经济学的视角》,《世界经济》,2008年第 2 期,第 84 ~ 94 页。

⑥ 王慕民:《海禁抑商与嘉靖"倭乱"——明代浙江私人海外贸易的兴衰》,北京:海洋出版社,2011 年,第 126 页。

⑦ 《明世宗实录》卷 397,嘉靖三十二年四月丙子条,台北:中央研究院历史语言研究所,1961 年,第 6973 ~ 6974 页。

⑧ 《明世宗实录》卷 410,嘉靖三十三年五月乙丑条,台北:中央研究院历史语言研究所,1961 年,第 7154 ~ 7155 页。

⑨ 《明世宗实录》卷 411,嘉靖三十三年六月庚辰条,台北:中央研究院历史语言研究所,1961 年,第 7160 ~ 7162 页。

步提出要严格交通之禁,获得明世宗的支持①。但其后,随着明朝北部边防压力的增大,1555年二月,工部右侍郎赵文华奏请开放市舶,招抚通番海商。同时,昆山致仕侍郎朱隆禧也请求朝廷重开互市之禁,以应对时局的变化。但这些建议遭到聂豹等人的反对②。五月,在南京湖广道御史屠仲律的建议下,朝廷再次重申严格海禁的法令。③但经过一年的围剿,浙江沿海倭寇越剿越多,因此,1556年五月,在大学士严嵩的支持下,明世宗任命倾向开禁的工部尚书赵文华总领浙江海防④。在赵文华的支持下,时任浙直总督的胡宗宪,招抚毛海峰等人,以寇制寇,终于使得浙江海防形势好转。⑤在此形势下,赵文华同年十二月放松海禁的请求获得明世宗的认可⑥。但胡宗宪招降王直等人的行为遭到厉行海禁官员的不满,嘉靖三十七年(1558年)十月,南京御史李瑚、巡按浙江御史王本固、南京给事刘尧诲等纷纷弹劾胡宗宪⑦。面对朝廷官员的分歧,为了解有关倭寇的正确信息以及倭乱产生的真正原因,以便明廷从根本上解决倭寇问题,朝廷遂派遣兵部署郎中唐顺之前往浙江、直隶地区视察军情⑧。其后,尽管由于胡宗宪迫于压力诱杀王直导致浙江海寇的反弹,但在已升任淮扬巡抚唐顺之的支持下,明廷并未再次严厉海禁,反而重新考虑恢复浙江市舶司的可能性。⑨随着东南海疆的再次安定,重开市舶贸易的呼声再次出现。嘉靖四十四年(1565年)九月浙江巡抚都御史刘畿上疏反对重开市舶司,这一请求得到户部的支持⑩。至此,宁波与日本的直接贸易随之彻底断绝。

1567年,当明世宗去世,其子朱载垕即位,改元隆庆,诏令全国革旧布新之际,福建巡抚涂泽民即奏请在漳州月港开放海禁。此举迅速得到明廷批准,这一革新史称"隆庆开海"(又称"隆庆开关")。此后,民间私人的海外贸易获得了合法的地位,地处偏僻的月港遂被辟为私人贸易港。不过政府在允许民间私人贸易远及东西二洋的同时,日本仍处于禁止之列。此后,尽管仍有官员力图恢复宁波港从事国际贸易的合法地位,但最终都未获得朝廷的准许。万历二十年(1592年),日本入侵朝鲜。为应对朝鲜战事,万历二十二年(1594年)三月,时任总督顾养谦建议重开朝贡贸易于宁波,遭到巡视海道兵备副使吴鸿洙的极力反对⑪。其后随着战局的变化,该建议并未实际实施。尽管万历二十七年(1599年)七月,浙

---

①《明世宗实录》卷417,嘉靖三十三年十二月丁亥条,台北:中央研究院历史语言研究所,1961年,第7243～7246页。

②《明世宗实录》卷419,嘉靖三十四年二月庚辰条,台北:中央研究院历史语言研究所,1961年,第7269～7273页。

③《明世宗实录》卷422,嘉靖三十四年五月壬寅条,台北:中央研究院历史语言研究所,1961年,第7310～7317页。

④《明世宗实录》卷435,嘉靖三十五年五月甲子条,台北:中央研究院历史语言研究所,1961年,第7492～7493页。

⑤《明世宗实录》卷437,嘉靖三十五年七月戊午条,台北:中央研究院历史语言研究所,1961年,第7511～7512页。

⑥《明世宗实录》卷442,嘉靖三十五年十二月癸卯条,台北:中央研究院历史语言研究所,1961年,第7563～7565页。

⑦《明世宗实录》卷465,嘉靖三十七年十月辛亥条,台北:中央研究院历史语言研究所,1961年,第7845～7848页。

⑧《明世宗实录》卷465,嘉靖三十七年十月己未条,台北:中央研究院历史语言研究所,1961年,第7850页。

⑨《明世宗实录》卷480,嘉靖三十九年正月丙子条,台北:中央研究院历史语言研究所,1961年,第8017～8020页。

⑩《明世宗实录》卷550,嘉靖四十四年九月丙申条,台北:中央研究院历史语言研究所,1961年,第8853页。

⑪《明神宗实录》卷271,万历二十二年三月壬寅条,台北:中央研究院历史语言研究所,1961年,第页5036～5038;《明神宗实录》卷274,万历二十二年六月庚申条,台北:中央研究院历史语言研究所,1961年,第5077页。

江市舶重开,但其性质已发生变化,其所收商税仅限本地渔船和近境商船①。

"隆庆开关"与中日两国这种对峙的外交关系导致东南沿海对外贸易格局发生了重大变化。随着私人海上贸易的重心由浙江向福建、广东转移,明中期"曾一度成为中国一大国际贸易商港"的宁波港②不仅失去了对日贸易港口的地位,同时也失去了直接从事海外贸易的合法性,至此宁波港作为国际贸易港的地位一落千丈。这对宁波港的发展造成了极其负面的影响,在这一国家政策的压力下,宁波港被迫从国际贸易港口向国内商贸中转港转型。

由于月港地处闽南一隅,丛山阻隔,港口腹地狭小,所能提供的外贸商品十分有限。与之相比,宁波及其江南经济腹地则有无与伦比的优势,所以尽管宁波港已经失去了海外私人贸易的合法地位,但仍在国内转口贸易中发挥着重要作用。在经历恢复与调整之后,浙江和江南地区的海商又重新开始参与海外贸易。他们利用地处海洋贸易产品原产地的资源与地理区位优势,除小部分违禁下海前往日本从事走私贸易外,大部分通过与福建海商的合作,并在当地官府的默许之下,偷梁换柱,买取"船引",从宁波港出发,经月港前往吕宋等处就地贸易或转口前往日本。江南出产的商品多经这条线路销往福建、广东及东南亚国家与日本,其中日本是江南商品的主要外销地。如据木宫泰彦所记,万历四十年(1612 年)七月二十五日,明朝商船和从吕宋返航的日本商船共 26 艘,同时开进日本长崎港,载去中国湖州出产的白丝 20 余万斤③。而明代中后期,以浙江为主要产地的中国丝绸从宁波港出发,经月港或澳门中转吕宋运往美洲的总值每年达到 300 万甚至 400 万比索④。在江南经济发展的强力支持下,尽管宁波港失去了直接对外贸易的合法性,但通过中转贸易的方式,宁波港仍旧承载了江南地区商品外销的重要职能,这也奠定了其在明朝中后期重要商贸中转港的地位。

五、结论

综上所述,明代中国海洋政策的变化对宁波港地位的影响之大可见一斑。为什么海洋政策的变化对宁波港口造成如此巨大的影响? 这是一个很值得我们讨论的问题。古代中国沿海港口演变的漫长历史时期,其地位的变化多是由于地理环境变迁与区域经济发展,宁波港的产生与发展即源于其独特的区位优势。明代之前,国家并未面临真正意义上的海洋安全威胁,因此海洋政策的侧重点只是在保持社会的稳定和海洋税收的管理。元朝与日本的敌对关系使得中国海疆出现不安定的因素。明朝在推翻元朝的同时也继承了其所面临的海疆问题。因此,明代海洋政策的制定更多关注的是政治与军事因素,而这直接体现在宁波港经济功能的弱化与政治功能上升的变化趋势中。但千百年来所形成的海洋经济发展模式不是政府一纸禁令就能改变的,双屿国际走私贸易港口的崛起就是国家海洋政策不合时宜的具体表现。而长达十余年的"嘉靖大倭寇"终于使明政府意识到,严格海禁的实施根本无法

---

① 《明神宗实录》卷 331,万历二十七年七月壬子条,台北:中央研究院历史语言研究所,1961 年,第 6113 页;《明神宗实录》卷 331,万历二十七年二月庚申条,台北:中央研究院历史语言研究所,1961 年,第 6119~6120 页。

② 万明:《明代嘉靖年间的宁波港》,《海交史研究》,2002 年第 2 期,第 60~69 页。

③ [日]木宫泰彦著、胡锡年译:《日中文化交流史》,北京:商务印书馆,1980 年,第 626 页。

④ [德]贡德·弗兰克著、刘北成译:《白银资本》,北京:中央编译出版社,2001 年,第 154 页。

有效保障沿海海防安全,东南私人海洋贸易发展的趋势是不可阻挡的。在朝贡贸易体制崩溃之后,政府最终在私人海洋经济发展与国家海防安全矛盾中寻找到平衡点,即私人海洋贸易的有限开放。但由于此时中日关系的紧张,加之江南经济稳定对国家赋税的重要性,宁波港失去了直接对外贸易的合法地位。此后,直至清末宁波港大部分时期都是作为国内贸易中转港活跃在海洋经济发展的舞台之上。在国家政治与军事考量超越经济因素的时期,海洋政策对于海洋港口发展的负面影响是十分明显的。但当这一前提条件消失后,宁波港作为国际贸易大港的地位也会随之恢复,今日宁波港的强势崛起就是明证。

基于旅游吸引物的海洋节事传播模式

——以两个海洋非遗节事为例

商　军　陆卫群

（上海财经大学浙江学院）

摘要：海洋旅游是影响最大的海洋产业之一，随着海洋旅游的发展，各地都在积极开发海洋节事旅游。本研究通过对节事旅游的研究回顾，基于旅游吸引物的视角对两个国家级海洋非物质文化遗产节事进行对比研究，认为，民间主导、娱乐性强的海洋节事模式更有可能促进旅游业发展。

关键词：节事　节事旅游　节事传播　旅游吸引物　海洋旅游

一、背景

十八届三中全会和中央经济工作会议精神指出：要不断推进海洋产业结构调整升级，加快海洋经济发展方式转变，推动海洋经济向质量效益型转变。因此，各沿海政府部门都在积极加强调研，资源为导向，发挥市场配置作用，开发海洋产业。

在众多的海洋产业中，海洋旅游业是其中影响最大的一个产业。国家海洋局发布《2013 年中国海洋经济统计公报》显示，2013 年全国海洋生产总值达到 54 313 亿元，比上年增长 7.6%，海洋生产总值占国内生产总值的 9.5%。滨海旅游业则继续保持良好发展态势，产业规模持续增大。全年实现增加值 7 851 亿元，比上年增长 11.7%；在主要海洋产业中，滨海旅游业占比有三分之一多（达 34.6%），名列各主要海洋产业首位，可见，在当前中国的海洋经济发展中，旅游业依然是重要的推动力量（见图 1、图 2）。在国家海洋局的统计公报中，是这样解释滨海旅游："包括以海岸带、海岛及海洋各种自然景观、人文景观为依托的旅游经营、服务活动。主要包括：海洋观光游览、休闲娱乐、度假住宿、体育运动等活动。"

海洋旅游业的发展离不开海洋旅游资源。海洋旅游资源分为海洋自然资源和海洋人文资源两大类。而海洋旅游人文资源则包括海洋古遗迹、古建筑旅游资源，海洋城市旅游资源，海洋宗教信仰旅游资源，海洋民风民俗旅游资源，海洋文学艺术旅游资源，海洋科学知识旅游资源等（陈娟，2003 年）；海洋旅游人文资源中很大一部分都是非物质文化遗产，其中影响力较大的是海洋类非遗节事，本研究将以两个列为国家级海洋类非物质文化遗产节事为主要研究对象，从旅游吸引物视角，对比研究并探讨两个不同举办者的海洋非遗节事传播，

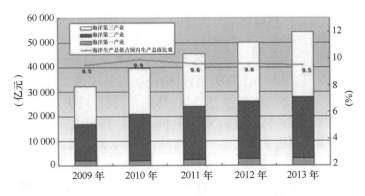

图1　2009—2013年全国海洋生产总值情况

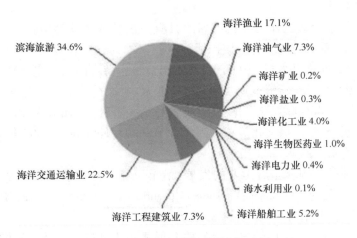

图2　2013年主要海洋产业构成图

以便更好地为沿海地区有关部门制订滨海旅游业发展规划提供决策参考。

二、相关研究文献

(一)节事与节事旅游

节事一词,源于英文 festival and special Event,节日与特殊事件,简称 FSE,汉语简称节事。在英语研究文献中,常常以 event 代替 festival and special event。节事,包括庆典与特殊事件。

Getz(1997年)认为,特殊事件就是在通常选择范围之外或超出日常生活内容的一次休闲、社会或文化的体验。而节日则是一种公众的、有主题的庆祝仪式。加拿大国家旅游数据工作组(National Task Force on Tourism Data in Canada,1989年)认为节事具有以下七个特征:①对公众开放;②主要目的是庆祝或展示一个特定的主题;③一年举办一次或更低的举办频率;④有事先确定的开幕和闭幕日期;⑤没有永久性的组织机构;⑥包括多个单独的活动项目;⑦有的活动均在同一区域进行。(转引自邹统钎,2007年,第3页)

节日常常与庆典有关,庆典起源于对图腾的崇拜,其最原始的形式是祭祀。祭祀庆典主要是表现人类对主宰自己的命运、对于主宰自然界各种现象的超自然力所表示的尊重、崇敬和惧怕(特纳,1993 年)。节庆庆典大多起源于宗教。节庆和宗教这两个古老的文化现象之间存在着千丝万缕的联系(蒋栋元,2009 年)。传统民族节庆是人类特定时空下的文化形态,表现人类发展过程中的生存状态、生活态度、情感寄托、心理认知等民族性,而中国传统民族节庆则是反映中国各族人民的信仰、族群认同、情感、理想,是传承中华文明,承载民族情感的具有地域性的重要非物质文化遗产,并且与节庆地的区域产业具有联运效应(莫光辉,2012 年)。传统民俗节庆具有传承和发展地域民俗文化、拉动当地经济以及满足民众的娱乐需求等作用(朱艳仙,2013 年)。地方性传统节庆具有分布范围小、地域性限制强、知名度不高、市场认可度低的特点,因此,通过品牌建设是提高文化知名度,扩大文化影响力发展之路(王燕妮,2012 年)。

特殊事件是日常活动之外的经过策划的具有一次性或者非经常性(infrequently)的事件。Allen(1999 年)认为特殊事件应该包括特定的仪式、演讲、表演或庆典等。至于节事参与者的动机,Crompton & McKay(1997 年)则提出节事旅游者的六个主要动机,分别是文化探求、融入团队、恢复平衡、新鲜事物/回归、外部扩展/社会化和人际交往等;也有学者认为有五大动机:逃避、兴奋/刺激、社会化、新鲜事物和家人团聚(Uysal & Martin,1993 年);节事活动除了具有发展经济,传播文化等积极因素,Fredline & Faulkner(1998 年)指出节事活动对举办地社区还有负面影响。

节事对举办地的影响就是旅游业的发展,最早研究事件或事件旅游是 Boorstin(1961 年,2012 年再版)出版的 The image:A guide to pseudo – events in America,谈到事件对于旅游、社会、经济、文化、政治等方面的形象影响。

章平(2000 年)认为节庆旅游与一般的旅游形式相比具有:季节性、规模性、综合性、效益后续性等特点。节庆旅游同时具有经济、文化两种载体的功能(庄志民,赵睿,2000 年)。李玉新(2003 年)认为节庆旅游对目的地经济的影响可以分为三个层次:对节庆本身经济效益的影响,对目的地经济的直接影响和对目的地经济的总影响。刘亚禄、徐铁夫(2004 年)通过建立模糊统计数学模型,多角度分析了节庆活动的价值,认为节庆的效益分为三大块,一是经济综合效益(特色收益、经贸洽谈、商品交易、资金投入、人力投入);二是社会综合效益(商誉和知名度、社会交往、自豪感、交通影响、文化影响、环境污染);三是科技效益(引进项目、引进技术)。

(二)旅游吸引物

旅游吸引物是吸引旅游管理部门和旅游者注意力,具有特殊的人类印迹或自然界特征的著名事件、遗址或相关现象(Lawton,L. J. 2005 年)。是旅游业的真正兴奋剂,是旅游者出游的首要力量和快乐磁石(Gunn,1988 年)。并激发旅游者从一地到另一地的动机,包括自然界吸引物、历史吸引物、文化吸引物以及人工吸引物(Alhemoud & Armstrong,1996 年)。旅游吸引物有自然的也有人造的;同时也可分为固定性或暂时性,暂时性的多为节事活动。

基于社会建构的视角,马凌(2009 年)认为旅游吸引物之所以有吸引力,除其自身的特殊物理属性,还在于旅游吸引物符合了某种社会价值与理想,是承载某种价值与理想的符号,所以旅游吸引物是人建构的产物,意义与社会价值的建构和吸引物建构的过程也是符号化的过程。

(三)海洋旅游

海洋旅游是以海洋资源为旅游吸引物所开展的旅游、娱乐、休闲的现象与关系的总和。而海洋旅游,根据旅游者介入的不同目的,可以分为六种主要旅游形态:观光赏景、休闲度假、文化体验、体育娱乐、保健疗养、购物美食。

三、研究讨论

1. 妈祖祭典

妈祖祭典是福建省莆田市湄州岛居民为纪念妈祖而举行的,妈祖原名林默,天资聪颖,识天气、通医理、善舟楫,乐善好施,受到邻里乡亲的敬重。宋太宗雍熙四年(987 年)农历九月初九,因救助海难,年仅 28 岁的林默与世长辞,之后为了纪念她,当地建庙进行祭祀。目前不仅在中国的沿江、沿海和台港澳地区信众较多,而且在五大洲 20 多个国家均有广泛的影响,世界上共有妈祖分灵庙 5 000 多座,信徒近 2 亿人。主要仪式有祭典仪式、"卤簿",就是仪仗队。还有祭海;民间也有很多是在船上供妈祖神像、启航祭祀,一些造船厂则供妈祖、供船模。台湾习俗则有合火、过炉、春秋祭典、卸马戏、相倾戏、艺阁阵、武馆、曲馆、遥拜、绕境、三月疯妈祖、大甲妈祖回娘家等;活动在每年农历三月二十三日妈祖圣诞之日举行。歌舞有:《迎神》《初献》《亚献》《终献》《送神》五个乐章,《三献》乐称《海平》《和平》《咸平》,由男女歌生合唱。舞备八佾,由男女舞生各 32 名组成,分别秉羽和执籥,是为古代最高规格之文舞。

2. 京族哈节

是京族的传统歌节,主要流行于广西京族居住的东兴市的万尾、巫头、山心三个小岛以及附近海岸渔村。哈节,又称"唱哈节","哈"或"唱哈"是唱歌的意思。哈节的日期各地不同,万尾、巫头二岛为农历六月初十,山心岛为农历八月初十,海边的一些村落则在正月二十五日;日期虽然各有不同,但节日的形式与内容基本相同。主要仪式有:①迎神:在"唱哈"前一天,集队举旗擎伞把神迎进哈亭;②祭神:《进酒舞》《采茶摸螺舞》《灯舞》;③入席听哈,每席 6~8 人;④送神:念《送神调》,还要"舞花棍"。斗牛、比武、角力竞赛等跳水族舞活动由祭祖、乡饮、社交、娱乐等内容组成。歌舞有:祭神,《进酒舞》《采茶摸螺舞》《灯舞》;"唱哈"是哈节的高潮,所占时间最长。有"哈哥""哈妹"调琴击梆配唱,曲调有 30 余种;唱的有叙事歌、劳动歌、风俗歌、颂神歌、苦歌、情歌等。

旅游吸引物是社会建构的产物,而海洋类非物质文化遗产节事则是历史上人为形成的群众性集体记忆。经过千百年的传承,这些海洋类节事都已经成为相关区域人民群众的特别纪念或狂欢的日子。开发这些节事旅游,相比其他旅游资源,影响力更大,节事效益更可观。当然不同节事,旅游开发的效果也千差万别。

通过对两个国家级的海洋类非物质文化遗产节事形式的考察,研究者发现(见下表):

	湄州妈祖祭典	京族哈节
举办者	政府主导,财政预算较大	民间市场主导,政府无预算
举办时间	每年农历三月二十三日妈祖圣诞之日	不同地方,哈节的日期也有差别,万尾、巫头二岛为农历六月初十,山心岛为农历八月初十,海边的一些村落则在正月二十五日
主要人物	妈祖	镇海大王
宗教	民间俗神信仰	民间虚神信仰
举办范围	福建莆田湄州岛,各地都有开展相关祭祀活动	主要分布在广西壮族自治区东兴市的万尾、巫头、山心三个小岛以及附近海岸渔村
民族风情	汉族	京族
观光赏景	岛屿风光	岛屿风光
文化体验	民间文学、民间音乐、民间舞蹈	民间文学、民间音乐、民间舞蹈;歌舞较多
社区居民的参与	宗教情节	民众自发的内心认同
节事形式	严肃庄严	开放
娱乐性	表演性强,但娱乐性差	既有表演性,也有参与的娱乐性,可以狂欢
活动持续性	一天时间	持续时间6天
游客的集中性	非常集中,以观看典礼为主	可以分散,参与不限制
区域性	很多地区有举办,有竞争	区域集中,独特性强
旅游形态	观光赏景、文化体验、体育娱乐	观光赏景、休闲度假、文化体验、体育娱乐、保健疗养、购物美食

节事旅游开发价值的判断,最主要看是否吸引旅游者持续进入,旅游者进入后的停留时间,以及旅游者的参与性、体验性。通过对比,可以看出,京族哈节更具有大众性,更可能开发成一个旅游节日,从旅游开发对当地社区的经济影响看,哈节更能促进当地居民的收入提高,因此开发前景更好。

综上所述,沿海地区在开发旅游节事时,应该从旅游者体验出发,判断节事是否为一个好的旅游吸引物,从而决定是否进行投资开发,实现当地社区居民通过旅游提高收入,获得可持续发展的动力。

参考文献

陈娟:《中国海洋旅游资源可持续发展研究》,《海岸工程》,2003年第1期。

Getz D. Event management & event tourism. New York:Cognizant Communication Corporation,1997.

邹统钎:《奥运旅游效应——2008年北京奥运会对中国旅游业的拉动》,北京:社会科学文献出版社,2007年,第3页。

维克多、特纳、方永德,等:《庆典》,上海:上海文艺出版社,1993年。

蒋栋元:《论中国传统节庆中的宗教文化》,《宁夏社会科学》,2009 年,第 3 期,第 139 ~ 142 页。

莫光辉:《少数民族传统节庆开发与区域产业联动机制建构——以广西三江侗族多耶节为例》,《广西民族研究》,2012 年第 3 期,第 161 ~ 166 页。

朱艳仙:《普洱传统民俗节庆文化的传承与创新》,《云南社会主义学院学报》,2013 年第 1 期,第 46 ~ 49 页。

王燕妮:《我国地方性传统节庆文化品牌建设探析——以"恩施土家女儿会"为例》,《社会主义研究》,2012 年第 1 期,第 013 页。

Allen J,O'Toole W,Harris R,et al. Events management. Elsevier Science,2010.

Crompton J L,McKay S L. Motives of visitors attending festival events. Annals of Tourism research,1997,24(2):425 ~ 439.

Uysal M,Gahan L,Martin B S. An examination of event motivations:a case study. Festival Management & Event Tourism,1993,1(1):5 ~ 10.

Fredline E,Faulkner B. Resident reactions to a major tourist event:the Gold Coast Indy car race. Festival Management and Event Tourism,1998,5(4):185 ~ 205.

Boorstin D J. The image:A guide to pseudo – events in America. Random House LLC,2012.

章平:《论大型节庆旅游与宁波旅游》,《宁波大学学报》(人文科学版),2000 年第 3 期,第 92、94 页。

庄志民、赵睿:《系统视野中上海节庆旅游资源的开发》,《旅游科学》,2000 年第 4 期,第 27、29 页。

李玉新:《节庆旅游对目的地经济影响的测算与管理》,《桂林旅游高等专科学校学报》,2003 年第 1 期,第 53、55 页。

刘亚禄、徐铁夫:《节庆活动的综合评价》,《中国统计》,2004 年,第 8 期第 21、23 页。

Lawton,L. J. (2005). Resident perceptions of tourist attractions on the Gold Coast of Australia. Journal of Travel Research,44(2),188 – 200.

Gunn,C. A. (1988). Vacationscape:Designing tourist regions. Van Nostrand Reinhold.

Alhemoud,A. M. ,& Armstrong,E. G. (1996). Image of tourism attractions in Kuwait. Journal of Travel Research,34(4),76 – 80.

马凌:《社会学视角下的旅游吸引物及其建构》,《旅游学刊》,2009 年 24 第 3 期,第 69 ~ 74 页。

中国海洋非物质文化遗产传承与开发的战略思考

——以象山县为例

鲍展斌　黄亚男

（宁波大学马克思主义学院）

摘要：中国海洋文化源远流长，博大精深，渔乡海洋非物质文化遗产极其丰富。传承与开发海洋非物质文化遗产，发展海洋文化产业不仅是我国发展农村经济的需要，更是弘扬海洋文化的需要。运用创意手段对海洋非遗进行新的诠释和演绎是发展海洋文化产业的重要途径；海洋节庆活动是展示海洋非遗丰富内涵以及发展海洋文化产业的重要平台；文化研究与非遗教育为海洋非遗的传承和海洋文化产业发展提供理论指导。同时，开发海洋非遗，发展海洋文化产业，必须在马克思主义文化遗产观指导下进行科学的规划。

关键词：中国　海洋非物质文化遗产　海洋文化产业

一、深入发掘海洋非物质文化遗产丰富内涵，大力推动海洋文化产业发展

根据联合国教科文组织《保护非物质文化遗产公约》定义：非物质文化遗产（intangible cultural heritage）指被各群体、团体、有时为个人所视为其文化遗产的各种实践、表演、表现形式、知识体系和技能及其有关的工具、实物、工艺品和文化场所。

海洋非物质文化遗产是指各种以非物质形态存在的与沿海民众生活密切相关、世代相承的传统文化表现形式，包括口头传说、传统表演艺术、民俗活动和节庆礼仪、有关海洋的民间传统知识和实践、传统手工技艺等以及与上述传统文化表现形式相关的文化空间。海洋非物质文化遗产，作为人类文化的一个重要组成部分，就是人类探索、认识、开发、利用海洋，调整改善人与海洋之间的关系，在开发利用海洋的社会实践过程中形成的文明成果，具体表现为人类对海洋的心理状况、意识形态，以及由此而形成的生产方式与生活方式，包括宗教信仰、衣食住行、民间习俗和语言文学艺术等形态。海洋非物质文化遗产的内涵可分为五个层面：第一是物质层面。一切与海洋有关的生产生活过程和技艺；如"海上丝绸之路"，渔船、渔网等渔具制作技艺，海鲜烹饪技艺等。第二是精神层面。一切与海洋有关的信俗文化；如妈祖、如意信俗，龙王信俗，鱼师崇拜等。第三是社会层面。一切与海洋有关的节庆礼仪活动以及娱乐活动；如祭海仪式，"三月三"，开渔节（新民俗，当代海洋非遗），麻将文化

等。第四是生态层面。一切与海洋自然及人文生态环境保护有关的生产与生活方式。如渔民放生海洋生物习俗、休渔习俗等。第五是文化艺术层面。一切与海洋有关的民间传说、文学艺术;如八仙传说,哪吒闹海传说,徐福东渡传说;渔民画,鱼拓,渔号子,渔谚等。

我国海洋文化源远流长,博大精深,是宝贵的文化遗产,这笔文化遗产需要继承和发扬。

海洋文化产业是指为社会提供海洋文化产品生产和服务的产业。我国之所以要大力发展海洋文化产业,第一,是广大人民对文化需求的强劲增长及沿海渔乡有着深厚、丰富的海洋非物质文化遗产可以开发、利用。例如象山县的"三月三,踏沙滩"、祭海、祭祀鱼师庙等非物质文化遗产就颇具特色。这些优美的文化载体赋予广大渔乡厚重的文化积淀。渔乡民众继承发扬祖先遗留下来的宝贵财富,进一步发展创新,适应市场经济的浪潮,加快渔乡发展步伐,壮大文化产业,逐步形成渔民办文化,文化兴产业,产业促经济发展的良好局面。渔乡群众文化需求的增长与文化活动的蓬勃开展,为渔乡经济的发展培植了新的增长点。

第二,传统的渔业生产由于资源濒临枯竭及生产成本提高难以为继,迫切需要发展替代产业,海洋文化产业成为最佳选择之一。例如象山渔民很早就认识到海洋资源的有限性与海洋休渔的重要性,纷纷转产转业。象山县委、县政府在深入了解县情民情的基础上果断决定兴办海洋文化产业作为渔业的替代产业,保护海洋资源,坚持科学发展观,取得显著成效。

第三,沿海发达地区由于经济的发展,民间和政府拥有比较雄厚的资金,因此,发展海洋文化产业不乏必要的启动资金。现在许多渔乡政府与民众已经意识到投资发展文化产业大有前途,纷纷投巨资打造海洋文化产业。如投资兴办海洋生物科技馆、渔文化博物馆、开发海岛生态旅游等。象山县政府保护开发的石浦老街,不仅保留了明清时期的古迹,而且还保留了一批活态的海洋非物质文化遗产。同时,沿海发达地区已成长起一批大中型企业,它们有资金有条件成为文化产业的"母体"。如象山县与浙江著名的民营文化企业宋城集团合作创办了"中国渔村",开展渔村休闲旅游,培育新的海洋文化业态。

第四,渔乡各地,尤其是江浙一带文化、经济发达的渔乡,有一大批熟悉传统文化和现代文化的专业人才和管理人才。沿海地区有大量的渔乡文化人、非遗传人在市场经济大潮的冲刷下成长为精明能干的文化专业户、文化经济人、文化投资商等。

当前我国发展海洋文化产业已形成顺应天时、地利、人和的大好局面。经济全球化给我们带来机遇与挑战。十八大报告提出,要将文化产业发展成为国民经济支柱性产业。党中央与国务院对发展海洋文化产业尤为重视,这为发展海洋文化产业提供了天时。中国拥有丰富的、并且有自身特色的海洋文化资源是地利;人民群众安居乐业,在物质文明有了较大提高之后,不断追求精神文明,广大群众自觉地参加各种健康的文化活动,为发展海洋文化产业凝聚了人气,形成人和的局面。广大渔乡在新时期已呈现出一派生机勃勃的文化建设新气象。

发展海洋文化产业的成功实践表明,我国应该充分利用自身优势开发利用海洋非物质文化遗产,形成一批海洋文化产业骨干企业。重点发展滨海文化旅游、休闲渔业、海洋文化艺术等行业。建立各种文化中介机构,盘活文化资产存量,积极培育和发展文化市场,鼓励社会各方面力量投资办文化。制定发展海洋文化产业规划。建立科学合理、灵活高效的文化管理体制和文化产品生产经营机制。加强法规建设和市场管理,促进文化市场繁荣和健康发展。

二、节庆活动是展示海洋非物质文化遗产、发展海洋文化产业的重要平台

各地开展的与海洋有关的节庆文化活动作为地域文明的象征，代表着地域的文化形象，展示的是"四个文明"建设和经济实力的成果，是该地区经济社会发展及对外开放的软环境。节庆文化活动已成为把传统文化和现代文化、地域特色文化和世界流行文化有机结合的最佳平台之一。海洋文化节庆活动的兴起得力于宏观经济的长足发展，反过来，节庆文化活动又能促进宏观经济发展。表现在以下几点：一是扩大知名度；二是带动消费；三是带动海洋文化旅游业的发展；四是带动投资的增长；五是带来新理念，改善地域的软环境，成为促销旅游、带动投资、发展文化经济的良好载体。它是海洋文化产业的一大亮点。

开展有关海洋的节庆活动，一定要围绕海洋这个中心主题来做文章，不能把节庆活动当作一个箩筐，什么都往里面装，弄得不伦不类的。只有围绕主题，搞出自己的特色，才能吸引人。象山县举办各种节庆活动，既是展示海洋非遗的重要平台，又是发展海洋文化产业的良好途径。譬如，象山连续多年搞的中国（象山）开渔节、"三月三，踏沙滩"、海鲜节、国际海钓节等节庆活动，紧扣海洋文化的主题，文化与科技联姻，传统与现代熔铸，政府与民间合作，城市与乡村互动，搞得有声有色。如今的象山一年四季都有海洋旅游节庆活动，"春踏沙滩夏海钓，秋日开渔冬品鲜"，不仅促进海洋非遗的传承与海洋文化的传播，而且扩大就业，提高当地人民的收入，扩大了象山的知名度和美誉度，取得很好的经济效益与社会效益。同时，使弘扬海洋生态文化，保护海洋资源的理念深入人心。

当然，也有不少人对政府办节庆活动提出异议，认为政府不应包办节庆活动，应该由民间去组织。这样做既能减少政府的财政支出，还能吸引不少民间资金，达到赢利的目的。笔者并不赞成这种观点，认为政府办节庆活动是利大于弊。不要说一些大型的节庆活动，没有政府出面、没有财政支撑不可想象，就是一些小型的节庆活动，也离不开政府的支持，如协调工作与安全保卫工作等。笔者认为政府办节庆活动的最大好处是通过节庆这个平台进行造势，提高地方的知名度，带动相关投资，促进宏观经济的发展。政府办节庆活动最敏感的话题是财政支出问题。谁为节庆埋单这个问题的确需要好好研究。如何减少政府财政支出，吸引更多的民间资金，使政府从办文化向管文化过渡，充分体现政府的公共服务职能，应该是今后政府办节庆努力的方向。象山县政府正是这样做的，他们办节庆的成功经验值得推广。

象山县举办中国（象山）开渔节最初的运作模式是"政府搭台，企业唱戏"，活动经费主要由政府"掏腰包"。但精明务实的象山人很快发现，如果这个节庆完全由政府包办，不仅违背市场经济规律，而且很难持续下去。因此，从第三届开渔节后，象山县政府和有关部门就把办节庆的主要精力花在牵线搭桥搞好服务上。当地一名政府官员坦率地说，办节庆是为了促进社会经济更快、更好地发展，应注重社会效益和经济效益双丰收。因此，我们必须透过热闹的节庆气氛去认真体现招商引资、扩大城市影响等预期目标的实现。也许正是政府职能的转变，中国（象山）开渔节才会给象山带来巨大的影响与收益。

从"文化搭台，经贸唱戏"到"文化的节日，渔民的节日，经贸的节日"，中国（象山）开渔

节已经成为众多中国节庆活动中一个响当当的品牌。

三、文化研究与非遗教育为海洋非遗的传承和海洋文化产业发展提供理论指导

设立海洋文化研究基地,召开海洋文化研讨会,开展海洋文化理论与学术的科学研究,不仅有利于海洋非物质文化遗产的传承与开发,而且对发展海洋文化产业有着理论指导作用。海洋非物质文化遗产虽然只是文化中的一个分支,但源远流长、博大精深。深入开展海洋非物质文化遗产的研究,一方面有利于继承传统,弘扬传统文化的精粹;另一方面,有利于开拓创新,发展社会主义先进文化。譬如象山县政府在科学研究基础上把文化创意理念引入中国(象山)开渔节活动中,将海洋非遗运用高科技手段进行现代包装、重新诠释,研究用现代理念、现代科技、现代设计、现代组织演绎海洋文化的丰富内涵,非常有益于海洋非遗的传承与发展,培育新的海洋文化业态,打造出海洋文化产业发展新模式。今后当地政府还打算开展海洋文化的比较研究,研究不同地区和不同国家之间海洋文化的特点,同时要揭示其规律性的东西,为我国发展海洋文化提供有益的启示。

为了更好地弘扬海洋文化,象山成立了全国第一家渔文化研究会,动员全县文化界人士开展与海洋文化资源相关的调查、保护、研究工作。同时,象山还在开渔节期间召开了中国渔文化研讨会、中国海洋文化论坛等学术研讨会,吸引海内外学者会聚象山开展渔文化及海洋文化的研讨,并出版论文集,不仅有力推动我国渔文化与海洋文化科学研究的深入,而且对象山发展海洋文化产业起了重要的理论指导作用。

象山县还举办非物质文化遗产进校园活动。将海洋非遗引入教育领域,如组织中小学生到位于石浦东门的中国渔文化艺术村学习鱼拓技艺,突出了海洋非遗的本土化建设。还组织学生参观石浦渔港古城、德和根艺美术馆、才华剪纸艺术馆、新桥盐场等非遗传承基地和博物馆,安排非遗传承人现场讲解;利用茅洋民俗文化村收藏的民俗器具,开展民俗体验活动,同时组织附近的民间传统表演队伍进行非遗项目展演(如五狮山龙狮舞、走书、唱新闻等),让学生们从视觉、听觉、触觉上增强对非遗的感性认识,通过实践体验非遗长久不衰的魅力,激发他们对象山本土海洋非遗的认同和热爱。出版海洋非遗校本教材(读物),编辑出版徐福文化、渔文化等海洋非遗校本教材(读本),推动海洋非遗进校园的长效发展。

与此同时,象山还采撷渔文化、海洋文化的研究成果,大力发展渔乡文化事业与文化产业,成立象山石浦渔港古城旅游发展有限公司、象山开渔文化发展有限公司、象山渔文化礼品开发中心等文化实体,推出《象山渔文化采贝》《象山台东妈祖如意文化交流纪念册》文化礼品书、渔文化剪纸、渔文化竹根雕、贝雕、鱼拓等工艺品,初步形成具有地方特色的海洋文化产业链。

开展海岛休闲养生文化研究。象山半岛有着悠久的道家文化,以徐福、陶弘景寻仙炼丹活动为代表的道家文化(姑且称之为"丹文化")流传有绪。象山县县城称为丹城就是象山深厚丹文化的体现。象山自古就有"东方不老岛,海山仙子国"的美称,如今又是"天然氧吧,养生胜地"。象山县政府成立象山徐福研究会,启动研究"丹文化"问题,开展寻找老寿

星、长寿村活动,研究象山县名的由来,为建设海岛"养生胜地"服务。

开展海峡两岸海洋文化研究与交流活动。2008 年 6 月,"石浦——富岗如意信俗"被公布列入第二批国家级非物质文化遗产名录。这是目前国家级"非物质文化遗产名录"中唯一包含海峡两岸民俗文化的遗产。目前,象山县与台东县深入开展妈祖、如意信俗文化交流活动,取得了丰硕成果。

开展海洋文化与影视文化对接研究。传承象山最早拍摄第一部在国际电影节上获奖的中国故事影片——《渔光曲》文化传统,拍摄与海洋文化有关的影视作品。利用象山影视城的有利条件,拍摄海宣教片,如儿童电影故事片《亲亲海豚》等。象山县政府还与浙江省广电集团合作,在象山新桥镇打造海洋影视文化主题乐园,全方位展示海洋非遗成果。

象山的经验告诉我们:海洋文化研究不能停留在学术层面上,搞一些学究式的考证工作,研究重点应放在海洋非遗的传承与创新、推广与应用上,研究工作要面向现实,面向世界,面向未来。开展地区与地区之间、国与国之间的交流和合作,打造新世纪的海洋文化。实施海洋文化产业工程,进一步繁荣文化市场。发展海洋文化产业是繁荣海洋文化、满足人民群众精神文化需求的重要平台。通过理论宣传引导政府有关部门逐步从"经营海洋文化"为主向"管理海洋文化"为主转变,积极鼓励和引导社会力量发展以海洋文化为重点的文化产业,着力提高文化产业的市场化程度,在全社会形成关注海洋非遗的传承发展、参与海洋文化产业、发展海洋文化产业的良好格局和运行机制。

四、传承保护海洋非物质文化遗产,科学发展海洋文化产业的战略思考

实践表明,中国保护海洋非遗与发展海洋文化产业,必须在正确理论指导下进行科学规划,切忌一哄而上,盲目行动,造成不必要的经营失败和资源浪费。为此,保护海洋非遗与发展海洋文化产业必须从战略层面上提出发展思路:

(一)发展海洋文化产业要充分体现"以人为本"的思想

中国发展文化产业要立足于以人为本,坚持科学发展观,满足人民群众的多方面需要,尤其是精神文化的需要。文化产业生产的是精神产品,这种精神产品必须是中国先进文化的体现,有益于满足广大人民群众的精神需求。

发展海洋文化产业要始终把为我国和世界人民生产传播优秀的、具有中国特色社会主义海洋文化作为首要任务,同时根据人民群众的需要、市场的需求来生产和创造更多更好的海洋文化产品,提供更好的文化服务;海洋文化产业在生产和经营过程中,要弘扬民族文化之精粹,不断丰富和提高人民群众精神文化生活。譬如麻将这种风靡全球的海洋非物质文化遗产,是"海上丝绸之路"的遗物,深受我国和世界各族人民的喜爱,被誉为"国粹",其前身据传是郑和下西洋时发明的纸牌"马吊",而近代宁波陈鱼门改进发明的"骨牌"麻将则与五口通商有关。宁波发达的航海业,客观上促进了麻将在世界各地的传播,成为世界性的文化遗产。但是因为麻将具有博弈性,被当作赌博工具看待,就摒弃它的人文价值,现在许多

政府部门视麻将为洪水猛兽,不仅不去传承保护,还要除之而后快,使这种著名的海洋非遗不能得到合理的开发利用。这不是科学的态度!

当前我国渔乡开展各种富有地方特色和民族特色的文化活动,如放映渔业科教片、举办渔乡文化旅游节、海岛生态旅游、渔俗文化节和渔民运动会等就比较适合当代渔民群众"求知、求健、求美、求乐"的文化需求。同时,渔乡利用高新技术发展海洋文化产业,像海洋生态文化公园建设、渔文化展示馆创办、渔村网页设计和渔乡文化形象设计等,又增添了时代色彩,引导渔乡文化向先进文化进一步发展。使和谐文化建设在广大渔乡得到真正的贯彻与落实。

总之,能否及时准确地了解广大人民群众的精神文化需求是攸关海洋文化产业生死存亡的大事。发展海洋文化产业,我们的政府管理部门对文化市场的认识和理解,要充分体现以人为本的思想,改变 GDP 至上的观念。切实按照文化消费者的需求来组织文化产品的生产与文化服务的提供。

(二)合理保护和开发海洋非物质文化遗产,发展海洋文化产业要有世界眼光

海洋非物质文化遗产多数是来自民间的传统文化,因而对其传承和保护最有效的手段是以民间为母体,依靠政府的引导与支持。长期以来,人们习惯于将非物质文化遗产的搜集、整理、拍录看作保护,事实上,这种博物馆式的保存,将非物质文化遗产搜集并记录下来固然重要,但说到底,做成死标本存入库房不是我们的最终目标,"非遗"保护真正需要的是活态传承、生态保护。对于一些有市场效应的非物质文化遗产,可以走保护与市场开发相结合的道路。

现代产业意义上的文化资源观念是指任何一个文化产业的崛起和发展,都与文化资源的开发密切相关。作为社会化的文化生产、流通和消费形态的总和,文化产业的中心任务是把有限的资源(即投入)转变成为有价值的产品(即产出,它包括文化产品、文化服务和为其他产业提供的附加值等多种形式)。它所依赖的不仅有其他产业的共性资源:资金、技术、设备等;而且有特殊的资源,那就是文化资源。对待海洋文化资源的开发利用要做到全面协调可持续发展,千万不能急功近利,为了开发而不顾保护。海洋文化生态与自然生态一样重要,必须系统保护整个生态环境。

我国当前发展海洋文化产业主要应围绕海洋非遗的传承开发做文章,突出海洋会展和海洋体验两大主题,重点发展滨海旅游休闲产业,打造海洋文化产业集群,所谓海洋文化产业集群包括海洋文化旅游业、海洋休闲渔业、海洋文化娱乐业、海洋文化博览业、海洋影视制作业、海洋文化节庆活动、海洋文化礼品业等等,同时还要建立若干海洋文化创意产业基地。

中国是海洋文化资源大国,宝贵的海洋文化资源吸引着世界各族人民。中国古代"海上丝绸之路"在世界文明史上有着巨大的影响与贡献,具有无穷的文化魅力。目前,我国广州、泉州、宁波等九个城市联合申报"海上丝绸之路"世界文化遗产的行动表明,"越是民族的,越是世界的"。也就是说,愈具有浓郁的民族特色和地域色彩的文化,就愈能为世界所承认。因此应扬长避短根据中国国情和地域特色,结合我国传统海洋文化,发展具有中国特色和地域特色的海洋文化产业。中国海洋文化产业发展一旦同弘扬中国传统文化相结合,形成以中国海洋文化为基础、为特色的海洋文化产业,就将具有潜在的巨大竞争优势。

文化生产与服务的全球化不是以一种统一的文化取代各民族文化,而是各民族文化的生产、服务与消费的全球化。只有在发展壮大民族海洋文化的基础上,中国海洋文化才能在世界上获得应有的地位。

(三)推陈出新打造海洋文化精品,文化创新带动产业腾飞

我们发展海洋文化产业不能大树底下好乘凉,一味地吃祖宗留下的老本,对前人的东西生搬硬套,生吞活剥。艺术要创新出精品,海洋文化产业的发展也贵在创新。只有创新才能出精品,令人耳目一新达到精神上的高度享受。

中国特色社会主义海洋文化中所谓"中国特色",其内涵就包含了继承和发扬中华民族优秀传统海洋文化的方面。没有继承,就无所谓创新,没有创新,就谈不上有特色。我国有着悠久而丰富的海洋非物质文化遗产,如海洋探险文化、海洋生态文化、妈祖信俗文化、麻将文化等前人留下的丰富文化宝藏,需要我们去传承保护,寻找它跨越历史的文化精髓;需要我们去开发创新,赋予它新的时代特征和意义。对于麻将这种著名的海洋非物质文化遗产,要采取一分为二的科学态度,不能因为它具有赌博性质就全盘否定它!要科学改造这一海洋非遗,去其糟粕,取其精华,改赌博活动为竞技体育游戏,推陈出新弘扬国粹。

运用现代科技成果,提高海洋文化产业科技含量。海洋文化产业是文化密集、信息密集、技术密集的领域,现代科技成果的运用正对其产生着巨大的影响。只有提高科技含量才能生产出更多、更好的高、精、尖文化产品,增强海洋文化产业的竞争能力。

发展海洋文化产业的融资渠道也要创新。俗话说:"长袖善舞,多财善贾。"企业经营者要开拓思路,广纳资金,建立多元融资渠道。按照社会主义市场经济的要求,运用市场机制,利用投资控股、金融信贷、资本融资等手段,形成有利于海洋文化产业发展的综合性投、融资格局。建议尽快制定鼓励非文化企业、非公有经济和境外资金投入文化产业的优惠政策,建立海洋文化产业发展基金和海洋文化产业投资控股公司。推动海洋文化产业与其他产业融合,促进海洋文化产业多元化经营;通过结构调整和规范市场秩序,挤压和催化企业间的并购。推动乡镇文化企业进行规模扩张。

(四)培养既能传承海洋非物质文化遗产,又懂创意开发与经营管理的复合型文化人才

21世纪最重要的资源是人才。发展海洋文化产业需要培养既懂海洋文化,又懂经营管理的复合型文化人才。文化产业是高科技与高文化相结合的产物,对文化产业的经营、管理人员的科技文化素质和能力结构要求非常高。

我国要尽早、尽快依托高校的力量和人才资源优势,培养既能保护传承海洋非遗,又懂创意开发与经营管理的复合型人才。高校也要紧密结合社会需要,主动为地方服务,在培养人才上抢占先机。

1. 应推出"中国海洋文化产业人才培训工程"

实现海洋文化产业的优化升级。除了切实有力的优惠政策,吸引国内外高级人才外,还要对现有的文化产业从业人员进行培训,以实现知识、技术更新。对渔乡现有经营管理人员实现全面培训,提高整体素质,为海洋文化产业积极迎接新世纪挑战做好人才的准备。

2. 要因地制宜发现和培养文化人才

现在专门从事海洋文化产业的人才十分紧缺,不能等米下锅。因此,在人才的发掘和培养上也要不断地创新,做到扬长避短。应根据实际情况就地取材,如通过开展渔乡各项文化活动,从中发现苗子,因材施教,大胆培养"初生牛犊"和"草莽英雄",也不失为一条因地制宜的好路子。

3. 要吸引高校大学生到渔乡去创业

海洋文化产业前景远大,乡村广阔天地大有作为,关键是要有吸引人才去创业的环境和条件,渔乡要为此筑巢引凤,营造良好条件和文化氛围,吸引更多有志于从事海洋非遗保护与海洋文化产业开发的大学生去渔乡创业。

我们必须站在世界文化未来发展趋势、东西方文化交流的高度,从建设中国特色社会主义海洋文化的角度,来认识保护传承海洋非物质文化遗产,创新发展海洋文化产业的重要性和紧迫性。随着各国、各地区、各民族、各种宗教文化不断的相互传播,相互影响,相互交融,世界文化终将归于国际化,而世界各国文化产业也正朝着国际化、多色彩的趋势发展。我国建设有中国特色社会主义的海洋文化要与世界文化发展同步,就必须顺应世界文化发展的潮流。同样,我国海洋文化产业的发展也要面向世界,面向未来。只有积极主动地迎接这种挑战,做好充分思想准备,兴利除弊,才能在未来抓住机遇,阔步前进,实现"中国梦"。

参考文献

[1] 鲍展斌:《象山县科学发展海洋文化产业的实践与思考》,《宁波大学学报》(人文科学版),2009 年第 22(03)期,第 127~130 页。
[2] 卢山林:《中国开渔节:象山发展新坐标据》,《中国文化报》,2006 年 9 月 26 日 (004 版)。
[3] 鲍展斌:《文化遗产哲思——马克思主义文化遗产观研究》,杭州:浙江大学出版社,2008 年。
[4] 《浙江文化名城象山》,《浙江日报》,2010 年 5 月 7 日(012 版)。

明清时期浙江沿海自然灾害的时空分异特征研究

李加林 曹罗丹

（宁波大学城市科学系、宁波大学浙江省海洋文化与经济研究中心）

摘要： 明清小冰期是我国气候的异常期，各种自然灾害频发。通过系统搜集、整理明清时期浙江沿海地区自然灾害历史资料并对其进行统计分析，得到如下结论：①明清时期，随着时间推移，各种灾害发生频次成波动上升的趋势，在明末清初达到一个高峰值；水灾、旱灾、台风和潮灾是该地区的主要灾害类型，且水、旱两灾的发生最为频繁，水灾高于旱灾。②台风与水灾、潮灾之间是高度相关的，且台风灾害是浙江沿海地区的主要致灾因子，台风灾害诱发的灾害链具有波及面广、危害严重的特点。台州府是明清时期浙江沿海地区水、旱灾害发生最为频繁的地区；浙北平原上的杭州府是特大损失灾害发生最多的地区。③特大损失程度灾害的主要类型为潮灾，且集中分布在浙北平原，浙南山地和浙东南平原丘陵分布较少，以平原、丘陵及低山等地貌类型为主的孕灾环境对浙江沿海地区水灾、旱灾、台风灾害和风暴潮灾等4种主要自然灾害类型及其损失的空间分布有着显著的影响。

关键词： 浙江沿海 自然灾害 时空分异特征 明清时期

一、引言

灾害是当今世界公认的最严重的全球性问题之一[1]。古人记录自然灾害，具有居安思危，防范于未然的意义[2]。在人类发展史上，无论是灾害种类，还是灾害强度，中国历来都是世界上的多灾国家。在科技进步的今天，人类对自然灾害的监测与预警能力相较于古代已有极大的提高。但对古代自然灾害的研究，不仅可完整地反映自然灾害的演变史，而且对今后更精确地分析、预测现代灾害的形成演化特征有重要的实际意义及应用价值[3]，并可为当今防灾减灾工作提供科学借鉴。

自然灾害的发生与气候有着密切的联系，根据竺可桢教授的研究，近五千年的气候变化可分为四个时期：考古期、物候期、方志期和仪器观测时期。其中"方志时期"主要是指我国历史上的明清两代，该时期开始盛行修地方志，相应的灾害历史数据较为详尽[4-5]。从元朝末期到清朝末年，我国历史气候变化进入最为漫长的一个寒冷期，即明清小冰期时期[6-7]，在这个时期气候状况异常，存在着冷暖期交替的现象，各种自然灾害发生频率都很高，达到历史时期一个新的高点[8]。

我国是典型的季风区，季风气候的不稳定性，导致我国气象灾害频繁发生，严重危害了国民经济和人民生命财产安全[9]。浙江位于我国东部沿海,频繁的自然灾害已成为制约浙江沿海地区社会经济持续发展的重要因素之一。2013 年 10 月 7 日在福建福鼎市沙埕镇登陆的 23 号台风"菲特"更是给浙江沿海带来巨大的灾难,温州、台州、宁波损失惨重,仅宁波余姚市经济损失达 200 亿元以上(被淹面积达 70%)。浙江沿海地区自然灾害的历史资料中,相对完整地记录着灾害发生时间和地点、灾害种类、受灾损失等情况。因此,通过将历史纯文字叙述描述量化,研究历史自然灾害的分布特征,对探讨当前灾害形成演化规律及防灾减灾措施的采取具有重要的借鉴意义。

二、资料来源和研究区概况

本研究主要选取 1400AD－1900AD 近五百年间的各种自然灾害数据进行汇总统计,分析明清历史时间段中各种自然灾害的发生情况,包括其时空分布特征和损失强度。所统计的资料主要根据《浙江通志》《中国气象灾害大典·浙江卷》《明史·五行志》《清史稿·灾异》等以及明清时期浙江沿海地区的府县地方志、档案、正史中有关各府县记录,并参考对照今人相关的研究成果[10-11],以求得到尽可能全面准确的史籍自然灾害资料。

浙江沿海地区属于亚热带季风气候,属于中、低纬度的沿海过渡地带,四季分明,加之地形复杂,气象灾害种类繁多。其中,夏秋两季热带气旋(台风)频发,是沿海地区常规性灾害。此外,由于季风的不稳定性,冬夏季风的强弱变化和进退的迟早,造成反常的低温和高温,形成旱涝[9],对沿海地区农业生产和居民生活带来较大影响。浙江省沿海地区关于自然灾害的记录,最早见于东汉元和二年,公元 85 年的《汉书·五行志》中,分别对温州回浦地区"回浦久雨,害稼"①和台州临海地区"临海,宁海久雨害稼"②两次暴雨的记录。

根据《浙江地理简志》中浙江省历史建制变化表,整理得到研究区明、清两代的历史行政区划即明清两代浙江沿海地区的建制(表 1)。

表 1　明清两代浙江沿海地区建制表[12-13]

朝　代	府或厅	管　辖　范　围
明　朝 (1368—1644)	嘉兴府	嘉兴、秀水、嘉善、崇德、桐乡、平湖、海盐
	杭州府(省治)	钱塘、仁和、海宁、富阳、余杭、临安、於潜、新城、昌化
	绍兴府	山阴、会稽、萧山、诸暨、余姚、上虞、嵊县、新昌
	宁波府	鄞县、慈溪、奉化、定海、象山
	台州府	临海、黄岩、天台、仙居、宁海、太平
	温州府	永嘉、瑞安、乐清、平阳、泰顺
清　代 (1644—1911)	嘉兴府	嘉兴、秀水、嘉善、石门、桐乡、平湖、海盐
	杭州府(省治)	钱塘、仁和、海宁、富阳、余杭、临安、於潜、新城、昌化
	绍兴府	山阴、会稽、萧山、诸暨、余姚、上虞、嵊县、新昌
	宁波府	鄞县、慈溪、奉化、镇海、象山
	定海直隶厅	
	台州府	临海、黄岩、天台、仙居、宁海、太平
	温州府	永嘉、瑞安、乐清、平阳、泰顺、玉环厅

从表 1 可知,明清两代浙江沿海地区的建制没有发生明显的变化,政区范围基本一致。根据明清两代浙江沿海地区建制表,结合现有行政区划,将浙江沿海研究区主要分为嘉兴府、杭州府、绍兴府、宁波府、台州府、温州府 6 个地区。需要说明的是,明朝的定海即是清代的镇海,而舟山在明末清初,清政府为了巩固自己的政权,曾发起两次大移民,舟山沦为空岛,几乎没有相应的灾害史料,为了弥补这一数据缺失,将舟山并入宁波府进行分析[14]。因此本研究主要对该 6 个地区明清时期的自然灾害进行统计并进一步分析其时空变化分布特征。

三、浙江沿海地区自然灾害发生的时间及损失特征分析

明清时期浙江省是中国人口密度最大的省份之一,灾害的频繁发生带来了大量的经济和社会损失。系统地研究分析浙江沿海地区自然灾害的时空分布变化特征,对今后的减灾、防灾工作具有重要的指导意义。

（一）各种自然灾害发生频次

浙江沿海地区由于其特殊的地理环境,是我国自然灾害频发、种类较多的地区之一。据不完全统计,浙江省沿海地区历史时期共发生水灾、旱灾、台风、潮灾、大雪、低温冷害、雷电、冰雹、龙卷风、大风、地震、虫灾、雹灾、寒流霜冻、饥荒、雷击、山崩、泥石流、火灾等十几种自然灾害类型。一般所说的水灾泛指洪水泛滥、暴雨积水和土壤水分过多对人类社会造成的灾害,以洪涝灾害为主,本研究把洪涝灾害和暴雨灾害都视为水灾进行统计分析。

对浙江省沿海地区(嘉庆、杭州、绍兴、宁波、温州、台州)发生的自然灾害进行统计分析得到图 1。由图 1 可知,1400AD – 1900AD 的 500 年中,各种自然灾害共计发生 2 727 次。水灾、旱灾、台风灾害、潮灾等 4 种灾害总共发生 1 935 次,其发生频次占所有灾害总次数的约 71%,是浙江沿海地区主要的自然灾害类型。其中,水灾与旱灾是浙江沿海最主要的自然灾害类型,水灾发生 780 次,占各种自然灾害总数的 28.60%,平均每年发生 1.56 次;旱灾 642 次,占各种自然灾害总数的 23.54%,平均每年发生 1.28 次,两者占各种自然灾害总数的比例达 52%。台风灾害与潮灾是浙江沿海地区发生频率仅次于水灾与旱灾的自然灾害。台风灾害共发生 339 次,占自然灾害发生总数的 10.60%,平均 1.73 年发生一次;潮灾 226 次,占自然灾害发生总数的 8.21%,平均 2.23 年发生一次。此外,地震、虫灾、冰雹、雪灾等灾害的发生次数较少,共计 539 次,其占自然灾害发生总数的比例分别为 6.60%、5.20%、4.90%、3.10%。而剩余的其他灾害,山崩、滑坡、饥荒、疫病共发生 201 次,合计占自然灾害总数的 7.40%。以上分析表明,明清时期浙江沿海地区的自然灾害以水、旱灾害及台风灾害、潮灾为主,与刘毅和杨宇[14]对同期中国重大自然灾害的时空分异特征研究时得出的结论基本一致。浙江沿海地区自然灾害的类型构成与其所处的特殊地理位置有着必然的关系。浙江沿海地区河网密度,一旦降水量过多,容易形成大范围的水灾;地处季风区,降水变率较大,一旦降水过少,又易形成旱灾;此外,地处东部沿海,风暴潮与台风增水常可形成灾害影响。

浙江省水旱资料的记载,始于公元前 494 年,终于公元 1911 年[2]。浙江省水灾发生频

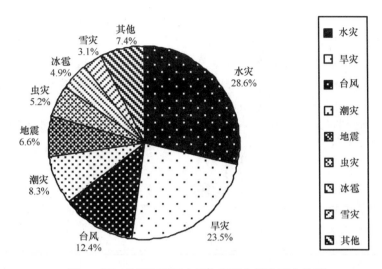

图1　浙江省沿海地区自然灾害发生频次百分比图

*本研究主要利用地次法进行统计,对有明确记载的地区,发生某种灾害的次数依不同地域,年内 n 地按 n 次计算。同时期(同年、同季或同月)发生与不同地区的灾害,按行政区域的不同,一个地区记为一次,则 n 地为 n 次[15]。

率较高,在有历史灾害记录的年份里面,发生万人以上死亡的严重洪涝灾害就有 10 年,处于明清时期的有 2 年,1458 年和 1591 年。1458 年,"平湖、秋海溢,溺死男女万余人",1591 年,"六月,杭州海溢大水,溺死数万计。七月,绍兴滨湖潮溢,伤禾淹人;宁海大水,秋雨连日,城墙崩坍三百余丈。浙江大水,乌程、归安、嘉善、诸暨大水"。干旱是浙江沿海地区仅次于水灾的常见气象灾害,并且有连续出现旱灾的记载。从明嘉靖十八年(1539 年)到二十四年(1545 年)间,省内各地出现了连续 7 年的旱情,使绍兴这个历来有名的水乡泽国,糊心皆为赤地;使钱塘江"江面十八里,而今一线之水"[15]。其中在历史时期出现"六种绝收,草根木皮,食之殆尽,死者枕藉于道"和"死者蔽野,千里绝烟"的深重灾害共 19 年,其中明清时期共 10 年,占总数的半数以上,分别是:1456 年、1457 年、1526 年、1544 年、1568 年、1589 年、1643 年、1646 年、1671 年、1835 年。特别是从明崇祯十三年(1640 年)到十七年(1644 年)连续 5 年的大旱,是历史上罕见的一次全范围的大旱。明朝中后期是明清时期旱灾发生的密集阶段,中国是一个农业大国,民以食为天,大旱导致了大范围的饥荒,从而造成了社会的动荡,明末清初的改朝换代与大旱灾的发生也不无关系。

(二)各种自然灾害发生年际变化特征

相关研究表明,自然灾害的发生具有一定的阶段性,在一定的时期内发生频次较少,随后则可能进入发生频次较多的高发期[16]。以 50 年为统计单位,对浙江沿海地区灾害数据进行发生频次统计分析可知(图2),浙江省沿海地区自然灾害发生频率有以下特征:一是清朝自然灾害发生的频次要高于明朝,随着时间的推移,明清时期自然灾害的发生频次整体上呈逐渐增加的趋势。这当然可能与历史文献记载的详细程度以及政府对自然灾害的重视程度有一定关系[17],但是不可否认的是人类活动对自然资源利用强度与自然环境破坏力度的加剧是自然灾害发生频次及灾害损失增大的重要原因。清朝是浙江历史上人口激增的重要时期,人口数量和规模出现飞速增长,达到了历史最高峰[18],浙江沿海人口的快速增长造成了突出的人地关系矛盾,大量的山地被开垦,生态环境遭到了严重的破坏,加大了自然灾害的发生频次。二是各种灾害的发生频次均有明显的峰值。在明末清初时期即1650年附近,浙江沿海地区各种自然灾害的发生频次出现峰值,是灾害的高发期。这与我国整体上的"明清自然灾害群发期"基本一致[19];三是浙江沿海地区各种灾害呈现明显的波浪式发展,而水、旱两灾是发生最频繁的灾害类型。总体上看水灾明显多于旱灾,只有在1600年至1700年这段时期,旱灾的发生频次大于水灾。据记载1640年左右我国的华北和西北地区出现大范围的旱灾[20-23],20世纪90年代,学术界认为16—17世纪的中国,"水灾少于旱灾几乎是各省的普遍现象"[24]。而浙江沿海地区旱灾的发生明显滞后于华北和西北地区,说明灾害变化与气候变化类似,都具有一定的穿时性[10]。

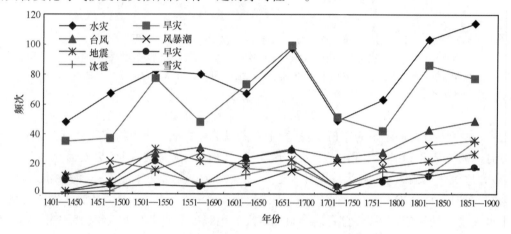

图2 浙江沿海地区各自然灾害频次曲线图

明清时期水灾发生十分频繁,往往大部分年份每年发生数次水灾,从总体时间上看,清代水灾的发生次数明显多于明代,说明随着时间的推移,灾害的发生频次不断增加。从朝代上来看,明代后期的水灾发生频率明显高于前期,清代前期水灾发生率明显高于后中期,这是明清水灾的总体特征。由此看来,灾害的分布都不是均衡的,总是表现出一定的波动状态。

(三)浙江省自然灾害发生的季节变化

对浙江沿海地区灾害的发生季节进行统计可得到图3,由图3可知,浙江沿海地区灾害的发生季节类型,主要为夏季、秋季、春季、冬季、春夏季、夏秋季等类型。这些灾害发生季节类型发生的数量为2 685次,占所有自然灾害发生次数的98.5%。在单一季节发生的灾害中,夏、秋两季共计发生灾害1 870次,占总数的68.6%。其中夏季是灾害多发季节,发生次数达到1 342次,占统计总量的49.2%;秋季次之,发生528次,占统计总量的19.4%。春、冬灾害发生较少,分别为365次和332次,占统计总量的13.4%和12.2%。持续时间跨季节的灾害统计中,春夏和夏秋两季的灾害相对其他跨季节的灾害发生次数也比较多,分别为

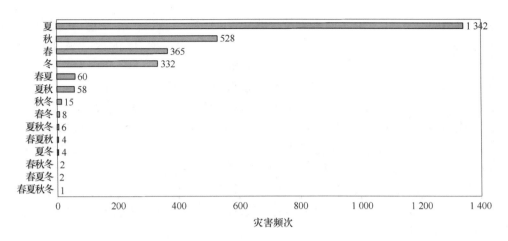

图3　浙江沿海地区自然灾害季节分布图

58和60次,占到统计总量的2.13%和2.21%,而秋冬、春冬、夏秋冬、春夏秋、夏冬等跨季节灾害的发生次数则非常少,仅占灾害发生总数的1.5%。

因此,从季节分布来看,夏、秋两季是明清时期浙江沿海地区自然灾害的高发期,冬、春两季则为灾害的相对低发季节。浙江沿海地区灾害的这种季节分布规律主要是因为其位于季风区,湿润性气候显著,夏秋两季多季风雨且台风影响频繁,易致灾害多发,从而导致水灾和潮灾发生次数较多。冬季气候干燥少雨,气候稳定性强,灾害发生概率相对较低。春季是灾害间歇期向高发期过渡的阶段,气温回升相对稳定、冷暖起伏相对较小,其灾害的发生次数相对较少。

四、浙江沿海地区自然灾害的损失程度及相关性分析

(一)浙江沿海地区灾害损失程度统计分析

灾害的发生次数与灾害发生的实际损失空间格局分布并不完全一致[14]。灾害发生后损失的程度与各地区气候、地形地势以及人口集中度、经济发展状况密不可分,同一种灾害在不同地区所造成的破坏程度不尽相同。本文参照《中国近五百年旱涝分布图集》,结合浙江省沿海地区自身的特点,对浙江沿海地区的灾害划分等级。本文相关的历史记载中,灾情的描述主要有坏田、伤稼、歉收、饥荒、病疫、沉船决堤、断桥、坏城、毁屋、伤人、死亡九大类。根据描述的灾情程度,将灾害损失程度分为5级:小、中、较大、大、特大[25]。损失程度为小的灾害发生1402次,其判断依据为:无灾情程度或损失描述,如1518年,"秋,余姚海溢"。损失程度为中的灾害373次,其判断依据是:有灾害程度或损失描述。如1833年,"七月十七日,玉环大风雨,田禾尽漂"。损失程度为较大的灾害774次,其判断依据是:有灾害程度描述,且损失满足坏田、伤稼、歉收、伤人、病疫、饥荒任一类,如1751年,"镇海自闰五月至八月雨,大饥"。损失程度为大的灾害140次,其判断依据是:有灾害程度描述,且损失满足决堤、断桥、坏城、毁屋、沉船、死亡任一类,或死亡百位以下,如1889年,"特大洪水,官园村全

337

村房屋被冲毁,死 85 人"。损失程度为特大的灾害 38 次,其判断依据是:有灾害程度描述,且损失满足饥荒、决堤、断桥、坏城、毁屋类强化,或死亡上百或有"无数""甚重",如 1663 年,"萧山七月连雨,余姚六月大风潮,漂庐舍,坏禾棉,伤人畜无数"。

利用 SPSS 对明清小冰期时期的浙江省沿海地区灾害损失程度次数进行频率分析,得到表 2。由表 2 可知,浙江沿海灾害损失程度的发生频数的分布总体上有由损失程度小向损失程度特大递减的趋势。损失程度为小的灾害共发生 1 402 次,次数占到总损失次数的 1/2 多,损失特大的为 38 次,其中损失程度中等发生次数要少于损失程度较大,前者为 373 次,后者则达 774 次。尽管损失程度为中的灾害发生频次低于损失为较大的灾害的发生频次,但这可能与历史资料的描述过于简单,导致部分损失中等的灾害被统计到损失程度小 1 级中。因此,总体上看,明清小冰期时期的浙江省沿海地区灾害按损失程度的发生频次分布特征符合统计规律,具有一定的可信度。

表2　损失程度频数分布表

损失程度	频数(次)	百分比(%)	有效百分比(%)	累积百分比(%)
小	1402	51.4	51.4	51.4
中	373	13.7	13.7	65.1
较大	774	28.4	28.4	93.5
大	140	5.1	5.1	98.6
特大	38	1.4	1.4	100
合计	2727	100	100	

(二)各种自然灾害之间的相关性

各种自然灾害的发生往往并不是单独发生的,它们常常在某一时段或某一地区相对集中出现。各种自然灾害之间或多或少存在着一定的联系,往往一种灾害的发生是另外灾害发生的诱因,各种灾害之间相互作用影响,就容易形成灾害链。

各种灾害要素之间相互关系的密切程度,可以用相关系数来解释。相关系数的绝对值越接近 1,表示两要素之间的联系越密切,反之,越接近于 0,表示两要素的关系越不密切。本研究利用 SPSS 相关分析模块,分别探索浙江沿海地区四种主要灾害类型即水灾、旱灾、台风和潮灾之间的关联度。由于这四个变量之间可能存在同时发生的状况,故在分析时,对这四个变量进行交叉分析,得到表 3。

表3　水灾、旱灾、台风以及潮灾之间的相关性

		潮灾发生频次	旱灾发生频次	水灾发生频次	台风发生频次
潮灾发生频次	Pearson 相关性	1	0.163	.635*	.836**
	显著性(双侧)		0.652	0.048	0.003
	N	10	10	10	10

		潮灾发生频次	旱灾发生频次	水灾发生频次	台风发生频次
旱灾发生频次	Pearson 相关性	0.163	1	.762*	0.623
	显著性（双侧）	0.652		0.01	0.055
	N	10	10	10	10
水灾发生频次	Pearson 相关性	.635*	.762*	1	.876**
	显著性（双侧）	0.048	0.01		0.001
	N	10	10	10	10
台风发生频次	Pearson 相关性	.836**	0.623	.876**	1
	显著性（双侧）	0.003	0.055	0.001	
	N	10	10	10	

＊. 在 0.05 水平（双侧）上显著相关。

＊＊. 在 .01 水平（双侧）上显著相关。

由表 3 可知,浙江省沿海地区四种主要自然灾害之间都呈正相关,其中台风灾害发生频次与水灾、风暴潮灾害发生频次的 pearson 相关系数分别达到 0.876 和 0.836,这说明台风与水灾、潮灾之间是高度相关的,与史培军、王静爱[26-27]对长江三角洲和中国东南沿海台风灾害链的有关论述一致。陈桥驿[2]对浙江历史上 2 405 年的自然灾害的统计分析也表明,在发生水灾的 700 多年相关文字记录中,可以肯定有台风入境的约在 170 年以上,且历史记载中灾情特别严重的水灾,几乎都与台风入境有关。

浙江沿海地区紧临太平洋,热带气旋活动十分频繁,加上亚热带季风气候的影响,形成特殊的孕灾环境[27]。受其影响,6—9 月间,台风带来的强降水极易与河川洪峰叠加,形成洪涝灾害。此外,台风增水又极易形成潮灾,其发生分布在季节上的规律性与台风灾害基本一致。由于本研究区位于沿海地区,有漫长的海岸线,该地区的地形也决定了本区域的重大潮灾以由台风遭遇天文大潮时引起的台风暴潮为主。因此,台风灾害是浙江沿海地区的主要致灾因子,台风灾害诱发的灾害链具有波及面广、危害严重的特点。浙江沿海地区是水灾多发的区域,夏、秋季节多台风,水灾的主要类型是台风带来的暴雨灾害。

五、浙江省沿海地区主要自然灾害空间分异特征

从历史时期的灾害记录来看,灾害损失不仅与灾害本身的强烈程度有关系,同时也与灾害发生区域的地理位置、地貌条件、社会经济发展水平等密切相关[28]。因此,各地区不同类型的自然灾害发生频次和损失程度空间分布也可能各不相同,表现出一定的地域分异特征[14]。浙江沿海地区,从地貌学上可以划分为浙北平原区、浙东丘陵区、浙东南平原丘陵区和浙南山地区 4 种类型。嘉兴府和杭州府位于浙北平原区、绍兴府和宁波府位于浙东丘陵区,台州府位于浙东南平原丘陵区,温州府位于浙南山地区,不同的孕灾环境导致了浙江沿海地区灾害类型空间分布的差异。以下主要探讨浙江沿海地区的水灾、旱灾、台风灾害、潮灾等 4 种主要自然灾害类型的空间分布及其造成损失程度的空间分异特征。

（一）主要自然灾害空间分布特征

从明清时期浙江沿海地区主要自然灾害类型的空间分布看,各种灾害的发生次数最高为台州府,灾害次数为 393 次,次为绍兴府、宁波府、杭州府与嘉兴府,灾害次数分别为 358、334、330、327 次,最少的温州府为 245 次。考虑到历史记载的详细程度等的影响,可以认为明清时期浙江沿海地区主要自然灾害类型发生总量的空间分布具有相对均一性。

从浙江沿海各府自然灾害类型构成特征看(图 4),明清时期,浙江沿海各府的自然灾害类型构成与整个沿海地区的自然灾害类型构成基本相同,以水灾与旱灾为主,次为台风灾害与风暴潮灾。从各府水灾与旱灾分布来看,大部分地区水灾的发生频次多于旱灾,只有宁波府旱灾的发生率大于水灾,旱灾成为宁波府发生次数最多的灾害类型。宁波府发生的 334 次主要灾害类型中,旱灾为 128 次,远高于水灾的 99 次、台风的 81 次和潮灾的 26 次;如前所述,台州府是浙江沿海地区主要灾害类型发生频次最多的地区,尤以水、旱两灾最为频繁,期间发生水灾 177 次,旱灾 157 次。发生台风灾害次数最多的地区是温州府,共计 83 次。宁波台风灾害发生次数为 81 次,仅次于温州,杭州、嘉兴、台州等府发生的台风灾害相对较少。绍兴府和嘉兴府是发生潮灾较多的地区,分别发生 53 次和 48 次,合占全省潮灾发生次数的 45%,次为杭州、台州、宁波和温州,灾害发生次数从 38、37、26 到 24 次不等。

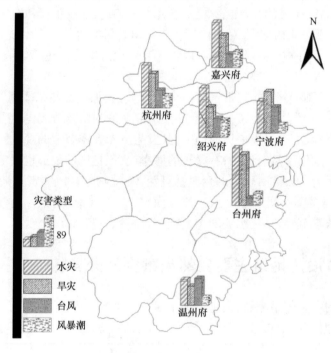

图 4　浙江沿海地区各府主要自然灾害类型构成

（二）主要自然灾害损失程度空间分异特征

从浙江沿海各府自然灾害造成损失程度的空间构成特征看(表 4),明清时期自然灾害造成损失特大的灾害共 38 次,以杭州府发生频次最多,为 9 次,主要为潮灾、台风和水灾。其中潮灾共发生 6 次,由台风所引起的占半数以上,其他为特大水灾,共发生 3 次。其次为绍兴府和宁波府,各发生 7 次特大灾害。绍兴府发生特大潮灾 4 次,其中 3 次是由台风引起的天文大潮,另外 3 次特大灾害为 1 次特大水灾和 2 次特大旱灾。宁波府明清时期发生的 7 次特大灾害中有 4 次为潮灾,另外 3 次为旱灾 2 次和台风 1 次。发生特大灾害最少的为嘉兴府,共发生 4 次特大潮灾。台州府特大灾害为 6 次,3 次潮灾、1 次水灾和 2 次旱灾;温州府特大灾害为 5 次,包括 2 次水灾、1 次由台风所引起的潮灾和 2 次旱灾。由上可知,浙江沿海地区的特大损失灾害类型主要是由台风所引起的潮灾,且对浙北平原所造成的影响比较大,而特大旱灾发生频次较小且在浙北平原上分布较少,主要集中在浙江的东部和南部。损失程度为大的灾害主要集中在宁波府和台州府,其次是温州府,在浙江沿海北部的嘉兴府、杭州府和绍兴府分布较少。宁波府发生大程度的台风最多,其次是水灾和潮灾。台州府大程度的水灾发生频次为 18 次,占总数的半数以上,其次为旱灾和台风。说明大程度的灾害类型主要是水灾和台风,潮灾发生的概率较小。而小程度的灾害在绍兴府分布最多,其次为温州府和杭州府。

表 4　浙江沿海地区各府灾害损失程度构成

损失程度	小		中		较大		大		特大	
	频次	%	频次	%	频次	%	频次	%	频次	%
嘉兴府	147	45	99	30.3	69	21.1	8	2.4	4	1.2
杭州府	172	52.1	58	17.6	81	24.5	10	3	9	2.7
绍兴府	197	55	55	15.4	86	24	13	3.6	7	2
宁波府	158	47.3	43	12.9	95	28.4	31	9.3	7	2.1
台州府	184	46.8	62	15.8	106	27	35	8.9	6	1.5
温州府	109	44.5	36	14.7	73	29.8	21	8.6	5	2.4

(三)主要自然灾害与浙江沿海地貌的关系

各种自然灾害的孕灾环境不同,不同灾害所造成损失的空间格局的差异性,是自然条件下的必然[14]。以平原、丘陵及低山等地貌类型为主的孕灾环境影响着浙江沿海地区水灾、旱灾、台风灾害和风暴潮灾 4 种主要自然灾害类型及其损失的空间分布。

浙江沿海地区的平原主要包括位于浙北的杭嘉湖平原、浙东的宁绍平原、浙东南的温黄平原,大部分是第四纪海积、冲积平原,其地势普遍较为低洼,加上平原区地形平坦,河网密布,遇到暴雨时,下游河道径流宣泄不畅,易造成洪水漫流,形成水灾,此外,也极易受到海潮的影响,形成潮灾,并导致内涝。杭州府是明清时期浙江沿海地区农业、社会人口相对集中的地区,也是经济贸易发达的区域,一旦发生灾害,所造成的损失程度必然严重。浙江沿海地区低山丘陵广布,浙东南和浙南地区分布有大面积的低山丘陵,由于浙江人多地少,受人类开发活动影响,低山丘陵区的森林破坏、水土流失严重,受短时强降雨影响,极易引发山洪,山洪暴发时往往造成大范围的洪涝灾害,因此低山丘陵区水灾出现的频率也较高。台风是浙江沿海地区的主要致灾因子,台风的影响不仅频繁而且程度也比较严重。影响浙江沿海的台风类型较多,加上台风强度,登陆点或路径不同,对浙江沿海地区各处带来的影响也有较大差异。从统计数据来看,浙东丘陵、浙南山地台风的发生次数较多,说明在明清时期,台风多在宁波府和温州府登陆,这两个地区首当其害,受到的台风影响较大。而影响杭州湾的台风,湾口多于湾顶,南岸多于北岸。浙江沿海风暴潮的灾害地域,多集中于杭州湾南北两岸,主要是由于杭州湾是一个典型的喇叭型河口湾,地形对潮波有集能作用,风暴潮的强度增加。总体而言,无论是从灾害形成原理还是统计结果来看,浙江沿海地区自然灾害发生频次和损失程度与地貌形态之间具有一定的联系。

六、结论与讨论

区域内各种自然灾害的组合以及灾害链的变化是影响自然灾害空间分布规律的主要因素。通过对明清时期浙江沿海地区自然灾害历史统计数据和文献史料的分析,浙江沿海地区各种自然灾害发生频次和造成的损失具有明显的时空地域分异特征:①明清时期浙江沿海地区各种自然灾害的发生频次随着时间推移,成波动上升趋势,并在明末清初达到一个高峰值,清朝是浙江历史上人口激增的重要时期,人口数量达到历史的高峰,人类活动对自然生态环境的加剧破坏增大了灾害的发生频次。在浙江沿海地区的各种灾害中,水、旱两灾发生最为频繁,水灾发生频次高于旱灾。水灾、旱灾、台风灾害以及潮灾是该地区的主要四种灾害类型,台风与水灾、潮灾的发生是高度相关的,且台风灾害是浙江沿海地区的主要致灾因子,台风灾害诱发的灾害链具有波及面广、危害严重的特点。②浙江沿海自然灾害发生频次和损失程度与地貌形态之间具有一定的联系。各种自然灾害的发生受孕灾环境的影响,平原、丘陵以及低山等不同地貌地形单元,灾害发生的频次和带来的损失的空间格局也不相同。从明清时期水灾的格局可以明显看出,浙江沿海平原地区是水灾较为严重的区域,其中浙北地区的水旱灾害发生频次的变化幅度高于浙中、浙南地区,说明浙北地区的水旱灾害变化剧烈,而浙中、浙南地区相对较弱。明清时期宁波府和温州府受台风影响较大,首当其害,而杭州湾地区台风灾害的分布具有湾口多于湾顶,南岸多于北岸的特点。由于杭州湾是一个典型的喇叭型河口湾,对潮波有集能作用,因此浙江沿海的风暴潮灾害主要集中在杭州湾南北两岸的杭嘉湖平原及宁绍平原区。③从灾害损失的空间格局来看,损失程度特大灾害的主要类型为潮灾,且集中分布在浙北平原,浙南山地和浙东南平原丘陵分布较少。在相同的致灾强度下,灾害损失的大小主要取决于该区域人口以及社会经济等承灾体的类型及其空间配置关系。浙北平原上的杭州府是当时人口、农业和社会经济发展的中心,明清时期中国正处于农业社会,一旦发生大的自然灾害容易导致大范围的饥荒和疫病,造成的损失较大。

现代科技为自然灾害的预警、监测及灾后损失评估提供了技术支撑,而历史自然灾害研究由于受限于历史资料数据的可得性及其不同时期史料记载的详略差异,与当代自然灾害的研究有很大不同,特别是在进行历史自然灾害进行统计分析时可能出现偏差,这种偏差不仅仅是体现在灾害发生的次数上,而且在灾害持续时间、灾害损失等方面都难以进行细致准确的统计分析,从而影响对历史灾害的精确描述与分析。此外,对于历史自然灾害的研究大多基于统计分析的方法,而统计分析方法对历史灾害统计数据的完整性和准确性要求高,否则研究中确定的各种统计分析标准就可能缺乏科学性,从而影响研究结论。如灾害损失评估中,随着社会经济发展水平的提高及防灾减灾能力的提高,灾害造成的人员伤亡逐渐减少,而经济损失则不断增加,通过人员伤亡来研究历史上不同时期的灾害损失本身就存在局限性。因此,如何获取更为详尽的史料数据是历史自然灾害深入研究的难点,而历史自然灾害损失评估与社会经济发展水平之间的关系,历史自然灾害对人口迁移、城市迁建等的影响则是未来相关研究的重点。

参考文献

[1] 袁祖亮:《中国灾害通史·明代卷》,郑州:郑州大学出版社,2009 年。

[2] 陈桥驿:《浙江省历史时期的自然灾害》,《中国历史地理论丛》,1987 年第 1 期,第 5~17 页。

[3] 郭涛、谭徐明:《中国历史洪水和洪水灾害的自然历史特征》,《自然灾害学报》,1994 年第 3(02)期,第 34~40 页。

[4] 竺可桢:《中国近五千年来气候变迁的初步研究》,《中国科学》,1973 年第 2 期,第 168~189 页。

[5] 朱圣钟:《明清时期凉山地区水旱灾害时空分布特征》,《地理研究》,2012 年第 31(1)期,第 23~33 页。

[6] LAMB H H. Climate,Present,Past and Future. London:Methuen,1977:835.

[7] 王劲松、陈发虎、杨保,等:《小冰期气候变化研究新进展》,《气候变化研究进展》,2006 年第 2(01)期,第 21~27 页。

[8] 王绍武、叶瑾琳、龚道溢:《中国小冰期的气候》,《第四纪研究》,1998 年第 1 期,第 54~64 页。

[9] 温克刚:《中国气象灾害大典·浙江卷》. 北京:气象出版社,2006 年,第 2~10 页。

[10] 叶玮、赵虎、王俊荆,等:《明末浙江水旱灾害分布规律与成因分析》,《贵州师范大学学报》(自然科学版),2008 年第 26(04)期,第 9~13 页。

[11] 庞茂鑫、斯公望:《浙中东部沿海地区历史时期旱涝灾害的气候分析》,《科技通报》,1992 年第 8(04)期,第 213~218 页。

[12] 陈桥驿:《浙江地理简志》,浙江:浙江人民出版社,1985 年,第 275~281 页。

[13] 何淑芳:《浙江沿海地区自然灾害对其主要产业的影响风险综合评估研究》,宁波:宁波大学,2011 年。

[14] 刘毅、杨宇:《历史时期中国重大自然灾害时空分异特征》,《地理学报》,2012 年第 67(03)期,第 291~300 页。

[15] 袁祖亮:《中国灾害通史·清代卷》,郑州:郑州大学出版社,2009 年,第 49 页。

[16] 唐兵、安瓦尔·买买提明:《1949—1990 年塔里木盆地自然灾害时空分布特征研究》,《干旱区资源与环境》,2012 年第 26(12)期,第 124~129 页。

[17] 马强、杨霄:《明清时期嘉陵江流域水旱灾害时空分布特征》,《地理研究》,2013 年第 32(02)期,第 257~265 页。

[18] 王业键、黄莹珏:《清代中国气候变迁、自然灾害与粮价的初步考察》,《中国经济史研究》,1999 年第 1 期,第 5~20 页。

[19] 王嘉荫:《中国地质史料》,北京:科学出版社,1963 年,第 77~114 页。

[20] 袁晓玉、薛根元、顾俊强,等:《浙江省洪涝灾害的统计分析》,《灾害学》,2002 年第 17(1)期,第 56~61 页。

[21] 李明志、袁嘉祖:《近 600 年来我国的旱灾与瘟疫》,《北京林业大学学报》(社会科学版),2003 年第 2(3)期,第 40 ~ 43 页。

[22] 谭徐明:《近 500 年我国特大旱灾的研究》,《防灾减灾工程学报》,2003 年第 23(2)期,第 77 ~ 83 页。

[23] 赵景波、陈颖、周旗:《延安地区明代、清代干旱灾害与气候变化对比研究》,《自然灾害学报》,2011 年第 20(5)期,第 82 ~ 89 页。

[24] 陈关龙、高帆:《明代农业自然灾害之透视》,《中国农史》,1991 年第 4 期,第 8 ~ 15 页。

[25] 中国气象局气象科学研究院:《中国近 500 年旱涝分布图》,北京:地图出版社,1981 年,第 321 ~ 332 页。

[26] 帅嘉冰、徐伟、史培军:《长三角地区台风灾害链特征分析》,《自然灾害学报》,2012 年第 21(03)期,第 36 ~ 42 页。

[27] 王静爱、雷永登、周洪建,等:《中国东南沿海台风灾害链区域规律与适应对策研究》,《北京师范大学学报》(社会科学版),2012 年第 21(2)期,第 130 ~ 138 页。

[28] 刘成武、黄利民、吴斌祥:《湖北省历史时期洪、旱灾害统计特征分析》,《自然灾害学报》,2004 年第 13(3)期,第 109 ~ 115 页。

古代浙江"海洋经济"研究述论

钱彦惠

（南京大学历史系）

摘要：本文试图运用"海洋经济"相关理论来概括古代浙江沿海一带经济发展状况。古代"海洋经济"从内容上包括海洋渔业经济、海运经济与海洋贸易；海洋贸易包括三个内容，一是商品，即海产品贸易在国内贸易中占一定比重。二是交通，即借助便利的海洋运输条件，而从事的国内或海外贸易活动。三是买卖双方，即根据买卖对象，海洋贸易可分为内向型的国内贸易和外向型的国际贸易；海洋贸易是海洋经济的主体，具有浓厚的商品经济特性。这决定了区域海洋贸易研究应以了解该地区商品经济发展状况为基础。

关键词：海洋经济 浙江 海洋贸易 商品经济

一、海洋经济的内涵

"海洋经济"概念 1978 年最早由著名经济学家于光远提出。经过相关学者的努力，学界普遍认为"海洋经济"是指依赖于海洋而从事的经济活动①。2004 年中国国务院发布的《全国海洋经济发展规划纲要》也对其进行定名，指出海洋经济"是开发利用海洋的各类海洋产业及相关经济活动的总和"②。

就"海洋经济"内容而言，张爱诚指出，现代海洋经济研究包括：海洋渔业经济、海运经济、海洋环境经济、海洋空间经济研究和海洋开发战略研究等内容。③④ 但张氏对古代"海洋

---

① 何宏权，程福祜：《略论海洋开发和海洋经济理论的研究》，《中国海洋经济研究》，海洋出版社，1984 年指出，海洋经济是"人类在海洋中及以海洋资源为对象的社会生产、交换、分配和消费活动。海洋经济的活动范围在海洋，就空间地理位置来说有别于陆地，故而称为海洋经济"；杨金森（《发展海洋经济必须实行统筹兼顾的方针》，《中国海洋经济研究》，海洋出版社，1984）指出，海洋经济是"以海洋为活动场所或以海洋资源为开发对象的各种经济活动的总和"；杨国桢《关于中国海洋社会经济史的思考》（《中国社会经济史研究》，1996 年第 2 期，第 3 页）指出"海洋经济"是指人类在海洋中及以海洋资源为对象的生产、交换、分配和消费活动；徐质斌等（《海洋经济学教程》，经济科学出版社，2003 年）则指出"海洋经济是活动场所、资源依托、销售或服务对象、区位选择和初级产品原料对海洋有特定依存关系的各种经济的总称"。

② 《全国海洋经济发展规划纲要》，《海洋开发与管理》，2004 年第 3 期。

③ 《全国海洋经济发展规划纲要》，《海洋开发与管理》，2004 年第 3 期。

④ 张爱诚：《简论海洋经济学是一门领域学》，《海洋经济研究文集》，山东社会科学院海洋经济研究所，1989 年。

经济"的内容未作涉及。杨国桢也指出,随着时代推移,海洋经济内涵呈现由低级向高级的演进状态,低级层次只是与陆地经济空间地理上的分工,渐次成长为海洋生业的五大板块,即海洋渔业、海水制盐、海洋交通(造船与海运)、海洋贸易和海洋移民。[①] 但他也未对古代"海洋经济"内容进行明确。笔者认为,古代"海洋经济"在内容上,应包括海洋渔业经济、海运经济和海洋贸易三个方面。

(一)海洋渔业经济

张爱诚指出,海洋渔业经济主要研究海洋渔业的社会生产、交换、分配和消费活动,包括开发海洋渔业资源的合理方式;海洋渔业生产力的合理组织与布局;实现海洋渔业生态经济良性循环的途径和措施;海洋渔业经济的宏观调控;海洋渔业的经济体制;海洋渔业经济结构调整及海洋渔业产品流通问题等。[②] 但笔者认为,张氏后半句所列研究内容应仅适用于"海洋渔业经济"发展到成熟阶段的近现代,而不适应于古代。古代海洋渔业经济研究应分为海洋渔业生产与加工、渔业的销售与消费两个部分,这一点白斌《明清浙江海洋渔业与制度变迁》中亦可看出[③],笔者赞同这一观点:

1. 渔业生产、渔业加工

即白斌所讲的海洋捕捞和近海养殖两种[④]。这一渔业资源开发较早,在河姆渡文化时期,浙东地区民众就辑水荡舟,以渔为生,甚至向海洋索取食物[⑤],在遗址中还发现有鲟、真鲨、海龟、鲤鱼、鲫鱼等[⑥]遗骸,标志着浙江渔业资源的初步开发;春秋战国时期,越自建国即"滨于东海之陂,鼋龟鱼鳖之与处,而蛙黾之与同渚"[⑦]。勾践当政时"(遁逃)上栖会稽,下守海滨,唯鱼鳖见矣"[⑧];《史记·货殖列传》中所说"浙江南则越。夫吴自阖庐、春申、王濞三人招致天下之喜游子弟,东有海盐之饶,章山之铜,三江、五湖之利,亦江东一都会也"[⑨];到三国时期,浙江沿海(以下简称浙海)一带可捕捞的渔业资源有鹿鱼、土鱼、鲮鱼、比目鱼、鲤鱼、牛鱼、石首鱼、黄灵鱼、印鱼以及蚶、蛤蜊等 90 多种[⑩];隋唐后,"宣城、毗陵、吴郡、会稽、余杭、东阳,其俗亦同。然数郡川泽沃衍,有海陆之饶,珍异所聚,故商贾并凑"[⑪];宋代《乾道〈四明图经〉》亦记"土产已见郡志,布帛之品,惟此邑之绅,轻细而密,非他邑所能及。

① 杨国桢:《关于中国海洋社会经济史的思考》,中国社会经济史研究,1996 年第 2 期,第 3 页。
② 张爱诚:《简论海洋经济学是一门领域学》,《海洋经济研究文集》,第 17、18 页。
③ 白斌:《明清浙江海洋渔业与制度变迁·目录》,2012 年上海师范大学博士学位论文,第 6 页。
④ 白斌:《明清浙江海洋渔业与制度变迁》,2012 年上海师范大学博士学位论文,第 6 页。
⑤ 李跃:《再议河姆渡人的水上交通工具》(东方博物,2003 年第 00 期)总结道,自 20 世纪 70 年代以来,宁绍平原东部滨海地区、舟山群岛地区,发现新石器时代遗址 30 多处,有的属于河姆渡三、四层文化类型,距今六七千年;林士民《宁波考古新发现》(《宁波文史资料》第 2 辑,第 64 页)中载,遗址中出土木桨六枝,还发现独木舟残舟和陶船(模型)证明,船已是宁波先民水上交通的主要工具了。
⑥ 张如安:《宁波通史·六朝卷》,宁波:宁波出版社,2009 年,第 135 页。
⑦ 《国语》卷二十一《越语下》,上海:上海古籍出版社,1978 年,第 657 页。
⑧ (东汉)赵晔著,苗麓点校:《吴越春秋》卷五《夫差内传》,南京:江苏古籍出版社,1986 年,第 55 页。
⑨ (西汉)司马迁撰,(刘宋)裴骃集解,(唐)司马贞索隐,(唐)张守节正义:《史记》卷一二九《货殖列传》,北京:中华书局,2010 年,第 3267 页。
⑩ (三国)沈莹撰、张崇根辑校:《临海水土异物志辑校》,北京:农业出版社,1988 年,第 7~33 页。
⑪ (唐)魏征、令狐德棻撰:《隋书》卷三十一《地理志下》,北京:中华书局,1973 年,第 887 页。

若星屿之江瑶,鲒埼之蠯蚨,双屿之班虾,袁村之鱼蚱,里港之鲈鱼,霍鼠之香螺,衡山之吹沙鱼,雪窦之榧子,城西之杨梅,泉西之燕笋,公棠之柿粟,杖锡之山芥,沙堰之薯药,皆其特异者也[①];《四明图经》中云"若夫水族之富,滨海皆然——取其异者记焉"[②],这些史料充分地说明了宋代以前浙海一带借助充盈的渔业资源,积极从事捕捞与养殖业,但值得说明的是这些渔业资源中多以非海产类居多;明代渔业资源进一步发展,雍正《浙江通志》中曾列举水产种类近一百七十多种[③],其中海产品种类增多;杨国帧统计后,亦指出浙江的海洋渔业资源最为丰富,约有 500 种,鱼类约 420 种,虾类 60 多种。另有贝类 60 多种,藻类 100 多种等[④]。

2. 渔业销售与渔业消费

这又成为海洋贸易的一个重要组成部分,详见后文。

(二)海运经济

张爱诚指出,海运经济"主要研究港口与海运业发展方向、规模、速度,包括海港布局;海港开发经济的可行性研究;海港生产力的合理组织和合理运行;海洋运输不同方式的合理配置;海洋运输线路的经济评价与规划;海洋港口与运输经济体制研究"。[⑤] 与之相较,中国古代海运经济研究范围应相对简单,其内容包括造船业发展、港口建设及海洋航线的开辟等。以唐代浙海一带为例,海运经济的发展集中表现在明州港的建立和唐日之间航路由北路向南路的转变。

1. 舟船制造技术的进步与港口建设完善

(1)舟船制造技术的提高。在浙江鄞县辰蛟,宁波八字桥,舟山白泉、大巨及浙江其他地区,都发现了相近于河姆渡文化遗址中的舟船遗存,这些说明了在公元前五千年左右,浙海一带居民已掌握了一定的舟船制造技术。(待考)入明后,浙海一带航运活动进一步,造船技术也有了进一步提高。以宁波为例,1994 年象山涂茨镇出土一明代前期海船,残长23.7 米,宽4.9 米。全船由 12 道舱壁将船体分为 13 个船舱,水密性很好,舱底还采用"下实土石"技术,以增加船的稳定和抗风性。[⑥] 史料亦云,1548 年明朝军队攻陷宁波双屿走私港后,缴获 2 只未完工的大船,其中"一只长十丈、阔二丈七尺、高深二丈二尺;一只长七丈、阔一丈三尺、高深二丈一尺"[⑦]。"海舟以舟山之乌槽为首。福船耐风涛,且御火。浙之十装标号软风、苍山,亦利追逐。……网梭船,定海、临海、象山俱有之,形如梭。竹桅布帆,仅容二三人,遇风涛辄异入山麓,可哨探"[⑧]。

(2)港口建设逐渐完善。据考,句章一名最初见于《战国策》卷一四《楚一》"且王尝用

① (宋)罗濬等撰:《宝庆四明志》,宋元浙江方志集成本,杭州:杭州出版社,2009 年,第八册第3425 页。
② (宋)张津:《乾道〈四明图经〉》,宋元浙江方志集成本,杭州:杭州出版社,2009 年。
③ 《浙江通志》卷一百二十一《物产》,文渊阁四库全书本。
④ 杨国帧:《东溟水土——东南中国的海洋环境与经济开发》,南昌:江西高校出版社,2003 年,第26 页。
⑤ 张爱诚:《简论海洋经济学是一门领域学》,《海洋经济研究文集》,第18 页。
⑥ 宁波市文物考古研究所、象山县文管会:《浙江象山县明代海船的清理》,《考古》,1998 年第 3 期。
⑦ (明)朱纨:《甓余杂集》卷二,《捷报擒斩元凶荡平巢穴以靖海道事》。
⑧ 《明史》卷九二《兵志》。

滑於越,而纳句章"①的记载;《后汉书·臧洪传》章怀太子注引北魏阚骃《十三州志》云"勾践之地南至句无,其后并吴,因大城句②,章伯功以示子孙,故曰句章"③,明确提出句章故城始建于春秋晚期战国初期。

通过对句章故城的考古调查与勘探,考古工作者已基本明确了城址的具体位置是在今宁波市江北区慈城镇王家坝村与乍山翻水站一带,并以乍山翻水站围墙内癞头山为中心。故城始建年代至迟在战国中晚期,废弃年代约在东晋末年的孙恩之乱中,并推测在隆安五年(401年)或稍后迁至于今宁波市区西门口一带。④ 另从句章故城最新勘探发掘成果中,发现的东汉—东晋时期遗址中,已发现有码头、河道、墓葬、窑址等遗迹,其中码头发现于后河尾段北岸,河道分别位于后河尾段北侧和东汉—东晋时期城址堆积的东部边缘。⑤ 这些资料都为我们解读汉晋时期浙海一带港口建设提供了重要材料。

隋文帝平陈后,将余姚、鄞和鄮三县并入句章⑥;唐武德四年(621年),析句章县置鄞州,八年(625年)废鄞州,更置鄮县,隶属越州⑦;开元二十六年(738年),分越州并在鄮县境内置明州⑧;最初州治在鄮江边的小溪镇(今鄞州鄞江镇),长庆元年(821年)迁至三江口(今宁波市区),即"三月,浙东观察使薛戎上言,明州北临鄮江,城池卑隘,今请移明州于鄮县置,其旧城近南高处置县,从之"。⑨

浙海一带在这一时期得到进一步开发,明州港也已拥有了固定的码头泊位(在罗城鱼浦门附近)。1973年,考古工作者在宁波市区和义路、东门口进行发掘,发现了江南首个唐、五代、宋明州鱼浦城门遗址、城址与城外造船(场)遗址,出土唐青瓷、漆器、陶器及建筑材料构建等共900余件文物和一艘龙舟遗物。遗址所在地南边是子城,北侧紧靠余姚江南岸,东南为三江口,从位置上判断,具有固定的码头泊位。⑩ 9—11世纪,由于唐后期吐蕃和宋代西夏等少数民族政权阻隔,丝绸之路由陆路为主转为海路为主,海外贸易之利也日渐突出,正如《宋史》所云"东南之利,舶商居其一"⑪。

另据相关学者统计,浙海一带适宜港岸线达240千米,较重要的港口有35个,属今宁波市辖区的有宁波港、镇海城关港、宁波小港、穿山港、石浦港、薛岙港等;舟山地区的有定海港、长涂港、高亭港、大衢港、沥港、普陀山港、台门港、沈家门港等;温州市辖区的港口有温州港、温州小港、盘石港、龙江港、瑞安港、清水浦港、洞头港、鳌江港等;台州市辖区的有海门港、松门港、健跳港、江口港、浦西港、黄岩港、前所港、西岭港、坎门港等⑫,其中一些港口在

---

① 鲍彪云"(句章)属会稽"(西汉)刘向辑录、范祥雍笺证、范邦瑾协校:《战国策笺证》上,上海:上海古籍出版社,2006年,第784页。
② (北魏)阚骃纂《十三州志》(中华书局,1985年,第46页)中为"句余"二字。
③ (宋)范晔撰,(唐)李贤等注:《后汉书》卷五八《臧洪传》,中华书局,2011年,第1884页。
④ 王结华、许超、张华琴:《句章故城若干问题之探讨》,《东南文化》,2013年第2期。
⑤ 宁波市文物考古研究所编著:《句章故城考古调查与勘探报告》,北京:科学出版社,2014年,第60页。
⑥ 魏征等:《隋书》卷三十一《地理志》"句章"注。
⑦ 欧阳修:《新唐书》卷四十一《地理志》"鄮"注。
⑧ 刘昫等:《旧唐书》卷四十《地理志》"江南东道"
⑨ 王溥:《唐会要》卷七十一《州县改制》"江南道"条。
⑩ 《浙江宁波东门口罗城遗址发掘收获》,《东方博物》1981年创刊号。
⑪ 《宋史》卷一八六《食货志下八·互市舶法》
⑫ 杨国帧:《东溟水土——东南中国的海洋环境与经济开发》,南昌:江西高校出版社,2003年,第21页。

明代及其以前就已经存在。

2. 海洋航线的开辟

《越绝书》云,越人"水行而山处,以船为车,以楫为马,往若飘风,去则难从。"[①]《史记·越王勾践世家》亦载,越国大夫范蠡辅佐勾践灭吴称霸后,"乃装其轻宝珠玉,自与其私徒属,乘舟浮海以行,终不反。于是勾践表会稽山以为范蠡奉邑。范蠡浮海出齐,变姓名,自谓鸱夷子皮"[②]。可得知,春秋战国时越人已可以进行近海航行;到汉代,一些地方的海运活动日渐繁盛,如是时政府已开通了通往日本[③]、南海诸国[④]的航线。浙东一带海上活动也日渐频繁,武帝时横海将军韩说曾自句章浮海[⑤];东晋孙恩起兵于浙东海上,除攻略浙东沿海诸地外,还一度取海路北上至京口(镇江)、广陵(扬州)和郁洲(连云港),向南又攻打过台州临海[⑥];入唐后,沿海航线进一步扩大,逐渐由安东扩展到海南岛,航线也由沿海航线扩展到远洋航线。[⑦] 中唐以后,唐日航线除登州二条北道航线外[⑧],又兴起了从明州、台州出发,横渡东海经值嘉岛(今日本五岛),到日本博多(今福冈)的南道航线[⑨];五代时期,建都杭州的吴越政权,"多因海舶通信"[⑩],并设置"沿海博易务"以管理对外活动。政府还在一些国外海商的侨居地,设立供其居住的的坊,如黄岩有新罗坊"以新罗人居此故名"[⑪]。

对于7—9世纪唐日航路问题,早在20世纪初已引起了日本学者的关注:最早明治三十六年(1903年)由水生《遣唐使》(《历史地理》第五卷第二号,1903年)提出,遣唐使从九州

---

① (东汉)袁康:《越绝书》卷八《外传记地传》,上海:上海古籍出版社,1992年。

② (西汉)司马迁撰,(刘宋)裴骃集解,(唐)司马贞索隐,(唐)张守节正义:《史记》卷四一《越王勾践世家》,中华书局,2010年,第1752页。

③ 《汉书·地理志》载"乐浪海中有倭人,分为百余国,以岁时来献见云";(《汉书·地理志》,中华书局,2012年,第1658页)《后汉书·东夷传》也载"倭在韩东南大海中,依山岛为居,凡百余国。自武帝灭朝鲜,使驿通于汉者,三十许国,国皆称王,世世传统"。(《后汉书·东夷传》,中华书局,2011年,第2820页)建武中元二年(公元57年),倭奴国奉贡朝贺,使人自称大夫,光武帝赐以印授,"汉倭奴王"金印已于1784年由日本的两个农民,在日本北九州地区博多湾志贺岛发现。

④ 《汉书》卷二十八下《地理志》载"自日南障塞、徐闻、合浦船行可五月,有都元国;又船行可四月,有邑卢没国;又船行可二十余日,有谌离国;步行可十余日,有夫甘都卢国。自夫甘都卢国船行可二月余,有黄支国,民俗略与珠崖相类。其州广大,户口多,多异物,自武帝以来皆献见。有译长,属黄门,与应募者俱入海市明珠、璧流离、奇石异物,赍黄金杂缯而往。所至国皆禀食为耦,蛮夷贾船,转送致之。亦利交易,剽杀人。又苦逢风波溺死,不者数年来还。大珠至围二寸以下。平帝元始中,王莽辅政,欲耀威德,厚遗黄支王,令遣使献生犀牛。自黄支船行可八月,到皮宗;船行可二月,到日南、象林界云。黄支之南,有已程不国,汉之译使自此还矣。"(《汉书·地理志》,中华书局,2012年,第1671页。

⑤ 《汉书》卷九五《闽粤王传》言"上遣横海将军韩说出句章,浮海从东方往"师古注曰:"说,读曰悦。句章,会稽之县。"(《汉书·闽粤王传》,中华书局,2012年,第3862页)

⑥ 房玄龄等:《晋书》卷一百《孙恩传》,北京:中华书局,1982年。

⑦ 黄公勉、杨金森:《中国历史海洋经济地理》,北京:海洋出版社,1985年,第144页。

⑧ 陈尚胜指出,这两条海道,一是从登州城所在地蓬莱北上渡渤海然后沿辽东半岛和朝鲜半岛海岸航行的航线,另一条为从登州所属的石岛出航直接渡黄海而到达新罗和日本。(《"怀夷"与"抑商":明代海洋力量兴衰研究》,济南:山东人民出版社,1997年版,第13页)

⑨ 陈尚胜著:《"怀夷"与"抑商":明代海洋力量兴衰研究》,济南:山东人民出版社,1997年版,第13页。

⑩ (宋)杨亿《谈苑》,转引自《日本国志(上卷)》卷五《邻交志上二》(清)黄遵宪著,吴振清、徐勇、王家祥点校整理:天津:天津人民出版社,2005年,第114页。

⑪ 《嘉定赤城志》卷2《坊门市》引自曾其海:《有关台州的韩国僧贾的史料和史迹》,载于《韩国研究》第2辑,杭州:杭州大学出版社,1995年。

岛赴唐航路有二,北路(隋至唐初的古航道,自九州岛经三韩、渤海湾口、山东半岛登州、莱州一带上陆)、正西航路(从九州岛西侧值嘉岛一带朝正西,直航杨子江口);木宫泰彦将唐日之间交往航路变化分为四个时期,第一期自舒明二年(630年)到齐明五年(659年)为止,走北路(新罗路)赴唐;第二期有两次,即天智四年(665年)和天智八年(669年),因战争原因,只迎送唐使到达百济;第三期从大宝二年(702年)到天平宝字三年(759年),走南岛路;第四期从宝龟八年(777年)到承和五年(838年),走南路;森克己对此进行了修改,即将第一、二期合称为前期,第三期是为中期,第四期称为后期,另外将南路改称为"大洋路"。[1] 汪义正则对"大洋路"提出质疑,他指出两点:一是,"大洋路"的提法出现在宋代,而森氏"张冠李戴地把这十二三世纪的航路套到遣唐使航路上";二是,他认为唐代的航海技术不足以懂得掌握季风规律和逆黑潮而行。而这些说法提出的根源在于森克己的"东海逆转循环回流"规律。他认为森氏"一口气横渡东海"的说法"完全是凭空拍脑袋拍出来的空泛之论,没有任何学术性的说服力"。[2] 但从张友信两次唐日往来所用时间:唐大中元年(847年)六月底,张友信自明州望海镇上帆,在三日夜内到达日本值嘉岛那留浦[3];咸通三年(862年)9月3日—9月7日自日本肥前值嘉岛到明州石丹夅[4]可推测,唐代晚期南路应已存在。

明代中期,中国海商又开辟一条新航线,即从日本五岛始航,至浙江海面的陈钱、下八等岛,后分路,"若东北风急,则过落星头而入深水蒲夅,到蒲夅而风转正东,则入大衢沙塘夅,而进长涂,到长涂而风转东北,则两头洞而入定海,到长涂而风转南,则由胜山而入临观,到临观而南风大作,则过沥海而达海盐、澉浦、海宁,此陈钱向正西之程也"[5]。这一航线大大缩短了航程,时人王在晋曾言"浙海距倭,盈盈一水,片帆乘风,指日可到"[6],王慕民等人也指出由五岛、长崎至宁波不过300里,耗时8~14天;至舟山普陀为280里,需要5~14天[7]。

(三)海洋贸易

唐以前中日交流以使臣为媒介的文化、技术交流为主[8]。唐中期以后,伴随着日中新航线的开辟,浙江沿海地区尤其是明州港逐渐成为对日交往的重要港口。王慕民等人认为,中日关系在这一时期进入高潮期,其标志是日本使团的派遣,明州与日本交流的最大成就是明州成为中日交往首要港地位开始确立,民间贸易成为中日交往的主流及私商成为中日交往

---

① [日]山田佳雅里:《遣唐判官高阶远成の入唐》,《密教文化》2007年,第219页。
② 汪义正:《遣唐使船是日本船学说的臆断问题》,《第十一届明史国际学术讨论会论文集》,天津古籍出版社,2007年。
③ 王慕民、张伟、何灿浩:《宁波与日本经济与文化交流史》,北京:海洋出版社,2006年,第32页。
④ 同上,第33页。
⑤ (明)王在晋:《海防纂要》卷一《海夅》。
⑥ (明)王在晋:《越镌》卷二一。
⑦ 王慕民、张伟、何灿浩:《宁波与日本经济文化交流史》,海洋出版社,2006年,第162页。
⑧ 王慕民、张伟、何灿浩:《宁波与日本经济文化交流史》,北京:海洋出版社,2006年及《日中文化交流史》中指出,汉魏晋南北朝及其以前,中日交往的主要内容有民间移民、官方使节往来(遣使、封赐)、技术交流(20世纪70年代以来,日本各地古坟中发现大量边缘断面呈正三角形,背面中央纹饰以神、兽为母题的铜镜,即为"三角缘神兽镜",伴随出土的还有一些三角缘佛像镜,存续年代在公元3至4世纪左右,即属于东吴镜)。

的主角①；宋政府也基本上实行鼓励海外贸易的政策②，(到南宋)明州逐渐被指定为中商前往日本、高丽贸易的唯一港口③；入明以后，浙江一带"海运经济"进一步发展，并呈现出前期以勘合贸易为主、后期以私人贸易为主的时代特征。明代前期(1368—1566 年)为管理中外贸易，政府重申了海外诸国入明朝贡的制度，准许这些国家以朝贡名义随带一定额的货物，由官方给价收买，这种贸易在海禁严厉时，几乎成了唯一的海外贸易渠道。嘉靖大倭患给明政府造成惨重损失，倭患平定后，明政府被迫重新拟定海外贸易政策。隆庆元年(1567 年)，福建巡抚都御史涂泽民奏请开放海禁，明政府于是在福建漳州海澄月港部分开放海禁，准许私人出海贸易，这也标志着维持 200 年的朝贡贸易结束，而后期私人海外贸易随之展开。

私人海上贸易集团的形成与走私贸易的盛起成为其重要表现。这一时期浙江地区还逐渐形成了许栋、李七、汪直、陈东、叶明等一些资本雄厚的海上私人集团，这些集团"或五只、或十只、或十数只，成群分党，纷泊各港"④。宁波商帮即为其典型代表，这一商帮在经营国内贸易的同时，还经营海外贸易，尤其是借助着明政府法定专通日本唯一港口和日本使臣、僧、商出入中国独一通道的便利条件⑤，宁波与日本海上贸易活动更趋兴盛起来。

鄞人万表撰于 1552 年的《海寇议》中指出，1523 年争贡事件之前，宁波尚无"过海通番"的私商，但之后却发生变化，那些宁波商人开始出海"勾引番船，纷然往来"。明政府于是以祸起市舶为名，关闭宁波市舶司，后虽又恢复，但此体制实已名存实亡。即便如此，走私贸易却更加兴起，正如徐光启所言"官市不开，私市不止，自然之势也"⑥，《明史·食货志》中亦云"市舶既罢，日本海贾往来自如，海上奸豪与之交通，法禁无所施"⑦。更有双屿港成为走私贸易的大本营，据《明经世文编》载"有等嗜利无耻之徒，交通接济，有力者自出资本，无力者转展称贷，有谋者诓领官银，无谋者质当人口，有势者扬旗出入，无势者投话假借，双桅、三桅连樯往来，愚下之民，一叶之艇，送一瓜，运一蹲，率得厚利，驯至三尺童子，亦知双屿之为衣食父母，远近同风，不复知华俗之变于夷矣"⑧。

二、浙江"海洋贸易"经济体系的构成要素

通过对古代浙江海洋贸易的解读，笔者认为浙江"海洋贸易"经济体系应具备三个要素：即商品、交通与买卖双方。就商品而言，除了传统的丝绸、陶瓷、茶叶外，还应包括渔、盐等海产品；就交通而言，便利的海路运输成为海洋贸易坚实的后盾；就贸易范围而言，海洋贸

---

① 王慕民、张伟、何灿浩：《宁波与日本经济文化交流史》，北京：海洋出版社，2006 年，第 19 页。
② 如宋人杨仲良《续资治通鉴长编纪事本末》卷六六《神宗皇帝·三司条例司》中载，宋神宗言"东南利国之大，舶商亦居其一焉。昔钱镠窃据浙广，内足自富、外足抗中国者，亦由笼海商得术也。卿亦创法求请，不惟岁获厚利，兼使外蕃辐辏中国，亦壮观一事也"。南宋时更是因"经费困乏"而"一切倚办海舶"((明)顾炎武《天下郡国利病书》卷一二○《海外诸蕃》)，也如《宋会要辑稿·职官》中宋高宗所言"市舶之利最厚，若措置合宜，所得动以百万计"。
③ 王慕民、张伟、何灿浩：《宁波与日本经济文化交流史》，北京：海洋出版社，2006 年，第 50 页。
④ (明)万表：《玩鹿亭稿》卷五《海寇议》，张寿镛辑刊《四明丛书》第七集，广陵书社，2006 年。
⑤ 王慕民、张伟、何灿浩著：《宁波与日本经济文化交流史》，北京：海洋出版社，2006 年，第 122 页。
⑥ (明)徐光启：《海防迂说》，《明经世文编》卷四九一。
⑦ 《明史》卷三二二《日本传》。
⑧ 《明经世文编》卷 205，《朱中丞甓余集》。

易应包括国内贸易与国外贸易两种。

（一）海产品贸易

海产品贸易在国内贸易中占一定比重，即包括渔业资源的销售与消费。

除了渔业资源外，浙海一带还有丰富的盐业资源。早在汉代，浙江一带的海盐资源已得到开发，如《史记·货殖列传》言"浙江南则越。夫吴自阖庐、春申、王濞三人招致天下之喜游子弟，东有海盐之饶，章山之铜，三江、五湖之利，亦江东一都会也"①；到唐代，又"分钱塘置盐官县"②；宋绍兴二年（1132 年）十一月初，"榷明州卤田盐，高宗时又在永丰门内设盐仓"③。《定海县志》"县御前水军屯数千灶，人物阜繁，鱼盐衍富"④；《四明谈助上》引用《七观》宋注中云"黄帝时诸侯宿沙氏始以海煮盐。管子教桓公观山海之法曰'海王之国，谨正盐筴'。"在政府榷盐的同时，还存在着一些私盐商，正如《宁波通史》中所说"明州出现的盐商，既有遵守'国家榷盐，粜于商人，商人纳榷，粜于百姓'政策的合法商人。又不乏以私盐法商人干禁挠法的事例"⑤。

借助充盈的渔盐资源，明州地区卖鱼贩盐活动亦开始盛行，即如文献所载"明得会稽郡之三县，三面际海，带江汇湖，土地沃衍，视昔有加古。鄮县乃取贸易之义，居民喜游贩鱼盐"⑥。

（二）海运经济

借助便利的海洋运输条件，从事的海上贸易活动，即海运经济。

海船制作技术的改进与新航线的开辟为浙海一带海外贸易的发展提供了技术基础，而中外商品具有互补性的现实更为双方贸易规模的扩大提供了利润基础。日本需求的商品大抵可从宁波及其腹地得到，宋人张津亦讲"以海人持货贸易与此，故名，而后汉以县居鄮山之阴，乃加'邑'为鄮。虽或以山，或以县，取义不同，而所以为鄮则一也。"⑦

（三）海洋贸易可分为内向型的国内贸易和外向型的国际贸易（下以宁波为例）

1. 内向型的国内贸易

这既包括地区内的贸易，又包括明州与属于唐朝辖区内其他地区的贸易活动。如《宁波通史》所讲，"慈溪县城（今慈城镇）大街阔七丈，两边设有店肆铺。宁海迁徙至广度里后也是人烟辐辏，商贾贸迁，店肆遂兴"⑧；黄宗羲《四明山志》亦提到晚唐王可交从四明山携至

① （西汉）司马迁撰，（刘宋）裴骃集解，（唐）司马贞索隐，（唐）张守节正义：《史记》卷一二九《货殖列传》，中华书局，2010 年，第 3267 页。

② 《旧唐书》卷四○，志第二○《地理》。

③ （清）徐兆昺著 桂心仪、周冠明、卢学恕、何敏求点注：《四明谈助》上，宁波：宁波出版社，2000 年，第 250 页。

④ 《定海县志》，宋元浙江方志集成本，杭州：杭州出版社，2009 年，第 3491 页。

⑤ （清）徐兆昺著，桂心仪、周冠明、卢学恕、何敏求点注：《四明谈助》上，转引自唐韩愈《论变盐法事宜状》《韩昌黎集》，第 241 页。

⑥ 张津《乾道四明志》。

⑦ （宋）张津《乾道四明志》，宋元浙江方志集成本，杭州：杭州出版社，2009 年，第 2893 页。

⑧ 傅璇琮：《宁波通史·史前至唐五代卷》，宁波：宁波出版社，2009 年 8 月。

州城区卖的药酒,非常畅销以至"明州里巷皆言王仙人药、酒"①;据考,唐明州人已可以顺着浙东大运河,渡过钱塘江与京杭大运河相连②。然后再顺着大运河北上,进行长途贩运。如晚唐时就有明州人杨宁、孙得言结伴经商,足迹达太湖流域③;陆龟蒙到四明山时,作诗云"云南更有溪,丹砾尽无泥。药有巴蜜卖,枝多越鸟啼。夜清先月午,秋近少岚迷。若得山颜住,芝荖手自携"④。其中巴蜜即为巴蜀之称,也就是说巴蜀地区的药在四明山已小有名气,在侧面也说明了明州与巴蜀进行了贸易活动。

2. 外向型的国际贸易

唐代明州已成为重要的对外贸易中心,尤其是在 8 世纪前中期随着"新罗梗海道,更(由)明、越州朝贡"⑤,使得到明州港开始成为对日贸易的重要港口。入明后,中日两国商品互补性更强,如时人姚士麟所言"大抵日本所须,皆产自中国,如室必布席,杭之长安织也;妇女须脂粉,扇漆诸工须金银箔,悉武林造也。他如饶之瓷器、湖之丝绵、漳之纱绢、松之棉布,尤为彼国所重⑥;唐枢也指出,中日之间"有无相通,实理势之所必然。中国与夷,各擅土产,故贸易难绝,利之所在,人必趋之。……夫贡必持货与市兼行,盖非所以绝之"⑦。对于宁波与日本贸易的研究,成果颇多。著作类(多出现于通史性研究中)有:刘恒武的《宁波古代对外文化交流:以历史文化遗存为中心》⑧、王慕民等的《宁波与日本经济文化交流史》⑨、林士民的《万里丝路——宁波与海上丝绸之路》⑩等,在这些成果的部分章节中,诸位前辈即对唐代明州海外贸易状况进行过概括性介绍;文章类有李小红、谢兴志的《海外贸易与唐宋明州社会经济的发展》⑪、林浩的《唐代四大海港之一"Djanfou"不是泉州是明州(越府)》⑫、李蔚、董滇红的《从考古发现看唐宋时期博多地区与明州间的贸易往来》⑬、虞浩旭的《论唐宋时期往来中日间的"明州商帮"》⑭及王勇的《唐代明州与中日交流》⑮、丁正华的

① 傅璇琮:《宁波通史·史前至唐五代卷》,宁波:宁波出版社,2009 年 8 月转引自《四明山志》卷三《灵迹》,《四明丛书本》。

② 施存龙:《浙东运河应划作中国大运河东段》,《水运科学研究》,2008 年第 4 期,第 40 页;乐承耀《宁波古代史纲》中亦指出"船只从明州州治三江口出发,经鄞县、慈溪、余姚,至余姚江上游的通明堰,再经梁湖堰、风堰、太平堰、曹娥堰、西兴堰和钱清堰,抵曹娥江、钱塘江,到达杭州,与大运河相连"。

③ 傅璇琮主编:《宁波通史·史前至唐五代卷》,宁波:宁波出版社,2009 年,第 242 页,转引自(清)光绪《鄞县志·卷六六》。

④ (唐)陆龟蒙:《甫里集·四明山九诗·云南》,文渊阁四库全书本,台北:台湾商务印书馆,1987 年,第 1083 册第 317 页。

⑤ 《新唐书》卷二二〇《日本传》。

⑥ (明)姚士麟:《见只编》卷上。

⑦ (明)唐枢:《复胡梅林论处王直》,《明经世文编》卷二七〇。

⑧ 刘恒武:《宁波古代对外文化交流——以历史文化遗存为中心》,北京:海洋出版社,2009 年。

⑨ 王慕民、张伟、何灿浩:《宁波与日本经济文化交流史》,北京:海洋出版社,2006 年。

⑩ 林士民、沈建国:《万里丝路——宁波与海上丝绸之路》,宁波:宁波出版社,2002 年。

⑪ 李小红、谢兴志:《海外贸易与唐宋明州社会经济的发展》,《宁波大学学报(人文科学版)》,2004 年第 5 期。

⑫ 林浩:《唐代四大海港之一"Djanfou"不是泉州是明州(越府)》,三江论坛,2007 年第 5 期。

⑬ 李蔚、董滇红:《从考古发现看唐宋时期博多地区与明州间的贸易往来》,《宁波大学学报(人文科学版)》,2007 年第 3 期。

⑭ 虞浩旭:《论唐宋时期往来中日间的"明州商帮"》,《浙江学刊》,1998 年第 1 期。

⑮ 王勇:《唐代明州与中日交流》,宁波与"海上丝绸之路"国际学术研讨会论文集,2005 年。

《论唐代明州在中日航海史上的地位》①、傅亦民的《唐代明州与西亚波斯地区的交往——从出土波斯陶谈起》②等，这些研究成果对唐代明州地区海外贸易，特别是中日贸易与文化交流进行了系统地探讨。对入明后宁波海外贸易，亦有专著性的研究，其最重要的成果有王万盈的《东南孔道——明清浙江海洋贸易与商品经济研究》等，此不赘述。

三、古代"海洋经济"的商品经济特性

古代"海洋经济"具有明显的商品经济特性。在海洋开发上，表现在海贝成为古代中国最早货币；在海洋贸易上，表现在海洋贸易是商品经济发展到一定阶段的产物，是一种特殊形式的商品经济。

（一）贝之为币的文字记载

太史公言道"农工商交易之路通，而龟贝金钱刀布之币兴焉"③及"古者以龟贝为货，今以钱易之，民以故贫，宜可改币"④，肯定了贝曾作货币使用；《说文解字》"员"字下云"员物数也，从员"金坛段氏释之曰"从贝者，古以贝为货物之重者也"。但以上表述过于宽泛，也未对贝之为币价值尺度、支付手段及储藏手段的使用情况进行详细解读。庆幸的是，早于汉代成书《诗·小雅》中言"既见君子，锡我百朋"，"朋"即为贝币的计量单位⑤；黄锡全先生在《商父庚罍铭文试解》中，试读商父庚罍上的族氏名字应为"二十朋五夆（降）"或者"二十五朋夆（降）"，认为夆如非量词则为当是下、差等意，即不足二十朋零五或二十五朋；如为量词，其数则小于朋。他还进一步指出，如一朋按十贝计算，约为200多枚或250枚。⑥ 这样贝就具有了价值尺度的功能，也如《周易·益六二》中所云"或益之十朋之龟"类同。这段材料直接把贝的价值尺度职能提到了商代。

（二）贝之为币的考古学分析

考古资料表明，早在新石器时代海贝已开始出现在中国内陆各地区。如临潼姜寨第一期文化遗存 M275⑦、河南仰韶村和芮城礼教村彩陶遗址⑧、青海乐都柳湾马家窑文化马厂类

① 丁正华：《论唐代明州在中日航海史上的地位》，《中国航海》，1982 年第 2 期。
② 傅亦民：《唐代明州与西亚波斯地区的交往——从出土波斯陶谈起》，《海交史研究》，2000 年第 2 期。
③ ［西汉］司马迁撰，［刘宋］裴骃集解，［唐］司马贞索隐，［唐］张守节正义：《史记》卷三十《平准书》，北京：中华书局，2010 年，第 1442 页。
④ ［东汉］班固撰，［唐］颜师古注：《汉书》卷八十六《师丹传》，北京：中华书局，2012 年，第 3506 页。
⑤ 《说文》"毌"字下云"穿物持之也，从一横田，田象宝贝之形，贯字下云 从田贝，古者以二贝为一朋"。《汉书·食货志》中云"大贝、壮贝、幺贝、小贝，皆以二枚为一朋"；黄锡全先生在《商父庚罍铭文试解》（《古文字论丛》，台北艺文印书馆，1999 年）中，试读商父庚罍上的族氏名字应为"二十朋五夆（降）"或者"二十五朋夆（降）"，认为夆如非量词则为当是下、差等义，即不足二十朋零五或二十五朋；如为量词，其数则小于朋。
⑥ 黄锡全：《商父庚罍铭文试解》（《古文字论丛》），台北：艺文印书馆，1999 年。
⑦ 半坡博物馆：《姜寨——新石器时代遗址发掘报告》，北京：文物出版社，1988 年，第 410 页。
⑧ 王毓铨：《中国古代货币的起源和发展》，北京：科学出版社，1957 年第 11 页。

型墓葬①、齐家文化墓葬②、辽宁敖汉旗大甸子原始社会末期遗址（假贝）③、四川凉山地区普格小兴场附近瓦打洛遗址④等，但从出土位置等遗迹现象推测，这一时期海贝应主要作为装饰品而存在。但并非所有的史前墓葬都有贝饰出土，这样有无贝饰便成为区分等级差别与贫富分化的标志。

到殷周时期，贝的价值尺度⑤、流通手段⑥、贮藏手段⑦和支付手段⑧等货币功能更趋完善，并成为商品价值的表现物。选择海贝作为货币是有一定的社会必然性的，如马克思《资本论》中所讲，作为特殊商品的货币"它究竟固定在哪一种商品上，最初是偶然的。但总的说来，有两种情况起着决定作用。货币形式或者固定在最重要的外来交换物品上，这些物品事实上是本地产品的交换价值的自然形成的表现形式；或者固定在本地可让渡的财产的主要部分，如牲畜这种使用物品上。"⑨而海贝对于殷人而言，属外来品，不易得到，再加上其天然具有携带方便，易于保存的优点，故便于充当货币使用。到殷王朝后期，由于社会经济发展，社会中逐渐出现了金属铸币——铜贝。1953 年安阳大司空村晚期殷墓中发现的三枚铜贝与 1969 年至 1977 年在殷墟西区第三墓区 62 号墓中发现的二枚铜贝⑩。总之，无论是贝币使用，还是铜贝的出现，都表明了海洋开发与商品贸易已紧密联系在一起。

（三）获取海贝成为早期人们开发海洋的动力

铜币出现后，海贝逐渐丧失其货币职能。但这并不意味着海洋开发的衰减，笔者认为可能是因为中原王朝统治地域不断扩大，沿海地区多包含其中，及沿海各地海洋得到更大规模开发，使得海贝较易获得，"外来交换物品"地位消失。故而言之，以货币交换为特征的海洋贸易从一开始便是海洋经济发展的重要组成部分，以后随着海洋贸易的发展其在海洋经济中的主体地位也越发表现出来。

"海洋贸易"是指依赖海洋而进行的商品生产和商品贸易活动，是海洋经济的重要组成

① 张永熙：《试论青海古代文化与原始货币的产生与发展》，《中国钱币论文集》，第二辑，北京：中国金融出版社，1992 年。

② 张永熙：《试论青海古代文化与原始货币的产生与发展》，《中国钱币论文集》，第二辑，北京：中国金融出版社，1992 年。

③ 中国社会科学院考古研究所辽宁工作队：《敖汉旗大甸子遗址 1974 年试掘简报》，《考古》1975 年第 2 期。

④ 刘世旭、秦荫远：《四川普格县瓦打洛遗址调查》，《考古》1985 年 6 期。

⑤ 《易·益》曰"或益之十朋之龟"。

⑥ 1953 年大司空村一个车马坑中一辆战车的车舆偏西部发现贝币 50 余枚（《1953 年安阳大司空村发掘报告》，《考古学报》第九册，1955 年）；1969 年至 1977 年在殷墟西区发掘的九百三十九座殷代晚期墓葬中，就有三百多座墓葬有贝出土，百枚以上者占有四座（《1969—1977 年殷墟西区墓葬发掘报告》，《考古学报》1979 年第 1 期）；1976 年冬殷墟妇好墓中出土货贝达 7000 余枚（参见王守信：《建国以来甲骨文研究》，中国社会科学出版社 1981 年 3 月版）。如此普遍的货贝随葬现象应可推测出当时商品贸易发展之成熟状况。

⑦ 甲骨文 卜辞云"取有贝"。（铁 104、4）
"光取贝二朋，在正月取"（候 27、田野考古报告第一册）。这种赏赐行为亦可作为一种支付行为。

⑧ 殷商时期的铜器铭文中也有这方面不少记载。例如，"癸巳王赐巨邑贝十朋，用作母癸尊彝"。（陶齐吉金录 5，32）这种赏赐行为亦可作为一种支付行为，如上记载在青铜铭文中不在少数，此不赘述。

⑨ 马克思：《资本论》第一卷，北京：人民出版社，1975 年，第 107 页。

⑩ 《1953 年安阳大司空村发掘报告》，《考古学报》第九册，1955 年，《1969—1977 年殷墟西区墓葬发掘报告》，《考古学报》1979 年第 1 期。

部分。海洋生产应存在着由自给自足,到适应小范围内小批量交换,再到用于大批量交换甚至用于海上贸易而生产的发展脉络。随着海洋开发程度的深入,又逐渐衍生出一系列具有海洋贸易特点的海洋文化意识,如商品货币意识、开放意识以及由改善航海、造船技术而引发的重视自然科学的意识等。当然,海洋贸易就范围而言,最初应以域内贸易为主。《史记·管晏列传》云,"管仲既任政相齐,以区区之齐在海滨,通货积财,富国强兵,与俗同好恶";《货殖列传》言"齐带山海,膏壤千里,宜桑麻,人民多文彩布帛鱼盐。临菑亦海岱之间一都会也"。"夫吴自阖庐、春申、王濞三人招致天下之喜游子弟,东有海盐之饶,章山之铜,三江、五湖之利,亦江东一都会也"。可见,汉代海洋贸易以境内贸易为主。这种状况到唐代以后,才发生了较明显变化,浙海一带,亦是如此。随着造船技术的进步与海运航线的完善,中外交往在这一时期除了互派使节、移民及文化交流外,还进行着广泛的贸易活动,木宫泰彦《日中文化交流史》中即对中日贸易从商船往来、贸易品和贸易方法等方面进行过分析。五代十国时,中日交通仍不绝如缕,商船往来分外频繁[1];入宋以后,中日贸易更加频繁,南宋时期,日宋虽未建邦交,但私船往来却颇为频繁,如《开庆四明续志》卷八所载"倭人冒鲸波之险,舳舻相衔,以其物来售"[2]。木宫泰彦曾指出"日本商船驶往宋朝所以如此之多,一则可能由于当时日本武家兴起,倾向进取,尤其平清盛极力奖励海外贸易,一则由于宋朝贪图贸易之利,欢迎外国船只驶来"[3]。以后各朝之海外贸易更是日趋繁盛,虽曾因"海禁政策"而一度萎靡,但却激发出更大规模的私人海外贸易活动,此不赘述。这一商品经济特性决定了海洋经济研究必须要以关注该地区商品经济发展状况为前提。

总之,本文试图运用"海洋经济"相关理论来概括古代浙江沿海一带经济发展状况。古代"海洋经济"从内容上包括海洋渔业经济、海运经济与海洋贸易;海洋贸易包括三个内容,一是商品,即海产品贸易在国内贸易中占一定比重。二是交通,即借助便利的海洋运输条件,而从事的国内或海外贸易活动。三是买卖双方,即根据双方国籍,海洋贸易可分为内向型的国内贸易和外向型的国际贸易;海洋贸易是海洋经济的主体,并具有浓厚的商品经济特性,这就决定了区域海洋贸易的研究还应关注对这一地区商品经济发展状况的研究。

---

① 木宫泰彦:《日中文化交流史》,北京:商务印书馆,1980 年,第 222 页。
② 《开庆四明续志》卷八《蠲免拍博倭金》条。
③ 木宫泰彦:《日中文化交流史》,北京:商务印书馆,1980 年,第 295 页。

《中国古代海洋文献集成》编纂刍议

程继红　张　杰

（浙江海洋学院）

摘要： 我国是名副其实的海洋大国，海洋古文献数量庞大，包罗宏富。在海洋战略上升为国家层面的时代背景下，钩沉史籍，分类整理，撰写我国海洋古文献总目提要，编纂《中国古代海洋文献集成》，为我国海洋文明研究提供全面系统的文本支持，无疑具有一定的学术价值和现实意义。

关键词： 编纂　海洋　古代文献　集成

中国不仅是大陆国家，也是海洋国家，海域面积近 300 万平方千米，海岸线长达 18 000 千米，岛屿有 6 500 多个。我国海洋活动历史极为悠久，《尚书》《世本》等传世文献中已有我国先民探索海洋的记载。几千年来海洋文明生生不息的发展过程中，创造了不可估量的精神和物质财富，孕育了历久弥新的海洋文化，也产生了数量巨大、包罗宏富的海洋古文献。西方先哲有云"谁控制了海洋，谁就控制了世界"。韩非子亦云"历心于山海而国家富"。21 世纪是海洋的世纪，近年来，海洋战略已上升到国家战略层面，我国的海洋事业蓬勃发展，迎来了新的历史机遇期。鉴于往事，以资未来。此时进行海洋古文献的整理研究，可谓恰逢其时。编纂《中国古代海洋文献集成》的构想就是在当下世界各国海洋竞争风起云涌的大背景下提出的。

一、我国海洋古文献现量与种类

中国古代海洋文献是指产生在 1911 年之前反映我国古代海洋（海岛）文明和涉海事务的文献资料。文献来源于中国籍人士撰写的海洋古文献，以及虽属海外人士撰写但与中国相涉的海洋古文献。

我国传世的海洋古文献数量众多，通过翻阅等目录资料，走访各地研究院所，目前已捡得海洋古文献 1 700 余种，其中海洋古籍（包括专书和单篇论文）1 076 种，涉海方志 300 余种，海岛家谱叙录 60 种，海岛地契文书、生活文书、账簿 310 种。另外，还有大量的涉海碑刻、摩崖石刻等文献资源。

海洋古文献的种类丰富，涵盖面广，包括海洋政治、海洋经济、海洋军事、海洋科技、海洋信仰、海洋民俗、海洋地理、海外交流等各个领域。如果通过努力可以将这些包罗宏富的文献全面搜集，系统整理，影印出版，必将为我国中国古代海疆史、海岛史、海港史、海运史、海

357

关史、海塘史、海洋渔盐史、海外贸易史、海国交流史、海洋科技史、海洋生态史、海洋灾害史等方面的研究提供坚实的文献支持。

二、《中国古代海洋文献集成》的结构设想

首先撰写提要。参照《续修四库全书总目提要》体例，为每种海洋文献撰写简洁准确的提要，包括著者生平、内容要旨、学术评价、版本情况等部分。著者生平包括姓名、生卒年、字号、籍贯、科第、历官、涉事、成就与著作、传记资料出处等。内容要旨是对于海洋古籍的介绍，主要包括定性叙述、著述缘起、成书过程、书名由来、体例结构、内容梗概、学术源流、序跋等。学术评价主要品评原书内容及形式特点、成就与贡献，分析其欠缺与局限，在学术史上的地位。版本情况。主要介绍所收版本基本情况与版刻源流，对有独特价值的善本则述及流传收藏的过程，及原书的版本系统。对于涉海方志、地契文书等文献，则主要取其与海洋（海岛）相关的政治、经济、军事和海洋社会生活等内容。出版时将提要置于每种文献的卷首。

其次结构编排。可以按文献内容、所属省份、所属海域等不同条件划分，这里参照学界的研究做一个初步探讨。

（一）按文献内容划分

1. 海上交通文献

包括港口、航线、近海海运等方面的资料。我国海上交通自古发达，相关文献众多，如明马欢《瀛涯胜览》、茅元仪编《郑和航海图》、王宗沐《海运志》和《海运详考》、明严从简《殊域周咨录》、张天复《皇舆考》等文献。

2. 海外交流与贸易文献

包括使节互访、文化交流、商品交易等方面的资料。如明代倪谦《朝鲜纪事》、陈侃《使琉球录》、张宁《奉使录》，清代张斯桂《使东诗录》、黄庆澄《东游日记》、傅云龙《游历图经余纪》等文献。

3. 海防海战文献

包括辑击海盗、沿海布防、海上战事等方面的资料。如郑若曾《筹海图编》、万表《海寇议》、卜大同《备倭记》、徐学聚《嘉靖东南平倭通录》、采九德《倭变事略》、赵文华撰《嘉靖平倭祗役纪略》、清薛福成编《筹洋刍议》和《浙东筹防录》等文献。

4. 海洋科技文献

包括海船制造技术、航海技术、海洋地质、气象、水文、潮汐、洋流、海洋生物的方面的资料。唐代窦叔蒙研究潮汐的《海涛志》，宋代燕肃的《海潮论》，明清时期以周春《海潮说》和俞思谦《海潮辑说》为代表。海洋生物方面有明屠本畯《闽中海错疏》和《海味索隐》等海产动物志。关于航海技术的《海道针经》《更路薄》等。

5. 海洋水利文献

主要是海塘建设水利工程资料，包括海塘著作与海塘图。如明代仇俊卿《海塘录》、清

代翟均廉《海塘录》,另有清同治间《浙江海塘全图》,清光绪间《浙江省海塘沙水情形图》《浙江海塘工程全图》《浙江海塘新图》等海塘图多种。

6. 海洋地理文献

包括沿海地区山川、河流、岛屿状况等资料。如清朱正元《浙江沿海图说》、李凤苞《江浙外洋山岛说》,清末宁波龚柴著《中国海岛考略》等。海图有清末《浙江省沿海全图》《浙江海洋图说》《宁波府镇海县所辖洋面图》《象山县洋图》《温州外洋图》《温州内洋图》《平阳外洋图》等。

7. 海洋风土民情文献

包括生活方式、风俗习惯、思想状态等方面的资料。如《定海厅志》《崇明县志》等沿海与海岛地方史志,及海岛家谱、海岛地契文书等资料。

8. 海洋信仰文献

包括普陀山观音信仰、妈祖信仰、海神信仰等方面资料。如《(万历)普陀山志》、明候继高《游补陀洛迦山记》、明屠隆《补陀洛迦山记》、元盛熙明《补陀洛迦山传》、清袭珽修《(康熙)南海普陀山志》、清秦耀曾修《重修南海普陀山志》等。

9. 海洋文学艺术文献

包括小说、诗歌、散文、摩崖石刻、绘画等多种资料。历代文集、涉海方志以及碑刻中体现人类对海洋的理解、情感以及与海洋生活对话的审美把握的资料。如清顾太清《东海渔歌》。

(二)按行政区域划分

1. 综合

如明代《广舆图》《四海华夷总图》《天下各镇各边总图》《古今华夷区域总要图》《皇明大一统地图》《大明一统舆图》《九边总图》《山海舆地图说》《东西洋航海图》,清徐继畲《瀛寰志略》等。

2. 浙江

如三国时期吴国沈莹的《临海水土异物志志》,明代的《嘉靖倭乱备抄》、采九德《倭变事略》、明方表《海寇议》,清代温成志《平海纪略》、代黄宗汉修的《浙江海运全案初编》,丁谦撰《象山宜筑军港议》,清绘本《浙东镇海得胜全图》《浙江海塘巡警章程》《浙江海塘工地全图》等。

3. 辽宁

如清末抄本《旅顺失守后军务大概情形》《辽东边图》《金州厅图》《锦州厅图》《渤海国志长编》等。

4. 山东

如清光绪间《英国租威海卫专条》《威海卫形势》《山东舆图》《山东地图》《山东通志·海疆志》等。

5. 江苏(含上海)

如清曹家驹撰《华亭海塘纪略》,清李庆云等撰《江苏海塘新志》《上海海口形势考》等。

6. 福建

如《东南海夷图》《福建图叙舆图》《福建地图》《闽海纪要》,清周凯的《厦门志》等。

7. 两广与海南

如元代陈大震《(大德)南海志》,清代萧令裕撰《粤东市舶论》、王文达撰《粤海关通辖口岸考》、梁廷枏纂修《粤海关志》、王文达撰《粤海关通辖口岸考》、陈鸿墀等纂《广东海防汇览》《广东海防兼善后总局档》、顾炳章辑《广海永康炮台工程》、吴桐林撰《广州湾图说》、清抄本《靖逆将军奕隆会办广东军务折档》《南海诸岛地理志略》等。

8. 港澳台

如清彭孙贻撰《靖海志》,清萧枚生撰《记英吉利求澳门始末》,《九龙开埠纪》,清顾炳章辑《勘建九龙城炮台全案文牍》和《勘建三水县琴沙炮台文牍》,王德钧撰《澎台海道图说》,赵翼撰《平定台湾述略》,蓝鼎元撰《平台湾生番论》,清佚名撰《台湾水师记》《台湾府纪略》《靖海纪事》《台湾小志》《平定台湾述略》《澳门纪略》等。

9. 海外诸国

如三国时期吴康泰的《扶南传》,唐代贾耽的《边州入四夷道里记》,宋代徐兢的《宣和奉使高丽图经》。元汪大渊《岛夷志略》、周达观《真腊风土记》。明慎懋赏《四夷广记·海国广记》、蔡汝贤《东夷图说》、巩珍《西洋番国志》。清王德钧撰《日本海道图说》、郁永河《海上纪略》、黄可垂《吕宋纪略》、叶羌镛《苏禄纪略》、李锺珏《新嘉坡风土记》、徐葆光《中山传信录》、周煌《琉球国志略》、施正骠的《东南洋海道图》等。

(三)按海洋区域划分

1. 综合

如《万里海疆论》《海防纂要》《靖海纪略》《沿海舆图》《海军大事记》《筹海图编》《筹海初集》《万里海防图》《海运图》《海运新考》等。清道光《户部海运新案》、光绪《宁波口华洋贸易情形论略》等。明佚名《顺风相送》,清代《更路簿》。清代图理琛《异域录》、陈伦炯《海国闻见录》等。

2. 渤海、黄海

如《渤海疆域考》《北直隶舆图、广舆图》《复州图》《金州厅图》《锦州厅图》《渤海国志长编》《渤海国记》《渤海国志》等。

3. 东海

如明仇俊卿《海塘录》《天启舟山志》《温州府图说》《温处海防图略》《瑞安县图》《乐清县图》《玉环厅图》《抗倭》《倭患考原》《恤援朝鲜倭患考》《两朝平攘录卷四日本》《皇明驭倭录》《吴淞甲乙倭变志》《日本岛夷入寇之图》,清严烺《海塘成案》等。

4. 南海

如《夷氛闻纪》《夷艘入寇记》《抚夷日记》《渤海疆域考》《粤海关志》《南海诸岛地理志

略》《巡海记》《调查西沙群岛报告书》《南沙行》《澳门纪略》《(同治)澎湖厅志》等。

5. 海外

如明郭世霖《使琉球录》《琉球国志略》,清袁遂辑《中外交涉成案集编》《瀛环志略》《东瀛纪事》《南越尉佗传》《朝鲜图》《瀛海各国统考》《琉求志》等。

以上海洋文献种类划分尚存在诸多不足之处。以其中行政区域划分为例,在漫长的历史进程中,各省地域沿革均发生过较大变化,仅以当前行政区域为标准,许多文献归类就出现了问题,以海域划分也存在类似问题。因此,本文只是初步设想,希望能抛砖引玉,寻求更为理想的分类方法。

三、实施步骤

编纂《中国古代海洋文献集成》工程浩大,需组织古文献学方面的专家,会同各大图书馆及科研院所,分批次将现存古代海洋文献陆续影印出版,具体可从以下几个方面着手:

首先,通过各种途径检索,钩沉史籍,调查清楚历代传世文献的数量种类,摸清家底,根据相关著录取得馆藏信息,通过复印、购买、文献传递等途径,最大限度掌握文献资料,并进行系统研读,撰写提要,置于卷首。

其次,《中国海洋古文献集成》是一项较为庞大的工程。经过多年努力,当前本团队已检得相关文献1 700余种,编制了《中国海洋古文献总目》,其中已掌握各类资料1 200多种,相关研究业已展开,获得立项项目有:2012年浙江省社科联《浙江海洋古文献提要》,《浙江海洋古文献汇刊》入选“2011—2020年国家古籍整理出版规划增补项目”,2013年国家清史项目《清代海洋文献总目提要》,2014年国家社科基金重点项目《中国海洋古文献总目提要》。可以说,这些研究为这一构想奠定了一定的基础。但是仅凭一地一己之力显然是不够的,进行广泛合作是实现这一目标的最佳途径。如宁波大学是海洋文化研究的重镇,人才济济,硕果累累,科研实力强劲,如果能实现强强联合开展此项工作,必定是一件令人欣喜的事。

再次,努力争取政府支持。研究过程中,应通过多方途径积极寻求政府支持,包括文献使用、项目经费、出版发行等各个方面。海洋古文献是海洋文明重要载体之一,在海洋时代到来的大背景下,政府理应成为此类研究的倡导者、推动者。

编纂《中国海洋古文献集成》可以系统梳理我国的海洋类古籍资源,勾勒我国海洋古文献发展演进轨迹,构建中国海洋古文献体系,对古代海洋文献形成较为全面而清晰的整体认知。海洋古文献数量大、种类多、体裁多样,为海洋政治、海洋经济、海上交通、海防、渔业、盐业、海洋民俗、海洋宗教等诸多领域研究发展提供基础性资料。整理与研究我国的海洋古文献,是深入研究中国海洋历史文化和当代海洋文化建设不可或缺的重要工作,无疑兼具较高的学术价值与深远的现实意义。

参考文献

[1]   中国古籍总目编纂委员会:《中国古籍总目》,上海:上海古籍出版社,2009年。

［2］　曲金良主编:《中国海洋文化史长编》(五卷),青岛:中国海洋大学出版社,2013 年。

［3］　《中国边疆史志集成——海疆史志》,全国图书馆缩微复制中心,2005 年。

［4］　《海疆文献初编》,北京:知识产权出版社,2011 年。

［5］　《中国海疆文献续编》,北京:线装书局,2012 年。

［6］　《中国古代海岛文献地图史料汇编》,北京:线装书局,2013 年。

浙江海洋文化资源首次调查分析与思考

杨 宁

（浙江海洋学院）

摘要：文化是一种资源，在市场经济条件下可以开发为商品供给人们消费。依托"我国近海海洋综合调查与评介"专项（908专项），遵循《浙江省沿海地区海洋文化资源调查技术规程》，浙江省开展了全国首次以海洋文化资源为对象的基础性、区域性调查活动。本文认为，浙江海洋资源异常丰厚，拥有广阔的海域、漫长的海岸、丰裕的滩涂、优良的沙滩、众多的海岛、天然的良港，属于海洋资源大省，海洋文化特色突出。浙江海洋文化资源以其内容的丰富与多样、内涵的深厚与博大、开发的潜力与优势、研究的开拓与创新，呈现了自身独有的特点与魅力，为建设"海上浙江"提供坚实的物质与精神的双重保障。

关键词：海洋文化 资源 浙江 调查

当代资源的概念已被扩大和泛化，资源一词不再局限于"天然的来源"，而是延伸到了社会、人文等领域。现在凡是可供人类开发利用而且能够产生效益和财富的所有来源，都被视为资源。文化也是一种资源，是因为在市场经济的条件下它可以开发成为商品供给人们消费的缘故。从市场的角度看，人类的消费行为有两大类，一类是物质消费，另一类是精神消费。能够满足精神消费的商品，就是文化商品、文化资源。现代社会的文化商品无处不在，影视、图书、艺术、旅游等等，它们和吃饭、穿衣一样，已经成为人们不可缺少的消费品，而且社会越是发展，对文化商品的需求也就越多样、越丰富、越高级。因此，简要地概括，文化资源是指凝结了人类的劳动成果的精华和丰富的思维活动的物质的、精神的产品或者活动。

一、浙江海洋文化资源调查

（一）海洋文化资源调查的起因

"我国近海海洋综合调查与评介"专项（简称908专项）是2003年国务院正式批准实施，到2012年全面完成的重大海洋调查专项。开展近海海洋综合调查与评价工作，是我国实施海洋开发战略的基础性工作。"沿海地区社会经济基本状况调查"是908专项的专题调查之一，浙江沿海地区社会经济基本情况调查包含了海洋文化资源的调查，这是全国首次以海洋文化资源为专题的大规模、基础性调查活动。海洋文化资源是浙江海洋资源的重要组成部分,其蕴含的经济价值、社会价值和文化价值是推动浙江海洋经济发展和文化建设的重要基础,对建设有海洋特色的经济强省、文化强省,促进全省社会和谐发展具有重要意义。

(二)海洋文化资源调查的区域

本项调查区域涉及浙江省所辖沿海的嘉兴、杭州、绍兴、舟山、宁波、台州、温州等7个副省级或地级市,平湖、海盐、海宁、余杭、滨江、萧山、定海、普陀、岱山、嵊泗、绍兴、上虞、余姚、慈溪、镇海、江北、海曙、江东、北仑、鄞州、奉化、宁海、象山、三门、临海、椒江、路桥、温岭、玉环、乐清、鹿城、龙湾、洞头、瑞安、平阳、苍南等36个县(市、区)及相关乡镇,相关区域陆域面积约2.81万平方千米,约占全省陆域面积10.36万平方千米的27.1%,人口2125万人,占全省总人口4 980万人的44.7%。包括专属经济区及大陆架在内的海域面积约26万平方千米(相当于陆域面积的2.5倍,主权海域面积4.45万平方千米)。调查对象是上述区域内各涉海部门(各市、县、区海洋与渔业局、农业经济局)和相关的文化、文物、园林、旅游、宗教、地方志、社科联等管理部门、单位。本次调查的基本统计单元是浙江省沿海地带,基本调查单元是沿海乡镇、街道。

(三)海洋文化资源调查的项目

本次海洋文化资源调查,主要是调查浙江海洋文化资源的总体状况,包括海洋物质文化资源和海洋非物质文化资源。

海洋物质文化资源是指海洋文化资源中以物质形态存在的海洋文化资源形式。根据调查的特点,主要包括与海洋相关的公园娱乐设施、自然景观区、文化场馆、文物遗址、宗教及民间信仰活动场所、历史文化名地等。公园娱乐设施是指沿海地区的公园、游乐园、浴场、演示场馆、文化娱乐活动以及海洋文化属性建筑设施等;自然景观区是指自然形成的风景名胜区,包括观光游憩海域、海岛自然风光、潮涌现象、海滩礁岩、峡峰岩洞、日月星辰、天象、观光地、海洋生物栖息地等自然景观现象;文化场馆是指博物馆、纪念馆、文化馆、展览馆、陈列馆、民俗馆、海洋馆、水族馆等设施;文物遗存是指列入国家、省、市、县、乡镇保护的,或具有历史文化遗产价值的陆上和水下遗址、遗迹、遗物等,包括早期人类活动遗址、历史事件发生地、军事遗址和古战场、陵园墓地、海塘、书院、会馆、名人故居、历史性塔阁、壁画、洞穴、店铺、庭园等;宗教文化及民间信仰活动场所是指沿海地区群众从事各种宗教、各种民间信仰活动、祭祀活动的场所;历史文化名地是指历史上有名的城、镇、村、街巷、市场等。

海洋非物质文化资源是指海洋文化资源中以非物质形态存在的海洋文化资源形式。根据调查的特点,主要包括与海洋相关的民风民俗、民间传统艺术、现代海洋艺术、沿海宗教文化及民间信仰、民间技能、民间文学、现代节庆会展、沿海历史及文化名人、沿海著名历史事件等。民风民俗是指当地群众在长期社会生活和生产过程中形成的特有生活、劳动习惯和风俗,主要包括民间节庆、民间庙会集市、民间礼仪习俗等;民间传统艺术是指当地传统的戏曲、音乐、舞蹈、曲艺、杂技、美术等表现形式;现代海洋艺术是指当地现代产生的、具有鲜明海洋特色的文学、音乐、戏曲、舞蹈、曲艺、美术、雕刻等表现形式;沿海宗教及民间信仰是指当地群众信仰的佛教、道教、伊斯兰教、天主教、基督教等各种宗教及教派,和对妈祖等各种民间崇拜对象的信仰;民间技能是指当地民间传承的传统的手工制造技术,如造船工艺、手工制作、海产品制作;民间文学是指当地民间产生并广为流传的故事、谚语、掌故、传说、神话,以及口述形式作品;现代节庆会展是指当地举办的各种经济、文化、学术性质的节庆、会展、论坛等,如沙雕节、开渔节、海鲜节、文化节等形式;沿海历史及文化名人是指当地或与当地有关系的历史及文化名人;沿海著名历史事件是指当地历史上发生过的有重要影响的事件。

(四)海洋文化资源的现状

根据浙江省各市县区 908 专项办调查、填报的材料和从浙江省文化系统相关单位调查材料来看,依据《浙江省沿海地区海洋文化资源调查技术规程》进行了分类汇总统计,浙江省海洋文化资源无论是物质的还是非物质的,均呈现出种类繁多、历史悠久、代表典型的特点,充分反映出丰富的海洋文化资源。本次调查中所列出的物质资源 6 种和非物质资源 9 种在各地均大量存在,特别是浙东沿海地区的宁波、台州、温州三市和东海之中的舟山市因海洋生产活动更加频繁,产生的海洋文化资源数量特别多、种类也特别繁。有关浙江海洋文化资源调查的基本情况详见《浙江省海洋物质文化、非物质文化资源调查汇总简表》(表1)和《舟山市海洋物质文化资源调查简表》(表2)、《舟山市海洋非物质文化资源调查简表》(表3)。

表1　浙江省海洋物质文化、非物质文化资源调查汇总简表

物 质 资 源			非 物 质 资 源		
序号	项目名称	数 量	序号	项目名称	数 量
1	公园娱乐设施	478	1	民风民俗	699
2	自然景观区	250	2	民间传统艺术	878
3	文化场馆	237	3	现代海洋艺术	392
4	文物遗存	1657	4	沿海宗教及民间信仰	139
5	宗教文化及民间信仰活动场所	1570	5	民间技能	547
6	历史文化名地	353	6	民间文学	1492
			7	现代节庆会展	157
			8	沿海历史及文化名人	1549
			9	沿海著名历史事件	1507

说明:1. 本汇总简表数据是根据各市区县海洋与渔业局统计报送的材料汇总统计;2. 各市区县海洋物质、非物质文化资源调查详细情况,具体见各市县区《海洋物质、非物质文化资源调查内容表》。

表2　舟山市海洋物质文化资源调查简表

序号	项目名称	数量	代 表 性 内 容	备注
1	公园娱乐设施	66	舟山群岛文化公园、翁山公园(舟山) 海山公园、海滨公园、鸦片战争遗址公园、长岗山森林公园(定海) 东港海滨公园、青龙山公园、塔湾金沙浴场、渔民休闲广场(普陀) 仙洲公园、蓬莱公园、文化广场(岱山) 双拥公园、基湖海滨浴场、六井潭景区、田岙渔俗广场(嵊泗)	

序号	项目名称	数量	代 表 性 内 容	备注
2	自然景观区	93	海上千岛游、青青世界、东海鸟岛(定海) 朱家尖岛、桃花岛、沈家门渔港、东极岛、白沙岛(普陀) 摩星山、观音山、双合石壁、鹿栏晴沙、秀山湿地(岱山) 基湖沙滩、南长涂沙滩(嵊泗)	
3	文化场馆	26	舟山警备区军史陈列馆、海军军史馆、鸦片战争陈列馆、舟山博物馆 (舟山、定海) 人民公社创业纪念室、海洋科技馆、五匠馆(普陀) 中国海洋渔业、盐业、灯塔、海防、台风、岛礁系列博物馆(岱山) 海洋生物馆(嵊泗)	
4	文物遗存	22	三忠祠、同归域、董浩云故居、祖印寺、御书楼、包祖才墓、平倭碑、砚 池、刘鸿生故居、县工委旧址、三毛祖居(舟山、定海) 普陀山寺庙、白雀寺、青龙山纪念碑、陈财伯墓(普陀) 大舜庙后墩、观音山广济寺、金维映故居(岱山) 花鸟灯塔、山海奇观、白节灯塔(嵊泗)	
5	宗教文化及民间 信仰活动场所	150	普济寺、法雨寺、慧济寺、宝陀寺(舟山) 真神堂(定海) 沈家门天主堂(普陀)	
6	历史文化名地	13	普陀山、鸦片战争遗址(舟山) 定海古城老街、马岙文化遗址(定海) 沈家门渔港、六横岛、桃花岛(普陀) 东沙古渔镇(岱山)	

表3 舟山市海洋非物质文化资源调查简表

序号	项目名称	数量	代 表 性 内 容	备注
1	民风民俗	35	祭海、桃花会、婚嫁仪式(普陀) 谢洋节、造船及新船下海(岱山)	
2	民间传统艺术	94	舟山锣鼓、渔民画、航模、贝雕(舟山) 跳蚤舞、翁州走书、剪纸(定海) 渔民号子、越剧、船板画(普陀) 渔歌、船饰画(嵊泗)	
3	现代海洋艺术	68	舟山锣鼓、渔归、四汛渔歌、拼搏(普陀) 军嫂情、群岛诗群、赶渔汛、号子声声、拔蓬号子、渔家乐(岱山) 梅童鱼找对象、捕鱼汉子、卖鱼、军民鱼水情、荡着舢舨说情话、母亲 的手(嵊泗)	
4	沿海宗教 及民间信仰	37	佛教、基督教、天主教(舟山、定海、普陀、岱山、嵊泗) 财伯公、东岳宫(普陀)	

序号	项目名称	数量	代 表 性 内 容	备注
5	民间技能	45	渔民画(舟山) 木船制造、渔用绳索、海盐(定海) 岑氏木船、普陀佛茶、船灯马灯、渔民笼裤、目鱼鲞、贻贝(普陀) 倭井潭硬糕、鼎和园香干、后沙洋晒生(岱山) 虾米、贻贝、螺酱、紫菜、海蜇(嵊泗)	
6	民间文学	272	观音传说、佛光树、黄大洋传说、望娘河(定海) 普陀水仙传说、乌石塘、黄鱼姑娘、海水为啥是咸的(普陀) 海洋诗作、贡盐的来历、黄鱼鲞的由来(岱山)	
7	现代节庆会展	21	中国海洋文化节、普陀山观音文化节、沙雕节、船业博览会、渔业博览会(舟山) 双拥文化节(定海) 沈家门渔港民俗民间大会、普陀佛茶文化节、金庸武侠文化节、侠侣爱情文化节(普陀) 海泥狂欢节(岱山) 贻贝文化节(嵊泗)	
8	沿海历史及文化名人	113	王国祚、缪燧、黄式三、黄以周、定海三总兵、刘鸿生、朱葆三、董浩云、董建华、安子介、丁光训(舟山、定海) 安期生、葛玄、梁鸿、张名振、张煌言、徐小玉、王起、释妙善(普陀) 金维映、厉志、余力行(岱山) 虞伯贤、邱进益(嵊泗)	
9	沿海著名历史事件	40	明初内迁、抗倭战争、清初攻守战、鸦片战争保卫战、抗日斗争、解放舟山群岛战役、吕泗渔场海难、舟山连岛大桥通车(舟山、定海) 普陀山首次供奉观音、孙中山视察普陀山、拯救英军战俘、渔区成立全国首个人民公社(普陀) 盐民暴动、大鱼山战斗(岱山) 建造花鸟灯塔(嵊泗)	

二、浙江海洋文化资源调查简评

(一)浙江海洋文化资源基本类型

根据对浙江沿海地区海洋文化资源调查的实际情况,可以把海洋文化资源划分为以上的海洋物质层面基本类型(物质层面)、海洋制度层面基本类型和海洋精神层面基本类型(非物质层面)三种基本类型。

1. 浙江海洋物质层面基本类型

是指海洋文化资源中以物质形态存在的海洋文化资源形式,包括海洋本身、岛屿、海域等别、海洋资源等,海洋资源还包括港口航道资源、渔业资源、滨海及海岛旅游资源、滩涂湿地资源、东海油气资源、海洋能源、岸线资源、海洋产业等。

2. 浙江海洋制度层面基本类型

是指对海洋的管理,所谓海洋管理,也称为海洋综合管理,是各级海洋行政主管部门代表政府履行的一项基本职责,包括海洋组织、海洋法律制度、海洋环境规划、海洋功能区划、海洋自然保护区等。

3. 浙江海洋精神层面基本类型

是指人类在开发利用海洋的社会实践过程中形成的精神成果,如人们的认识、观念、思想、意识、心态,以及由此而生成的生活方式,包括海洋意识、海洋宗教文化、海洋民俗文化、海洋文学艺术等。本文仅简要叙述下面三种浙江海洋文化非物质资源。

(1)海洋宗教文化。浙江沿海各地区都有宗教文化活动场所,特别是佛教、道教、伊斯兰教、天主教、基督教等各种宗教及教派,以及妈祖等各种民间崇拜的活动场所,其中最流行和分布最多的宗教活动场所是佛教和基督教(包括天主教),占据了浙江沿海宗教文化活动场所的绝大部分。浙江沿海居民宗教信仰及活动中,神灵信仰的主体神是海神,海神信仰的形成和形象的出现早在《山海经》问世之前就已经有了。在今天沿海居民中的各种礼仪习俗中,海神的影响随处可见,如在船俗礼仪中,古代的益鸟船,舟山的船眼,玉环的乌鸦旗,都与原始海神的鸟身造像有关。在人生礼仪中,海岛婴儿与海神"结缘"习俗,人死后向海神"报丧"习俗,人做寿请海神"吃肉"习俗,都与海神相关联。还有海上生产习俗中的开捕祭、新船祭、采贝祭、谢洋祭、庆丰祭以及酬神歌、行文书,无不是原始海神的一种渗透和烙印。在浙江沿海地区,沿海居民最主要的与海洋直接相关的信仰是东海龙王信仰、南海观音信仰、天后妈祖信仰等三大信仰。

(2)海洋民俗文化。浙江海洋民俗文化包含的内容十分丰富,大致可以为海洋生活习俗、海洋生产习俗两大类。海洋生活习俗主要指人们涉海生活中与自身生存需要最密切的风俗习惯,包括衣饰、饮食、居住和交通习俗,它是最基本的文化现象,最能展现渔民的生活情态。在衣饰习俗方面,由于受海洋环境的影响,浙江沿海居民的衣饰无不具有海洋的特征,如他们的衣饰往往与海洋性环境和海上的劳作方式有关。如海产渔民多穿短衣短裤,便于撒网捕鱼;洞头渔民因大多时间在海上生活,衣着易被海水打湿而腐蚀,穿着寿命短;为了耐穿,所穿的外衣都用栲胶染过,染成棕红色,俗称"栲衣"。在舟山,昔日渔民所穿裤子也用栲胶或栲皮染过,染成酱色。裤子一般较短,但裤脚肥大,穿起来好像提着两盏大灯笼,俗称"笼裤"。在饮食习俗方面,浙江沿海居民与江南内地居民并无多大差别,但在副食方面,饮食习俗正是"吃海"的例证。副食主要是鱼蟹和各种海贝类,杂以蔬菜和肉类辅之,俗称"下饭",也就是说"吃了这些菜肴,饭才能咽下去"。在居住习俗方面,浙江沿海居民的特点,包括选址、材料和民居模式,无不受到海洋的自然地理环境和海洋性生产方式的影响。许多海岛过去都喜欢建造"石屋",就是为了就地取材方便、能够抗击台风。在交通习俗方面,沿海渔民祖先的交通,先是用独木舟,后随着造船业的发展,船舶逐渐扩大,航海技术也不断改进,到了近代才出现专门的客航渡轮,往返于海岛和大陆之间。

(3)海洋文学艺术。浙江沿海一带的民间文学艺术,是中国民间文学艺术的重要组成部分,更是中国海洋文学艺术的重要组成部分,它既具有东海民间文艺海洋区域性的文化内涵和渔民性的思想内涵,又具有集体性、口头性、变异性三大民间文艺创作特点的内涵。浙江沿海民间文艺可以分为民间文学和民间艺术两大类外,还可以划分为如下各小类:民间文学类(民间故事、民间歌谣、民间谚语、渔类故事);民间艺术类(民间音乐、民间舞蹈);民间灯彩(包括龙灯、鳌鱼灯、水灯等);民间戏曲(包括小戏、木偶戏等);民间曲艺(包括鼓词、走书等);民间美术(包括剪纸、渔民画等);民间工艺(包括贝雕、贝塑、贝饰等);民间游戏(包括吹海螺、掷贝壳、鱼骨玩具等)。这些东海民间文学艺术,都与渔民的日常生活十分贴近,流传在东海渔港、渔岛的范围也较广,影响也较深。

(二)浙江海洋文化资源调查结果简评

1. 浙江海洋文化的起源

从时间断代上来看,中国新石器时代的海洋文化发现以浙江地区为最早,以跨湖桥文化与河姆渡文化为代表。跨湖桥文化说明,早在 8 000 年之前,浙江先民就已经开始探险海洋的旅程,以渔捕为生。河姆渡文化距今 6 000 年左右,在此发现了木桨、陶舟以及鲸鱼和鲨鱼的鱼骨,这充分显示,作为浙江的先民开始了积极向海洋索取物质生活资料的过程。在舟山也发现了受河姆渡文化影响距今 5 000 年左右的新石器时代文化遗址,岱山县衢山格巴山遗址中出土一批陶制鱼轮和网用沉捶等渔用工具,定海区马岙唐家墩遗址、凉帽篷墩遗址中发现了鱼鳍形鼎足。从中可以看出,浙江先人出海捕鱼的技术明显进步了,海洋渔捕文化已经渗透到他们的日常生活之中。跨湖桥文化与河姆渡文化的启示,应该把海洋文化作为中国文明的重要组成部分。

2. 浙江海洋文化的特性

(1)资源的丰富与多样。浙江海洋文化资源的丰富与多样是无可比拟的。浙江省包括专属经济区、大陆架在内的海域面积约 26 万平方千米,港口、近海水产、海涂、旅游资源分别是全国总量的 30.7%、27.3%、13.2% 和 12.1%,是海洋资源大省,蕴藏着丰厚的海洋文化,是推动海洋经济发展的基础条件。

(2)内涵的深厚与博大。因海而生、因海而大,这是浙江海洋文化的涉海性。海洋是海洋文化的前提,是海洋文化进一步发展的资源保证;而海洋文化提升了海洋的品质,增加了海洋的文化内涵,两者相辅相成。浙江正因为有了大海,才能进一步发展出属于自身的海洋文化;而浙江文化注入到大海之中,又会形成迥异于其他地区的海洋文化。浙江与大海的结合实在是相得益彰。

粗犷细腻、兼容并包,这是浙江海洋文化的开放性与多元性。浙江沿海一带创造的海洋文化在保持吴越文化细腻精致的基础上,又多了一份粗犷豪放的不同特色,两者交织汇合,产生了愈加多彩具有美感的海洋文化。沿海居民经常与大海打交道,苍茫大海,莫测天气,培育了沿海居民不怕困难、敢于进取、豪爽不羁的精神,这种精神文化的烙印深深打在了海洋文化资源上面。以舟山锣鼓为例,以前渔船上缺乏通信设备,就以敲锣打鼓来壮胆和传递信息,后来这一实用的曲艺形式,逐步得到充实发展,最终成熟。宁波镇海龙鼓、象山爵溪渔鼓、东门船鼓等,都是类似舟山锣鼓高亢豪爽的曲调,充分显示了沿海居民昂扬向上的精神。

富有巧思、善于创造,这是浙江海洋文化的原创性。浙江沿海居民充分发挥聪明才智,勇于创造、精于创造,打开了人们逐浪海洋的宽敞路程。以造船为例,汉朝浙江已能建造容纳六七百人的船只,六朝时期温州是孙吴的造船中心,唐宋以来,浙江地区的杭州、越州、台州、丽水等都是造船基地,很多船只均产自浙江。明代郑和下西洋很多船只也是浙江建造,大部分船型采自舟山"绿眉毛"船。当代,浙江又成为中国非常重要的造船工业基地。

诚实守信、求利求富,这是浙江海洋文化的商业性。海产品需要较快速的出售,必须走向市场。沿海居民生活在海边,也迫切需要其他产品的交流,对单一的鱼盐生产做一调节,这些情况造成了沿海居民对经商的天然热情。浙江沿海居民因为具有开放进取的个性,又与外界保持比较多的联系,因此他们头脑非常灵活、眼光比较敏锐,往往能够抓住机会,从而博得商机,赚取财富。浙商从近代一直到现代能够在全国产生比较重大的影响,与浙江海洋文化诚实守信、求利求富是大有关系的。

(3)开发的潜力与优势。浙江海洋文化资源开发有四方面优势:

一是品类齐全,能够满足不同层次人们的需要。浙江海洋文化资源有物质形态的自然景观、文化场馆、文化遗存等,也有精神形态的宗教文化、民风民俗、节庆会展等,既可以游览海洋之壮阔、海岛之奇秀,又可以品味海洋文化之精深、创造之独特,还可以徜徉海洋民居、体验海洋民风。

二是人文传统浓厚,富有历史积淀。浙江沿海历代名人辈出,群星闪耀,长时间执中国文化界之牛耳,这里文化繁兴,学术昌盛,明清以来更是江南财富之中心、人文之渊薮。浙东学派的黄宗羲、朱舜水、全祖望、章学诚等人都是名满一时的经学大家。具有浓厚历史积淀的浙江海洋文化资源,因此更加彰显出无穷的魅力。

三是地处中国最富有经济活力的长三角区域。浙江处于长三角地区的核心位置,既能充分利用长江资源,又能扩展海洋资源,成为具备双重优势的沿海地区,这样一种天然的区位优势也是极为难得的。可以说,长三角的辐射效应,更容易使周边沿海城市的经济发展走向快车道。

四是拥有浓厚的佛教文化、妈祖文化传统。浙江沿海地区佛教、妈祖信仰发达,这一特色无与伦比。譬如佛教提倡和谐,提倡容忍,提倡走向人间,契合了现代中国社会大发展下人们在精神方面的一定需求。舟山普陀山有普济寺、法雨寺、慧济寺、宝陀寺四大寺,其他大小寺院、庵堂不胜枚举,是全国四大佛教名山之一,被誉为"海上佛国"。当前佛教、妈祖信仰节庆正方兴未艾,如舟山的南海观音文化节、奉化的弥勒文化节、温州洞头、苍南的妈祖平安文化节等宗教活动,推动了当地的旅游经济。

浙江海洋文化资源合理开发建议:

一是编制区域海洋文化资源名录。浙江沿海地区特别是基层地区,应该对当地的海洋文化资源有清晰深入的调查,整理出分类恰当细致的海洋文化资源名录,列出各个名录的具体提要,以便做到心里有数,轻重有序,一目了然。在此基础上编制更为详细的各级(省、市、县、区级)海洋文化资源名录,这样做有利于宣传自身,也有利于统筹兼顾,找出发展海洋文化的切入点。

二是整合浙江省相关海洋文化资源。浙江沿海地区因为同处相类似的区位,在海洋文化资源上可能会出现重复,如海岛、海滩、海洋工艺、海洋民俗等,会有某些雷同,这就需要海洋文化资源的整合。比如,绍兴、台州的路桥、临海、椒江都有东晋时期孙恩起义的遗迹,这几个地方可以考虑组成孙恩起义文化资源区。再比如,台州三门、宁波象山与奉化、舟山定海与普陀等地,都有明末张苍水抗清遗迹,这些地区可以考虑联动,形成一个张苍水遗迹的资源整合,互相宣传,不要单打独斗。

三是增强海洋文化资源体验性活动。面对丰富的海洋文化资源,可以让旅游者进行体验性的参与活动。浙江沿海地区盐业很丰富,可以尝试把制盐的过程简约化,让旅游者去参与到制盐的过程之中,从而让他们享受到海洋文化资源的乐趣,并加深他们对此的深刻体会。现在一些海洋节庆活动,也可以考虑让旅游者参与到其中,甚至还可以开展一些海洋文化知识趣味问答之类的活动。

(4)研究的创新与突破。省委省政府的统一规划:2008年9月,浙江省委通过的《中共浙江省委关于深入学习实践科学发展观,加快转变经济发展方式、推进经济转型升级的决定》,提出了建设"海上浙江"战略。国务院2011年2月正式批复《浙江海洋经济发展示范区规划》,2013年1月正式批复《浙江舟山群岛新区发展规划》。《决定》和《规划》指出了正确的方向,明晰了海洋文化资源发展的目标,适应了海洋时代的到来,是具有指导性的文件。

研究团体与方向的形成:近年来,全省专门海洋文化研究机构、沿海高校与宣传文化部门等积极开展研究,初步形成了浙江海洋文化研究的团体与研究方向。一是健全机构、壮大力量,推动海洋文化研究;二是精密组织、筹办活动,丰富海洋文化内涵;三是摸清家底、挖掘资源,服务海洋经济发展;四是跨区合作、加强交流,繁荣海洋文化事业。

研究视野的扩大:浙江海洋文化资源的研究,不能完全盯着浙江地区,应该把眼光放大、放远,进入沿海跨省区甚至全世界的范围内去比较研究,这样才不至于一叶障目,不见泰山。浙江海洋文化的研究工作,正在进行这方面的尝试。现在有较多的研究开始把浙江海洋文化研究放到吴越文化、江南文化、东海海域的层面去考虑问题,这无疑会加深对浙江海洋文化资源的认识,也会产生更多崭新的研究课题。

国内外交流的增多:我国沿海地区的高校以及研究机构,都开展了富有自身特色的海洋文化研究。为了加大浙江的海洋文化研究,近几年通过举办中国海洋文化节、中国海洋文化论坛、中国海洋论坛等方式,邀请全国的专家与会交流研究心得,还邀请港澳台地区、韩国、日本的相关专家来浙江考察、交流,也积极走出国门,了解国外的研究动态。

三、21世纪的浙江海洋经济社会发展与海洋文化资源

(一)海洋在21世纪的重要作用

21世纪初,联合国缔约国文件指出"21世纪是海洋世纪",这一判断已为国际社会所普遍接受。海洋文化受到如此重视,其一是人们陆地资源的消耗已经接近极限,为了开拓新的资源,于是把目光转向了海洋;其二是人们对海洋国土越来越看重,而海洋又不易分隔,引起了很多围绕海洋权益的冲突。我国人口众多,人均占有陆地面积及人均占有资源量都远远低于世界平均水平,我国经济和社会的可持续发展必然越来越多地依赖海洋。具体到浙江来说,更需要发展海洋文化与海洋经济。一是受浙江陆域资源相对短缺的条件制约;二是受浙江海域环境决定。浙江海域有面积大、海岛多、海岸长、港口深、油气富的特点,浙江海洋

资源优势众多,潜在能量巨大,拉动经济增长显著,应该全方位充分开发,使之为浙江现代化服务,为全国经济建设出力。

(二)海洋是浙江沿海居民生存发展的第二空间

除了陆域之外,浙江沿海居民与海为邻、以海为伴,须臾不能离开。在有人类活动的海域,人类的经济活动与海洋自然生态系统相结合,形成海洋生态经济系统,海洋本身也是人类生存发展的空间。海洋空间包括海域水体、海底、上空和周延的海岸带,是一个立体的概念。浙江海域的水体、海底、上空和周延的海岸带,给沿海居民创造了生存的第二空间,是他们赖以生存与生活得以展开的重要场所。

(三)海洋是浙江经济发展的重要支点

当前,浙江省海洋经济规模不断扩大,对全省经济作用日益重要。经过多年的发展,浙江的海洋经济已逐渐成为支撑发展的一个重要增长极。2010 年,全省海洋及相关产业总产出 12 350 亿元,海洋及相关产业增加值 3 775 亿元,海洋及相关产业增加值比上年增长 25.8%,是 2004 年的 2.6 倍,年均增长 17.0%,高于同期 GDP 总量增长速度。海洋经济占 GDP 的比重由 2004 年的 12.6% 提高到 2010 年的 13.6%,比全国平均水平高 3.9 个百分点,海洋经济在我省国民经济中已经占据重要地位,发挥着重要作用。

(四)海洋是浙江人类科学和技术创新的重要舞台

当代人类面临的全球变暖、气候变化、生命起源、人类起源等重大科学问题的解决,有赖于海洋科学研究的进展。目前已形成"海洋大科学"的研究,其潜在的巨大科学、经济利益和可利用性已日益引起人们的重视。浙江沿海地区纷纷建立起海洋科研机构和海洋高等院校,应对比如海水淡化技术、海洋气候对全球变暖的影响、海洋与人类文明起源、海洋高新产业等重大科技课题,海洋的合理开发与利用必定会对此产生极大促动,所以"未来文明的出路在于海洋"。

参考文献

浙江省海洋与渔业局:《浙江省沿海地区海洋文化资源调查表》,北京:海洋出版社,2008 年。
国家海洋局:《中国海洋文化论文选编》,北京:海洋出版社,2008 年。
张伟:《浙江海洋文化与经济》,北京:海洋出版社,2009 年。
杨宁:《浙江省沿海地区海洋文化资源调查与研究》,北京:海洋出版社,2012 年。
牛淑萍:《文化资源学》,福州:海峡出版发行集团,福建人民出版社,2012 年。
《浙江省旅游交通地图册》,成都:成都旅游出版社,2009 年。